U0939818

“十三五”国家重点出版物出版规划项目
普通高等教育“十一五”国家级规划教材

数字电子技术基础

第4版

主编 王美玲
参编 刘 彤 江泽民 金 锋 杨 毅

机 械 工 业 出 版 社

数字电子技术是本科生的“技术”基础课，其目的是通过对该课程的学习，培养学生分析和解决数字电路及数字系统相关问题的能力，提高创新意识。通过对常用电子器件、数字电路及其系统的分析和设计的学习，学生建立工程与实践的观点，理论联系实际，掌握电子技术方面的基本理论、基本概念、基本分析方法和基本技能，提高动手能力，为电子技术在专业课中的应用以及后续深入学习该领域的知识打好基础。

本书可与郝艾芳主编的《模拟电子技术基础　第4版》配套使用，既可作为高等院校电气信息类、仪器仪表类及其他相关专业本科生的教材或参考书，也可供电子技术方面的工程技术人员学习参考。

本书配有电子教件等教学资源，欢迎选用本书作教材的老师登录 www. cmpedu. com 注册获取。本书还配套视频，读者可使用移动设备 APP 中的“扫一扫”功能扫描封面上的二维码，用兑换码进行兑换，即可在线观看。

图书在版编目（CIP）数据

数字电子技术基础/王美玲主编．—4 版．—北京：机械工业出版社，2021.7（2022.8 重印）

“十三五”国家重点出版物出版规划项目　普通高等教育“十一五”国家级规划教材

ISBN 978-7-111-68653-8

Ⅰ.①数…　Ⅱ.①王…　Ⅲ.①数字电路—电子技术—高等学校—教材
Ⅳ.①TN79

中国版本图书馆 CIP 数据核字（2021）第 129482 号

机械工业出版社（北京市百万庄大街 22 号　邮政编码 100037）
策划编辑：路乙达　责任编辑：路乙达
责任校对：郑　婕　责任印制：单爱军
北京虎彩文化传播有限公司印刷
2022 年 8 月第 4 版第 2 次印刷
184mm×260mm · 20 印张 · 495 千字
标准书号：ISBN 978-7-111-68653-8
定价：59.80 元

电话服务　　　　　　　　　　网络服务
客服电话：010-88361066　　机　工　官　网：www. cmpbook. com
　　　　　010-88379833　　机　工　官　博：weibo. com/cmp1952
　　　　　010-68326294　　金　书　网：www. golden-book. com
封底无防伪标均为盗版　　机工教育服务网：www. cmpedu. com

前　言

本书是在《数字电子技术基础》第3版的基础上编写的。

随着当代电子技术的飞速发展，数字电子产品广泛进入人们的生活当中，数字电子技术在科技领域的应用更是比比皆是。而计算机的普及，更使得数字电子技术成为当代理工科大学生必修的技术基础课程。

鉴于以上情况以及数字电子技术的新进展，本书第4版在保持原书“少而精”等特色的基础上进行重新编写，提出了如下思路：以当前科学研究工作需求为背景，精选内容，推陈出新；强调三基本（基本概念、基本原理、基本方法），弱化烦琐的理论推导，突出理论联系实际的工程特点。具体做法如下：

1. 更新概述，引领全书。为了便于读者从理论联系实际的角度更好地把握整体内容，第1章通过结合生活中熟悉的实例引出各章内容。

2. 精选内容，推陈出新。对半导体基础、集成器件内部结构及原理等内容，力求做到深入浅出，既严谨又简练。为适应新技术的发展和工程实际的要求，在保留EDA仿真的基础上增加VHDL，包括用VHDL设计组合逻辑电路和时序逻辑电路等。

3. 加强基础，突出实践应用。在强调三基本的同时，进一步增加工程性强的例题、习题，强调对学生动手能力的培养。

4. 强化重点，提高逻辑性。重新梳理知识点之间的关联关系，调整、完善第4~6章的关键知识点。章末增加小结，并对习题进行了必要的修改和补充。

5. 配套课件，构建体系化、立体化教材。结合20多年来课程教学经验、本校及其他院校教师对本教材的使用经验，同步编制与其配套的电子版多媒体课件，与课程配套的MOOC同步上线。

本书第1、5、6、7章由王美玲编写，第2章由杨毅编写，第3、10章由江泽民编写，第4章由金锋编写，第8、9章由刘彤编写。王美玲负责全书组织、修改和定稿工作。感谢宋文杰在附录及VHDL的应用设计方面做出的贡献。

限于编者的水平，此次修订的教材还存在不完善的地方，诚请各位读者批评指正。

编　者
于北京理工大学

目　录

第1章 数字电路概述

电子技术是20世纪发展最迅速、应用最广泛的技术之一，已使人们的日常生活发生了根本的变革。

进入21世纪，数字电子技术成为现代工程技术的重要组成部分，是信息技术的基础。目前，数字化、信息化和智能化等方面的技术越来越多地应用到人类社会生产和生活中，智能机器人、无人驾驶汽车等已屡见不鲜。实现汽车的自主行驶离不开其搭载的各种传感器、处理器和执行器，这些设备都与数字电子技术息息相关。而人们日常生活中的很多电子产品，比如手机、电视机、计算机、智能手环、智能洗衣机和电冰箱等，也都离不开数字电路。因此，分析和设计数字电路已成为现代工程设计不可缺少的部分。

1.1 数字信号与模拟信号

在电子电路中，产生、传递、加工和处理的信号可以被分为模拟信号（Analog Signal）和数字信号（Digital Signal）两大类。

模拟信号在时间和数值上都是连续的，即对应于任意时间均有确定的电流或电压值，并且其幅值是连续的，如正弦波信号就是典型的模拟信号。自然界中有很多模拟信号，如气温、气压、时间、距离以及声音等。例如，如果某天最低气温是15℃，最高气温是25℃，则一天的气温变化是连续的，其曲线如图1-1所示，因此表示气温的信号是模拟信号。

处理模拟信号的电路称为模拟电路（Analog Circuit）。

与模拟信号不同，数字信号在时间和数值上是离散的，或者说是不连续的，且其数值的变化是某个最小量值的整数倍，如每个班级同学的人数，从数量上来说就是不连续的，并且人数总是一个一个地增加或减少。

处理数字信号的电路称为数字电路（Digital Circuit）。

自然界存在大量的模拟信号和数字信号，为了处理和加工这些信号便有了模拟系统和数字系统，这些系统往往并非独立，而是相互渗透的，因此在进行信号处理时需要将两者通过接口电路进行转换。例如，当将图1-1所示的气温变化曲线存储到计算机时，需要将此模拟信号通过A/D转换器（Analog-Digital Converter，ADC）转换成数字信号，则可得到图1-2所示的数字信号；当将图1-2所示的数字信号进行显示或用于控制时，则往往需要将其通过D/A转换器（Digital-Analog Converter，DAC）转换成模拟信号。

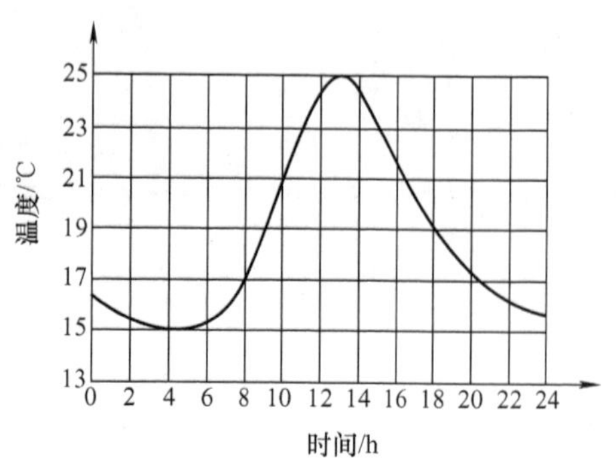

图 1-1 气温—模拟量曲线图

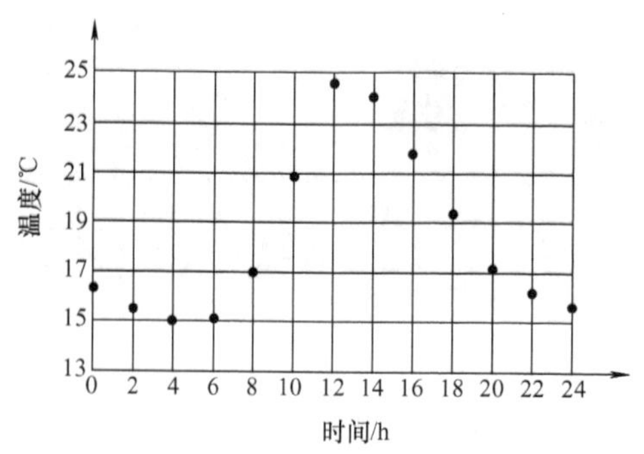

图 1-2 气温—数字量存储数值图

数字电路与模拟电路相比较，具有以下特点：

1. 一般采用二进制，易实现、易复制

在数字电路中一般采用二进制，因此，凡具有两个稳定状态的器件，均可用来表示一位二进制数的两个数码，故其基本单元电路简单，对电路中各元器件参数的精度要求不高，只要能区别出两种状态即可。对于给定输入的数字量，类似的电路可以得到完全一致的输出结果，而模拟电路输出值除了与输入有关外，还受温度、电源电压、元器件老化及其他因素的影响。

2. 抗干扰能力强

由于数字电路处理的信号是二值信息，不易受外界的干扰，因此抗干扰能力强；另外，有些数字电路还可通过增加二进制数的位数来改变电路的运算精度。如第 9 章的接口电路中，8 位 DAC 的分辨率为 $1/(2^8-1)$，而 10 位 DAC 的分辨率则为 $1/(2^{10}-1)$。

3. 可编程性强

现在人们对计算机及其编程都非常熟悉，计算机就是数字电路应用的典型代表。随着现代科技的发展，可编程逻辑器件（Programmable Logic Device，PLD）因其编程灵活性及高度集成化而得到了广泛应用。

4. 便于长期存储，使用方便

数字信号便于长期存储，使大量的信息资源得以妥善保存，并且使用方便。比如 USB 存储介质、固态硬盘等都采用数字信号存储数据。

5. 保密性好

在数字电路中可以进行软件或硬件加密处理，使一些重要的信息资源不易被窃取。

由于数字电路具有上述诸多特点，加之微电子技术的迅猛发展，使数字电子技术在计算机、通信、数字仪表、数控技术、家用电器以及国民经济等各个领域都得到了越来越广泛的应用。

1.2 数字信号的表示方法

数字信号的表示采用二值逻辑（Binary Digits）。

1. 二值逻辑

在数字电路中，既可以用 0 和 1 组成二进制数表示数值的大小，也可以用其表示一个事物两种不同的逻辑状态。当表示数值大小时，二进制数可以进行数值运算，常称为算术运算；当表示逻辑状态时，如：是与否、真与伪、有与无、开与关、高与低、通与断、亮与灭等，这里的 0 和 1 不是数值，而是逻辑 0 和逻辑 1。这种只有两种对立逻辑状态的逻辑关系称为二值逻辑。用 0 和 1 表示逻辑关系时，二进制数可以进行逻辑运算。

2. 逻辑电平（Logic Levels）

在数字电路中，由逻辑 1 和逻辑 0 的组合来表示数据和其他信息，用电平的高低来表示逻辑 1 和逻辑 0。因此，逻辑电平是指电路中表示逻辑 1 和逻辑 0 的高电平或低电平。

如何用高低两种逻辑电平代表逻辑 1 和逻辑 0 两种逻辑状态呢？一般都采用高电平表示逻辑 1，低电平表示逻辑 0，这种表示方法被称为正逻辑，详细定义参见第 3 章。

在使用高低电平代表逻辑 1 和逻辑 0 时，究竟多高的电平为高电平，多低的电平为低电平，不同工艺的数字集成电路具有不同的逻辑电平标准。当电源电压为 5V 时，数字集成电路的两大类 TTL（Transistor-Transistor-Logic）和 CMOS（Complementary Metal-Oxide-Semiconductor）电路对应的逻辑电平标准见表 1-1。

表 1-1　数字电路的逻辑电平标准

电路类型	输入电平/V		输出电平/V	
	低电平 V_{IL}	高电平 V_{IH}	低电平 V_{OL}	高电平 V_{OH}
TTL	0～0.8	2.0～5	0～0.4	2.4～5
CMOS	0～1.5	3.6～5	0～0.5	4.4～5

表 1-1 表明，不同工艺的数字电路具有不同的逻辑电平标准，当输入信号符合高/低电平要求时，信号被识别，否则信号将不会被正确识别。

因此，在设计系统时，要特别注意各器件之间的连接对逻辑电平的要求。如果因为电平标准不同而使器件之间不能直接连接时，则必须使用专用的连接器件，以实现器件之间的电平匹配。目前，随着低功耗电子产品应用的推广，现代电子系统技术中产生了低电压逻辑电平，1.8V 和 3.3V 等低电平供电的器件越来越多，而多年来逻辑电路的主导标准 TTL 和 CMOS 门电路信号一般为 5V，从而出现了在一个系统内部输入和输出逻辑电平互不兼容的问题。此时可以采用专用器件完成电平转换，例如，74LVC245 电平转换芯片采用 3.3V 供电，能允许 5V 和 3.3V 两种电平的输入信号，而其输出为 3.3V 电平，可以和 3.3V 器件直接连接，因此采用 74LVC245 可以实现 5V 电平到 3.3V 电平的转换。

3. 波形图（Digital Waveforms）

数字信号除了用高电平/低电平、逻辑 1/逻辑 0 来表示之外，还可以采用一种更直观的表示方法，即波形图表示。由于数字信号采用二值逻辑，其波形图一般只有高电平和低电平两种状态，如图 1-3 所示。

如果将数字电路的输入信号和输出信号的关系按时间顺序依次排列起来，就得到了其波形图，又称为时序图（Timing Diagram）。在逻辑分析仪和电子设计自动化（Electronic Design Automation，EDA）仿真软件中，经常以这种波形图的形式显示电路变量之间的逻辑关系。此外，实验时也经常以波形图方式通过示波器来观察输出与输入之间的关系，以检验实际逻辑电路的功能是否达到设计要求。图 1-4 即为第 3 章中介绍的反相器（Inverter）波形图，其中 A 为输入变量，F 为输出变量，由图可以看出，在画电路的波形图时，应特别注意输出与输入之间的对应关系。

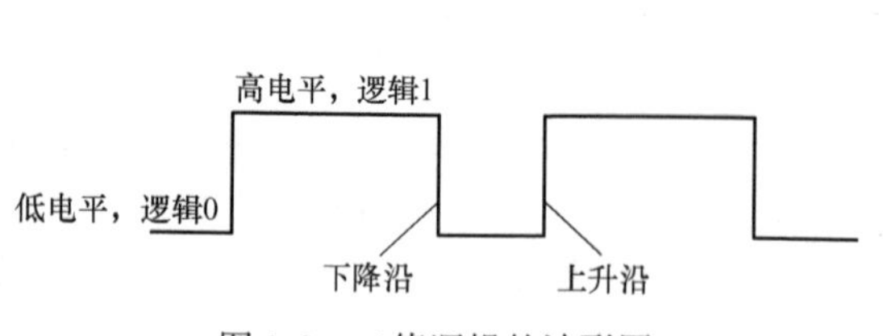

图 1-3 二值逻辑的波形图

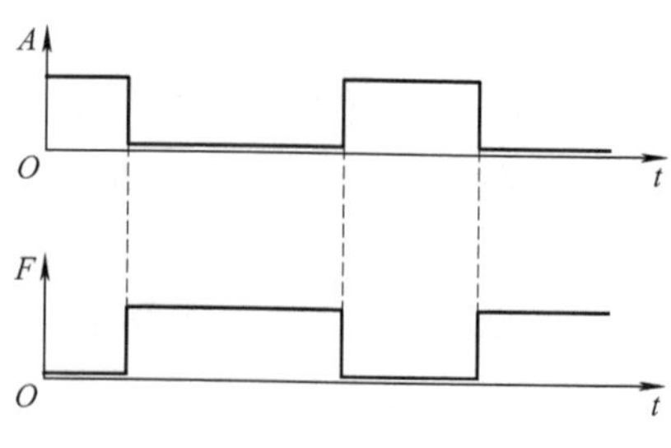

图 1-4 反相器输出与输入对应波形图

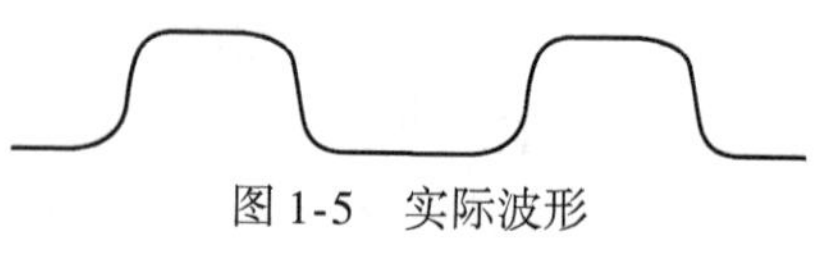
图 1-5 实际波形

图 1-4 所示的波形是一理想脉冲波形，其上升沿和下降沿都很陡峭，也就是说波形的上升时间和下降时间为 0。实际工程或实验测试时，示波器上观测到的波形一般如图 1-5 所示，波形的上升时间或下降时间不为 0，高电平、低电平电压值没有保持不变，甚至有时会有毛刺。上升时间或下降时间太长将使得器件可能出现误动作，此种情况下可采用第 7 章中的整形电路对电路进行整形，使其波形接近于理想波形。

1.3 数字电路的基本功能及其应用

数字电路是数字电子信息系统不可缺少的组成部分。图 1-6 所示为典型电子信息系统的组成框图。

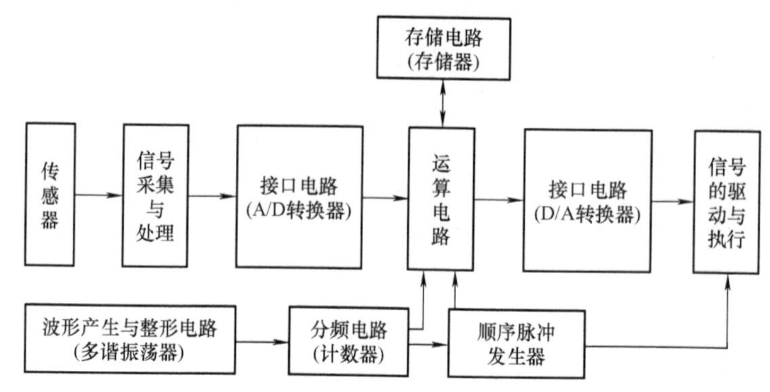

图 1-6 典型电子信息系统的组成框图

电子信息系统各部分功能如下所述：

1. 信号采集与处理

信号采集与处理电路完成对传感器的信号采集，并根据实际需要对其进行隔离、放大、滤波、运算、转换等处理。一般而言，该电路为模拟电路，可参考模拟电子技术相关书籍。

2. 接口电路——A/D 转换器和 D/A 转换器

对于多数系统而言，传感器输出的信号为模拟信号，为将其输入数字系统进行处理则需进行 A/D 转换。而系统完成信息处理之后，需要为执行机构提供控制与驱动信号，此时可能需要进行 D/A 转换。A/D 转换可将模拟信号转换为数字信号，D/A 转换可实现数字信号到模拟信号的转换。接口电路 A/D 转换及 D/A 转换将在本书第 9 章中介绍。

3. 运算电路

运算电路可完成信息的算术运算和逻辑运算，这部分内容将在第4章组合逻辑电路中介绍。

4. 存储电路——存储器（Memory）

电子信息系统需要对大量的数据进行存储，由于计算机处理的数据量越来越大、速度越来越快，使得需要的存储器容量也越来越大、存取速度也越来越快。存储器在第8章中介绍。

对存储器中的数据进行访问时，需要对其地址进行译码，即通过地址译码器寻址到相应的单元。译码器内容将在第4章中介绍，如果需要对信息进行显示，也可在该章了解到七段显示译码器及数码显示等内容。

5. 波形的产生与整形电路——多谐振荡器（Multivibrator）

CPU及很多数字电路正常工作时，需要时钟信号，此信号可通过多谐振荡器获得，该部分将在第7章脉冲波形的产生与整形中介绍。

6. 分频电路——计数器（Counter）

通过多谐振荡器可以产生基准时钟，而不同器件需要的时钟频率可能有所不同，此时可通过分频电路——计数器获得所需要的其他频率脉冲信号，分频器的设计与分析将在第6章时序逻辑电路中介绍。

7. 顺序脉冲发生器（Sequential Pulse Generator）

电子信息系统各组成部分需要按照事先规定的顺序协调工作，顺序脉冲发生器便可产生此种信号以完成对各部分的控制。此部分内容将在第6章中介绍。

8. 信号的驱动与执行

电子信息系统输出的控制信号经过功率放大后，驱动执行机构实现控制功能。功放电路可参考模拟电子技术相关文献。

应该指出的是，随着计算机技术的迅猛发展，许多数字系统都直接采用计算机CPU（Central Processing Unit）等作为处理单元，因此图1-6中的运算电路、波形产生与整形电路、分频电路及顺序脉冲发生器均可由CPU来完成。数字电子系统可选用通用计算机作为其中心处理单元，也可选用单片机（Single-Chip Microcomputer/Microcontroller Unit，通常简称为MCU）、数字信号处理器（Digital Signal Processor，DSP）及基于某总线的专用CPU如PC104、ETX等。这部分内容属于计算机基础范畴。

图1-6所示电子信息系统是模拟-数字混合系统，信号采集与处理、信号的驱动与执行一般由模拟电路组成，A/D转换器和D/A转换器为模拟电路和数字电路的接口电路，而其余部分为数字电路，除信号的采集、处理、驱动及执行的模拟电路外，其他各部分都将在本书找到其设计和分析说明。

图1-7为某空调显示控制电路框图，是以上介绍电子信息系统的典型应用实例，从图中可以对应找到以上各组成部分。

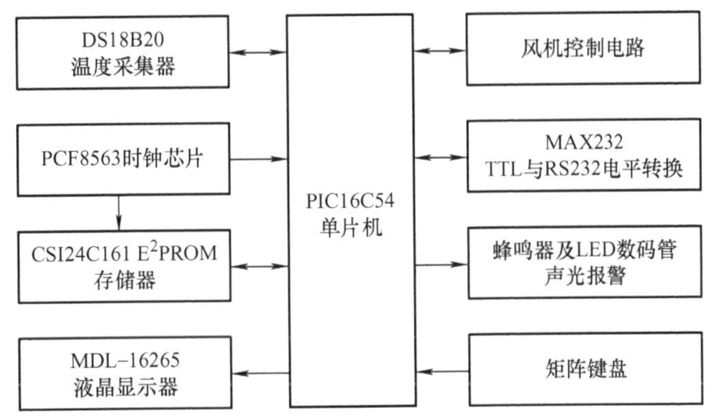

图1-7 某空调显示控制电路框图

1.4 电路测试和故障排除

故障排除是指系统地隔离、辨识及定位电路和系统故障的技术。在进行故障排除时，需对电路进行测试，并进行故障诊断。故障诊断是一种了解和掌握设备在使用过程中状态的技术，以确定其整体或局部是否正常，早期发现故障及其原因将能预报故障发展趋势，提前释放风险。在诊断过程中，需要利用被诊断对象表现出来的各种有用信息，经过适当的处理和分析，做出正确的诊断结论。

电路的测试可以用图 1-8 所示的组成框图来描述。

测试输入信号 → 被测电路 → 测试和观察仪器设备

图 1-8 电路测试组成框图

1.4.1 电路测试和故障排除的仪器设备

在数字电路的测试和故障排除中经常用到的仪器设备有：万用表、示波器、逻辑分析仪、逻辑笔和信号发生器等。

万用表是一种多用途、多量程的便携式仪表，它集电压表、电流表和欧姆表于一体，可以进行交流、直流电压和电流以及电阻等多种电量的测量，有的万用表还可以测量晶体管的主要参数及电容器的电容量等。万用表具有用途多、量程广、使用方便等优点，是电子测量中最常用的工具。常见的万用表有指针式模拟万用表和数字万用表。指针式模拟万用表测量值由表头指针读数，数字式万用表的测量值由液晶显示屏直接以数字的形式显示，读取方便。

示波器是电子测量中一种常用的仪器，它是观察波形的窗口，可让设计人员或维修人员将人眼看不到的信号变化转换成可直接观察的波形，并显示在荧光屏上，以便人们进行电路观察、分析和测量。示波器一般分为模拟示波器和数字示波器两大类，模拟示波器主要由示波管、垂直偏转系统、水平偏转系统、高低压电源等部分及一些辅助环节组成。数字示波器采用微处理器完成控制和数据处理，使其具有超前触发、组合触发、毛刺捕捉、波形处理、复制输出、长时间波形存储等模拟示波器所不具备的功能，目前其带宽已超过 1GHz，在许多方面都超过模拟示波器的性能。但数字示波器也有其缺点，如取样转换影响取样速率、带宽取决于取样率、灵敏度没有模拟示波器高等问题。

逻辑分析仪是一种类似于示波器的波形测试设备，它可以监测硬件电路工作时的逻辑电平（高电平或低电平），存储后采用图形的方式直观地表达出来，便于用户检测、分析电路设计中的错误。逻辑分析仪是电路测试中不可缺少的设备，通过逻辑分析仪可以迅速地定位错误、解决问题，达到事半功倍的效果。

逻辑笔是一种便携的手持式数字电路测试工具。它可检测到电路的高电平、低电平、单脉冲、连续脉冲以及开路等逻辑信息，并进行提示，其体积小、使用灵活、携带方便。在许多情况下，与采用示波器、万用表查寻故障相比，逻辑笔则显得更便捷有效。多数逻辑笔能够捕捉示波器不易观察的窄脉冲信号及速度较高的暂态信号，能判断单脉冲的有无及其个数的多少。

信号发生器又称为函数发生器，是一种应用非常广泛的电子设备，常作为电子测量系统中的信号源。信号发生器提供正弦波、方波、三角波等多种信号，其输出信号频率、幅度值、偏移量一般都可以调整。

1.4.2 故障排除

要成功地排除故障，首先必须了解电路的工作原理，并能辨识出错误现象。比如说要判定某逻辑门是否工作正常，则需知道对于给定输入信号其准确的输出信号。

1. 故障排除的方法

（1）直接观察法　直接观察法是指不使用仪器，通过直接观察电路及其元器件来寻找和分析故障。

直接观察法包括断电观察和加电观察两种方法。断电观察是指在断电情况下检查元器件有无损坏、引脚有无接错、电路布局布线是否正确等。加电观察则是在上电情况下查看电路有无发烫、冒烟、发出焦味、打火、开路及短路等现象。

（2）参数测试法　参数测试法借助于仪器测试电路或元器件的参数，通过理论分析找出故障原因。

（3）信号跟踪法　信号跟踪法是在电路输入端接入合适信号，按信号的流向，借助示波器或逻辑分析仪等，从前级向后级逐级观察信号波形变化情况，以判定故障。

（4）元器件替换法　元器件替换法将电路中可能存在故障的元器件采用正常元器件进行替换，观察故障是否排除。

（5）断路法　使用断路法时，首先断开可能存在故障的电路，然后观察剩余电路是否正常，以此缩小故障范围，加快排除速度。

（6）短路法　短路法采用临时短接部分电路，将信号跳过部分可能存在故障的电路，观察结果是否正确，以缩小故障范围。

故障排除的方法很多，应通过实践来灵活应用。

2. 信号跟踪法故障排除的一般步骤

当电路出现故障时，通过直接观察等简易操作方法未能定位故障时，则需加入测试信号，通过信号跟踪法来定位故障。其步骤一般包括以下几个方面：

1）故障排除前的准备工作。在故障排除前，首先应检查电源和地是否连接正确，是否存在电源和地之间短路现象，这一点对保障电路元器件的完好性非常重要，同时也应保证测试仪器与被测电路的共地性。

2）根据故障现象判定故障可能发生的部位。

3）从故障部位的输入开始，一个一个芯片地进行分析。

对于每个芯片，对应其输入信号，采用逻辑笔、示波器或逻辑分析仪，测试其输出信号，并与理论输出结果相比较，判定芯片是否损坏。

如果初步判定芯片出现损坏，则将此芯片脱离整个电路，单独进行测试。令芯片使能引脚有效，加入已知逻辑电平或逻辑脉冲，测试芯片是否正常工作，若不能正常工作则说明芯片故障，应更换芯片。比如测试反相器时，在确认电源连接正确的情况下，将输入引脚接入高电平，若输出不为低电平则说明芯片已损坏。

4）如果所测试芯片正常，则测试下一个芯片，直至故障排除。

故障诊断与排除可以反映操作者的实践经验和工程设计能力，同时也反映操作者的理论基础水平。因此若要快速定位及排除故障，首先应掌握相关理论知识，同时也要加强实践动手锻炼。

1.5 数字电路 EDA 仿真分析与设计

随着现代电子系统的复杂化，计算机和相应的工程仿真软件已经成为现代电子技术的基本分析设计工具。仿真分析可以有效缩短研制周期，节约成本，已成为电子电路项目开发过程中必不可少的一部分。

所谓仿真分析，是指使用计算机对所设计电路的结构和行为进行预测，仿真器以文本或波形图等形式给出电路的输出，以便设计者分析系统，修改、完善系统设计。

EDA 是在 20 世纪 60 年代中期从计算机辅助设计（Computer Aided Design，CAD）、计算机辅助制作（Computer Aided Manufacturing，CAM）、计算机辅助测试（Computer Aided Test，CAT）和计算机辅助工程（Computer Aided Engineering，CAE）的概念发展而来的。EDA 技术就是以计算机为工作平台，融合电子技术、计算机技术、智能化技术的最新成果而开发出的电子 CAD 通用软件包，它根据硬件描述语言（Hardware Description Language，HDL）完成的设计文件，自动完成逻辑化简、分割、综合、优化、布局布线及仿真，直至完成对于特定目标芯片的适配编译、逻辑映射和编程下载等工作。它的出现使得电子电路和电子系统的设计产生了革命性的变化，它摒弃了靠硬件调试来达到设计目标的烦琐过程，实现了硬件设计软件化。目前，EDA 仿真软件已有很多种，常用的有 Multisim（Electronics Workbench EDA，EWB）、PSpice 和 Viewlogic 等。

EWB 支持模拟和数字混合电路的分析和设计，具有一体化设计环境，把电路原理图的输入、仿真和分析紧密地结合起来。与其他 Windows 环境下的系统软件相类似，它具有图形化界面，提供按钮式的工具栏，各个菜单中选项的物理意义一目了然。在输入原理图时，EWB 自动地将其编辑成网格表送到仿真器，加快建立和管理时间；而在仿真过程中，若改变设计，则立刻获得该变化所带来的影响，实现了交互式的设计和仿真。

Multisim 是以 Windows 为基础的仿真工具，适用于板级的模拟/数字电路的设计工作。它包含了电路原理图的图形输入、电路硬件描述语言输入方式，具有丰富的仿真分析能力。用户使用 Multisim 交互式地搭建电路原理图，并对电路进行仿真。Multisim 提炼了 SPICE（Simulation Program with Integrated Circuit Emphasis）仿真的复杂内容，这样无须懂得深入的 SPICE 技术就可以进行捕获、仿真和分析电路。通过 Multisim 和虚拟仪器技术，印制电路板（Printed Circuit Board，PCB）设计人员可以完成从理论到原理图捕获与仿真再到原型设计和测试这样一个完整的综合设计流程。

使用 Multisim 对第 3 章介绍的反相器进行仿真时，可得其输入输出仿真波形如图 1-9 所示。

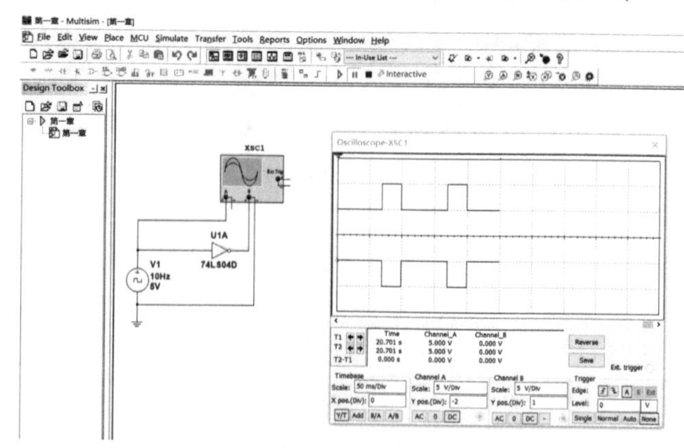

图 1-9 反相器（74LS04D）在 Multisim 14 下的仿真波形

需要说明的是，本书一般采用 $\bar{A}$ 代表 A 的反变量，而在 EDA 仿真中常采用 A' 代表 A 的反变量。

当采用 EDA 工具进行电路分

析和设计时，需要将设计电路输入到计算机中，此操作称为描述。常用的描述方式有两种：原理图和硬件描述语言输入。原理图输入方式是指使用软件工具的图形界面，将代表逻辑元件的符号连接起来。输入中可以使用单个门电路，也可以使用由门电路构成的功能块。硬件描述语言是一种用于描述电子电路的计算机语言，可以对电路的逻辑功能、电路连接等进行详细的描述。两种描述方式相比，各有优缺点。原理图方式简单、直观，适合于较简单的设计。但对于复杂系统，这种方式显得有些烦琐，而硬件描述语言则相对简练。

通过对电路仿真运行结果的分析，判断设计是否正确合理，是 EDA 软件的一项主要功能。为此，Multisim 为用户提供了类型丰富的虚拟仪器，这些虚拟仪器主要包括示波器、万用表、函数发生器、失真度分析仪、频谱分析仪、逻辑分析仪和网络分析仪等，从而使电路仿真分析操作更符合电子工程技术人员的实验工作习惯。

对 Multisim 的简要操作说明可参见附录 A，详细操作读者可自行查阅相关文献。

初步掌握一种电子电路计算机辅助分析和设计软件对学习电子技术来说非常必要。学习 EDA 仿真工具，除了可以提高仿真能力、分析和设计电路能力外，还可进一步提高实践能力。

鉴于 Multisim 的上述特点，本书选用 Multisim 14.2 教育版作为基本工具，在部分章的最后一节讲述应用举例，力图使读者从中学习电子电路的仿真方法和测试方法，同时也帮助读者通过 Multisim EDA 工具来验证所设计电路的准确性。

本章小结

本章作为概述部分，介绍了数字信号的基本概念、数字信号的表示方法、数字电路的基本功能、数字电路的测试/故障排除及 EDA 仿真。

电子电路中的信号包括模拟信号和数字信号两大类。模拟信号在时间和幅值上是连续的，而数字信号是离散的。本书涉及的信号一般为数字信号，本书也以数字电路为研究对象。

数字信号的表示采用二值逻辑。电路中采用高电平和低电平来表示逻辑 1 和逻辑 0 两种逻辑状态。不同工艺电路的逻辑电平标准不同，当两种不同标准的器件进行连接时应对其进行逻辑电平转换。波形图可以直观地描述电路的逻辑关系。

本章以实例方式介绍了数字电路的基本组成模块及其功能，组成中涉及的多数模块将在本书不同的章节找到其描述。

对于电子电路设计者来说，电路测试及其故障排除尤为重要。电路测试部分介绍了常用的仪器设备；故障排除部分介绍了常用的故障排除方法及信号跟踪法排除故障的一般步骤。

随着硬件设计软件化技术的不断提高，掌握一种 EDA 仿真和分析电路工具将缩短产品的研发周期，加快产品的上市速度，节约成本，将风险提前释放。本章也综述了 EDA 仿真工具，本书部分章节采用 Multisim 进行仿真和分析。

第2章
逻辑代数及其化简

本章主要介绍分析和设计数字逻辑电路的基本数学工具——逻辑代数。首先介绍数字电路中常用的计数制与编码、不同数制之间的转换方法，然后介绍逻辑代数的逻辑运算、公式和定理，逻辑函数的描述方法及其化简，最后介绍如何用 EDA 进行逻辑函数的化简与变换。

2.1 计数制与编码

任何数通常都可以用两种不同的方法来表示：一种是按其“值”表示，另一种是按其“形”表示。按“值”表示，即选定某种进位的计数制来表示某个数的值，这就是所谓的进位计数制，简称数制（Number System）。按“值”表示一个数时需要解决三个问题：一是要选择恰当的“数字符号”及其组合规则；二是确定小数点的位置；三是要正确表示出数的正、负。按“形”表示，就是用代码来表示某些数的“值”。按“形”表示一个数时，先要确定编码规则，然后按此编码规则编出代码，并给代码赋以一定的含义，这就是所谓的编码。本节将简要介绍数字电路中的几种常用计数制与编码。

2.1.1 常用计数制及其转换

同一个数可以用不同的计数制来计量，在日常生活中，人们习惯用十进位计数制，而在数字电路中，常采用的是二进位计数制和十六进位计数制。下面将分别讨论各种进位计数制的计数规则及其相互转换的规律。

1. 十进位计数制

十进位计数制（简称十进制，Decimal Number），采用0、1、2、3、4、5、6、7、8、9共10个数字符号的不同组合来表示一个数，当任何一位数比9大1时，则向相邻高位进1，而本位归0，这被称作“逢十进一，借一为十”。任何一个十进制数都可以用其幂的形式表示，例如

$$\begin{aligned}125.68 &= 1\times100+2\times10+5\times1+6\times0.1+8\times0.01\\ &= 1\times10^2+2\times10^1+5\times10^0+6\times10^{-1}+8\times10^{-2}\end{aligned}$$

显然，任意一个十进制数 N 可以表示为

$$\begin{aligned}(N)_{10} = {}&K_{n-1}\times10^{n-1}+K_{n-2}\times10^{n-2}+\cdots+K_i\times10^i+\cdots+K_1\times10^1+\\ &K_0\times10^0+K_{-1}\times10^{-1}+K_{-2}\times10^{-2}+\cdots+K_{-m}\times10^{-m}\end{aligned}$$

式中，n，m 为正整数；K_i 为系数（$i=n-1$，$n-2$，…，1，0，…，$-m$），是十进制中10个数字符号中的某一个；10是进位基数；10^i 是十进制数的位权（$i=n-1$，$n-2$，…，1，0，…，$-m$），它表示系数 K_i 在十进制数中的地位，位数越高，权值越大，例如 10^4 前的1表示10000，而 10^2 前的1则表示100。

对任意 R 进制数 $(N)_R$ 可表示为

$$(N)_R = K_{n-1} \times R^{n-1} + K_{n-2} \times R^{n-2} + \cdots + K_i \times R^i + \cdots + K_1 \times R^1 + K_0 \times R^0 + K_{-1} \times R^{-1} + K_{-2} \times R^{-2} + \cdots + K_{-m} \times R^{-m}$$

式中，R 为进位基数；R^i 为位权；K_i 为系数，是 R 个数字符号中的一个。

2. 二进位计数制

二进位计数制（简称二进制，Binary Number）只有 0 和 1 两个数字符号，其计数规律为"逢二进一，借一为二"，计算 1 + 1 时，本位归 0，并向相邻高位进 1，即 1 + 1 = 10（读作壹零），二进制数的幂表示形式为

$$(N)_2 = K_{n-1} \times 2^{n-1} + K_{n-2} \times 2^{n-2} + \cdots + K_i \times 2^i + \cdots + K_1 \times 2^1 + K_0 \times 2^0 + K_{-1} \times 2^{-1} + K_{-2} \times 2^{-2} + \cdots + K_{-m} \times 2^{-m}$$

式中，K_i 为系数；2 为进位基数；2^i 为位权，二进制不同位数的位权分别为 2^{n-1}，…，2^1，2^0，2^{-1}，…，2^{-m}。一个二进制如按位权展开可转换为十进制数，这种转换方法称为多项式转换法，例如

$$\begin{aligned}(1101.101)_2 &= (1 \times 2^3 + 1 \times 2^2 + 0 \times 2^1 + 1 \times 2^0 + 1 \times 2^{-1} + 0 \times 2^{-2} + 1 \times 2^{-3})_{10} \\ &= (13.625)_{10}\end{aligned}$$

十进制数也可以转换为二进制数，一般采用基数除法/乘法，即将十进制数的整数部分连续除以二进制的进位基数 2 取余数，最后得到的余数为转换后的二进制整数部分的高位；而小数部分则采用连续乘 2 取整数，最先得到的整数（包括 0）为转换后的二进制数小数部分的高位。例如，将十进制数 13.625 转换为二进制数的过程如下：

除数	商	余数	系数
2	13		
2	6	取余1	K_0
2	3	取余0	K_1
2	1	取余1	K_2
	0	取余1	K_3

（↑ 由下向上读）

$$\begin{array}{r} 0.625 \\ \times\quad 2 \\ \hline 1.250 \\ \times\quad 2 \\ \hline 0.5 \\ \times\quad 2 \\ \hline 1.0 \end{array}$$

乘积	取整	系数
1.250	取整1	K_{-1}
0.5	取整0	K_{-2}
1.0	取整1	K_{-3}

（↓ 由上向下读）

得 $(13.625)_{10} = (1101.101)_2$。

3. 十六进位计数制

十六进位计数制（简称十六进制，Hexadecimal Number）由 16 个数字符号 0、1、2、3、4、5、6、7、8、9、A、B、C、D、E、F 组成，其计算规律为"逢十六进一，借一为十六"，即 F + 1 = 10。

十六进制的进位基数 $16 = 2^4$，因此，与二进制数之间的转换可采用直接转换法，即将二进制数的整数部分，从低位起每 4 位分成一组，最高位一组若不足 4 位时左边补零；而小数部分则从高位起每 4 位分成一组，最低位一组若不足 4 位时，在其后以零补足，然后依次以 1 位十六进制数替换所有各组的 4 位二进制数即可。例如

$$(11110100101.011011)_2 = (7A5.6C)_{16}$$

同样，也可用直接转换法将十六进制数转换成二进制数，即将 4 位二进制数替换 1 位十六进制数。例如

$$(68A.2C)_{16} = (11010001010.001011)_2$$

由于多位二进制数不便认识和记忆，因此，对于一些在计算机中常用的数据资料，多用十六进制数来表示。

2.1.2 编码

计算机等数字系统所处理的信息多为数值、文字、符号、图形、声音和图像等，它们都可以用多位二进制数来表示，这种多位二进制数称为代码（Codes）。如果用一组代码并给每个代码赋以一定的含义则称作编码（Encode）。若需要编码的信息量为 N，则以编码的一组二进制代码的位数为 n，则 $n = \log_2^N$，例如$N = 8$，则 $n = \log_2^8 = 3$。

1. BCD 码

在数字电路中，常用二-十进制码，也称为 BCD（Binary-Coded Decimal）码。所谓二－十进制码，就是用 4 位二进制数组成的代码来表示 1 位十进制数。4 位二进制数具有 16 种组合，二-十进制数的 10 个数字符号只需选用其中的 10 种组合来表示，因而，从 16 种组合中选用其中 10 种组合来进行编码时，将会有不同的编码方案，常用的几种二-十进制编码见表 2-1。

表 2-1 常用的二-十进制编码

编码种类		8421 码	5421 码	2421A 码	2421B 码	余 3 码	余 3 循环码	格雷码
十进制数	0	0000	0000	0000	0000	0011	0010	0000
	1	0001	0001	0001	0001	0100	0110	0001
	2	0010	0010	0010	0010	0101	0111	0011
	3	0011	0011	0011	0011	0110	0101	0010
	4	0100	0100	0100	0100	0111	0100	0110
	5	0101	1000	0101	1011	1000	1100	0111
	6	0110	1001	0110	1100	1001	1101	0101
	7	0111	1010	0111	1101	1010	1111	0100
	8	1000	1011	1110	1110	1011	1110	1100
	9	1001	1100	1111	1111	1100	1010	1101
权		8421	5421	2421	2421	无	无	无

从表 2-1 中可以看出，同一代码在不同的编码表中具有不同的含义，如 0100 代码，在 8421 码、5421 码、2421 码和余 3 循环码中代表十进制数 4，在余 3 码中代表 1，在格雷码中代表 7。表中最常用的 8421 码的特点是：从高位到低位的权值分别为 8、4、2、1，8421 码因此得名。凡编码表中代码的每一位都具有一固定权值的编码叫有权码，如 8421 码、5421 码、2421 A 码和 2421 B 码都是有权码；如果编码中代码的每一位并无固定的权值，则称为无权码，余 3 码、余 3 循环码和格雷码都是无权码。

2. ASCII 码

ASCII（American Standard Code for Information Interchange，美国信息交换标准代码）是基于拉丁字母的一套计算机编码系统，主要用于显示英语和其他西欧语言。ASCII 码使用指

定的7位或8位二进制数组合来表示128种或256种可能的字符。标准ASCII码也叫基础ASCII码，使用7位二进制数（剩下的1位二进制为0）来表示所有的大写和小写字母、数字0~9，标点符号以及在美式英语中使用的特殊控制字符。常用ASCII码可查阅相关文献。

2.2 逻辑代数基础

英国数学家乔治·布尔（George Boole）于1847年在他的著作中首先对逻辑代数进行了系统的论述，故逻辑代数称为布尔代数（Boolean Algebra），因为逻辑代数用于研究二值变量的运算规律，所以也称为二值代数。在普通代数中，变量的取值为 $-\infty \sim +\infty$，而在逻辑代数中，变量的取值只能是0和1，而且必须注意逻辑代数中的0和1与十进制数中的0和1有着完全不同的含义，它代表了矛盾和对立的两个方面，如开关的闭合与断开、一件事情的是与非和真与假、信号的有和无、电平的高和低等。至于在某个具体问题上0和1究竟具有什么样的含义，则应视具体研究的对象而定。

2.2.1 逻辑代数的基本运算和复合运算

逻辑代数的基本运算包括与、或、非三种运算。下面用三个指示灯的控制电路来分别说明三种基本逻辑运算的物理意义。设开关 A、B 为逻辑变量，约定开关闭合为逻辑1，开关断开为逻辑0；设逻辑函数 F 代表指示灯状态，约定灯亮为逻辑1，灯灭为逻辑0。

1. 逻辑与运算（AND Operation）

逻辑与运算可以用图2-1a所示电路进行说明。图中要实现的事件是灯 F 亮，那么开关 A、B 的闭合是事件发生的条件。显然，在此电路中，只有开关 A、B 都闭合，灯 F 才会亮。故逻辑与（也叫逻辑乘）定义如下："一个事件要发生需要多个条件，只有当所有的条件都具备之后，此事件才发生"。

将逻辑变量所有可能取值的组合与其一一对应的逻辑函数值之间的关系以表格的形式表示出来，称为逻辑函数的真值表（Truth Table），两输入逻辑与运算的真值表见表2-2。

表示逻辑与运算的逻辑函数表达式为 $F=A\cdot B$，式中"·"为与运算符号，有时也可以省略。与运算的规则为：$0\cdot 0=0$，$0\cdot 1=0$，$1\cdot 0=0$，$1\cdot 1=1$。

在数字电路中，实现逻辑与运算的单元电路叫与门（AND Gate），两输入与门的逻辑符号如图2-1b所示。与运算可以推广到多个输入逻辑变量情况，即 $F=A\cdot B\cdot C\cdots$。

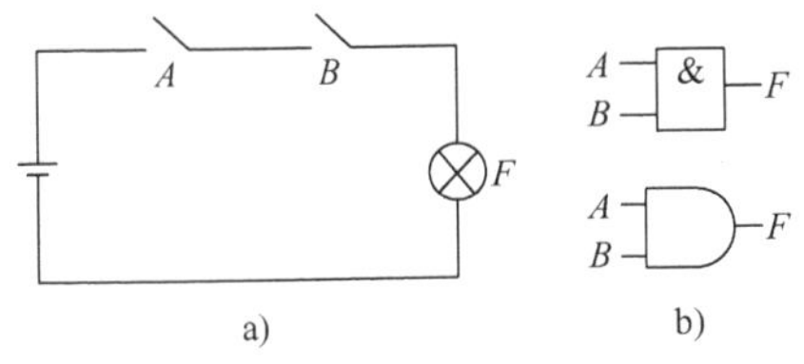

图2-1　说明逻辑与运算概念的开关电路图和与门逻辑符号

表2-2　两输入逻辑与运算的真值表

A	B	F
0	0	0
0	1	0
1	0	0
1	1	1

2. 逻辑或运算（OR Operation）

逻辑或运算可以用图2-2a所示电路进行说明，只要开关 A 或 B 中任何一个闭合，灯 F 亮这一事件就会发生，故逻辑或（也叫逻辑加）运算定义如下："在决定一事件发生的多个条件中，只要有一个条件满足，此事件就会发生”。两输入逻辑或运算的真值表见表 2-3。其逻辑函数表达式为 $F=A+B$，式中“+”为或运算符号。或运算的规则为：0+0=1，0+1=1，1+0=1，1+1=1。实现逻辑或运算的单元电路叫或门（OR Gate），两输入或门的逻辑符号如图 2-2b 所示。逻辑或运算也可推广到多个逻辑变量，即 $F=A+B+C+\cdots$。

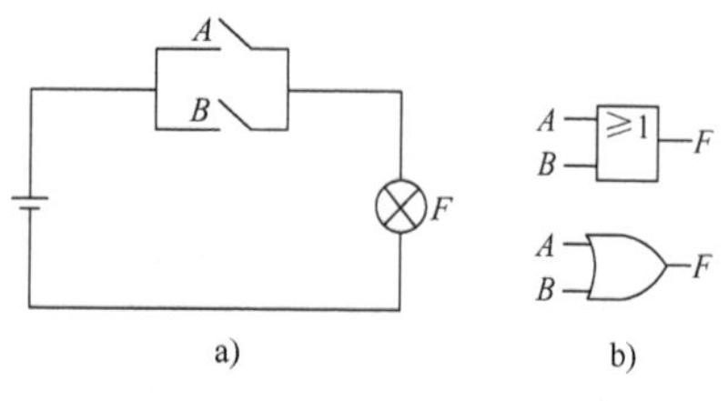

图 2-2 说明逻辑或运算概念的开关电路图和或门逻辑符号

表 2-3 两输入逻辑或运算的真值表

A B	F
0 0	0
0 1	1
1 0	1
1 1	1

3. 逻辑非运算（NOT Operation）

逻辑非运算可以用图 2-3a 所示电路进行说明。图中，当开关 A 闭合时，灯 F 不亮；当开关 A 打开时，灯 F 亮。由此可见“当条件不具备时，事件才会发生”，这样的逻辑关系称为逻辑非运算。非运算的逻辑表达式为 $F=\overline{A}$，式中 A 上的“-”为非运算符号。非运算的规则为：$\overline{0}=1$，$\overline{1}=0$。实现非运算的单元电路叫非门（NOT Gate）或者反相器（Inverter），非门的逻辑符号如图 2-3b 所示，真值表见表 2-4。

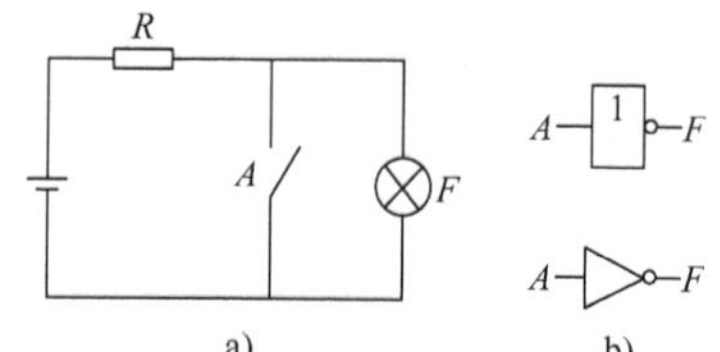

图 2-3 说明逻辑非运算概念的开关电路图和非门逻辑符号

表 2-4 逻辑非运算的真值表

A	F
0	1
1	0

4. 几种常用的逻辑运算

由与、或、非三种基本逻辑运算可以组合成多种常用的复合逻辑运算，常用的几种复合逻辑运算包括与非运算（NAND Operation）、或非运算（NOR Operation）、与或非运算（AOI Operation）、异或运算（Exclusive-OR/XOR Operation）和同或运算（Exclusive-NOR/XNOR Operation）等。常用逻辑运算及逻辑符号如图 2-4 所示，对应的真值表见表 2-5 ~ 表 2-9。

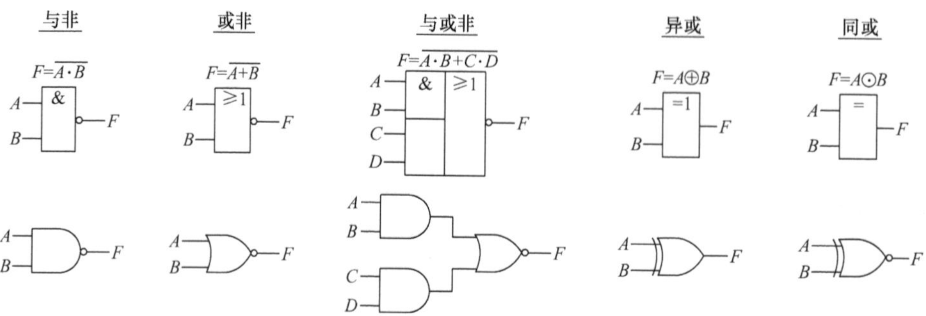

图 2-4 常用逻辑运算及其逻辑符号

异或逻辑运算是指当输入不同时输出为1，输入相同时输出为0，两输入异或运算真值表见表2-8。由真值表可得其逻辑函数表达式为 $F=A\overline{B}+\overline{A}B=A\oplus B$，式中“$\oplus$”为异或运算符号。

同或逻辑运算是指当输入相同时输出为1，输入不同时输出为0，两输入同或运算真值表见表2-9。由真值表可得其逻辑函数表达式为 $F=AB+\overline{A}\,\overline{B}=A\odot B$，式中“$\odot$”为同或运算符号。与两输入异或真值表相比较可以发现，$A\odot B=\overline{A\oplus B}$。

表2-5　两输入逻辑与非运算的真值表

A B	F
0 0	1
0 1	1
1 0	1
1 1	0

表2-6　两输入逻辑或非运算的真值表

A B	F
0 0	1
0 1	0
1 0	0
1 1	0

表2-7　逻辑与或非运算的真值表

A B C D	F
0 0 0 0	1
0 0 0 1	1
0 0 1 0	1
0 0 1 1	0
0 1 0 0	1
0 1 0 1	1
0 1 1 0	1
0 1 1 1	0
1 0 0 0	1
1 0 0 1	1
1 0 1 0	1
1 0 1 1	0
1 1 0 0	0
1 1 0 1	0
1 1 1 0	0
1 1 1 1	0

表2-8　两输入逻辑异或运算的真值表

A B	F
0 0	0
0 1	1
1 0	1
1 1	0

表2-9　两输入逻辑同或运算的真值表

A B	F
0 0	1
0 1	0
1 0	0
1 1	1

2.2.2　逻辑代数的基本公式和常用公式

1. 基本公式

逻辑代数的基本公式见表2-10。表中的所有公式都可用逻辑函数相等的概念予以证明。所谓两个逻辑函数相等，即两个变量个数相等的逻辑函数，对于其所有变量取值的组合，两逻辑函数的值均对应相等。

现对反演律用真值表证明如下：将变量 A、B 共四种取值组合填入真值表中，对应每种输入取值组合分别求得反演律的等式两端表达式的值，从表2-11可以看出所得的值对应相等，因此可证明反演律成立。同理可证明：$\overline{ABC\cdots}=\overline{A}+\overline{B}+\overline{C}+\cdots$；$\overline{A+B+C+\cdots}=\overline{A}\,\overline{B}\,\overline{C}\cdots$。

表 2-10 逻辑代数的基本公式

1	0、1 律	$0+A=A$ $1+A=1$	$1\cdot A=A$ $0\cdot A=0$
2	重叠律	$A+A=A$	$A\cdot A=A$
3	互补律	$A+\overline{A}=1$	$A\cdot\overline{A}=0$
4	交换律	$A+B=B+A$	$A\cdot B=B\cdot A$
5	结合律	$(A+B)+C=A+(B+C)$	$(A\cdot B)\cdot C=A(B\cdot C)$
6	分配律	$A(B+C)=A\cdot B+A\cdot C$	$A+B\cdot C=(A+B)(A+C)$
7	反演律	$\overline{A\cdot B}=\overline{A}+\overline{B}$	$\overline{A+B}=\overline{A}\cdot\overline{B}$
8	还原律	$\overline{\overline{A}}=A$	

表 2-11 用真值表证明反演律

A B	$\overline{A\cdot B}$	$\overline{A}+\overline{B}$	$\overline{A+B}$	$\overline{A}\cdot\overline{B}$
0 0	1	1	1	1
0 1	1	1	0	0
1 0	1	1	0	0
1 1	0	0	0	0

2. 常用公式

在逻辑代数中，经常使用表 2-12 所列的常用公式。

表 2-12 常用公式

吸收律	$A+AB=A$ $A(A+B)=A$ $A+\overline{A}B=A+B$ $AB+\overline{A}C+BC=AB+\overline{A}C$
结合律	$AB+A\overline{B}=A$ $(A+B)(A+\overline{B})=A$

利用表 2-10 所列的基本公式，各式分别证明如下：

(1) $A+AB=A$

证：$A+AB=A(1+B)=A$

(2) $A(A+B)=A$

证：$A(A+B)=A+AB=A$

(3) $A+\overline{A}B=A+B$

证：$A+\overline{A}B=(A+\overline{A})(A+B)=A+B$

(4) $AB+\overline{A}C+BC=AB+\overline{A}C$

证：
$$\begin{aligned}AB+\overline{A}C+BC&=AB+\overline{A}C+(A+\overline{A})BC\\&=AB+\overline{A}C+ABC+\overline{A}BC\end{aligned}$$

$$=AB(1+C)+\overline{A}C(1+B)=AB+\overline{A}C$$

(5) $AB+A\overline{B}=A$

证：$AB+A\overline{B}=A(B+\overline{B})=A$

(6) $(A+B)(A+\overline{B})=A$

证：$(A+B)(A+\overline{B})=A+A\overline{B}+AB$

$$=A(1+B+\overline{B})=A$$

2.2.3　逻辑代数的基本规则

1. 代入规则

对于任意逻辑等式，如果将式中的某一变量用其他变量或逻辑函数替换，则此等式仍然成立。

例如，等式$\overline{AB}=\overline{A}+\overline{B}$，若以函数 $F=BC$ 去替换等式中的变量 B，则等式左边$\overline{ABC}=\overline{A}+\overline{B}+\overline{C}$，而等式右边 $\overline{A}+\overline{BC}=\overline{A}+\overline{B}+\overline{C}$，显然，等式仍然成立。

2. 反演规则

对于任意一个逻辑函数 F，如果将式中所有逻辑与“·”换成逻辑或“+”，逻辑或“+”换为逻辑与“·”；“0”换为“1”，“1”换为“0”；原变量换为反变量，反变量换为原变量；则所得到的新逻辑函数 $\overline{F}$ 是原函数 F 的反函数。显然，利用反演规则可方便地求出任意逻辑函数的反函数。例如，若 $F=A\overline{B}+\overline{A}B$，则 $\overline{F}=(\overline{A}+B)(A+\overline{B})$；若 $F=A\overline{BC}+\overline{\overline{A}\overline{D}B}$，则 $\overline{F}=(\overline{A}+\overline{\overline{B}+\overline{C}})(\overline{\overline{A}+D+\overline{B}})$。

3. 对偶规则

对于任意一个逻辑函数 F，如果将式中的逻辑与“·”换成逻辑或“+”，逻辑或“+”换为逻辑与“·”；“0”换为“1”，“1”换为“0”；所得到新的逻辑函数 F'称为原函数 F 的对偶式。例如，若 $F=A\overline{B}+\overline{A}B$，则 $F'=(A+\overline{B})(\overline{A}+B)$；若 $F=A\overline{BC}+\overline{A\overline{D}B}$，则 $F'=(A+\overline{B+C})(\overline{A+\overline{D}+B})$。

如果两个逻辑函数相等，则它们的对偶式也相等。不难证明，表 2-10 所列的基本公式中左、右两边的等式均互为对偶式。

2.3　逻辑函数常用的描述方法及相互间的转换

2.3.1　逻辑函数常用的描述方法

逻辑函数常用的描述方法有逻辑表达式、真值表、卡诺图、逻辑电路图和波形图等。

1. 逻辑表达式

由逻辑变量和逻辑运算符号组成，用于表示变量之间逻辑关系的式子，称为逻辑表达式，简称表达式。常用的逻辑表达式有与或表达式、标准与或表达式、或与表达式、标准或与表达式、与非-与非表达式、或非-或非表达式、与或非表达式等。

与或表达式： $F = AB + AC\overline{D}$

标准与或表达式： $F = \overline{A}B\,\overline{C}D + ABC\overline{D} + ABCD$

或与表达式： $F = (A + B)(A + C + \overline{D})$

标准或与表达式： $F = (\overline{A} + \overline{B} + C + \overline{D})(A + B + C + D)(A + \overline{B} + C + \overline{D})$

与非-与非表达式： $F = \overline{\overline{AB}\,\overline{CD}}$

或非-或非表达式： $F = \overline{\overline{A + B} + \overline{C + D}}$

与或非表达式： $F = \overline{AB + CD}$

2. 真值表

用来反映变量所有取值组合及对应函数值的表格，称为真值表。例如，对于三变量的判断奇数个1的电路中，当 A、B、C 这三个变量中有奇数个1时，输出 F 为1；否则，输出 F 为0，其真值表见表2-13。

表2-13 三变量判断奇数个1电路的真值表

A	B	C	F
0	0	0	0
0	0	1	1
0	1	0	1
0	1	1	0
1	0	0	1
1	0	1	0
1	1	0	0
1	1	1	1

3. 卡诺图

将逻辑函数的 n 个逻辑变量分成两组，分别在横竖两个方向排列出各组变量的所有取值组合，构成一个有 2^n 个方格的图形，其中每一个方格对应所有逻辑变量的一个取值组合，这种图形称为卡诺图。卡诺图分变量卡诺图和函数卡诺图两种。在变量卡诺图的所有方格中，没有相应的函数值，而在函数卡诺图中，每个方格上都有相应的函数值。

图2-5为2～5个变量的卡诺图，方格中的数字为该方格对应变量取值组合的十进制数，亦称该方格的编号。

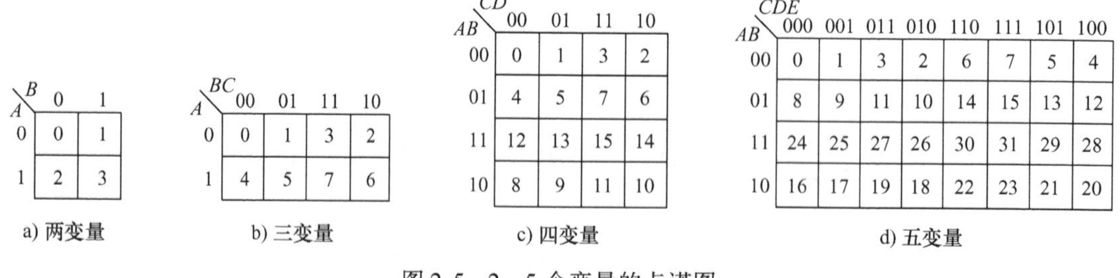

a) 两变量 b) 三变量 c) 四变量 d) 五变量

图2-5 2～5个变量的卡诺图

图2-6为一个四变量逻辑函数的卡诺图，方格中的0和1表示对应变量取值组合下该函数的取值。

4. 逻辑电路图

由逻辑门电路符号构成的，用来表示逻辑变量之间关系的图形称为逻辑电路图，简称电路图。图 2-7 为函数 $F=\overline{A\overline{B}+\overline{\overline{A}\,\overline{B+C}}(C\oplus D)}$ 的逻辑电路图。

AB \ CD	00	01	11	10
00	0	1	0	1
01	1	1	1	0
11	0	0	0	1
10	0	1	1	0

图 2-6　一个四变量逻辑函数的卡诺图

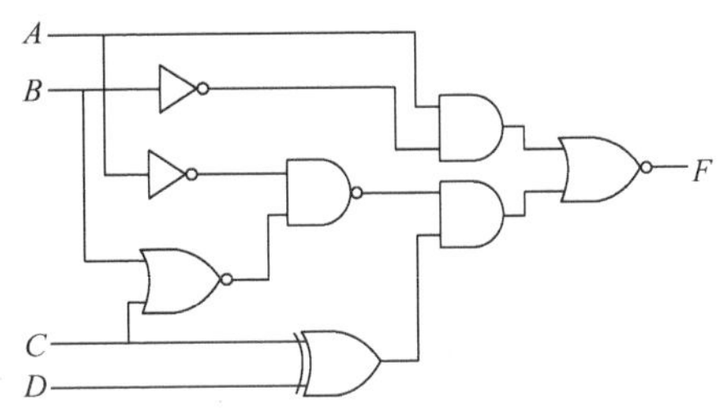

图 2-7　函数 F 的逻辑电路图

5. 波形图

波形图绘制了逻辑函数的输出与输入之间不同时刻的电平变化关系，也可表示输入端在不同逻辑信号作用下所对应的输出信号之间的逻辑关系。图 2-8 是表 2-14 真值表所对应的波形图。

表 2-14　真值表

A	B	F
0	0	0
0	1	1
1	0	1
1	1	0

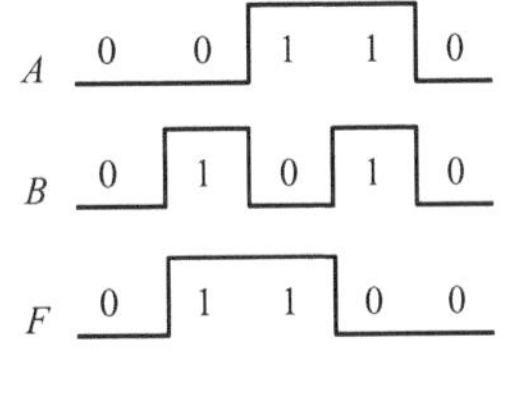

图 2-8　波形图

2.3.2　不同描述方法之间的转换

1. 表达式→真值表

由表达式列函数的真值表时，首先按自然二进制码递增的顺序列出函数所含输入逻辑变量的所有不同取值组合，再确定其对应的函数值。

例 2-1　列出逻辑函数 $F=A\overline{B}+B\overline{C}+C\overline{A}$ 的真值表。

解：将变量 A、B、C 的各个取值组合逐个代入逻辑函数中，求出相应的函数值。ABC 取 000 时，F 为 0；ABC 取 001 时，F 为 1；…；ABC 取 110 时，F 为 1；ABC 取 111 时，F 为 0。按自然二进制码递增的顺序列出变量 A、B、C 的所有不同取值组合，再根据以上的分析结果，可以得到表 2-15 所示的真值表。

表 2-15　逻辑函数 $F=A\overline{B}+B\overline{C}+C\overline{A}$ 的真值表

A	B	C	F
0	0	0	0
0	0	1	1
0	1	0	1
0	1	1	1
1	0	0	1
1	0	1	1
1	1	0	1
1	1	1	0

例 2-2 求逻辑函数 $F=AC+\overline{B}\,\overline{A+D}+AB\overline{C}D$ 的真值表。

解：采用例 2-1 的方法时，首先确定四个输入变量的所有 16 种取值组合对应 F 的取值，然后列出真值表。也可以采用如下方法：先将逻辑函数转化为与或表达式，再找出使每个与项等于 1 的取值组合，这些组合对应的函数值为 1。例 2-2 逻辑函数的与或表达式为

$$F=AC+\overline{B}\,\overline{A+D}+AB\overline{C}D=AC+\overline{A}\,\overline{B}\,\overline{D}+AB\overline{C}D$$

第一个与项为 AC，A、C 同时为 1 时，AC 值为 1，其中包括 1010、1011、1110、1111 四个组合；第二个与项为 $\overline{A}\,\overline{B}\,\overline{D}$，当 A、B、D 同时为 0 时，其值为 1，包括 0000、0010 两个组合；第三个与项为 $AB\overline{C}D$，只有当 $ABCD$ 为 1101 时，其值才为 1，其余全为 0。因此，可得真值表见表 2-16。

表 2-16 逻辑函数 $F=AC+\overline{B}\,\overline{A+D}+AB\overline{C}D$ 的真值表

A	B	C	D	F
0	0	0	0	1
0	0	0	1	0
0	0	1	0	1
0	0	1	1	0
0	1	0	0	0
0	1	0	1	0
0	1	1	0	0
0	1	1	1	0
1	0	0	0	0
1	0	0	1	0
1	0	1	0	1
1	0	1	1	1
1	1	0	0	0
1	1	0	1	1
1	1	1	0	1
1	1	1	1	1

2. 真值表→表达式

由真值表写函数的表达式时，有两种标准形式：标准与或表达式、标准或与表达式。

（1）标准与或表达式 标准与或表达式是一种特殊的与或表达式，其中的每个与项都包含了逻辑函数所包含的所有逻辑变量，每个变量以原变量或反变量出现一次且仅出现一次，这样的与项称为标准与项，又称最小项。

最小项的主要性质：

1）每个最小项都与变量唯一的一个取值组合相对应，只有该取值组合使这个最小项取值为 1，其余任何组合均使该最小项为 0。

2）所有最小项相或，结果为 1。

3）任意两个不同的最小项相与，结果为 0。

最小项的编号是指最小项对应变量取值组合的大小。

求最小项对应的变量取值组合时，如果变量为原变量，则对应组合中变量取值为 1；如果变量为反变量，则对应组合中变量取值为 0。例如，A、B、C 的最小项 $A\overline{B}C$ 对应的变量取值组合为 101，其大小为 5，所以，$A\overline{B}C$ 的编号为 5，记为 m_5。

一个逻辑函数的表达式不是唯一的，例如，函数 $F=A(B+C)$ 又可以写成 $F=AB+AC$。但是，一个逻辑函数的标准与或表达式是唯一的。由函数的一般与或表达式可以容易地写出其标准与或表达式。具体方法为：如果一个与项缺少某变量，则与上该变量和其反变量的逻辑或（依据：$1\cdot A=A$，$1=A+\overline{A}$），直至每一个与项都是最小项为止。

例 2-3 写出函数 $F=A+\overline{B}C+\overline{A}B\,\overline{C}$ 的标准与或表达式。

解：$F=A+\overline{B}C+\overline{A}B\overline{C}$

$$=A(B+\overline{B})(C+\overline{C})+(A+\overline{A})\overline{B}C+\overline{A}B\overline{C}$$

$$=ABC+A\overline{B}C+AB\overline{C}+A\overline{B}\,\overline{C}+A\overline{B}C+\overline{A}\,\overline{B}C+\overline{A}B\overline{C}$$

$$=\overline{A}\,\overline{B}C+\overline{A}B\overline{C}+A\overline{B}\,\overline{C}+A\overline{B}C+AB\overline{C}+ABC$$

也可以写成

$$F(A,B,C)=m_1+m_2+m_4+m_5+m_6+m_7$$

或 $F(A,B,C)=\sum m(1,2,4,5,6,7)$

从上面的例子可以看出，一个与项如果缺少一个变量，则生成两个最小项；一个与项如果缺少两个变量，则生成四个最小项；依此类推，一个与项如果缺少 n 个变量，则生成 2^n 个最小项。

由真值表求函数的标准与或表达式时，找出真值表中函数值为 1 的对应组合，将这些组合对应的最小项相或即可。

表 2-17 例 2-4 函数的真值表

A	B	C	F
0	0	0	0
0	0	1	1
0	1	0	1
0	1	1	0
1	0	0	1
1	0	1	0
1	1	0	0
1	1	1	1

例 2-4 已知逻辑函数的真值表见表 2-17，写出函数的标准与或表达式。

解： 从表中可以看出，逻辑函数包含三个变量 A、B、C。当 A、B、C 取值为 001、010、100、111 时，函数 F 的值为 1。这四种组合对应的最小项分别为 $\overline{A}\,\overline{B}C$、$\overline{A}B\overline{C}$、$A\overline{B}\,\overline{C}$、$ABC$，因此，函数 F 的标准与或表达式为

$$F(A,B,C)=\overline{A}\,\overline{B}C+\overline{A}B\overline{C}+A\overline{B}\,\overline{C}+ABC$$
$$=m_1+m_2+m_4+m_7$$
$$=\sum m(1,2,4,7)$$

（2）标准或与表达式　标准或与表达式是一种特殊的或与表达式，其中的每个或项都包含了所有输入逻辑变量，每个变量以原变量或反变量出现一次且仅出现一次。这样的或项称为标准或项，又称最大项。

最大项的主要性质：

1）每个最大项都与变量的唯一的一个取值组合相对应，只有该组合使这个最大项取值为 0，其余任何组合均使该最大项为 1。

2）所有最大项相与，结果为 0。

3）任意两个不同的最大项相或，结果为 1。

最大项的编号是指最大项对应变量取值组合的大小。

求最大项对应的变量取值组合时，如果变量为原变量，则对应组合中变量取值为 0；如果变量为反变量，则对应组合中变量取值为 1。例如，A、B、C 的最大项（$A+\overline{B}+C$）对应的变量取值组合为 010，其大小为 2，因而，（$A+\overline{B}+C$）的编号为 2，记为 M_2。

一个逻辑函数的标准与或表达式是唯一的。同样，一个逻辑函数的标准或与表达式也是唯一的。由函数的一般或与表达式可以很容易写出其标准或与表达式。具体方法如下：如果一个或项缺少某变量，则或上该变量和其反变量的逻辑与（依据：$0+A=A$，$0=\overline{A}A$），直至

每一个或项都为最大项为止。

例 2-5 写出函数 $F=A(\overline{B}+C)$ 的标准或与表达式。

解：
$$\begin{aligned}F&=A(\overline{B}+C)\\&=(A+B\overline{B}+C\overline{C})(A\overline{A}+\overline{B}+C)\\&=(A+B+C)(A+\overline{B}+C)(A+B+\overline{C})(A+\overline{B}+\overline{C})(A+\overline{B}+C)(\overline{A}+\overline{B}+C)\\&=(A+B+C)(A+\overline{B}+C)(A+B+\overline{C})(A+\overline{B}+\overline{C})(\overline{A}+\overline{B}+C)\end{aligned}$$

也可以写成

$$F(A,B,C)=M_0\cdot M_1\cdot M_2\cdot M_3\cdot M_6$$

或

$$F(A,B,C)=\prod M(0,1,2,3,6)$$

从上述例子可以看出，一个或项如果缺少一个变量，则生成两个最大项；一个或项缺少两个变量，则生成四个最大项；依此类推，一个或项如果缺少 n 个变量，则生成 2^n 个最大项。

由真值表求函数的标准或与表达式时，找出真值表中函数值为 0 的对应组合，将这些组合对应的最大项相与即可。

例 2-6 已知逻辑函数的真值表见表 2-18，写出函数的标准或与表达式。

表 2-18 例 2-6 函数的真值表

A	B	C	F
0	0	0	1
0	0	1	0
0	1	0	0
0	1	1	1
1	0	0	0
1	0	1	1
1	1	0	1
1	1	1	0

解：从表中可以看出，当变量 A、B、C 取 001、010、100、111 这四种组合时，函数 F 的值为 0。这四种组合对应的最大项分别为 $A+B+\overline{C}$、$A+\overline{B}+C$、$\overline{A}+B+C$、$\overline{A}+\overline{B}+\overline{C}$，因此，函数 F 的标准或与表达式为

$$\begin{aligned}F(A,B,C)&=(A+B+\overline{C})(A+\overline{B}+C)(\overline{A}+B+C)(\overline{A}+\overline{B}+\overline{C})\\&=M_1\cdot M_2\cdot M_4\cdot M_7\\&=\prod M(1,2,4,7)\end{aligned}$$

（3）标准与或表达式和标准或与表达式之间的转换　同一函数，其标准与或表达式中最小项的编号和其标准或与表达式中最大项的编号是互补的，即在标准与或表达式中出现的最小项编号不会在其标准或与表达式的最大项编号中出现，而不在标准与或表达式中出现的最小项编号一定在其标准或与表达式的最大项编号中出现。

例 2-7 已知 $F(A,B,C)=\overline{A}\,\overline{B}C+\overline{A}B\overline{C}+A\overline{B}\,\overline{C}+ABC$，写出其标准或与表达式。

解：
$$\begin{aligned}F(A,B,C)&=\overline{A}\,\overline{B}C+\overline{A}B\overline{C}+A\overline{B}\,\overline{C}+ABC\\&=\sum m(1,2,4,7)\\&=\prod M(0,3,5,6)\\&=(A+B+C)(A+\overline{B}+\overline{C})(\overline{A}+B+\overline{C})(\overline{A}+\overline{B}+C)\end{aligned}$$

例 2-8 已知 $F(A,B,C)=(A+B+\overline{C})(A+\overline{B}+\overline{C})(\overline{A}+B+\overline{C})(\overline{A}+\overline{B}+\overline{C})$，试写出其标准与或表达式。

解： $F(A,B,C)=(A+B+\overline{C})(A+\overline{B}+\overline{C})(\overline{A}+B+\overline{C})(\overline{A}+\overline{B}+\overline{C})$

$$=\prod M(1,3,5,7)$$

$$=\sum m(0,2,4,6)$$

$$=\overline{A}\,\overline{B}\,\overline{C}+\overline{A}B\overline{C}+A\overline{B}\,\overline{C}+AB\overline{C}$$

3. 真值表→卡诺图

已知逻辑函数的真值表，若要画出其卡诺图，只需找出真值表中函数为 1 的变量组合，确定其大小编号（即为其最小项的编号），并在卡诺图中具有相应编号的方格中标上 1，即可得到该函数的卡诺图；其他组合则函数取值为 0。

例如，对表 2-19 所示的逻辑函数 *F* 的真值表，其卡诺图如图 2-9 所示。

表 2-19　逻辑函数 *F* 的真值表

A	*B*	*C*	*D*	*F*	*A*	*B*	*C*	*D*	*F*
0	0	0	0	0	1	0	0	0	0
0	0	0	1	1	1	0	0	1	1
0	0	1	0	1	1	0	1	0	0
0	0	1	1	0	1	0	1	1	1
0	1	0	0	1	1	1	0	0	0
0	1	0	1	1	1	1	0	1	0
0	1	1	0	0	1	1	1	0	1
0	1	1	1	1	1	1	1	1	0

4. 卡诺图→真值表

已知逻辑函数的卡诺图，要列出函数的真值表，只需找出卡诺图中函数值为 1 的方格所对应的变量组合，并在真值表中令相应组合的函数值为 1，其他取值组合函数取值为 0，即可得到函数真值表。

AB \ *CD*	00	01	11	10
00	0	1	0	1
01	1	1	1	0
11	0	0	0	1
10	0	1	1	0

图 2-9　逻辑函数 *F* 的卡诺图

图 2-10 为逻辑函数 *F* 的卡诺图，图中 *F* 取值为 0 的“0”省略不填。从图中可以看出，当 *ABC* 为 001、011、100 和 110 时，逻辑函数 *F* 的值为 1。逻辑函数 *F* 的真值表见表 2-20。

A \ *BC*	00	01	11	10
0		1	1	
1	1			1

图 2-10　逻辑函数 *F* 的卡诺图

表 2-20　逻辑函数 *F* 的真值表

A	*B*	*C*	*F*
0	0	0	0
0	0	1	1
0	1	0	0
0	1	1	1
1	0	0	1
1	0	1	0
1	1	0	1
1	1	1	0

5. 表达式→卡诺图

已知逻辑函数的表达式，要画出函数的卡诺图时，可以先将逻辑函数转化为一般的与或表达式，再找出使每个与项等于1的取值组合，最后将卡诺图中对应这些组合的方格标为1即可。

例2-9 画出逻辑函数 $F=AC+\overline{B}\,\overline{A+D}+AB\overline{C}D$ 的卡诺图。

解： $F=AC+\overline{B}\,\overline{A+D}+AB\overline{C}D=AC+\overline{A}\,\overline{B}\,\overline{D}+AB\overline{C}D$

当 A、C 同时为1时，第一个与项 AC 为1。$A=1$ 对应卡诺图的第三行和第四行，$C=1$ 对应卡诺图第三列和第四列，因此，将第三、四行与第三、四列相交的4个方格标为1。

当 A、B、D 同时为0时，第二个与项 $\overline{A}\,\overline{B}\,\overline{D}$ 等于1。A、B 同时为0对应卡诺图的第一行，D 为0对应卡诺图的第一列和第四列，因此，将第一行和第一、四列相交的两个方格标为1。

当 $ABCD$ 为1101时，第三个与项 $AB\overline{C}D$ 的值为1。AB 为11对应卡诺图的第三行，CD 为01对应卡诺图的第二列，因此将第三行和第二列公共的一个方格标为1。结果得到图2-11所示的卡诺图，为便于用卡诺图清晰地表示逻辑函数，逻辑函数取值为0的方格均省略而不填入0。

AB \ CD	00	01	11	10
00	1			1
01				
11		1	1	1
10			1	1

图2-11 例2-9函数 F 的卡诺图

从上面的例子可以看出，一个与项如果缺少一个变量，对应卡诺图中的两个方格；一个与项如果缺少两个变量，对应卡诺图中的四个方格；依此类推，一个与项如果缺少 n 个变量，则对应卡诺图中的 2^n 个方格。

6. 卡诺图→标准表达式

已知函数卡诺图时，也可以写出函数的两种标准表达式：标准与或表达式、标准或与表达式。

（1）由卡诺图求函数的标准与或表达式　已知函数的卡诺图要写出函数的标准与或表达式时，将卡诺图中所有函数值为1的方格对应的最小项相或即可。

例2-10 已知函数 F 的卡诺图如图2-12所示，写出函数的标准与或表达式。

解： 从卡诺图中看到，在编号为0、2、7、8、10、13的方格中，函数 F 的值为1，这些方格对应的最小项分别为 $\overline{A}\,\overline{B}\,\overline{C}\,\overline{D}$、$\overline{A}\,\overline{B}C\overline{D}$、$\overline{A}BCD$、$A\overline{B}\,\overline{C}\,\overline{D}$、$A\overline{B}C\overline{D}$、$AB\overline{C}D$。因此，函数 F 的标准与或表达式为

$$F=\overline{A}\,\overline{B}\,\overline{C}\,\overline{D}+\overline{A}\,\overline{B}C\overline{D}+\overline{A}BCD+A\overline{B}\,\overline{C}\,\overline{D}+A\overline{B}C\overline{D}+AB\overline{C}D$$

（2）由卡诺图求函数的标准或与表达式　已知函数的卡诺图要写出函数的标准或与表达式时，将卡诺图中所有函数值为0的方格对应的最大项相与即可。

例2-11 已知函数 F 的卡诺图如图2-13所示，写出函数的标准或与表达式。

解： 从卡诺图中看到，在编号为1、5、9、15的方格中，函数 F 的值为0，这些方格对应的最大项分别为 $A+B+C+\overline{D}$、$A+\overline{B}+C+\overline{D}$、$\overline{A}+B+C+\overline{D}$、$\overline{A}+\overline{B}+\overline{C}+\overline{D}$。

因此，可以写出如下的标准或与表达式：

$$F=(A+B+C+\overline{D})(A+\overline{B}+C+\overline{D})(\overline{A}+B+C+\overline{D})(\overline{A}+\overline{B}+\overline{C}+\overline{D})$$

此外，表达式和逻辑电路图之间也可以相互转换，不再赘述。

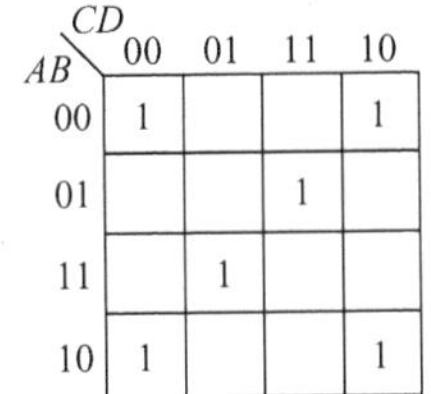

图 2-12 例 2-10 函数 F 的卡诺图

AB \ CD	00	01	11	10
00	1		1	1
01	1		1	1
11	1	1		1
10	1		1	1

图 2-13 例 2-11 函数 F 的卡诺图

2.3.3 逻辑函数的建立及其描述方法

在生产和科学实验中，为了解决某个实际问题，必须研究其输出与输入之间的逻辑关系，从而得出相应的逻辑函数。一般来说，首先应根据提出的实际逻辑命题，确定哪些是输入逻辑变量，哪些是输出逻辑变量；然后研究它们之间的因果关系，列出真值表；再根据真值表写出逻辑函数表达式。下面举一个实例来说明逻辑函数的建立步骤以及逻辑函数的几种函数的描述方法。

例 2-12 用与非门设计一个三人表决电路，要求当多数同意时决议才能通过，否则决议不能通过。

解： 1）首先进行逻辑抽象，按照题意，分别用 A、B、C 三个逻辑变量表示参与表决的三个人，如果同意决议取值为逻辑“1”，否则取值为逻辑“0”；用 F 表示决议结果，如果通过取值为逻辑“1”，否则取值为逻辑“0”。因此，A、B、C 为输入变量，F 为输出变量。

2）分析逻辑变量之间的因果关系，列出此逻辑函数的真值表，见表 2-21。

表 2-21 例 2-12 逻辑函数的真值表

A	B	C	F
0	0	0	0
0	0	1	0
0	1	0	0
0	1	1	1
1	0	0	0
1	0	1	1
1	1	0	1
1	1	1	1

3）根据真值表可写出逻辑函数表达式。

由 2.3.2 节真值表与表达式的转换方法可得输出 F 的逻辑函数表达式为

$$F(A,B,C)=\sum m(3,5,6,7)$$

4）根据逻辑函数表达式画出卡诺图，如图 2-14 所示，化简后的最简与或式为

$$F=BC+AB+AC$$

转换为与非-与非表达式为

$$F=\overline{\overline{BC}\cdot\overline{AB}\cdot\overline{AC}}$$

5）根据逻辑函数表达式画出逻辑电路图，如图 2-15 所示。

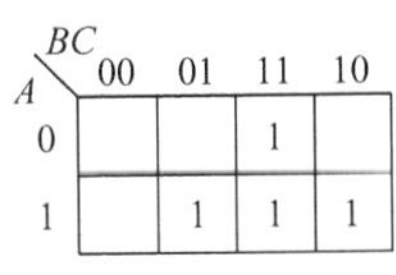

图 2-14 卡诺图

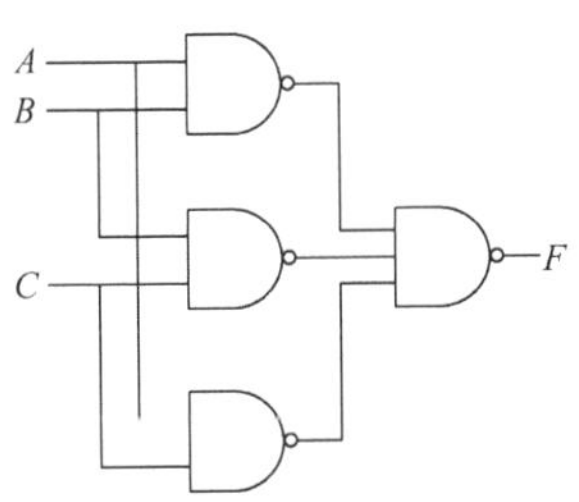

图 2-15 三人表决逻辑电路图

从以上所举实例可以看出，逻辑函数的几种表示方法——逻辑描述式、真值表、卡诺图、逻辑电路图等彼此是等价的。

2.4 逻辑函数的简化

2.4.1 逻辑函数的最简形式

同一逻辑函数可以采用不同的逻辑电路图来实现，而这些逻辑电路图所采用的器件的种类或数量可能会有所不同，化简逻辑函数可以简化电路、节省器件、降低成本、提高系统的可靠性。因此，化简逻辑函数对工程设计来说具有重要意义。

逻辑函数的最简表达式有很多种，常用的有两种：最简与或表达式和最简或与表达式。不同类型的逻辑函数表达式，最简的定义也不相同。

在逻辑函数中，与或式 $F_1=AB+BC$、或与式 $F_2=(A+B)(B+C)$ 是最常见的两种逻辑表达式。与或式的最简标准是：①包含的与项个数最少；②各与项中包含的变量个数最少。或与式的最简标准是：①包含的或项个数最少；②各或项中包含的变量个数最少。

常用的化简方法有公式化简法和卡诺图化简法两种。

2.4.2 逻辑函数的公式化简

公式化简法就是运用逻辑代数的基本公式和常用公式，消去与或逻辑函数式中多余的乘积项和每个乘积项中多余的变量，以求得逻辑函数表达式的最简形式。逻辑运算的优先级应按非、与、或的顺序排列，对于那些优先级别低又要优先运算的要用括号括起来，公式化简法没有固定的步骤，现将一些常用的方法归纳如下：

1. 并项法

利用结合律 $AB+A\overline{B}=A$，将两个与项合并为一个，消去其中一个变量。例如

$$F_1=AB\overline{C}+\overline{A}B\overline{C}=B\overline{C}(A+\overline{A})=B\overline{C}$$

$$\begin{aligned}F_2&=(A\overline{B}+\overline{A}B)C+(AB+\overline{A}\,\overline{B})C\\&=(A\overline{B}+\overline{A}B)C+\overline{A\overline{B}+\overline{A}B}C=C\end{aligned}$$

2. 吸收法

利用吸收律 $A+AB=A$，吸收多余的与项。例如

$$F_1=A\overline{C}+AB\overline{C}D(E+F)=A\overline{C}[1+BD(E+F)]=A\overline{C}$$

$$\begin{aligned}F_2&=\overline{A}+\overline{A\,\overline{BC}}\;\overline{B+AC+\overline{D}}+BC\\&=(\overline{A}+BC)+(\overline{A}+BC)\overline{B+AC+\overline{D}}\\&=\overline{A}+BC\end{aligned}$$

3. 消因子法

利用吸收律 $A+\overline{A}B=A+B$ 消去某些与项中的变量。例如

$$F_1=AB+\overline{A}BC+\overline{B}=A+\overline{B}+C$$

$$
\begin{aligned}
F_2 &= AB + \bar{A}C + \bar{B}C = AB + (\bar{A} + \bar{B})C \\
&= AB + \overline{AB}C = AB + C
\end{aligned}
$$

4. 消项法

利用吸收律 $AB + \bar{A}C + BC = AB + \bar{A}C$，将某些与项消去。

例如

$$
F_1 = AC + A\bar{B} + \overline{B + C} = AC + A\bar{B} + \bar{B}\,\bar{C} = AC + \bar{B}\,\bar{C}
$$

$$
\begin{aligned}
F_2 &= A\,\bar{B}C\,\bar{D} + \overline{A\,\bar{B}}E + \bar{A}C\,\bar{D}E = A\,\bar{B}C\,\bar{D} + \bar{A}E + BE + \bar{A}C\,\bar{D}E \\
&= A\bar{B}C\bar{D} + \bar{A}E + BE
\end{aligned}
$$

5. 配项法

利用 $A + \bar{A} = 1$，$A + A = A$，$A \cdot A = A$，$1 + A = 1$ 等基本公式给某些逻辑函数配上适当的项，进而可消去原函数中的某些项或变量。例如

$$
\begin{aligned}
F_1 &= \bar{A}B + A\,\bar{B} + AB = \bar{A}B + AB + A\,\bar{B} + AB \\
&= (\bar{A} + A)B + (\bar{B} + B)A = B + A
\end{aligned}
$$

$$
\begin{aligned}
F_2 &= A + \bar{A}B = A(B + \bar{B}) + \bar{A}B \\
&= \bar{A}B + A\,\bar{B} + AB = A + B
\end{aligned}
$$

实际上，在化简一个较复杂的逻辑函数时，总是根据逻辑函数的不同构成，综合应用上述几种方法。例如

$$
\begin{aligned}
F &= \bar{A}BC + AC + \bar{A}B\,\bar{C} + A\,\bar{B} + BC + AB + \bar{A}\,\bar{B}C \\
&= \bar{A}B + A\,\bar{B} + AB + AC + BC + \bar{A}\,\bar{B}C \\
&= A + B + AC + BC + \bar{A}\,\bar{B}C \\
&= A + B + C
\end{aligned}
$$

还可利用基本公式对逻辑函数做形式上的变换，以便选用适合的器件来实现其逻辑功能。如将与或式变换成与非-与非表达式，以便用与非门来实现。例如

$$
F = AB + \bar{A}\,\bar{B} = \overline{\overline{AB + \bar{A}\,\bar{B}}} = \overline{\overline{AB}\;\overline{\bar{A}\,\bar{B}}}
$$

将或与式变换成或非-或非表达式，以便用或非门来实现，例如

$$
\begin{aligned}
F &= (A + \bar{B})(\bar{A} + B) = \overline{\overline{(A + \bar{B})(\bar{A} + B)}} \\
&= \overline{\overline{A + \bar{B}} + \overline{\bar{A} + B}}
\end{aligned}
$$

2.4.3　逻辑函数的卡诺图化简

用公式法化简逻辑函数时，一方面，不仅要熟记逻辑代数的基本公式，而且还需要有熟练的运算技巧；另一方面，经过化简后的逻辑函数是否是最简或最佳表达式，有时也难以确定。与之相比，应用卡诺图化简逻辑函数，则简捷直观、灵活方便，且容易确定是否已得到

最简结果。但是，当逻辑函数的变量数 $n>6$ 以后，由于卡诺图中小方格的相邻性已很难确定，使用起来就不太方便，复杂的逻辑表达式也可以借助 EDA 来进行化简。

1. 用卡诺图表示逻辑函数

在卡诺图中，由行和列两组变量构成的每一个小方格，都代表了逻辑函数的一个最小项，变量取值为 1 的代表原变量，为 0 的代表反变量。如一个四变量逻辑函数的最小项 $AB\overline{C}D$，在卡诺图中对应于第三行和第二列相交的小方格。对于任何一个最小项逻辑函数表达式，可将其含有的全部最小项在卡诺图相应的小方格中填入 1，没有的最小项填入 0，（为了简便，0 也可省略不填）。例如，有一个四变量函数的最小项表达式为

$$F=\overline{A}B\overline{C}\,\overline{D}+A\overline{B}\,\overline{C}D+\overline{A}B\overline{C}D+ABCD$$

其卡诺图如图 2-16 所示。

若逻辑函数为一般与或表达式，无须先变换成最小项表达式，可直接将其填写在卡诺图中。填写的方法是：首先根据逻辑函数的变量数画出对应的卡诺图，然后将各乘积项逐次填入卡诺图中，如果所填写的乘积项不是最小项，乘积项中缺少一个变量，说明其应含有两个相邻的最小项，在卡诺图中应为两个与乘积项的变量相对应的小方格，所缺变量在这两个小方格中，一个为原变量，一个为反变量；若缺少两个变量，说明该乘积项是由四个最小项组成，在卡诺图中应占相邻的小方格，以此类推。例如

$$F=AB+A\overline{C}D+\overline{A}D+BCD$$

是一个四变量的逻辑函数，先填乘积项 AB，缺少两个变量 C、D，显然，它是由四个最小项组成，在卡诺图中应占有四个小方格，是图中变量为 AB 的第三行；乘积项 $A\overline{C}D$ 中缺变量 B，是卡诺图中第三行和第四行与第二列相交的两个小方格。同理，可将其余的乘积项填入卡诺图中，其卡诺图如图 2-17 所示。注意重复填 1 的小方格仍为 1，因为 $1+1=1$。

AB \ CD	00	01	11	10
00				
01	1	1		
11			1	
10		1		

图 2-16 卡诺图的填写方法

AB \ CD	00	01	11	10
00		1	1	
01		1	1	
11	1	1	1	1
10		1		

图 2-17 非最小项逻辑函数表达式填入卡诺图的方法

2. 用卡诺图化简逻辑函数

（1）相邻小方格的合并规则 在卡诺图中，凡相邻的两个小方格（几何位置上挨着的最小项，此种情况称之为几何相邻）都具有逻辑相邻性。两个最小项只有一个变量取值不同，其他变量取值相同，这种关系称之为逻辑相邻性。逻辑相邻的最小项相或时，可利用公式 $AB+A\overline{B}=A$ 进行合并，合并时应注意以下规则：

1）两（2^1）个逻辑相邻的小方格（最小项）可以合并成一个乘积项，且消去一个变量，如图 2-18a 所示。

2）四（2^2）个逻辑相邻的小方格可合并成一个乘积项，且消去两个变量，如图 2-18b 所示。

3）N（2^k，k 为正整数）个逻辑相邻的小方格可合并成一个乘积项，且消去 k 个变量，

如图 2-18c、d 所示。

（2）用卡诺图化简逻辑函数的步骤

1）用卡诺图表示逻辑函数。将逻辑函数 F 变换成与或式，凡 F 中包含的最小项，在其卡诺图相应的小方格中填 1，其余的小方格空着或填 0。

2）合并最小项。

① 将逻辑相邻的 2^k 个为 1 的小方格圈在一起，画图时要将尽可能多的小方格圈在一起，圈画得越大，消去的变量就越多。

② 所画的圈内都必须至少包含一个未被圈过的最小项，否则所得的乘积项是冗余项。

③ 所画的圈必须是矩形。

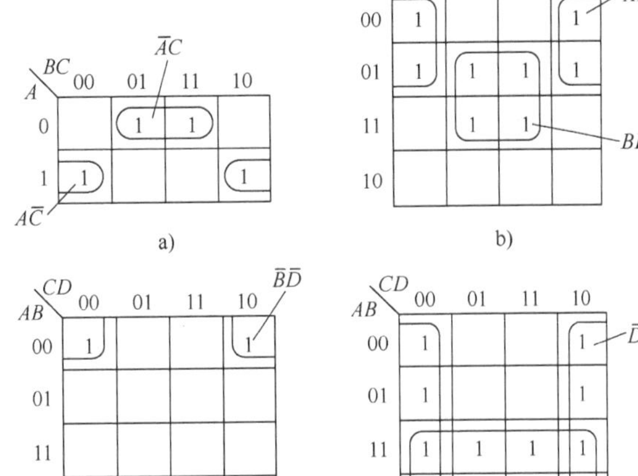

图 2-18 卡诺图相邻小方格的圈法

一般是先画大圈，最后圈孤立的单个的小方格。

需要特别注意的是，卡诺图的第一行和最后一行、第一列与最后一列分别具有逻辑相邻性。

3）根据所画的圈写出相应的乘积项，将各乘积项相或，便可得到逻辑函数 F 的最简与或表达式。一个逻辑函数的最简与或式并不唯一，但所有最简与或式包括的与项个数、各与项中包含的变量个数是一致的，这也符合最简与或式判断规则。

例 2-13 用卡诺图化简逻辑函数

$$F=\bar{A}\bar{B}\bar{C}\bar{D}+A\bar{B}\bar{C}D+\bar{A}B\bar{C}+AB\bar{D}+\bar{A}BC+BCD$$

解： 1）将逻辑函数 F 填入卡诺图，如图 2-19 所示。

2）画圈。先圈含有最多最小项的圈，再圈包含最小项较少的圈，最后圈孤立的最小项，但每一次都必须包含至少一个未被圈过的最小项。

3）根据所圈的圈写出逻辑函数表达式。根据所圈的每一个圈所在位置的变量取值写出乘积项。将所有的乘积项相或，便可得到最简与或逻辑函数表达式为

$$F=\bar{A}B+BC+B\bar{D}+\bar{A}\bar{C}\bar{D}+A\bar{B}\bar{C}D$$

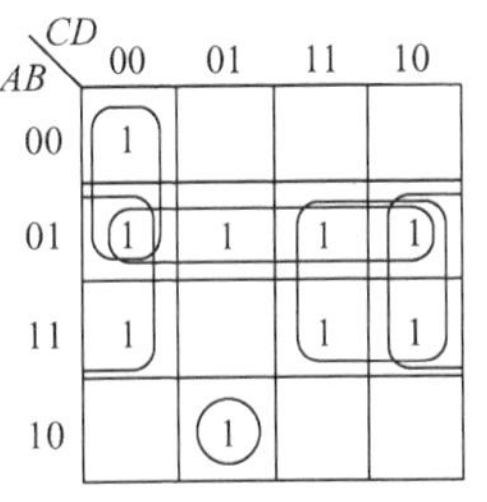
图 2-19 例 2-13 要求化简的逻辑函数 F 的卡诺图

2.5 具有无关项逻辑函数的化简

根据逻辑命题写出的逻辑函数通常有两大类；一类对于输入变量的取值组合逻辑函数的取值是完全确定的，不是逻辑 1 就是逻辑 0，这类逻辑函数的化简可按上述的方法进行；另一类逻辑函数的值却是不完全确定的，这类逻辑函数有以下两种情况：

1）输入变量的某些取值组合根本不存在，或者某些取值组合确实存在，但它的存在对逻辑函数的输出没有影响，将这些取值组合所对应的最小项称为任意项。

2）输入变量的某些取值组合实际存在，但对逻辑函数来讲是不允许它出现的，如果由于某种原因（如外界的干扰）一旦出现了，它将会导致逻辑函数输出混乱，这样一些取值组合所对应的最小项，称为约束项。

通常将任意项和约束项统称为无关项，在卡诺图中用 ϕ 或 $\times$ 表示。对具有无关项的逻辑函数来讲，其无关项的取值组合不会出现或者不能出现，逻辑函数的表达式中无论是否包含这些无关项都不会影响原函数的逻辑功能。由此可见，对包含无关项的逻辑函数化简时，可以利用无关项使逻辑函数得到进一步的化简。

例 2-14 有一水塔，用一大一小两台电动机 M_L 和 M_S 分别驱动两个水泵向水塔注水，当水塔的水位降到 C 点时，小电动机 M_S 单独驱动小水泵注水，当水位降到 B 点时，大电动机 M_L 单独驱动大水泵注水，当水位降到 A 点时由两台电动机同时驱动水泵注水，如图 2-20 所示。试设计一个控制电动机工作的逻辑电路。

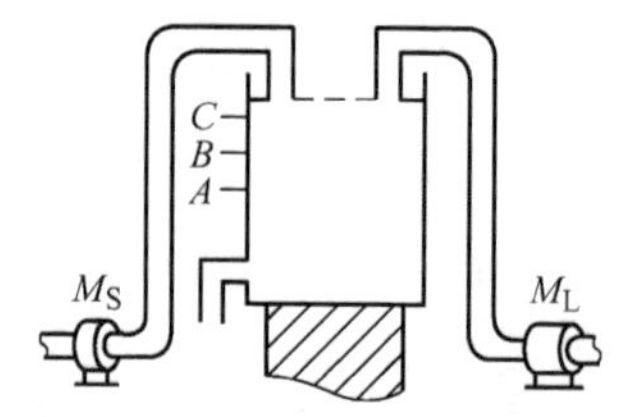

图 2-20 水塔的示意图

解：1）设水位 A、B、C 为逻辑变量，当水位降到 A、B、C 的某点时，取值为逻辑“1”，否则取值为逻辑“0”；电动机 M_S 和 M_L 工作时，取值为逻辑“1”，不工作时取值为逻辑“0”。因此，A、B、C 为输入变量，M_S 和 M_L 为输出变量。

2）分析逻辑变量之间的因果关系，列出此逻辑函数的真值表，见表 2-22，真值表中只包含实际中可能出现的输入变量四种取值组合。

3）根据真值表可写出逻辑函数表达式。

由真值表与表达式之间的转换方法可得两输出的逻辑函数表达式为

$$M_S = \overline{A}\,\overline{B}C + ABC = (\overline{A}\,\overline{B} + AB)C$$

$$M_L = \overline{A}BC + ABC = BC$$

4）根据逻辑函数表达式画出逻辑电路图，如图 2-21 所示。

表 2-22 例 2-14 逻辑函数的真值表

A	B	C	M_S	M_L
0	0	0	0	0
0	0	1	1	0
0	1	1	0	1
1	1	1	1	1

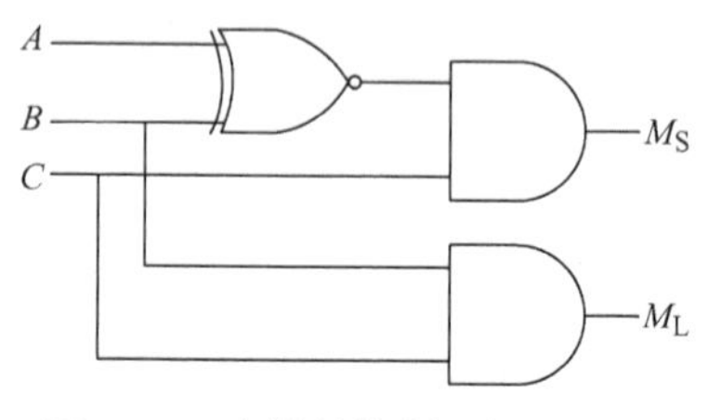

图 2-21 水塔的控制逻辑电路图

在此例中，A 点的水位低于 B 点和 C 点的水位，B 点水位低于 C 点的水位，其完整的真值表见表 2-23。由表中可以看出，三变量 A、B、C 的取值可以有八种不同的组合。但是，在这个具体实例中，水位已降到 A 点不可能没有降到 B 点或 C 点，显然，表 2-23 的 010、100、101、110 的四种取值组合实际上是不可能出现的，属于逻辑函数的任意项。在真值表中，对应这些任意项，逻辑函数的取值用 ϕ 或 $\times$ 表示。利用卡诺图化简包含任意项的逻辑函数时，对任意项所占有的小方格，可根据化简的需要圈入或不圈入所圈的圈中，如图 2-22 所示，其中图 2-22a、b 分别表示 M_S、M_L 的卡诺图。这样便可使逻辑函数得到进一步的化简，化简结果为 $M_S = A + \overline{B}C$，$M_L = B$，与图 2-21相比表达式简化很多。

表 2-23 包含任意项逻辑函数的真值表

A	B	C	M_S	M_L
0	0	0	0	0
0	0	1	1	0
0	1	0	ϕ	ϕ
0	1	1	0	1
1	0	0	ϕ	ϕ
1	0	1	ϕ	ϕ
1	1	0	ϕ	ϕ
1	1	1	1	1

A \ BC	00	01	11	10
0	0	1	0	ϕ
1	ϕ	ϕ	1	ϕ

a)

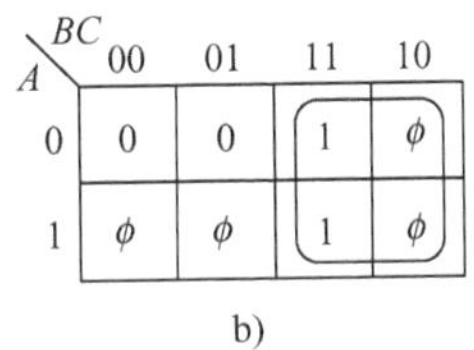

b)

图 2-22 例 2-14 利用任意项化简的卡诺图

2.6 用 Multisim 进行逻辑函数的化简与变换

通过 Multisim 中的“逻辑转换器”可以完成逻辑函数的化简与变换。

例 2-15 已知逻辑函数 F 的真值表见表 2-24，试用 Multisim 求出 F 的逻辑函数式，并将其化简为最简与或形式。

表 2-24 函数真值表

A	B	C	D	F
0	0	0	0	0
0	0	0	1	1
0	0	1	0	0
0	0	1	1	×
0	1	0	0	1
0	1	0	1	0
0	1	1	0	1
0	1	1	1	0
1	0	0	0	1
1	0	0	1	1
1	0	1	0	0
1	0	1	1	×
1	1	0	0	1
1	1	0	1	0
1	1	1	0	×
1	1	1	1	1

解： 启动 Multisim 以后，选择右侧仪表工具栏中的“Logic Converter”（逻辑转换器）。双击逻辑转换器，弹出图 2-23 所示的逻辑转换器操作窗口“Logic converter-XLC1”。

将表 2-24 所示的真值表键入到逻辑转换器操作窗口左半部分的表格中，然后单击“Conversions”选项中的第二个按钮，即可完成从真值表到逻辑表达式的转换。转换结果显示在逻辑操作窗口底部一栏中，即可得到

$$F(A,B,C,D) = A'B'C'D + A'BC'D' + A'BCD' + AB'C'D' + AB'C'D + ABC'D' + ABCD$$

由本例可知，从真值表转换来的逻辑式是以最小项之和形式给出的，也就得到了逻辑函数的标准与或表达式。

为了将逻辑函数化为最简与或形式，只需再单击图 2-24 “Conversions” 选项卡中的第三个按钮，如图 2-24所示，便可得到最简与或式

$$F(A,B,C,D) = AB'C' + B'D + BD' + ACD$$

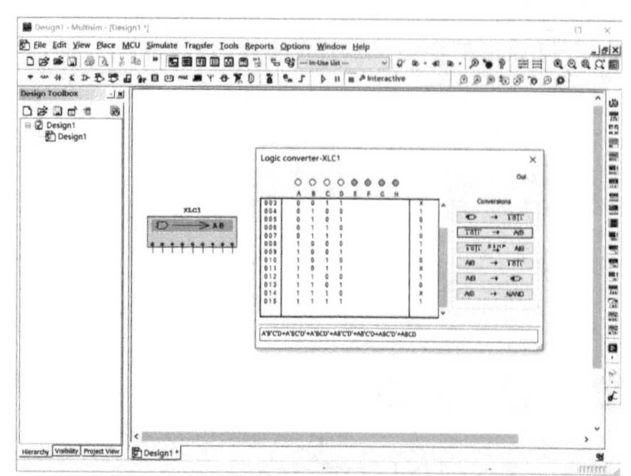

图 2-23 逻辑转换器操作窗口

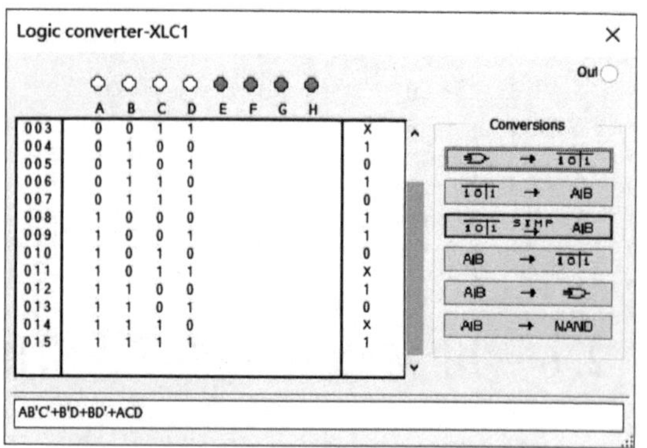

图 2-24 用逻辑转换器化简逻辑函数

从图 2-24 可以看到，利用 “Conversions” 选项中的六个按钮，可以在逻辑函数的真值表、标准与或式、最简与或式以及逻辑电路图之间任意进行转换。

本 章 小 结

本章首先介绍了计算机等数字设备中的常用计数制与编码，然后重点介绍了逻辑代数的逻辑运算、公式和定理、逻辑函数的描述方法及其相互转换、逻辑函数的化简方法。这些内容是分析和设计数字电路的基础，它们将贯穿全书的始终。

本章主要内容如下：

1）计算机等数字设备中常使用二进制数和十六进制数。

2）常用的 BCD 码。

3）逻辑代数是数字电路的基础，是与普通代数不同的代数系统。逻辑代数的基本运算、复合运算、基本公式、常用公式、运算规则及常用逻辑门的符号是学习的重点。

4）逻辑函数常用描述方法有：真值表、逻辑函数式、逻辑电路图、卡诺图和波形图。这几种方法之间可以相互转换。

5）逻辑函数的最小项、最大项、与或式、或与式。

6）逻辑函数的化简方法是本章的重点。常用的化简方法有两种：公式化简法和卡诺图化简法。公式化简法的优点是其使用不受任何条件的限制。但由于这种方法没有固定的步骤可循，所以在化简一些复杂的逻辑函数时不仅需要熟练地运用各种公式和定理，而且需要有一定的运算技巧和经验。

卡诺图化简法的优点是简单、直观，而且有一定的步骤可循。然而在逻辑变量超过五个时，该化简法将失去简单、直观的优点，使用不方便。而利用卡诺图对五个变量以下的逻辑函数化简，尤其包含任意项逻辑函数的化简尤为重要。

在设计实际数字系统时，为了减少所用器件的数目，通常不限于使用单一功能的门电路。这时希望得到的最简逻辑式可能既不是单一的与或式，也不是单一的与非式，而是一种混合的形式。因此，究竟将函数式化简成什么形式最为有利，还要根据选用哪些种类的电子器件而定。

Multisim 软件具有化简、变换逻辑函数描述方法的功能，利用这类软件，可以很容易地在计算机上完

成逻辑函数的化简或变换。

习 题

2-1 分别将十进制数 29. 625、127. 175 和 378. 425 转换成二进制数。

2-2 分别将二进制数 101101. 11010111 和 101011. 101101 转换成十进制数。

2-3 分别将二进制数 100110. 100111 和 101011101. 1100111 转换成十六进制数。

2-4 分别将十六进制数 3AD. 6EBH 和 6C2B. 4A7H 转换成二进制数。

2-5 试用真值表法证明下列逻辑等式：

（1）$AB+\bar{A}C+\bar{B}C=AB+C$

（2）$A\bar{B}+\bar{A}B+BC=A\bar{B}+\bar{A}B+AC$

（3）$A\bar{B}+B\bar{C}+C\bar{A}=\bar{A}B+\bar{B}C+\bar{C}A$

（4）$\bar{A}B+\bar{A}\bar{B}+BC+\bar{A}\bar{C}=\bar{A}+BC$

（5）$\overline{A\bar{B}+B\bar{C}+C\bar{D}+D\bar{A}}=ABCD+\bar{A}\bar{B}\bar{C}\bar{D}$

（6）$A\bar{B}+\overline{AB}+\bar{A}BC=\bar{A}+\bar{B}$

2-6 求下列各逻辑函数 F 的反函数 $\bar{F}$ 和对偶式 F'：

（1）$F_1=\overline{A+ABC+\bar{A}C}$

（2）$F_2=(A+B)(A+\overline{AB})C+\overline{\bar{A}(B+\bar{C})}+\bar{A}B+ABC$

（3）$F_3=A+\overline{\bar{B}+\overline{CD}}+\overline{\overline{AD}\,\overline{B}}$

（4）$F_4=\overline{\bar{A}\bar{B}+B\bar{D}+\bar{C}}+AB+\overline{\bar{B}+D}$

（5）$F_5=\overline{\overline{(AB+\bar{A}\bar{B})}\,\overline{(BC+\bar{B}\bar{C})}}$

（6）$F_6=\overline{\overline{CD+\bar{C}\bar{D}}}+\overline{\overline{\bar{A}C+\bar{D}B}}$

2-7 某逻辑电路有 A、B、C 共三个输入端，一个输出端 F，当输入信号中有奇数个 1 时，输出 F 为 1，否则输出为 0，试列出此逻辑函数的真值表，写出其逻辑表达式，并画出逻辑电路图。

2-8 设计一个三人表决电路，要求：当输入 A、B、C 中有半数以上人同意时，决议才能通过，但 A 有否决权，若 A 不同意，即使 B、C 都同意，决议也不能通过。

2-9 试用公式化简法证明题 2-5 中的各等式。

2-10 证明下列异或运算公式：

（1）$A\oplus A=0$

（2）$A\oplus 1=\bar{A}$

（3）$A\oplus 0=A$

（4）$A\oplus\bar{A}=1$

（5）$AB\oplus A\bar{B}=A$

（6）$A\oplus\bar{B}=\overline{A\oplus B}$

2-11 用公式化简法化简下列逻辑函数为最简与或式：

（1）$F_1=\overline{AB+A\bar{B}+\bar{A}B}\ (\bar{A}\bar{B}+CD)$

(2) $F_2=\overline{A\bar{B}\bar{C}+AC+\bar{A}B\bar{C}}+\bar{A}\bar{C}$

(3) $F_3=(AB+\bar{A}\bar{B})(\bar{A}+\bar{B})A\bar{B}$

(4) $F_4=(A+\bar{A}B)\overline{(A+BC+\bar{C})}$

(5) $F_5=\overline{A\bar{B}+\bar{A}CD}(B+\bar{C}+\bar{D})$

(6) $F_6=(A+B)(A+\bar{A}\bar{B})C+\overline{\bar{A}(B+\bar{C})}+\bar{A}B+ABC$

2-12 用卡诺图化简法化简下列逻辑函数为最简与或式：

(1) $F_1=\sum m$ (3, 5, 6, 7)

(2) $F_2=\sum m$ (4, 5, 6, 7, 8, 9, 10, 11, 12, 13)

(3) $F_3=\sum m$ (2, 3, 6, 7, 10, 11, 12, 15)

(4) $F_4=\sum m$ (1, 3, 4, 5, 8, 9, 13, 15)

(5) $F_5=\sum m$ (1, 3, 4, 6, 7, 9, 11, 12, 14, 15)

(6) $F_6=\sum m$ (0, 2, 4, 7, 8, 9, 12, 13, 14, 15)

2-13 对具有无关项 $AB+AC=0$ 的下列逻辑函数进行化简：

(1) $F_1=\bar{A}\bar{C}+\bar{A}B$

(2) $F_2=\bar{A}C+\bar{A}B$

(3) $F_3=\bar{A}\bar{B}C+\bar{A}BD+\bar{A}B\bar{D}+A\bar{B}\bar{C}\bar{D}$

(4) $F_4=\bar{B}\bar{C}\bar{D}+\bar{A}B\bar{C}\bar{D}+\bar{A}\bar{B}\bar{C}+\bar{A}\bar{B}\bar{D}$

(5) $F_5=\bar{A}\bar{C}D+\bar{A}BCD+\bar{A}\bar{B}D+A\bar{B}\bar{C}D$

(6) $F_6=\bar{A}B\bar{C}D+\bar{A}BC\bar{D}+A\bar{B}\bar{C}D$

2-14 化简下列具有无关项 ϕ 的逻辑函数：

$F_1=\sum m$ (0, 1, 3, 5, 8) $+\sum\phi$ (10, 11, 12, 13, 14, 15)

$F_2=\sum m$ (0, 1, 2, 3, 4, 7, 8, 9) $+\sum\phi$ (10, 11, 12, 13, 14, 15)

$F_3=\sum m$ (2, 3, 4, 7, 12, 13, 14) $+\sum\phi$ (5, 6, 8, 9, 10, 11)

$F_4=\sum m$ (0, 2, 7, 8, 13, 15) $+\sum\phi$ (1, 5, 6, 9, 10, 11, 12)

$F_5=\sum m$ (0, 4, 6, 8, 13) $+\sum\phi$ (1, 2, 3, 9, 10, 11)

$F_6=\sum m$ (0, 2, 6, 8, 10, 14) $+\sum\phi$ (5, 7, 13, 15)

2-15 用 EDA 将下列逻辑函数式化简为与或形式。

(1) $F(A, B, C, D, E)=ABCD'E'+A'B'D'E+AC'DE+(A'C(BE+C'D)')'$

(2) $F(A, B, C, D, E)=\sum m$ (0, 4, 11, 15, 16, 19, 20, 23, 27, 31)

(3) $F(A, B, C, D, E)=\sum m$ (1, 3, 5, 8, 9, 12, 13, 18, 19, 22, 23, 24, 25, 28, 29)

(4) $F(A, B, C, D, E, F)=\sum m$ (0, 4, 8, 11, 12, 15, 16, 17, 20, 21, 27, 31, 32, 36, 59, 63)

(5) $F(A, B, C, D, E, F)=\sum m$ (3, 7, 9, 11, 13, 15, 16, 19, 27, 29, 36, 41, 43, 45, 47, 48)

(6) $F(A, B, C, D, E, F)=\sum m$ (0, 4, 9, 11, 15, 25, 27, 31, 32, 41, 45, 53, 59, 63) $+\sum\phi$ (13, 29, 36, 43, 47, 57, 61)

第3章 集成逻辑门电路

门电路是数字电路的基本逻辑单元，本章主要介绍目前广泛使用的 TTL 门电路和 CMOS 门电路，包括反相器、与非门、或非门、OC/OD 门、三态门、传输门等逻辑功能的门电路。除了介绍门电路的工作原理和逻辑功能外，着重介绍其电气特性，特别是输入特性、输出特性、输入负载特性等，并对各种集成门电路的性能做比较，以便为实际工程应用打下基础。

3.1 概述

用来实现基本逻辑运算和复合逻辑运算的单元电路称为门电路或逻辑门（Logic Gate）。门电路是数字集成电路中最基本的逻辑单元。与第 2 章所讲述的基本逻辑运算和复合逻辑运算相对应，常用的门电路有与门、或门、非门、与非门、或非门、与或非门、异或门、同或门等。

从制造工艺方面来分类，数字集成电路可分为双极型、单极型和混合型三类。在数字集成电路发展的历史过程中，首先得到推广应用的是双极型 TTL 电路。1961 年，美国德克萨斯仪器公司率先将数字电路的元器件制作在同一硅片上，制成了数字集成电路（Integrated Circuits，IC）。由于集成电路体积小、重量轻、可靠性高，因而在大多数领域里迅速取代了分立元器件组成的数字电路。直到 20 世纪 80 年代初，这种采用双极型晶体管组成的 TTL 型集成电路一直是数字集成电路的主流产品。在双极型集成电路中，有 DTL（Diode-Transistor Logic，二极管-晶体管逻辑）、HTL（High Threshold Logic，高阈值逻辑）、ECL（Emiter Coupled Logic，发射极耦合逻辑）、I^2L（Integrated Injection Logic，集成注入逻辑）和 TTL（Transister-Transister Logic，晶体管-晶体管逻辑）等。

TTL 电路存在着功耗较大的缺点，因此用 TTL 只能制成小规模集成电路（Small Scale Integration，SSI）和中规模集成电路（Middle Scale Integration，MSI），而无法制成大规模集成电路（Large Scale Integration，LSI）和超大规模的集成电路（Very Large Scale Integration，VLSI）。在 20 世纪 60 年代后期出现了 CMOS（Complementary Metal-Oxide-Semiconductor，互补对称式 MOS 电路）集成电路，其最突出的优点是功耗低，非常适合于制作大规模的集成电路。随着 CMOS 制作工艺的不断完善，无论在工作速度还是在驱动能力上，CMOS 电路都不比 TTL 电路逊色。因此，COMS 电路便逐渐取代 TTL 电路而成为当前数字集成电路的主流产品。单极型集成电路有 PMOS（P-channal Metal-Oxide-Semiconductor Field-Effect Transistor，P 沟道 MOS 场效应晶体管）、NMOS（N-channal Metal-Oxide-Semiconductor Field-Effect Transistor，N 沟道 MOS 场效应晶体管）和 CMOS 等。不过，目前仍有不少设备使用 TTL 电路，所以熟悉 TTL 电路的基本工作原理和使用知识仍然是必需的。

按照集成度的高、低，数字集成电路可以分为小规模集成电路（SSI）、中规模集成电路（MSI）、大规模集成电路（LSI）、超大规模集成电路（VLSI）和甚大规模集成电路（Ultra Large Scale Integration，ULSI）。各种集成门电路所包含的门电路大约个数见表3-1。

表3-1 各种集成门电路包含门电路个数

集成门电路分类	门电路数目/个
SSI	1～10
MSI	10～100
LSI	100～10000
VLSI	10000～100000
ULSI	>100000

按照制造工艺类型，集成门电路又可分为TTL、MOS和Bi-MOS（Bipolar Metal-Oxide-Semiconductor，双极-MOS）。用双极型三极管或MOS场效应晶体管作为基本单元的核心器件，可以分别制成双极型集成电路或MOS型集成电路。由MOS器件作为输入级、双极型器件作为输出级电路的双极-MOS型集成电路，结合了以上两者的优点，具有更强的驱动能力而且功耗较小。本章将重点讨论TTL和CMOS逻辑门电路的工作原理、逻辑功能和外部特性。

在数字电路中，用高电平和低电平来表示二值逻辑的1和0两种逻辑状态。获得高电平、低电平的基本原理电路如图3-1所示。当开关S断开时，输出电压v_O为高电平（电源电压V_{CC}）；当S闭合时，输出v_O为低电平。数字电路中开关S一般为半导体二极管或三极管，通过输入信号v_I控制二极管或三极管工作在截止和导通两个状态，以输出高电平或低电平。

若用高电平表示逻辑1，低电平表示逻辑0，则称这种表示方法为正逻辑；反之，称之为负逻辑。若无特别说明，本书中将采用正逻辑。

由于在实际工程中只要能区分出高电平、低电平就可以知道其所表示的逻辑状态，所以高电平、低电平可以具有一定电压取值范围，图3-2a、b分别为正、负逻辑对应逻辑状态的示意图。正因如此，数字电路中无论是对元器件参数精度的要求还是对供电电源稳定度的要求，都比模拟电路要低一些。

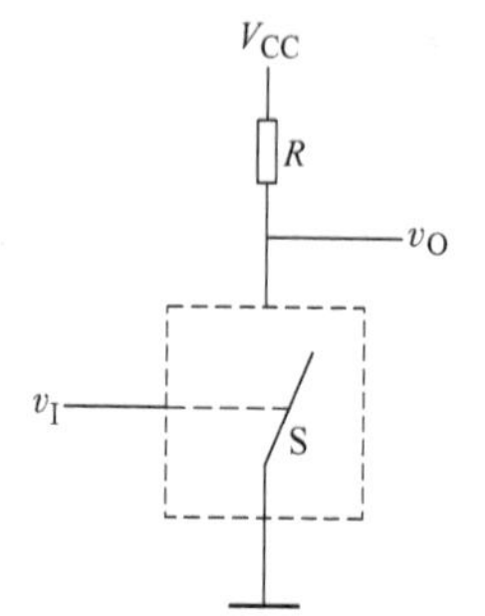

图3-1 获得高电平、低电平的基本电路

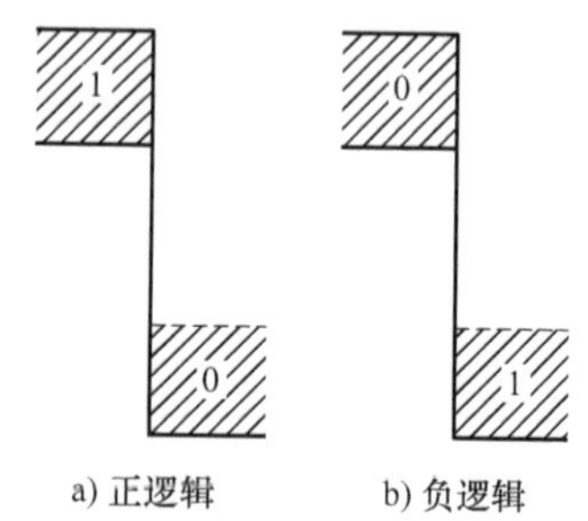

图3-2 正逻辑与负逻辑

3.2 半导体二极管门电路

3.2.1 半导体基础

自然界物体按导电性能，一般分为导体、绝缘体和半导体。锗、硅、砷化稼及大多数的金属氧化物和金属硫化物，其导电能力介于导体和绝缘体之间，属于半导体。绝大多数半导体是晶体结构，其内部的原子都按照一定的规律排列。把没有结构缺陷的纯净半导体称为本征半导体，其中的共价键结构如图 3-3 所示。

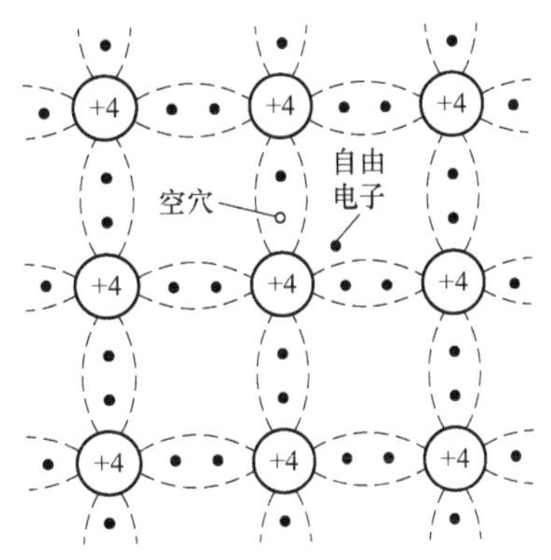

图 3-3 本征半导体晶体中的共价键结构

在热力学零度时，本征半导体无载流子，是良好的绝缘体。价电子在外部能量作用下，脱离共价键成为自由电子的过程称为本征“激发”，价电子脱离原子核的束缚而成为自由电子后，在原来的共价键中便留下一个空位，称为“空穴”，电子和空穴是成对出现的。空穴会被相邻原子的价电子填补，而在这个价电子原来的位置出现新的空穴，价电子填补空穴的运动无论在形式上还是效果上都相当于空穴在与价电子运动相反的方向上运动，自由电子和空穴在外电场的作用下做定向移动形成电流。因此，半导体内部包含两种载流子——自由电子和空穴。本征半导体呈电中性，自由电子和空穴成对出现、成对消失。

本征半导体的导电能力很弱，但如果掺入其他元素，其导电性能将发生显著变化，这就是半导体的“掺杂特性”，掺入其他元素的半导体称为杂质半导体。如图 3-4 所示，在硅 Si、锗 Ge 等具有共价键的单晶本征半导体材料中，以特殊工艺（如高温扩散、离子注入等）“掺”进一定浓度的五价元素磷或者三价元素硼，使“杂质”原子在晶格的某些位置上替代原来材料的原子，形成新的共价键，同时在晶格附近会有多余的自由电子或者因缺少了自由电子而形成的“空穴”，因掺入杂质而产生的载流子浓度远远高于本征激发载流子浓度。自由电子是多数载流子的杂质半导体称为 N 型（Negative）杂质半导体（简称 N 型半导体），空穴是多数载流子的杂质半导体称为 P 型（Positive）杂质半导体（简称 P 型半导体）。N 型半导体主要靠自由电子导电，P 型半导体主要靠空穴导电。

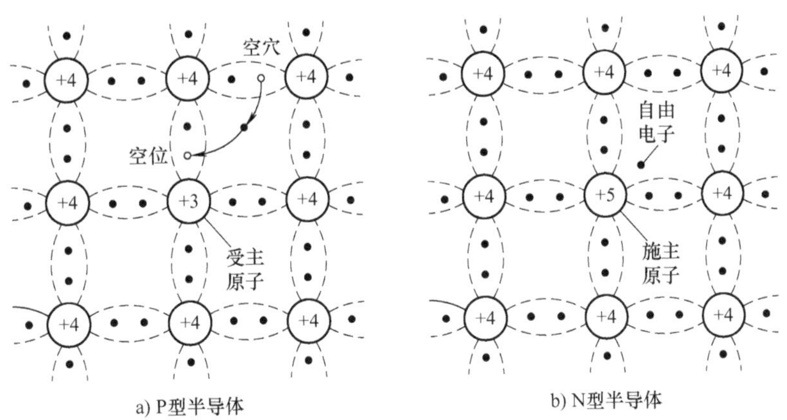

图 3-4 杂质半导体

用不同的掺杂工艺在同一半导体晶块上，一侧形成 P 型半导体，另一侧形成 N 型半导体，则在两种半导体交界处的一段区域内将形成“PN 结”，如图 3-5 所示。

PN 结伏安特性曲线（电压–电流关系曲线）如图 3-6 所示，其主要特点如下。

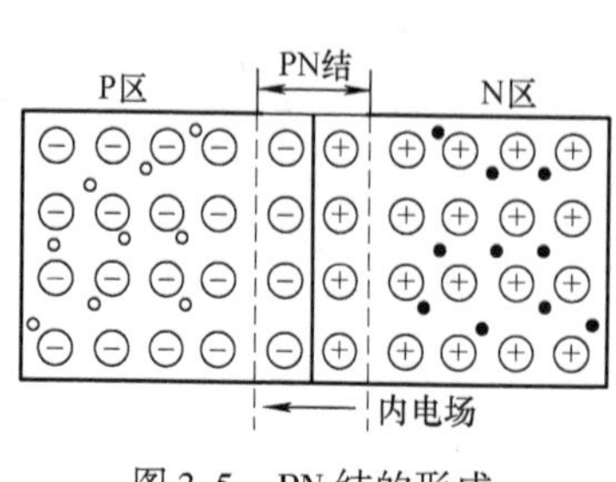

图 3-5 PN 结的形成

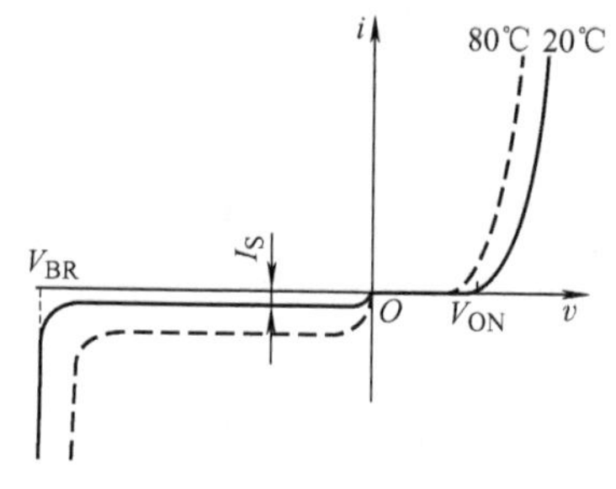

图 3-6 PN 结伏安特性曲线

（1）PN 结的内电场 由于载流子的浓度差，P 型半导体中的空穴向 N 型半导体扩散，N 型半导体中的自由电子向 P 型半导体扩散，从而产生从 N 端指向 P 端的内电场，如图 3-7 所示。由浓度差产生的载流子定向运动称为扩散运动，由于电场作用产生的载流子定向运动称为漂移运动。内电场不利于多子的扩散运动，有利于少子的漂移运动。

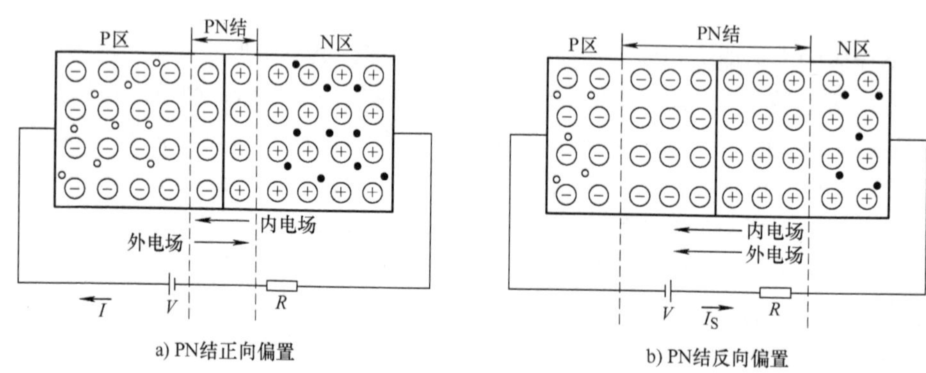

图 3-7 PN 结正向偏置与反向偏置

（2）PN 结的单向导电性 当 PN 结正向偏置时，即 P 极接电源正极、N 极接电源负极，外电场有利于多数载流子的移动，此时主要依靠多数载流子进行导电，PN 结导电性能强；而当 PN 反向偏置时，即 P 极接电源负极、N 极接电源正极，引入的外电场有利于少数载流子的移动，不利于多数载流子的移动，此时主要依靠少数载流子进行导电，PN 结导电性能弱。

（3）PN 结的电压钳位作用 PN 结正向偏置时，因内电场的存在，PN 结两端的压降近似不变（称之为“电压钳位”），硅材料 PN 结的压降一般为 0.6 ~ 0.8V，锗材料 PN 结的压降为 0.1 ~ 0.3V。

（4）PN 结的反向击穿特性 PN 结反向偏置时，当反向偏置电压增大到一定程度（大于 V_{BR}）时，反向电流会急剧增加，这种现象称为“反向击穿”。产生反向击穿时，如果 PN 结不因电流过大引起过热而损坏，则当反向电压下降到击穿电压以下时，其性能又可以恢复到击穿前的状态。PN 结产生反向击穿时，流过 PN 结的电流变化很大，但电压基本保持不变，稳压二极管（简称稳压管）正是利用 PN 结的反向击穿特性而进行稳压的。

（5）PN 结的电容效应 PN 结由于存在势垒电容和扩散电容而具有电容效应。势垒电容是由 PN 结空间电荷区的电荷随外加电压的改变而变化的现象引起的；扩散电容是由扩散区中非平衡少子的电荷量随外加电压的改变而变化的现象引起的。

（6）PN结的温度特性 温度对PN结的性能影响较大，当温度升高时，少子数量增加，所以反向电流将增加；温度升高时二极管的正向压降将减小，在保持PN结的电流不变情况下，环境温度每升高1℃，正向压降大约减小2～2.5mV，如图3-6所示。

3.2.2 二极管的开关特性

将PN结封装后便可得到半导体二极管（简称二极管）。二极管是用硅、硒、锗等半导体材料制成的一种电子器件，此器件有两个引脚（阳极、阴极或称作正极、负极），因此称为二极管。二极管与PN结一样具有单向导电性，即外加正向电压时导电性能好，外加反向电压时导电性能差，所以二极管相当于一个受外加电压极性控制的开关。用二极管取代图3-1中的开关S，可以得到如图3-8所示的开关电路。

图3-8中，假定二极管VD为理想二极管，即正向导通时电阻为0，反向截止时内阻为无穷大，并假定输入信号的高电平$V_{IH}=V_{CC}$，低电平$V_{IL}=0$。当$v_I=V_{IH}$时，VD截止，$v_O=V_{OH}=V_{CC}$；当$v_I=V_{IL}$时，VD导通，$v_O=V_{OL}=0$。因此，可用v_I的高电平和低电平控制二极管的开关状态，并在输出端得到高电平、低电平信号。

然而，在实际电路中，由于二极管的特性并不是理想的开关特性。根据半导体物理理论得知，二极管伏安特性可以近似地用式(3-1)的PN结电流方程和图3-9所示的伏安特性曲线描述，即

$$i=I_S(e^{v/V_T}-1) \tag{3-1}$$

式中，i为流过二极管的电流；I_S为反向饱和电流；v为加到二极管两端的电压；$V_T=nkT/q$，称为温度电压当量，其中k为玻耳兹曼常数，T为热力学温度，q为电子电荷，n为修正系数，分立器件二极管的缓变结$n\approx2$，数字集成电路中的PN结$n\approx1$。常温下（即PN结温度为27℃，$T=300$K）$V_T\approx26$mV。图3-9中的V_{ON}为二极管的导通电压，硅管的导通电压V_{ON}为0.6～0.8V（一般取0.7V），锗管的V_{ON}为0.1～0.3V（一般取0.2V）。本书若无特别说明，常指硅材料制作的半导体器件，导通电压取为0.7V。

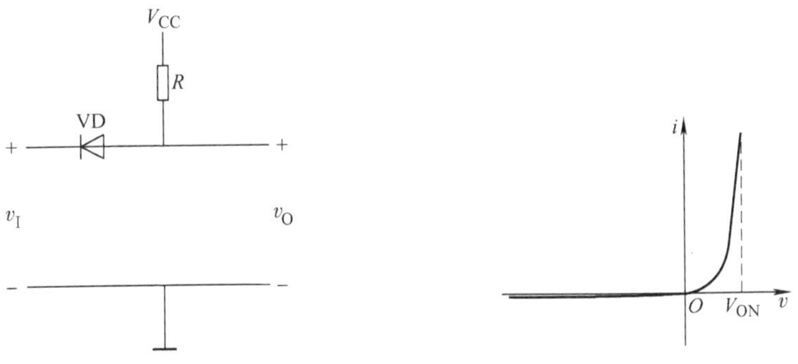

图3-8 二极管开关电路　　图3-9 二极管伏安特性曲线

在分析二极管组成的电路时，虽然可以选用精确的二极管模型电路并通过计算机辅助分析求出准确的结果，但是在多数情况下，需要通过近似分析来判断二极管的开关特性。为此，可以利用二极管近似的简化特性，以简化分析和计算过程。图3-10给出了二极管的几种等效电路，图中反向饱和电流均忽略。

当二极管的正向导通压降和正向电阻均可忽略时，可将二极管看作理想开关，用

图 3-10b中与坐标轴重合的折线近似代替二极管的伏安特性。当加正向电压时，二极管导通，近似开关闭合；当加反向电压时，二极管截止，近似开关断开。

当二极管的正向导通电压和外加电源电压相比不能忽略，而二极管的正向电阻与外接电阻相比可以忽略时，可以采用图 3-10c 所示的近似特性和等效电路。当加到二极管两端的电压小于 V_{ON}时，通过二极管的电流可近似看作 0。当外加电压大于 V_{ON}以后，二极管导通，而且电流增加时二极管两端的电压基本不变，仍取为 V_{ON}，这就是二极管的电压钳位作用。在下面将要讨论的开关电路中，多数都符合这种工作条件（即外加电源电压较低而外接电阻较大），因此经常采用此种近似方法。

当电源 V_{CC}和等效电阻 R_L都很小时，或者二极管电路中，除直流信号外还有微小变化的交流信号，二极管的正向导通电压 V_{ON}和正向电阻都不能忽略，此时可以用图 3-10d 中的折线作为二极管的近似特性。

在动态情况下，亦即加到二极管两端的电压在两种电平之间进行跳变时，电流的变化过程如图 3-11 所示。外加电压由低电平变为高电平时，由于 PN 结内部要建立起足够的电荷梯度后才开始有扩散电流形成，因而正向导通电流的建立略有滞后。当外加电压突然由高电平变为低电平时，因为 PN 结尚有一定数量的存储电荷，所以有较大的瞬态反向电流流过，随着存储电荷的消散，反向电流迅速衰减并趋近于稳态时的反向饱和电流。瞬态反向电流的大小和持续时间的长短取决于正向导通时电流的大小、反向电压和电阻的阻值，而且与二极管本身的特性有关。

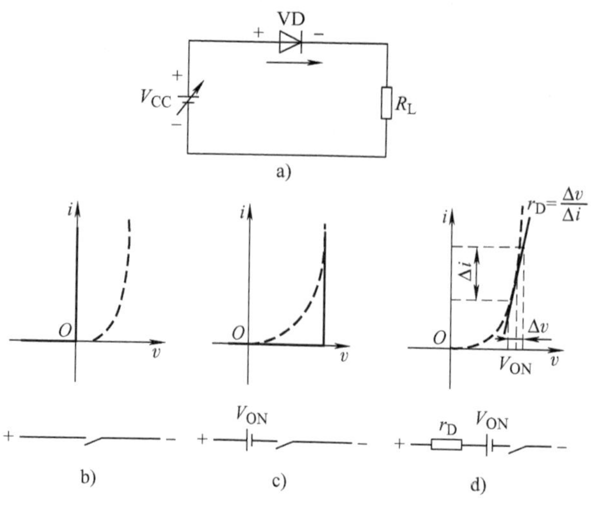

图 3-10　二极管伏安特性的几种等效电路

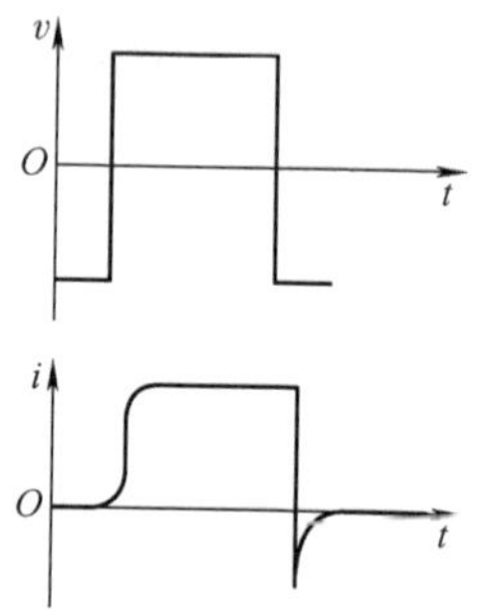

图 3-11　二极管的动态电流波形

反向电流持续的时间用反向恢复时间 t_{re}来描述。t_{re}是指反向电流从峰值衰减到峰值的 1/10 所经过的时间，t_{re}的数值很小（在几纳秒以内）。

3.2.3　二极管与门电路

由二极管组成的与门电路如图 3-12a 所示，图 3-12b 是其逻辑符号。图中 A、B 是输入逻辑变量，F 是输出逻辑变量。当输入 A、B 中任意一个或两个同时为低电平（例如 0V）时，相应的二极管导通，输出 F 则为低电平（即为二极管的导通电压，取 0.7V）；只有当

输入 A、B 同时为高电平（例如 V_{CC}）时，两个二极管都截止，输出 F 为高电平（V_{CC}），实现了逻辑与的功能，逻辑函数表达式为 $F=AB$。

3.2.4 二极管或门电路

由二极管组成的或门电路如图 3-13a 所示，图 3-13b 为其逻辑符号。图中 A、B 为输入逻辑变量，F 为输出逻辑变量。当输入 A、B 中任意一个或者两个同时为高电平（例如 V_{CC}）时，相应的二极管导通，F 输出高电平（$V_{CC}-0.7\text{V}$）；只有当 A、B 同时输入低电平（例如 0V）时，由于 R 接的电源为 $-V_{EE}$，两个二极管都导通，F 输出为低电平（-0.7V），其输出与输入之间关系和两输入或门相同，逻辑函数表达式为 $F=A+B$。

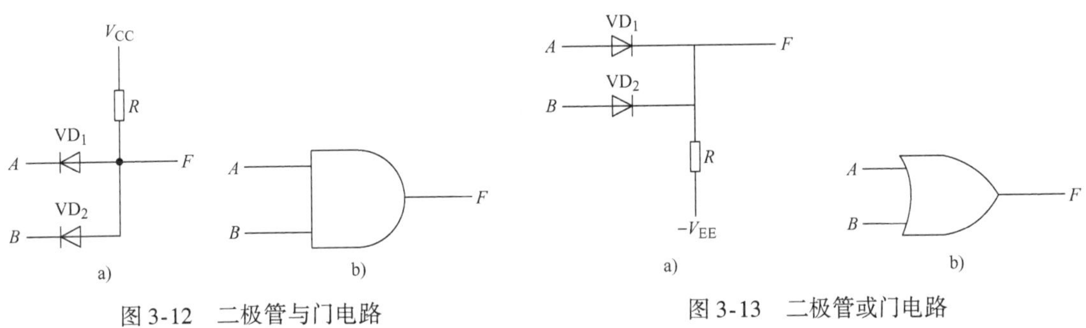

图 3-12 二极管与门电路　　图 3-13 二极管或门电路

3.3 TTL 集成门电路

TTL 是晶体管-晶体管逻辑的简称。由于 TTL 集成门电路中采用双极型晶体管作为开关器件，所以在介绍 TTL 集成电路之前，首先介绍一下双极型晶体管。

3.3.1 双极型晶体管

1. 双极型晶体管的结构

一个双极型晶体管含有三个电极，分别为发射极 e（emitter）、基极 b（base）和集电极 c（collector）。双极型晶体管分为 NPN 型和 PNP 型两种类型，如图 3-14 所示。由于它们在工作时有电子和空穴两种极性不同的载流子参与导电，故称为双极型晶体管。

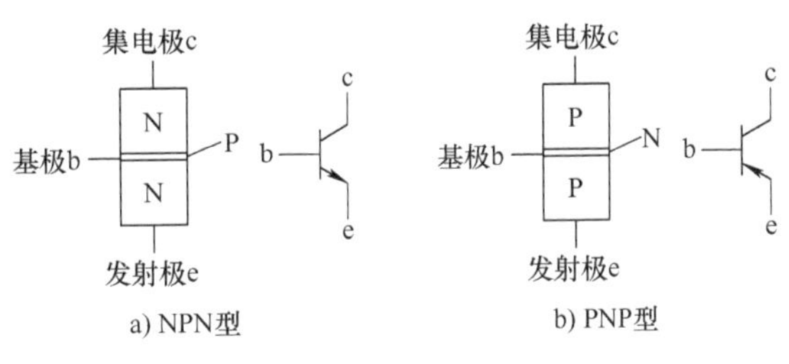

图 3-14 双极型晶体管的两种类型

2. 双极型晶体管的输入特性和输出特性

以 NPN 型晶体管为例，若以发射极作为输入回路和输出回路的公共电极（称该电路为共发射极电路，简称共射电路），则可以测出晶体管基极电压（输入电压）v_{BE} 和基极电流（输入电流）i_B 之间的特性曲线，如图 3-15a 所示，此曲线称为输入特性曲线。由图可见，此曲线近似于指数曲线，与二极管的伏安特性曲线一致。为了简化，经常采用虚线所示的折线来近似，图中 V_{ON} 为 PN 结的导通电压。

同时，也可测出在不同 i_B 取值下集电极电流 i_C 和集电极电压 v_{CE} 之间关系的曲线，如图 3-15b所示。这一族曲线称为输出特性曲线。由图可知，集电极电流 i_C 不仅受 v_{CE} 影响，而且还受 i_B 控制。

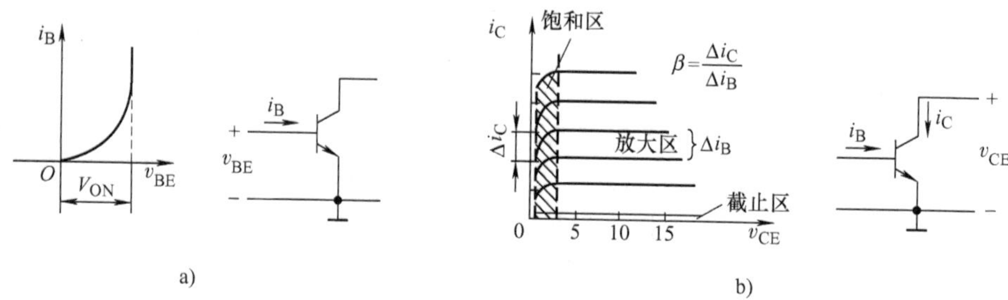

图 3-15 双极型晶体管的特性曲线

从输出特性曲线可以看出，双极型晶体管有以下三个工作区（以共射电路进行分析）：

（1）放大区 当晶体管发射结正向偏置（v_{BE} 大于发射结的开启电压 V_{ON}）且集电结反向偏置，即 $v_{BE}>V_{ON}$ 且 $v_{CE}\geqslant v_{BE}$ 时，晶体管工作在放大区。此时，i_C 几乎仅仅由 i_B 决定，而与 v_{CE} 无关，表现出 i_B 对 i_C 的控制作用，i_C 和 i_B 的变化量之比称为电流放大系数 β，即 $\beta=\Delta i_C/\Delta i_B$。普通晶体管的 β 值一般在几十到几百的范围内，且一旦制作完成，其 β 值即已基本确定。

（2）饱和区 当晶体管发射结与集电结均处于正向偏置，即 $v_{BE}>V_{ON}$ 且 $v_{CE}<v_{BE}$ 时，晶体管工作在饱和区。此时 i_C 不再随 i_B 以 β 倍的比例增加，而趋向于饱和。硅晶体管开始进入饱和区的 v_{CE} 值约为 0.7V。在深度饱和状态下，开关晶体管的集电极和发射极之间的饱和压降 V_{CES} 一般不大于 0.3V。

（3）截止区 当晶体管发射结电压小于开启电压 V_{ON} 且集电结反向偏置，即 $v_{BE}\leqslant V_{ON}$ 且 $v_{CE}>v_{BE}$ 时，晶体管工作在截止区。此时 i_C 几乎等于零，仅有极微小的穿透电流 I_{CEO} 流入集电极。硅晶体管的 I_{CEO} 通常为微安级别。

3.3.2 双极型晶体管的开关特性

1. 双极型晶体管的开关特性

用 NPN 管取代图 3-1 中的开关 S，就得到了图 3-16 所示的晶体管开关电路。图中，当 v_I 为低电平时，晶体管工作在截止状态，输出高电平 V_{OH}，且 $V_{OH}\approx V_{CC}$。

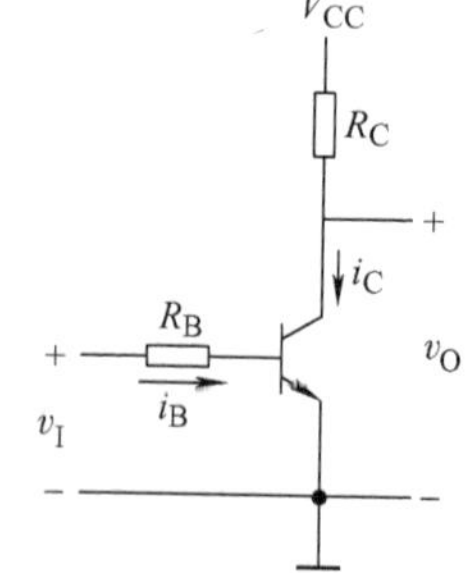

图 3-16 晶体管的开关电路

当 $v_I>V_{ON}$ 以后，产生基极电流 i_B，同时有相应的集电极电流 i_C 流过 R_C 和晶体管的输出回路，晶体管开始进入放大区。根据折线化的输入特性可近似地求出基极电流为

$$i_B=\frac{v_I-V_{ON}}{R_B} \tag{3-2}$$

若晶体管的电流放大系数为 β，则得到输出电压

$$v_O=v_{CE}=V_{CC}-i_CR_C=V_{CC}-\beta i_BR_C \tag{3-3}$$

式(3-2) 和式(3-3) 说明，随着 v_I 的升高 i_B 增加，R_C 上的压降增加，而 v_O 相应减小。当 R_C 和 β（一般取值为几十到几百）足够大时，v_O 的变化量会远远大于 v_I 的变化。输出电

压变化量和输入电压变化量的比值称为电压放大倍数，用 A_V 表示，亦即 $A_V=\frac{\Delta v_O}{\Delta v_I}$。共射电路 A_V 为负值，说明 v_O 与 v_I 的变化方向相反。

当 v_I 继续升高时 i_B 增加，R_C 上的压降也随之增大。当 R_C 上的压降接近电源电压 V_{CC} 时，晶体管上的压降接近于零，晶体管的集电极与发射极之间只有一个很小的饱和导通压降，饱和导通电阻很小，晶体管处于深度饱和状态，开关电路处于导通状态，输出低电平 $V_{OL}\approx V_{CES}$。

若以 V_{CES} 表示晶体管深度饱和时的压降，现将图 3-16 所示电路改画成图 3-17a 所示的形式。则由图 3-17b 可求出深度饱和时晶体管所需要的基极电流为

$$I_{BS}=\frac{V_{CC}-V_{CEQ}}{\beta R_C} \tag{3-4}$$

式中，I_{BS} 称为饱和基极电流。

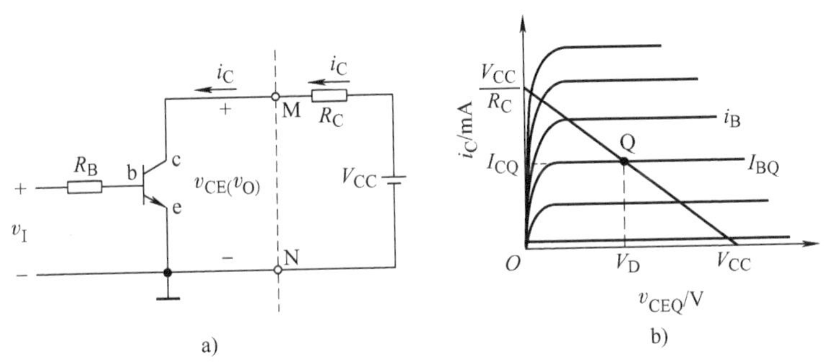

图 3-17　用作图的方法分析图 3-16 电路

为使晶体管处于饱和工作状态，开关电路输出低电平，必须保证 $i_B \gg I_{BQ}$。用于开关电路的晶体管一般都具有很小的 V_{CEQ}（通常不大于 0.3V）和 R_{CEQ}（通常为几到几十欧姆）。在 $V_{CC}\gg V_{CEQ}$、$R_C\gg R_{CEQ}$ 的情况下，可将式(3-4) 近似为

$$I_{BQ}\approx\frac{V_{CC}}{\beta R_C} \tag{3-5}$$

综上所述，只要合理选择电路参数，保证当 v_I 为低电平 V_{IL} 时 $v_{BE}<V_{ON}$，晶体管工作在截止状态；而 v_I 为高电平 V_{IH} 时 $i_B>I_{BQ}$，晶体管工作在深度饱和状态。此时，晶体管的集电极和发射极之间就相当于一个受输入电压控制的开关。晶体管截止时相当于开关断开，输出高电平；晶体管饱和导通时相当于开关闭合，输出低电平。

根据上述分析，可以将晶体管开关状态下的等效电路画成如图 3-18 所示形式。由于截止状态下的 i_B 和 i_C 等于零，所以等效电路如图 3-18a 的形式。饱和导通下的等效电路如图 3-18b 所示，图中所示的 V_{ON} 是发射结 be 间的导通电压，V_{CEQ} 和 R_{CEQ} 是 ce 间的饱和导通压降和导通内阻。在电源电压远大于 V_{CEQ}，而且外接负载电阻远大于 R_{CEQ} 的情况下，饱和导通状态的等效电路可简化为图 3-18c 形式。

2. 双极型晶体管的动态开关特性

在动态情况下，亦即晶体管在截止状态、饱和导通两种状态间迅速转换时，晶体管内部电荷的建立和消散都需要一定时间，因而集电极电流 i_C 的变化将滞后于输入电压 v_I 的变化，

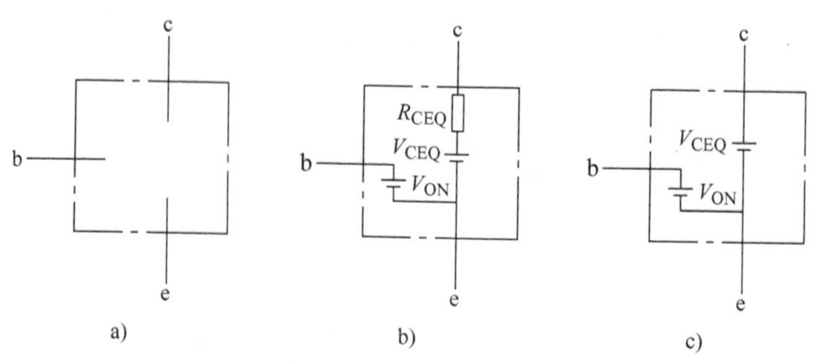

图 3-18 双极型晶体管的开关等效电路

开关电路的输出电压 v_O 的变化也必然滞后于输入电压 v_I 的变化，如图 3-19 所示。这种滞后现象是由于晶体管的两个 PN 结都存在结电容的原因。

3. 晶体管非门电路

由晶体管开关电路组成的最简单门电路是非门电路，如图 3-20 所示。当输入 A 为低电平时，晶体管截止，输出 F 为高电平；当输入 A 为高电平时，晶体管饱和导通，输出 F 为低电平，实现了逻辑非功能。

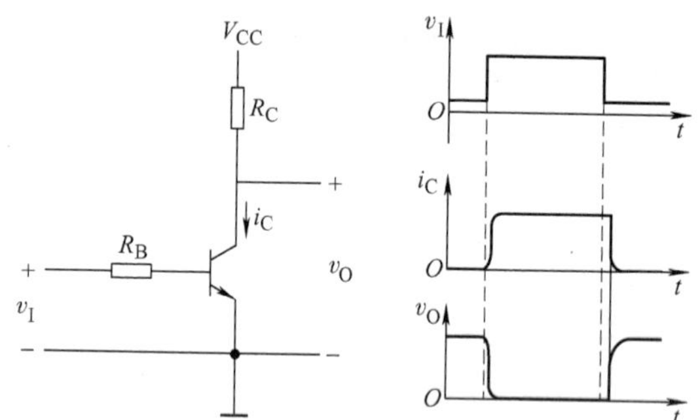

图 3-19 双极型晶体管的动态开关特性

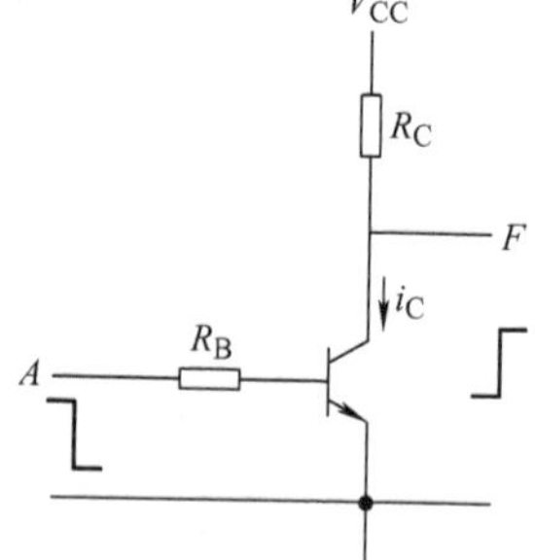

图 3-20 晶体管非门电路

3.3.3 二极管–晶体管门电路

1. 与非门电路

将二极管与门的输出与晶体管非门的输入连接，便构成了二极管 – 晶体管与非门电路，如图 3-21a 所示，图 3-21b 是其逻辑符号。当 A、B 中任意一个输入或者两个同时为低电平时，则其对应的二极管导通，晶体管输入低电平而截止，输出 F 为高电平；当 A、B 同时输入高电平时，两个二极管都截止，晶体管由于输入高电平而饱和导通，输出 F 为低电平。其输出与输入之间关系与 2 输入与非门相同，从而实现了与非逻辑功能。

2. 或非门电路

将二极管或门的输出与晶体管非门的输入连接，便构成了二极管 – 晶体管或非门电路，如图 3-22a 所示，图 3-22b 是其逻辑符号。当 A、B 任意一个输入或者两个同时为高电平时，其对应的二极管导通，晶体管因输入高电平而饱和导通，输出 F 为低电平；只有当 A、B 同时输入低电平时，晶体管因输入低电平而截止，输出 F 才为高电平。其输出与输入之间关系与两输入或非门相同，实现了或非逻辑功能。

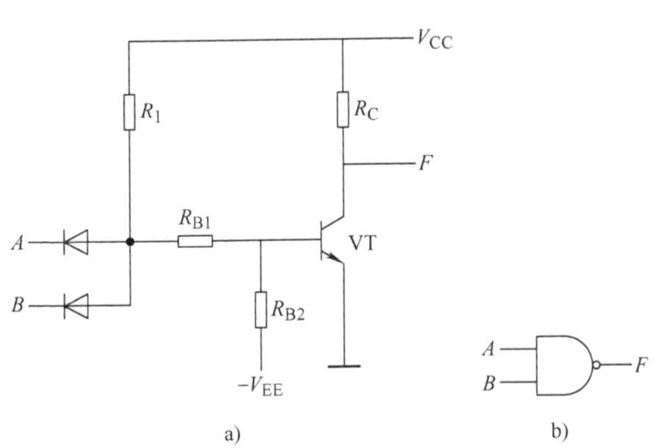

图 3-21 二极管-晶体管与非门电路

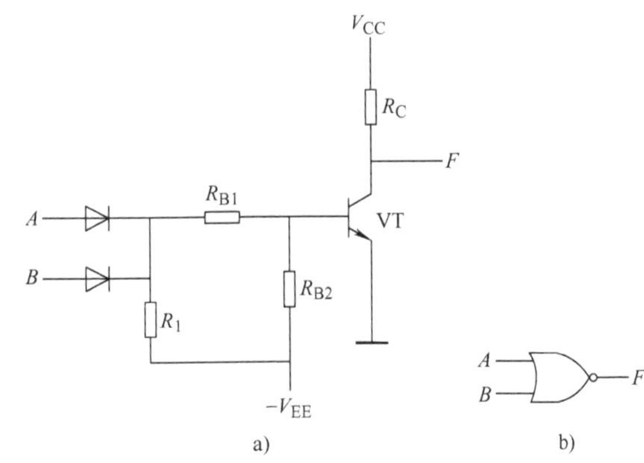

图 3-22 二极管-晶体管或非门电路

3.3.4 TTL 反相器

1. 电路结构

反相器（非门）是 TTL 集成门电路中电路结构最简单的一种，图 3-23 是 TTL 反相器的典型集成电路。该类型电路的输入端和输出端均为晶体管结构，因此称之为晶体管-晶体管逻辑电路（Transistor-Transistor Logic），简称 TTL 电路。

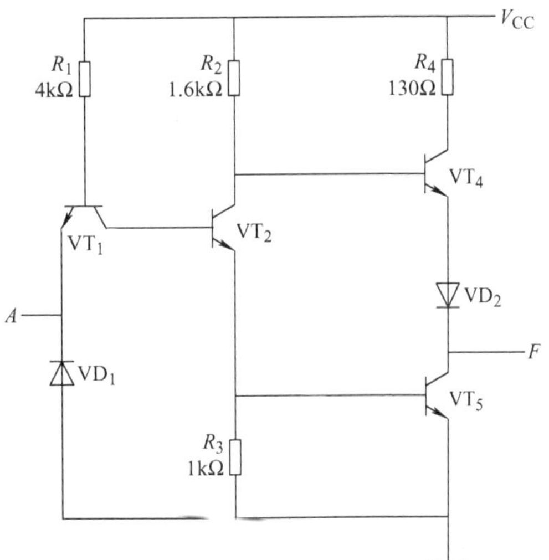

图 3-23 TTL 反相器的典型集成电路

图 3-23 所示反相器由三部分组成，分别是输入级、倒相级和输出级。其中输入级由 VT_1、R_1 和 VD_1 组成；VT_2、R_2 和 R_3 构成了倒相级；VT_4、VT_5、VD_2 和 R_4 组成了输出级。二极管 VD_1 主要起到保护作用，当输入端加正向电压时，二极管处于反向偏置，具有很高的阻抗，相当于开路；一旦在输入端出现负极性的干扰脉冲，VD_1 便会导通，使 A 端的电压钳位在 $-0.7V$ 左右，以保护发射极晶体管 VT_1 不被损坏，从而保护了整个器件。

2. 工作原理

假定 TTL 电源电压 $V_{CC}=5V$，输入信号的高电平 $V_{IH}=3.6V$，低电平 $V_{IL}=0.3V$，导通电压 $V_{ON}=0.7V$，PN 结的伏安特性可以用折线化的等效电路代替，晶体管饱和压降为 0.3V。从下面对电路的分析便可知，高低电平的电压值是由与 TTL 电路的结构决定的。

当输入端 A 接入低电平时，即 $V_{IL}=0.3V$，电源 V_{CC} 经由电阻 R_1 使 VT_1 管发射结处于正向偏置而导通，基极电位 V_{B1} 被钳位在 $V_{B1}=V_{IL}+V_{ON}=1V$，VT_2、VT_5 两个管子截止，电源 V_{CC} 通过 R_2、VT_4、VD_2 使输出 F 为高电平。此时，由 R_1 从 VT_1 的输入端 A 流出的电流，即输入低电平时的电流（假定从输入端流入的电流为正向电流）为

$$I_{IL}=-\frac{V_{CC}-V_{BE1}-V_{IL}}{R_1}=-\frac{5-0.7-0.3}{4}\text{mA}=-1\text{mA}$$

由于输入低电平 V_{IL}时电流 I_{IL}是从门的输入端流出，与假定的电流方向相反，故上式中的 I_{IL}为负值。

当输入端 A 接入高电平时，即 $V_{IH}=3.6V$，电源电压 V_{CC}经电阻 R_1 使 VT_1 管的集电结、VT_2 管的发射结和 VT_5管的发射结均处于正向偏置且导通，VT_1 管的基极电位 V_{B1}被钳位在 2.1V(0.7×3V=2.1V)，VT_1 管发射结处于反向偏置，输入端 A 仅有反向漏电流 I_{IH}流入。经 V_{CC}、电阻 R_1 和 VT_1 管的集电结流入 VT_2 管基极的电流为

$$i_{B2}=I_{R1}=\frac{V_{CC}-V_{BC1}-V_{BE2}-V_{BE5}}{R_1}=\frac{5-2.1}{4}\text{mA}=0.725\text{mA}$$

由于 VT_2 管和 VT_5管饱和导通，VT_2 管的集电极电位 $V_{C2}=V_{CES2}+V_{BE5}=(0.3+0.7)V=1V$，$VT_4$管和二极管 VD_2 都截止，输出低电平 $V_{OL}=V_{CES5}=0.3V$。由此可见，输出 F 与输入 A 之间具有非逻辑关系，即 $F=\overline{A}$。无论输出是低电平还是高电平，输出级 VT_4管和 VT_5管总是只有一个导通而另一个截止，这不仅能有效降低静态功耗，而且输出电阻很小，驱动负载能力较强。

3. 静态特性

（1）电压传输特性 门电路输出电压 v_O随输入电压 v_I变化而变化的曲线，称为门电路的电压传输特性。TTL 反相器的电压传输特性测试曲线如图 3-24 所示，由图可见曲线可分为四个区段，分别讨论如下。

1）AB 段。当 $v_I<0.6V$ 时，因 VT_1 管已处于深度饱和状态，饱和压降电压为 0.1V，故使 $V_{C1}<0.7V$，VT_2 和 VT_5管截止，VD_2 和 VT_4管导通，输出高电平 $V_{OH}=V_{CC}-V_{R2}-V_{BE4}-V_{VD2}=5-V_{R2}-0.7-0.7\approx3.6V$，由于 VT_5管截止，故 AB 段称为电压传输特性的截止区。

2）BC 段。当 $0.6V\leqslant v_I<1.3V$ 时，$0.7V\leqslant V_{C1}<1.4V$，由于 VT_2 管的发射极电阻 R_3直接接地，故 VT_2 管进入放大状态，集电极电压 V_{C2}和输出电压 v_O随输入电压 v_I的增大而线性下降，BC 段称为线性区。

3）CD 段。当 $1.3V\leqslant v_I<1.4V$ 时，VT_2 和 VT_5管均处于饱和导通，$V_{C2}=V_{BE5}+V_{CES2}=1V$，$VT_4$管和 VD_2 管均截止，输出急剧下降为低电平 $V_{OL}=0.3V$，故称 CD 段为转折区，其中 D 点对应的输入电压 V_{TH}称为阈值电压，阈值电压是指输出电平发生跳变时对应的输入电压。由图 3-24 可知，$V_{TH}\approx1.4V$。

4）DE 段。当 $v_I\geqslant1.4V$ 时，V_{B1}被钳位在 2.1V，VT_2 和 VT_5管均饱和导通，输出低电平 $V_{OL}=V_{CES5}=0.3V$，故 DE 段称为饱和区。

从电压传输特性上可以看出反相器三个主要参数：输出高电平 $V_{OH}=3.6V$，输出低电平 $V_{OL}=0.3V$，阈值电压 $V_{TH}\approx1.4V$。

（2）TTL 反相器的噪声容限 门电路在使用中，其输入端有时会受到环境干扰源的影响，当干扰电压超过一定范围时，就会破坏输出与输入之间的逻辑关系，通常将还未影响输出逻辑状态时输入端所允许的最大噪声电压，称为门电路的噪声容限。

从 TTL 反相器的电压传输特性可以看出，当输入低电平一旦超过某一电压值后，输出就会由高电平转换为低电平；当输入高电平一旦降低到某一电压值后，输出将由低电平转换为高电平。如果工作环境有很强的干扰源，使数字电路输入端串入的噪声电压超过了允许输

入电压变化的极限范围，数字电路就不能正常工作。现以图 3-25 所示两个互连的反相器 G_1 和 G_2 为例，介绍直流噪声容限。

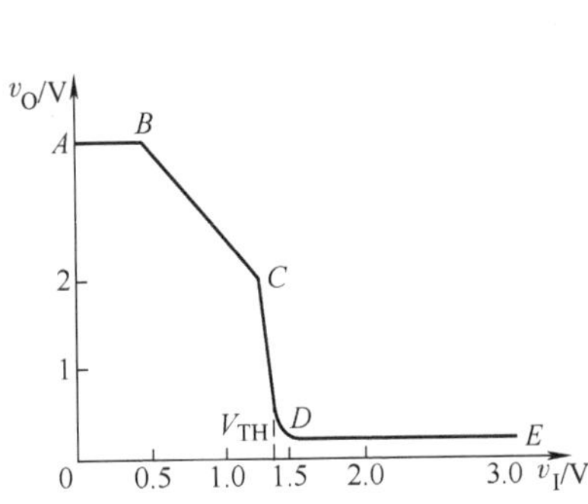

图 3-24 TTL 反相器的电压传输特性

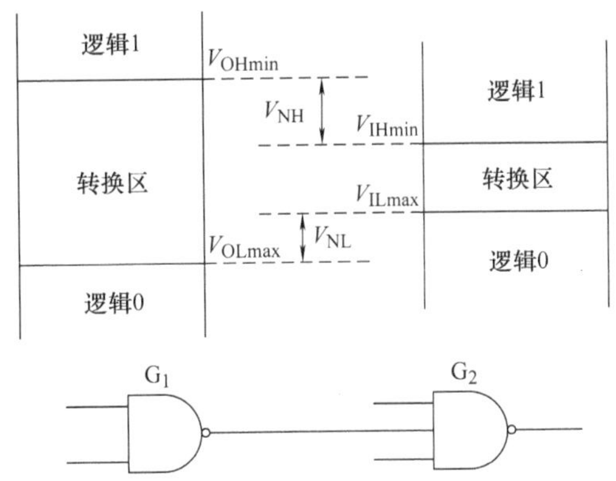

图 3-25 说明直流噪声容限定义的示意图

图 3-25 中当 G_1 输出高电平 V_{OH} 降低到高电平所允许的最小输出电压 V_{OHmin} 以前，其输出仍保持逻辑 1 状态；当输出低电平 V_{OL} 上升到低电平所允许的最大输出电压 V_{OLmax} 以前，输出仍保持逻辑 0 状态。正常工作时门电路的输出电平不允许处于上述两个极限值之间，否则输出状态不能确定为高电平还是低电平。同时，当 G_2 输入高电平 V_{IH} 大于被驱动门的最小输入高电平 V_{IHmin} 时，输入保持逻辑 1 状态；当输入低电平 V_{IL} 小于被驱动门的最大输入低电平 V_{ILmax} 时，输入保持逻辑 0 状态。同样，正常工作时门电路的输入电压不允许处于上述两个极限值之间，否则输入电平不能被正确辨识。高电平的噪声容限 V_{NH} 定义为：驱动门输出高电平的最低电压 V_{OHmin} 与被驱动门（又称之为负载门）最小高电平的输入值 V_{IHmin} 之差，即

$$V_{NH}=V_{OHmin}-V_{IHmin} \tag{3-6}$$

显然，如果在两个门电路之间的互连线上出现了大于 V_{NH} 的负向干扰脉冲时，则会使负载门输出逻辑状态错误。

同样，低电平的噪声容限 V_{NL} 定义为：负载门的最大输入低电平 V_{ILmax} 与驱动门的最大输出低电平 V_{OLmax} 之差，即

$$V_{NL}=V_{ILmax}-V_{OLmax} \tag{3-7}$$

式(3-7) 说明，如果在两个门电路之间的互连线上出现了大于 V_{NL} 的正向干扰脉冲时，也会使负载门出现输出逻辑状态错误。

一般来说，74 系列门电路的 $V_{OHmin}=2.4V$，$V_{OLmax}=0.4V$，$V_{IHmin}=2.0V$，$V_{ILmax}=0.8V$，则高电平噪声容限为

$$V_{NH}=2.4V-2.0V=0.4V$$

低电平噪声容限为

$$V_{NL}=0.8V-0.4V=0.4V$$

（3）输入特性和输出特性　为了正确使用门电路，必须了解其电气特性，下面将分别讨论 TTL 反相器的输入特性和输出特性。

1）输入特性。输入特性是指输入电流与输入电压之间的关系曲线。图 3-26a 所示 TTL

反相器的输入等效电路中，约定了 v_I和 i_I的方向，其输入特性如图 3-26b 所示。当输入电压 v_I在 -0.5 ~0.6V 范围内变化时，VT_1 导通，VT_2 管截止，输入低电平电流为

$$I_{IL} = -I_{R1} = -\frac{V_{CC} - V_{BE1} - v_I}{R_1} \tag{3-8}$$

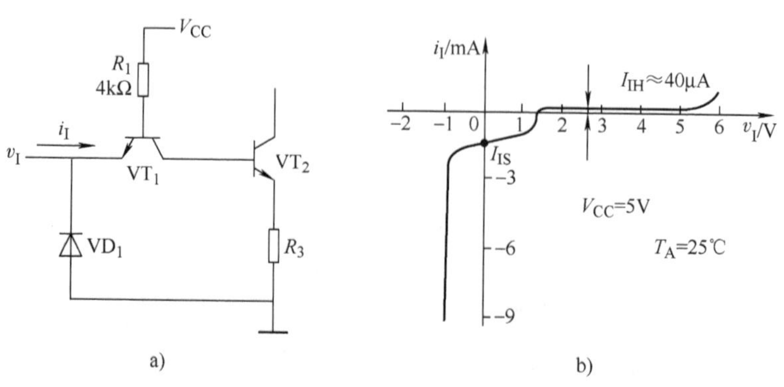

图 3-26 TTL 反相器输入等效电路与输入特性

输入电流 I_{IL}的大小随输入电压 v_I的增大而减小，此段特性曲线的斜率近似等于 VT_1 管基极电阻 R_1 的倒数。一般将输入电压 v_I = 0V 时的电流称为输入短路电流，用 I_{IS}表示。当输入电压 v_I低于 -0.7V 时，在图 3-26 中，由于保护二极管 VD_1 导通，输入端流出的电流急剧增加。当输入电压上升到 0.7V≤v_I < 1.3V 范围内时，VT_2 管导通，VT_5管仍截止，由于 VT_1 管集电结支路的分流作用，使其从输入端流出的电流减小。当 $v_I > V_{TH}$（1.4V）以后，输入电流 i_I方向产生变换，当输入电压上升到 1.5V 以后，输入电流基本保持不变，称为输入高电平电流，也称为输入漏电流，用 I_{IH}表示，I_{IH}一般不大于 40μA。当输入电压 v_I超过 6V 以后，输入电流将随输入电压的增加而迅速增大，甚至达到击穿电流值，因此，TTL 门电路的输入电压一般应限制在 5.5V 以下。从输入特性曲线上可确定输入低电平电流 I_{IL}、输入短路电流 I_{IS}和输入高电平的漏电流 I_{IH}。

2）输出特性。输出特性是指输出电压 v_O随输出负载电流 i_L的变化而变化的关系曲线。门电路的输出特性可反映其带负载能力。由于逻辑门电路的输出有两种状态，因此，下面分别对输出高电平和低电平两种情况分别讨论反相器的输出特性。

① 输出高电平时的输出特性。图 3-23 中，当反相器的输入端为低电平时，VT_2 和 VT_5 管截止，VT_4管和 VD_2 管导通，输出高电平 V_{OH}≈3.6V，其等效电路如图 3-27a 所示。负载电流 $i_L = I_{OH}$由 VT_4管的发射极经二极管 VD_2 流入负载，故称这类负载为拉电流负载。这时的 VT_4管工作在射极输出状态，电路的输出电阻很低，在负载电流较小的情况下，输出高电平 V_{OH}随负载电流 i_L的增大变化较小。当负载电流 i_L进一步增大到某一数值以后，VT_4管的集电结由反向偏置变为正向偏置，即由放大状态进入了饱和状态而失去了发射极跟随输出并且输出电阻低的特点。而后，输出高电平 V_{OH}将随着负载电流 i_L的增大而迅速线性下降，此段特性曲线的斜率由限流电阻 R_4和 VT_4管的饱和电阻值所决定，其特性曲线如图 3-27b 所示。由于受器件功耗的限制，在实际使用时，这类门电路输出高电平时的负载电流 i_L一般限制在 400μA 以内。

② 输出低电平时的输出特性。图 3-23 中，当 TTL 反相器输入高电平时，VT_2 和 VT_5管

都饱和导通，VT_4管截止，输出低电平 V_{OL}，其等效电路如图 3-28a 所示。由于输出低电平时负载电流 i_L是由负载流入 VT_5管，故称这类负载为灌电流负载。

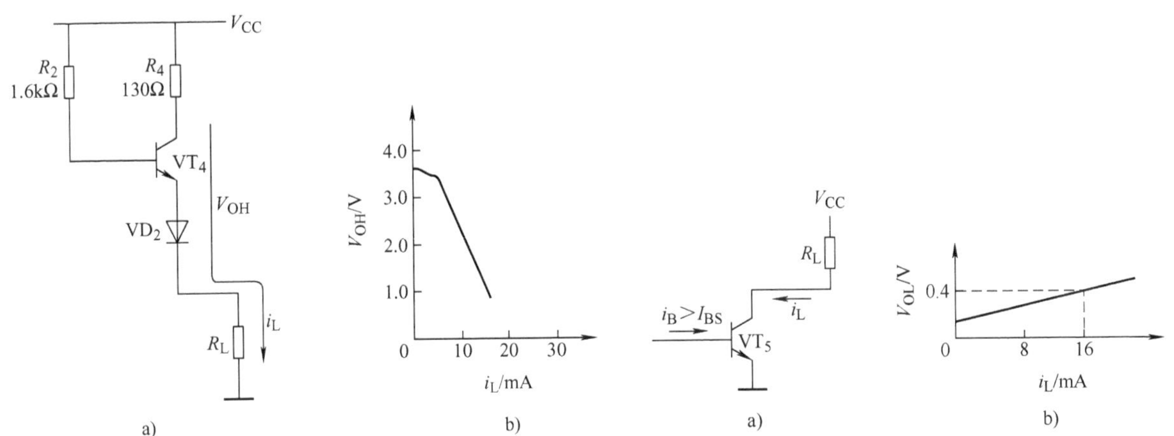

图 3-27 TTL 反相器输出高电平时的测试电路及其输出特性

图 3-28 TTL 反相器输出低电平时的测试电路及输出特性

TTL 反相器输出低电平时的输出特性曲线如图 3-28b 所示。空载时的输出低电平 V_{OL}常小于0.3V，带有负载时的输出低电平与 VT_5管的饱和电阻有关，在环境温度25℃时，VT_5管的饱和电阻值约为 8Ω。所以，随着负载电流的增加，输出低电平 V_{OL}会稍有升高，I_{OL}通常小于 12mA。

门电路与输出特性有关的参数主要包括：输出高电平 V_{OH}、输出高电平电流 I_{OH}、输出低电平 V_{OL}、输出低电平电流 I_{OL}和扇出系数 N_O。

一个门电路能驱动与其同类门的个数称为扇出系数，记作 N_O。扇出系数标志着一个门电路的带负载能力。计算扇出系数时，可以首先计算输出低电平时驱动的门电路数目 N_1，从输出特性中确定驱动门输出低电平时的电流 I_{OL}，对输入低电平的负载门来说，从其输入特性中确定输入为低电平的电流 I_{IL}。对于反相器来说，此种情况下的扇出系数 $N_1 = I_{OL}/I_{IL}$。同理，计算输出高电平时的扇出系数 N_2，取 N_1、N_2 两者中较小的一个作为门电路的扇出系数。

如图 3-29 所示，反相器的扇出系数计算公式为

$$N_O = \min(N_1, N_2) = \min\left(\frac{I_{OL}}{I_{IL}}, \frac{I_{OH}}{I_{IH}}\right) \tag{3-9}$$

（4）输入负载特性　使用门电路时有时需要在信号与输入端或输入端与地之间接入电阻，如图 3-30a 所示。R_I的引入产生电流 I_I，在 R_I上产生电压降 V_{R_I}，将 V_{R_I}随 R_I的变化而变化的曲线称为门电路的输入负载特性。TTL 反相器的输入负载特性如图 3-30b 所示。由图 3-30a 可知，VT_5管未导通时，V_{R_I}近似为

$$V_{R_I} = \frac{R_I}{R_I + R_1}(V_{CC} - V_{BE}) \tag{3-10}$$

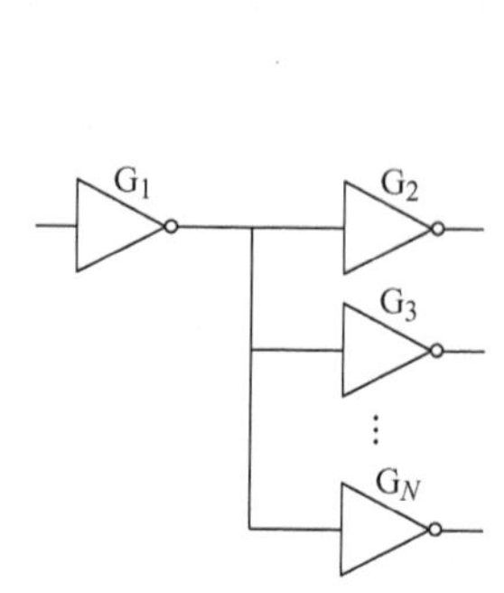

图 3-29 TTL 反相器扇出系数计算分析电路

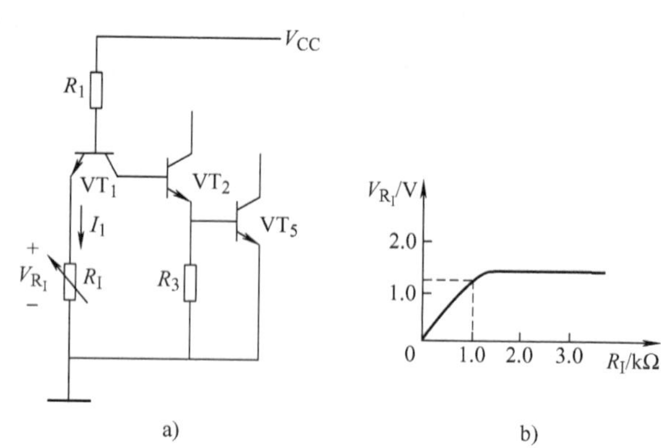

图 3-30 TTL 反相器的输入负载特性及其测试电路

由式(3-10) 可知，当 $R_I << R_1$ 时，V_{R_I}与 R_I之间近似为线性关系，这时 V_{R_I}电压较小，相当于输入为低电平，输出为高电平。随着 R_I的增大 V_{R_I}随之增大，当 V_{R_I}上升到 1.4V 时，VT_1 管的基极电位 V_{B1}被钳位在 2.1V，VT_2 和 VT_5管饱和导通，输出为低电平。由式(3-10)可估算当 $V_{R_I}=1.4V$ 时，$R_I\approx 2k\Omega$，也就是说当 $R_I \geqslant 2k\Omega$ 时，输出为低电平，相当于输入高电平。若 TTL 反相器的输入端悬空，相当于在其输入端接一个阻值为无穷大的电阻，也相当于输入高电平。

而后即使再增大 R_I，V_{R_I}也基本保持为 1.4V，也就是说 V_{R_I}与 R_I之间的关系不再满足式(3-10)。为保证反相器输出为额定低电平所允许的 R_I的最小阻值，定义为开门电阻，用 R_{ON}表示，R_{ON}的阻值一般可通过实验测得。为保证反相器输出高电平至少为额定高电平的 90%，且 V_{R_I}不得大于 V_{ILmax}所允许的 R_I的最大阻值，定义为关门电阻，用 R_{OFF}表示。当 $V_{CC}=5V$、$V_{R_I}= V_{ILmax}=0.8V$ 时，由式(3-10) 可得

$$R_I=\frac{R_1 V_{R_I}}{V_{CC}-V_{BE}-V_{R_I}}\approx 0.91k\Omega$$

也就是说，如果将一个 TTL 反相器 G_1 的输出经一个电阻 R_P接到另一个 TTL 反相器 G_2的输入端，如图 3-31 所示，图中串接的 R_P电阻的阻值不应大于关门电阻 R_{OFF}（0.91kΩ 左右），如果大于 R_{OFF}，不管 G_1 输出低电平还是输出高电平，G_2 的输入 v_{I2}始终会大于最高输入低电平 $V_{ILmax}=0.8V$，则 G_1 输出的逻辑低电平信号将不能可靠地传送给 G_2 门，使其输出产生逻辑错误。

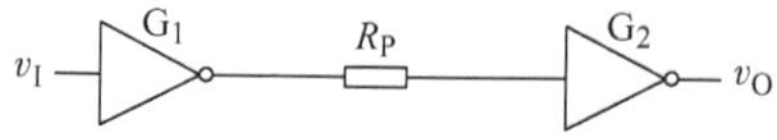

图 3-31 TTL 反相器输入负载特性应用举例

（5）门电路多余输入端的处理 从理论上讲，TTL 门电路输入端悬空相当于接高电平，但实际使用时，不用的输入端一般不悬空，以防干扰信号的串入，产生错误逻辑。不同逻辑门电路的多余输入端有不同的处理方法。

1）TTL 与门及与非门的多余输入端有以下几种处理方法：

① 将其经过 1 ~ 3kΩ 的电阻接至电源正端。

② 接高电平 V_{IH}。

③ 与其他输入端并接使用。

2）TTL 或门及或非门的多余输入端接低电平或与其他输入端并接使用。

3）与或非门一般有多个与门，使用时如果有多余的与门不用，其输入端需接低电平；如果与门存在输入端不用，其处理方法同与门、与非门多余输入端的处理方法。

4. TTL 反相器的动态特性

以上所讨论的是 TTL 反相器的静态特性，输入信号不随时间变化。但是，在实际应用中，输入端所加的信号总是不断地从一个状态转换到另一个状态，此时输出状态能否跟得上输入信号状态的变化，输出电压和输出电流的变化如何，这是门电路实际使用中必须关注的问题。通常将门电路的输出电压和输出电流随输入信号变化的响应曲线，称为门电路的动态特性。下面分别讨论门电路的传输延迟时间和电源动态尖峰电流两个动态特性。

（1）传输延迟时间　如果将理想矩形波的电压信号加到 TTL 反相器的输入端，由于晶体管内部存储电荷的积累和消散需要时间，而且二极管、晶体管等元器件都有寄生电容存在，故输出电压 v_O 的波形不仅要滞后于输入电压 v_I 的波形，而且上升时间和下降时间均变得更长，如图 3-32 所示。将输入电压波形上升沿的中点与输出电压波形下降沿的中点之间的时间差定义为输出由高电平到低电平的延迟时间，用 t_{PHL} 表示；将输入电压波形下降沿的中点与输出电压波形上升沿的中点之间的时间差定义为输出由低电平到高电平的延迟时间，用 t_{PLH} 表示。因为 TTL 电路中的晶体管多数工作在开关状态，其状态转换时间和各元器件的寄生电容值都不易精确测试，故很难精确计算传输延迟时间，t_{PHL} 和 t_{PLH} 的数值通常通过实验方法测定，从器件的数据手册可查到此参数。在数字电路中有时也用平均传输延迟时间 $t_{PD}=(t_{PHL}+t_{PLH})/2$ 来表示门电路的传输延迟时间。TTL 门电路的平均传输延迟时间一般都小于 30ns。

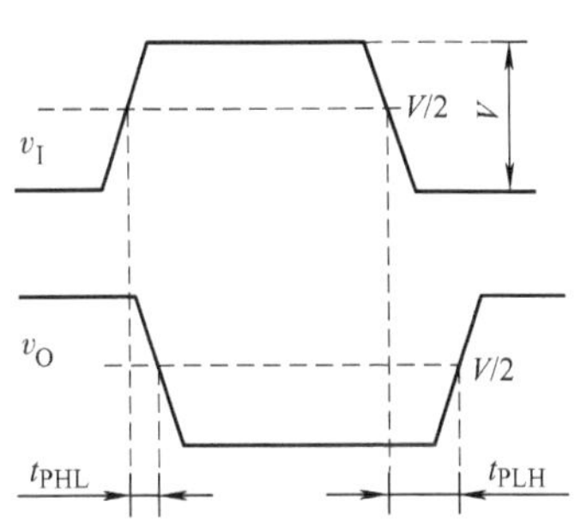

图 3-32　TTL 反相器的传输延迟时间

（2）电源的动态尖峰电流　TTL 集成电路的电源电压一般为 +5V，因此，这类集成电路所消耗的功率多用空载电源电流 I_{CC} 来表示。对 TTL 系列的逻辑门电路（例如图 3-23 所示反相器）来说，当输出高电平 V_{OH} 时，VT_1 管饱和，VT_2 和 VT_5 管截止，VT_4 管导通，此时的电源电流 $I_{CCH}\approx I_{R1}=1mA$，当输出低电平 V_{OL} 时，VT_1 管处于倒置工作状态，VT_2 和 VT_5 都饱和导通，VT_4 管截止，此时的电源电流

$$I_{CCL}\approx I_{R1}+I_{R2}=0.725mA+2.5mA=3.225mA$$

然而在动态工作情况下，特别是当输入信号由高电平转换为低电平的过程中，由于 VT_1 管处于深度饱和状态，为 VT_2 管基区存储电荷的迅速消散提供了一个低阻回路，使 VT_2 管迅速截止、VD_2 和 VT_4 管迅速导通。而 VT_5 管因处于深度饱和状态，且基区存储的大量电荷因无低阻消散回路而不会迅速截止，因而会出现 VD_2、VT_2 和 VT_5 管同时瞬时导通的情况，在此瞬间，电源 V_{CC} 经电阻 R_2、R_4、VD_2、VT_2 和 VT_5 管产生一个较大电流，使电源产生一个很大的峰值电流 $I_{CCM}=I_{R1}+I_{R2}+I_{R4}=31mA$，如图 3-33 所示。此尖峰电流使电源的平均电流和平均功耗都增大，信号重复频率越高其值就越大，而且在电路内部还会产生干扰。要减小影响，必须降低电源的内阻和电路连线的内阻，并在电源与地之间接入高频滤波电路。

3.3.5 TTL 或非门和与非门

TTL 集成门电路除了反相器外，还有与门、与非门、或门、或非门、与或非门和异或门等几种常见的类型。尽管其逻辑功能各异，但输入端、输出端的电路结构形式与反相器相似，因此，反相器的输入特性和输出特性对这些门电路来说同样具有适用性。

1. 或非门

TTL 或非门的典型电路如图 3-34 所示。图中 VT_1'、VT_2'与 R_1'所组成的电路和 VT_1、VT_2与 R_1 组成的电路完全相同。当 A 输入高电平时，VT_2 和 VT_5同时导通，VT_4截止，输出 F 为低电平。当 B 输入高电平时，VT_2'和 VT_5 同时导通而 VT_4 截止，F 输出也为低电平。只有当 A 和 B 同时输入低电平时，VT_2 和 VT_2' 同时截止，VT_5截止而 VT_4导通，从而使输出为高电平。因此，电路实现或非逻辑运算功能，即 $F=\overline{A+B}$。

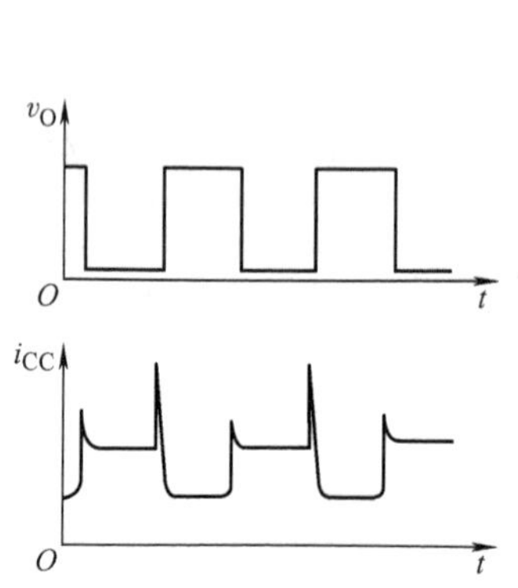

图 3-33 在反相器中电源产生的动态尖峰电流

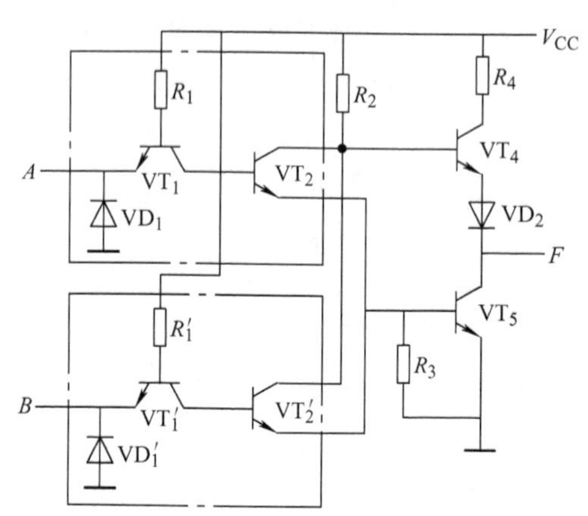

图 3-34 TTL 或非门的典型电路

由扇出系数的定义可知，如果或非门的输入端数用 n 表示，则 n 输入或非门的扇出系数计算公式为

$$N_O=\min(N_1,N_2)=\min\left(\frac{I_{OL}}{nI_{IL}},\frac{I_{OH}}{nI_{IH}}\right) \tag{3-11}$$

从图 3-34 可以看出，或非门中的或逻辑是通过将 VT_2 和 VT_2'两个晶体管集电极输出端并联实现的。由于或非门输入端和输出端的结构与反相器相同，所以输入特性和输出特性也和反相器基本一样。将或非门两个输入端并联时，无论高电平输入电流还是低电平输入电流，都是单个输入端电流的两倍。

2. 与非门

图 3-35 是 TTL 2 输入与非门的典型电路，与图 3-23 所示反相器电路的区别在于输入端改成了多发射极晶体管。

多发射极晶体管的结构如图 3-36a 所示，晶体管的基区和集电区共用，在 P 型半导体的基区上制作了两个或者多个高掺杂的 N 型半导体，形成两个或多个互相独立的发射极。多发射极晶体管工作过程中的详细分析比较复杂，为了简化处理，用图 3-36b 中的近似等效电路表示多发射极晶体管，这时的多发射极晶体管 V 和电阻 R 组成了一个二极管与门电路。

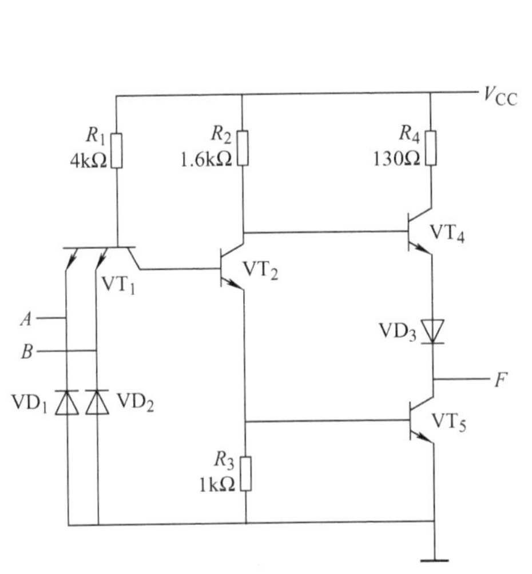

图 3-35　TTL 2 输入与非门的典型电路

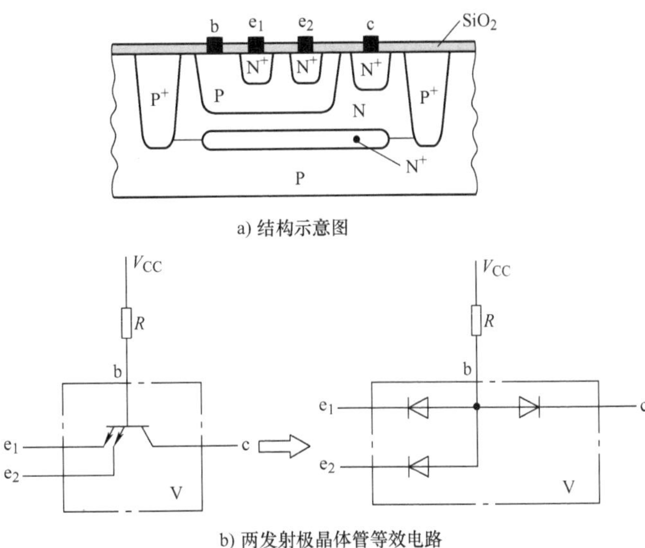

图 3-36　多发射极晶体管

图 3-35 中多发射极晶体管 VT_1 和电阻 R_1 组成输入极，实现逻辑与功能；晶体管 VT_2、电阻 R_2 和发射极电阻 R_3组成中间级；由晶体管 VT_4、二极管 VD_3、电阻 R_4和晶体管 VT_5组成图腾柱式结构（或称推拉式电路）的输出级。

二极管 VD_1 和 VD_2 起到保护作用，当输入端加正向电压时，相应二极管处于反向偏置，相当于开路；一旦在一个输入端出现负极性的干扰脉冲，对应的 VD_1 或 VD_2 导通，使 A、B 两端的电压被钳位在 $-0.7V$ 左右，以保护多发射极晶体管 VT_1 不被损坏。

当只有一个输入端（例如 A）接低电平 $V_{IL}=0.3V$ 时，电源 V_{CC}经由电阻 R_1 使 VT_1 管相应的发射结处于正偏而导通，基极电位 V_{B1}被钳位在 1V；而另一输入端（B）因加高电平 $V_{IH}=3.6V$，其发射结处于反偏而截止，故输入低电平时经 R_1 从 VT_1 的输入端 A 流出的电流（假定从输入端流入的电流为正向电流）为

$$I_{IL}=-\frac{V_{CC}-V_{be1}-V_{IL}}{R_1}=-\frac{5-0.7-0.3}{4}\text{mA}=-1\text{mA}$$

由于输入低电平 V_{IL}时电流 I_{IL}是从门的输入端流出，与假定的电流方向相反，故上式中的 I_{IL}取负值。如果两个输入端同时输入低电平 V_{IL}，则两个 PN 结都导通，基极电位 V_{B1}仍被钳位在 1V，故流经 R_1 的电流仍为 $-1mA$，对两输入与非门来说，从每个输入端流出的低电平电流为 $I_{IL}/2=0.5mA$。

若两个输入端同时输入高电平 $V_{IH}=3.6V$ 时，电源 V_{CC}经电阻 R_1 使 VT_1 管的集电结、VT_2 管的发射结和 VT_5管的发射结均处于正偏而导通，VT_1 管的基极电位 V_{B1}被钳位在 2.1V，VT_1 管的两个发射结都反向偏置，输入端 A、B 只有反向漏电流 I_{IH}流入，此时，VT_1 管处于倒置工作状态（即发射极当作集电极使用，而集电极当作发射极使用）。经 V_{CC}、电阻 R_1 和 VT_1 管的集电结流入 VT_2 管基极的电流为

$$I_{R1}=\frac{V_{CC}-V_{bc1}-V_{be2}-V_{be5}}{R_1}=\frac{5-2.1}{4}\text{mA}=0.725\text{mA}$$

由于 VT_2 和 VT_5都饱和导通，VT_2 管的集电极电位 $V_{C2}=V_{CES2}+V_{be5}=0.3V+0.7V=$

1V，VT_4管和二极管VD_3都截止，输出低电平为VT_5管的饱和压降$V_{OL}=V_{CES5}=0.3V$。由以上的分析可以看出，输出F与输入A、B之间具有与非逻辑关系，即$F=\overline{AB}$；并且，无论输出是低电平或是高电平，输出级VT_4管和VT_5管总是只有一个导通而另一个截止，这不仅能有效地降低静态功耗，而且输出电阻都比较小，驱动负载能力较强。

由扇出系数的定义可知，如果与非门的输入端数用n表示，则n输入与非门的扇出系数计算公式为

$$N_O=\min(N_1,N_2)=\min\left(\frac{I_{OL}}{I_{IL}},\frac{I_{OH}}{nI_{IH}}\right) \tag{3-12}$$

3. 其他系列与非门

（1）74H高速系列 图3-37是74H高速系列2输入与非门的电路图，它与74通用系列的主要区别是：①电路中电阻值减小了；②输出级VT_5管的有源负载改为由VT_3和VT_4组成的复合管，通常称为达林顿图腾柱结构，进一步提高了驱动负载能力和工作速度，但其功耗增加至少一倍。目前，这类产品已经很少使用。

（2）74S系列 图3-38是74S肖特基系列2输入与非门的电路图，与上述两个系列相比，主要作了以下两方面的改进。

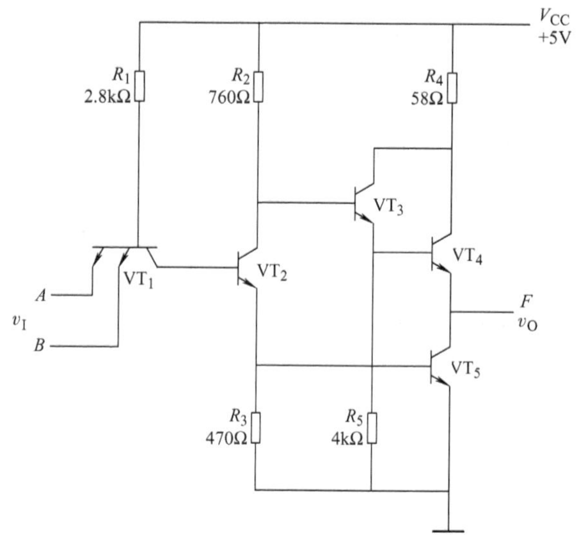

图3-37 74H高速系列2输入与非门

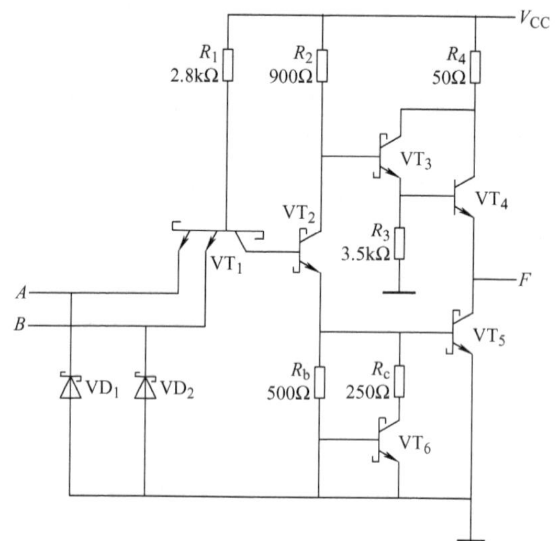

图3-38 74S肖特基系列2输入与非门

1）将VT_5管基极回路的电阻R_3改为由电阻R_b、R_c和晶体管VT_6组成的有源泄放电路，在输入端由低电平转换为高电平的瞬间，由于VT_6管的基极电阻R_b与VT_2管的发射极相连，故VT_5管比VT_6管先导通，VT_2管的发射极电流的绝大部分先流入VT_5管的基极，使VT_5管迅速进入饱和状态，缩短了VT_5管的开通时间。待VT_6管导通后，流入VT_5管的基极电流被VT_6管组成的有源泄放电路分流，使VT_5管饱和工作时的基区存储电荷减少而处于浅饱和状态，还可缩短VT_5管的关闭时间；在输入信号由高电平转换为低电平的瞬间，VT_2管基区存储电荷经VT_1管泄放而迅速截止，而VT_6管的基极因有电阻R_b，其基区存储电荷消散缓慢，暂时仍处于导通状态，这就为VT_5管基区存储电荷的泄放提供了一个低阻回路，从而加速了

VT_5管的截止。也就是说，改用有源泄放电路以后，有效地提高了与非门的开关速度。

2）除 VT_4管外全部采用了肖特基晶体管（又称为抗饱和晶体管）。所谓肖特基晶体管，就是在普通晶体管的基极与集电极之间接一个肖特基势垒二极管，其结构如图 3-39 所示。肖特基势垒二极管是由金属和 N 型半导体形成的 PN 结，其正向压降在 0.3V 左右，随着晶体管基极电流的增大，集电极与发射极之间的电压随之下降，当晶体管的饱和压降降到 0.4V 时，基极与集电极之间的电压降到了 0.3V，肖特基晶体管开始导通，对晶体管的基极电流起到分流作用，降低了晶体管的饱和深度，能有效地提高门电路的开关速度。

由于 VD_1 和 VD_2 管都采用了肖特基势垒二极管，其正向压降在 0.3V 左右，所以能更有效地抑制输入负干扰脉冲对 VT_1 管的损坏。

（3）74LS 系列　图 3-40 为 74LS 低功耗肖特基系列 2 输入与非门的电路图，与肖特基系列相比，其特点如下。

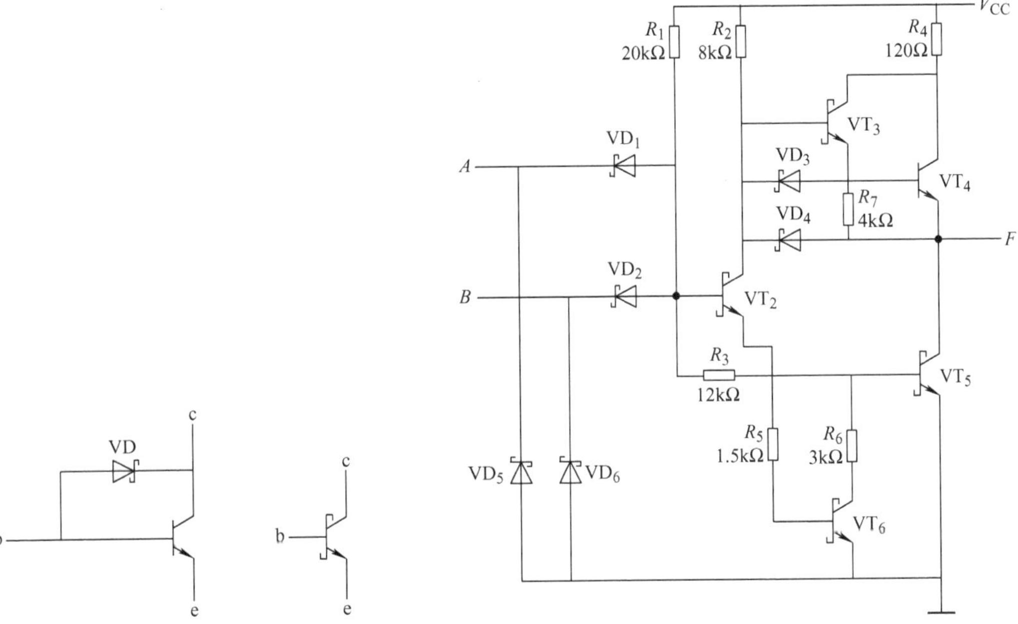

图 3-39　肖特基晶体管的结构

图 3-40　74LS 低功耗肖特基系列 2 输入与非门

1）电路中电阻均为千欧和数十千欧级，以此降低电路中的电流以及电路功耗。

2）输入级采用了肖特基二极管组成的与门来代替多发射极晶体管与门，由于集成制造工艺水平的不断提高，允许的最小线宽下降，使二极管所占面积小，减少了寄生电容，因此，对输入信号的瞬态响应快、漏电流小、输入击穿电压高，而且其结电容还有助于 VT_2 管基极电荷的注入和抽出，不仅有利于提高开关速度，也便于与 MOS 电路连接。

3）在输出级与中间级之间加入了两只肖特基势垒二极管 VD_3 和 VD_4，当输出从高电平向低电平转换时，负载回路的电流可经 VD_3 和 VT_2 管进行泄放，加速了 VT_2 管的截止。正因为低功耗肖特基系列具有上述一些优点，多数 TTL 门电路采用此种结构。

3.3.6　集电极开路门

为了增加 TTL 门电路的驱动能力，有时需要将多个门电路的输出端直接并接在一起使用，但具有图腾柱结构输出的门电路输出端不能并接使用。如图 3-41 所示，如果将门电路的输出端并接，当一个门输出高电平而另一个门输出低电平时，将产生较大输出电流直接流入输出低电平逻辑门的 VT_5 管，不仅会使其输出低电平严重抬高，出现逻辑错误，而且输出高电平门的 VT_4 管可能被烧坏。

为了使门的输出端能够并接使用，并提高门电路的驱动能力，将 TTL 门电路的有源负载去掉，VT_5管的集电极开路，称其为集电极开路门，简称 OC（Open Collector）门，典型的集电极开路与非门电路结构及其逻辑符号如图 3-42 所示。实际使用时，为了保证 OC 门能够输出高电平，需要将其输出外接上拉电阻 R_L至电源 V'_{CC}，V'_{CC}电源与门电路的供电电压 V_{CC}可以不同，也就说明 OC 门可以输出除电源电压以外的高电平电压值。集电极开路输出可用于高压驱动器、七段译码驱动器等多种逻辑器件的输出以及电平转换电路。

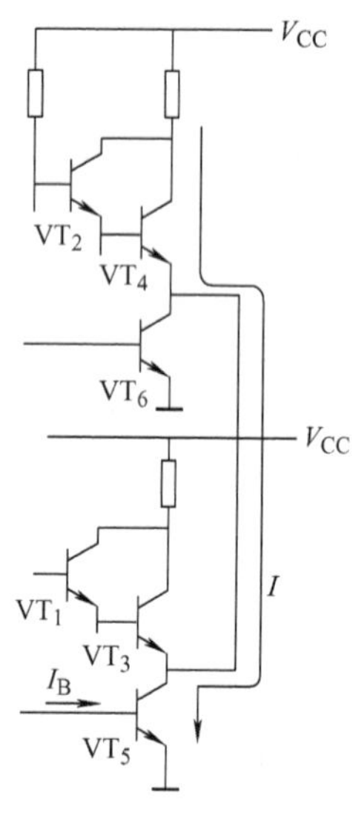

图 3-41 将 TTL 门与非门的输出直接连接可能出现的问题

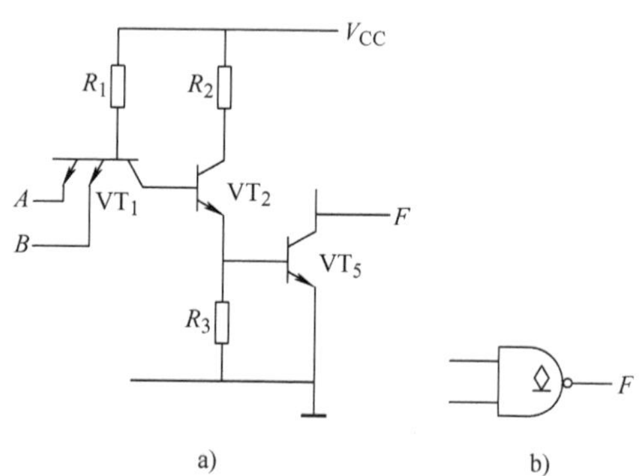

图 3-42 集电极开路与非门电路结构及其逻辑符号

如图 3-43 所示，将多个 OC 门的输出并接，如果有一个输出低电平，F 则为低电平，只有当所有 OC 门都输出高电平时，F 才为高电平，因此 OC 门输出短接后可以实现与运算功能，即 $F=F_1F_2\cdots F_n$，称为“线与”。如果采用负逻辑约定，则可实现“线或”功能。

为了使线与输出的高电平和低电平电压能满足所在门电路电平要求，则需要确定外接电阻 R_L数值大小。R_L的大小与并接的 OC 驱动门的个数 n、负载门的输入端数 m、负载门的个数 M 以及线与输出的逻辑状态有关。下面分析输出不同电平时 R_L 的取值要求。

（1）最大值 R_{Lmax} OC 门线与输出高电平时的电流流向如图 3-44 所示，图中 I_{OH}为每个 OC 门输出高电平 V_{OH}时流入其 VT_5集电极的漏电流，I_{IH}是负载门在输入高电平时流入每个输入端的漏电流，由图可得

$$V_{OH}=V'_{CC}-I_{R_L}R_L=V'_{CC}-(nI_{OH}+mI_{IH})R_L$$

为使 $V_{OH}\geqslant V_{OHmin}$，则

$$R_{Lmax}=\frac{V'_{CC}-V_{OHmin}}{nI_{OH}+mI_{IH}} \tag{3-13}$$

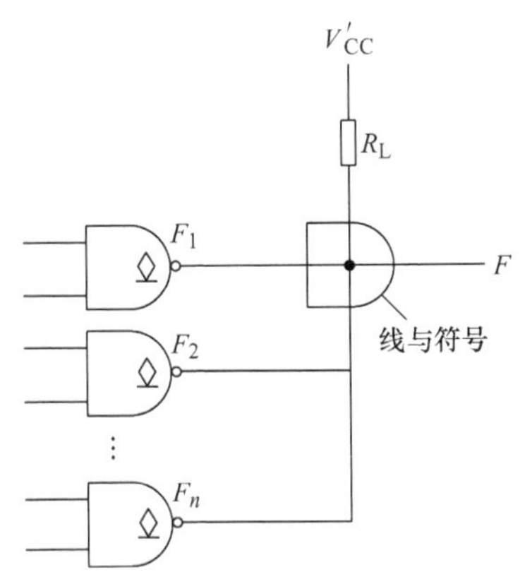

图 3-43 OC 门输出短接的"线与"功能

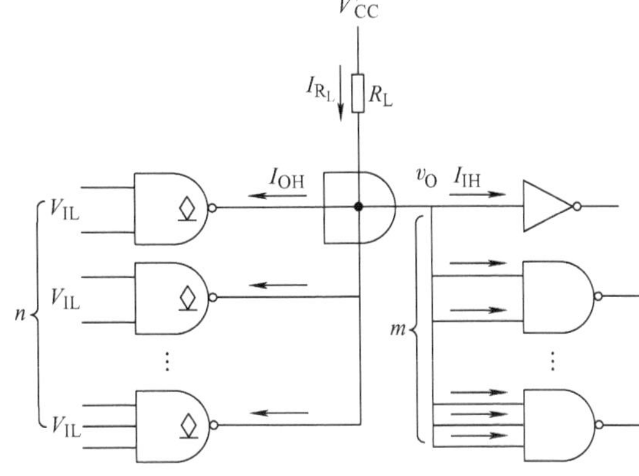

图 3-44 OC 门线与输出高电平时的电流流向

(2) 最小值 R_{Lmin} OC 门线与输出低电平时，考虑电路工作最不利的情况，假定只有一个 OC 门输出低电平，此时流入其 VT_5 管的集电极电流最大，各电流流向如图 3-45 所示。

为使 $V_{OL} \leqslant V_{OLmax}$，则

$$R_{Lmin} = \frac{V'_{CC} - V_{OLmax}}{I_{OLmax} - MI_{IL}} \tag{3-14}$$

式中，I_{OLmax}是 OC 门带灌电流负载时，VT_5 管所允许流入的最大电流值；M 为负载门的个数。

由以上分析可知，当 n 个 OC 门做线与连接时，其上拉电阻 R_L在满足下面条件的前提下选择一个合适标称值电阻

$$R_{Lmin} \leqslant R_L \leqslant R_{Lmax}$$

例 3-1 由四个集电极开路门组成线与输出，三个 TTL 反相器和与非门作为负载，其电路连接如图 3-46 所示。设线与输出的高电平 $V_{OHmin} = 3.0V$，每个 OC 门截止时其输出管 VT_5 流入的漏电流 $I_{OH} = 2mA$；在满足 $V_{OL} \leqslant 0.4V$ 的条件下，驱动管 VT_5饱和导通时所允许的最大灌电流 $I_{OLmax} = 16mA$。负载门的输入特性如图 3-26b 所示。试确定线与输出时的负载电阻 R_L的取值，已知 $V'_{CC} = V_{CC} = 5V$。

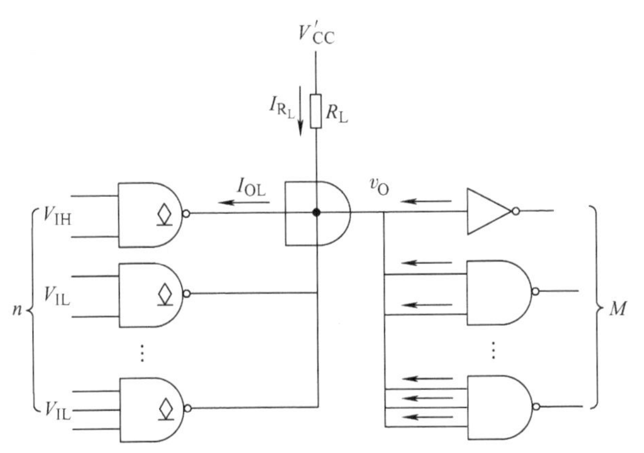

图 3-45 OC 门线与输出低电平时的电流流向

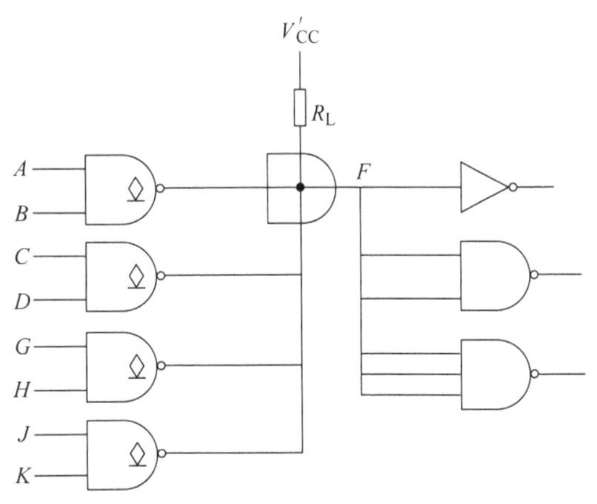

图 3-46 例 3-1 电路图

解：由图 3-26 所示输入特性可知 $I_{IH}=40\mu A$，$I_{IL}=1.5mA$，由式(3-13) 可计算出

$$R_{Lmax}=\frac{V'_{CC}-V_{OHmin}}{nI_{OH}+mI_{IH}}=\frac{5-3}{4\times 0.002+6\times 0.04}k\Omega\approx 8.1k\Omega$$

由式(3-14) 可计算出

$$R_{Lmin}=\frac{V'_{CC}-V_{OLmax}}{I_{OLmax}-MI_{IL}}=\frac{5-0.4}{16-3\times 1.5}k\Omega=0.4k\Omega$$

根据上述计算结果，$0.4k\Omega\leqslant R_L\leqslant 8.1k\Omega$，可选 $R_L=2k\Omega$。

其他功能门电路的输出级也可制造成集电极开路输出结构，其外接负载电阻的计算与上述方法相同。

3.3.7 三态门

在数字系统中，为了使各逻辑器件能够共享总线，通过总线分时传输信号，便设计有三态输出逻辑门电路，简称三态门（Three State Logic，TS 门）。所谓三态门，即其输出不仅有高电平和低电平两种状态，还有第三种状态——高阻状态。

三态门的电路结构及其逻辑符号如图 3-47 所示，图中 EN 是使能控制端，高电平有效。图 3-47a 中，当 $EN=1$ 时，二极管 VD 截止，电路处于与非逻辑功能工作状态，$F=\overline{AB}$；当 $EN=0$ 时，$V_{B1}=1V$，VT_2 和 VT_5 管截止，同时，因二极管 VD 导通，$V_{B3}=1V$，VT_3 管和 VT_4 管也截止，故输出端呈高阻状态。所谓高阻状态，即此门电路的输出端，既不像输出逻辑 1 状态那样，电源 V_{CC} 能通过 VT_4 管给负载提供电流；也不像输出逻辑 0 状态那样，驱动管 VT_5 能被负载灌入电流；而是处于一种悬浮状态。在数字系统中，当某一逻辑器件被置于高阻状态时，则如同把此器件从系统中除去一样，与系统中的其他元器件互不影响。

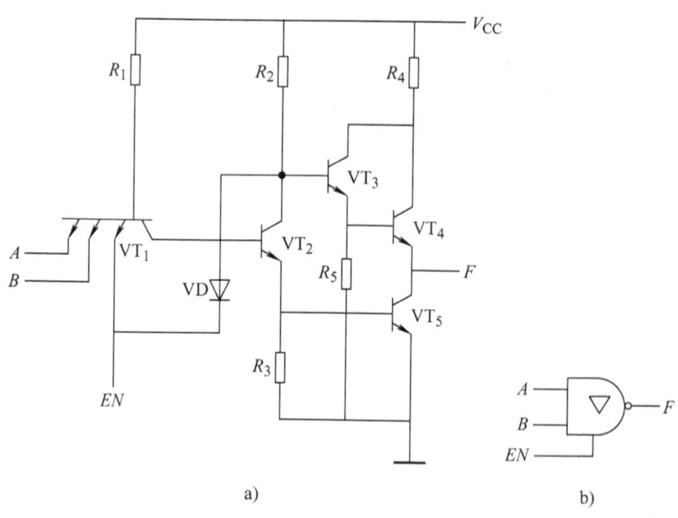

图 3-47 TTL 三态门的电路结构（高电平有效）及其逻辑符号

在图 3-48a 所示的三态门电路中，使能端$\overline{EN}$低电平有效，图 3-48b 是其逻辑符号。当$\overline{EN}=0$时，非门 G 输出高电平，使二极管 VD 截止，电路处于正常与非门工作状态，$F=\overline{AB}$；当$\overline{EN}=1$时，非门 G 输出低电平，VT_2 管和 VT_5管截止，VT_3管和 VT_4管也截止，输出呈高阻状态。

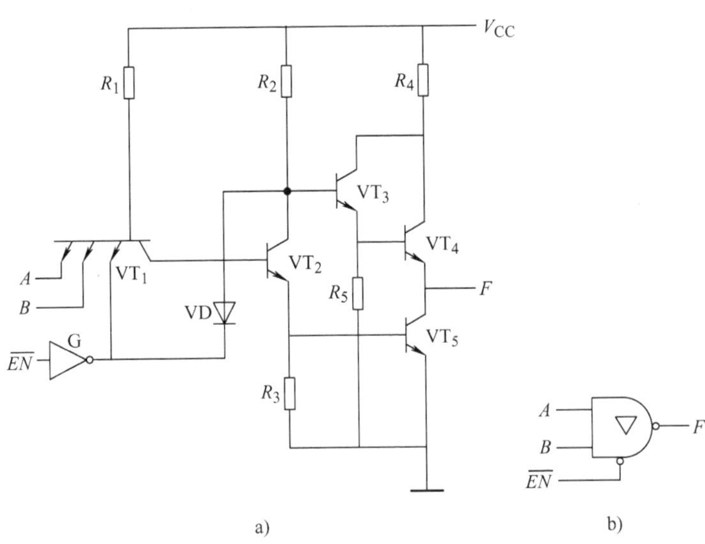

图 3-48 TTL 三态门的电路结构（低电平有效）及其逻辑符号

利用三态门构成的总线系统示意图如图 3-49a 所示，它可实现使 n 个信号分时有序传输数据而且不互相干扰，控制信号 $EN_1 \sim EN_n$ 在任意时刻都只能有一个为高电平，使相应三态门能向总线传输信号，其余的门处于高阻状态。

利用三态门还可实现双向数据传输，如图 3-49b 所示，当 $EN=1$ 时，G_1 使能有效，G_2 处于高阻状态，数据 D_0 经 G_1 传输到总线；当 $EN=0$ 时，G_2 使能有效，G_1 处于高阻状态，总线的数据 $\overline{D_0}$（D_1）经 G_2 送到设备中。

图 3-50 是一个由三态输出的四总线缓冲器 74LS125 组成的两路数据双向传输电路。图中，当 $\overline{EN}=0$ 时，三态门 G_1 和 G_2 使能有效，G_3 和 G_4 被禁止，数据 A、B 经总线从左方传递到右方，当 $\overline{EN}=1$ 时，三态门 G_3 和 G_4 使能有效，G_1 和 G_2 被禁止，数据 A、B 经总线从右方传递到左方。

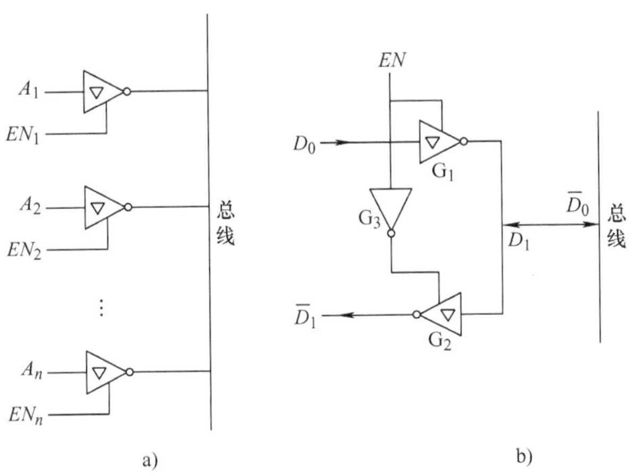

图 3-49 由三态门组成的总线共享和双向传输门电路

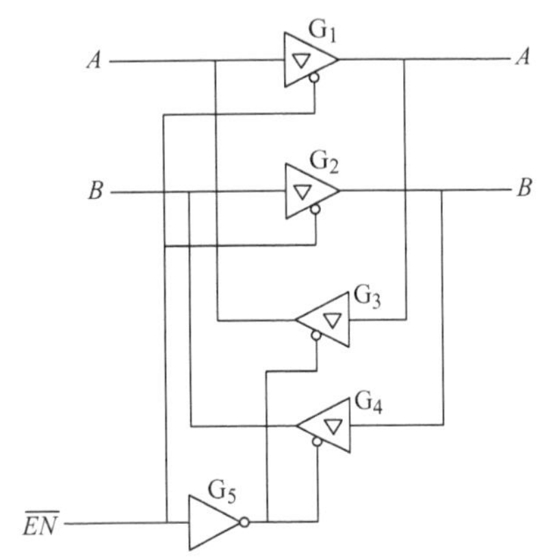

图 3-50 三态输出四总线缓冲器组成的两路数据双向传输电路

3.4 CMOS 门电路

CMOS 门电路（Complementary Metal-Oxide-Semiconductor，互补对称式 MOS 电路）具有功耗低、易集成等特点，已逐渐取代 TTL 门电路而成为当前数字集成电路的主流产品。CMOS 门电路是由场效应晶体管组成。场效应晶体管（Field-Effect Transistor，FET）是一种通过改变半导体内的电场实现电流控制作用的半导体器件，并且参与导电的只有一种载流子，因此场效应晶体管也称“电压控制型”器件或单极型晶体管。

场效应晶体管种类很多，按结构不同分为结型场效应晶体管（Junction-type Field Effect Transistor，JFET）和绝缘栅型场效应晶体管（Insulated Gate Field Effect Transistor，IGFET）；按导电沟道的不同分为 N 沟道和 P 沟道；按上电时导电沟道是否存在分为耗尽型和增强型。数字电路中常采用绝缘栅型场效应晶体管作为开关器件，此种场效应晶体管又称为 MOS 管（MOS 管，Metal Oxide-Semiconductor Field-Effect Transistor，金属-氧化物-半导体场效应晶体管）。MOS 管作为开关器件与有触点的开关相比，其速度和可靠性都具有明显优越性。下面以增强型 MOS 管为例简介场效应晶体管的结构和原理。

3.4.1 MOS 管

上电时导电沟道不存在的 MOS 管称为增强型 MOS 管，反之称为耗尽型 MOS 管。如图 3-51a为 N 沟道增强型 MOS 管结构示意图。在一块掺杂浓度比较低的 P 型半导体衬底 B 上，通过扩散工艺制作两个高掺杂浓度的 N 型半导体，并引出两个电极，分别称为源极 s（source）和漏极 d（drain）。在源极和漏极之间的衬底表面覆盖一层二氧化硅（SiO_2）绝缘层，在此绝缘层上面沉积出金属铝层并引出电极，称为栅极 g（gate），因此称此种场效应晶体管为金属-氧化物-半导体场效应晶体管，即 MOS 管。因二氧化硅是绝缘体，所以栅极和其他各电极之间是相互绝缘的，所以又称此种场效应晶体管为绝缘栅型场效应晶体管。

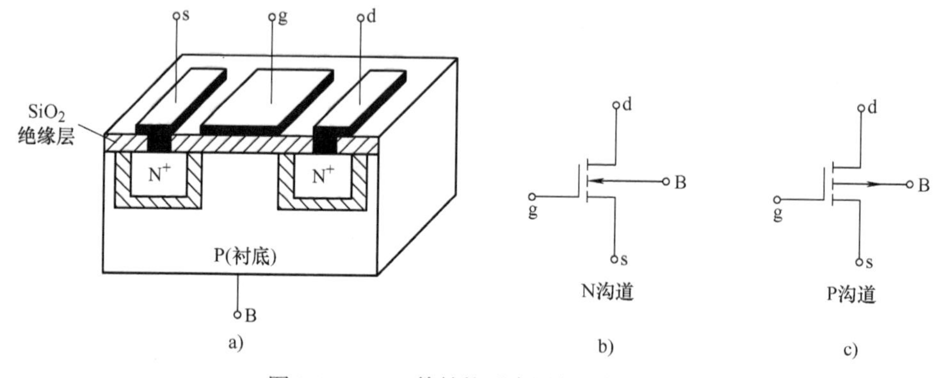

图 3-51 MOS 管结构示意图与逻辑符号

图 3-51a 中，如果栅极 g 与衬底 B 之间的电压 $V_{GB}=0$，则 MOS 管等效为一个共阳极二极管，B 是公共阳极，源极和漏极分别为两个阴极。不论源极和漏极两极间加何种极性的电压，都有一个 PN 结反向偏置，不会产生导通电流，因此 MOS 管截止。

当将 B 与源极短接，同时给源极和栅极之间加正电压（$V_{GS}>0$）时，V_{GS}被施加到衬底与栅极之间，则会产生一个由栅极指向衬底的电场，当 V_{GS}超过某一临界值，电场强度达到一定值，较多的电子会被吸引到P型半导体的上表面，在两个N^+岛间形成与衬底P型半导体类型相反的导电沟道——N型半导体。这样，源极、漏极与N沟道形成一体，此时在漏极和源极两极间加外部电压时便可产生电流。此种类型的MOS管称为N沟道MOS管，简称NMOS管，逻辑符号如图3-51b所示。与此相对应的另一种MOS管为PMOS管，其导电沟道为P型半导体，逻辑符号如图3-51c所示。

当源极、漏极之间施加正向电压时，则形成流入漏极电流i_D，将刚刚开始出现N沟道或者产生漏极电流时的V_{GS}称为开启电压，用V_{TH}表示。NMOS的开启电压表示为V_{TN}，并且$V_{TN}>0$。PMOS开启电压表示为V_{TP}，并且$V_{TP}<0$。

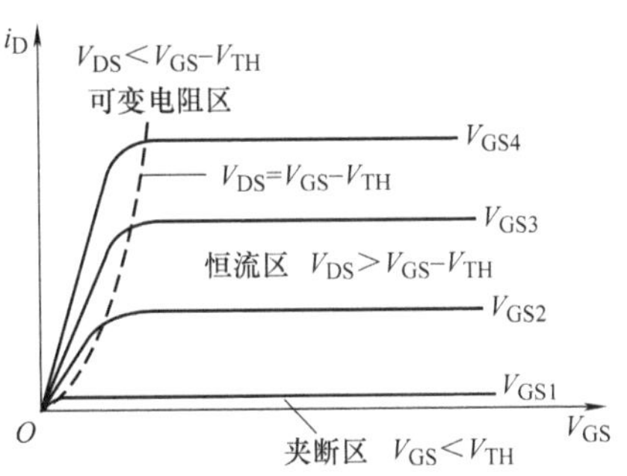

图3-52　增强型NMOS管输出特性曲线

测试可得NMOS管的输出特性曲线如图3-52所示。由图可知输出特性曲线分为三个区域：夹断区（又称截止区）、可变电阻区、恒流区（又称饱和区或放大区）。当$V_{GS}<V_{TH}$时，由上述分析可知I_D近似为0，晶体管截止，此区域称为截止区或夹断区。当$V_{GS}>V_{TH}$，并且$V_{GD}=V_{GS}-V_{DS}>V_{TH}$时，漏极与源极之间等效为一个受$V_{GS}$电压控制的电阻，因此称此区为可变电阻区，此种情况NMOS管内部结构示意图如图3-53a所示。当$V_{GS}>V_{TH}$，并且$V_{GD}<V_{TH}$时，晶体管出现预夹断，如图3-53b所示，此时流入漏极的电流i_D基本上不随V_{DS}的变化而变化，而V_{DS}的变化全部加在预夹断区域，使预夹断区域变长或变短，如图3-53c所示；i_D的大小受V_{GS}控制，V_{GS}越大i_D越大，因此将此区域称为恒流区，也称为饱和区或放大区。由此可见，MOS管的漏极电流受输入电压产生的电场强度控制，称之为场效应晶体管。

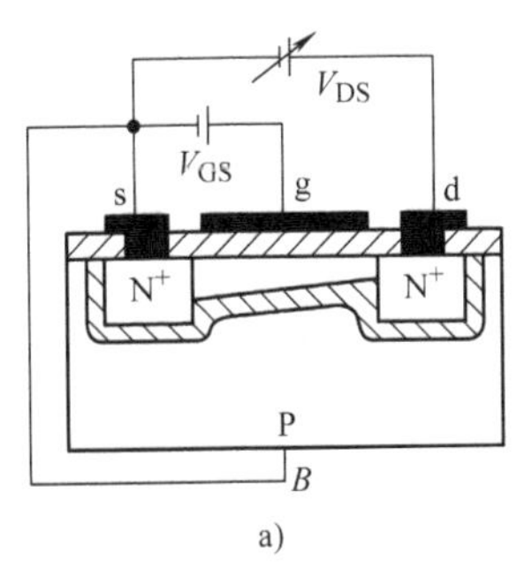

a)

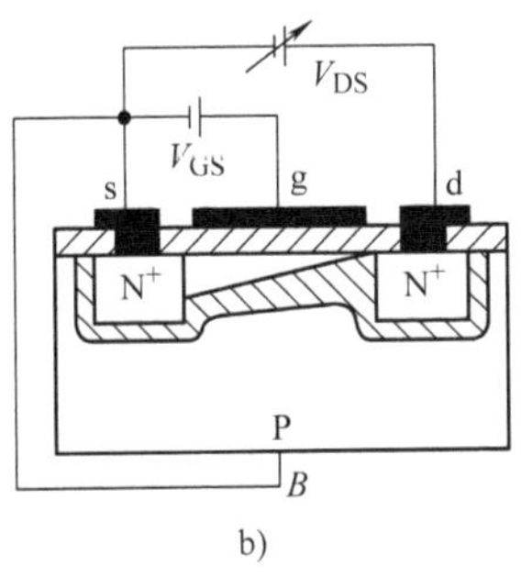

b)

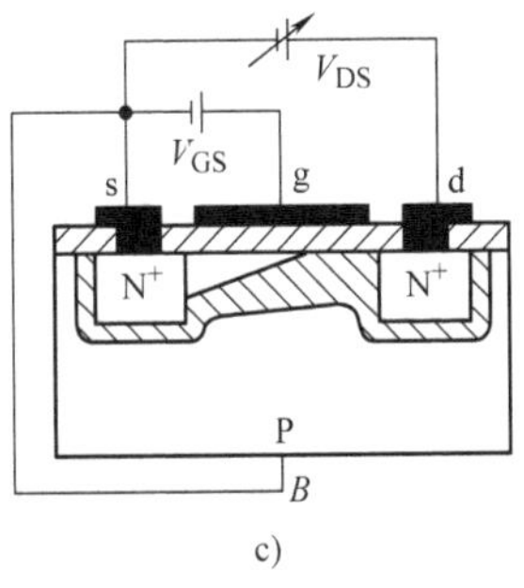

c)

图3-53　NMOS管工作原理

3.4.2　MOS管的开关特性

图3-54所示为NMOS管构成的开关电路，该电路也为NMOS反相器。当输入v_I为高电平时，MOS管工作在可变电阻区，如果外接电阻R_D远大于漏极与源极之间的等效电阻，则输出v_O为低电平。当输入v_I为低电平时，MOS管工作在截止区，输出v_O为高电平。

出此可见，MOS管相当于一个由栅源电压v_I控制的无触点开关，当输入信号为低电平时，MOS管截止，相当于开关“断开”，输出高电平，其等效电路如图3-55a所示；当输入信号为高电平时，MOS 管工作在可变电阻区，相当于开关“闭合”，输出低电平，其等效电路如图 3-55b 所示。图中 R_{on}为 MOS 管导通时的等效电阻，一般不大于 1kΩ。

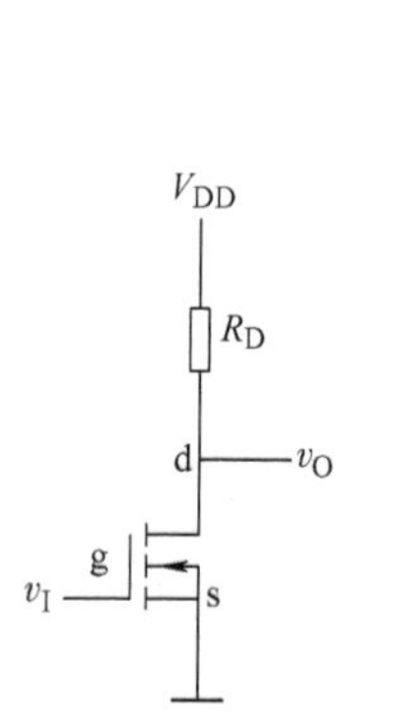

图 3-54 NMOS 管开关电路

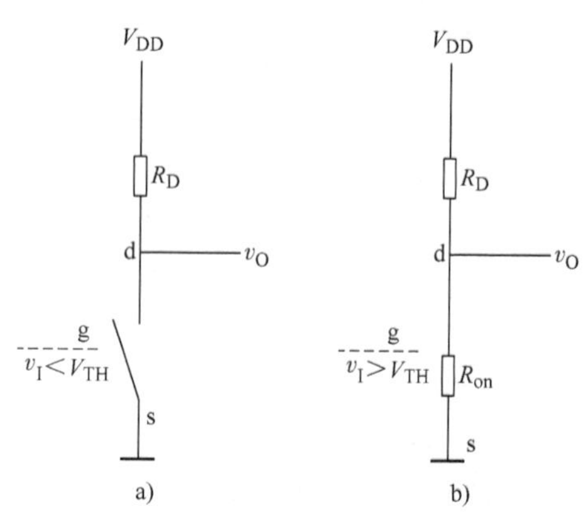

图 3-55 MOS 管的开关等效电路

当 MOS 管开关电路的输入端加入图 3-56a 所示的理想脉冲波形时，其输出电压波形如图 3-56b 所示。由于 MOS 管栅极 g 与衬底 B 之间电容 C_{gb}（即产品数据手册中的输入电容 C_I）、漏极 d 与衬底 B 之间的电容 C_{db}、栅极 g 与漏极 d 之间的电容 C_{gd}以及导通电阻等的存在，使其在导通和闭合两种状态之间转换时，不可避免地受到电容充、放电过程的影响。输出电压 v_O 的波形已不是和输入一样的理想脉冲，上升沿和下降沿都变得缓慢，而且输出电压的变化滞后于输入电压的变化。

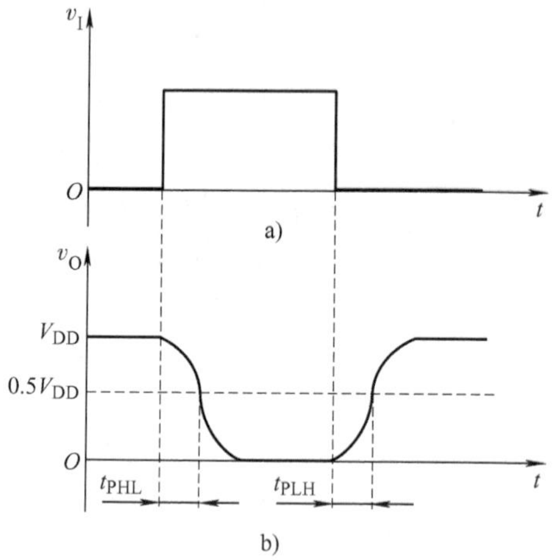

图 3-56 MOS 管开关电路的输入输出波形

3.4.3 CMOS 反相器

1. 电路结构

CMOS 反相器是将一个增强型的 NMOS 管作为驱动管，一个增强型的 PMOS 管作为负载管，把两个管子的栅极连接在一起作为反相器的输入端，漏极连接在一起作为输出端，PMOS 管的衬底和源极接电源 V_{DD}，NMOS 管的衬底和源极接地，如图 3-57 所示。

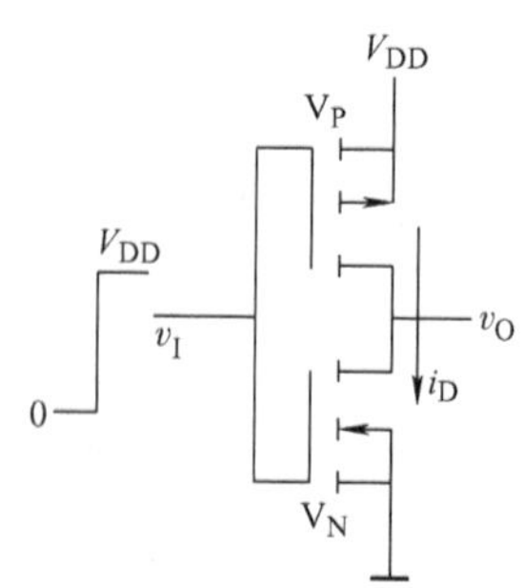

图 3-57 CMOS 反相器的电路结构

设 CMOS 反相器的电源电压 $V_{DD} > V_{TN} + |V_{TP}|$（$V_{TN}$和 V_{TP}分别为 V_N管、V_P管的开启电压）。当输入低电平（取 0V）时，V_N管截止，V_P管导通，输出高电平 $V_{OH} \approx V_{DD}$；当输入高电平（取 V_{DD}）时，V_N管导通，V_P管截止，输出低电平 $V_{OL} \approx 0V$。因此，图 3-57 所示电路能够实现反相器的逻辑功能。

由于 CMOS 反相器工作时总是只有一个管子导通，而另一个管子截止，故通常称之为互补式工作方式，同时把这种电路称作互补对称式金属-氧化物-半导体（Complementary Metal-Oxide-Semiconductor）电路，简称 CMOS 电路。

2. 传输特性

用以描述 CMOS 反相器输出电量与输入电量之间关系的特性曲线，称为传输特性。其中输出电压 v_O 随输入电压 v_I 变化而变化的关系曲线，称为电压传输特性；漏极 i_D 随输入电压 v_I 变化的曲线，称为电流传输特性。

（1）CMOS 反相器的电压传输特性　CMOS 反相器典型的电压传输特性如图 3-58 所示，从图中可以看出，曲线可分为五个工作区段：

1）*AB* 段：当输入为低电平 $v_I=0V$ 时，V_N 管截止，V_P 管导通，输出高电平 $V_{OH}\approx V_{DD}$。

2）*BC* 段：当 v_I 增大并且大于 V_{TN} 时，V_N 管开始导通，进入工作在内阻很高的恒流区；V_P 管仍处于导通状态，导通电阻很小。所以 v_O 虽开始下降，但仍输出高电平。

3）*CD* 段：随着 v_I 的继续增大，输出 v_O 进一步下降，V_N 和 V_P 管都工作在恒流区，所以 v_O 随 v_I 改变而急剧变化，这一区段称为转折区。转折区的中点处 $v_I\approx 1/2V_{DD}$，$v_O\approx 1/2V_{DD}$。

4）*DE* 段：当 v_I 继续增加时，V_N 管进入了低内阻的导通区，V_P 管仍工作在恒流区，输出 v_O 趋于低电平。

5）*EF* 段：当 v_I 增加直至 V_{DD} 时，V_N 管导通，V_P 管截止，输出低电平 $V_{OL}\approx 0V$。

CMOS 器件的电源电压一般为 3～18V，当接入不同电源电压时，CMOS 反相器的电压传输特性如图 3-59 所示。从图中可以看出，随着电源电压 V_{DD} 的增加，其噪声容限 V_{NL} 和 V_{NH} 也都相应地增大。

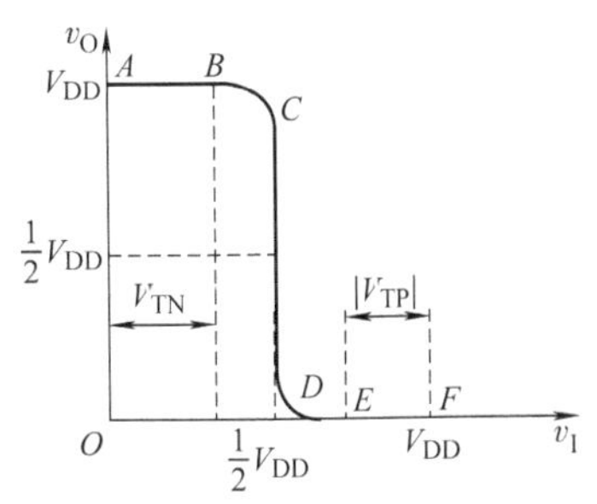

图3-58　CMOS 反相器的电压传输特性

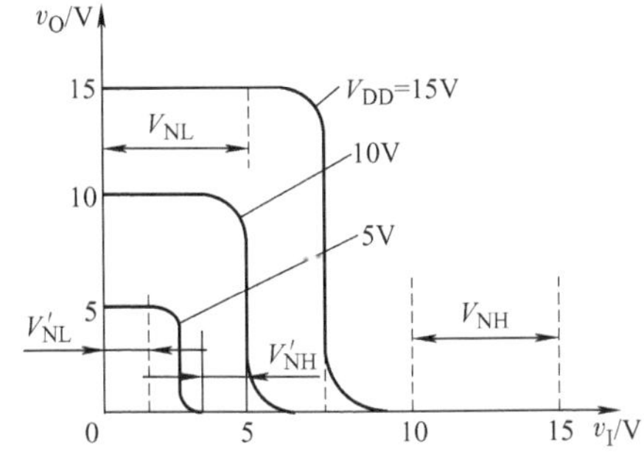

图 3-59　对应不同电源时 CMOS 反相器的电压传输特性

（2）CMOS 反相器的电流传输特性　CMOS 反相器的电流传输特性如图 3-60 所示，它可以分为四个工作区段：

1）*AB* 段：V_N 管截止，V_P 管导通，电源 V_{DD} 经 V_N 管和 V_P 管到地只有一个微小的漏电流 i_D 流过，此电流几乎等于零。

2）*BC* 段和 *DE* 段：V_N 管和 V_P 管都导通，所以漏极电流 i_D 较大，而且在 $v_I=\frac{1}{2}V_{DD}$ 附近达到最大值。

3）*EF* 段：V_N 管导通，V_P 管截止，电流 i_D 几乎

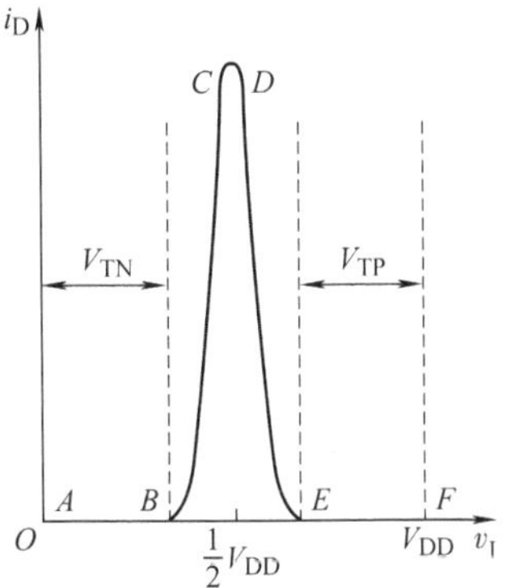

图 3-60　CMOS 反相器的电流传输特性

等于零。

由以上分析可知，CMOS 反相器在静态工作情况下，无论输出是低电平还是高电平，功耗都很小，这是 CMOS 集成器件得以广泛应用的主要原因。

（3）CMOS 反相器的功耗　集成电路的功耗是指供电电源提供给集成电路所消耗的功率，它是衡量电路性能的重要技术指标之一。各种集成电路的功耗水平，由该电路的电路结构、制造工艺、集成度和外部使用条件决定。在目前各种集成电路产品中，CMOS 集成电路的功耗相对较低，静态平均功耗一般不超过 10μW。但随着工作频率的升高，其动态功耗显著增大。下面将分别讨论 CMOS 集成电路的静态功耗和动态功耗。

1）静态功耗。CMOS 反相器处于稳定状态时，V_N和 V_P管中总有一个工作在截止状态，电源流入漏极电流很小。但是实际的 CMOS 反相器由于在其输入端设置了保护二极管，加之电路在制造过程中还会产生一些寄生二极管，如图 3-61 所示，这些二极管产生的漏极电流相对较大，它们是构成 CMOS 反相器静态功耗电流的主要部分，在图中用虚线标出了两类二极管漏电流的流通路径。由于保护二极管和寄生二极管都与 PN 结具有一样的特性，其反向饱和电流受温度影响较大，所以，CMOS 反相器的静态功耗 P_J还随环境温度的变化而变化。

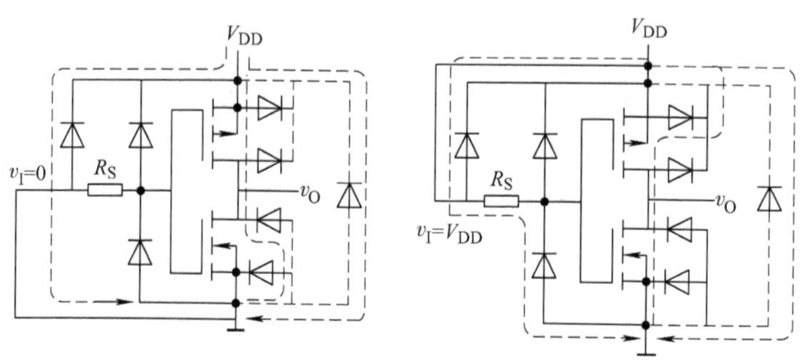

图 3-61　CMOS 反相器产生的静态功耗电流的流通路径

CMOS 电路处于稳定工作状态时，电源流向电路内部的电流 I_{DD}乘以电源电压 V_{DD}即为电路的静态功耗 P_J，即 $P_J = V_{DD}I_{DD}$，产品数据手册中常采用 I_{DD}来代表电路的静态功耗情况。国产 CC4000 系列 CMOS 反相器在室温条件下的静态功耗电流不大于 1μA。

2）动态功耗。CMOS 电路在工作过程中，输入状态改变时输出状态也在不断转换，其内部消耗的功率，称为该电路的动态功耗。CMOS 的动态功耗主要表现在两个方面：一部分是由于 V_N和 V_P管在状态转换瞬间同时导通时所产生的瞬时导通功耗 P_T；另一部分是对所带负载电容 C_L充放电过程所消耗的功率 P_C，通常称为对输出电容的充放电功耗。

当输入电压在高低电平间转换时都会出现 V_N和 V_P管同时导通的情况，有瞬时电流 i_T流过两管，i_T的波形如图 3-62 所示，其瞬时导通功耗为 $P_T = V_{DD}I_T$，其中 I_T为瞬时电流 i_T的平均值。

CMOS 反相器在实际工作时，其输出端必定会有下一级电路的输入电容和接线的等效电容 C_L，如图 3-63 所示。当 v_I由高电平转换为低电平时，V_N管截止、V_P管导通，电源 V_{DD}经 V_P管对电容 C_L充电，产生充电电流 i_P；当 v_I由低电平转换为高电平时，V_N管导通、V_P管截止，电容 C_L经 V_N管放电，产生放电电流 i_N。i_P和 i_N所产生的平均功耗为 $P_C = C_LV_{DD}^2f$，其中 f为输出信号的重复频率。总的动态功耗为 $P_D = P_T + P_C$。

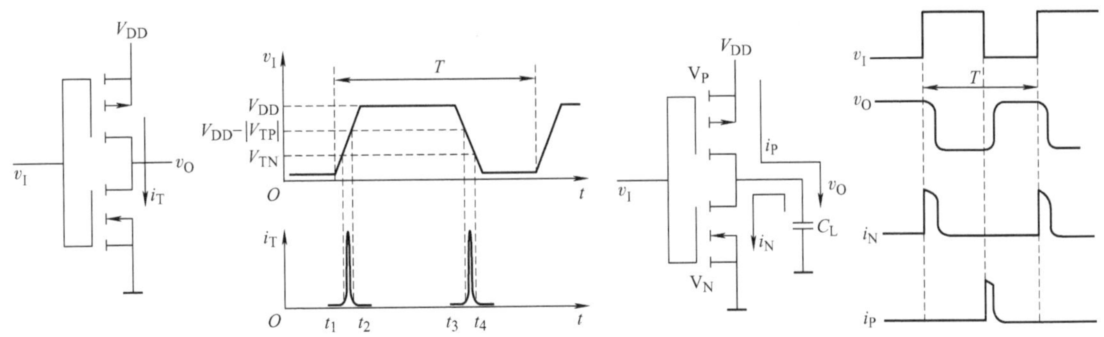

图 3-62 CMOS 反相器产生瞬时电流 i_T的波形图

图 3-63 CMOS 反相器对负载电容充放电的电路及波形图

CMOS 反相器总的功耗 P_{TOT}应为静态功耗和动态功耗之和，即 $P_{TOT}=P_J+P_D$。当工作频率较高时，动态功耗远大于静态功耗，此时静态功耗可忽略不计。

3.4.4 CMOS 与非门和或非门

1. CMOS 与非门

将两个 N 沟道的 MOS 管 V_{N1}和 V_{N2}串联作为驱动管，两个 P 沟道的 MOS 管 V_{P1}和 V_{P2}并联作为负载管，便组成了 2 输入的 CMOS 与非门，如图 3-64 所示。输入 A、B 中只要有一个输入低电平，相应的一个 NMOS 管截止、一个 PMOS 管导通，F 输出高电平；只有当 A、B 的输入同时为高电平时，两个 NMOS 管均导通，两个 PMOS 管都截止，F 输出为低电平。显然，此电路实现与非逻辑功能，即 $F=\overline{AB}$。

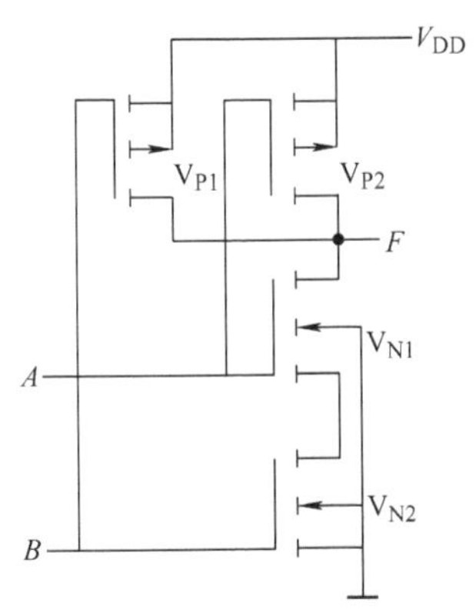

图 3-64 2 输入 CMOS 与非门电路

2. CMOS 或非门

将两个 N 沟道的 MOS 管 V_{N1}和 V_{N2}并联作为驱动管，两个 P 沟道的 MOS 管 V_{P1}和 V_{P2}串联作为负载管，便组成了 2 输入的 CMOS 或非门，如图 3-65 所示。输入 A、B 中只要有一个输入高电平，相应的 NMOS 管导通、PMOS 管截止，F 输出为低电平；只有当 A、B 同时输入低电平时，两个 NMOS 管都截止，两个 PMOS 管都导通，F 输出高电平。因此，此电路能实现或非逻辑功能，即 $F=\overline{A+B}$。

3.4.5 CMOS 传输门和双向模拟开关

利用 PMOS 管和 NMOS 管的互补特性，将其并联可构成 CMOS 传输门（Transfer Gate，TG），如图 3-66a 所示，图 3-66b 为其逻辑符号。CMOS 传输门是 CMOS 逻辑电路中一种常用逻辑电路，图中 NMOS、PMOS 两个管的源极相连作为输入端，漏极相连作为输出端，由于两管结构是完全对称的，因此，输入端和输出端可以互换，两管的栅极分别连接控制信号 C 和 $\overline{C}$。

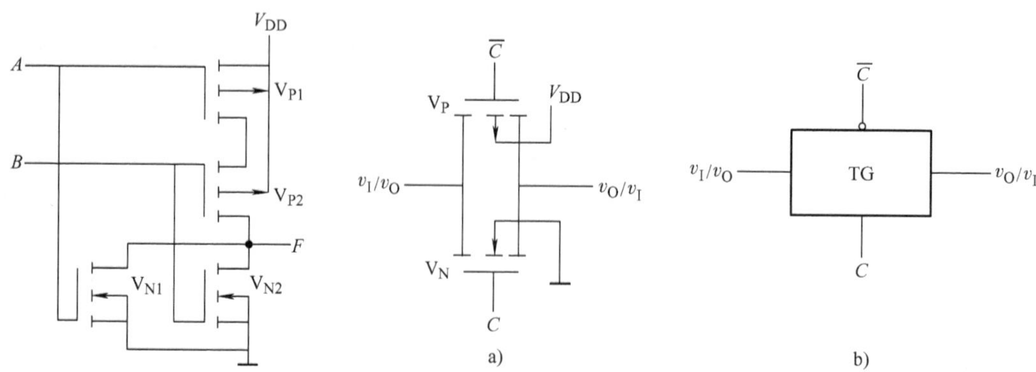

图 3-65 2 输入 CMOS 或非门电路　　图 3-66 CMOS 传输门及其逻辑符号

设输入信号 v_I在 0V ~ V_{DD}之间变化，$V_{TN}+|V_{TP}|<V_{DD}$，控制信号的高电平、低电平分别为 V_{DD}和 0V。当 $C=0$，$\overline{C}=1$ 时，V_N和 V_P管都截止，输入和输出之间呈高阻（大于 $10^9\Omega$）状态，相当于开关断开；当 $C=1$，$\overline{C}=0$ 时，输入电压 $0\leqslant v_I\leqslant(V_{DD}-V_{TN})$ 时，V_N 管导通，当 $v_I\geqslant|V_{TP}|$ 时，V_P管导通，因为 $V_{TN}+|V_{TP}|<V_{DD}$，所以 v_I在 0V ~ V_{DD}之间变化时，V_N和 V_P管中至少有一个导通，输入和输出之间呈低阻（小于 1kΩ）状态，相当于开关闭合。

由于 MOS 管的结构是对称的，传输门可作为双向传输器件使用，即输入和输出可以互换。用 CMOS 传输门和反相器可构成双向模拟开关，如图 3-67a 所示，图 3-67b 为传输门的逻辑符号，图 3-67c 为双向模拟开关的逻辑符号，图中带数字信号识别符“#”的输入端，表示此端输入信号为数字信号。当控制端 C 为高电平时，开关导通，输入信号 v_I便可传输到输出端；当控制端 C 为低电平时，开关截止，输入与输出之间被阻断，呈高阻状态，相当于开关断开。传输门导通时不但可以传输数字信号，也可以传输模拟信号。

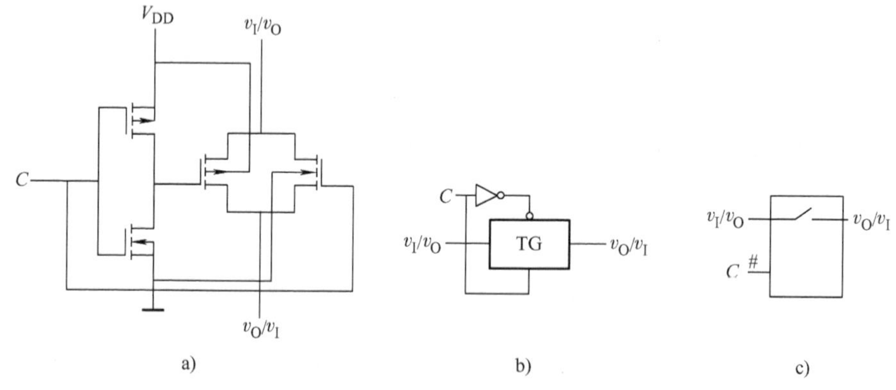

图 3-67 CMOS 双向模拟开关的电路组成及其逻辑符号

3.4.6 CMOS 漏极开路门

和 TTL 电路中的 OC 门一样，在 CMOS 逻辑门电路中，其输出级也可做成漏极开路结构，简称 OD 门（Open Drain）。74HC03 为四路 2 输入漏极开路与非门，其逻辑电路如图 3-68a 所示，图 3-68b 为逻辑符号。该器件每个门的输出，都是由一个漏极开路的 N 沟道增强型 MOS 管构成，如用其连接成线与输出，也应外加适当的上拉电阻 R_L，如图 3-69 所示。该器件可用作 LED 灯的驱动器，也可用于其他需要较大灌入电流的场合。

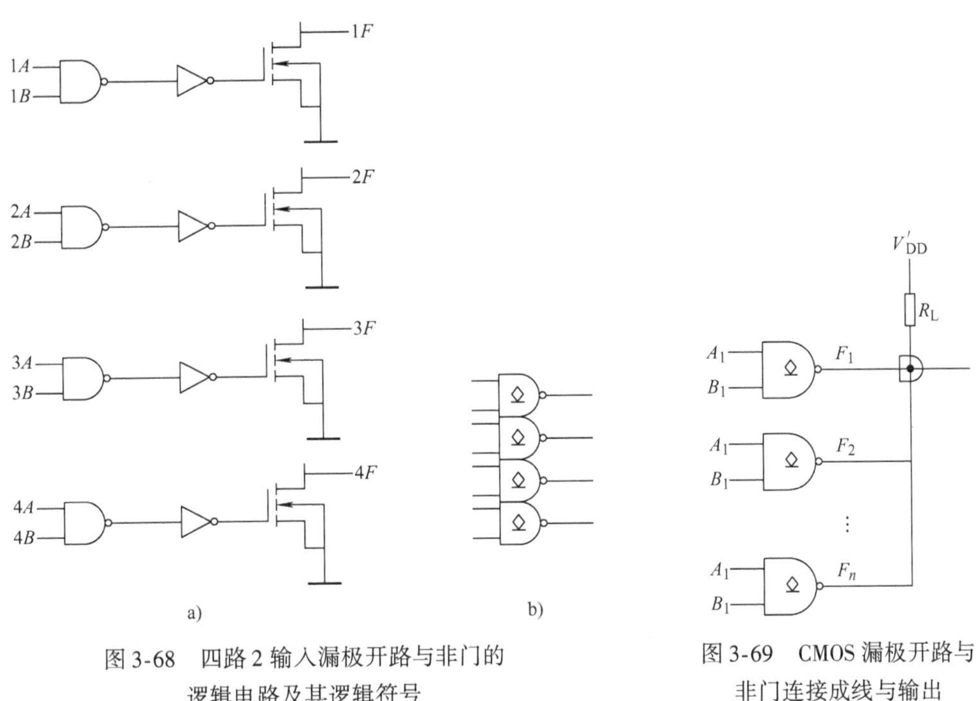

图 3-68 四路 2 输入漏极开路与非门的逻辑电路及其逻辑符号

图 3-69 CMOS 漏极开路与非门连接成线与输出

3.4.7 CMOS 三态门

和 TTL 门电路一样，CMOS 电路也有各种电路结构的三态输出门，本节简单介绍三种常见的电路结构：

1. 第一种电路结构

在 CMOS 反相器的基础上增加一个附加的 NMOS 驱动管 V'_N 和 PMOS 负载管 V'_P，便构成了 CMOS 三态门，如图 3-70a 所示，图 3-70b 是其逻辑符号。当使能控制端 $\overline{EN}=1$ 时，附加管 V'_N 和 V'_P 同时截止，输出呈高阻状态；当 $\overline{EN}=0$ 时，V'_N 和 V'_P 同时导通，电路实现反相器的逻辑功能，即 $F=\overline{A}$。

2. 第二种电路结构

在 CMOS 反相器的输出端串接一个 CMOS 传输门，如图 3-71a 所示，图 3-71b 是其逻辑符号。当 $\overline{EN}=1$ 时，传输门截止，输出 F 为高阻状态；当 $\overline{EN}=0$ 时，传输门导通，反相器的输出信号可经模拟开关传送到 F 端，实现逻辑非运算，即 $F=\overline{A}$。

3. 第三种电路结构

通过增加附加管和门电路组成 CMOS 三态门。

1）在 CMOS 反相器的基础上附加一个负载管 V'_P 及控制用的或非门便组成了 CMOS 三态

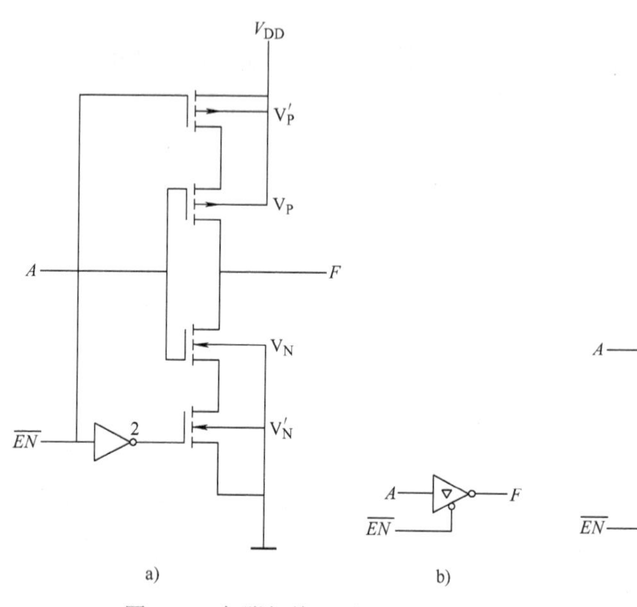

图 3-70 加附加管 V_N'和 V_P'组成的 CMOS 三态门

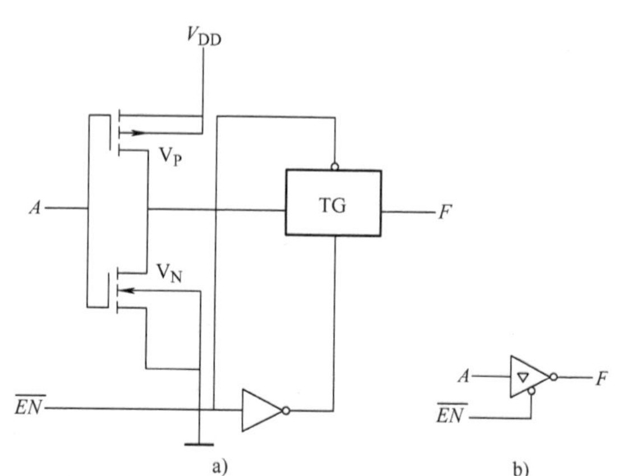

图 3-71 在反相器的输出端接双向模拟开关组成的 CMOS 三态门

门，如图 3-72a 所示，图 3-72b 是其逻辑符号。当$\overline{EN}=1$ 时，V_P'管截止，同时或非门输出为逻辑 0，使驱动管 V_N也截止，输出 F 呈高阻状态；$\overline{EN}=0$ 时，V_P'管导通，输入信号经或非门及反相器两次反相，输出为 $F=A$。

2）在 CMOS 反相器的基础上附加一驱动管 V_N'及控制用的与非门，也能组成 CMOS 三态门，如图 3-73a 所示，图 3-73b 是其逻辑符号。当 $EN=0$ 时，V_N'管截止，同时与非门输出高电平，使负载管 V_P也截止，输出 F 呈高阻状态；当 $EN=1$ 时，V_N'管导通，输出 $F=A$。

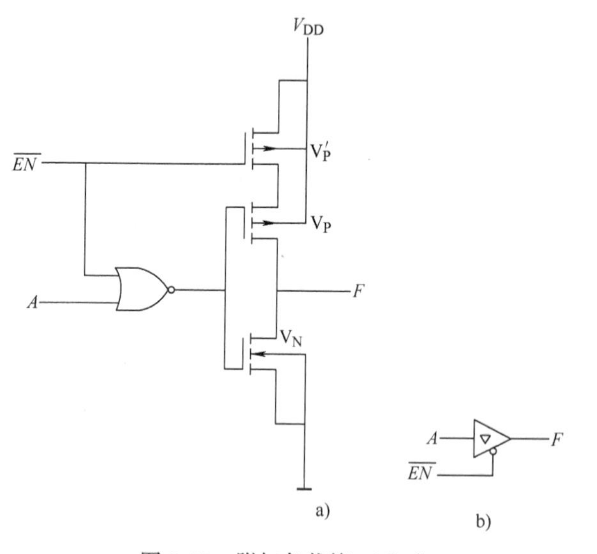

图 3-72 附加负载管 V_P'和或非门组成的 CMOS 三态门

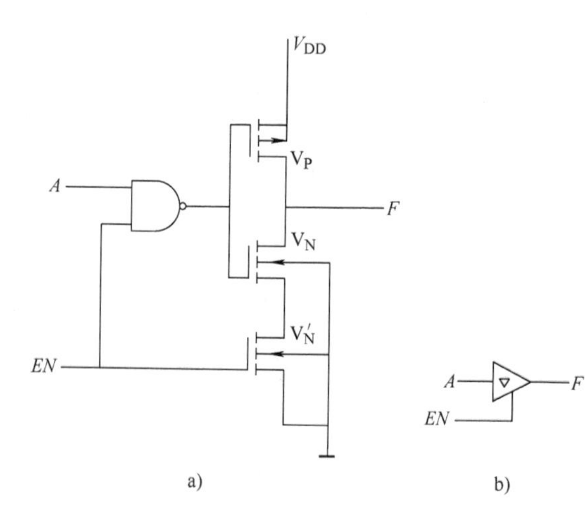

图 3-73 附加驱动管 V_N'和与非门组成的 CMOS 反相器

3.4.8 CMOS 门电路的构成规律与使用时的注意事项

1. CMOS 门电路的构成规律

分析复杂的 CMOS 门电路时，可以不必像前面一样逐个分析电路中各个 MOS 管的通断情况，而可以按照下面的规律判断电路的功能。

1）驱动管串联，负载管并联，如图 3-64 所示的 2 输入 CMOS 与非门电路；驱动管并联，负载管串联，如图 3-65 所示的 2 输入 CMOS 或非门电路。

2）驱动管先串后并，负载管先并后串；驱动管先并后串，负载管先串后并。

3）驱动管相串为“与”，相并为“或”，先串后并为先“与”后“或”，先并后串为先“或”后“与”。驱动管组和负载管组连接点引出输出为“取反”。

2. CMOS 集成电路输入端静电防护

CMOS 集成电路由场效应晶体管组成，输入电压控制输出电流，所以很容易因感应静电被击穿。虽然在 CMOS 电路的输入端已经设置了保护电路，但由于保护二极管和限流电阻的几何尺寸有限，它们所能承受的静电电压和脉冲功率均有一定的限度，在使用时要注意以下几点：

1）采用金属屏蔽盒储存或金属纸包装，防止外来感应电压击穿器件。

2）工作台面不宜用绝缘良好的材料，如塑料、橡皮等，防止积累静电击穿器件。

3）不用的输入端或者多余的门不能悬空，应根据不同的逻辑功能，分别接到电源或地上，或者与其他输入端并接使用。输出级连接的电容负载不能大于 500pF，否则，输出级功率过大会损坏电路。

4）焊接时，应采用 20W 或 25W 内热式电烙铁，烙铁要接地良好，烙铁功率不能过大。

5）调试时，所用仪器仪表、电路板等都应良好接地。如果 CMOS 电路和信号源使用不同电源，则加电时应先开 CMOS 电路电源再开信号源，关断时应先关断信号源再关断 CMOS 电路电源。

6）严禁带电插、拔器件或拆装电路板，以免瞬态电压损坏 CMOS 器件。

7）在 CMOS 门电路与 TTL 逻辑电路混用时，一般要注意逻辑电平的匹配。

3. CMOS 集成电路输入端过流防护

由于输入保护电路中的钳位二极管电流容量有限，一般为 1mA，因此，在出现较大输入电流的场合必须加以保护。

1）输入端接低内阻信号源时，需要在输入端和信号源端串联电阻进行保护，保证输入保护二极管导通时电流不超过 1mA。

2）输入端接有大电容时，也应在输入端和信号源端串联电阻进行保护，防止电源电压突然降低或者关掉，电容 C 上积存的电荷通过保护二极管放电，形成较大的瞬态电流。

3）输入端接长线时，由于分布电容和分布电感的影响，容易构成 LC 振荡电路，可能使输入保护二极管损坏，因此必须在输入端串接一个 10 ~ 20kΩ 的保护电阻。

4. CMOS 集成电路闩锁效应

闩锁效应是指 CMOS 器件所固有的寄生双极型晶体管（又称寄生晶闸管，Silicon Controlled Rectifier，SCR）被触发导通，在电源和地之间形成低阻抗大电流的通路，导致器件无法正常工作，甚至烧毁器件的现象。这种寄生双极型晶体管在 CMOS 器件内的各部分都会存在，包括输入端、输出端、内部反相器等。当外来干扰噪声使某个寄生晶体管被触发导通时，就可能诱发闩锁，这种外来干扰噪声常常是随机的，如电源的浪涌脉冲、静电放电、辐射等。闩锁效应往往发生在芯片中某一局部区域，一种是闩锁发生在外围与输入、输出有关的区域，另一种闩锁可能发生在芯片的任何地方，在使用中前一种情况较常见。

为防止此种现象出现，可以采取下列防护措施。

1）在输入输出端附加钳位电路，以确保加到输入端和输出端上的电压不会达到引发闩锁效应的数值。

2）在电源输入端加去耦电路。

3）当系统中由几个电源分别供电时，各电源的开、关顺序合理。先接通 CMOS 电路的供电电源，然后再接入输入信号、负载电路的电源。关机时应先关掉信号源和负载的电源，再切断 CMOS 电路的电源。

3.5 各类逻辑门的性能比较

3.5.1 集成逻辑门系列

1. 集成逻辑门系列简介

（1）TTL 门电路系列 TTL 门电路分为 54（军用）和 74（商用）两大系列，每个系列又有若干子系列。例如 74 系列就有以下子系列：

74××　　标准系列
74L××　　低功耗系列
74H××　　高速系列
74S××　　肖特基系列
74LS××　　低功耗肖特基系列
74AS××　　先进的肖特基系列
74ALS××　　先进的低功耗肖特基系列

上述的“××”为器件的功能编号，编号相同的各子系列器件的功能及引脚排列相同。不同子系列间的差别主要在于功耗、抗干扰容限和传输延迟等，TTL 74 系列各子系列参数对比见表 3-2。

表 3-2 TTL 74 系列各子系列参数对比

各子系列	传输延迟（ns/门）	功耗（mW/门）
74××	10	10
74L××	33	1
74H××	6	22
74S××	3	19
74LS××	9	2
74AS××	1.5	8
74ALS××	4	1

每个系列的数字集成电路都有不同的品种类型，用不同的代码表示，例如：

00：四路2输入与非门

02：四路2输入或非门

04：六路反相器

08：四路2输入与门

10：三路3输入与非门

20：双路4输入与非门

27：三路3输入或非门

32：四路2输入或门

86：四路2输入异或门

具有相同品种类型代码的逻辑电路，不管属于哪种系列，其逻辑功能及引脚排列相同。例如，7400、74LS00、74ALS00、74HC00、74AHC00都是引脚兼容的四路2输入与非门，引脚排列如图3-74所示。

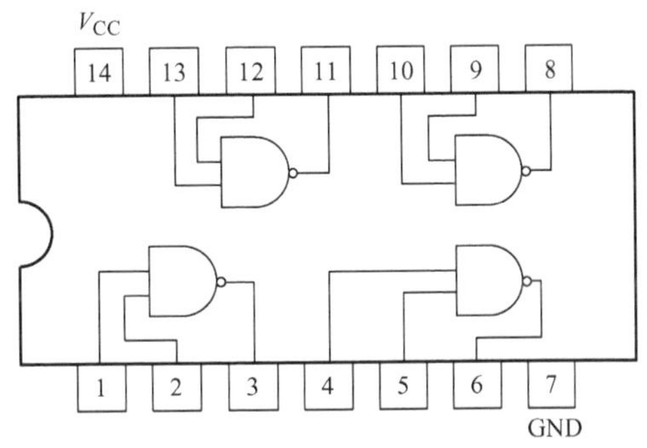

图3-74 四路2输入与非门引脚排列

54系列与74系列有相同的子系列。功能编号相同的54系列芯片与74系列芯片的功能相同，但电源和温度的适应范围等环境适应性不同，军用系列要优于商用系列，其价格也高出很多。

（2）CMOS门电路系列 按照器件编号来分，CMOS门电路可分为4000系列、74C××系列和硅-氧化铝系列三大系列。前两种系列应用更广泛，硅-氧化铝系列因制造工艺成本高，价格昂贵，使用得少一些。

4000系列有若干个子系列，其中以采用硅栅工艺和双缓冲输出的4000B系列最常用。

74C××系列的功能及引脚设置均与TTL 74系列相同，也有若干个子系列。74C××系列为普通的CMOS系列，74HC/HCT××系列为高速CMOS系列，74AC/ACT××系列为先进的CMOS系列，其中74 HCT××和74 ACT××系列可直接与TTL系列兼容。

表3-3列出了各系列CMOS电路的主要技术参数，参数测试条件为：电源电压为5V，负载电容为150pF，工作频率为1MHz。

表3-3 各系列CMOS电路的主要技术参数

逻辑系数	电源电压/V	功耗（mW/门）	传输延迟（ns/门）
4000B	3～18	2.5	25～100
74HC/HCT××	2～6	1.2	10
74AC/ACT××	2～6	0.9	5

2. 各类逻辑门的性能比较

各类集成逻辑门的主要技术指标见表 3-4。由表可见，在各类逻辑门中，ECL（Emitter Coupled Logic，发射极耦合逻辑）逻辑门的传输延迟最小，工作速度最高，但抗干扰能力最差，功耗也最大；CMOS 逻辑门抗干扰能力和带负载能力最强，功耗也最低，但传输延迟较大，工作速度较低。综合考虑各项性能指标，除了在要求速度特别高的场合应选用 ECL 逻辑门以外，LSTTL（低功耗肖特基）和 CMOS 逻辑门是两种优选系列。

表 3-4 集成逻辑门的主要技术指标

参数	双极型门电路			单极型门电路	
	TTL	LSTTL	ECL	NMOS	CMOS
功耗（mW/门）	10～50	2	50～100	1～10	0.001～0.01
传输延迟（ns/门）	10～40	5	1～2	300～400	40
抗干扰容限/V	1	1	0.3	3～4	45% V_{DD}
抗干扰能力	中	中	弱	较强	强
扇出系数 N_O	≥8	≥8	≥10	≥10	≥15
逻辑摆幅/V	3.3	3.3	0.8	3～4	≈V_{DD}
电源电压/V	5	5	±5	≤15	5～15
电路基本形式	与非	与非	或/或非	或非	与非/或非

3.5.2 TTL 逻辑电路与 CMOS 逻辑电路对比

TTL 逻辑电路的特点是速度快、抗静电能力较强，但是集成度低、功耗大，目前广泛应用于中、小规模集成电路。而 CMOS 逻辑电路具有下列优点：

1）制造工艺简单，集成度和成品率较高，便于大规模集成。

2）工作电源 V_{DD}允许变化的范围大，高、低电平分别为 V_{DD}和 0V，抗干扰能力强。

3）在电源到地的回路中，总有晶体管截止，功耗较低。

4）输入阻抗高，一般高达 500MΩ 以上。

3.5.3 ECL 集成电路

ECL 电路是射极耦合逻辑（Emitter Coupled Logic）集成电路的简称。ECL 电路的最大特点是晶体管工作在非饱和状态的电流开关电路，亦称电流型数字电路，其主要特点是速度非常快（延迟时间仅在 1ns 左右），工作频率很高（几百兆赫兹至 1.5GHz），输出噪声低，可广泛用于数字通信、雷达等领域。ECL 电路的主要特点如下。

（1）速度快 ECL 电路工作速度快的主要原因：①开关管导通时工作在非饱和状态，消除了存储电荷的影响；②逻辑摆幅小，仅为 0.8V。同时集电极负载电阻也很小，因而缩短了寄生电容的充放电时间。

(2) 带负载能力强 由于 ECL 电路的射极耦合电阻较集电极电阻大很多，因而输入阻抗高；输出电路是工作在放大状态的射极跟随器，其输出阻抗很低，因而带负载能力强。

(3) 逻辑功能多 ECL 电路具有互补输出的特点，它能同时实现或/或非功能，因而使用灵活。

(4) 功耗大 ECL 电路的功耗包括电流开关、参考电源和射极跟随器输出三部分，因此功耗较大。

(5) 抗干扰能力差 因为 ECL 电路的逻辑摆幅小，噪声容限低（约 0.3V），所以抗干扰能力较低。

3.5.4 Bi-CMOS 电路

Bi-CMOS 技术是一种将 CMOS 器件和双极型器件集成在同一芯片上的技术。双极型器件速度高、驱动能力强，但是功耗大、集成度低，无法在超大规模集成电路中实现；而 CMOS 器件功耗低、集成度高、抗干扰能力强，但是速度低、驱动能力差。实际应用时既要求高集成度又要求高速度，这是上述两种器件中任何一种单独器件所不能达到的。Bi-CMOS 技术综合了双极型器件高跨导和强负载驱动能力及 CMOS 器件高集成度和低功耗的优点，使二者取长补短，发挥各自优点，是高速、高集成度、高性能超大规模集成电路又一可取的技术路线。目前，在某些专用集成电路和高速静态随机存取存储器（Static Random Access Memory, SRAM）中已经使用了 Bi-CMOS 工艺技术。Bi-CMOS 技术在高性能数字与模拟集成电路领域，是一种很好的解决方案。

1. Bi-CMOS 电路的基本结构和工作原理

图 3-75 是双极型 Bi-CMOS 反相器电路，MOSFET 用符号 M 表示，BJT（Bipolar Junction Transistor）用 T 表示。VT_1 和 VT_2 构成推拉式输出级，而 M_P、M_N、M_1、M_2 所组成的输入级与基本的 CMOS 反相器很相似。输入信号 v_I 同时作用于 M_P 和 M_N 的栅极。当 v_I 为高电平时，M_N 导通、M_P 截止；而当 v_I 为低电平时，M_P 导通、M_N 截止。当输出端接有同类 Bi-CMOS门电路时，输出级能提供足够大的电流为电容性负载充电。同理，已充电的电容负载也能迅速地通过 VT_2 放电。

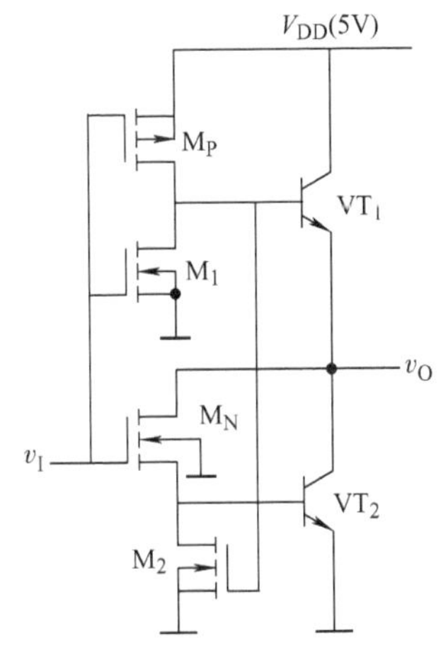

图 3-75 Bi-CMOS 反相器电路

上述电路中，VT_1 和 VT_2 的基区存储电荷亦可通过 M_1 和 M_2 释放，以加快电路的开关速度。当 v_I 为高电平时，M_1 导通，VT_1 基区的存储电荷迅速消散。这种作用与 TTL 门电路的输入级类似。同理，当 v_I 为低电平时，电源电压 V_{DD} 通过 M_P 使 M_2 导通，显然，VT_2 基区的存储电荷通过 M_2 而消散。可见，门电路的开关速度可得到改善。

2. Bi-CMOS 技术典型应用

(1) 通信用数字逻辑电路、数字部件和门阵列等 与传统的 CMOS 门一样，由于门电路输出端两管轮番导通，所以 Bi-CMOS 逻辑门静态功耗接近于零，而且在同样的设计尺寸下，它们的速度将更快。尽管 TTL 器件的加入会增加 20% 的芯片面积，但是考虑到其带负载能力的增强，Bi-CMOS 门的实际集成度比 CMOS 门将有所增加。比较典型的 Bi-CMOS 逻辑门有：反相器、三态缓冲/驱动器、与非门和或非门，Bi-CMOS器件平均传输延迟仅为十几纳秒，静态功耗近似为零，动态平均功耗也只有1 ~2mW。

常用 74 系列 Bi-CMOS 集成电路有 74ABT 系列、74ALB 系列、74ALVT 系列。表 3-5 给出了这三种 Bi-CMOS 集成电路主要性能指标。

表 3-5 Bi-CMOS 集成电路主要性能指标

参数名称	74ABT	74ALB	74ALVT	
电源电压 V_{DD}/V	5	3.3	3.3	2.5
V_{IHmin}/V	2	2	2	2
V_{ILmax}/V	0.8	0.6	0.8	0.8
V_{OHmin}/V	2	2	2	1.7
V_{OLmax}/V	0.55	0.2	0.55	0.4
I_{OHmax}/mA	32	25	32	32
I_{OLmax}/mA	64	25	64	64
传输延迟 t_{pd}/ns	3	1.3	3.2	3.6

Bi-CMOS 逻辑门在通信数字部件（如编码器、译码器和模/数转换器等）和门阵列的应用中极为广泛，因为它的扇出数一般为 5 ~ 8，意味着具有较强的带负载能力，而且 Bi-CMOS 门比 CMOS 门能更快速地驱动这些负载。另外，Bi-CMOS 门中的器件尺寸可以一致，这就降低了通信数字部件在物理设计上的难度。不同的 CMOS 电路对减小单位负载的传输延迟往往不同，而对于 Bi-CMOS 电路，由于双极型推挽 BJT 器件隔开了 CMOS 电路的主体与负载，使得不同电路中负载的状况变差都是相同的，这样就简化了通信和信息处理用数字逻辑部件和电路的设计任务，提高了工作效率。

（2）通信用数字信号处理器（Digital Signal Processor，DSP）和中央处理单元（Central Processing Unit，CPU）传统的接口驱动电路采用双极型工艺制作，这样可以保证数据传输速度，但是功耗很大。以 32 位 CPU 为例，它包含有十个或者更多的接口器件，但同一时间内只有一条主线是激活的，亦即每一条主线有约 90% 的时间不工作。由于这种接口器件是双极型的，即使不工作时也消耗功率，所以整个 CPU 的静态功耗将会增大。

如果用 Bi-CMOS 器件做成接口驱动电路，则处于非门工作状态的驱动器取用的电流就要小很多。在很多情况下，静态功耗可以节省接近 100%，而传统主线接口驱动电路的功耗约占整个系统功耗的 30%，故这种节电效果显著，特别适用于手机、个人数字处理器和便携式计算机等一类使用电池的通信、计算机和网络设备中。另外，Bi-CMOS 数字集成电路的速度与先进的双极型电路不相上下，这与高速数字通信系统的速度要求是相适应的。

用 0.8μm Bi-CMOS 已研制出主频为 100MHz 的 32 位 CPU 电路。该电路中 CMOS 器件占 97%，而 BJT 器件只占 3%，BJT 器件一般用于驱动大负载电容，或用于放大小信号。由于

BJT 器件的存在，预充电平决定于 BJT 器件发射结压降，所以预充电平降低到 0.8V 左右。电平摆幅的减小有利于提高该电路的运算速度。32 位字长的 ALU（Arithmetic and Logic Unit，算术逻辑单元）要求有八个进位传输电路，其总传输延迟只有 7.2ns，功耗也只有十几毫瓦。

（3）通信用 Bi-CMOS SRAM 和 ROM 等　由于纯 CMOS 工艺无法生产出通信专用的高速度、大负载驱动能力的静态随机存取存储器 SRAM 和只读存储器（Read Only Memory，ROM）芯片，而 Bi-CMOS SRAM 和 ROM 芯片拥有与 CMOS SRAM 和 ROM 较为接近的集成度、功耗和更高的速度，故 Bi-CMOS 技术给 SRAM 和 ROM 产品的速度、容量和功耗等性能指标的调和、折中和互补提供了可能。

（4）通信模拟/数字混合电路的应用　用 Bi-CMOS 工艺可以将模拟和数字电路集成在同一块芯片上。因为 MOS 管的阈值电压 V_{TH} 对工艺过程和器件尺寸非常敏感，而 BJT 器件的开启电压 V_{BE} 比 V_{TH} 更容易精确控制，所以 BJT 器件更容易得到性能良好的匹配对管。Bi-CMOS运算放大器具有双极型电路部分的低输入补偿电压和高增益，以及 CMOS 电路部分的低功耗和高集成度。此种工艺已被用于软件无线电系统中的高速、低功耗 A/D 和 D/A 转换器。

3.6　不同类型数字集成电路的接口

集成电路有 CMOS、TTL、ECL 等多种类型，不同类型器件有时需要互相对接。同时，由于低压系列集成电路的出现，除了 5V 系列逻辑电平以外，还有 3.3V、2.5V、1.8V 和 1.5V 等系列的逻辑电平也成为通用标准。因此，当不同逻辑电平的器件在同一系统中使用时，还需要解决不同逻辑电平之间的转换问题。

下面以 TTL 电路和 COMS 电路转换为例，介绍如何实现不同电平逻辑电路之间的对接，说明处理不同电路之间接口的原则和方法。

3.6.1　TTL 电路与 CMOS 电路的接口

如图 3-76 所示，当需要将 TTL 门与 CMOS 门两种器件互相连接时，驱动门与负载门之间必须满足以下关系：

$$V_{OHmin} \geqslant V_{IHmin} \tag{3-15}$$

$$V_{OLmax} \leqslant V_{ILmax} \tag{3-16}$$

$$I_{OHmax} \geqslant nI_{IHmax} \tag{3-17}$$

$$I_{OLmax} \geqslant mI_{ILmax} \tag{3-18}$$

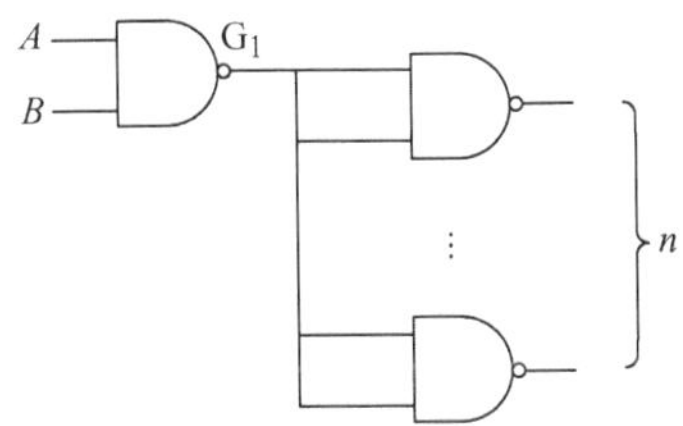

图 3-76　驱动门与负载门的连接

其中，n 和 m 分别表示高电平和低电平两种情况下负载电流的数量。

表3-6 列出了各种 TTL 和 CMOS 系列门电路在电源5V 时 V_{OHmin}、V_{OLmax}和 V_{IHmin}、V_{ILmax}值。各种 CMOS 与 TTL 系列门电路的输出、输入电平如图 3-77 所示。

表 3-6 TTL、CMOS 电路的输入、输出特性参数

参数名称	TTL 74 系列	TTL 74LS 系列	CMOS 4000 系列	CMOS 74HC 系列	CMOS 74HCT 系列
V_{OHmin}/V	2.4	2.7	4.6	4.4	4.4
V_{OLmax}/V	0.4	0.5	0.05	0.1	0.1
I_{OHmax}/mA	-0.4	-0.4	-0.51	0.1	0.1
I_{OLmax}/mA	16	8	0.51	4	4
V_{IHmin}/V	2	2	3.5	3.5	2
V_{ILmax}/V	0.8	0.8	1.5	1	0.8
I_{IHmax}/μA	40	20	0.1	0.1	0.1
I_{ILmax}/mA	-1.6	-0.4	-0.1×10^{-3}	-0.1×10^{-3}	-0.1×10^{-3}

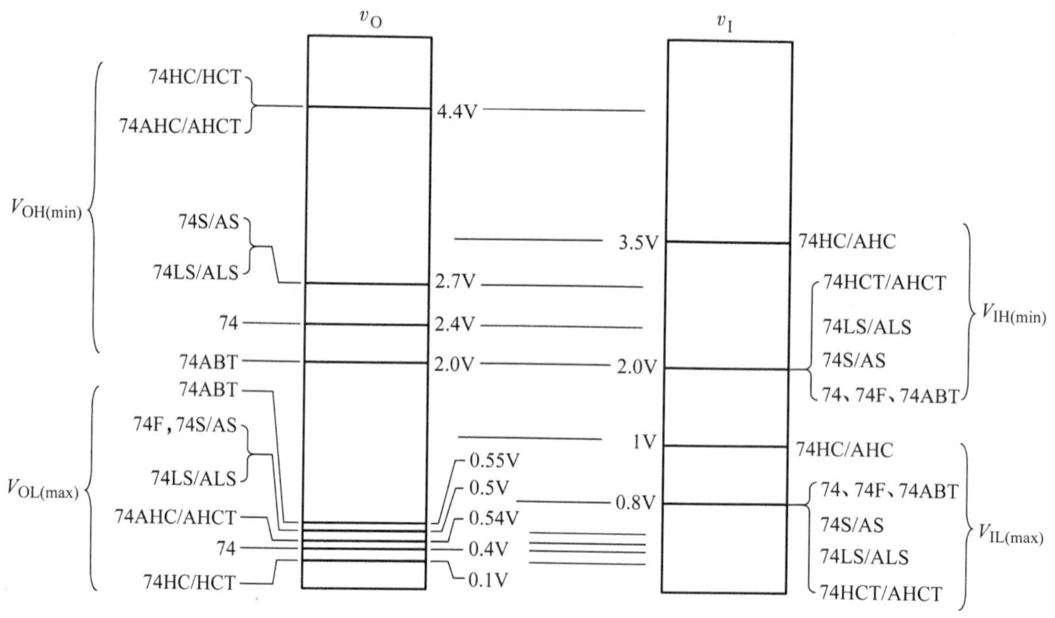

图 3-77 各种 CMOS 与 TTL 系列门电路的输出、输入电平

1. TTL 电路驱动 CMOS 电路

（1）用 TTL 电路驱动 4000 系列和 74HC 系列 CMOS 电路 从表 3-6 中的数据可以看出，无论是 74 系列 TTL 电路做驱动门还是 74LS 系列 TTL 电路做驱动门，都能在 n、m 大于 1 的情况下满足：$V_{OLmax} \leqslant V_{ILmax}$，$I_{OHmax} \geqslant nI_{IHmax}$，$I_{OLmax} \geqslant mI_{ILmax}$，但是不能满足 $V_{OHmin} \geqslant V_{IHmin}$。所以，必须将 TTL 电路输出高电平提升到 3.5V 以上。一种解决方法是将 TTL OC 门的输出端与电源之间接入上拉电阻 R_L，如图 3-78 所示。当 TTL 电路输出高电平时，输出级的负载管和驱动管截止，故有

$$V_{OH} = V_{DD} - R_L(I_{OH} + nI_{IH}) \quad (3\text{-}19)$$

式中，I_{OH}为 TTL 电路输出级 VT_5 管截止时的漏电流。由于 I_{OH}和 I_{IH}都很小，所以只要 R_L的阻值不是特别大，输出高电平将被抬高至 $V_{OH} \approx V_{DD}$。

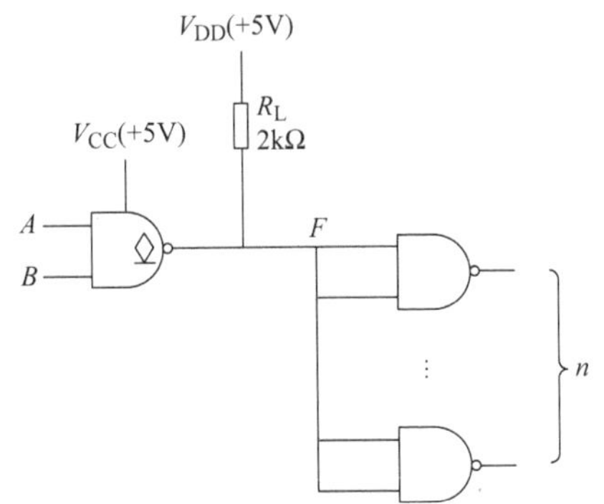

图 3-78　用上拉电阻提高 TTL 电路输出的高电平

如果 CMOS 电路的电源电压较高，则要求 V_{IHmin}值将超过推拉式输出结构 TTL 电路输出端能够承受的电压。例如 CMOS 电路在 V_{DD} = 15V 时，要求 V_{IHmin} = 11V。因此，TTL 电路输出的高电平必须不小于 11V。在这种情况下，应采用 OC 门作为驱动门。OC 门输出端晶体管的耐压较高，可达 30V 以上。

另一种解决方法是使用带电平偏移的 CMOS 门电路实现电平转换。

（2）用 TTL 电路驱动 74HCT 和 74AHCT 系列 CMOS 门电路　通过改进工艺和设计，74HCT 系列的 V_{IHmin}值可降至 2V。由表 3-6 可知，将 TTL 电路的输出直接接到 74HCT 系列电路的输入端时，在一定的 m、n 取值下，式(3-15)和式(3-16）都可满足，而无须外加元器件。

2. 用 CMOS 电路驱动 TTL 电路

（1）用 4000 系列 CMOS 电路驱动 74 系列 TTL 电路　由表 3-6 中的数据可知，式(3-15)～式(3-17)中的前三个式子均满足，唯独不能满足式(3-18)。因此，需要扩大 CMOS 门电路输出低电平时吸收负载电流的能力。常用的方法如下。

1）将同一封装内的门电路并接使用。

2）在 CMOS 电路的输出端增加驱动器，例如可以选用同相输出的驱动器 CC4010，当 V_{DD} =5V 时它的最大负载电流 $I_{OL} \geqslant$ 3.2mA，可以同时驱动两个 74 系列的 TTL 门电路。此外，也可以选用漏极开路的驱动器，如 CC40107，当 V_{DD} =5V 时，CC40107 输出低电平时的负载能力为 $I_{OL} \geqslant$ 16mA，能同时驱动十个 74 系列的 TTL 门电路。

3）使用分立器件的电流放大器实现电流扩展。

（2）用 4000 系列 CMOS 电路驱动 74LS 系列 TTL 电路　从表 3-6 可以看出，式(3-15)～式(3-17)均满足。所以可将 CMOS 电路的输出与 74LS 系列门电路的输入直接连接。但如果 $n>1$，则需要采用上述方法才能连接。

（3）用 74HC/HCT 系列 CMOS 电路驱动 TTL 电路　根据表 3-6 的数据可知，无论负载门是 74 系列 TTL 电路还是 74LS 系列 TTL 电路，都可以直接用 74HC 或 74HCT 系列 CMOS 门驱动。可驱动负载门的数目可从表 3-6 中的数据求出。

3.6.2　不同逻辑电平电路间的接口

降低电源电压可以减小器件的动态功耗，因此，近年来电子器件的工作电压从 5V 降到 3.3V 甚至更低（如 2.5V 和 1.8V）。但是由于多种因素的限制，目前仍有许多芯片使用 5V 电源电压，故在许多设计中 5V 逻辑系统和 3.3V 逻辑系统共存，随着更低电压标准的引进，不同电源电压和不同逻辑电平器件间的接口问题将在很长一段时间内存在，所以在器件接口时需要进行电平转换。常用的电平转换方案如下。

（1）晶体管＋上拉电阻 采用一个双极型晶体管或 MOSFET，集电极/漏极通过上拉电阻接正电源，其输出电平与正电源电压相近。

（2）OC/OD 门＋上拉电阻 OC/OD 门通过上拉电阻接电源后，输出电平与电源电压相近。

（3）74×HCT 系列芯片升压（3.3～5V） 输入与 5V TTL 电平兼容的 CMOS 器件都可以用来实现 3.3～5V 的电平转换。这是由于 3.3V CMOS 的电平刚好与 5V TTL 电平兼容，而 CMOS 的输出电平基本上是电源电压。

（4）超限输入降压法（5V→3.3V，3.3V→1.8V，…） 允许输入电平超过电源的逻辑器件，都可以用来降低电平。这里的“超限”是指超过电源，许多较古老的器件都不允许输入电压超过电源，但越来越多的新器件取消了这个限制（改进了输入级保护电路）。例如，74AHC 系列芯片，其器件手册明确注明“输入电压范围为 0～5.5V”，如果采用 3.3V 供电，就可以实现 5V 至 3.3V 电平转换。

（5）专用电平转换芯片 电平转换器件主要采用 74ALVC164245 等器件，74ALVC164245 是一个具有三态输出的 16 位 2.5～3.3V、3.3～5V 双向电平转换器件。

本章小结

逻辑门电路是组成各种复杂数字电路的基本逻辑单元，掌握各种门电路的逻辑功能和电气特性，对正确使用数字集成器件十分重要。

本章重点讲述了目前广泛使用的 TTL 和 COMS 两类集成门电路。学习这些集成电路时应将重点放在它们的外部特性上。外部特性包含两个方面，一个是输出与输入间的逻辑关系，即逻辑功能；另一个是外部的电气特性，包括电压传输特性、输入特性、输出特性、输入负载特性和动态特性等。本章介绍了集成电路内部结构和工作原理，主要目的在于帮助读者加深对器件外部特性的理解，以便更好地运用这些外特性。本章介绍了常用的反相器、与非门、或非门等逻辑门，也学习了 OC 门/OD 门、TS 门、传输门/双向模拟开关等逻辑功能器件。

后续章节的逻辑电路将以本章门电路作为基本逻辑单元，若电路为 TTL 系列，其输入端和输出端的电路结构和本章所讲的 TTL 门电路相似；若电路为 4000 系列或 74HC 系列的 CMOS 系列，其输入端和输出端电路结构与和本章所讲的 CMOS 电路相似。本章所讲的外部电气特性对这些电路同样适用。不同类型的集成电路在对接使用时，应注意逻辑电平的匹配和驱动能力是否满足要求，必要时可增加电平转换等接口电路。

在使用 CMOS 器件时应特别注意掌握正确的使用方法，否则容易造成损坏。

习 题

3-1 如图 3-79a～d 所示四个 TTL 门电路，A、B 端输入的波形如图 3-79e 所示，试分别对应 A、B 的波形画出 F_1 ～ F_4 的波形图。

3-2 电路如图 3-80a 所示，输入端 A、B 波形如图 3-80b 所示，试画出各个门电路输出端的电压波形。

3-3 在图 3-12 所示的正逻辑与门和图 3-13 所示的正逻辑或门电路中，若改用负逻辑，试分别列出其真值表，说明实现的逻辑功能。

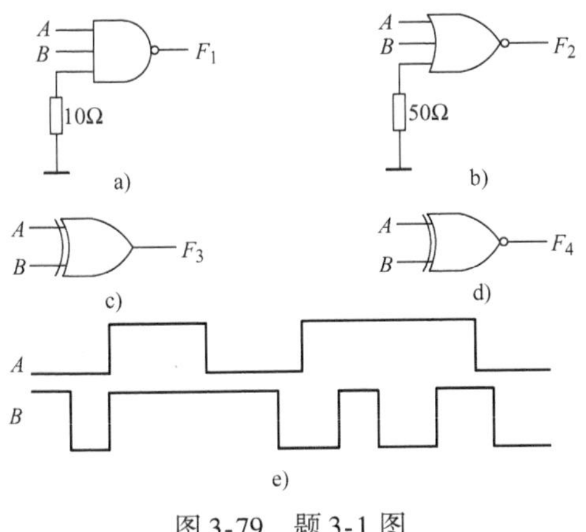

图 3-79 题 3-1 图

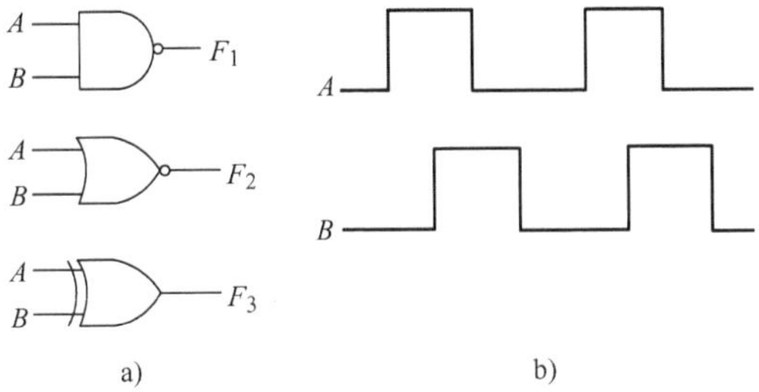

图 3-80 题 3-2 图

3-4 试说明能否将与非门、或非门、异或门当作反相器使用？如果可以，各输入端应如何连接？

3-5 为了实现图 3-81 所示的 TTL 门电路输出端所示的逻辑关系，请合理地将多余的输入端进行处理。

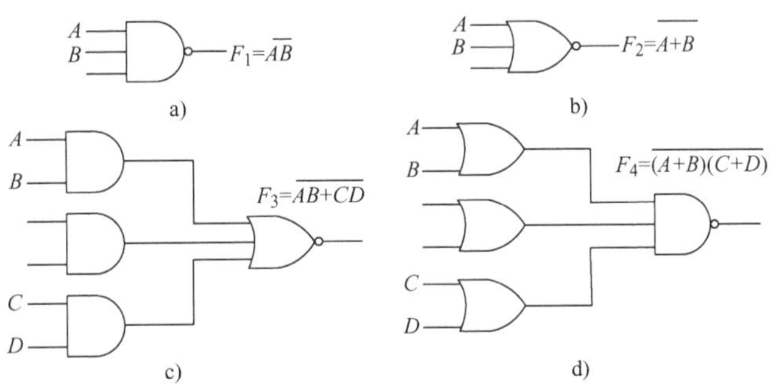

图 3-81 题 3-5 图

3-6 若要实现图 3-82 所示 TTL 门电路输出端所示的逻辑关系，请分析电路输入端的连接是否正确？若不正确，请予以改正。

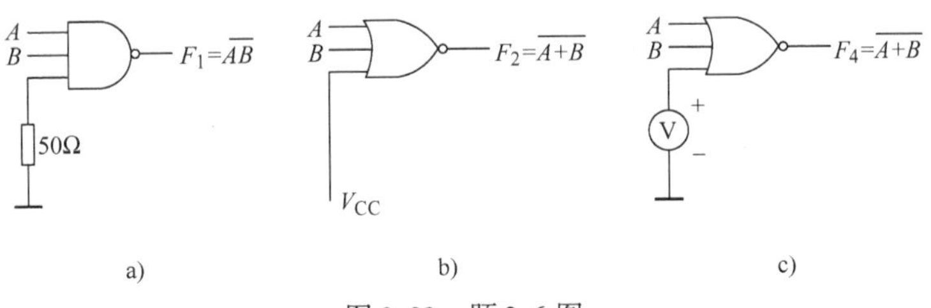

图 3-82 题 3-6 图

3-7 为了提高 TTL 与非门的带负载能力，可在其输出端接一个 NPN 型晶体管，组成如图 3-83 所示的开关电路。当与非门输出高电平 $V_{OH}=3.6V$ 时，晶体管能为负载提供的最大电流是多少？

3-8 若图 3-35 所示 TTL 与非门多发射极晶体管的基极电阻 $R_1=2.8k\Omega$，在如图 3-84 所示测试电路中，当输入端 A 电压分别为 5V、3.6V、0.6V、0.3V、0V 时，试分析计算 B 输入端电压表的读数分别是多少？输出电压 v_O 是多少？

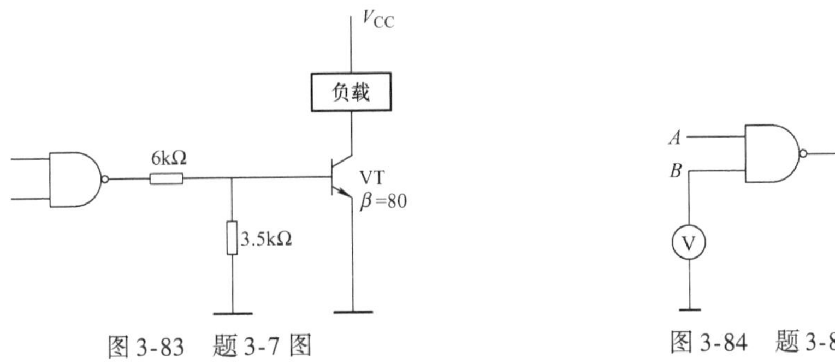

图 3-83 题 3-7 图

图 3-84 题 3-8 图

3-9 用示波器观测到某 TTL 与非门的输入信号 v_I和输出信号 v_O的波形如图 3-85 所示，试求此与非门的传输延迟时间 t_{PHL}、t_{PLH}和平均传输延迟时间 t_{PD}。

3-10 为什么说 TTL 与非门的输入端悬空相当于接高电平？多余的输入端应如何处理？

3-11 由 TTL 与非门、或非门和三态门组成的电路如图 3-86a 所示，图 3-86b 是各输入端的输入波形，试对应输入波形画出 F_1 和 F_2 的波形图。

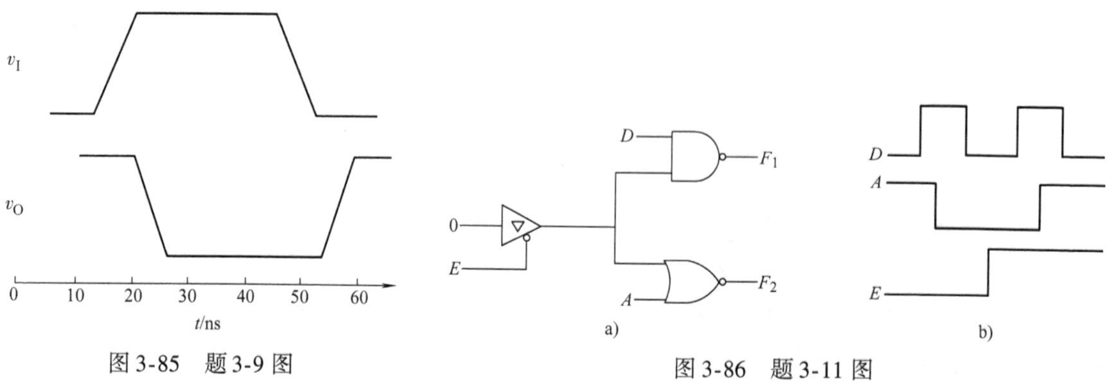

图 3-85 题 3-9 图

图 3-86 题 3-11 图

3-12 试分析图 3-87 所示三个逻辑电路的逻辑功能，列出其值表，写出逻辑函数表达式，说明实现的逻辑功能。

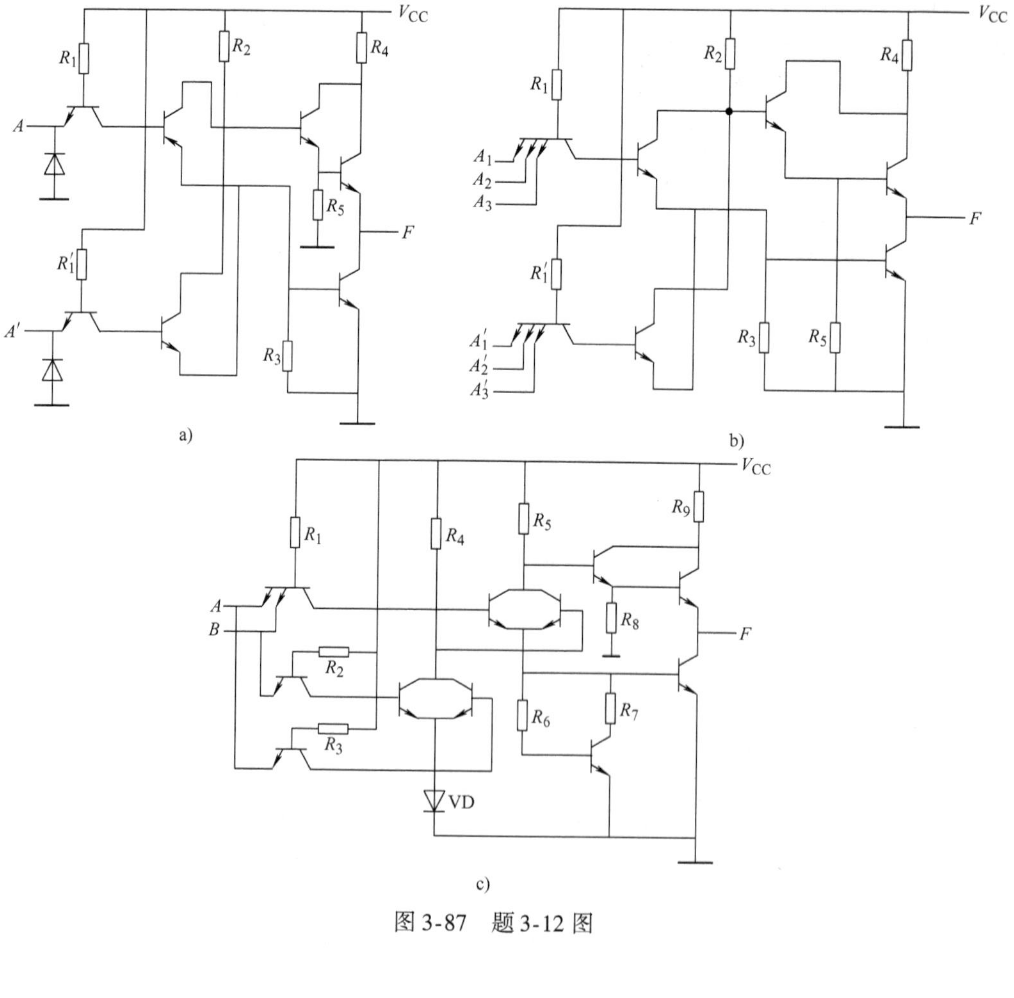

a)

b)

c)

图 3-87 题 3-12 图

3-13 图3-88a所示逻辑电路中，G_1、G_2、G_3是OC门。负载电阻$R_L=2k\Omega$，OC门输出高电平时的漏电流$I_{OH}=2\mu A$，输出低电平的输出特性如图3-88b所示$V_{OHmin}=3.0V$，$V_{OLmax}=0.4V$。负载门是74H系列的与非门，其多发射极晶体管的基极电阻$R_1=2.8k\Omega$，输入高电平漏电流$I_{IH}=40\mu A$。试求此线与输出能带2输入TTL与非门多少个？

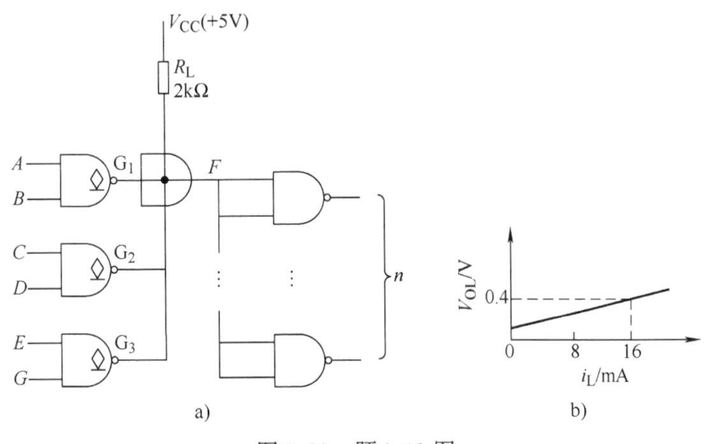

图3-88 题3-13图

3-14 图3-89所示三个CMOS门电路，为实现图中各输出端所示逻辑函数表达式的逻辑关系，多余输入端C应如何处理？

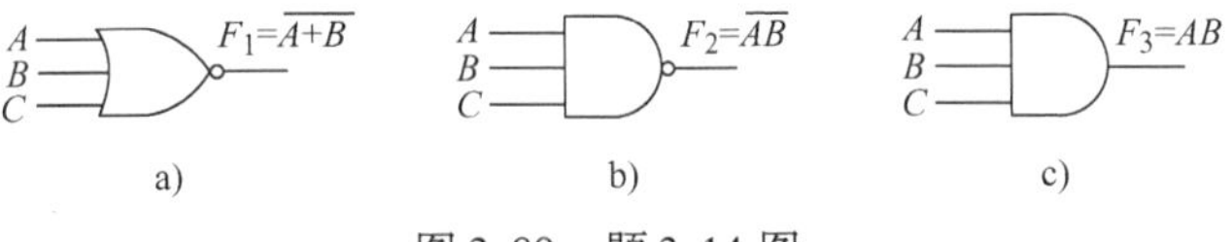

图3-89 题3-14图

3-15 如图3-90所示逻辑电路，G_1是TTL三态输出与非门，电路如图3-47所示；G_2是TTL与非门，电路如图3-35所示；电压表的量程为5V，内阻为100kΩ。试问，在下列四种情况下电压表的读数以及G_2的输出电压v_O各为多少？

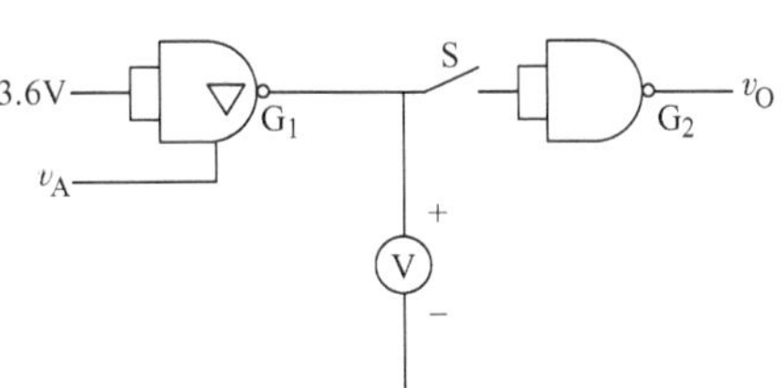

图3-90 图3-15图

(1) $v_A=0.3V$，开关S打开；

(2) $v_A=0.3V$，开关S闭合；

(3) $v_A=3.6V$，开关S打开；

(4) $v_A=3.6V$，开关S闭合。

3-16 由TTL三态门和OC门组成的逻辑电路如图3-91所示，试用内阻为20kΩ/V的万用表测量图中A、B、C三点的电压，其读数各为多少？

3-17 当电源电压V_{DD}改变时，CMOS反相器的电压传输特性为什么如图3-59所示变化，试分析说明其原理。

3-18 在CMOS传输门TG的输出端接电阻$R_L=1k\Omega$，如图3-92所示，设TG的导通电阻为R_{TG}，截止电阻大于$10^9\Omega$，求：

(1) 当$C=1$时，v_O与v_I的关系。

(2) 当$C=0$时，输出v_O的电压多大？

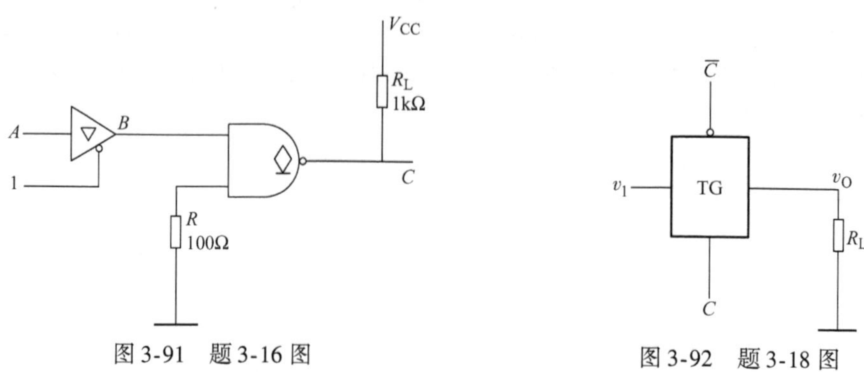

图 3-91 题 3-16 图　　图 3-92 题 3-18 图

3-19 将 CMOS 门电路的输入端悬空，其输出状态如何？试说明其原理。

3-20 在CMOS 门电路中，有时采用图 3-93所示的方法扩展其输入端数，试分析图 3-93a、b 的逻辑功能，写出输出 F_1 和 F_2 的逻辑表达式。

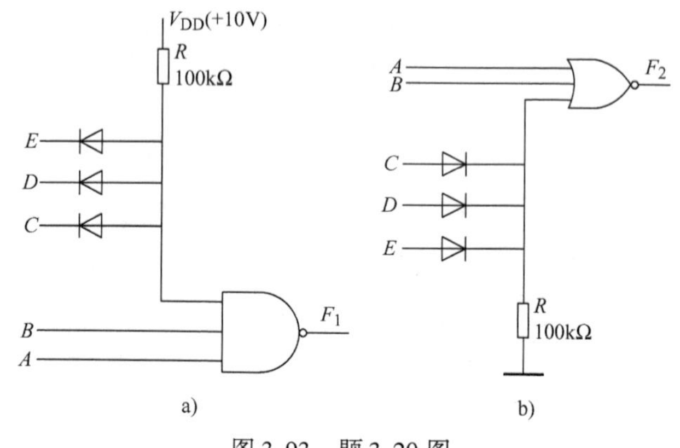

图 3-93 题 3-20 图

3-21 能否将题 3-20 所述的扩展 CMOS 门电路输入端数的方法，用来扩展 TTL 门电路的输入端数？试简述其原理。

3-22 能否将两个 CMOS 与非门或者或非门的输出端直接并接使用？试说明其原因。

3-23 试比较 TTL 电路和 CMOS 电路的优缺点。

3-24 在做 CMOS 门电路的实验时发现，输入脉冲信号的频率越高，器件的温升越高，这种现象是否正常？试说明理由。

第4章 组合逻辑电路

根据电路结构和逻辑功能的不同，数字系统的逻辑电路通常分为组合逻辑电路（Combinational Logic Circuit）和时序逻辑电路（Sequential Logic Circuit）两大类。组合逻辑电路任一时刻的输出仅由该时刻的输入决定，时序逻辑电路某一时刻的输出不仅与该时刻的输入有关，还与前一时刻的电路状态有关。

本章主要介绍组合逻辑电路的分析方法和设计方法、常用中规模组合逻辑电路及其应用。

4.1 概述

组合逻辑电路由多个与门、或门、非门、与非门等逻辑门单元组成，电路内部没有记忆单元，不具有记忆功能。因此，组合逻辑电路在逻辑功能上的特点是：任一时刻的输出，仅与该电路当时的输入状态有关，而与该电路的原状态无关，即“当前输入决定当前输出”。

图 4-1 组合逻辑电路结构框图

组合逻辑电路是单输入/多输入、单输出/多输出的逻辑电路，其结构框图如图 4-1 所示。

组合逻辑电路的输出与输入的逻辑关系可用逻辑函数表示

$$\begin{cases} z_1 = f_1(x_1, x_2, \cdots, x_n) \\ z_2 = f_2(x_1, x_2, \cdots, x_n) \\ \vdots \\ z_m = f_m(x_1, x_2, \cdots, x_n) \end{cases}$$

4.2 组合逻辑电路的分析和设计

组合逻辑电路的分析是对给定逻辑电路图，通过逻辑表达式或真值表等描述方法，分析电路的逻辑功能。组合逻辑电路的设计是分析的逆过程，已知电路逻辑功能的要求，设计出符合要求的逻辑电路。

4.2.1 组合逻辑电路的分析

对于已知的逻辑电路，首先要判断该电路是组合逻辑电路还是时序逻辑电路，两者的分析方法各有不同。如果电路仅由逻辑门构成，没有记忆单元，信号从电路的输入端向输出端单方向传输，不存在输出向输入的反馈，即可判定该电路为组合逻辑电路。

组合逻辑电路的分析一般可按以下步骤进行：

（1）写出逻辑函数表达式　从电路的输入级到输出级，逐级写出每个逻辑器件输出的逻辑表达式，最终得到描述电路输出与输入变量之间逻辑关系的表达式。

（2）化简或变换逻辑函数表达式　对逻辑函数表达式进行适当的化简和变换，以使逻辑关系更加清晰。如果不能确定逻辑功能，则进行下一步。

（3）列出真值表　根据逻辑表达式列出真值表，通过真值表分析电路的逻辑功能。

例 4-1　某 4 输入、2 输出的逻辑电路如图 4-2 所示，试分析其逻辑功能。

解：由图 4-2 可以看出，此电路是一个 4 输入、2 输出的组合逻辑电路，其任一时刻的输出（F_0、F_1）的状态仅取决于该时刻的输入（A、B、C、D）的状态。下面分析该组合逻辑电路的逻辑功能。

（1）根据逻辑电路写出其逻辑表达式。

$$F_0 = ABC + ACD + BCD + ABD$$

$$F_1 = ABCD$$

（2）根据逻辑函数表达式列出真值表，见表 4-1。

（3）根据真值表分析电路逻辑功能。

从表 4-1 中可以看出，此电路可完成表决功能。当 A、B、C、D 中多数同意（为 1）时，输出 F_0 为 1，表示多数通过；当 A、B、C、D 全部同意（全为 1）时，输出 F_1 为 1，表示一致通过。

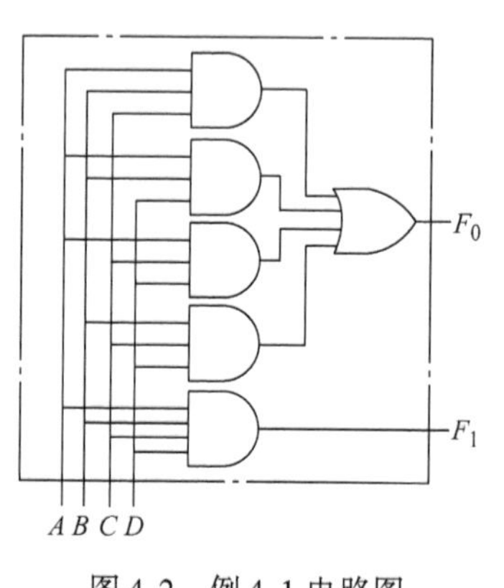

图 4-2　例 4-1 电路图

表 4-1　例 4-1 逻辑电路的真值表

输入				输出	
A	B	C	D	F_0	F_1
0	0	0	0	0	0
0	0	0	1	0	0
0	0	1	0	0	0
0	0	1	1	0	0
0	1	0	0	0	0
0	1	0	1	0	0
0	1	1	0	0	0
0	1	1	1	1	0
1	0	0	0	0	0
1	0	0	1	0	0
1	0	1	0	0	0
1	0	1	1	1	0
1	1	0	0	0	0
1	1	0	1	1	0
1	1	1	0	1	0
1	1	1	1	1	1

例 4-2　试分析图 4-3 所示电路的逻辑功能。

解：这是一个由五个逻辑门组成的 2 输入、2 输出组合逻辑电路。

（1）列出逻辑表达式。

$$S=\overline{\overline{A\,\overline{AB}}\;\overline{B\,\overline{AB}}}=A\,\overline{AB}+B\,\overline{AB}=A\overline{B}+\overline{A}B=A\oplus B$$

$$C=\overline{\overline{AB}}=AB$$

（2）由表达式可知 S 实现异或运算功能，C 实现与逻辑运算功能，但整个电路实现的逻辑功能不能确定。因此列出真值表，见表 4-2。

（3）分析逻辑功能。从表 4-2 可以看出，如果将 A、B 作为加数，S 作为本位和，C 作为进位，其运算结果符合逻辑代数的加法运算规律，因此该电路是一位二进制加法运算电路。

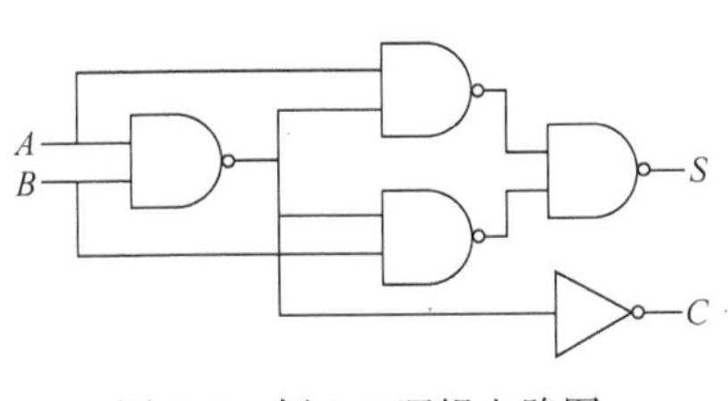

图 4-3　例 4-2 逻辑电路图

表 4-2　图 4-3 电路的真值表

输　入		输　出	
A	B	S	C
0	0	0	0
0	1	1	0
1	0	1	0
1	1	0	1

4.2.2　组合逻辑电路的设计

组合逻辑电路的设计是指根据实际问题设计满足要求的逻辑电路图。设计时可以利用描述逻辑函数的四种方法：真值表、逻辑表达式、卡诺图和逻辑电路图，其一般步骤为：

1）对实际问题进行逻辑抽象，定义输入变量、输出变量，确定输入变量、输出变量逻辑 0、1 所代表的物理含义。

2）根据逻辑问题、逻辑关系，列出真值表。

3）根据真值表写出逻辑表达式，对其进行化简或变换。

4）根据逻辑表达式，画出逻辑电路图。

设计流程如图 4-4 所示。

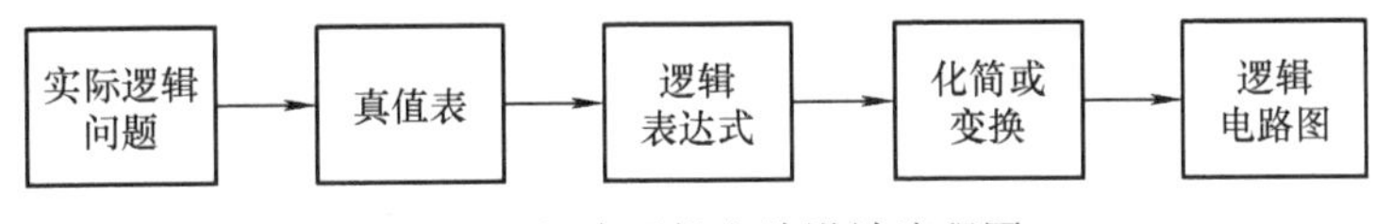

图 4-4　组合逻辑电路设计流程图

例 4-3　设计一个三人表决电路，多数同意则决议通过。

解：（1）根据题意可知，所设计的电路为 3 输入、单输出的组合逻辑电路。因此定义 A、B、C 为输入变量（表决者），同意为 1、不同意为 0；F 为输出（表决结果），通过为 1，否则为 0。

（2）根据设计要求（即表决规定—多数通过）列出真值表，见表 4-3。

（3）根据真值表写出逻辑表达式，并化简为最简与或表达式，用与门和或门实现，如

图 4-5a 所示。

$$F=\overline{A}BC+A\overline{B}C+AB\overline{C}+ABC=AB+AC+BC$$

（4）也可以通过反演律，将逻辑表达式变换为与非-与非式，用与非门实现，如图 4-5b 所示。

$$F=\overline{\overline{AB+AC+BC}}=\overline{\overline{AB}\,\overline{AC}\,\overline{BC}}$$

表 4-3 例 4-3 三人表决电路的真值表

输入			输出
A	B	C	F
0	0	0	0
0	0	1	0
0	1	0	0
0	1	1	1
1	0	0	0
1	0	1	1
1	1	0	1
1	1	1	1

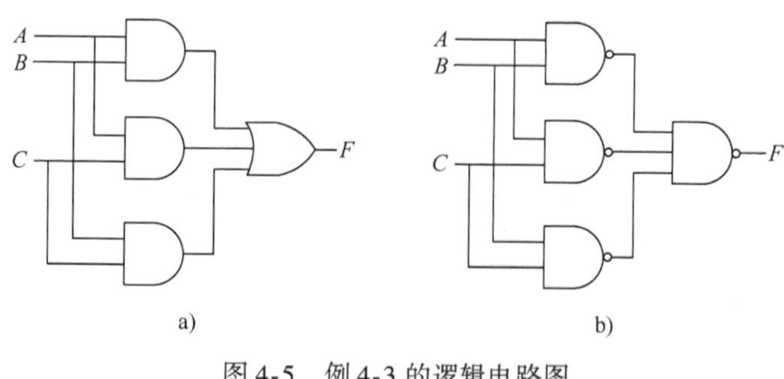

图 4-5 例 4-3 的逻辑电路图

例 4-4 设计一个家用轿车的报警电路，当车门和车窗都打开，或者车钥匙处于点火位置且车门打开时，车内蜂鸣器响起，发出报警信号。要求用与非门实现。

解：（1）根据题意可知，所设计的电路为 3 输入、单输出的组合逻辑电路。令两个输入变量 A、B 代表车门和车窗，约定车门、车窗打开为 1，关闭为 0；输入变量 C 为车钥匙位置，处于点火位置时为 1，否则为 0；F 为报警输出，发出报警信号时为 1，否则为 0。

（2）根据设计要求，当 A 和 B 同时为 1，或者 A 和 C 同时为 1 时，$F=1$。列出真值表，见表 4-4。

（3）根据真值表写出逻辑表达式，对其化简，并变换为与非-与非式。

$$F=A\overline{B}C+AB\overline{C}+ABC=AC+AB=\overline{\overline{AC+AB}}=\overline{\overline{AC}\,\overline{AB}}$$

（4）画出逻辑电路图如图 4-6 所示。

表 4-4 例 4-4 的真值表

输入			输出
A	B	C	F
0	0	0	0
0	0	1	0
0	1	0	0
0	1	1	0
1	0	0	0
1	0	1	1
1	1	0	1
1	1	1	1

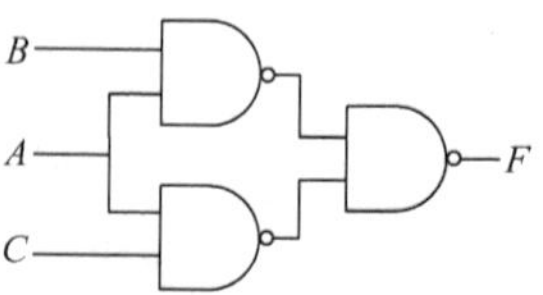

图 4-6 例 4-4 的逻辑电路图

4.3　加法器

常用中规模组合逻辑电路包括加法器、编码器、译码器、数值比较器、数据选择器等，下面通过介绍常用中规模组合逻辑电路，进一步理解组合逻辑电路的分析方法和设计方法。

加法器是计算机的基础运算单元电路，减法运算可以用加法器实现，而运用多次重复的加法运算可实现乘法运算，除法运算则可通过多次减法运算来进行。

能够实现输入变量取值求和的电路称为加法器，加法器通常分为半加器和全加器两种。

4.3.1　半加器

将两个二进制数作为加数，不考虑低位进位的加法运算，称为半加运算。凡能实现半加运算的电路称为半加器（Half Adder）。半加器的逻辑符号如图 4-7 所示，A 和 B 为两个加数，S 为 A 与 B 的和（Sum），CO 为向高位输出的进位输出（Carry Output）。

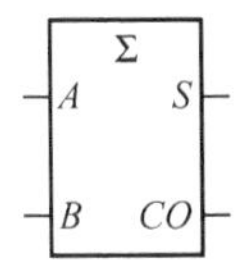

图 4-7　半加器的逻辑符号

根据二进制数的加法运算规则“逢二进一”，列出两个 1 位二制数半加器的真值表，见表 4-5。

根据表 4-5 写出半加器的输出逻辑表达式为

$$S = A\overline{B} + \overline{A}B = A \oplus B$$

$$CO = AB$$

用与非门构成的半加器电路如图 4-8 所示。

表 4-5　两个 1 位二制数的半加器真值表

输　入		输　出	
A	B	S	CO
0	0	0	0
0	1	1	0
1	0	1	0
1	1	0	1

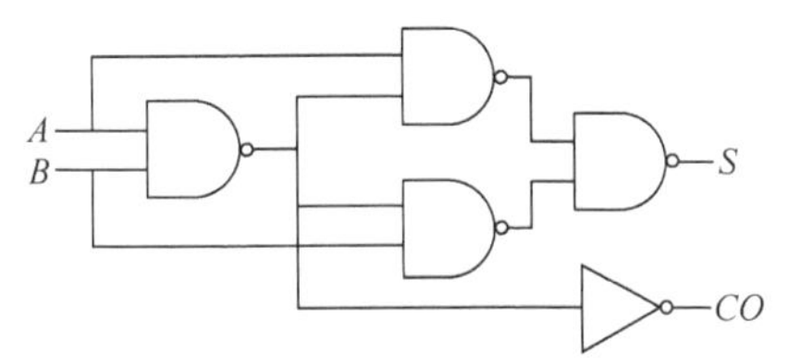

图 4-8　两个 1 位二制数半加器的逻辑电路图

4.3.2　全加器

当两个多位二进制数相加时，进行本位的加法运算的同时需要考虑来自低位的进位信号。同时考虑低位进位的加法运算，称为“全加”运算。凡能实现全加运算的电路称为全加器（Full Adder）。全加器的逻辑符号如图 4-9 所示，A 和 B 为两个加数，CI 为低位向本位的进位；输出 S 为本位的和，CO 为本位向高位输出的进位。两个 1 位二进制数全加器的真值表见表 4-6。

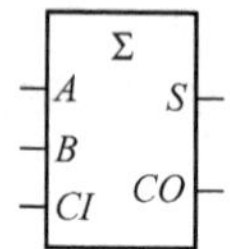

图 4-9 全加器的逻辑符号

表 4-6 两个 1 位二进制数全加器的真值表

输入			输出	
A	B	CI	S	CO
0	0	0	0	0
0	0	1	1	0
0	1	0	1	0
0	1	1	0	1
1	0	0	1	0
1	0	1	0	1
1	1	0	0	1
1	1	1	1	1

如果取表 4-6 中输出为 0 的项相或，则可得到全加器的与或非形式的逻辑表达式为

$$S=\overline{AB\overline{CI}+A\overline{B}CI+\overline{A}BCI+\overline{A}\,\overline{B}\,\overline{CI}}$$

$$CO=\overline{\overline{A}\,\overline{B}+\overline{A}\,\overline{CI}+\overline{B}\,\overline{CI}}$$

可见，实现两个 1 位二进制数加法运算的全加器是一个 3 输入、2 输出的组合逻辑电路，其逻辑电路如图 4-10 所示。

4.3.3 集成 4 位加法器

将若干个 1 位全加器的进位输出端依次连接到下一位的进位输入端，可以构成多位全加器。图 4-11 为 4 位全加器的逻辑电路图。

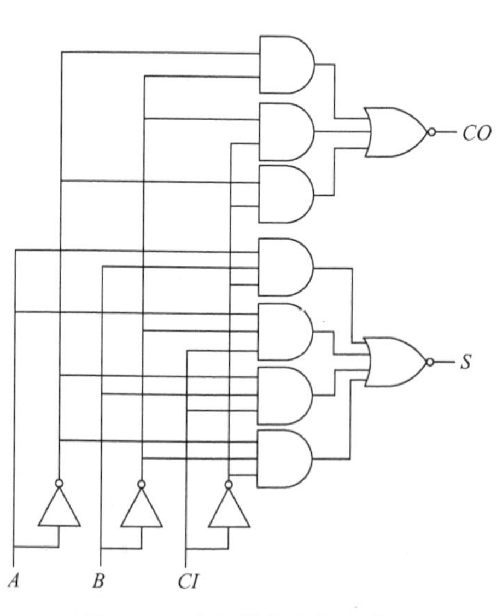

图 4-10 全加器的逻辑电路图

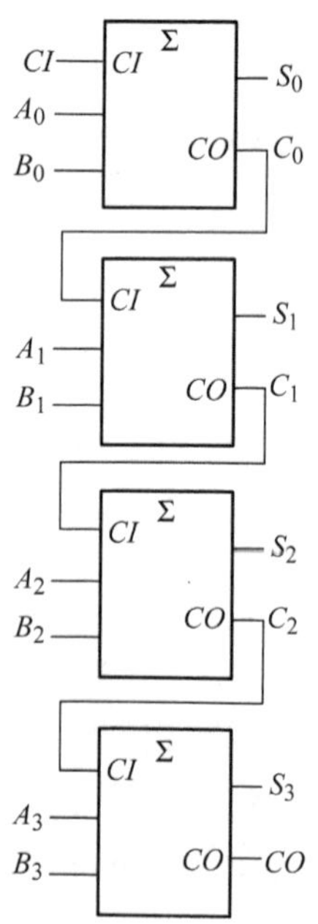

图 4-11 4 位全加器的逻辑电路图

常用的中规模集成4位二进制数加法器74LS283可以实现两个4位二进制数的全加运算，其逻辑符号如图4-12所示。图中，输入端A（A_3、A_2、A_1、A_0）和B（B_3、B_2、B_1、B_0）分别为两个加数，CI为来自低位的进位信号；输出端S（S_3、S_2、S_1、S_0）为加法运算的和，CO为向高位输出的进位信号。用74LS283进行4位二进制数的半加运算时，不用CI端，应将其接至低电平。

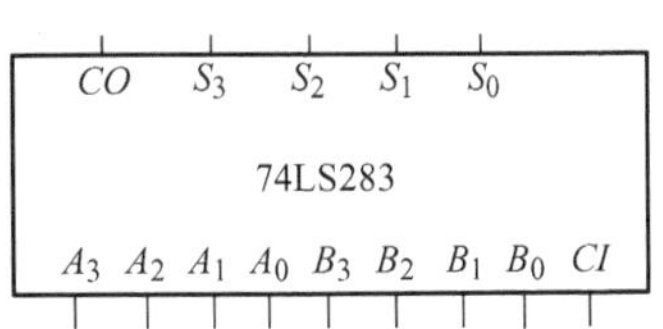

图4-12 集成4位加法器74LS283

利用一种集成器件自身进行扩展，得到具有此类功能的更大容量器件，这一过程称为器件的自扩展。将两片74LS283自扩展，则可实现8位二进制数的全加运算，自扩展电路如图4-13所示。

例4-5 由集成4位加法器74LS283构成的逻辑电路如图4-14所示，输入3位二进制数为ABC，输出$F_4 \sim F_0$，试分析电路的逻辑功能。

解： 根据图4-14列出其真值表，见表4-7。

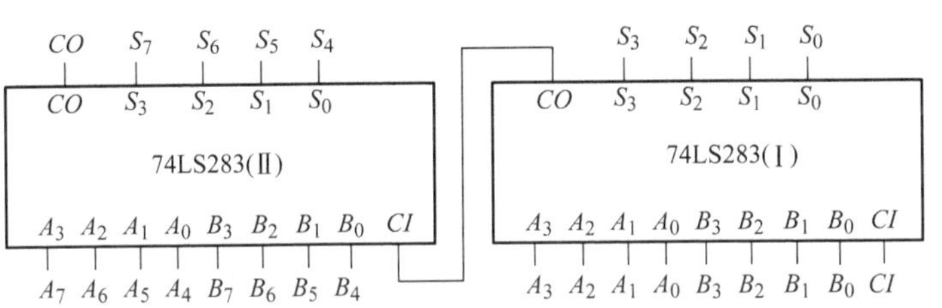

图4-13 集成4位全加器74LS283自扩展为8位全加器

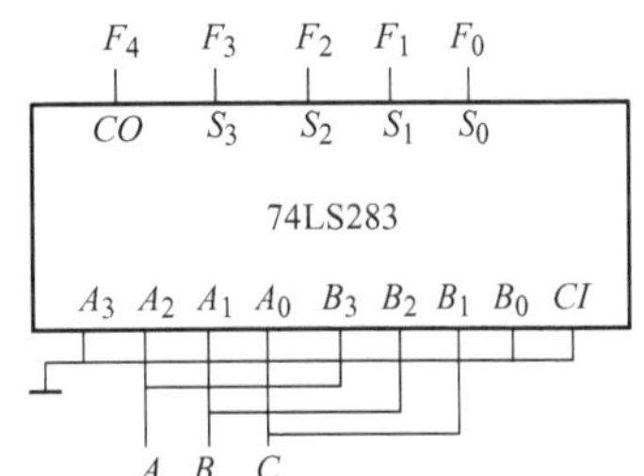

图4-14 例4-5的逻辑电路图

表4-7 例4-5的真值表

输入		输出	
十进制数	A B C	F_4 F_3 F_2 F_1 F_0	十进制数
0	0 0 0	0 0 0 0 0	0
1	0 0 1	0 0 0 1 1	3
2	0 1 0	0 0 1 1 0	6
3	0 1 1	0 1 0 0 1	9
4	1 0 0	0 1 1 0 0	12
5	1 0 1	0 1 1 1 1	15
6	1 1 0	1 0 0 1 0	18
7	1 1 1	1 0 1 0 1	21

从表4-7中可以看出，若将输入、输出看作二进制数值，则输出值为输入值的3倍，所以图4-14所示电路是一个乘法运算电路，其逻辑功能是对输入的3位二进制数进行乘3的运算。

4.4 编码器

用数码信号表示特定对象的过程称为编码，如运动员号码、身份证号码、汉字编码等。在数字系统中，指令、地址、数据都用二进制数表示，多位二进制数的排列组合组成一组二进制代码，如果将代码赋予特定的含义，则称之为二进制编码。如计算机的键盘（可以将十进制的0～9及其他符号转换为相应的二进制代码），就是一种典型的编码器（Encoder），如图4-15所示，按下按键“4”，对“4”进行二进制编码，输出“0100”。

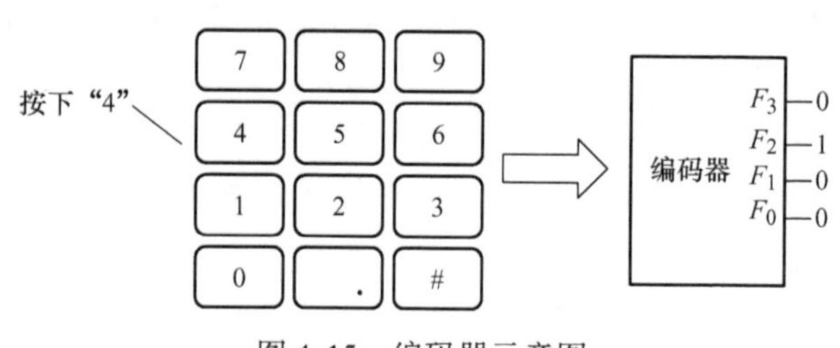

图4-15 编码器示意图

4.4.1 普通编码器

n 位二进制代码最多可表示 2^n 个事件，为 2^n 个对象进行编码的逻辑电路称作 2^n 线 $-n$ 线编码器。这种编码器有 2^n 个输入信号，n 个输出信号。

普通编码器的输入信号在任一时刻只有一个输入有效，如果同时输入多个有效信号，则编码器的输出不能确定。普通编码器只对“有效”的输入信号（如按下键盘中的某个键）编码，而所谓输入信号“有效”是指能对信号进行编码的有效输入电平，可能低电平有效，也可能高电平有效；输出的二进制代码可能是原码，也可能是反码。可查阅器件的功能手册。

图4-16为10线-4线编码器逻辑符号，它可以将0～9共10个高、低电平的信号依次编为0000～1001，如“5”端有效，相应的编码输出为“0101”。除10线-4线编码器外，常用的编码器还有8线-3线、16线-4线等。

例4-6 分析图4-17所示电路的逻辑功能。

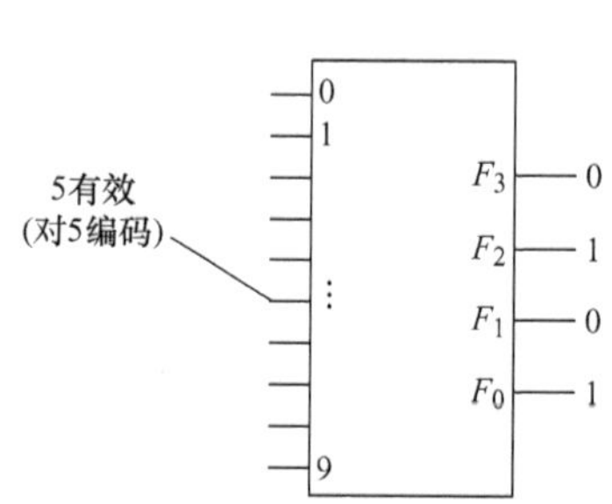

图4-16 10线-4线编码器的逻辑符号

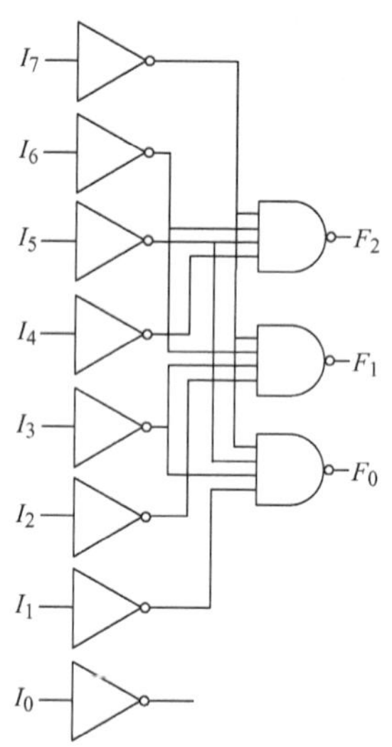

图4-17 例4-6的逻辑电路图

解：图4-17中，共有8个输入端 I_0 ～ I_7，理论上应有 $2^8=256$ 种输入组合，但如果要求每次输入只能有一个输入有效（图中输入高电平有效，即只有一个输入为高电平，其他输入均为低电平），那么只有8种输入状态。

根据逻辑电路图，首先写出逻辑表达式

$$F_2=\overline{\overline{I}_4\,\overline{I}_5\,\overline{I}_6\,\overline{I}_7}$$

$$F_1 = \overline{\bar{I}_2 \bar{I}_3 \bar{I}_6 \bar{I}_7}$$

$$F_0 = \overline{\bar{I}_1 \bar{I}_3 \bar{I}_5 \bar{I}_7}$$

根据逻辑表达式列出真值表，见表4-8。

表4-8 例4-6电路的真值表

输入								输出		
I_0	I_1	I_2	I_3	I_4	I_5	I_6	I_7	F_2	F_1	F_0
1	0	0	0	0	0	0	0	0	0	0
0	1	0	0	0	0	0	0	0	0	1
0	0	1	0	0	0	0	0	0	1	0
0	0	0	1	0	0	0	0	0	1	1
0	0	0	0	1	0	0	0	1	0	0
0	0	0	0	0	1	0	0	1	0	1
0	0	0	0	0	0	1	0	1	1	0
0	0	0	0	0	0	0	1	1	1	1

从表4-8可看出，该逻辑电路的8个输入中，当某一个输入为“1”时，便会输出相应的三位二进制代码。所以，这是一个8线-3线普通编码器（不允许多个输入同时为1），输入高电平有效，输出为原码。

对于其他类型的编码器，也有输入低电平有效或输出反码的，此种情况可参见器件的功能手册。

4.4.2 优先编码器

如果允许多个输入同时有效，编码器按约定的优先级别只对其中一个输入信号进行编码，称为优先编码。实现优先编码的逻辑电路称为优先编码器（Priority Encoder）。

例4-7 设计一个10线-4线优先编码器，要求输入低电平有效，输出反码，优先顺序为：$\bar{I}_9$、$\bar{I}_8$、…、$\bar{I}_0$。

解： 首先根据设计要求，列出真值表，见表4-9。

表4-9 例4-7电路的真值表

输入										输出			
$\bar{I}_0$	$\bar{I}_1$	$\bar{I}_2$	$\bar{I}_3$	$\bar{I}_4$	$\bar{I}_5$	$\bar{I}_6$	$\bar{I}_7$	$\bar{I}_8$	$\bar{I}_9$	$\bar{F}_3$	$\bar{F}_2$	$\bar{F}_1$	$\bar{F}_0$
1	1	1	1	1	1	1	1	1	1	1	1	1	1
ϕ	ϕ	ϕ	ϕ	ϕ	ϕ	ϕ	ϕ	ϕ	0	0	1	1	0
ϕ	ϕ	ϕ	ϕ	ϕ	ϕ	ϕ	ϕ	0	1	0	1	1	1
ϕ	ϕ	ϕ	ϕ	ϕ	ϕ	ϕ	0	1	1	1	0	0	0
ϕ	ϕ	ϕ	ϕ	ϕ	ϕ	0	1	1	1	1	0	0	1
ϕ	ϕ	ϕ	ϕ	ϕ	0	1	1	1	1	1	0	1	0
ϕ	ϕ	ϕ	ϕ	0	1	1	1	1	1	1	0	1	1
ϕ	ϕ	ϕ	0	1	1	1	1	1	1	1	1	0	0
ϕ	ϕ	0	1	1	1	1	1	1	1	1	1	0	1
ϕ	0	1	1	1	1	1	1	1	1	1	1	1	0
0	1	1	1	1	1	1	1	1	1	1	1	1	1

根据真值表写出逻辑表达式为

$$\overline{F}_3=\overline{I_9+I_8\overline{I}_9}$$

$$\overline{F}_2=\overline{\overline{I}_7I_8I_9+\overline{I}_6I_7I_8I_9+\overline{I}_5I_6I_7I_8I_9+\overline{I}_4I_5I_6I_7I_8I_9}$$

$$\overline{F}_1=\overline{\overline{I}_7I_8I_9+\overline{I}_6I_7I_8I_9+\overline{I}_3I_4I_5I_6I_7I_8I_9+\overline{I}_2I_3I_4I_5I_6I_7I_8I_9}$$

$$\overline{F}_0=\overline{\overline{I}_9+\overline{I}_7I_8I_9+\overline{I}_5I_6I_7I_8I_9+\overline{I}_3I_4I_5I_6I_7I_8I_9+\overline{I}_1I_2I_3I_4I_5I_6I_7I_8I_9}$$

经过化简、变换，逻辑表达式可写成

$$\overline{F}_3=\overline{I_9+I_8}$$

$$\overline{F}_2=\overline{I_7\,\overline{I_8+I_9}+I_6\,\overline{I_8+I_9}+I_5\,\overline{I_8+I_9}+I_4\,\overline{I_8+I_9}}$$

$$\overline{F}_1=\overline{I_7\,\overline{I_8+I_9}+I_6\,\overline{I_8+I_9}+I_3\,\overline{I}_4\,\overline{I}_5\,\overline{I_8+I_9}+I_2\,\overline{I}_4\,\overline{I}_5\,\overline{I_8+I_9}}$$

$$\overline{F}_0=\overline{\overline{I}_9+I_7\,\overline{I_8+I_9}+I_5\,\overline{I}_6\,\overline{I_8+I_9}+I_3\overline{I}_4\overline{I}_6\,\overline{I_8+I_9}+I_1\,\overline{I}_2\,\overline{I}_4\,\overline{I}_6\,\overline{I_8+I_9}}$$

根据上述表达式，画出逻辑电路图，即可得到 10 线-4 线优先编码器。

4.4.3 集成优先编码器

常用的中规模集成优先编码器有 10 线-4 线优先编码器 74LS147、8 线-3 线优先编码器 74LS148 等多种集成产品。下面以 8 线-3 线集成优先编码器 74LS148 为例介绍集成优先编码器及其应用。

8 线-3 线集成优先编码器 74LS148 的功能见表 4-10。输入$\overline{I}_7\sim\overline{I}_0$ 低电平有效，优先权级别由高到低依次为$\overline{I}_7$、$\overline{I}_6$、…、$\overline{I}_0$，输出为反码；$\overline{S}$ 为选通输入端，低电平有效，即 $\overline{S}=0$ 时，芯片正常工作；$\overline{S}=1$ 时，禁止编码操作，此时所有输出端均为高电平。$\overline{F}_S$ 为选通输出端，$\overline{F}_S=0$ 表示电路正常工作但无编码输入；$\overline{F}_{EX}$为扩展输出端，$\overline{F}_{EX}=0$ 表示电路正常工作且有编码输入。

表 4-10 8 线-3 线集成优先编码器 74LS148 的功能表

输入									输出					说明
$\overline{S}$	$\overline{I}_0$	$\overline{I}_1$	$\overline{I}_2$	$\overline{I}_3$	$\overline{I}_4$	$\overline{I}_5$	$\overline{I}_6$	$\overline{I}_7$	$\overline{F}_2$	$\overline{F}_1$	$\overline{F}_0$	$\overline{F}_S$	$\overline{F}_{EX}$	
1	ϕ	ϕ	ϕ	ϕ	ϕ	ϕ	ϕ	ϕ	1	1	1	1	1	$\overline{S}=1$，选通无效，输出全为 1
0	1	1	1	1	1	1	1	1	1	1	1	0	1	
0	ϕ	ϕ	ϕ	ϕ	ϕ	ϕ	ϕ	0	0	0	0	1	0	$\overline{S}=0$，正常工作，输出反码
0	ϕ	ϕ	ϕ	ϕ	ϕ	ϕ	0	1	0	0	1	1	0	无编码输入时：
0	ϕ	ϕ	ϕ	ϕ	ϕ	0	1	1	0	1	0	1	0	输出全为 1，$\overline{F}_S=0$
0	ϕ	ϕ	ϕ	ϕ	0	1	1	1	0	1	1	1	0	有编码输入时：
0	ϕ	ϕ	ϕ	0	1	1	1	1	1	0	0	1	0	按优先级别编码，$\overline{F}_{EX}=0$
0	ϕ	ϕ	0	1	1	1	1	1	1	0	1	1	0	
0	ϕ	0	1	1	1	1	1	1	1	1	0	1	0	
0	0	1	1	1	1	1	1	1	1	1	1	1	0	

74LS148 的逻辑符号如图 4-18 所示。符号框外的小圆圈表示该端输入低电平为有效，或输出为反码，或低电平输出有效。输入信号中$\overline{I}_7$ 优先权最高，$\overline{I}_0$ 优先权最低。

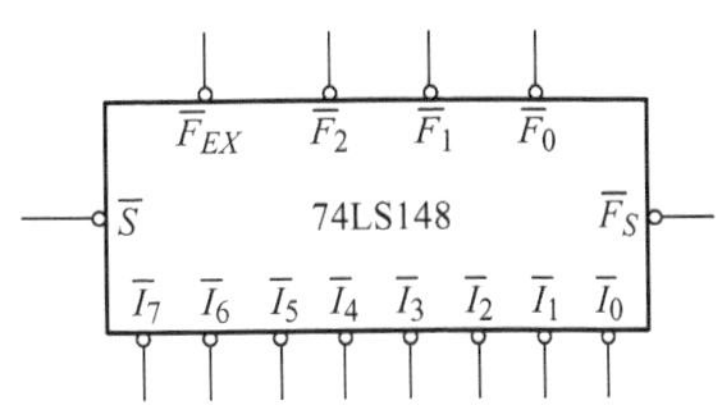

图 4-18 8 线-3 线优先编码器 74LS148 的逻辑符号

两片 74LS148 可自扩展为 16 线-4 线优先编码器，连接方式如图 4-19 所示。图中，$\overline{A}_{15} \sim \overline{A}_0$ 为 16 个反码输入端，低电平有效，$Z_3 \sim Z_0$为 4 个原码输出端。输入信号中 $\overline{A}_{15}$优先权最高，$\overline{A}_0$ 优先权最低。扩展的关键是如何利用芯片引脚$\overline{S}$、$\overline{F}_S$ 和$\overline{F}_{EX}$的逻辑功能，使两片芯片按优先级别和输入信号工作，并输出所要求的二进制代码。

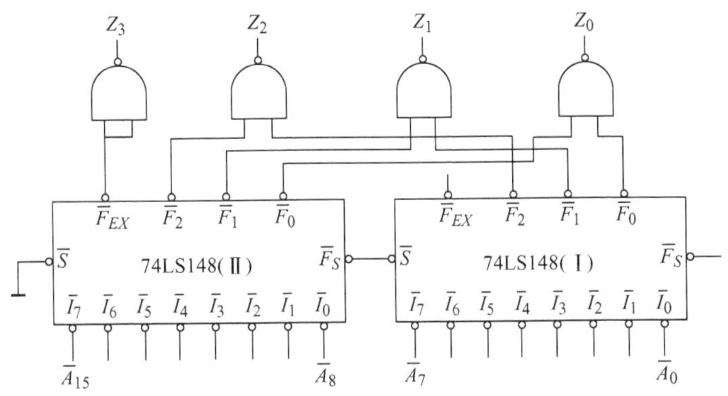

图 4-19 16 线-4 线优先编码器

工作时，高位芯片（Ⅱ）的选通输入端 $\overline{S}$ 直接接地，处于有效状态，此芯片的优先级较高，选通输出端$\overline{F}_S$ 与低位芯片（Ⅰ）的选通输入端 $\overline{S}$ 相连。当高位芯片的 8 位数据输入端没有低电平信号输入时，芯片（Ⅱ）的$\overline{F}_S$ 输出为 0，令低位芯片（Ⅰ）的选通输入端 $\overline{S}$ 有效，芯片（Ⅰ）开始工作，此时芯片（Ⅱ）的$\overline{F}_{EX}$、$\overline{F}_2$、$\overline{F}_1$、$\overline{F}_0$ 输出全为 1，则 $Z_3=0$，$Z_2 \sim Z_0$的输出仅取决于芯片（Ⅰ）的$\overline{F}_2$、$\overline{F}_1$、$\overline{F}_0$ 的输出，$Z_3Z_2Z_1Z_0$的编码输出范围为 0000～0111；当高位芯片（Ⅱ）的 8 位数据输入端有低电平信号输入时，芯片（Ⅱ）的$\overline{F}_S$ 输出为 1，低位芯片（Ⅰ）被禁止工作，芯片（Ⅰ）的$\overline{F}_{EX}$、$\overline{F}_2$、$\overline{F}_1$、$\overline{F}_0$ 输出全为 1，此时芯片（Ⅱ）的$\overline{F}_{EX}$输出为 0，则 $Z_3=1$，$Z_2 \sim Z_0$的输出仅取决于芯片（Ⅱ）的$\overline{F}_2$、$\overline{F}_1$、$\overline{F}_0$ 的输出，$Z_3Z_2Z_1Z_0$的编码输出范围为 1000～1111。这样，两片 74LS148 自扩展可实现 16 线-4 线优先编码器的逻辑功能。

4.5 译码器

译码是编码的逆过程，可将一组二进制代码“翻译”为一组高低电平信号。能实现译码功能的电路称为译码器（Decoder）。译码器也是一种多输入、多输出的组合逻辑电路。

一般将译码器分为通用译码器和数字显示译码器两大类。通用译码器包括二进制译码器、二-十进制译码器。显示译码器就是将代表数字、文字和符号的代码译为特定的显示代码，用于驱动各种显示器件（如七段显示器等），显示相应的文字和符号。

二进制译码器和二-十进制译码器的每个输出端都与输入变量的一个最小项相对应，因此常用来设计组合逻辑电路。

同编码器类似，输入的二进制代码可以是原码，也可以是反码；输出信号可能是高电平有效，也可能是低电平有效。具体情况可查阅器件的功能手册。

4.5.1 二进制译码器

将 n 位二进制代码，译为特定含义的 2^n 个输出信号，称为二进制译码器。因为二进制译码器的输出是以输入信号为变量的所有最小项组成，所以又称为最小项译码器。常用的有 2 线-4 线译码器、3 线-8 线译码器和 4 线-16 线译码器等。

1. 2 线-4 线译码器

2 线-4 线译码器是 2 位二进制译码器，可将 2 个输入信号译码为 4 个最小项输出信号。

例 4-8 2 线-4 线译码器电路如图 4-20a 所示，试分析其逻辑功能。

解：根据电路列出逻辑表达式

$$F_0 = \overline{A}_1\overline{A}_0$$

$$F_1 = \overline{A}_1 A_0$$

$$F_2 = A_1\overline{A}_0$$

$$F_3 = A_1 A_0$$

由逻辑表达式列出真值表，见表 4-11。

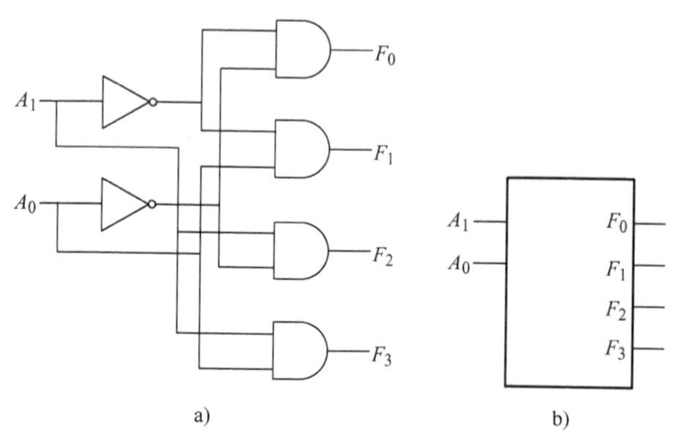

图 4-20 2 线-4 线译码器电路及逻辑符号

表 4-11 2 线-4 线译码器的真值表

输入		输出			
A_1	A_0	F_0	F_1	F_2	F_3
0	0	1	0	0	0
0	1	0	1	0	0
1	0	0	0	1	0
1	1	0	0	0	1

从表 4-11 可以看出，当 A_1A_0 取值分别为 00、01、10、11 时，F_0、F_1、F_2、F_3 依次输出高电平。A_1A_0 不同取值组合时，对应只有一个输出（最小项）有效信号，因此电路实现 2 线 -4 线译码功能，其逻辑符号如图 4-20b 所示。

2. 3 线-8 线集成译码器 74LS138

3 线-8 线集成译码器 74LS138 是 3 位二进制译码器，可将 3 个输入信号译码为 $2^3=8$ 个最小项输出信号，逻辑电路图如图 4-21 所示。其中，A_2、A_1、A_0 为输入信号，S_0、$\overline{S}_1$、$\overline{S}_2$ 为选通控制输入信号，$\overline{F}_0$ ~ $\overline{F}_7$ 为输出信号，低电平输出有效。

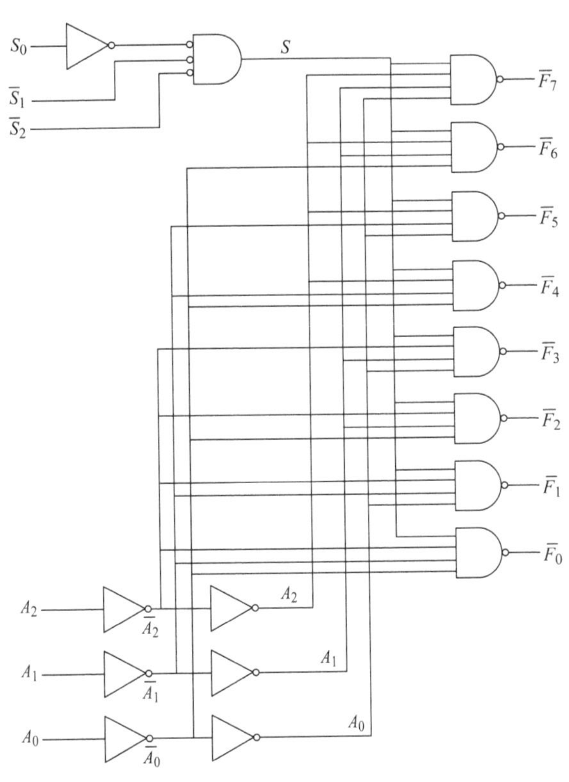

图 4-21 74LS138 的逻辑电路图

74LS138 由三部分构成：输入缓冲、选通控制和译码输出。

（1）输入缓冲 图 4-21 中，输入信号 A_2、A_1、A_0 通过 6 个反相器，不仅可以获得 3 个输入变量的原变量和反变量，还可以提高输入信号的驱动能力，同时可对输入信号进行整形。

（2）选通控制 74LS138 的选通控制部分有 3 个控制信号，通过 3 输入与门控制译码电路，由图 4-21 可得其逻辑表达式为

$$S = S_0 \cdot \overline{S}_1 \cdot \overline{S}_2$$

当 $S_0\,\overline{S}_1\,\overline{S}_2 = 100$ 时，选通控制与门输出 $S=1$，选通有效，允许译码电路工作；当 $S_0\,\overline{S}_1\,\overline{S}_2 \neq 100$ 时，$S=0$，译码与非门被封锁，禁止译码，$\overline{F}_0$ ~ $\overline{F}_7$ 输出全为高电平。

（3）译码输出 译码输出由图 4-21 中的 8 个 4 输入与非门构成，每个与非门都是一个最小项译码器，其输出低电平有效。输入的每个取值组合都会使得一个输出有效（低电平），其他均为无效。当 $S=1$ 时，译码输出的逻辑表达式为

$$\overline{F}_0 = \overline{\overline{A}_2\,\overline{A}_1\,\overline{A}_0} = \overline{m_0}$$

$$\overline{F}_1 = \overline{\overline{A}_2\,\overline{A}_1 A_0} = \overline{m_1}$$

$$\overline{F}_2 = \overline{\overline{A}_2 A_1\,\overline{A}_0} = \overline{m_2}$$

$$\overline{F}_3 = \overline{\overline{A}_2 A_1 A_0} = \overline{m_3}$$

$$\overline{F}_4 = \overline{A_2\,\overline{A}_1\,\overline{A}_0} = \overline{m_4}$$

$$\overline{F}_5 = \overline{A_2\,\overline{A}_1 A_0} = \overline{m_5}$$

$$\overline{F}_6 = \overline{A_2 A_1\,\overline{A}_0} = \overline{m_6}$$

$$\overline{F}_7 = \overline{A_2 A_1 A_0} = \overline{m_7}$$

74LS138 的功能见表 4-12。从表中可以看出，74LS138 为原码输入、低电平输出有效的逻辑器件，体现了最小项译码器 N 中取 1 的特点。

表 4-12 74LS138 的功能表

输入						输出							
S_0	$\overline{S}_1$	$\overline{S}_2$	A_2	A_1	A_0	$\overline{F}_0$	$\overline{F}_1$	$\overline{F}_2$	$\overline{F}_3$	$\overline{F}_4$	$\overline{F}_5$	$\overline{F}_6$	$\overline{F}_7$
ϕ	ϕ	1	ϕ	ϕ	ϕ	1	1	1	1	1	1	1	1
ϕ	1	ϕ	ϕ	ϕ	ϕ	1	1	1	1	1	1	1	1
0	ϕ	ϕ	ϕ	ϕ	ϕ	1	1	1	1	1	1	1	1
1	0	0	0	0	0	0	1	1	1	1	1	1	1
1	0	0	0	0	1	1	0	1	1	1	1	1	1
1	0	0	0	1	0	1	1	0	1	1	1	1	1
1	0	0	0	1	1	1	1	1	0	1	1	1	1
1	0	0	1	0	0	1	1	1	1	0	1	1	1
1	0	0	1	0	1	1	1	1	1	1	0	1	1
1	0	0	1	1	0	1	1	1	1	1	1	0	1
1	0	0	1	1	1	1	1	1	1	1	1	1	0

74LS138 的逻辑符号如图 4-22 所示，A_2、A_1、A_0 为 3 位二进制数输入端，A_2 是最高位（Most Significant Bit，MSB），A_0 是最低位（Least Significant Bit，LSB）。S_0、$\overline{S}_1$ 和$\overline{S}_2$ 为选通控制端，S_0端边框外不带圈，表示输入控制信号为高电平时有效；$\overline{S}_1$ 和$\overline{S}_2$ 端边框外带圈，表示低电平有效，只有当 S_0 $\overline{S}_1$ $\overline{S}_2$ 输入为 100 时，74LS138 才能正常工作。$\overline{F}_0 \sim \overline{F}_7$ 为 8 个输出端，其边框外的圆圈表示输出低电平有效。

3. 4 线-16 线集成译码器 74LS154

图 4-23 是 4 线 - 16 线集成译码器 74LS154 的逻辑符号，输入为原码，输出低电平有效；$\overline{S}_0$ 和$\overline{S}_1$ 为选通控制端，只有当$\overline{S}_0$ $\overline{S}_1$ 输入为 00 时，才能正常工作。74LS154 是 4 位二进制译码器，可将 4 个输入信号 $A_3 \sim A_0$ 译码为 $2^4=16$ 个最小项输出信号$\overline{F}_0 \sim \overline{F}_{15}$。

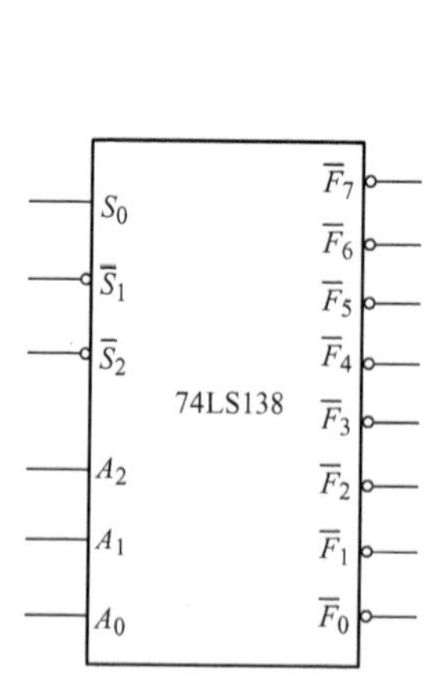

图 4-22 74LS138 的逻辑符号

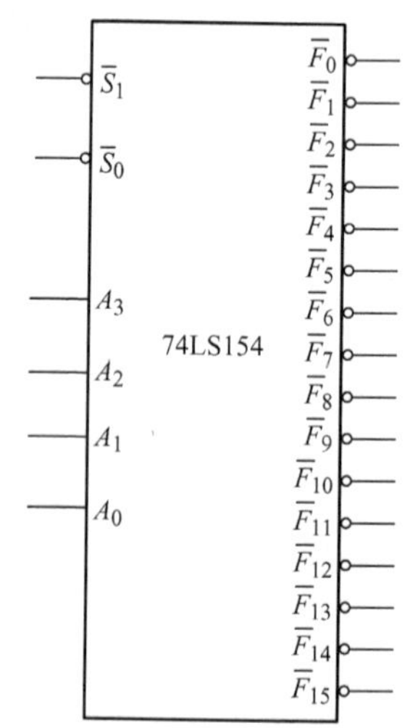

图 4-23 74LS154 的逻辑符号

4.5.2　集成译码器的应用

1. 组合逻辑函数的设计

二进制译码器的每一个输出端都为地址输入端所代表的输入变量的一个最小项，而任何逻辑函数都可以变换为最小项之和的形式，所以利用译码器和门电路可以实现任意组合逻辑函数。

采用译码器设计逻辑函数时首先要将逻辑函数变换为最小项之和的形式，而且译码器的输入端个数应与逻辑函数的变量数相同，如实现 4 变量的逻辑函数，需采用 4 线 - 16 线译码器。一般来说，每个逻辑函数表达式都需外接一个门电路，如果译码器输出低电平有效，一般选用与非门，输出高电平有效则一般选用或门。

例 4-9　用译码器及必要的门电路实现逻辑函数 $F(A, B, C) = \sum m(0, 2, 3, 4, 7)$。

解： 逻辑函数 F 为 3 输入变量逻辑函数，所以选用 3 线 - 8 线译码器。这里选用 3 位二进制集成译码器 74LS138。由于 74LS138 的输出低电平有效，所以根据反演规则对给定的逻辑函数进行变换，将函数中各最小项的原变量变成反变量，即

$$F(A,B,C) = \sum m(0,2,3,4,7) = \overline{\overline{m_0 + m_2 + m_3 + m_4 + m_7}} = \overline{\overline{m_0}\ \overline{m_2}\ \overline{m_3}\ \overline{m_4}\ \overline{m_7}}$$

将给定逻辑函数的 3 个变量 A、B、C 对应接到译码器的 3 个地址输入端，其中 A 为高位端，将表达式中含有的最小项输出端接至与非门，则与非门的输出即为待实现的逻辑函数 F，实现电路如图 4-24a 所示。

也可用 74LS138 和与门实现给定的逻辑函数，即将 F 的反函数 $\overline{F}$ 所含有的最小项（m_1、m_5、m_6）相“与”后实现逻辑函数 F，如图 4-24b 所示。变换表达式为

$$F(A,B,C) = \sum m(0,2,3,4,7) = \overline{m_1 + m_5 + m_6} = \overline{m_1}\ \overline{m_5}\ \overline{m_6}$$

例 4-10　用译码器和门电路实现两个 1 位二进制数全加器的逻辑功能。

解： 根据表 4-6 所示的 1 位全加器的真值表，可写出其最小项之和的逻辑表达式形式，并用反演规则转换成与非-与非式，即

$$S(A,B,CI) = \sum m(1,2,4,7) = \overline{\overline{m_1 + m_2 + m_4 + m_7}} = \overline{\overline{m_1}\ \overline{m_2}\ \overline{m_4}\ \overline{m_7}}$$

$$CO(A,B,CI) = \sum m(3,5,6,7) = \overline{\overline{m_3 + m_5 + m_6 + m_7}} = \overline{\overline{m_3}\ \overline{m_5}\ \overline{m_6}\ \overline{m_7}}$$

选用 74LS138 和与非门便可实现两个 1 位二进制数全加器的逻辑功能，逻辑电路如图 4-25 所示。

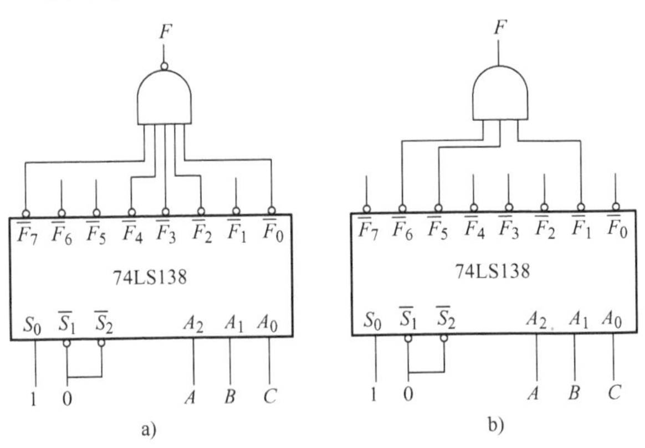

图 4-24　例 4-9 的逻辑电路

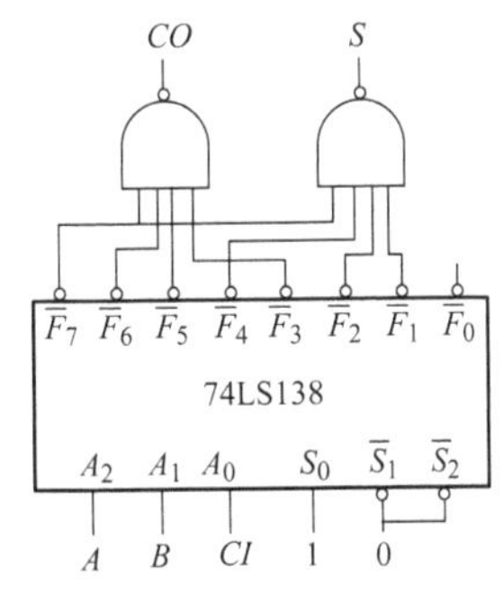

图 4-25　用译码器设计两个 1 位二进制数全加器的逻辑电路

2. 集成译码器的自扩展

利用译码器的选通控制可以实现自扩展，图 4-26 为用两片 74LS138 组成的 4 线-16 线译码器。将两个芯片的输入端逐位一一并接，作为输入 4 位二进制码 $A_3A_2A_1A_0$ 的低 3 位，最高位 A_3 与两芯片的选通控制端相连。当 $A_3=0$ 时，芯片（Ⅱ）无效，8 个输出端输出全为 1，芯片（Ⅰ）工作，对 4 位二进制码输入信号 0000～0111 进行译码；当 $A_3=1$ 时，芯片（Ⅰ）无效，8 个输出端输出全为 1，芯片（Ⅱ）工作，对 4 位二进制码输入信号 1000～1111 进行译码。因此，芯片（Ⅰ）为 4 位二进制译码器的低位芯片，对输入信号 0000～0111 进行译码输出；芯片（Ⅱ）为高位芯片，对输入信号 1000～1111 进行译码输出，输出低电平有效。

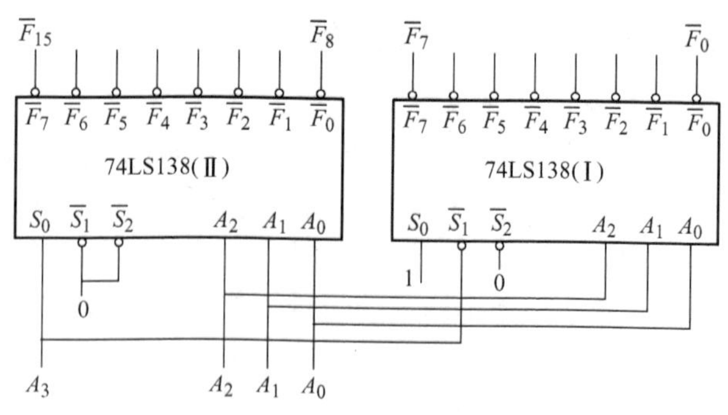

图 4-26 译码器的自扩展

3. BCD 译码器的设计

在数字电路中，常采用二-十进制 BCD 码。常见的 BCD 码见表 2-1。任何一种 BCD 码，都可以用 4 线-16 线译码器实现。用 4 线-16 线集成译码器 74LS154 实现常用 BCD 码的接线表见表 4-13。

表 4-13 用 74LS154 实现 BCD 编码的接线表

	8421 码	5421 码	余 3 码	2421A 码	2421B 码	余 3 循环码	格雷码
0	$\overline{F}_0$	$\overline{F}_0$	$\overline{F}_3$	$\overline{F}_0$	$\overline{F}_0$	$\overline{F}_2$	$\overline{F}_0$
1	$\overline{F}_1$	$\overline{F}_1$	$\overline{F}_4$	$\overline{F}_1$	$\overline{F}_1$	$\overline{F}_6$	$\overline{F}_1$
2	$\overline{F}_2$	$\overline{F}_2$	$\overline{F}_5$	$\overline{F}_2$	$\overline{F}_2$	$\overline{F}_7$	$\overline{F}_3$
3	$\overline{F}_3$	$\overline{F}_3$	$\overline{F}_6$	$\overline{F}_3$	$\overline{F}_3$	$\overline{F}_5$	$\overline{F}_2$
4	$\overline{F}_4$	$\overline{F}_4$	$\overline{F}_7$	$\overline{F}_4$	$\overline{F}_4$	$\overline{F}_4$	$\overline{F}_6$
5	$\overline{F}_5$	$\overline{F}_8$	$\overline{F}_8$	$\overline{F}_5$	$\overline{F}_{11}$	$\overline{F}_{12}$	$\overline{F}_7$
6	$\overline{F}_6$	$\overline{F}_9$	$\overline{F}_9$	$\overline{F}_6$	$\overline{F}_{12}$	$\overline{F}_{13}$	$\overline{F}_5$
7	$\overline{F}_7$	$\overline{F}_{10}$	$\overline{F}_{10}$	$\overline{F}_7$	$\overline{F}_{13}$	$\overline{F}_{15}$	$\overline{F}_4$
8	$\overline{F}_8$	$\overline{F}_{11}$	$\overline{F}_{11}$	$\overline{F}_{14}$	$\overline{F}_{14}$	$\overline{F}_{14}$	$\overline{F}_{12}$
9	$\overline{F}_9$	$\overline{F}_{12}$	$\overline{F}_{12}$	$\overline{F}_{15}$	$\overline{F}_{15}$	$\overline{F}_{10}$	$\overline{F}_{13}$

4. 微处理器的地址译码

集成译码器是单片机最小系统常用的 CPU 外围接口电路之一，主要用作微处理器的地址译码电路，用于标识所有外围设备和存储单元的地址，确定外设的寻址范围。

在电子系统中，微处理器需要与多个外围设备，比如鼠标、键盘、打印机等进行数据交换，为了充分利用 CPU 的数据总线，外围设备的接口电路通常是按数据总线的结构与 CPU 进行数据交换的。如图 4-27 所示，译码器的输出与外围设备的片选端 $\overline{CS}$（Chip Selected）相连，可对各设备进行分时数据总线共享控制。由二进制译码器的逻辑功能可知，当单片机发出寻址指令时，经由译码器输出，只能有一个外围设备被选中，该设备的数据端 D_0～D_7

与图中的 8 位数据总线相连；没被选中的外围设备数据输出端均呈高阻状态。因此，利用二进制集成译码器的逻辑功能，微处理器可以通过数据总线与被选中的不同外围设备交换数据。图 4-27 所示电路中，只需要利用 CPU 的 3 根地址线便可以控制外围 $2^3=8$ 个设备。

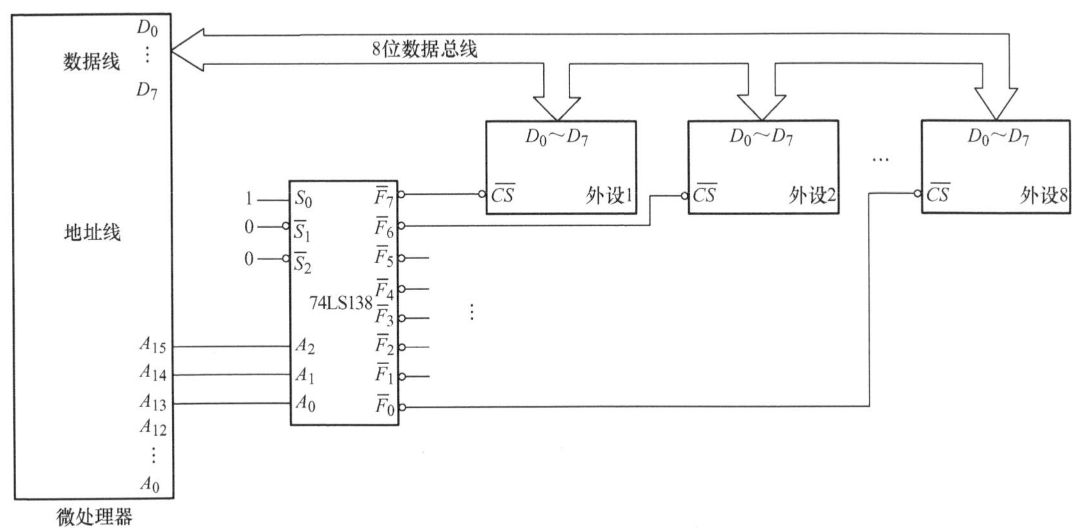

图 4-27　微处理器的地址译码

4.5.3　数字显示译码器

在数字系统中，经常需要将数字、文字和符号通过显示器件进行显示。显示器件种类繁多，其中显示 0 ~ 9 共 10 个数字（和部分英文字母）的七段数码显示器件应用较为广泛。显示译码器的作用是将二进制代码转换为数字或文字的显示代码，如图 4-28 所示。本节以七段数码显示器及显示译码器为例介绍数字显示译码器的原理和应用。

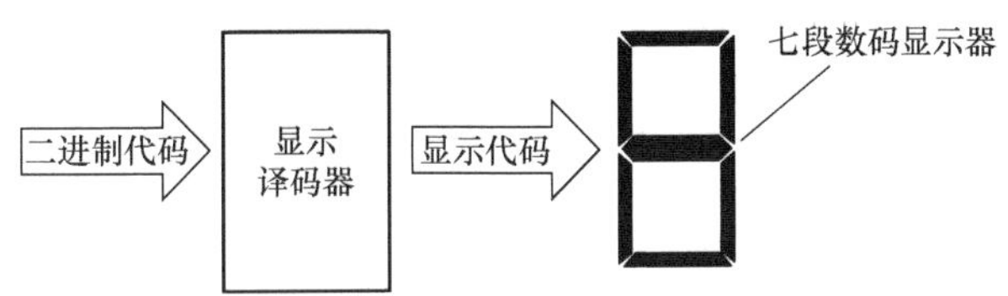

图 4-28　显示译码器的作用及七段数码显示器

1. 七段数码显示器

七段数码显示器（LED Segment Display）也称为半导体数码管，是由 7 个发光二极管（Light Emitting Diode，LED）组成的七段显示器件。由含镓（Ga）、砷（As）、磷（P）、氮（N）等化合物制成。当外加电压时，其导带中大量的电子跃迁回价带与空穴复合，将多余的能量以光的形式释放出来，形成一定波长的可见光（根据掺杂材料的不同，可以显示不同颜色，比如红色、绿色、黄色、蓝色等），具有清晰醒目、能耗低的特点。

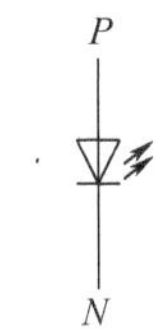

图 4-29　发光二极管的符号

图 4-29 为发光二极管的符号，其中 P 为阳极，N 为阴极。

半导体数码管的显示与电路结构如图 4-30 所示。通过在 $a \sim g$ 共 7 个端所加显示代码控制 7 个发光二极管的工作状态，可以显示 0、1、2、3、4、5、6、7、8、9 共 10 个数字及部分英文字母。

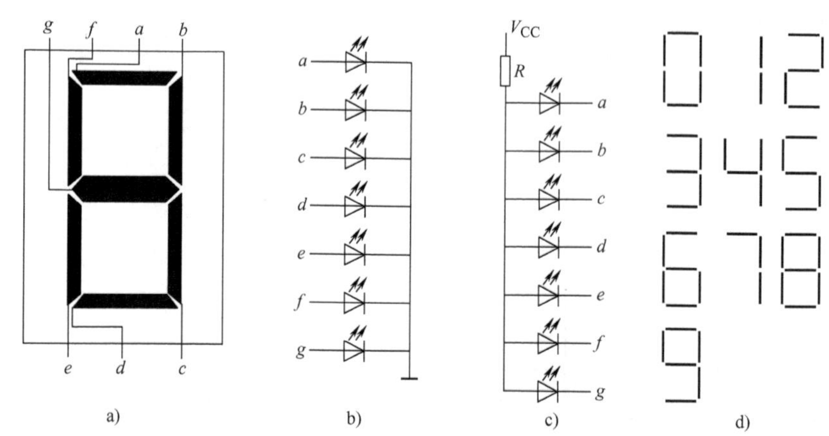

图 4-30 七段数码管及显示数字图形

如果 7 个发光二极管的阴极连接在一起，称为共阴极接法。共阴极接法数码管使用时公共端一般接地，如图 4-30b 所示。这时，显示代码 $a \sim g$ 输入高电平时，相应的发光二极管发光，否则不发光。例如：$a \sim g$ 为 1111001 时显示数字“3”。

如果 7 个发光二极管的阳极连接在一起并经过限流电阻 R 接到 V_{CC}（见图 4-30c），称为共阳极接法。这时，显示代码 $a \sim g$ 为低电平时，相应的发光二极管发光，否则不亮。例如：$a \sim g$为 0110000，显示字母“E”。

图 4-30d 为七段数码显示器可显示的数字图形。

其他常见的显示器件还有荧光数码管和液晶显示器件（Liquid Crystal Display，LCD）等。LCD 是一种被动显示器件，外界光线越强，其内部亮视场与暗视场的反差越大，则显示的字形越清晰；若外界光线弱，则视场反差小，显示模糊；在黑暗的工作条件下，需使用带背景光的液晶显示器。与 LED 相比，由于没有电流的流动，因此 LCD 的功耗很低，但其显示控制电路比较复杂，工程实践中常选用配备专用驱动电路的液晶显示器件。

2. 七段显示译码器

显示译码器是将一种编码转换为特定编码（例如驱动数码管的七段码），并通过显示器件将译码器的输出状态显示出来的电路。按照显示（数字、字母等）的要求及数码管的结构（共阳极或共阴极接法），可根据组合逻辑电路的设计方法设计七段显示译码器。

例 4-11 设计一个七段显示译码器，将 0000、0001、…、1001（8421BCD 码）用共阴极接法的半导体七段显示器依次显示为 0、1、…、9。

解：根据数码管的编号（$a \sim g$），按照共阴极数码管的显示要求（高电平发光，低电平熄灭），列出其真值表，见表 4-14。

表 4-14　共阴极七段显示译码器的真值表

输入				输出							显示数字
A	*B*	*C*	*D*	*a*	*b*	*c*	*d*	*e*	*f*	*g*	
0	0	0	0	1	1	1	1	1	1	0	0
0	0	0	1	0	1	1	0	0	0	0	1
0	0	1	0	1	1	0	1	1	0	1	2
0	0	1	1	1	1	1	1	0	0	1	3
0	1	0	0	0	1	1	0	0	1	1	4
0	1	0	1	1	0	1	1	0	1	1	5
0	1	1	0	1	0	1	1	1	1	1	6
0	1	1	1	1	1	1	0	0	0	0	7
1	0	0	0	1	1	1	1	1	1	1	8
1	0	0	1	1	1	1	1	0	1	1	9
1010 ~ 1111				无关项							其他字符

根据真值表，利用 1010 ～ 1111 共 6 个无关项进行化简后，写出 a、b、c、d、e、f、g 简化的逻辑表达式：

$$a = A + C + BD + \bar{B}\,\bar{D} = \overline{\bar{A}\,\bar{C}\,\overline{BD}\,\overline{\bar{B}\,\bar{D}}}$$

$$b = \bar{B} + \bar{C}\bar{D} + CD = \overline{B\,\overline{\bar{C}\bar{D}}\,\overline{CD}}$$

$$c = \bar{C} + B + D = \overline{C\,\bar{B}\bar{D}}$$

$$d = A + C\,\bar{D} + \bar{B}\bar{D} + \bar{B}C + B\,\bar{C}D = \overline{\bar{A}\,\overline{C\bar{D}}\,\overline{\bar{B}\bar{D}}\,\overline{\bar{B}C}\,\overline{B\bar{C}D}}$$

$$e = C\,\bar{D} + \bar{B}\bar{D} = \overline{\overline{C\,\bar{D}}\,\overline{\bar{B}\bar{D}}}$$

$$f = A + \bar{C}\bar{D} + B\,\bar{C} + B\,\bar{D} = \overline{\bar{A}\,\overline{\bar{C}\bar{D}}\,\overline{B\,\bar{C}}\,\overline{B\,\bar{D}}}$$

$$g = A + B\,\bar{C} + \bar{B}C + C\,\bar{D} = \overline{\bar{A}\,\overline{B\,\bar{C}}\,\overline{\bar{B}C}\,\overline{C\,\bar{D}}}$$

根据逻辑表达式画出逻辑原理图，即为所设计电路，读者可自行画出电路。

七段显示译码器也称为 4 线–7 线显示译码器。

3. 集成显示译码器

目前常用的 4 线–7 线集成显示译码器/驱动器有 74LS47、74LS48 等。其中 74LS47 输出低电平有效，应用于共阳极接法的数码管；74LS48 输出高电平有效，应用于共阴极接法的数码管。下面以 74LS48 为例，介绍其功能和使用方法。

74LS48 的逻辑符号如图 4-31a 所示。其中，A_3、A_2、A_1、A_0 为 8421BCD 码输入端，F_a ～ F_g 为输出端，高电平有效，可以直接驱动共阴极接法的半导体数码管，LED 显示驱动电路如图 4-31b 所示。当输入端加入 0000、0001、0010、…、1001 时，输出 0、1、2、…、9 的显示代码，驱动数码管显示相应的数字。当输入为 1010 ～ 1111 时，显示特殊的字形。

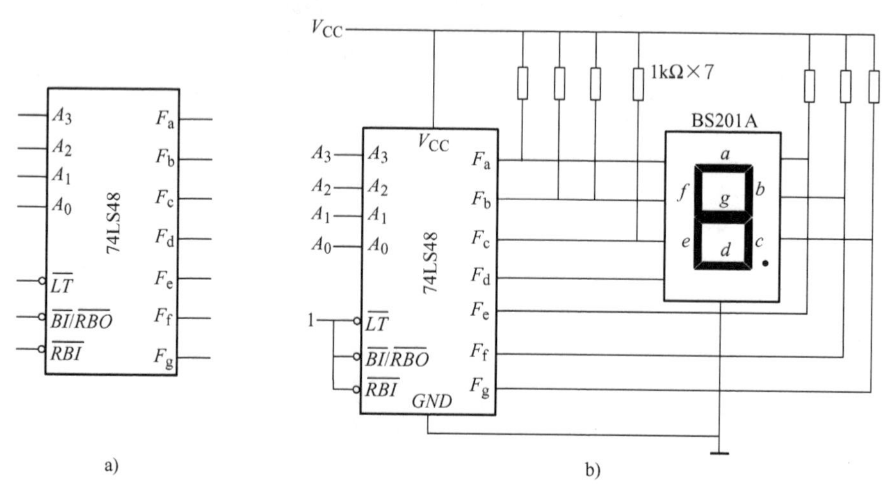

图 4-31　74LS48 的逻辑符号与 LED 显示驱动电路

为扩展电路的功能，74LS48 还增加了附加功能控制电路及控制端，其功能和使用方法如下：

（1）灯测试输入$\overline{LT}$（Light Test）　用于测试数码管各段能否正常发光，低电平有效。当$\overline{LT}=0$时，无论$A_3 \sim A_0$为何状态，输出$F_a \sim F_g$均为1，数码管应显示“8”；正常工作时，$\overline{LT}$应接高电平。

（2）灭零输入$\overline{RBI}$（Ripple Blank Input）　灭零输入$\overline{RBI}$低电平有效，当$\overline{RBI}=0$且$A_3 \sim A_0=0000$时，输出$F_a \sim F_g$均为0，无显示。

（3）灭灯输入/灭零输出$\overline{BI}/\overline{RBO}$（Blank Input/Ripple Blank Output）　这是一个双重功能的输入/输出端。如果外加低电平，即$\overline{BI}=0$时，该端作为灭灯输入端，无论$A_3 \sim A_0$取何值，输出$F_a \sim F_g$均为0，无显示；此端作为输出端时，为灭零输出端$\overline{RBO}$，当本位输入为0并且没有显示时输出为低电平，即$\overline{RBO}=0$。

74LS48 扩展功能见表 4-15。

表 4-15　74LS48 扩展功能表

引脚	说　明
$\overline{LT}$	灯测试输入：当$\overline{LT}$输入为低电平时，无论$A_3\ A_2\ A_1\ A_0$输入为何值，均显示“8”的 BCD 代码
$\overline{RBI}$	灭 0 输入：当$\overline{RBI}$输入为低电平时，若输入$A_3\ A_2\ A_1\ A_0$为 0 则无显示，否则正常显示
$\overline{BI}/\overline{RBO}$	灭灯输入/灭零输出：当用作输入端并且接低电平时，无显示；当用作输出端并且无显示时，输出低电平

将前一级显示译码器的灭零输出$\overline{RBO}$端和后一级译码器的灭零输入$\overline{RBI}$端相连，可以将多片显示译码器级联，构成多位数字显示电路。

例 4-12　设计一个 6 位数字显示电路，小数点前后各 3 位。

解：根据一般规则，整数部分的最高位和小数部分的最低位若为 0 则不显示，所以首先将整数部分的最高位和小数部分的最低位$\overline{RBI}$接地。当整数的最高位为0而无显示时，若次高位也为0，则次高位也应无显示，因此将最高位的$\overline{RBO}$与次高位的$\overline{RBI}$相连接，但整数的最低位（个位）无论是否为0都应正常显示。小数部分的设计思路与整数部分类似。例如，输出53.8时，不会显示053.800；但输出0.58或3.0时，个位和小数点后一位需要显示0。6位数码管及译码显示电路如图4-32所示。

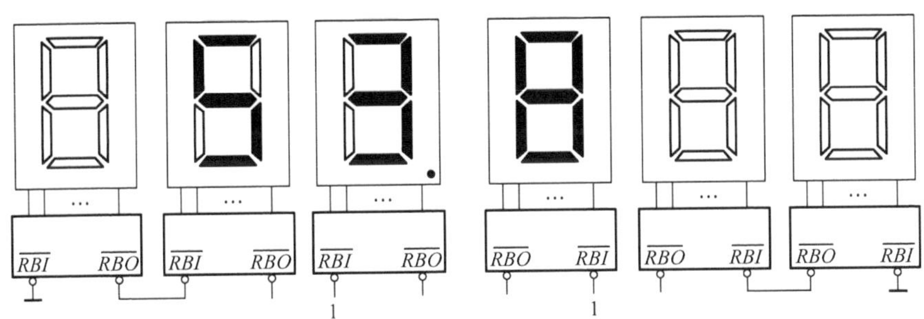

图4-32　6位数码管及译码显示电路

4.6　数据选择器

数据选择器（Data Selector）又称多路开关、多路转换器（Multiplexer，MUX），其逻辑功能可以描述为：在地址控制端作用下，从多路输入数据中选择一路进行输出。数据选择器示意图如图4-33所示。

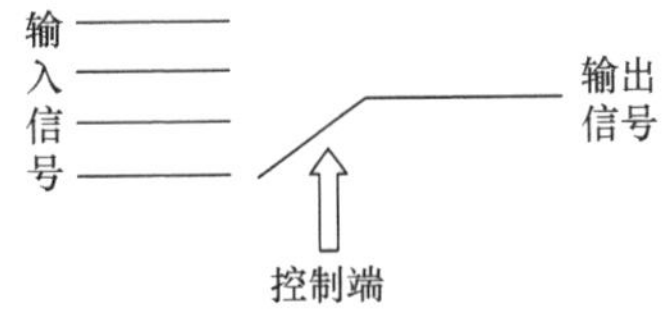

图4-33　数据选择器示意图

4.6.1　4选1数据选择器

4选1数据选择器的逻辑电路和逻辑符号如图4-34所示，这是一个多输入、单输出的组合逻辑电路。$D_0 \sim D_3$为4个数据输入端；A_1、A_0为地址控制端，用于确定将哪路输入数据选择到输出端；F为数据输出端；$\overline{EN}$为选通控制端，也称作使能端（Enable），低电平有效。

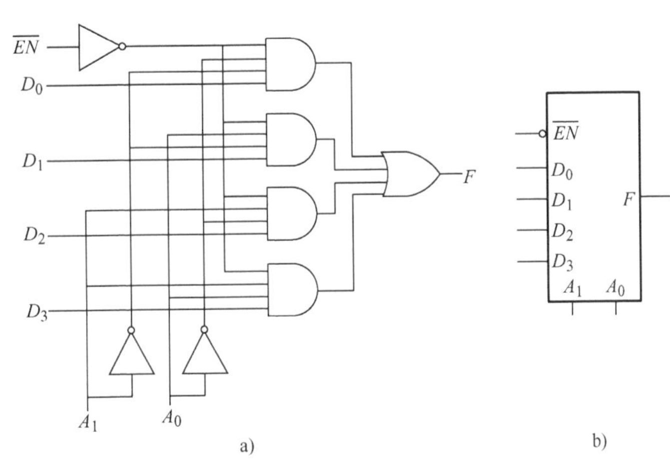

图4-34　4选1数据选择器的逻辑电路和逻辑符号

根据逻辑电路图，当$\overline{EN}=0$时，写出4选1数据选择器的逻辑表达式为

$$F=\overline{A}_1\,\overline{A}_0D_0+\overline{A}_1A_0D_1+A_1\,\overline{A}_0D_2+A_1A_0D_3=\sum_{i=0}^{3}m_iD_i$$

根据逻辑表达式列出其功能表，见表4-16。

表4-16 4选1数据选择器的功能表

输入			输出
$\overline{EN}$	A_1	A_0	F
1	ϕ	ϕ	0
0	0	0	D_0
0	0	1	D_1
0	1	0	D_2
0	1	1	D_3

通过对逻辑表达式和功能表的分析，可以看出：当$\overline{EN}=1$时，图4-34中的4个与门均被封锁，数据选择器不工作，输出$F=0$，与输入数据$D_3\sim D_0$和地址控制端A_1、A_0无关。当$\overline{EN}=0$时，根据A_1A_0的不同最小项组合，分别选择$D_0\sim D_3$送到输出端F：$A_1A_0=00$时，$F=D_0$；$A_1A_0=01$时，$F=D_1$；$A_1A_0=10$时，$F=D_2$；$A_1A_0=11$时，$F=D_3$。该电路在2个地址控制端A_1、A_0作用下，从4个输入信号中选择一个进行输出，所以称为4选1数据选择器。

同理，还有8选1、16选1数据选择器等，可根据需要选择使用。

4.6.2 集成数据选择器

常用的中规模集成数据选择器有四2选1数据选择器74LS157、双4选1数据选择器74LS153、8选1数据选择器74LS151等。

74LS153的逻辑符号如图4-35a所示，其芯片内部包含两个相同的4选1数据选择器，有各自的使能端$\overline{EN}_1$、$\overline{EN}_2$，有共同的地址控制端A_1、A_0。

74LS151的逻辑符号如图4-35b所示，$D_0\sim D_7$为8个数据输入端，A_2、A_1、A_0为3个地址控制端，F为原变量输出，$\overline{F}$为反变量输出。

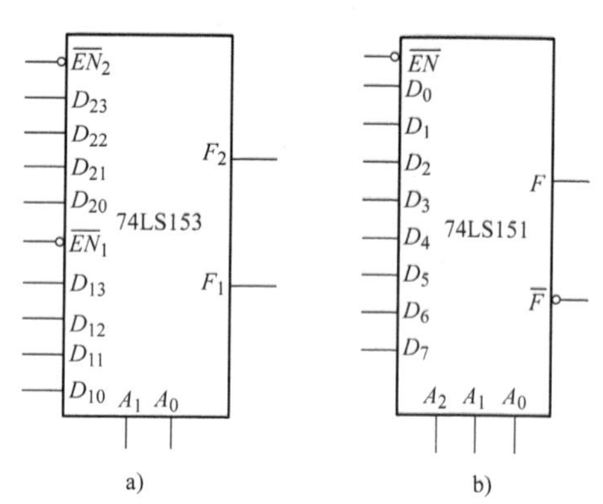

图4-35 74LS153和74LS151的逻辑符号

当$\overline{EN}=1$时，芯片不工作，输出$F=0$；当$\overline{EN}=0$时，输出F的逻辑表达式为

$$F=\overline{A}_2\overline{A}_1\overline{A}_0D_0+\overline{A}_2\overline{A}_1A_0D_1+\overline{A}_2A_1\overline{A}_0D_2+\overline{A}_2A_1A_0D_3+A_2\overline{A}_1\overline{A}_0D_4+A_2\overline{A}_1A_0D_5+A_2A_1\overline{A}_0D_6+A_2A_1A_0D_7=\sum_{i=0}^{7}m_iD_i$$

74LS151的功能见表4-17。当使能端$\overline{EN}$为低电平时，在3个地址控制端A_2、A_1、A_0控制下，从8个输入信号中选择一个进行输出，所以称为8选1数据选择器。

表 4-17　8 选 1 数据选择器 74LS151 的功能表

输入				输出
$\overline{EN}$	A_2	A_1	A_0	F
1	ϕ	ϕ	ϕ	0
0	0	0	0	D_0
0	0	0	1	D_1
0	0	1	0	D_2
0	0	1	1	D_3
0	1	0	0	D_4
0	1	0	1	D_5
0	1	1	0	D_6
0	1	1	1	D_7

利用集成芯片的使能端，可以将两个 4 选 1 数据选择器自扩展为 8 选 1 数据选择器，如图 4-36 所示，将 74LS153 芯片内的两个 4 选 1 数据选择器通过$\overline{EN}_1$ 和$\overline{EN}_2$ 级联后，便可作为 8 选 1 数据选择器使用。

图 4-36 中，保持两芯片的两个地址控制端 A_1、A_0 不变，而将两芯片的使能端 $\overline{EN}_1$ 和$\overline{EN}_2$ 通过非门连接作为第三个地址控制端（最高位）A_2。当 A_2 分别为 0、1 时，各有一个 4 选 1 数据选择器工作，由于使能端无效时输出为低电平，因此两个 4 选 1 数据选择器的输出连接到或门，于是便可组成 8 选 1 数据选择器。

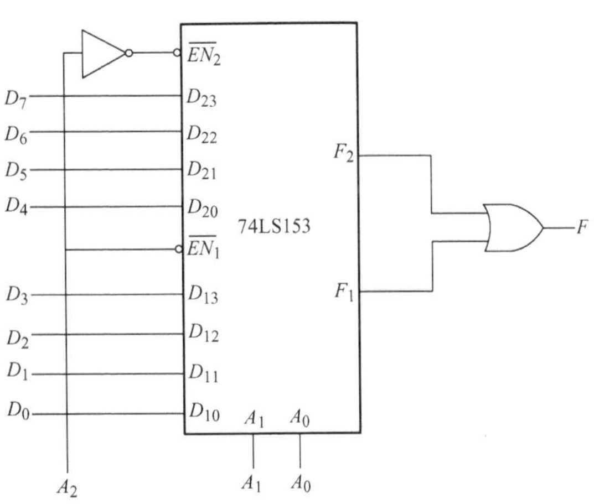

图 4-36　双 4 选 1 数据选择器的自扩展

4.6.3　数据选择器的应用

1. 实现组合逻辑电路

通过对数据选择器电路结构和工作原理的分析可知，数据选择器的地址输入端的取值组合构成最小项，而输出端为这些最小项与相应的数据输入信号的乘积之和，即

$$F = m_0D_0 + m_1D_1 + m_2D_2 + \cdots + m_nD_n = \sum_{i=0}^{n} m_iD_i$$

因为任何逻辑函数都可以写成最小项之和的形式，所以，适当选择输入端及 D 的状态，就可以用数据选择器实现组合逻辑函数。

例 4-13　用数据选择器实现 3 人表决电路。

解：首先，根据要求写出其逻辑表达式，并将其转换为最小项之和的形式。根据题意，设 A、B、C 为输入变量，F 为输出变量。当 A、B、C 中 2 个或 3 个为 1 时表决通过，即 $F=1$。因此，其逻辑表达式为

$$F=\overline{A}BC+A\overline{B}C+AB\overline{C}+ABC=m_3+m_5+m_6+m_7 \tag{4-1}$$

此3人表决电路可以采用8选1数据选择器实现，也可以采用4选1数据选择器实现。

方法1：用8选1数据选择器实现。

8选1数据选择器的逻辑表达式为

$$\begin{aligned}F&=\overline{A}_2\overline{A}_1\overline{A}_0D_0+\overline{A}_2\overline{A}_1A_0D_1+\overline{A}_2A_1\overline{A}_0D_2+\overline{A}_2A_1A_0D_3\\&\quad+A_2\overline{A}_1\overline{A}_0D_4+A_2\overline{A}_1A_0D_5+A_2A_1\overline{A}_0D_6+A_2A_1A_0D_7\\&=m_0D_0+m_1D_1+m_2D_2+m_3D_3+m_4D_4+m_5D_5+m_6D_6+m_7D_7\end{aligned} \tag{4-2}$$

将式(4-1)与式(4-2)相比较，设

$$A=A_2,B=A_1,C=A_0$$

则

$$D_3=D_5=D_6=D_7=1$$
$$D_0=D_1=D_2=D_4=0$$

采用8选1数据选择器实现的3人表决电路如图4-37a所示。

方法2：用4选1数据选择器实现。

4选1数据选择器的逻辑表达式为

$$F=\overline{A}_1\overline{A}_0D_0+\overline{A}_1A_0D_1+A_1\overline{A}_0D_2+A_1A_0D_3 \tag{4-3}$$

根据式(4-3)对式(4-1)进行变换，可得

$$F=\overline{A}BC+A\overline{B}C+AB\overline{C}+ABC=\overline{A}\overline{B}(0)+\overline{A}B(C)+A\overline{B}(C)+AB \tag{4-4}$$

比较式(4-3)和式(4-4)，设

$$A=A_1,B=A_0$$

则

$$D_0=0$$
$$D_1=D_2=C$$
$$D_3=1$$

采用4选1数据选择器实现的3人表决电路如图4-37b所示。

综上所述，用数据选择器实现逻辑函数的一般步骤为：

1）如果逻辑函数的输入变量数与数据选择器地址控制端数量相等，则逻辑函数的所有输入变量与数据选择器的地址控制端一一对应，直接用数据选择器实现该逻辑函数。如8选1数据选择器，有3个选择端，可直接实现任意3变量的逻辑函数（如例4-13中的方法1）。

此情况的设计步骤为：

① 将逻辑函数转换为最小项之和的形式。

② 将逻辑函数的输入变量按顺序接到数据选择器的地址控制端，则逻辑函数的最小项和数据选择器的数据输入端一一对应。凡在逻辑函数中包含的最小项，相应的数据输入端接高电平，否则接低电平，这样数据选择器的输出即为该逻辑函数的输出。

2）当逻辑变量的数目多于数据选择器地址控制端的数目时，如用4选1数据选择器实现3个变量的逻辑函数，应分离出多余的变量（如例4-13方法2中的变量C）；然后将余下的变量与数据选择器的地址控制端一一对应，而将分离出来的变量根据函数表达式接到数据

输入端。

一般情况下，一个 n 变量的逻辑函数可用 2^n 选 1 或 2^{n-1} 选 1 数据选择器实现。但也有一些逻辑函数，部分变量在逻辑表达式的每一与项几乎都出现，而另一些变量只是偶尔出现，也可以用 2^{n-2} 选 1 数据选择器实现，并根据需要另加其他门电路。

例 4-14 用 8 选 1 数据选择器 74LS151 实现 5 变量逻辑函数。

$$F=\overline{A}\,\overline{B}\,\overline{C}D\overline{E}+\overline{A}B\overline{C}E+\overline{A}BC\overline{D}+A\overline{B}\,\overline{C}D+A\overline{B}C+ABC\overline{E}$$

解：此例中变量 A、B、C 出现较多，变量 D 和 E 出现较少。这种情况下，可将 D 和 E 分离出来，即

$$F=\overline{A}\,\overline{B}\,\overline{C}(D\overline{E})+\overline{A}B\overline{C}(E)+\overline{A}BC(\overline{D})+A\overline{B}\,\overline{C}(D)+A\overline{B}C+ABC(\overline{E})$$

将输入变量 D 和 E 通过附加的门电路接到数据输入端，而将 A、B、C 加到地址控制端，即可用 8 选 1 数据选择器实现 5 变量逻辑函数，如图 4-38 所示。

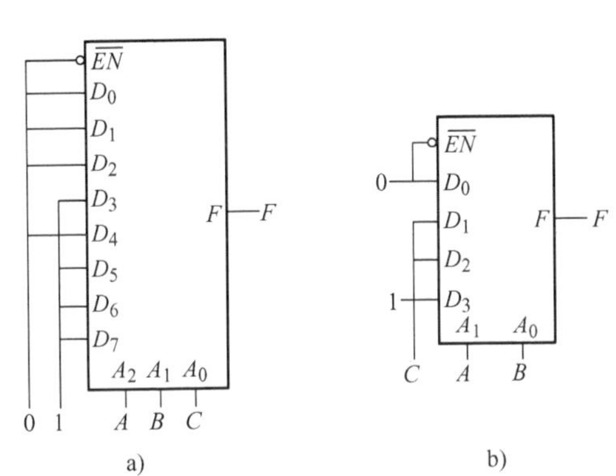

图 4-37 用数据选择器实现 3 人表决电路

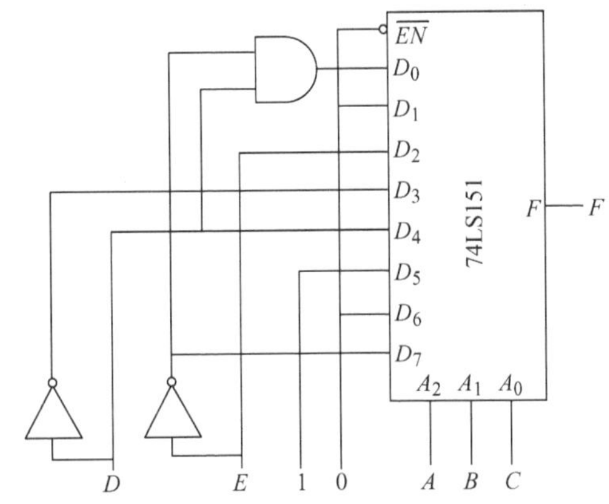

图 4-38 用 74LS151 实现 5 变量逻辑函数

2. 构成等值数码比较器

数据选择器和译码器连接可构成等值数码比较器，如图 4-39 所示。74LS138 的输出分别接至 74LS151 的 8 个数据输入端，两组被比较的数据 $a_2a_1a_0$ 和 $b_2b_1b_0$ 分别接至数据选择器的地址控制端和译码器的输入端。这样，当 $a_2a_1a_0$ 等于 $b_2b_1b_0$ 时，输出 $F=0$；当 $a_2a_1a_0$ 不等于 $b_2b_1b_0$ 时，输出 $F=1$。所以，该电路实现了等值数码比较的功能。

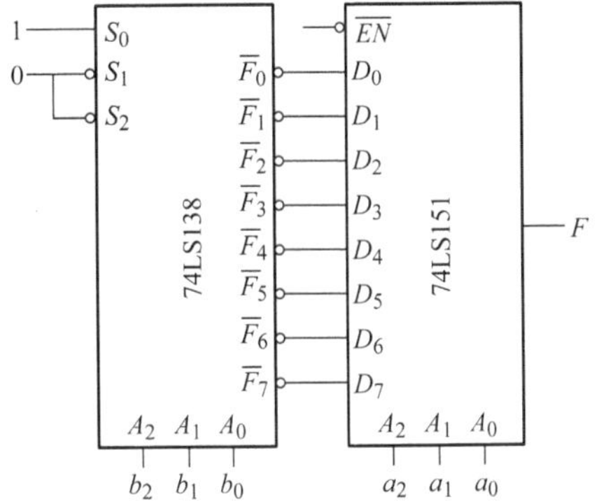

图 4-39 用数据选择器和译码器组成等值数码比较器

3. 数据选择器的扩展

当数据选择器的数据输入端数目不足时，可以进行自扩展。在 4.6.2 节中，图 4-36 所示为用 2 个 4 选 1 数据选择器通过使能端$\overline{EN_1}$ 和$\overline{EN_2}$ 的级联扩展为 8 选 1 数据选择器；同理，用 2 个 8 选 1 数据选择器可以扩展为 16 选 1 数据选择器。若用 4 片 8 选 1 数据选择器扩展为 32 选 1 数据选择器，还需增加 1 片 4 选 1 数据选择器，电路如图 4-40 所示。

图 4-40 中，A_4、A_3、A_2、A_1 和 A_0 为 5 个地址控制端，其中 A_4 和 A_3 是扩展的高 2 位地址

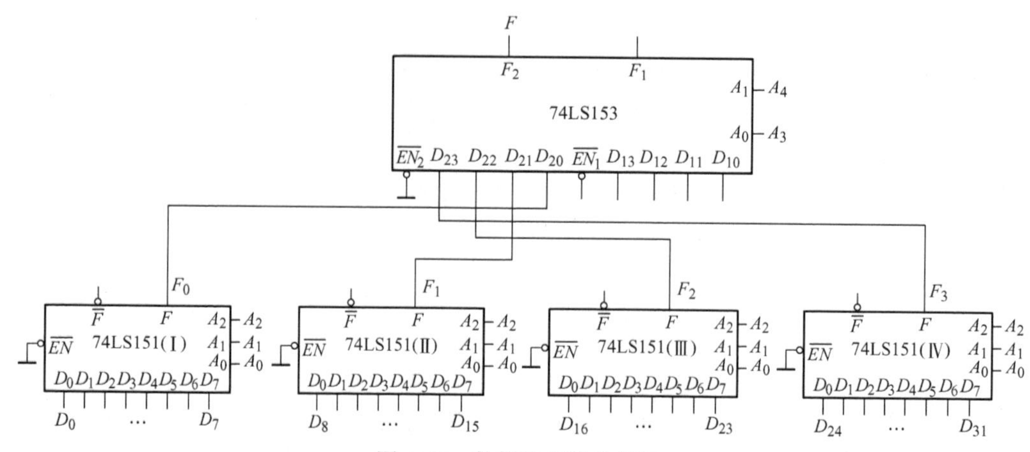

图 4-40 数据选择器的扩展

控制端，A_2、A_1、A_0是低3位。工作时，5个芯片同时选通，4片8选1数据选择器74LS151分别在A_2、A_1、A_0的控制下，各有一个数据被选中输出，并输入到4选1数据选择器74LS153的数据输入端，然后由A_4、A_3决定最终的输出数据。

4.7 数值比较器

用计算机处理数据，除了需要进行加、减、乘、除等基本运算外，比较运算也是不可缺少的数据处理方法。数值比较器（Numerical Comparator）的功能是用来比较两个相同位数的二进制数的大小，通过3个输出端分别表示其比较的结果（$A>B$、$A=B$或$A<B$）。如图4-41所示，根据A、B的输入值可知$A>B$，所以输出端$F_{A>B}$输出为1，另外两个输出端均为0。

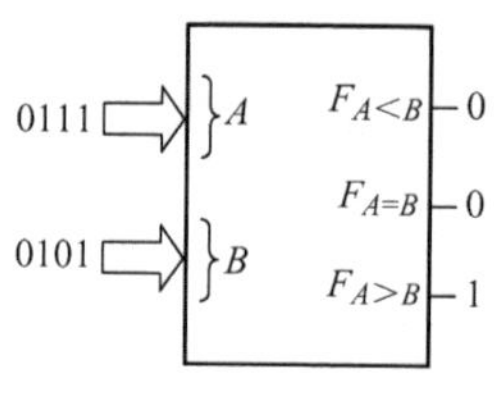

图 4-41 比较器示意图

4.7.1 1位数值比较器

数值比较器是一种多输入多输出的组合逻辑电路，根据比较器的功能要求和组合逻辑电路的设计要求，可以写出1位数值比较器的真值表，见表4-18。A、B为两个1位二进制数，其3种比较结果分别用$F_{A>B}$、$F_{A=B}$、$F_{A<B}$三个输出端表示。

表 4-18 1位数值比较器的真值表

输入		输出		
A	B	$F_{A>B}$	$F_{A=B}$	$F_{A<B}$
0	0	0	1	0
0	1	0	0	1
1	0	1	0	0
1	1	0	1	0

由真值表可写出逻辑表达式

$$F_{A>B}=A\overline{B}$$

$$F_{A=B}=AB+\overline{A}\,\overline{B}=A\odot B$$

$$F_{A<B}=\overline{A}B$$

根据上式可画出1位数值比较器的逻辑电路图，如图4-42所示。

4.7.2 集成数值比较器

常用的中规模集成4位二进制数值比较器有74LS85、CC14585等，可以对两个4位二进制数 $A_3A_2A_1A_0$ 和 $B_3B_2B_1B_0$ 的大小进行比较，74LS85逻辑符号如图4-43所示。74LS85增加了3个级联输入端 $I_{A>B}$、$I_{A=B}$、$I_{A<B}$，用于接收来自低位比较器的比较结果；若两个4位二进制数相等，则由级联输入端 $I_{A>B}$、$I_{A=B}$、$I_{A<B}$决定其输出结果。

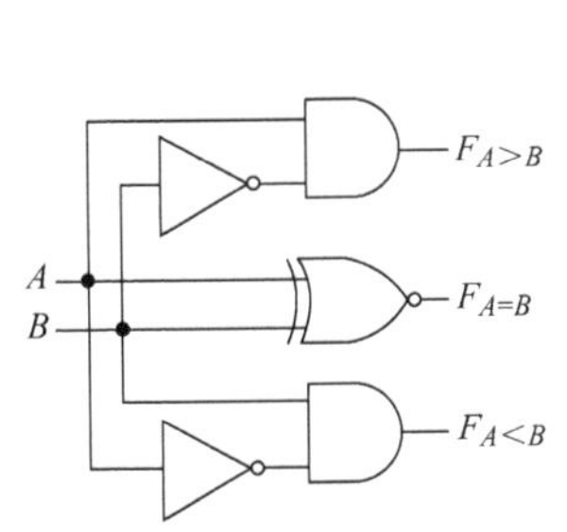

图4-42 1位数值比较器的逻辑电路

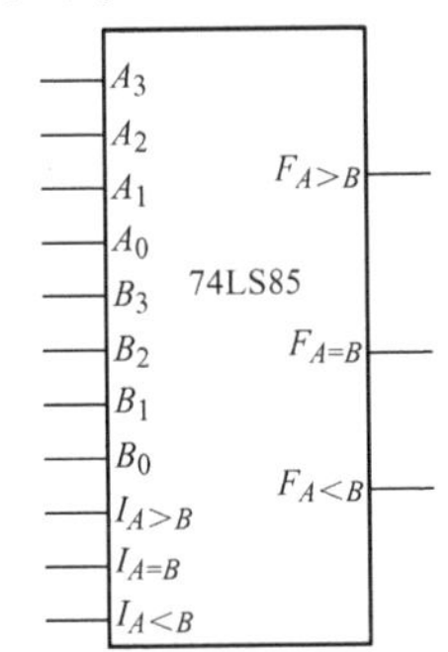

图4-43 74LS85的逻辑符号

两个多位二进制数进行比较时，应从高位到低位依次进行，只有两个二进制数的各位都相等，两个二进制数才相等。4位二进制数值比较器74LS85的功能见表4-19。首先从高位开始比较，若 $A_3 \neq B_3$，则不需要再比较其他位，可直接决定两数的大小；否则，应继续比较 A_2 和 B_2 的大小，依次类推，直到比较出最终结果。若4位二进制数均相等，则由级联输入端 $I_{A>B}$、$I_{A=B}$、$I_{A<B}$确定比较结果。因此，在比较两个4位二进制数的大小时，级联输入端应接010，使得当 $A_3A_2A_1A_0$ 和 $B_3B_2B_1B_0$ 相等时，比较器 $F_{A=B}$端输出为1。

表4-19 4位二进制数值比较器74LS85的功能表

输入							输出		
A_3B_3	A_2B_2	A_1B_1	A_0B_0	$I_{A>B}$	$I_{A=B}$	$I_{A<B}$	$F_{A>B}$	$F_{A=B}$	$F_{A<B}$
$A_3>B_3$	ϕ	ϕ	ϕ	ϕ	ϕ	ϕ	1	0	0
$A_3<B_3$	ϕ	ϕ	ϕ	ϕ	ϕ	ϕ	0	0	1
$A_3=B_3$	$A_2>B_2$	ϕ	ϕ	ϕ	ϕ	ϕ	1	0	0
$A_3=B_3$	$A_2<B_2$	ϕ	ϕ	ϕ	ϕ	ϕ	0	0	1
$A_3=B_3$	$A_2=B_2$	$A_1>B_1$	ϕ	ϕ	ϕ	ϕ	1	0	0
$A_3=B_3$	$A_2=B_2$	$A_1<B_1$	ϕ	ϕ	ϕ	ϕ	0	0	1
$A_3=B_3$	$A_2=B_2$	$A_1=B_1$	$A_0>B_0$	ϕ	ϕ	ϕ	1	0	0
$A_3=B_3$	$A_2=B_2$	$A_1=B_1$	$A_0<B_0$	ϕ	ϕ	ϕ	0	0	1
$A_3=B_3$	$A_2=B_2$	$A_1=B_1$	$A_0=B_0$	0	0	1	0	0	1
				0	1	0	0	1	0
				1	0	0	1	0	0

4 位二进制数值比较器 74LS85 的逻辑表达式为

$$F_{A<B}=\overline{A_3}B_3+\overline{A_3\oplus B_3}\,\overline{A_2}B_2+\overline{A_3\oplus B_3}\,\overline{A_2\oplus B_2}\,\overline{A_1}B_1+\overline{A_3\oplus B_3}\,\overline{A_2\oplus B_2}\,\overline{A_1\oplus B_1}\,\overline{A_0}B_0$$
$$+\overline{A_3\oplus B_3}\,\overline{A_2\oplus B_2}\,\overline{A_1\oplus B_1}\,\overline{A_1\oplus B_0}I_{A<B}$$

$$F_{A=B}=\overline{A_3\oplus B_3}\,\overline{A_2\oplus B_2}\,\overline{A_1\oplus B_1}\,\overline{A_0\oplus B_0}I_{A=B}$$

$$F_{A>B}=\overline{F_{A<B}+F_{A=B}}$$

4.7.3 数值比较器的应用

为了实现更多位数值的比较，可采用多个数值比较器进行级联，利用其级联输入端 $I_{A>B}$、$I_{A=B}$、$I_{A<B}$来进行扩展。图 4-44 为两片 4 位数值比较器 74LS85 组成的 8 位数值比较器，用于比较两个 8 位二进制数 $A_7\sim A_0$ 和 $B_7\sim B_0$ 的大小。

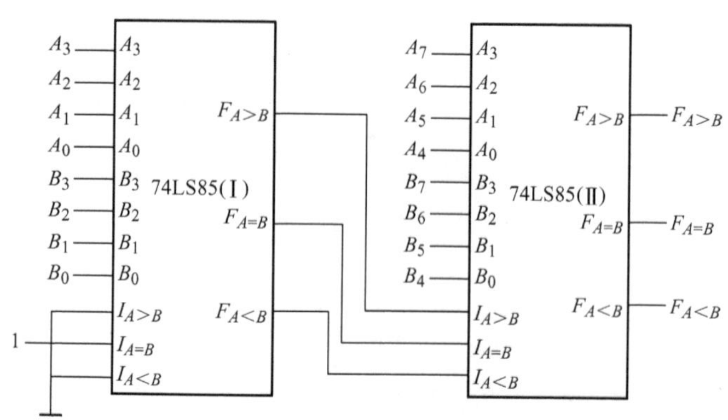

图 4-44 4 位数值比较器 74LS85 的级联

图 4-44 中，芯片（Ⅰ）接低 4 位，其级联输入端接 010，输出分别接高 4 位芯片（Ⅱ）的级联端。当 $A\neq B$ 时，输出由 A 和 B 的比较结果决定，与级联输入端 $I_{A>B}$、$I_{A=B}$、$I_{A<B}$无关；当 $A=B$ 时，由级联输入端 $I_{A>B}$、$I_{A=B}$、$I_{A<B}$决定输出的结果。

在工业生产过程中，数值比较器常用于产品分装控制电路中，其应用原理框图如图 4-45 所示。在传送带上输送的工件产品经过光电变换电路时会产生一个脉冲信号，计数器统计脉冲的个数就可以实现计件功能；通过拨码开关设定分装产品的数目，将计数器的计数结果与预置数送往比较器进行数值比较。当计数器的计数结果与预置数相等时，比较器输出高电平，控制相应机械装置进行产品的分箱操作。该应用详见 4.9 节中讲述的制药厂药片数量计数系统电路。

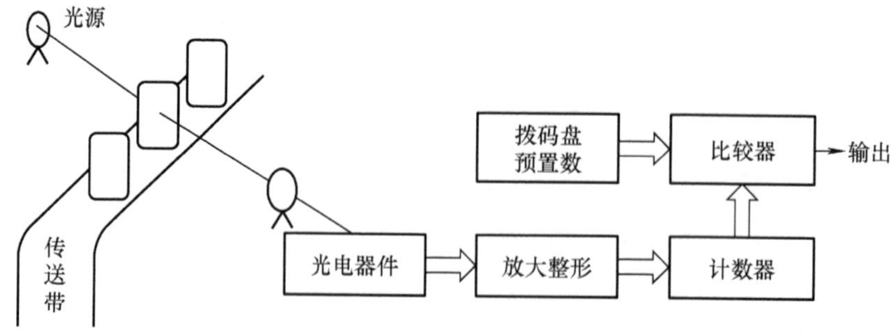

图 4-45 数值比较器应用的原理框图

4.8 逻辑电路中的竞争和冒险

4.8.1 竞争和冒险产生的原因

在组合逻辑电路的分析和设计中，一般将逻辑门看作理想的开关器件，而忽略信号通过门的传输时间，即将信号通过门的传输时间视为零。实际上逻辑门都存在一定的传输延迟，因此输入到同一个门的一组信号，由于经过的途径不同，通过的门的个数不同，所以它们到达的时间亦不同，这种现象称为“竞争”。如果由于在门的输入有竞争而导致在输出端产生干扰脉冲，则称为“冒险”。

例如，图4-46a所示有两个输入端A和B的与门和或门中，当输入AB由01变为10，或由10变为01时，即两个输入变量同时变化时，理想情况下，输出$F_1=0$、$F_2=1$保持不变。但如果A、B信号变化到达的时间没有完全“同时”，即产生竞争，如果A由0到1的变化超前于B由1到0的变化，此时将会在与门的输出端产生一个干扰脉冲，引起错误输出，而对或门输出无影响，如图4-46b所示。反之，若A的变化滞后于B的变化，则在或门的输出产生干扰脉冲，引起错误输出，对与门的输出无影响，如图4-46c所示。

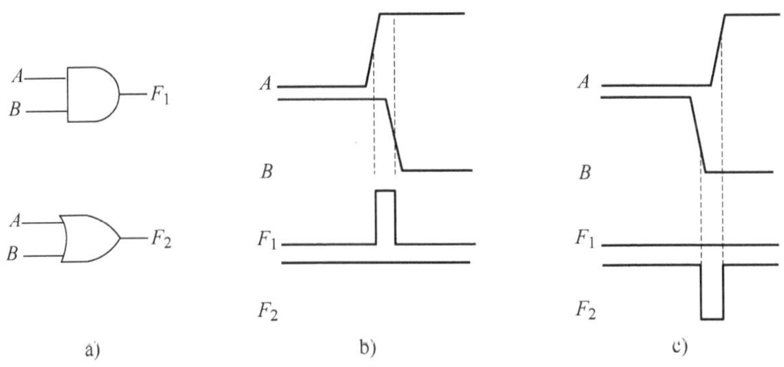

图4-46 与门和或门产生竞争、冒险

从上面的分析可看出，输入有竞争现象时，输出不一定都产生冒险，但可能会产生冒险。根据产生竞争和冒险的原因，冒险分为逻辑冒险和功能冒险两种。

4.8.2 逻辑冒险及其消除方法

在组合逻辑电路中，当多个输入信号中某一个发生变化时，由于此信号在电路中经过的途径不同，使得到达电路某个门的多个输入信号之间产生时间差，即存在由所有的逻辑部件的延迟时间引起的竞争，将此类竞争称为“逻辑竞争”。显然，逻辑竞争是必然存在的。逻辑竞争在输出端引起的干扰脉冲，称为“逻辑冒险”。例如图4-47a所示电路，$F=AC+B\overline{C}$，当输入A、B、C由111变为110时，与门G_2的输出由1→0，与门G_3的输出由0→1。由于信号C的变化通过不同的途径（经过不同数目的门）到达或门G_4的时间不同，G_3的输出滞后于G_2的输出时间（Δt），所以在输出端F产生低电平干扰信号，如图4-47b所示。由于产生偏离1的低电平干扰脉冲，故称之为偏1型逻辑冒险。与此对应，对于或与形式的逻辑电路，可能产生偏0型逻辑冒险。

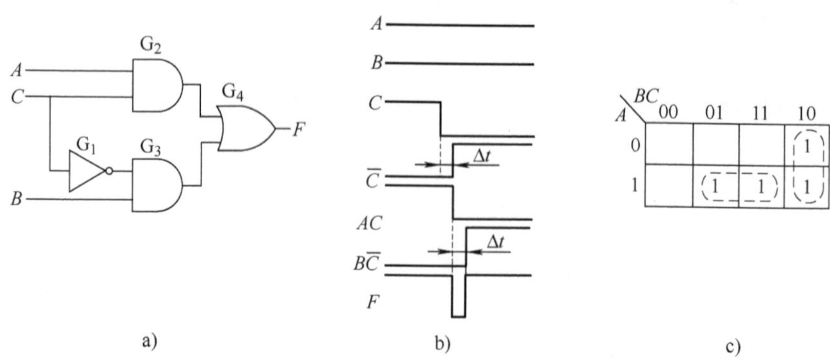

图4-47 产生逻辑竞争与逻辑冒险的电路、波形及卡诺图

从该电路的卡诺图（如图4-47c所示）可以看出，两个卡诺图圈相切时，可能产生逻辑冒险。

消除此类逻辑冒险的方法是在两个相切的卡诺图圈处，增加一个卡诺图圈，即增加一个与项，如图4-48c所示的 AB。则

$$F = AC + B\overline{C} + AB$$

相应的逻辑电路图如图4-48a所示。显然，这是以增加冗余项 AB 为代价来达到消除逻辑冒险的目的，结果如图4-48b所示。

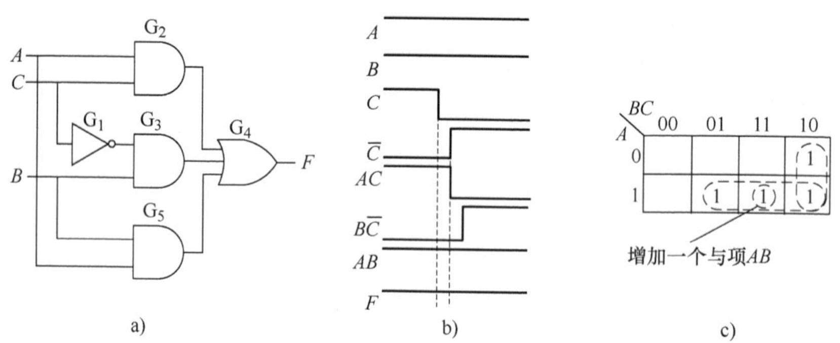

图4-48 用卡诺图分析逻辑冒险及消除方法

4.8.3 功能冒险及其抑制措施

在组合逻辑电路的输入端，当有几个变量同时变化时，由于这几个变量变化的快慢不同，传递到某个门的输入端存在时间差，这种现象称为“功能竞争”。因功能竞争而在输出端所产生的瞬时干扰脉冲，称为“功能冒险”。如图4-49a所示电路，因输入信号 A、B 同时变化，经不同路径到达或门 G_4 输入端的信号产生竞争，因而在输出端 F 产生功能冒险，如图4-49b所示。

功能冒险是逻辑电路的真值表所给出的逻辑函数的功能所固有的，在逻辑设计中无法预先消除。在实际使用中可以采取如下措施来抑制功能冒险：①在逻辑电路中引入禁止脉冲 P，如图4-49b所示，可以看出，只要禁止脉冲加得合适，且脉冲宽度大于 Δt，则在输出端

可避免因功能冒险而产生的干扰脉冲，从而得到稳定的输出；②在输出端接一个几百 pF 的滤波电容 C，将输出的干扰脉冲抑制到门电路的导通电平以下，此方法对抑制逻辑冒险和功能冒险都有一定作用。

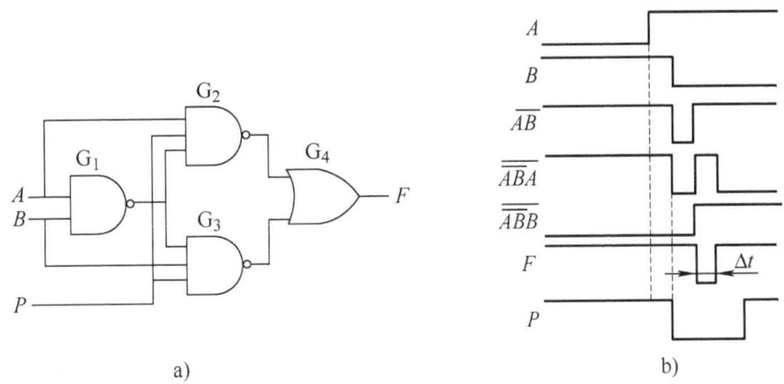

图 4-49 功能冒险的产生及其抑制措施

4.9 组合逻辑电路的系统应用

前几节介绍了组合逻辑电路的特点、功能、常用组合逻辑器件及其应用。在实际工程设计中，需要运用不同组合逻辑电路器件构成一个数字系统，以便能够完成一个具体工作任务。

图 4-50 为制药厂药片数量计数系统电路原理框图。图中，工厂的产品——药片通过漏斗装入位于传送带上的药瓶之中，每瓶中药片的数量可以预先设定，要求通过数码管显示所设定的每瓶药片数量以及已装药片的总数量。

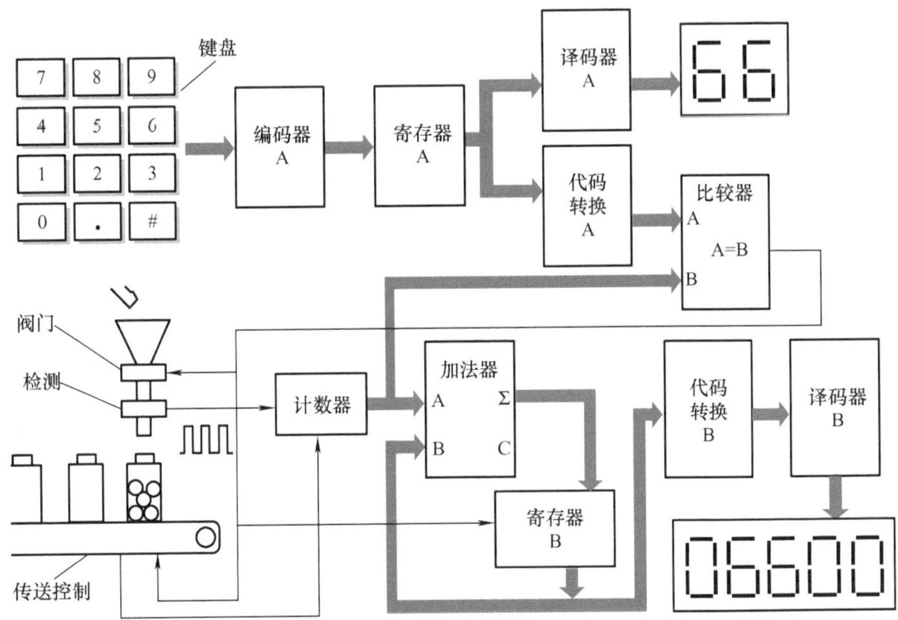

图 4-50 制药厂药片数量计数系统电路原理框图

这个系统使用了本章介绍的编码器、译码器、数值比较器、加法器等常用组合逻辑电路。

通过键盘输入预先设定的每瓶药片数量，如“66”，编码器 A 将此数转换为二进制数“01100110”并存入寄存器 A 中，通过译码显示电路显示“66”。同时，通过代码转换，送至数值比较器的 A 端。

当一粒药片进入漏斗时，检测元件（如光电检测电路）会发出一个脉冲，此脉冲作为计数器的时钟信号，计数器对脉冲的个数（即药片数量）进行计数，并输出到数值比较器的 B 端，当计数器输出与设定值（01100110）相等时，数值比较器的输出（A = B）为 1，发出信号使漏斗的阀门关闭，同时控制传送带前进，将下一个药瓶移至漏斗下面，传送控制发出信号使计数器清零，数值比较器的输出也变为 0，发出信号时漏斗的阀门打开，继续装药。

计数器的输出在送到比较器的同时，也送到加法器的输入端 A，加法器的输出通过寄存器反馈到其输入端 B，这样，加法器和寄存器构成“累加”功能。可以将多个瓶子中药片的数量累加，通过译码、显示电路显示出来。如图 4-50 中显示“06600”，说明已装满 100 个瓶子。

4.10 用 Multisim 设计和分析组合逻辑电路

使用 Multisim 可以实现对组合逻辑电路的分析和设计。

例 4-15 设计一个 3 人表决电路，其中 M 为控制端：当 $M=0$ 时，要求 A、B、C 多数同意表决才可通过；$M=1$ 时，要求 A、B、C 一致同意表决才可通过。

解：根据题意可知，这是一个 4 输入、单输出的组合逻辑电路，即可通过“逻辑转换器”自动设计其实现电路，也可使用数据选择器进行设计。

方法 1：通过“逻辑转换器”自动设计由门电路组成的电路。

根据题意，可列出真值表，见表 4-20。

表 4-20 例 4-15 的真值表

输入				输出	输入				输出
M	A	B	C	F	M	A	B	C	F
0	0	0	0	0	1	0	0	0	0
0	0	0	1	0	1	0	0	1	0
0	0	1	0	0	1	0	1	0	0
0	0	1	1	1	1	0	1	1	0
0	1	0	0	0	1	1	0	0	0
0	1	0	1	1	1	1	0	1	0
0	1	1	0	1	1	1	1	0	0
0	1	1	1	1	1	1	1	1	1

进入 Multisim 界面，选择并进入“逻辑转换器”，如图 4-51 所示。

第一步：根据表 4-20 完成真值表的填写。

第二步：选择“真值表转换为简化的逻辑式”，得到简化的逻辑表达式

$$F = A'BD + A'BC + A'CD + BCD$$

如图 4-51“逻辑转换器”中的逻辑表达式所示。其中 $ABCD$ 为例题中的 $MABC$，则上式可写为

$$F = \overline{M}AC + \overline{M}AB + \overline{M}BC + ABC$$

第三步：单击“逻辑式转换为与非-与非式”，得到用与非门实现的电路，如图 4-52 所示。

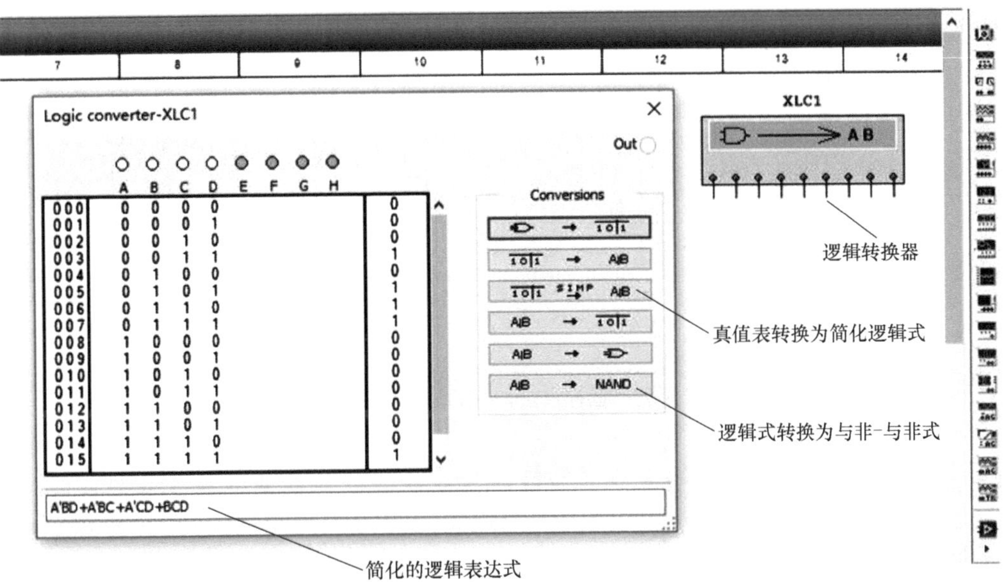

图 4-51 “逻辑转换器”设计组合逻辑电路

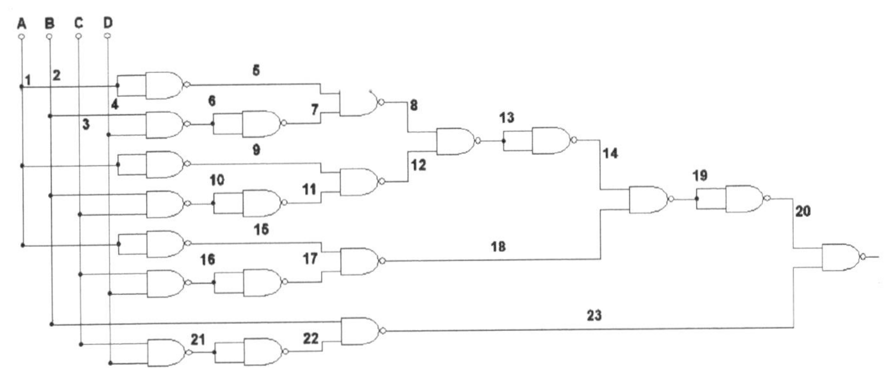

图 4-52 用逻辑转换器中的与非门设计的逻辑电路

方法 2：用中规模集成电路——数据选择器进行设计，并用“逻辑转换器”分析功能。首先将题目按要求写成最小项之和的形式，即

$$F = \overline{M}\,\overline{A}BC + \overline{M}A\overline{B}C + \overline{M}AB\overline{C} + \overline{M}ABC + MABC$$

选择一片 8 选 1 数据选择器 74LS151 实现电路，若 A、B 和 C 分别连接数据选择器地址控制端的最高位、次高位以及最低位，则

$$D_3 = D_5 = D_6 = \overline{M},\ D_0 = D_1 = D_2 = D_4 = 0,\ D_7 = 1$$

第一步：进入Multisim界面，放置74LS151D，并按上式接好电路，如图4-53a所示。

第二步：选择“逻辑转换器”，将所设计电路的输入、输出接到逻辑转换器的输入、输出端。

第三步：单击“逻辑电路图转换为真值表”“真值表转换为简化的逻辑式”，结果如图4-53b所示。从图可见，得到的真值表和逻辑表达式与题目要求的一致，证明此设计过程是正确的。

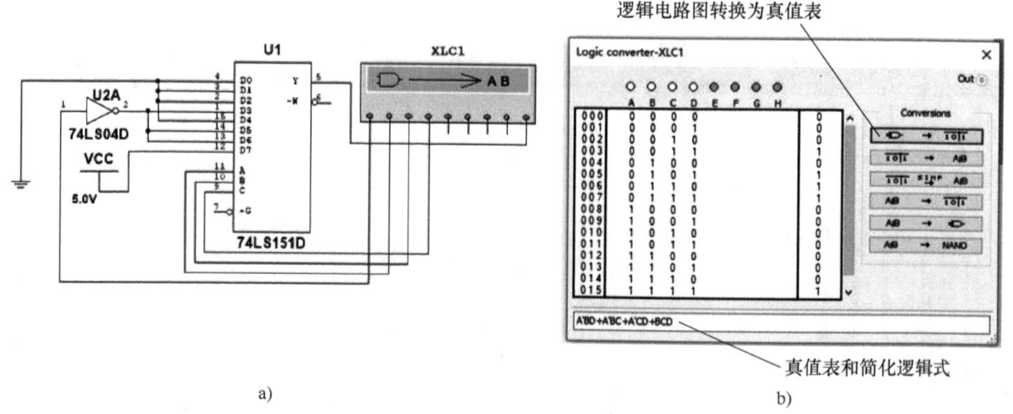

图4-53　用数据选择器设计并用逻辑转换器分析功能

4.11　用VHDL设计组合逻辑电路

本节主要介绍如何利用Quartus编译器，通过VHDL编程设计、定制化生成组合逻辑电路功能模块，并在Quartus电路图中导入该模块进行电路功能仿真，详细操作过程可参考附录B中VHDL模块生成实例。下面以三人表决器为例进行说明。

在Quartus中新建工程后，创建空白VHDL文件，在空白文件中输入以下代码并保存到当前工程目录下，然后进行编译，编译结果如图4-54所示。

```
library ieee;
use ieee.std_logic_1164.all;
use ieee.std_logic_unsigned.all;
entity bjq3 is
port (a,b,c,m:in std_logic;
      y:out std_logic);
end;
architecture one of bjq3 is
signal s:std_logic_vector(3 downto 0);
begin
  s<=a&b&c&m;
  with s select
  y<='1'when "0110"|"1010"|"1100"|"1110"|"1111",
     '0'when others;
end;
```

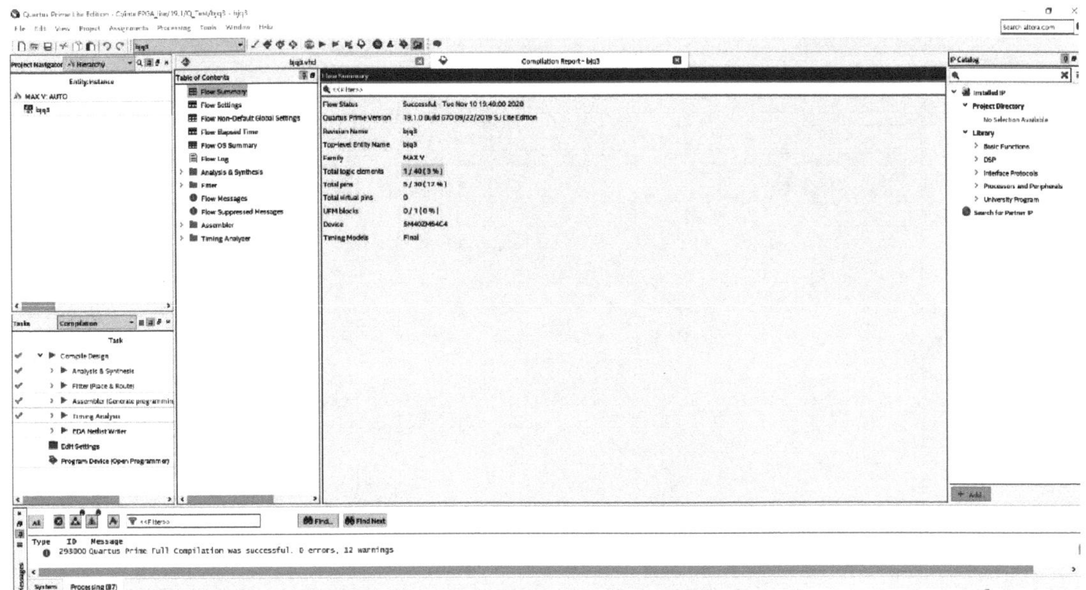

图 4-54 三人表决器 VHDL 程序编译结果

利用 RTL Viewer 工具显示上述 VHDL 程序功能对应的逻辑电路，如图 4-55 所示，然后添加引脚并设置相应引脚的电平格式，最后进行功能仿真或逻辑仿真，仿真波形结果如图 4-56 所示。与上一节三人表决器逻辑真值表相对比，从图 4-56 可以看出所设计电路满足三人表决器功能要求。

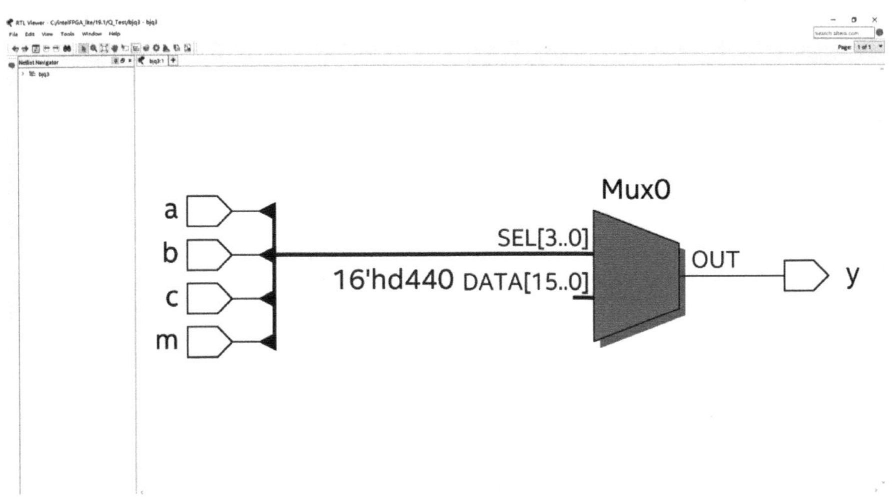

图 4-55 RTL Viewer 显示逻辑电路图

在完成逻辑功能验证后，参考附录 B，可以将 VHDL 程序封装为一个独立模块，并在电路图中导入使用，结果如图 4-57 所示。至此，本次编译生成的 VHDL 三人表决器模块即可在 Quartus 电路仿真文件中添加并接入其他电路中使用。

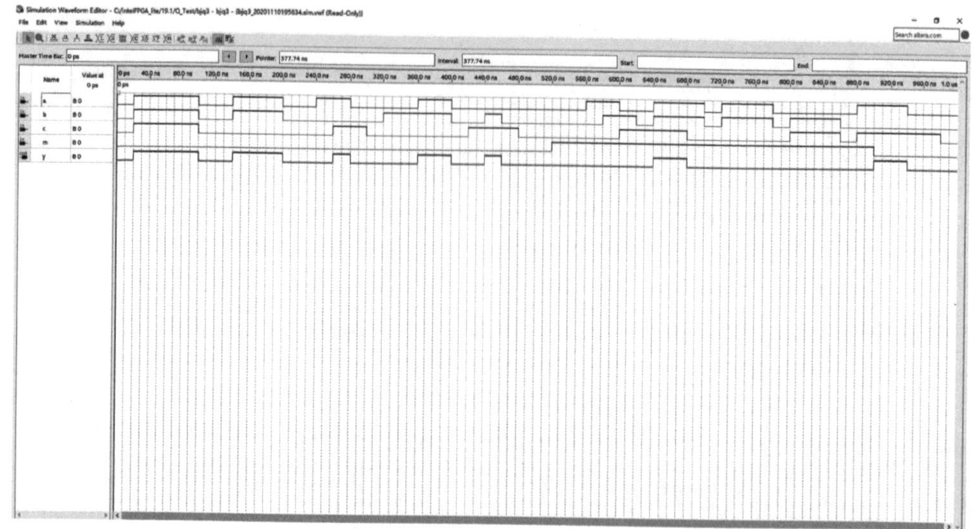

图 4-56　添加所有引脚后生成的波形仿真界面

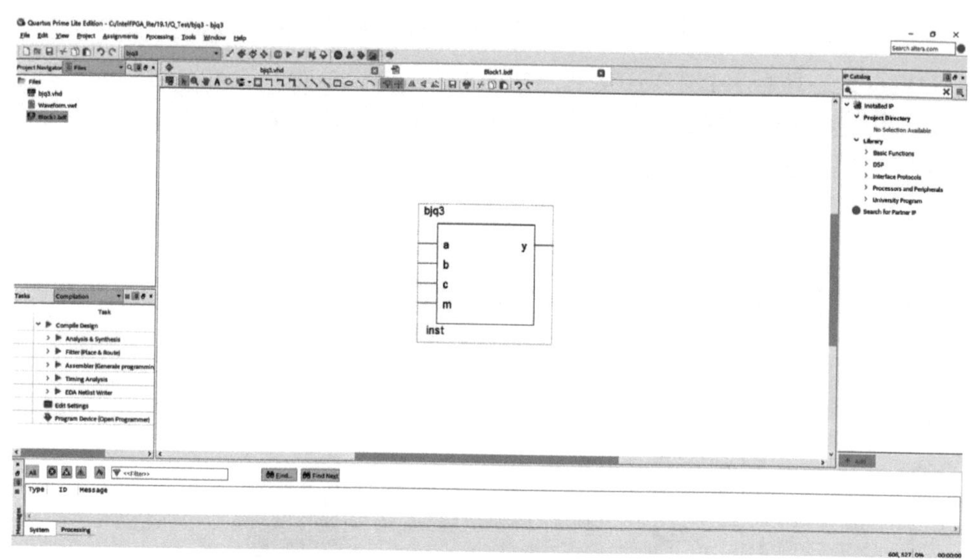

图 4-57　在空白电路图中添加生成的三人表决器模型

本章小结

数字逻辑电路按结构和逻辑功能的不同分为组合逻辑电路和时序逻辑电路。组合逻辑电路任一时刻的输出仅由该时刻的输入决定，与电路的原状态无关，电路没有“记忆功能”；而时序逻辑电路某一时刻的输出不仅由该时刻的输入所决定，还与前一时刻的电路状态有关，电路有“记忆功能”。

常见的组合逻辑功能包括编码、译码、数据选择、数值比较、运算、奇偶校验等，这些组合逻辑电路为“通用”型组合逻辑电路，一般都有集成的中规模集成器件，如全加器 74LS283、优先编码器 74LS148、译码器 74LS138/74LS154、显示译码器 74LS47/74LS48、数据选择器 74LS153/74LS151、数值比较器 74LS85 等。为提高使用的灵活性、便于扩展，许多器件都有附加的控制端（或称选通端、片选端、使能端等），这些控制端可以用于控制电路的状态（工作或禁止），也可以作为输出信号的选通输入端，或者作为输入信号的一个输入端以扩展电路功能。

本章中所介绍的、习题中所要求的或者在实际工作中应用的其他一些组合逻辑电路，如表决电路、电灯控制电路和报警电路等，属于“专用”的组合逻辑电路，这些电路需要自己设计，可以用门电路（小规模集成电路 SSI）或中规模组合逻辑电路（MSI，如数据选择器、译码器）实现。

组合逻辑电路的功能千差万别，但分析和设计的方法是相同的，可以利用计算机仿真软件（如 Multisim 等）进行辅助分析和设计。

理论设计要与实际相结合，需要逐步建立工程设计的思想，熟悉常用的中、小规模集成电路器件。用小规模集成电路（门电路）设计时，尽可能做到选用器件的种类和数量最少。所以，将逻辑式化简为最简与或式后再转换为与非-与非式，只用与非门实现就是一个比较好的选择。

在较复杂的电路设计中，尽可能选用中规模集成电路设计。将所需要设计的逻辑函数式(如最小项之和）与中规模集成电路的逻辑函数式相比较，直接使用、进行扩展或者只对多余的变量输入端和乘积项做适当处理，就可以用中规模集成器件设计所需要的组合逻辑电路。

在使用可编程逻辑器件的设计中（见第 8 章），也可以将中、小规模的组合逻辑电路作为典型的模块电路，用于构建更复杂的逻辑电路。

竞争-冒险是组合逻辑电路工作状态转换过程中可能出现的一种现象，如果负载对尖峰脉冲敏感，就必须采取措施防止由于竞争而产生的尖峰脉冲。而如光电显示器件一类对尖峰脉冲不敏感的负载，可以不考虑竞争-冒险的影响。

习　题

4-1　写出图 4-58 中各电路输出的逻辑函数表达式，列出真值表，分析其逻辑功能。

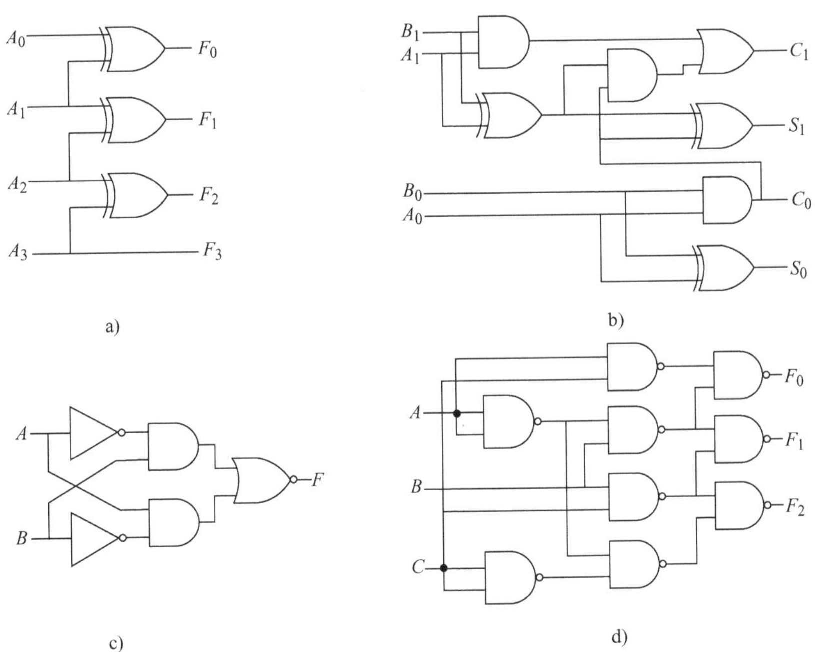

图 4-58　题 4-1 图

4-2　设计下列代码转换电路。

1）用与非门将 8421BCD 码转换为 5421BCD 码。

2）用4线-16线译码器74LS154和必要的门电路将5421BCD码转换为余3码。

4-3 对3线-8线译码器74LS138进行扩展以实现5线-32线译码器。

4-4 采用3线-8线译码器74LS138和必要的门电路实现以下多输出逻辑函数：

$$\begin{cases} F_0 = \overline{A}\overline{B}C + A\overline{B}\overline{C} + BC \\ F_1 = \overline{B}\overline{C} + AB\overline{C} \end{cases}$$

4-5 试用8选1数据选择器74LS151实现函数：$F(A, B, C, D) = \Sigma m(1, 5, 6, 7, 9, 11, 12, 13, 14)$，要求：

1）用一片74LS151实现。

2）用两片74LS151实现。

4-6 设计一个组合逻辑电路，其功能为：在控制信号S_1S_0作用下，输入信号A、B进行的逻辑运算见表4-21。

表4-21 题4-6功能表

S_1 S_0	F
0 0	AB
0 1	$A+B$
1 0	$A\oplus B$
1 1	$\overline{A}$

要求：

1）列出真值表，写出逻辑表达式，并采用Multisim“逻辑转换器”的与非门实现。

2）用8选1数据选择器74LS151实现，并用Multisim软件中“逻辑转换器”验证。

4-7 用4位全加器74LS283和必要的门电路，设计代码转换电路，要求：

1）将8421BCD码转换为余3码。

2）将余3码转换为8421BCD码。

4-8 用四位全加器74LS283和必要的门电路设计一个4位二进制数的加/减电路。要求：当控制端$M=1$时为4位加法运算，$M=0$时为减法运算。

4-9 设计一个表决电路。当控制端$M=0$，输入端A、B、C一致同意时，输出F为1，否则F为0；当$M=1$，输入端ABC多数同意时，输出F为1，否则为0。要求：

1）用8选1数据选择器74LS151实现。

2）用3线-8线译码器73LS138实现。

3）用Multisim软件验证上述设计，并要求用“逻辑转换器”的与非门实现该电路。

4-10 设计一个电路，用三个开关控制一个灯，即任何一个开关都可以控制灯的亮和灭。要求：

1）列出真值表，写出逻辑表达式，用与非门实现。

2）用8选1数据选择器74LS151实现。

3）用Multisim验证，可加入电源、开关、指示灯以验证上述设计。

4-11 设计一个显示译码电路，通过图4-30a所示的共阴极七段数码管显示4位输入信号$ABCD$中“1”的个数。要求：

1）用4线-16线译码器74LS154和必要的逻辑门实现。

2）用Multisim验证，用数码管显示输出数值。

4-12 设计一个数据范围指示电路，输入为4位二进制数$ABCD$，输出端用三个发光二极管区分以下如下三种情况：

$$0 \leqslant ABCD \leqslant 4, \quad F_0\text{灯亮}$$
$$4 < ABCD \leqslant 9, \quad F_1\text{灯亮}$$
$$9 < ABCD \leqslant 15, \quad F_2\text{灯亮}$$

1）用4线-16线译码器74LS154设计。

2）用4位数值比较器74LS85设计。

4-13　设计一个两位二进制乘法电路，输出 $F_3F_2F_1F_0 = A_1A_0 \times B_1B_0$。要求：

1）用4线-16线译码器74LS154和必要的逻辑门实现。

2）用 Multisim 验证，用数码管显示输出数值。

4-14　试用两片4位数值比较器74LS85和必要的逻辑门实现 $A(A_3 \sim A_0)$、$B(B_3 \sim B_0)$、$C(C_3 \sim C_0)$ 共三个4位二进制数相比较的电路，能够判断 A、B、C 是否相等；若不等，判断 A 是否是最大或最小。用 Multisim 验证，输出用指示灯显示。

4-15　某年级毕业统考，要求总分达到9分可以毕业，其中：

课程 A：及格5分、不及格0分；

课程 B：及格4分、不及格0分；

课程 C：及格3分、不及格0分；

课程 D：及格2分、不及格0分。

设计一个判断能否毕业的电路，用一片双4选1数据选择器74LS153和必要的逻辑门实现。

4-16　某组合逻辑电路如图4-59所示，图中各逻辑门的传输时间均相等。

1）当 $A = B = D = 0$，C 从1跳变到0时，试画出 F_0、F_1、F 的波形。

2）分析电路在什么情况下可能产生冒险现象。

4-17　分析图4-60电路，要求：

1）写出输出函数的逻辑表达式。

2）判断哪些输入状态变化时可能产生冒险现象。

3）用增加冗余项的方法消除冒险现象，画出修改后的逻辑电路图。

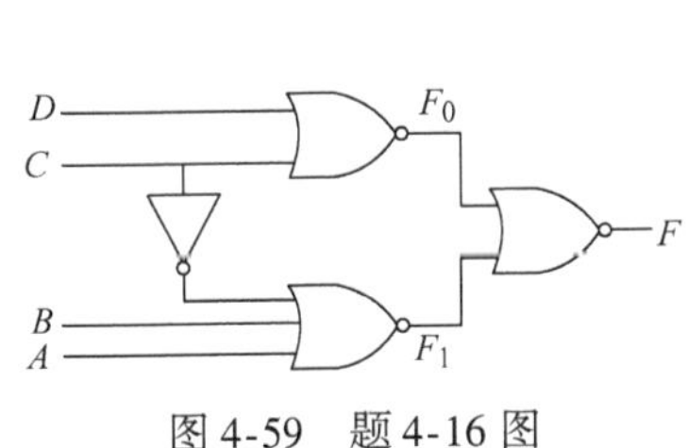

图4-59　题4-16图

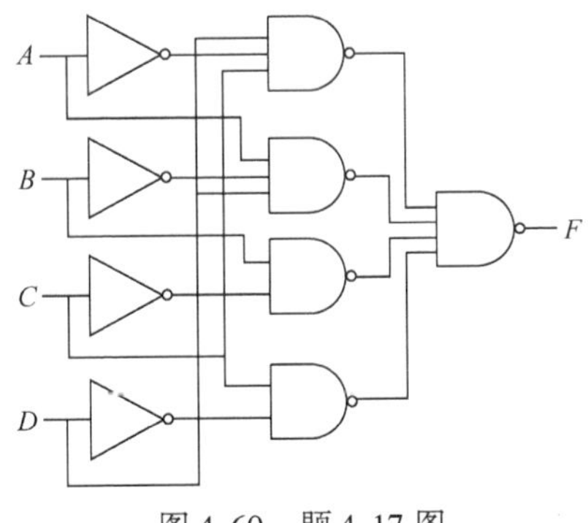

图4-60　题4-17图

第5章

触发器

本章介绍构成数字系统的另一种基本逻辑单元——触发器。

首先介绍不同结构触发器的电路组成，分析其动作特点；然后从逻辑功能上对触发器进行分类，介绍不同逻辑功能触发器之间实现逻辑功能转换的方法，并介绍触发器的描述方法；最后举例说明触发器的应用。

5.1 概述

在数字系统中，不但要对数字信号进行算术运算和逻辑运算，而且需要将数据和运算结果等信息保存起来，因此需要具有记忆功能的逻辑单元。

能够存储1位二进制数字信号的基本单元电路称为触发器（Flip-Flop）。正常使用时，触发器有两个互补的输出端 Q 和 $\overline{Q}$，并约定如下：当 $Q=1$、$\overline{Q}=0$ 时，触发器处于1状态；当 $Q=0$、$\overline{Q}=1$ 时，触发器处于0状态。

触发器可以在外部输入信号作用下设置为1状态或0状态，当输出设置为1状态时通常称为置1或置位，反之称为置0或复位。触发器的两个状态可以在输入信号作用下进行切换（由1状态变为0状态，或由0状态变为1状态）。当输入信号有效电平消失时，也就是变为无效电平时，触发器能保持在原来的状态不变，也就是说触发器具有存储逻辑1或0（或二进制的1和0）的功能。

根据电路结构的不同特点，触发器分为基本触发器、同步触发器、主从触发器和边沿触发器等。

根据逻辑功能的不同，触发器分为RS触发器、JK触发器、D触发器、T和T′触发器等。

根据存储数据的原理不同，触发器分为静态触发器和动态触发器两大类。静态触发器靠电路状态的自锁存储数据，动态触发器通过在MOS管栅极输入电容上存储电荷来存储数据。本章只介绍静态触发器，动态触发器在存储器一章介绍。

触发器逻辑功能的描述通常有五种方法：特性表、特性方程、激励表、状态转换图和时序图。

5.2 触发器的电路结构与工作原理

下面分别介绍不同电路结构的触发器及其工作原理。

5.2.1 基本 RS 触发器

基本 RS 触发器（Set-Reset Latch）由两个或非门或者与非门首尾连接或交叉耦合而成，它是各种复杂结构触发器的基本组成部分。

1. 电路组成

两个或非门构成的基本 RS 触发器如图 5-1a所示。

S 和 R 为两个输入端，两个输出端 Q 和 $\overline{Q}$ 分别交叉连接至 G_2 和 G_1 的输入端。图 5-1b 为或非门组成基本 RS 触发器的逻辑符号。

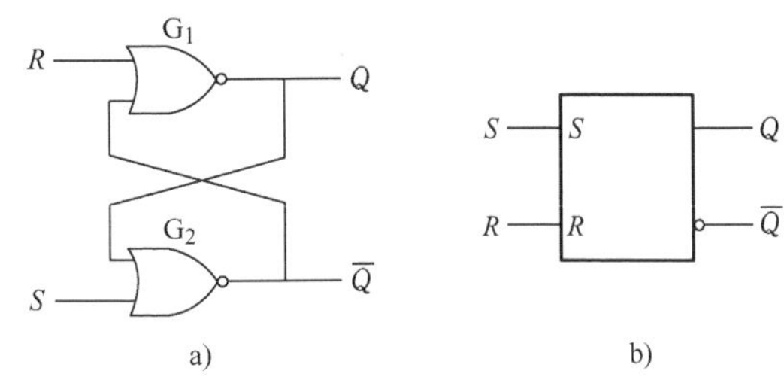

图 5-1 或非门组成的基本 RS 触发器及其逻辑符号

2. 逻辑功能

（1）置 1 功能 当输入信号 $S=1$、$R=0$ 时，根据或非门的逻辑功能，则 $Q=1$、$\overline{Q}=0$，触发器被置为 1 状态，S 高电平有效。由于 $\overline{Q}$ 端反馈接到 G_1 的输入端，这时即使 $S=1$ 的有效电平消失，即变为低电平，触发器仍能保持 1 状态不变。由于 S 端输入有效信号（高电平）能使触发器置 1，故称 S 为置位端（Set）或置 1 输入端。

（2）置 0 功能 当 $S=0$、$R=1$ 时，$Q=0$、$\overline{Q}=1$，触发器被置为 0 状态。当 $R=1$ 的信号消失后，同样可保持 Q 为 0 状态不变。由于 R 端输入有效信号（高电平）能使触发器置 0，故称 R 为复位端（Reset）或置 0 输入端。

（3）保持功能 当 $S=R=0$ 时，触发器维持原来的状态不变。

（4）不定状态 当 $S=R=1$ 时，根据或非门的逻辑功能，此时 $Q=\overline{Q}=0$，这是一种未定义的状态，没有意义。尤其在 $S=R=1$ 的信号同时消失进入保持功能时，触发器是处于 0 状态还是 1 状态，是一种无法确定的状态，故称作不定状态。在正常工作时，S 和 R 端不允许同时有效，即不能同时为 1。在此，把 $SR=0$ 作为由或非门组成的基本 RS 触发器工作时的约束条件。

为了以后分析方便，约定：在接收输入信号之前，触发器所处的状态称为原态（也称为初态），用 Q^n 表示；在接收输入信号之后触发器建立的新的稳定状态，称为次态（也称为新态），用 Q^{n+1} 表示。显然，触发器的次态 Q^{n+1} 不但与输入信号有关，还与触发器的初态 Q^n 有关。

3. 动作特点

基本 RS 触发器的输入信号 S 和 R 直接作用在触发器的两个输出逻辑门 G_1 和 G_2 上，其动作特点是：输入信号的任何变化都将直接影响触发器的输出状态。

4. 描述方法

（1）特性表 将触发器次态取值与输入变量、初态取值之间的逻辑关系以表格的形式表示，能够反映触发器特性的表格称之为触发器的特性表。

由上述基本 RS 触发器功能分析可知，当输入 S、R 同时有效，也就是同时为高电平时，Q 和 $\overline{Q}$ 同时为 0，此状态为不定状态。由此可以推导出由或非门组成的基本 RS 触发器的特性表见表 5-1。说明，表的最后一列为触发器的功能说明，表中 0* 代表输出为 0，若 S、R 同时变为无效，则其次态不能确定。

表 5-1 基本 RS 触发器特性表

S	R	Q^n	Q^{n+1}	功能
0	0	0	0	保持
0	0	1	1	
0	1	0	0	复位
0	1	1	0	
1	0	0	1	置位
1	0	1	1	
1	1	0	0*	不定
1	1	1	0*	

（2）特性方程　由表 5-1 可以得到次态与输入信号、初态之间关系的逻辑表达式如下所示：

$$\begin{cases} Q^{n+1}=S+\overline{R}Q^n \\ SR=0 \end{cases} \tag{5-1}$$

式中，$SR=0$ 为约束条件，意味着输入端 S 和 R 不能同时有效，也就是说不能同时为高电平。

式(5-1) 能够反映触发器的特性，又称之为触发器的特性方程。

（3）激励表　激励表为触发器状态的转换对触发器输入信号（又称为激励信号或驱动信号）提出的要求。根据表 5-1 可以得到基本 RS 触发器的激励表，见表 5-2。

表 5-2 基本 RS 触发器激励表

$Q^n \to Q^{n+1}$	S	R
$0 \to 0$	0	ϕ
$0 \to 1$	1	0
$1 \to 0$	0	1
$1 \to 1$	ϕ	0

（4）状态转换图　如图 5-2 所示，将触发器输出的两个状态用圆圈圈起来，用箭头表示状态转换过程，箭头出发点为初态，箭头到达点为次态，箭头上面表示输入信号的取值，此图称之为状态转换图。

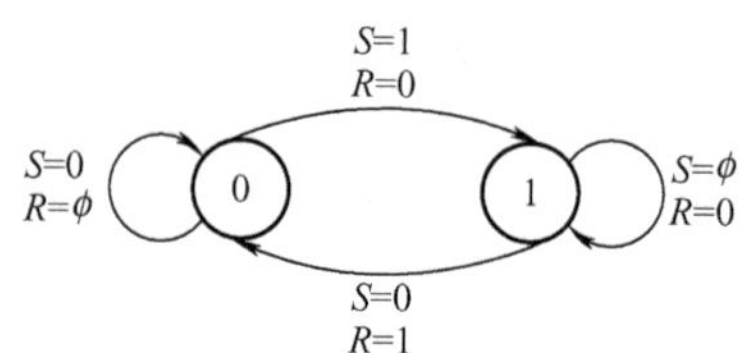

图 5-2　基本 RS 触发器状态转换图

（5）时序图　数字电路的输出信号与输入信号之间的关系可以按时间顺序依次排列起来，从而得到其波形图，又称为时序图。

例 5-1　由或非门组成的基本 RS 触发器如图 5-1a 所示，已知 S 和 R 的输入波形如图 5-3 所示，试对应输入波形画出状态输出 Q 和 $\overline{Q}$ 的波形，已知触发器初始状态为 0。

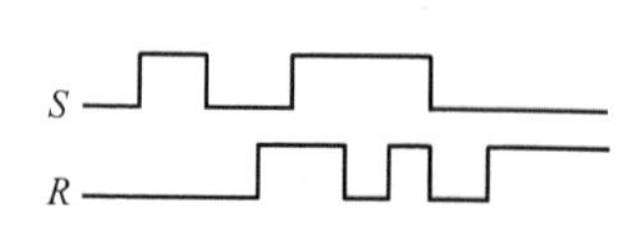

图 5-3　基本 RS 触发器输入波形

解： 根据基本 RS 触发器的动作特点和功能，可得到输出波形如图 5-4 所示。

从上图可以看出，对于或非门组成的基本 RS 触发器来说，当 S 和 R 同时为高电平，即同时有效时，Q 和 $\overline{Q}$ 均为低电平；当 S 和 R 有效信号同时消失，即同时变为低电平时，触发器转入保持状态，此时不能确定 Q 和 $\overline{Q}$ 的输出状态，因此输出为不定状态，图中用阴影表示。

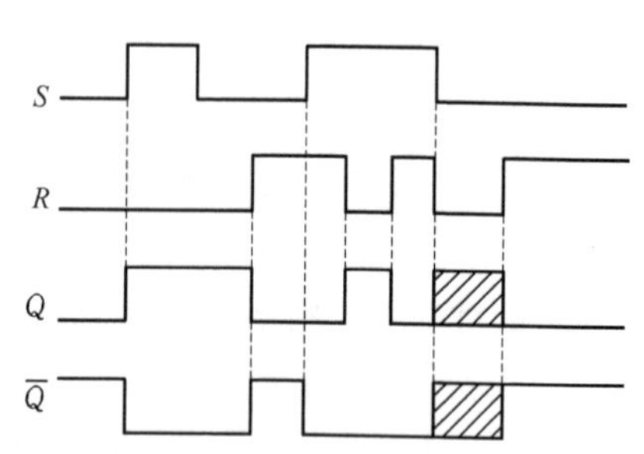

图 5-4　基本 RS 触发器时序图

5. 与非门构成的基本 RS 触发器

基本 RS 触发器也可以用两个与非门构成，其逻辑电路如图 5-5a 所示，逻辑符号如图 5-5b 所示，Q 和 $\overline{Q}$ 端为状态输出，$\overline{S}$ 和 $\overline{R}$ 为驱动输入，低电平有效，图 5-5b 逻辑符号中用框图左侧的圆圈表示输入低电平有效。其工作原理和逻辑功能可根据或非门组成基本 RS 触发器分析方法进行分析，在此不做详细介绍。

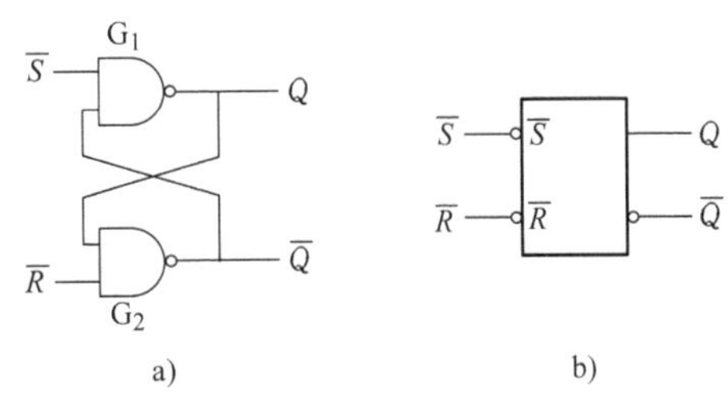

图 5-5 与非门组成的基本 RS 触发器及其逻辑符号

6. 集成基本 RS 触发器

图 5-6 所示 CD4043 是 CMOS 四路三态输出集成基本 RS 触发器，图 5-6a 为一路触发器组成电路图，图 5-6b 为引脚图。每路触发器输出均采用三态输出，当使能端 EN 为高电平时，实现触发器功能；当 EN 为低电平时，输出为高阻状态。CD4043 逻辑功能见表 5-3，使用时应查阅器件手册，了解其电气特性后才能正确应用。

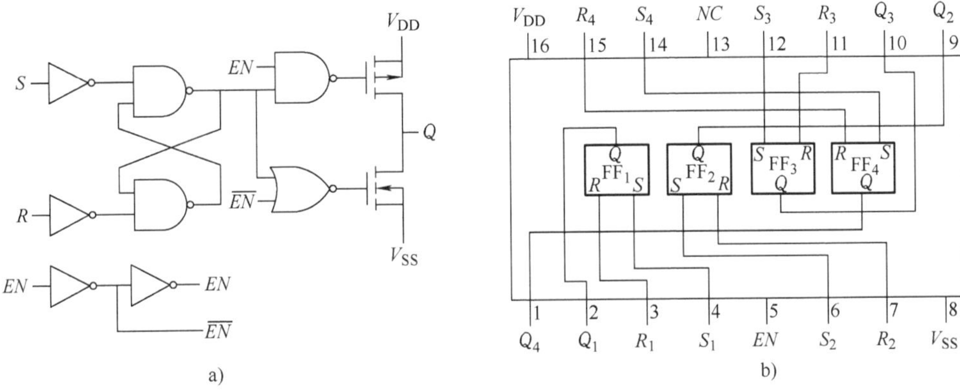

图 5-6 四路三态输出集成基本 RS 触发器 CD4043

表 5-3 CD4043 逻辑功能表

S	R	EN	Q
ϕ	ϕ	0	高阻
0	0	1	保持
1	0	1	1
0	1	1	0
1	1	1	不定

5.2.2 同步触发器

当采用多个触发器时，往往要求各个触发器的翻转在时间上同步。这时需要在触发器电路中附加门控电路，引入一个同步信号，使这些触发器只有在同步信号到达时才按输入信号改变输出状态。通常称此同步信号为时钟脉冲信号，简称时钟，用 CP（Clock Pulse）表示。

1. 同步 RS 触发器

(1) 电路组成　由与非门组成的同步 RS 触发器（Gated S-R Flip-Flop）的逻辑电路如图 5-7a 所示，其电路由两部分组成。G_1 和 G_2 组成基本 RS 触发器，G_3 和 G_4 组成输入控制门电路。图 5-7b 为同步 RS 触发器的逻辑符号，Q 和 $\overline{Q}$ 为状态输出，S 和 R 为驱动输入，CP 为同步控制输入信号，即时钟信号。

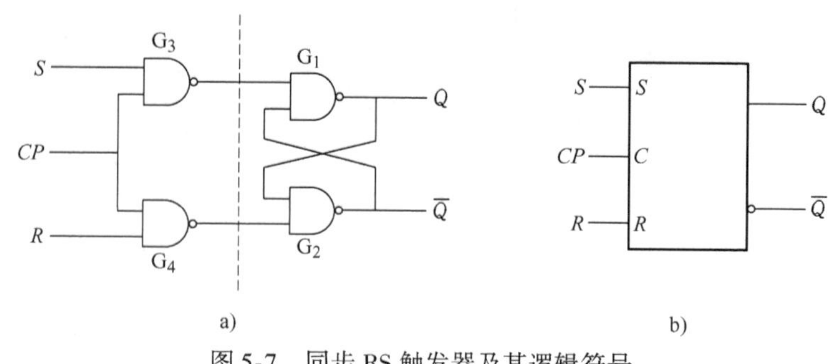

图 5-7　同步 RS 触发器及其逻辑符号

(2) 工作原理及逻辑功能　当 $CP=0$ 时，G_3、G_4 被封锁，输出为高电平，此时 S 和 R 端即使有信号输入也不起作用，所以触发器的状态保持不变，即 $Q^{n+1}=Q^n$。

当 $CP=1$ 时，G_3、G_4 解除了封锁，此时 S 和 R 端的信号可通过 G_3、G_4 作用到基本 RS 触发器的输入端，使触发器的状态随 S 和 R 的输入变化按如下规律变化：若 $S=R=0$，则触发器输出保持原态，即 $Q^{n+1}=Q^n$；若 $S=1$、$R=0$，则触发器被置位，即 $Q=1$、$\overline{Q}=0$；若 $S=0$、$R=1$，则触发器被复位，即 $Q=0$、$\overline{Q}=1$；若 $S=R=1$，则触发器状态输出 $Q=\overline{Q}=1$，为不定状态。当 CP 由 1 变为 0 时，相应状态被保持，但是不定状态情况下无法确定触发器的输出。

具有此种功能的触发器统称为 RS 触发器。

(3) 动作特点　同步 RS 触发器的动作特点是：当门控信号或者同步信号有效时，输入信号才可以影响触发器的输出。

(4) 描述方法　同步 RS 触发器特性表、特性方程、激励表、状态转换图等描述与基本 RS 触发器相同。

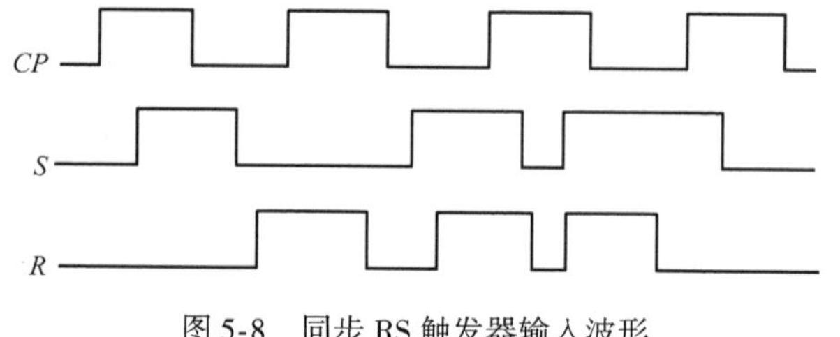

图 5-8　同步 RS 触发器输入波形

例 5-2　同步 RS 触发器电路如图 5-7a所示。已知 S 和 R 的输入波形如图 5-8 所示，试对应输入波形画出 Q 和 $\overline{Q}$ 的波形，设触发器初始状态为 0。

解：根据同步触发器的动作特点以及 RS 触发器的功能，可以得到同步 RS 触发器时序图（输出波形）如图 5-9所示，图中阴影部分表示状态不确定。

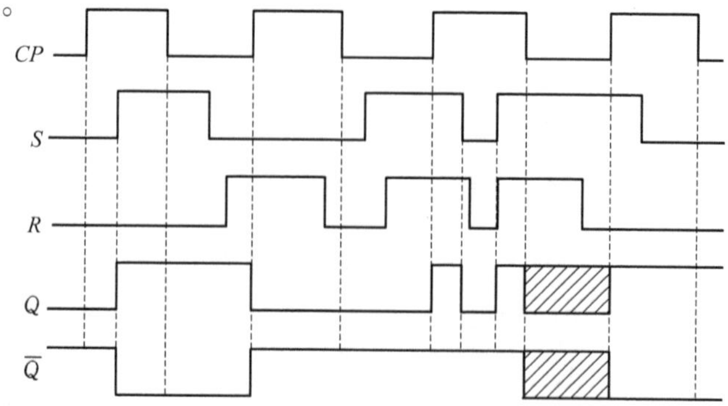

图 5-9　同步 RS 触发器时序图

(5) 具有异步作用端的同步 RS 触发器　具有异步作用端的同步 RS 触发器及其逻辑符号如图 5-10 所示。

2. 同步 JK 触发器

(1) 电路组成 将同步 RS 触发器的 Q 和 $\overline{Q}$ 端作为一对附加的控制信号接回到输入端，便可得到同步 JK 触发器，其逻辑电路如图 5-11a所示，逻辑符号如图 5-11b 所示。

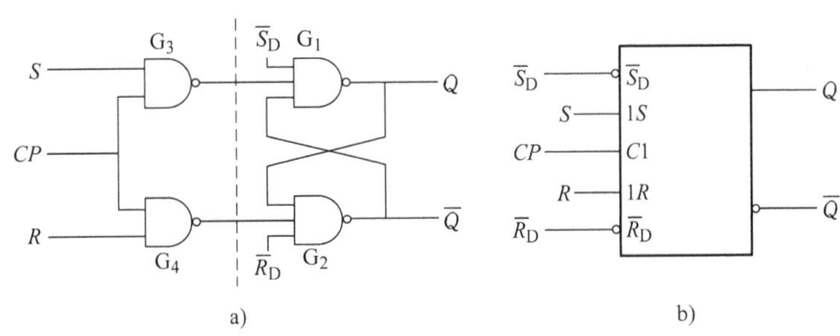

图 5-10 具有异步作用端的同步 RS 触发器及其逻辑符号

(2) 工作原理及逻辑功能 与同步 RS 触发器相同，当 $CP=0$ 时，触发器的状态保持不变，即$Q^{n+1}=Q^n$。

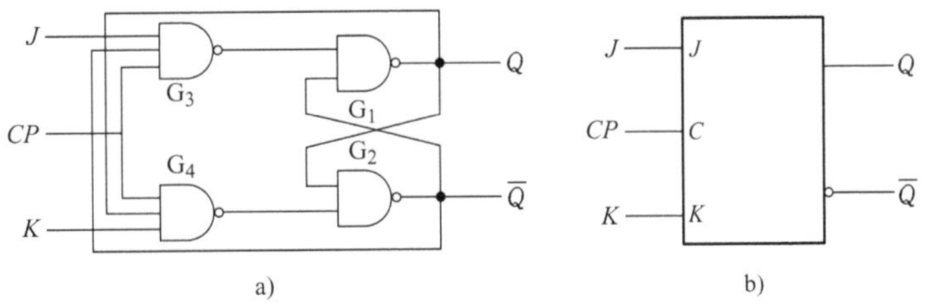

图 5-11 同步 JK 触发器及其逻辑符号

当 $CP=1$ 时，触发器的状态随 J 和 K 的输入变化按如下规律变化：若 $J=1$，$K=0$，则触发器被置位，即 $Q=1$、$\overline{Q}=0$；若 $J=0$，$K=1$，则触发器被复位，即 $Q=0$、$\overline{Q}=1$；若 $J=K=1$，则触发器输出发生跳变，即 $Q^{n+1}=\overline{Q^n}$；若$J=K=0$，则触发器输出保持原态，即$Q^{n+1}=Q^n$。

具有以上功能的触发器统称为 JK 触发器。

(3) 描述方法

1) 特性表。当 $CP=1$ 时，JK 触发器的特性表见表 5-4。

表 5-4 JK 触发器特性表

J	K	Q^n	Q^{n+1}	功能
0	0	0	0	保持
0	0	1	1	
0	1	0	0	复位
0	1	1	0	
1	0	0	1	置位
1	0	1	1	
1	1	0	1	翻转
1	1	1	0	

由表 5-4 可以看出，与 RS 触发器不同，JK 触发器的输入没有约束条件。

2) 特性方程。由表 5-4 可以得到 JK 触发器特性方程为

$$Q^{n+1}=J\overline{Q^n}+\overline{K}Q^n \tag{5-2}$$

3) 激励表。JK 触发器的激励表见表 5-5。

表 5-5 JK 触发器激励表

$Q^n\to Q^{n+1}$	J	K
$0\to0$	0	ϕ
$0\to1$	1	ϕ
$1\to0$	ϕ	1
$1\to1$	ϕ	0

4) 状态转换图。JK 触发器的状态转换图如图 5-12 所示。

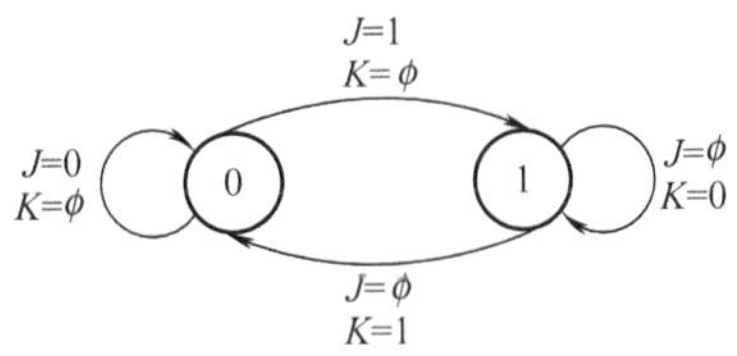

图 5-12 JK 触发器状态转换图

例 5-3 图 5-11a 所示 JK 触发器的输入波形如图 5-13 所示，试对应输入波形画出 Q 和 $\overline{Q}$ 的波形，已知触发器初始状态为 0。

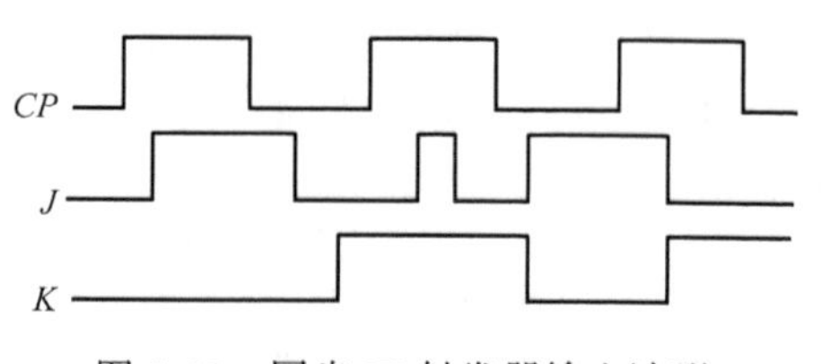

图 5-13 同步 JK 触发器输入波形

解：根据同步触发器的动作特点以及 JK 触发器的功能，可得到同步 JK 触发器时序图（输出波形）如图 5-14 所示。

3. 同步 D 触发器

（1）电路组成 如图 5-15 所示，同步 D 触发器除了时钟 CP 输入之外，只有一个输入端 D（Data）。

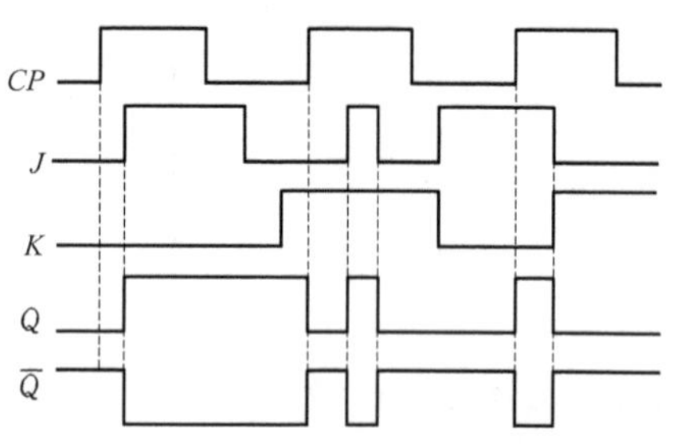

图 5-14 同步 JK 触发器时序图

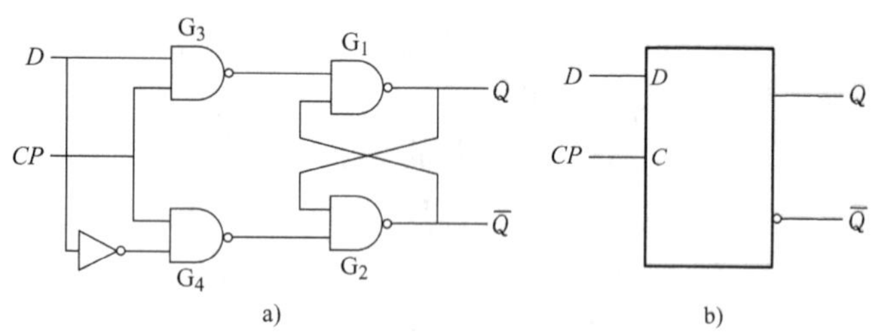

图 5-15 同步 D 触发器及其逻辑符号

（2）工作原理及逻辑功能 与其他同步触发器相同，当 $CP=0$ 时，触发器的状态保持不变，即 $Q^{n+1}=Q^n$。

当 $CP=1$ 时，D 端输入信号可改变触发器的输出状态：当 $D=1$ 时，$Q=1$，$\overline{Q}=0$；当 $D=0$ 时，$Q=0$，$\overline{Q}=1$。

具有此种功能的触发器统称为 D 触发器。

（3）描述方法

1）特性表。当 $CP=1$ 时，D 触发器的特性表见表 5-6。

表 5-6 D 触发器特性

D	Q^n	Q^{n+1}
0	0	0
0	1	0
1	0	1
1	1	1

2）特性方程。由表 5-6 可以得到 D 触发器特性方程为

$$Q^{n+1}=D \tag{5-3}$$

3）激励表。D 触发器的激励表见表 5-7。

表 5-7 D 触发器激励表

$Q^n \to Q^{n+1}$	D
$0 \to 0$	0
$0 \to 1$	1
$1 \to 0$	0
$1 \to 1$	1

4）状态转换图。D 触发器的状态转换图如图 5-16 所示。

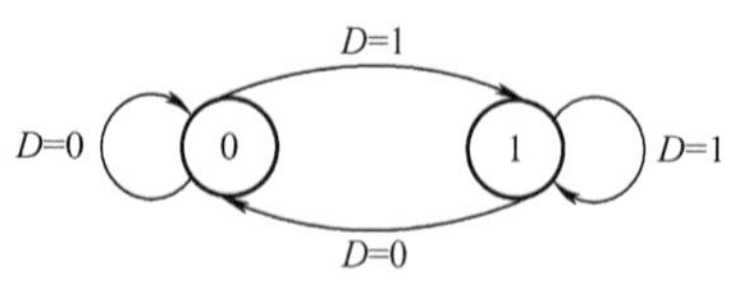

图 5-16 D 触发器状态转换图

例 5-4 图 5-15 所示同步 D 触发器的输入波形如图 5-17 所示，试对应输入波形画出 Q

和 $\overline{Q}$ 的波形，已知触发器初始状态为 0。

解：根据同步触发器的动作特点以及 D 触发器的功能，可以得到同步 D 触发器时序图（输出波形）如图 5-18 所示。

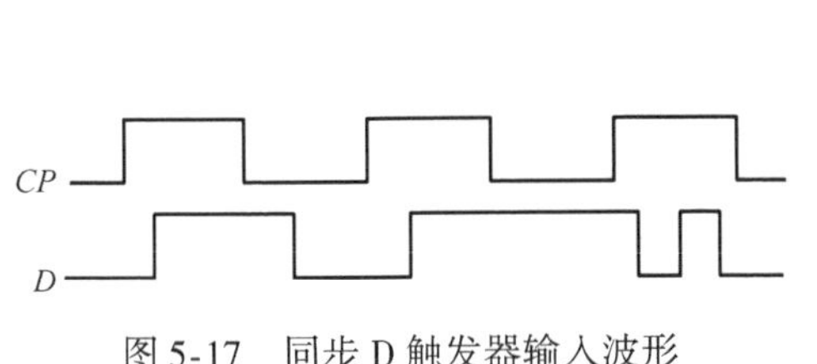

图 5-17 同步 D 触发器输入波形

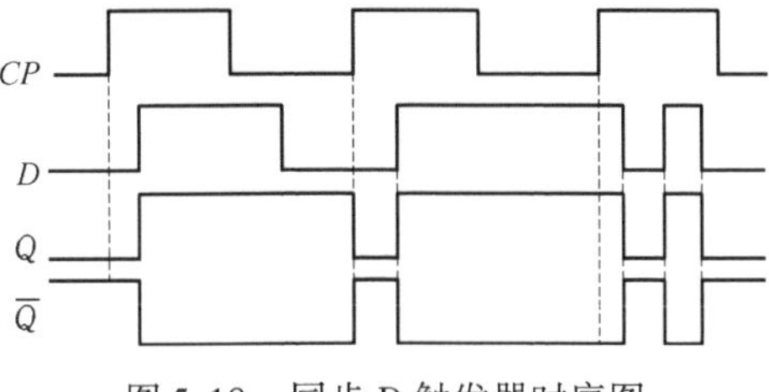

图 5-18 同步 D 触发器时序图

（4）集成同步 D 触发器 图 5-19 所示 74LS75 是四路同步 D 触发器，图 5-19a 为一路触发器组成电路图，图 5-19b 为 74LS75 引脚图。74LS75 逻辑功能表见表 5-8，使用时应查阅器件手册，了解其主要电气特性后才能正确应用。

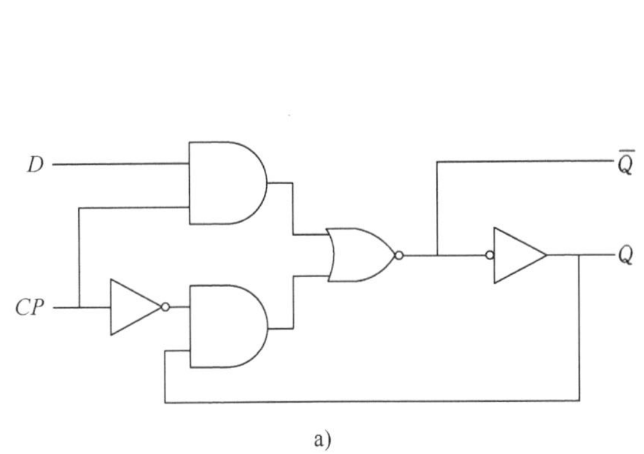

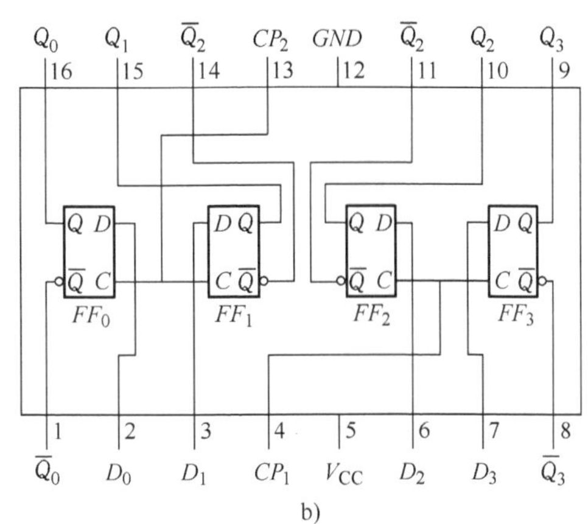

图 5-19 集成同步 D 触发器 74LS75

5.2.3 主从触发器

同步触发器在时钟 *CP* 有效电平时，输出都将随输入的变化而变化，也就是说在一个时钟周期内，若输入发生多次变化，则输出可能产生多次跳变。主从触发器（Master Slave Flip-Flop）的输出在一个时钟周期内，输出将只变化一次。

表 5-8 74LS75 逻辑功能表

CP	*D*	*Q*
0	ϕ	保持
1	0	0
1	1	1

1. 主从 RS 触发器

（1）电路组成 主从 RS 触发器由两个同步 RS 触发器和一个反相器组成，如图 5-20a 所示。其中由与非门 $G_1 \sim G_4$ 组成的同步 RS 触发器称为从触发器，由与非门 $G_5 \sim G_8$ 组成的同步 RS 触发器称为主触发器。反相器的作用主要是使主触发器和从触发器得到相位相反的时钟信号，因此，主触发器和从触发器接收输入信号和改变输出状态在时间上是分开的。

（2）工作原理与逻辑功能 当 $CP=1$ 时，主触发器根据同步 RS 触发器功能以及 *S*、*R*

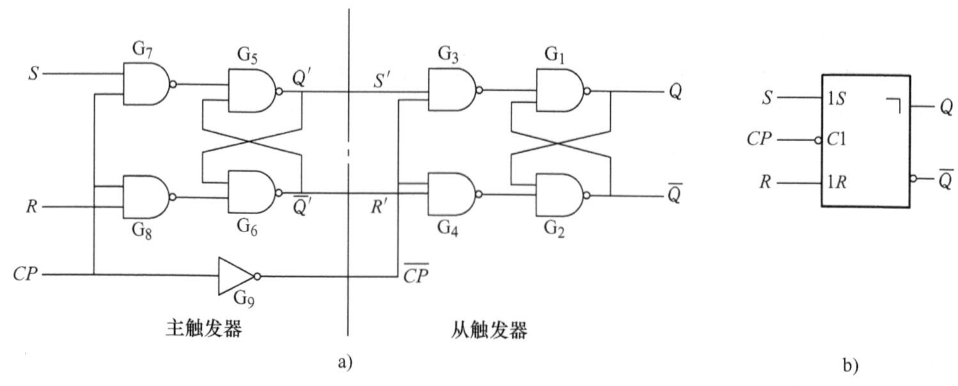

图 5-20 主从 RS 触发器及其逻辑符号

的状态翻转，从触发器保持原来的状态不变。当 CP 由 1 变 0 时，主触发器被封锁，即使 S、R 的状态发生变化，也不会改变主触发器的状态；同时，从触发器被打开，将主触发器在 $CP=1$ 期间存储起来的状态作为其输入信号，并按同步 RS 触发器的逻辑功能进行翻转。CP 由 1 变 0 后以及在 $CP=0$ 期间，主触发器、从触发器状态保持不变，并且 $Q=Q'$，$\overline{Q}=\overline{Q}'$。因此，在 CP 的一个变化周期中触发器的输出状态只可能改变一次，解决了同步触发器在一个时钟周期内输出可能产生多次跳变的问题。

综上所述可知，主从结构 RS 触发器动作分两步进行：在 $CP=1$ 期间接收信号，在 CP 由 1→0 时输出状态改变。主从 RS 触发器的逻辑符号如图 5-20b 所示，图中“┐”表示“延迟输出”，即 CP 由 1 变为 0 以后输出状态才改变，输出状态的变化发生在 CP 信号的下降沿，逻辑符号的时钟信号输入端用圆圈表示。

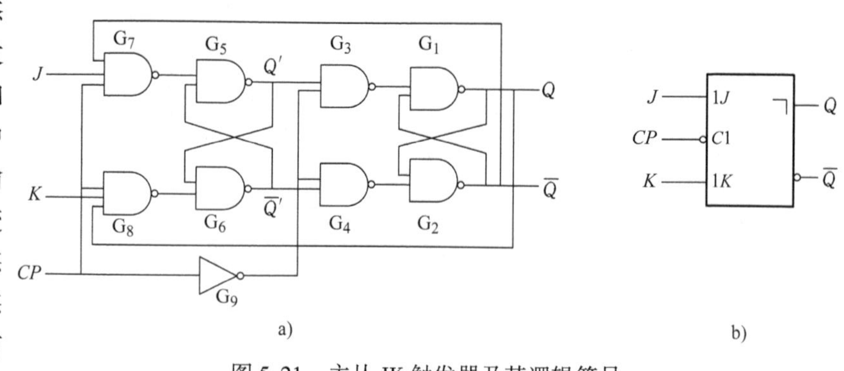

图 5-21 主从 JK 触发器及其逻辑符号

2. 主从 JK 触发器

（1）电路组成 主从 JK 触发器电路如图 5-21a 所示，图 5-21b 为其逻辑符号。

（2）工作原理与逻辑功能 主从 JK 触发器的动作特点与主从 RS 触发器一样，在 $CP=1$ 期间主触发器接收 J、K 的输入信号，在 CP 由 1→0 时，从触发器输出状态根据主触发器 Q' 和 $\overline{Q}'$状态而改变。主从 JK 触发器具有 JK 触发器的置位、复位、翻转和保持功能。

例 5-5 图 5-21 所示主从 JK 触发器的输入波形如图 5-22 所示，试对应输入波形画出 Q 和 $\overline{Q}$ 的波形，已知触发器初始状态为 0。

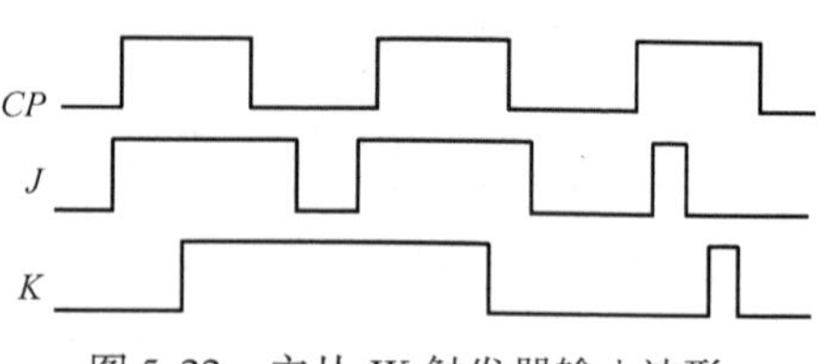

图 5-22 主从 JK 触发器输入波形

解：根据主从 JK 触发器的动作特点，输出状态的改变分两步进行，首先根据 J、K 的输入信号确定 $CP=1$ 时主触发器 Q' 和 $\overline{Q}'$ 的波形图，然后在 CP 由 1→0 时根据主触发器状态确定从触发器的输出，得到输出波形如图 5-23 所示。

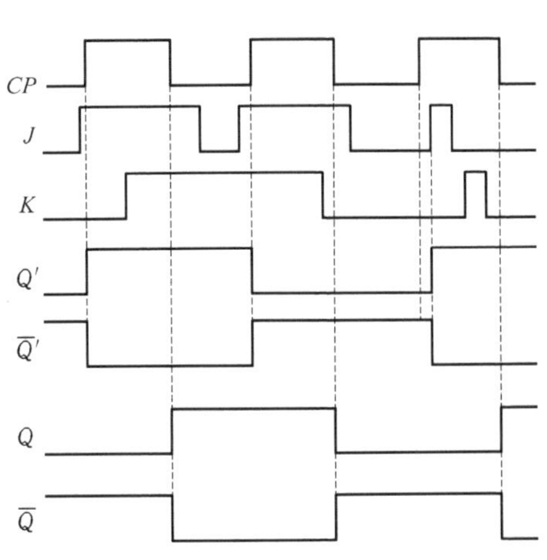

图 5-23 主从 JK 触发器输出波形

从此例可以看出，在 $CP=1$ 期间如果驱动输入发生了跳变，则不能根据 CP 下降沿到来之时的 J、K 信号确定触发器的输出状态。如果 $CP=1$ 期间驱动输入没有发生变化，读者可自行分析。结果可以发现，此种情况下可以根据 CP 下降沿到来之时的驱动输入确定触发器的状态。

(3) 集成主从 JK 触发器 图 5-24 所示 CD4027 是 CMOS 双路主从 JK 触发器，图 5-24a 为一路触发器组成电路图，图 5-24b 为 CD4027 引脚图。在实际应用中为了能够对触发器直接进行置位和复位，很多集成器件设有异步输入端 S_D 和 R_D。异步输入端不需要时钟同步，也可以说不受时钟控制，一旦处于有效状态，则可直接对触发器进行置位和复位，因此异步输入端也称作直接作用端，用下标 D（Direct，直接的）表示。CD4027 逻辑功能表见表 5-9。

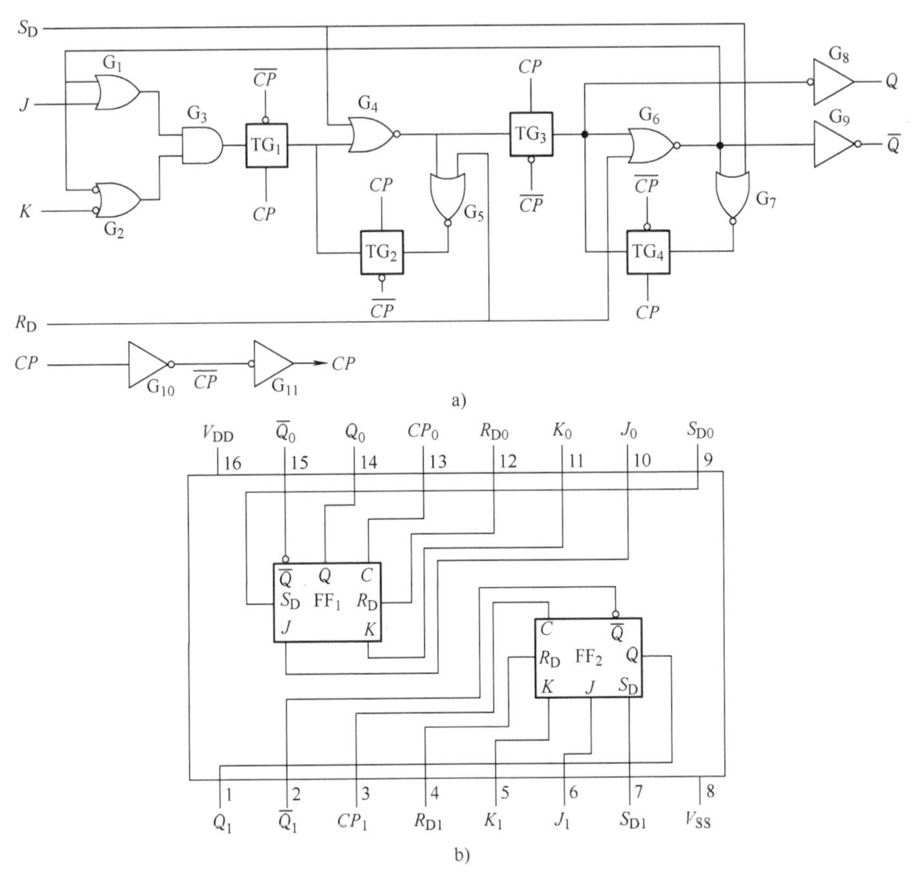

图 5-24 集成主从 JK 触发器 CD4027

表 5-9 CD4027 逻辑功能表

CP	J	K	S_D	R_D	Q^n	Q^{n+1}	功能
ϕ	ϕ	ϕ	0	1	ϕ	0	异步复位
ϕ	ϕ	ϕ	1	0	ϕ	1	异步置位
ϕ	ϕ	ϕ	1	1	ϕ	不定	不定
↑	0	1	0	0	ϕ	0	复位
↑	1	0	0	0	ϕ	1	置位
↑	1	1	0	0	0	1	翻转
↑	1	1	0	0	1	0	
Φ	ϕ	ϕ	0	0	0	0	保持
	ϕ	ϕ	0	0	1	1	

表中的时钟 CP 取值“↑”代表时钟上升沿；“ϕ”表示取值任意，包括 0、1、上升沿、下降沿四种情况；“Φ”表示除了上升沿以外的其他情况取值，包括 0、1 和下降沿三种情况。J、K、Q^n 取值“ϕ”代表其取任意值，包括 0 和 1 两种情况。

5.2.4 边沿触发器

边沿触发器（Edge-Triggered Flip-Flop）输出的状态仅仅取决于在时钟信号 CP 的上升沿或下降沿到来时刻输入信号的状态，并且只有在时钟的这个转换瞬间才对其输入做出响应。目前已有多种类型集成边沿触发器器件，并广泛应用于各领域。

1. 边沿 D 触发器

（1）电路组成　由 CMOS 传输门和反相器组成的边沿 D 触发器电路如图 5-25a 所示，图 5-25b 为其逻辑符号，框内时钟端符号“>”代表是边沿触发器，框外无“∘”说明触发器输出是在 CP 上升沿触发变化的，有“∘”则说明触发器输出是在 CP 下降沿触发变化的，图 5-25b 为 CP 上升沿触发。

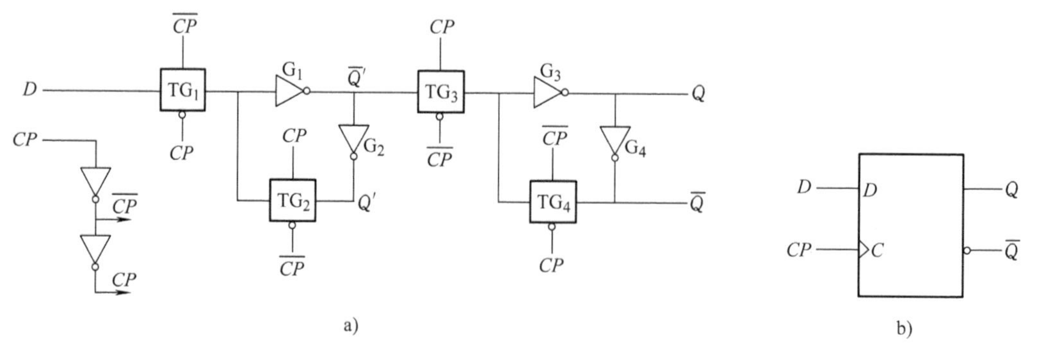

图 5-25 边沿 D 触发器

（2）工作原理及逻辑功能　图 5-25 所示四个传输门的工作状态见表 5-10。

表 5-10 传输门工作状态

CP	TG_1、TG_4	TG_2、TG_3
0	导通	截止
1	截止	导通

当 $CP=0$、$\overline{CP}=1$ 时，传输门 TG_1、TG_4 导通，TG_2、TG_3 截止，输入信号经传输门

TG_1、G_1 和 G_2 传输给$\overline{Q'}$和 Q'，使 $Q'=D$，$\overline{Q'}=\overline{D}$，并且 Q'的状态随 D 的变化而变化。由 TG_3、TG_4 反馈连接构成的触发器，使得输出 Q 保持原状态不变。

当 CP 由 0→1（$\overline{CP}$由 1→0）时，TG_1、TG_4 由导通变为截止，TG_2、TG_3 由截止变为导通。由 TG_1、TG_2 反馈连接构成的触发器，将 CP 上升沿到来前一瞬间 D 的状态存储起来；同时 TG_3、TG_4 构成的触发器接收$\overline{Q'}$的状态，使得 $Q=Q'$，$\overline{Q}=\overline{Q'}$，即 $Q^{n+1}=D$，并且输出 Q 保持当前状态不变，直到 CP 下一个上升沿到来。

由于触发器保存下来的状态，仅仅是在 CP 上升沿到达瞬间的输入状态，因此称为上升沿触发的 CMOS 边沿 D 型触发器。如果将图中的传输门改换成控制极性相反的时钟信号，则此触发器变为下降沿触发的 CMOS 边沿 D 型触发器。

2. 具有异步置位和复位功能的边沿 D 触发器

（1）电路组成及逻辑功能　图 5-25 所示边沿触发器只有在 CP 上升沿时输出状态才随输入 D 而变化，具有异步置位和复位功能的边沿 D 触发器如图 5-26 所示。

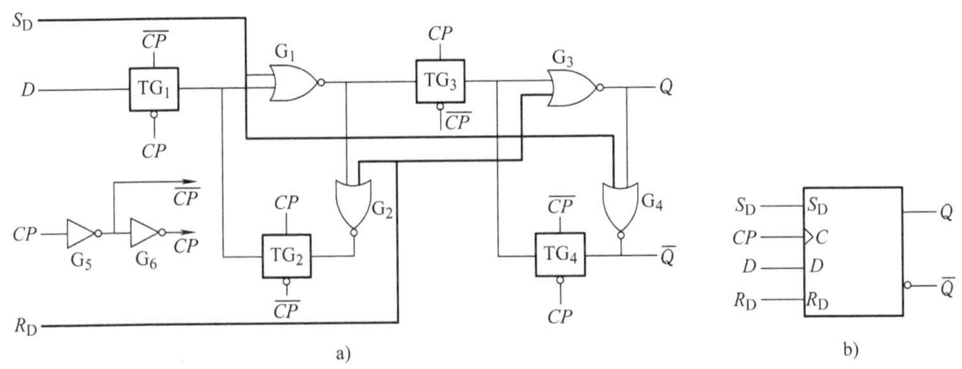

图 5-26　具有异步置位和复位功能的边沿 D 触发器

图 5-26 中，当 $S_D=0$、$R_D=1$ 时，无论 CP 和 D 取何值，触发器都被复位，$Q=0$；当 $S_D=1$、$R_D=0$ 时，无论 CP 和 D 取何值，触发器都被置位，$Q=1$；当 $S_D=R_D=0$ 时，只有在 CP 上升沿到来时，D 端的输入值决定触发器的状态，即 $Q^{n+1}=D$；当 $S_D=R_D=1$ 时，将出现 $Q=\overline{Q}=0$ 的不定状态，这表明 S_D 与 R_D 不能同时有效，即应满足 $S_DR_D=0$ 的约束条件。由此可以得到图 5-26 所示触发器功能表，见表 5-11。

表 5-11　具有异步置位和复位功能的边沿 D 触发器功能表

CP	S_D	R_D	D	Q^n	Q^{n+1}	功能
ϕ	0	1	ϕ	ϕ	0	异步复位
ϕ	1	0	ϕ	ϕ	1	异步置位
ϕ	1	1	ϕ	ϕ	不定	不定
↑	0	0	0	ϕ	0	$Q^{n+1}=D$
↑	0	0	1	ϕ	1	
Φ	0	0	ϕ	0	0	保持
	0	0	ϕ	1	1	

（2）集成边沿D触发器 CD4013为双D边沿触发器，电路原理与图5-26a类似，引脚定义如图5-27所示。

例5-6 图5-27中D触发器的输入波形如图5-28所示，试对应输入波形画出Q和$\overline{Q}$的波形，已知触发器初始状态为0。

解：根据边沿触发器的动作特点以及D触发器的功能，可以得到输出波形如图5-29所示。

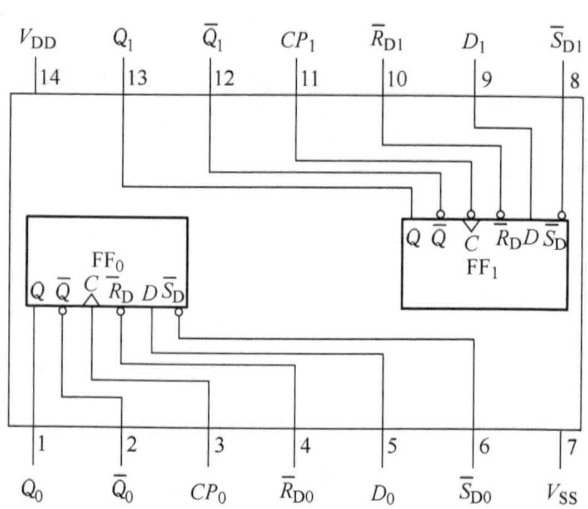

图5-27 集成边沿D触发器CD4013

3. 边沿JK触发器

（1）电路组成及逻辑功能 由TTL门电路构成的边沿JK触发器电路如图5-30a所示，图5-30b为其逻辑符号。

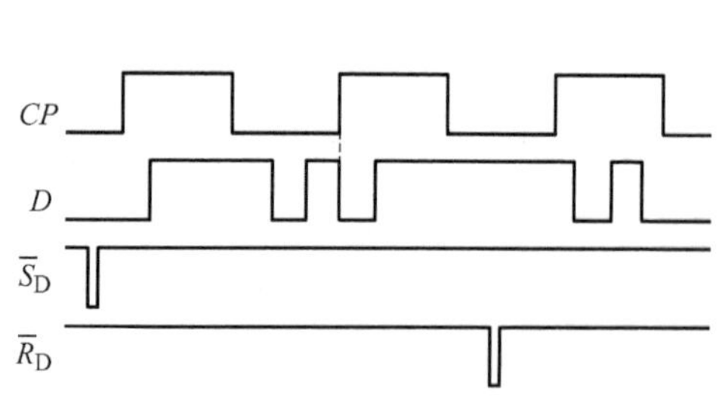

图5-28 集成边沿D触发器输入波形

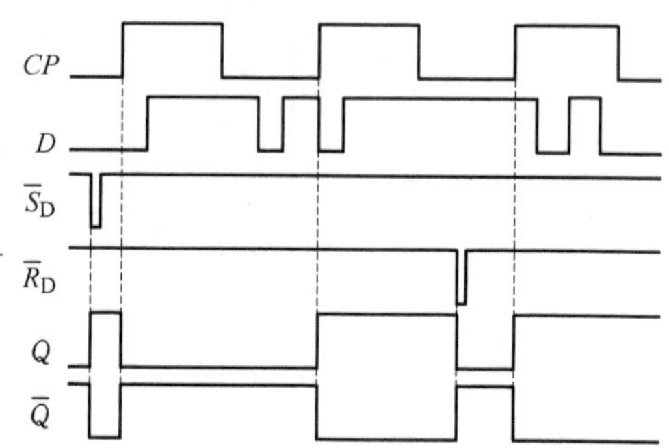

图5-29 集成边沿D触发器输出波形

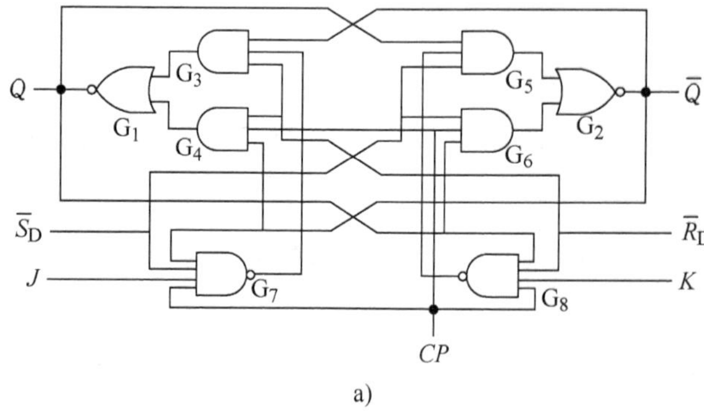

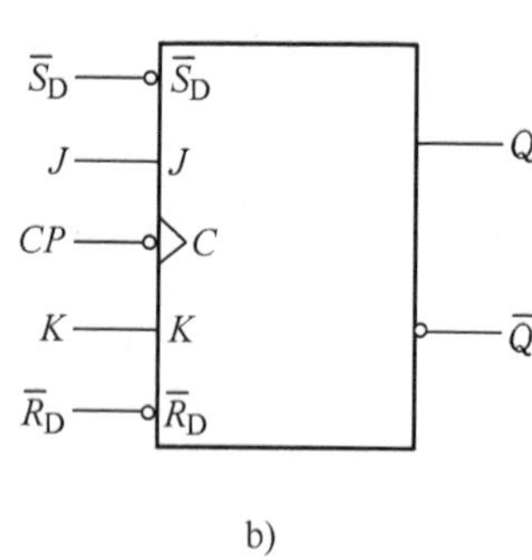

图5-30 边沿JK触发器

图5-30中，当CP由1变为0，也就是在CP下降沿到来时刻，触发器状态由J、K端的输入取值决定，在其他时刻，J、K端输入取值的改变都不会影响触发器的输出状态；异步作用端$\overline{S}_D$、$\overline{R}_D$低电平有效，可以直接对输出进行置位和复位。

(2) 集成边沿 JK 触发器

74LS76 为双 JK 边沿触发器，具有异步置位和复位功能，电路原理与图 5-30a 相同，引脚定义如图 5-31 所示，功能见表 5-12。

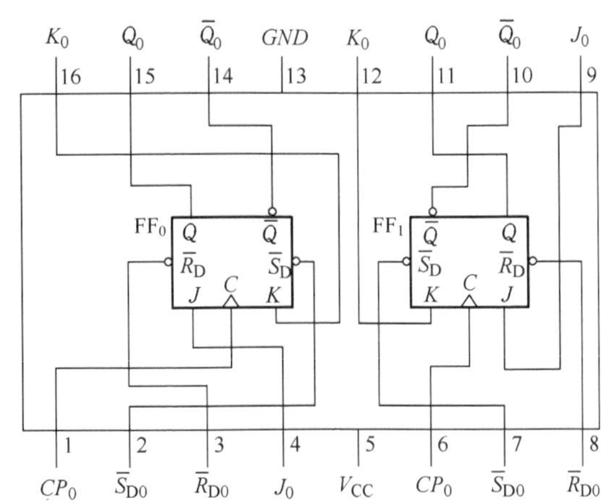

图 5-31 集成边沿 JK 触发器 74LS76

例 5-7 74LS76 边沿 JK 触发器的输入波形如图 5-32 所示，试对应输入波形画出 Q 和 $\overline{Q}$ 的波形。

解： 根据表 5-12 所示的边沿 JK 触发器 74LS76 功能，可以得到输出波形如图 5-33 所示。

表 5-12 边沿 JK 触发器 74LS76 功能表

CP	$\overline{S}_D$	$\overline{R}_D$	J	K	Q^n	Q^{n+1}	功能
ϕ	0	0	ϕ	ϕ	ϕ	不定	不定
ϕ	0	1	ϕ	ϕ	ϕ	1	异步置位
ϕ	1	0	ϕ	ϕ	ϕ	0	异步复位
↓	1	1	0	0	0	0	保持
↓	1	1	0	0	1	1	
↓	1	1	0	1	ϕ	0	复位
↓	1	1	1	0	ϕ	1	置位
↓	1	1	1	1	0	1	翻转
↓	1	1	1	1	1	0	
Φ	1	1	ϕ	ϕ	0	0	保持
	1	1	ϕ	ϕ	1	1	

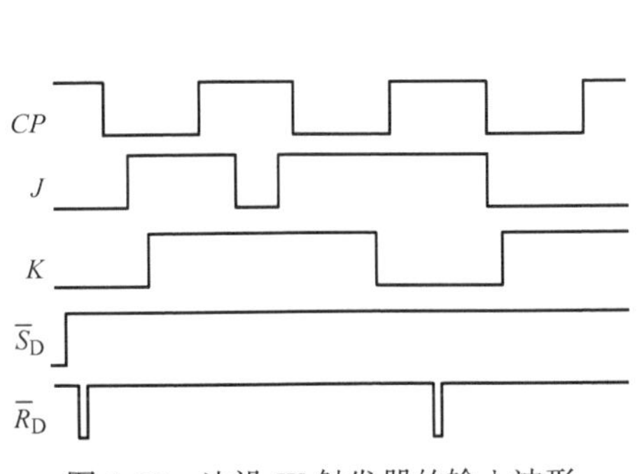

图 5-32 边沿 JK 触发器的输入波形

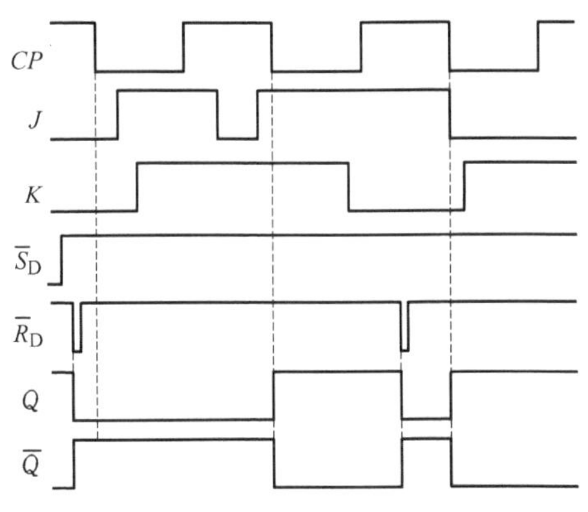

图 5-33 边沿 JK 触发器的输出波形

5.3 触发器的主要参数

触发器由门电路组合而成，因此，从电气特性上来讲其静态参数与门电路相似。除此之外，还有与时间相关的动态参数，主要参数如下所述。

1. 传输延迟时间

1）输出由低电平转换为高电平的传输延迟时间 t_{PLH}：如图 5-34a 所示，时钟触发边沿到来时，输出由低电平转换为高电平所需时间。

2）输出由高电平转换为低电平的传输延迟时间 t_{PHL}：如图 5-34b 所示，时钟触发边沿到来时，输出由高电平转换为低电平所需时间。

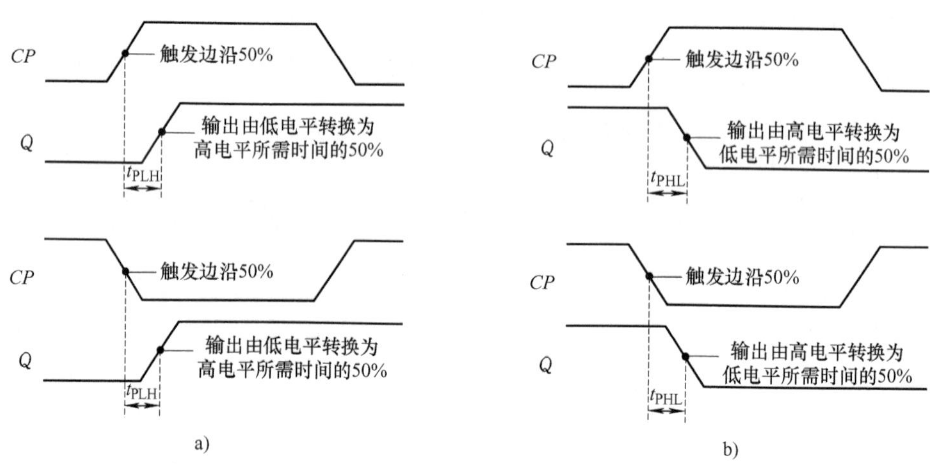

图 5-34 触发器传输延迟时间

2. 建立时间

如图 5-35 所示，在时钟 CP 的触发边沿到来之前，为了保证触发器能可靠接收输入信号，输入信号保持稳定不变所需的最小时间，称为建立时间 t_s。

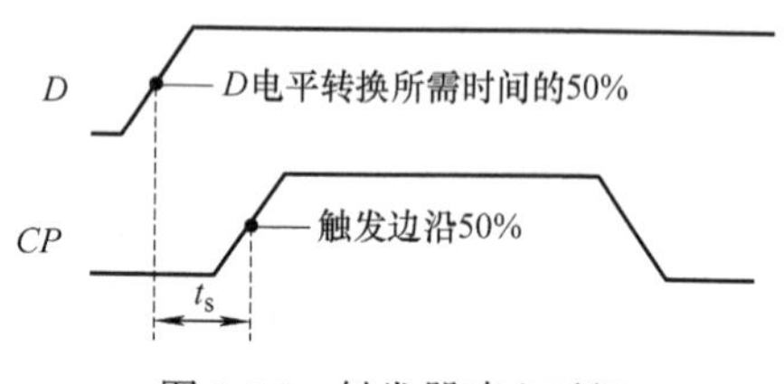

图 5-35 触发器建立时间

3. 保持时间

如图 5-36 所示，在时钟 CP 的触发边沿到来之后，为了保证触发器能可靠接收输入信号，输入信号保持稳定不变所需的最小时间，称为保持时间 t_h。

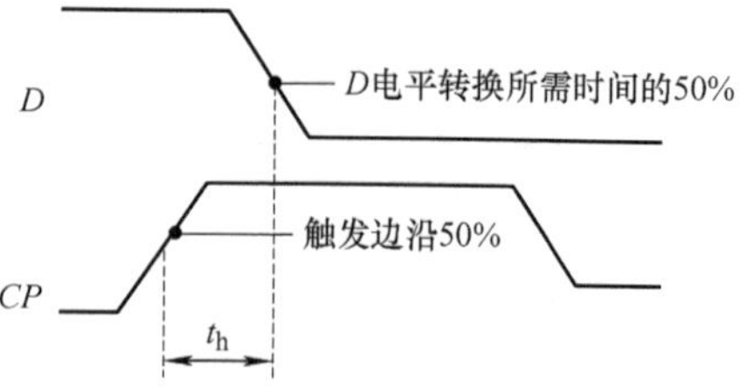

图 5-36 触发器保持时间

4. 最高时钟频率

触发器稳定工作所允许的最高时钟频率 f_{max}。

5. 时钟周期

为保证输入信号经过触发器内部各级门电路正常传递到输出端，时钟脉冲 CP 的高电平和低电平必须有一定的宽度，时钟脉冲高电平和低电平的宽度分别记为 t_{CPH} 和 t_{CPL}，则时钟周期 $T = t_{CPH} + t_{CPL}$。

对于各种系列逻辑器件，上述参数都可参阅生产厂商提供的手册。

5.4 触发器的逻辑功能及其转换

触发器从结构上分为基本触发器、同步触发器、主从触发器和边沿触发器等，从逻辑功能上，又可以分为RS触发器、JK触发器、D触发器、T触发器和T′触发器等几种类型，RS触发器、JK触发器和D触发器在上节已介绍。下面介绍T/T′触发器的逻辑功能。

5.4.1 T/T′触发器

1. T触发器

T触发器只有一个激励输入信号 T。当 $T=1$ 时，每来一个 CP 信号，触发器的状态就翻转一次；当 $T=0$ 时，触发器的输出状态保持不变。其特性表见表5-13。

表5-13 T触发器特性表

T	Q^n	Q^{n+1}	功能
0	0	0	保持
0	1	1	
1	0	1	翻转
1	1	0	

从特性表可以写出T触发器的特性方程为

$$Q^{n+1}=T\overline{Q^n}+\overline{T}Q^n \tag{5-4}$$

T触发器状态转换图如图5-37所示。

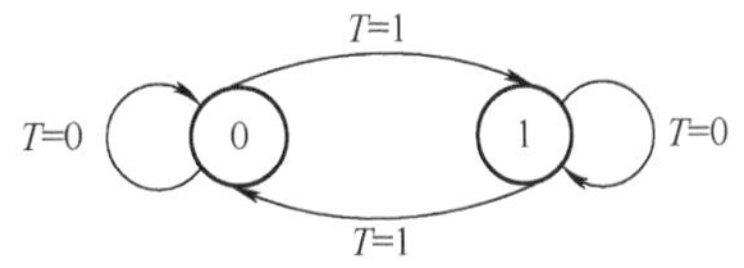

图5-37 T触发器的状态转换图

2. T′触发器

当T触发器输入信号 T 接到高电平，即 $T=1$ 时，T触发器就转换为T′触发器；每次 CP 信号作用后，T′触发器将翻转成与原来状态相反的状态。

由式(5-4)可得T′触发器的特性方程：

$$Q^{n+1}=\overline{Q^n} \tag{5-5}$$

5.4.2 触发器逻辑功能之间的转换

目前市场上集成触发器无论是CMOS触发器还是TTL触发器，大多数是JK触发器和D触发器，也有部分RS触发器。实际使用时，有时需要利用已有的触发器去完成其他触发器的逻辑功能，此时需要对触发器进行逻辑功能的转换。对于给定某种逻辑功能的触发器，在其信号输入端加入转换逻辑电路，便可实现另一逻辑功能的触发器。

触发器逻辑功能转换示意框图如图5-38所示。

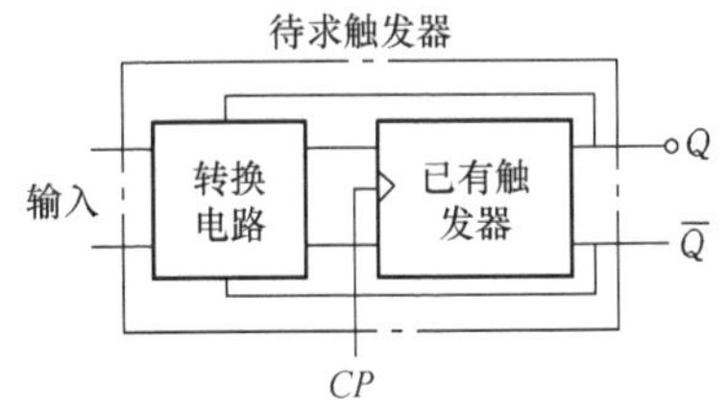

图5-38 触发器逻辑功能转换示意框图

1. D触发器转换为其他逻辑功能的触发器

由上节可知，D触发器的特性方程为 $Q^{n+1}=D$。

（1）D触发器转换为JK触发器　JK触发器的特性方程为 $Q^{n+1}=J\overline{Q^n}+\overline{K}Q^n$，比较D触发器和JK触发器的特性方程可得

$$D=J\overline{Q}+\overline{K}Q \tag{5-6}$$

实现此转换的逻辑电路如图5-39所示。

（2）D触发器转换为T触发器、T′触发器　T触发器的特性方程为 $Q^{n+1}=T\overline{Q^n}+\overline{T}Q^n$，

比较 D 触发器和 T 触发器方程可得

$$D = T\overline{Q} + \overline{T}Q = Q \oplus T = \overline{Q} \odot T \tag{5-7}$$

实现此转换的逻辑电路如图 5-40 所示，图 5-40a 和图 5-40b 分别用异或门、同或门实现。

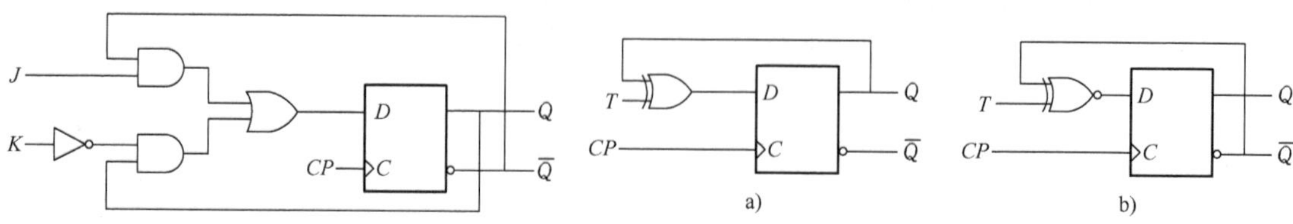

图 5-39 D 触发器转换为 JK 触发器

图 5-40 D 触发器转换为 T 触发器

T′触发器的特性方程为 $Q^{n+1} = \overline{Q}^n$，比较 D 触发器和 T′触发器方程可得

$$D = \overline{Q} \tag{5-8}$$

实现此转换的逻辑电路如图 5-41 所示。

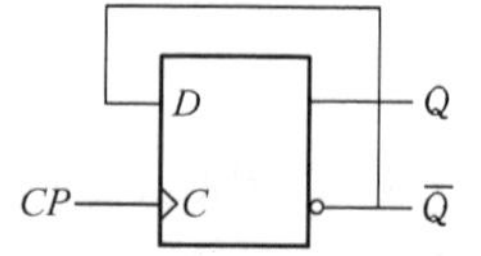

图 5-41 D 触发器转换为 T′触发器

2. JK 触发器转换为其他逻辑功能的触发器

（1）JK 触发器转换为 D 触发器 比较 JK 触发器和 D 触发器的特性方程可得

$$\begin{cases} J = D \\ K = \overline{D} \end{cases} \tag{5-9}$$

实现此转换的逻辑电路如图 5-42 所示。

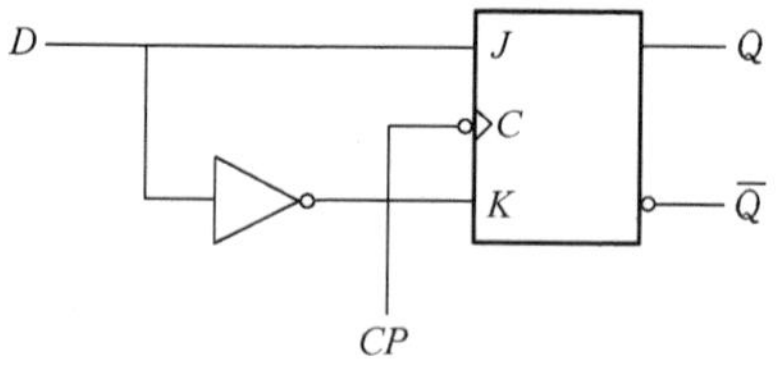

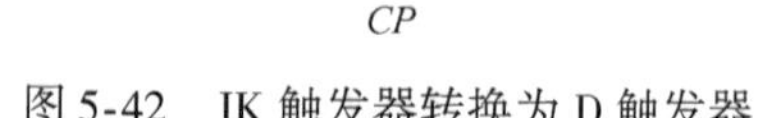

图 5-42 JK 触发器转换为 D 触发器

（2）JK 触发器转换为 T 触发器、T′触发器 比较 JK 触发器和 T 触发器的特性方程可得

$$J = K = T \tag{5-10}$$

实现此转换的逻辑电路如图 5-43 所示。

比较 JK 触发器和 T′触发器方程可得

$$J = K = 1 \tag{5-11}$$

实现此转换的逻辑电路如图 5-44 所示。

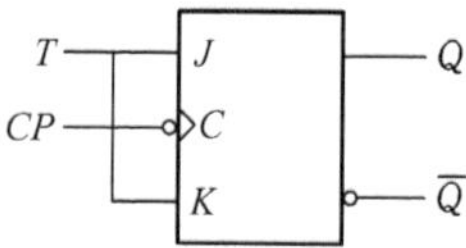

图 5-43 JK 触发器转换为 T 触发器

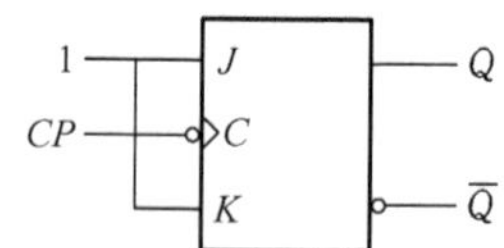

图 5-44 JK 触发器转换为 T′触发器

5.5 触发器应用

1. 存储

一个触发器可以存储一位二值信号（0、1），多位触发器则可以存储多位二值信号，存储多位二值信号的存储电路称为寄存器，寄存器相关知识将在第 6 章介绍。分析图 5-45 所

示电路，可以得到其存储的数据见表5-14。

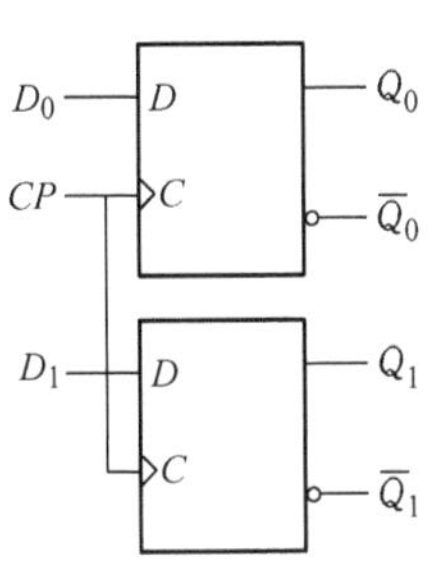

图5-45　D触发器构成的两位存储电路

例5-8　设计一个举重裁判逻辑电路。在一个主裁判员和两个副裁判员当中，如果有包含主裁判员在内的两人及以上认定试举动作合格，并按动按钮时，则表示试举成功，输出信号 $F=1$；否则 $F=0$。同时，要求在工作人员按动清除按钮之前，试举成功信号要保持不变。

解：按动按钮操作一般会使输出瞬时为高电平或低电平，瞬时信号不能自行保持，因此需要用三个触发器分别保存三位裁判员按动按钮发出的信号。触发器只需要具有置1和置0功能即可，因此用RS、JK和D型触发器均可，对结构类型也无特定要求。

表5-14　图5-45所示电路存储数据

CP	D_0	D_1	Q_0	Q_1
↑	0	0	0	0
↑	0	1	0	1
↑	1	0	1	0
↑	1	1	1	1

如图5-46所示，选用基本RS触发器来实现此电路。主裁判员控制按钮A，另外两位裁判员分别控制按钮B和C，当裁判员按下按钮时接入低电平，将触发器异步置位；工作人员控制按钮P，当按下按钮时接入低电平，将触发器异步复位。试举成功的信号 F 由三个触发器的输出状态判别，这个判断逻辑电路可由第4章组合逻辑电路知识得到，这里直接给出。

2. 分频/计数

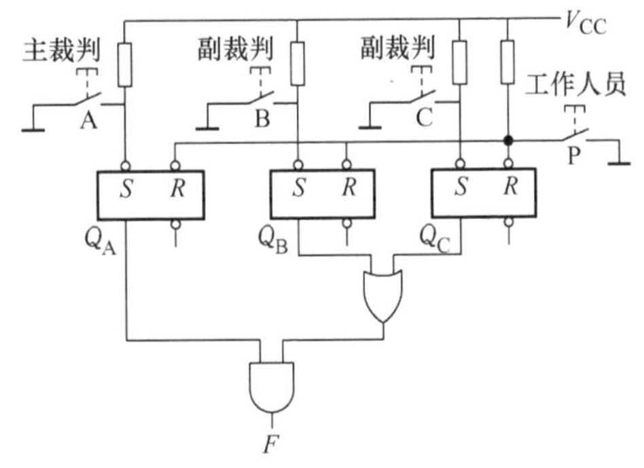

图5-46　举重裁判逻辑电路

采用触发器还可以对时钟信号进行计数，对周期性时钟信号进行分频。例如，图5-47所示电路中，两个D触发器各构成一个T′触发器，并且第一个触发器的输出 $\overline{Q}_0$ 作为第二个触发器的时钟。对于T′触发器来说，每来一个时钟信号，触发器输出翻转一次。以 CP 和 $\overline{Q}_0$ 作为时钟，可以分别画出两个触发器 FF_0 和 FF_1 的输出波形如图5-48所示。由图可以看出，Q_0 的频率是 CP 频率的1/2；Q_1 的频率是 Q_0 频率的1/2，是 CP 频率的1/4；Q_0 和 Q_1 可以分别对 CP 进行二分频和四分频。同时，从图5-48也可以看出，Q_1 和 Q_0 输出取值组合为00、01、10和11，可以辨识四个时钟状态，因此可实现对时钟的计数功能，并且为4进制计数器。在第6章将详细讨论各种类型的分频器/计数器。

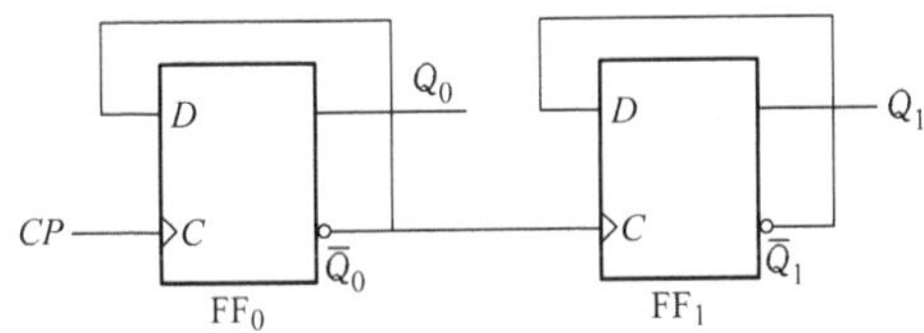

图5-47　D触发器构成的四分频电路

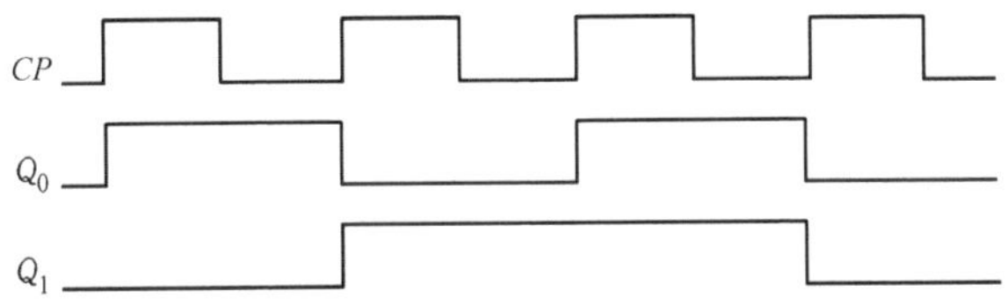

图5-48　D触发器构成的四分频电路时序图

5.6 用 Multisim 分析 JK 触发器功能

采用 EDA 对触发器功能进行测试，选用 JK 触发器 74LS76。74LS76 为具有异步复位和置位功能的双 JK 边沿触发器。在 Multisim 中放置 74LS76，按图 5-49 所示电路进行连线，其中 U1 ~ U4 为逻辑开关，用来控制输入信号的状态（逻辑 1 或逻辑 0）。设置信号源为 500Hz 的方波，具体参数如图 5-50 所示。输入变量、输出变量接至逻辑分析仪，以分析电路逻辑关系。

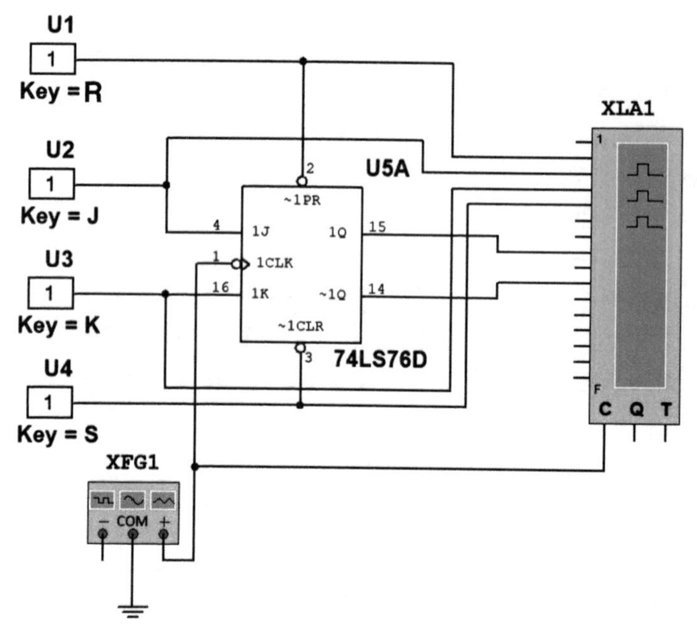

图 5-49 触发器仿真电路

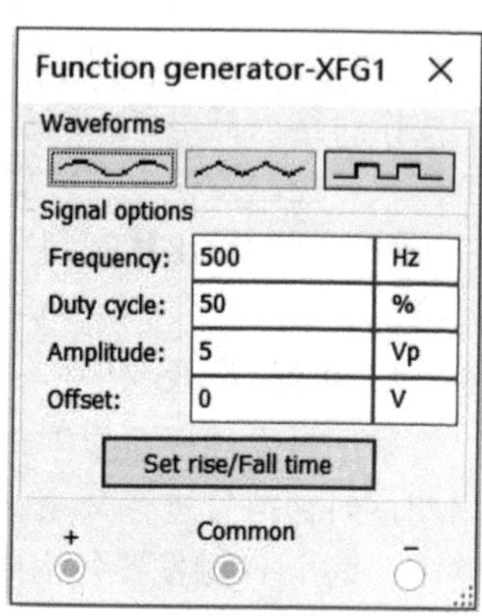

图 5-50 信号源参数

按以下顺序进行仿真：触发→置位→触发→复位→触发，仿真结果如图 5-51 所示。逻辑分析仪的 2、3 通道分别连接 J、K 端，1、4 通道分别连接异步置位端和异步复位端，5、6 通道分别连接 Q 和 $\overline{Q}$ 端。

由图 5-51 可见：

1）$\overline{PR}=0$，$\overline{CLR}=1$ 时，如区间 1 所示异步置位端有效，触发器被置位为 1。

2）$\overline{PR}=1$，$\overline{CLR}=0$ 时，如区间 2 所示异步复位有效，触发器被复位为 0。

3）$\overline{PR}=1$，$\overline{CLR}=1$，$J=K=1$ 时，如区间 3 所示异步复位和置位均无效，触发器处于翻转工作模式。

当异步复位和置位无效时的其余工作模式读者可以仿真验证。

本章小结

本章介绍了时序逻辑电路的基本单元——触发器。触发器是能够存储 1 位二进制数字信号的电路。按电路结构，触发器分为基本触发器、同步触发器、主从触发器和边沿触发器等；按逻辑功能，触发器可分为 RS 触发器、JK 触发器、D 触发器、T 触发器和 T′触发器等。本章在讲述时并没有受限于触发器的分类，而是将二者结合在一起进行了分析、介绍。通过本章学习，可以了解触发器的电路结构和逻辑功能之间的关系：同一种逻辑功能的触发器可以用不同电路结构实现；同一种电路结构的触发器可以实现不同逻辑功能。

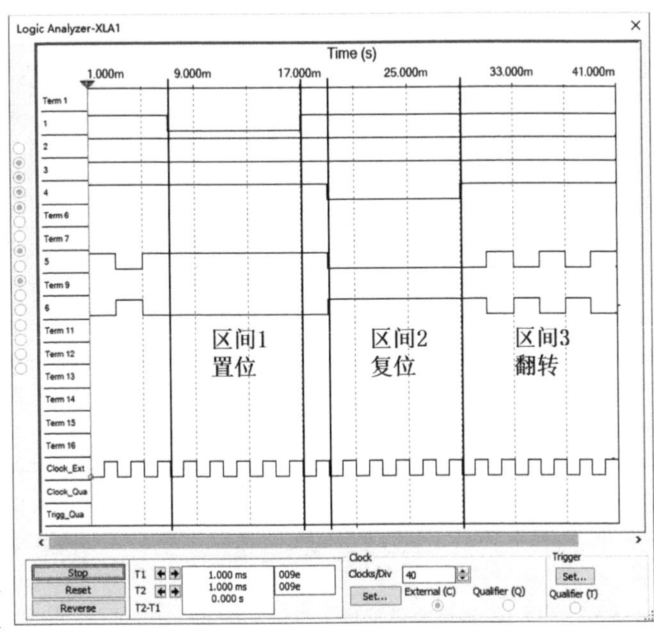

图 5-51　逻辑分析仪输出结果

不同结构的触发器都各有其特点，但也不可避免地存在局限性，比如同步触发器存在一个时钟周期内输出状态出现多次翻转，即“空翻”问题；主从结构 JK 触发器存在一次变化问题等。相对而言，边沿触发器结构较完善，也是目前市场上应用最广泛的电路结构。

触发器的描述主要有特性表、特性方程、激励表、状态转换图和时序图。

在实际应用中必须考虑触发器的工作特性，了解其主要参数，才能根据需要选择合适的触发器。此外，当不能直接得到所需功能的触发器时，可根据已有的触发器的功能，附加一定的外围电路进行触发器逻辑功能间的互相转换。

本章最后对触发器应用进行了举例说明，并使用 Multisim 软件对边沿 JK 触发器进行了仿真分析。

习　题

5-1　由或非门组成基本 RS 触发器的输入 R、S 之间为什么要有约束？当不满足约束条件时，输出端 Q 和 $\overline{Q}$ 会出现什么情况？试简要说明。

5-2　已知由与非门组成的基本 RS 触发器如图 5-22a 所示，$\overline{R}$、$\overline{S}$ 输入波形如图 5-52b 所示，试对应输入波形画出输出端 Q 和 $\overline{Q}$ 的波形。

5-3　已知由或非门组成的基本 RS 触发器的输入端 R 和 S 的波形如图 5-53b 所示，试画出输出端 Q 和 $\overline{Q}$ 的波形。

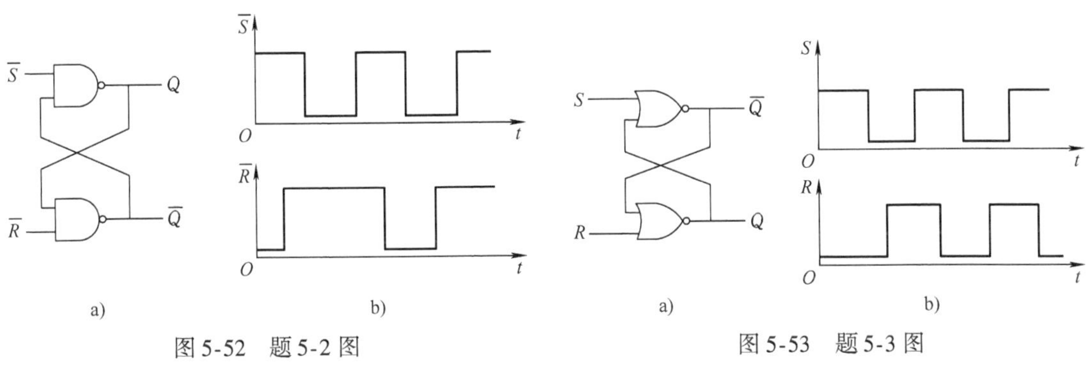

图 5-52　题 5-2 图

图 5-53　题 5-3 图

5-4 图 5-54a 所示电路为一种防抖动输出的开关电路。当拨动开关 S 时，由于开关触点接通瞬间发生振颤，$\overline{R}$、$\overline{S}$ 的电压波形如图 5-54b 所示。试画出 Q 和 $\overline{Q}$ 端对应的波形。

5-5 如图 5-7a 所示的同步 RS 触发器，CP、S、R 的输入波形如图 5-55 所示，试对应输入画出 Q 和 $\overline{Q}$ 端的波形。假定触发器的初始状态为 0。

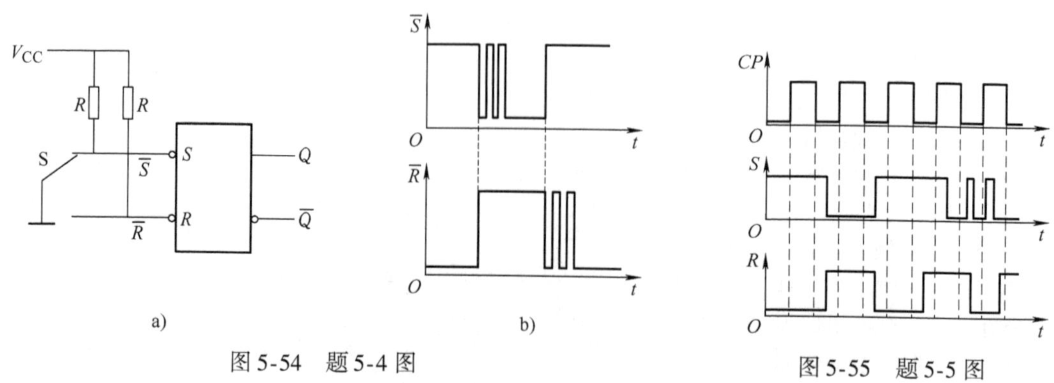

图 5-54 题 5-4 图

图 5-55 题 5-5 图

5-6 主从 RS 触发器原理如图 5-56a 所示，CP、R、S 的波形如图 5-56b 所示，试画出相应的 Q'、$\overline{Q'}$、Q 和 $\overline{Q}$ 的波形。

5-7 主从 JK 触发器中原理如图 5-57a 所示，CP、J、K 的波形如图 5-57b 所示，试画出相应的 Q'、$\overline{Q'}$、Q 和 $\overline{Q}$ 的波形。

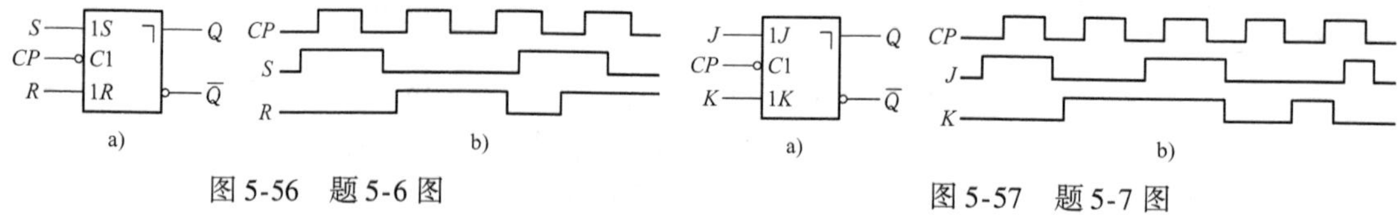

图 5-56 题 5-6 图

图 5-57 题 5-7 图

5-8 图 5-24 所示的 CD4027 主从触发器的输入端 J、K、S_D、R_D 及 CP 的波形图如图 5-58 所示，试画出输出端 Q 的波形。

5-9 JK 边沿触发器及其输入信号 CP、J、K 的波形如图 5-59 所示，设触发器的初始状态为 0，试画出 Q 和 $\overline{Q}$ 的波形。

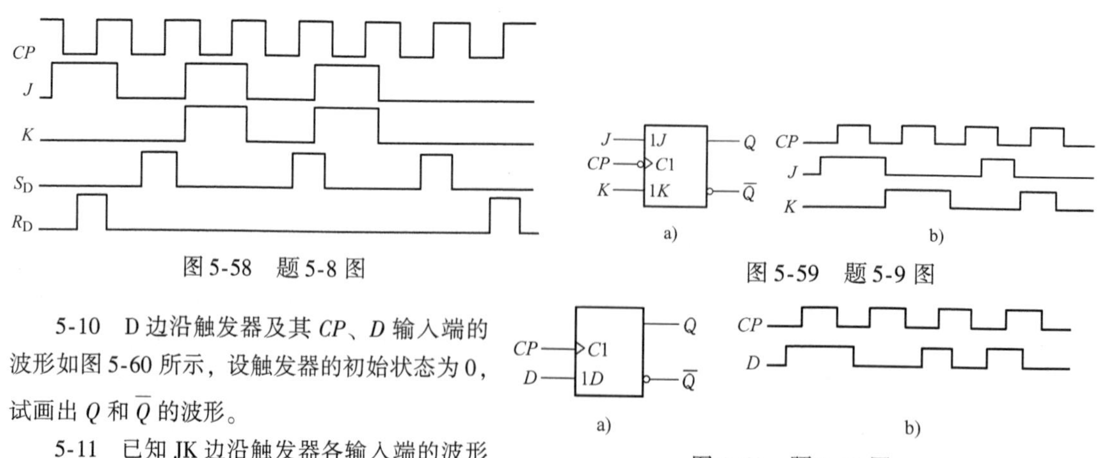

图 5-58 题 5-8 图

图 5-59 题 5-9 图

5-10 D 边沿触发器及其 CP、D 输入端的波形如图 5-60 所示，设触发器的初始状态为 0，试画出 Q 和 $\overline{Q}$ 的波形。

CP C1 Q

D 1D $\overline{Q}$

a)

CP

D

b)

图 5-60 题 5-10 图

5-11 已知 JK 边沿触发器各输入端的波形

如图 5-61 所示。试画出 Q 和 $\overline{Q}$ 的对应波形。

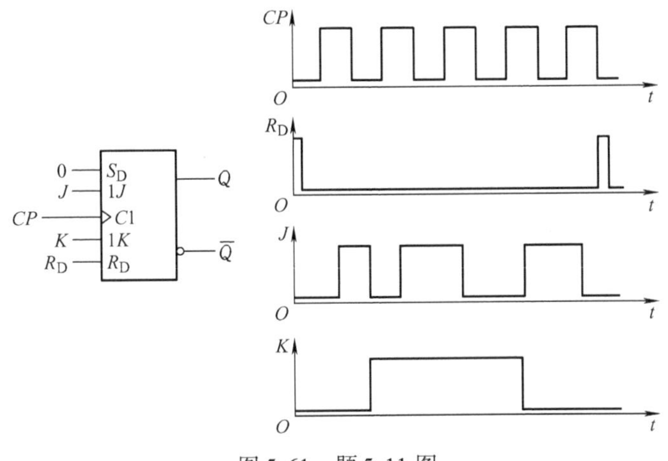

图 5-61 题 5-11 图

5-12 设图 5-62 中各触发器的初始状态均为 0，试画出在 CP 信号作用下各触发器输出端的波形。

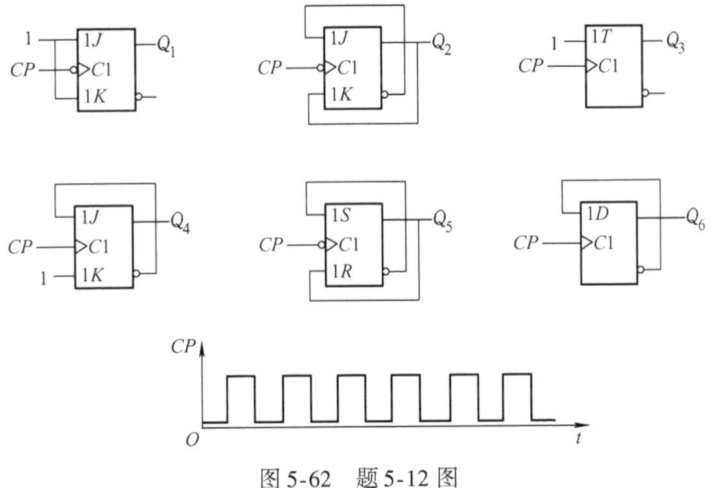

图 5-62 题 5-12 图

5-13 图 5-63a 所示 TTL 边沿触发器的 CP 及 A、B、C 的波形如图 5-63b 所示，试写出各触发器次态 Q^{n+1} 的逻辑表达式，并画出 Q 的波形，设各触发器的初态均为 0。

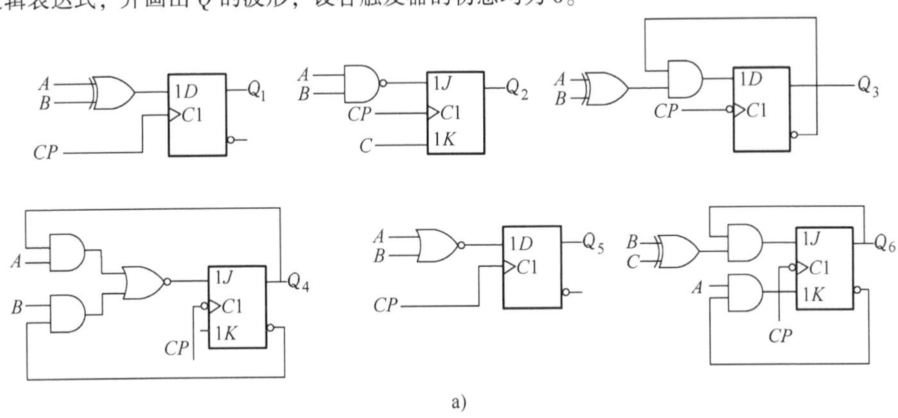

图 5-63 题 5-13 图

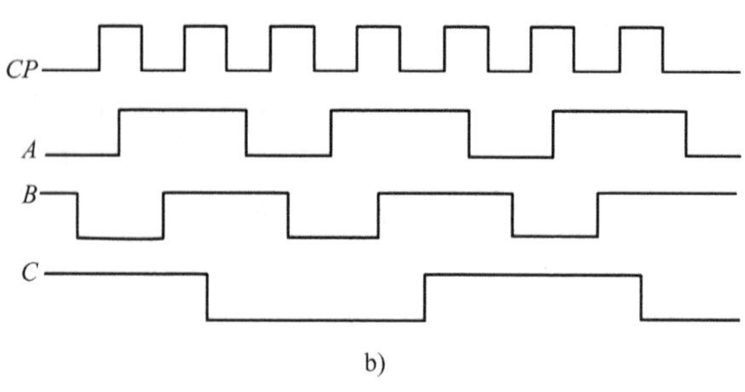

b)

图 5-63 题 5-13 图（续）

5-14 图 5-64a 中，FF_1、FF_2 是 CMOS 边沿触发器，FF_3、FF_4 是 TTL 边沿触发器。CP、A、B、C 输入端的波形如图 5-64b 所示，设各触发器的初态均为 0，试画出各触发器输出端 Q 的波形图。

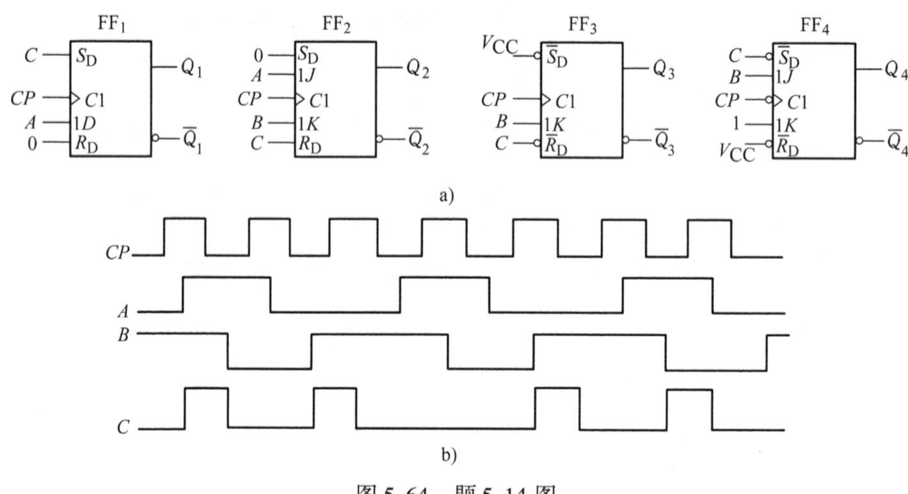

图 5-64 题 5-14 图

5-15 在图 5-65a 所示的 JK 触发器中，已知 CP 和输入端 T 的波形如图 5-65b 所示，设初始状态为 0，试画出 Q 和 $\overline{Q}$ 的波形图。

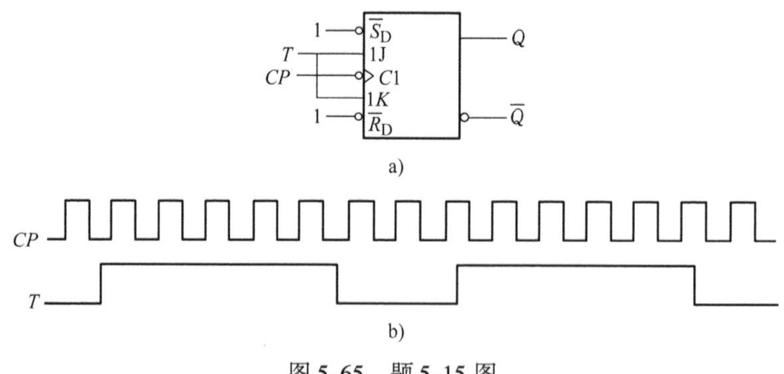

图 5-65 题 5-15 图

5-16 如图 5-66a 所示 TTL 电路，设两个触发器的初始状态均为 0，CP、A 端的输入波形如图 5-66b 所示，试画出 Q_0 和 Q_1 的波形图。

5-17 如图 5-67a 所示电路，设两个触发器的初始状态均为 1，其输入端 D、$\overline{R}_D$ 及 CP 的输入波形如图 5-67b 所示，试分别画出 Q_0 和 Q_1 的波形图。

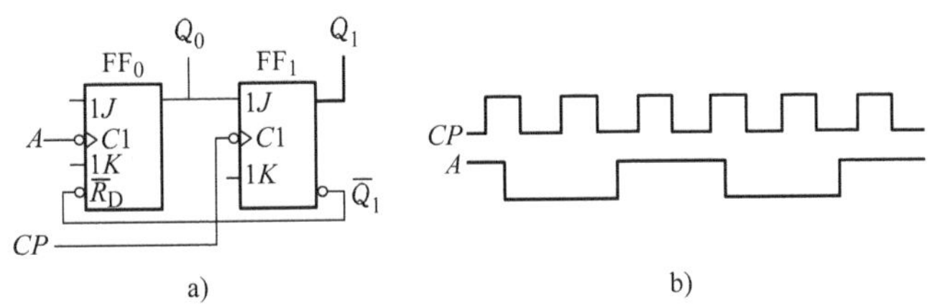

图 5-66 题 5-16 图

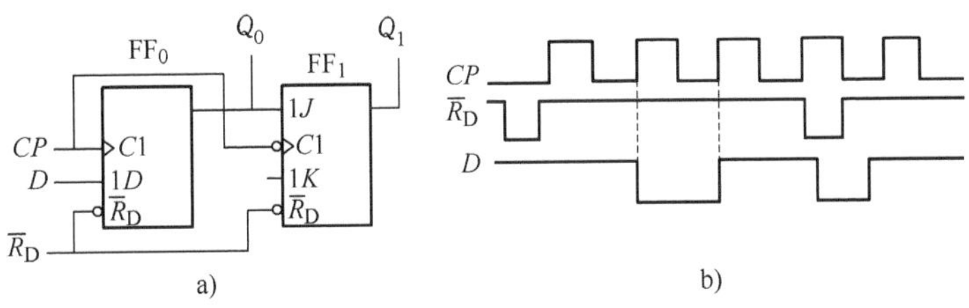

图 5-67 题 5-17 图

5-18 如图 5-68a 所示电路。其输入端 CP 和 A 的输入波形如图 5-68b 所示，设两个触发器的初始状态均为 0，试画出电路输出端 F_0 和 F_1 的波形图。

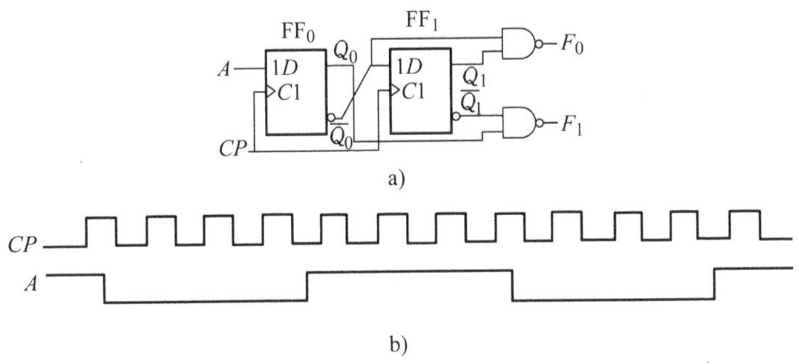

图 5-68 题 5-18 图

5-19 在图 5-69a 所示 TTL 电路中，CP 和 J 的输入波形如图 5-69b 所示，设触发器的初始状态为 0，试画出 Q 的波形图。

5-20 CMOS 边沿触发器和同或门组成的电路如图 5-70 所示。试画出在 CP 脉冲作用下 Q_0、Q_1 和 F 对应的输出波形。设触发器的初始状态均为 0。

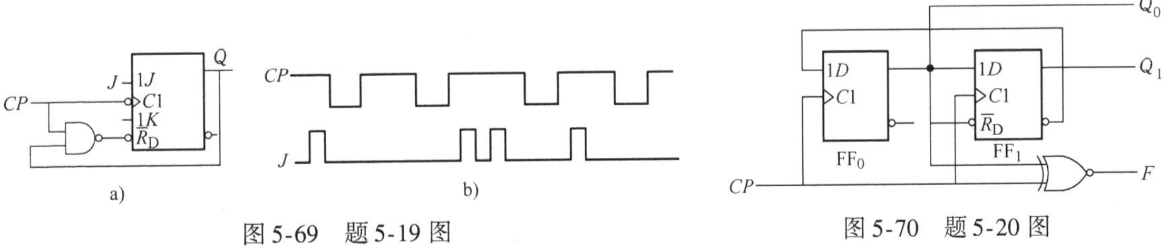

图 5-69 题 5-19 图

图 5-70 题 5-20 图

第6章

时序逻辑电路

本章系统介绍时序逻辑电路的工作原理、分析方法和设计方法。

首先，概述时序逻辑电路在逻辑功能和电路结构上的特点，并详细介绍分析时序逻辑电路的具体方法和步骤；然后分别介绍寄存器、计数器、顺序脉冲发生器等常用时序逻辑电路的工作原理和应用；最后介绍时序逻辑电路的设计方法及其综合应用。此外，还举例说明如何使用 Multisim 对时序逻辑电路进行仿真，以及如何用 VHDL 设计时序逻辑电路。

6.1　概述

根据结构和工作原理的不同，数字逻辑电路分为组合逻辑电路和时序逻辑电路。组合逻辑电路的输出状态只与当前时刻的输入有关；时序逻辑电路的输出状态不仅与当前时刻的输入有关，而且与电路原来所处的状态有关。

时序逻辑电路一般由组合逻辑电路和存储电路两部分组成，结构框图如图 6-1 所示。图中 $\boldsymbol{A}(A_0, A_1, \cdots, A_i)$ 为时序逻辑电路的输入，$\boldsymbol{F}(F_0, F_1, \cdots, F_j)$ 为输出；$\boldsymbol{D}(D_0, D_1, \cdots, D_k)$ 为存储电路的驱动输入，$\boldsymbol{Q}(Q_0, Q_1, \cdots, Q_l)$ 为状态输出。存储电路的输出反馈到输入端，与输入信号共同确定组合逻辑电路的输出。

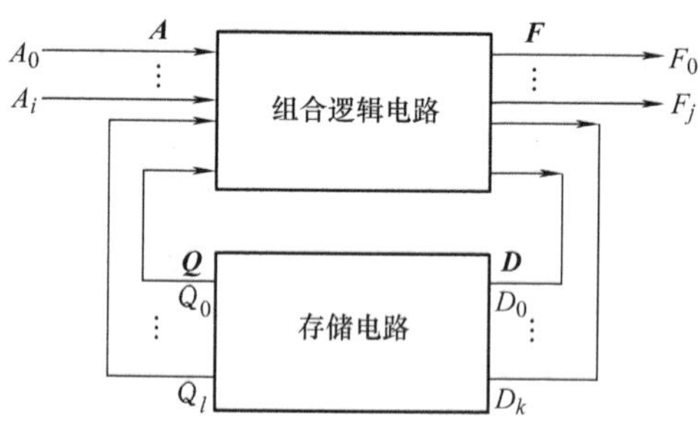

图 6-1　时序逻辑电路的结构框图

时序逻辑电路一般采用时钟方程、输出方程、驱动方程和状态方程描述。时钟方程是每个触发器的时针表达式。由组合逻辑电路可以写出除时针方程外的如下两个方程

输出方程　　$\boldsymbol{F}=f(\boldsymbol{A}, \boldsymbol{Q})$

驱动方程　　$\boldsymbol{D}=g(\boldsymbol{A}, \boldsymbol{Q})$

由存储电路可以写出如下方程

状态方程　　$\boldsymbol{Q}(t_{n+1})=h[\boldsymbol{D}, \boldsymbol{Q}(t_n)]$

式中，t_n、t_{n+1}表示相邻的两个离散时间。

按照存储单元状态变化的特点，时序逻辑电路可以分为同步时序逻辑电路（Synchronous Sequential Logic Circuit）和异步时序逻辑电路（Asynchronous Sequential Logic Circuit）两大类。在同步时序逻辑电路中，所有触发器的状态变化都是在同一时钟信号的相同边沿发生的；在异步时序逻辑电路中，各触发器状态的变化不是同时发生，而是有先有后。按照输出信号的特点，时序逻辑电路还分为米里（Mealy）型和摩尔（Moore）型两大类。Mealy 型电路的输出状态不仅与存储电路的状态有关，而且还与输入有关。Moore 型电路没有输入信

号，其输出状态仅与存储电路的状态有关，输出函数 F 可表示为

$$F=f(Q)$$

显然，Moore 型电路是 Mealy 型电路的一个特例。

时序逻辑电路的工作是在存储电路的状态之间按一定规律变化的，所以称之为状态机，并且其状态数量是有限的，因此又称之为有限状态机（Finite State Machine）。

时序逻辑电路的典型功能电路有寄存器、移位寄存器和计数器等。本章将以典型时序逻辑电路为例，介绍同步时序逻辑电路和异步时序逻辑电路的分析方法、设计方法、中规模时序逻辑器件的电路结构、逻辑功能及其应用。

6.2 时序逻辑电路的分析

所谓时序逻辑电路的分析，就是根据给定的时序逻辑电路图，分析出该电路的逻辑功能。一般步骤如下：

1）针对给定的逻辑电路图，写出每个触发器的时钟方程和驱动方程，写出电路的输出方程。

2）把各个触发器的驱动方程分别代入对应触发器的特性方程，求出触发器的次态方程。各触发器的次态方程组成电路的状态方程，写状态方程时要标出时钟条件。

除了状态方程的输出与过去状态有关，表达式中包括次态和初态以外，时钟方程、驱动方程和输出方程表达式中的输出只与当前输入有关，与其过去状态无关。

3）利用电路的状态转换真值表、状态转换图或时序图，确定电路的逻辑功能。

所谓状态转换真值表（简称状态转换表），就是将触发器的状态方程及输出方程用表格的形式来描述，以表示触发器在时钟脉冲作用下的状态转换情况。表的左边是输入变量和触发器的初态组合，右边为在时钟脉冲作用后触发器的次态以及电路的输出。状态的排列次序，既可按二进制递增顺序，也可按实际循环顺序，一般采用后者。

与第 5 章类似，将时序逻辑电路触发器输出的状态组合用圆圈圈起来，用箭头表示状态转换过程，箭头出发点为初态，箭头到达点为次态，箭头上面表示输入变量和输出变量的取值（输出变量前加“/”），由此画出的图称为状态转换图。画状态转换图时需要先定义各触发器状态输出在圆圈中的顺序。

所谓时序图，就是在序列时钟脉冲作用下时序逻辑电路触发器的状态、电路的输出状态随时间变化的波形图。

当列出电路的状态转换表或画出状态转换图、时序图时，首先假设触发器的初态、输入取值，代入电路的状态方程和输出方程，求出次态及输出；再将次态取值组合作为初态，假定输入取值，代入电路的状态方程和输出方程，求出次态及输出。依次循环，便可得到完整的状态转换表、状态转换图或时序图。列出电路的状态转换表，画出状态转换图、时序图时，应至少分析状态转换的一个循环，这样才能看出规律。

6.2.1 同步时序逻辑电路的分析

在分析较复杂的时序逻辑电路时，遵循上述步骤以分析电路的功能。在分析一些较简单的时序逻辑电路时，可能只用其中的几个步骤，就可确定其逻辑功能；如果电路很简单，逻

辑关系十分直观，也可以不按上述步骤分析，直接写出其结果。下面举例说明时序逻辑电路的分析方法。

例 6-1 试分析图 6-2 所示时序逻辑电路，要求写出驱动方程和状态方程，说明电路的逻辑功能。

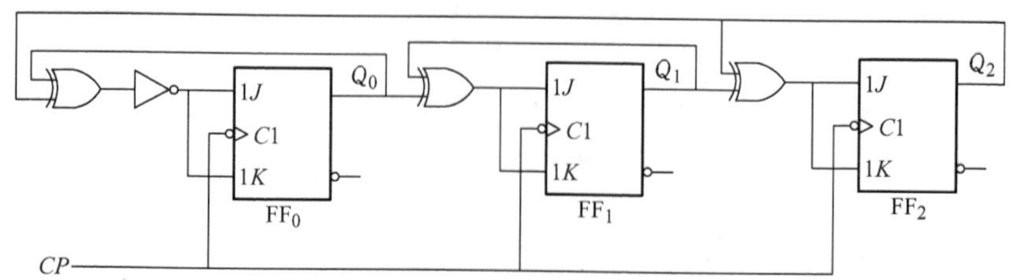

图 6-2 例 6-1 的同步时序逻辑电路

分析：本例电路除了 CP 外无输入变量，各触发器均由 JK 触发器接成 T 触发器，在同一时钟信号的下降沿进行状态转换，属于同步时序逻辑电路。

解：(1) 确定各触发器的驱动方程

$$\begin{cases}J_0 = K_0 = T_0 = \overline{Q_0 \oplus Q_2}\\ J_1 = K_1 = T_1 = Q_0 \oplus Q_1\\ J_2 = K_2 = T_2 = Q_1 \oplus Q_2\end{cases}$$

(2) 列出电路的状态方程（对同步时序逻辑电路来说，列状态方程时不需要列出时钟方程）

$$\begin{cases}Q_0^{n+1} = T_0 \oplus Q_0^n = \overline{Q_0^n \oplus Q_2^n} \oplus Q_0^n = \overline{Q_2^n}\\ Q_1^{n+1} = T_1 \oplus Q_1^n = Q_0^n \oplus Q_1^n \oplus Q_1^n = Q_0^n\\ Q_2^{n+1} = T_2 \oplus Q_2^n = Q_1^n \oplus Q_2^n \oplus Q_2^n = Q_1^n\end{cases}$$

(3) 列出电路状态转换表

方法 1 利用状态方程求次态。假定电路初态为 $Q_2^n Q_1^n Q_0^n = 000$，代入状态方程可求出电路的次态 $Q_2^{n+1} Q_1^{n+1} Q_0^{n+1} = 001$；再以此作为初态求次态，按同样的方法继续进行，直至次态 $Q_2^{n+1} Q_1^{n+1} Q_0^{n+1}$ 回到某一初态，进入循环。同时还需将不在循环中的状态（称为偏离状态）设为初态，按上述办法求出次态，以得出完整的状态转换表，见表 6-1。

表 6-1 方法 1 给出的状态转换表

CP	初态			次态		
	Q_2^n	Q_1^n	Q_0^n	Q_2^{n+1}	Q_1^{n+1}	Q_0^{n+1}
0	0	0	0	0	0	1
1	0	0	1	0	1	1
2	0	1	1	1	1	1
3	1	1	1	1	1	0
4	1	1	0	1	0	0
5	1	0	0	0	0	0
0	1	0	1	0	1	0
1	0	1	0	1	0	1

方法 2　利用触发器的激励函数求次态，见表 6-2。

表 6-2　方法 2 给出的状态转换表

CP	初态			激励函数			次态		
	Q_2^n	Q_1^n	Q_0^n	T_2	T_1	T_0	Q_2^{n+1}	Q_1^{n+1}	Q_0^{n+1}
0	0	0	0	0	0	1	0	0	1
1	0	0	1	0	1	0	0	1	1
2	0	1	1	1	0	0	1	1	1
3	1	1	1	0	0	1	1	1	0
4	1	1	0	0	1	0	1	0	0
5	1	0	0	1	0	0	0	0	0
0	1	0	1	1	1	1	0	1	0
1	0	1	0	1	1	1	1	0	1

（4）电路特性描述　从状态转换表可知，电路共有两个循环链，主循环链（又称为有效循环，循环中的状态称为有效状态）在时钟作用下，在六个不同状态中进行循环，实现六进制计数器功能；依照主循环链计数时，有效序列中两相邻状态仅有一个变量发生变化，因此这是一个模为 6 的扭环形计数器。电路的另一个循环链是由两个无效状态 010 和 101 构成的无效循环，若开机或启动时状态进入无效状态，电路状态则在无效循环中进行循环，表明电路不能自启动；若要解决自启动，则需通过复位/置位端或修改电路使无效循环进入有效循环。若电路有多个循环，一般选有效状态个数最多的作为有效循环。

上述分析中通过列出状态转换表得知电路的逻辑功能，通过画出状态转换图或时序图同样可以分析电路的逻辑功能。

图 6-2 所示电路的状态转换图、时序图分别如图 6-3 和图 6-4 所示。

从状态转换图以及时序图可以看出，此电路的功能是同步 6 进制计数器，电路不能自启动。

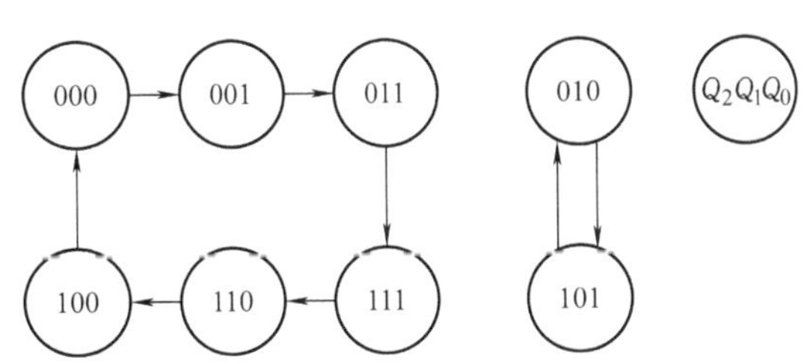

图 6-3　图 6-2 所示电路的状态转换图

6.2.2　异步时序逻辑电路的分析

在异步时序逻辑电路中，触发器的时钟不同，或时钟相同但触发的边沿不同。因此，分析此类电路时要注意状态方程有效的时钟条件。在外部时钟脉冲作用下，只有满足时钟条件的触发器状态可能发生变化，此时按状态方程确定其次态；不具备时钟条件的触发器保持原状态不变。下面举例加以说明。

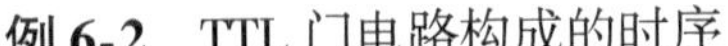

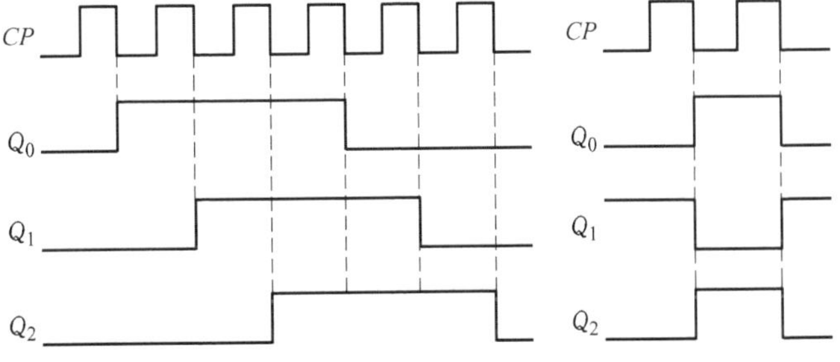

图 6-4　图 6-2 所示电路的时序图

例 6-2　TTL 门电路构成的时序

逻辑电路如图6-5所示。要求写出驱动方程、时钟方程和状态方程，画出状态转换图，并说明电路的逻辑功能。

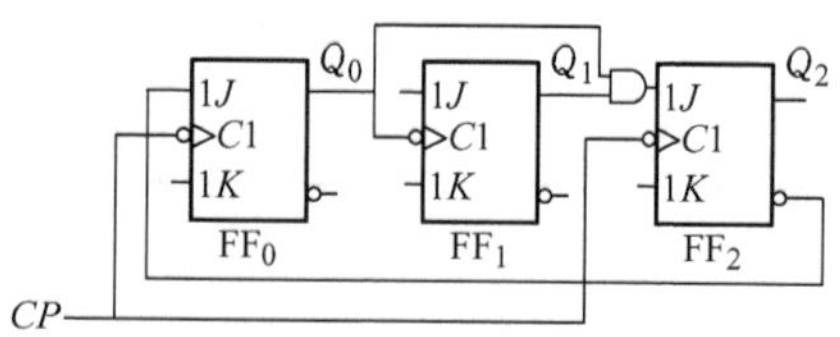

图6-5 例6-2的异步时序逻辑电路

分析：本例电路无输入变量，触发器均为JK触发器，并在时钟信号的下降沿进行状态转换。其中触发器FF_0、FF_2时钟均为外部提供的时钟信号CP；触发器FF_1时钟信号则由触发器FF_0的输出提供。因此电路属于Moore型异步时序逻辑电路。

解：（1）确定各级触发器的驱动方程和时钟方程

驱动方程

$$\begin{cases} J_0 = \overline{Q}_2, K_0 = 1 \\ J_1 = K_1 = 1 \\ J_2 = Q_0 Q_1, K_2 = 1 \end{cases}$$

时钟方程

$$\begin{cases} CP_0 = CP \\ CP_1 = Q_0 \\ CP_2 = CP \end{cases}$$

（2）列出电路的状态方程

$$\begin{cases} Q_0^{n+1} = \overline{Q}_2^n \overline{Q}_0^n & (CP\downarrow) \\ Q_1^{n+1} = \overline{Q}_1^n & (Q_0\downarrow) \\ Q_2^{n+1} = Q_0^n Q_1^n \overline{Q}_2^n & (CP\downarrow) \end{cases}$$

（3）画出状态转换图，如图6-6所示。

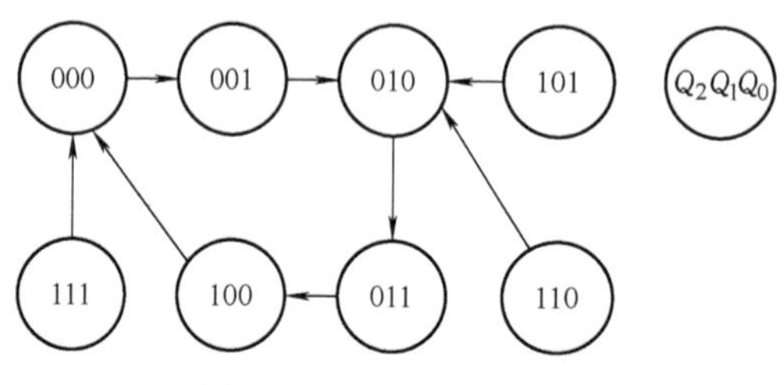

图6-6 电路状态转换图

（4）电路功能描述。由图6-6可知，此电路是一个能够自启动的异步五进制加法计数器。

6.3 常用中规模时序逻辑电路及其应用

6.3.1 寄存器和移位寄存器

1. 概述

在数字系统中，常常需要将一些数码暂时存放起来，这种暂时存放数码的逻辑部件称为寄存器（Register）。因为触发器具有0和1两个稳定状态，所以一个触发器可以寄存1位二进制数码。寄存多位数码需要用多个触发器实现。除了触发器以外，寄存器还需要由门电路构成控制电路，以实现信号的接收和清除等功能。寄存器接收数码的方式有两种：双拍接收方式和单拍接收方式。所谓双拍接收方式就是第一拍清零、第二拍置数，而单拍接收方式则是一拍即可完成数码的寄存。

移位寄存器（Shift Register）是一种特殊功能寄存器，除了具有寄存数码的功能外，还具有移位功能，即在时钟脉冲（又称为移位脉冲）作用下，能够把寄存器中存储的代码依次向右或向左移动。按照代码移动方向的不同，寄存器可以分为单向（左移或右移）及双向移位寄存器。按照代码的输入输出方式不同，移位寄存器可以有四种工作方式：串行输入—并行输出、串行输入—串行输出、并行输入—串行输出、并行输入—并行输出。

寄存器从电路工艺上一般分为TTL和CMOS中规模集成寄存器。为了扩展其逻辑功能并增加使用的灵活性，集成寄存器除了具有寄存、移位功能外，多数都具有保持、清零、使能控制等功能。下面举例加以分析。

2. 寄存器

图6-7所示为4位TTL寄存器74LS175的逻辑电路图和逻辑符号。它由四个D型触发器构成，CP是时钟端，$\overline{CR}$是清零端、D_0 ~ D_3是数据输入端，Q_0 ~ Q_3为原码输出端，$\overline{Q}_0$ ~ $\overline{Q}_3$为反码输出端。

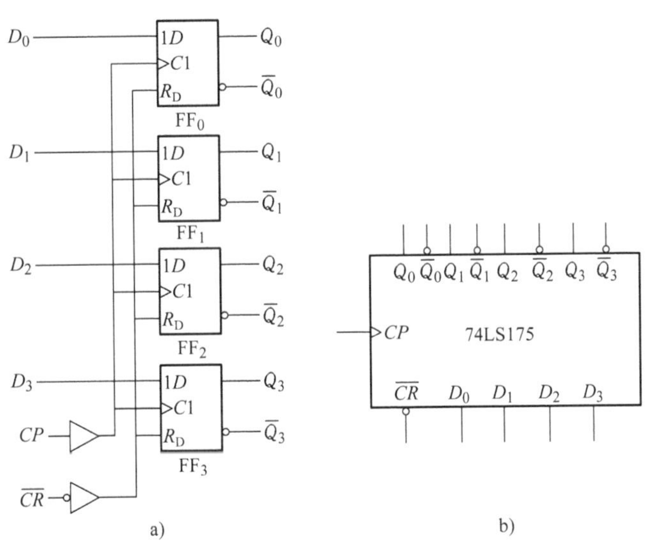

图6-7 4位TTL寄存器74LS175的逻辑电路图及逻辑符号

74LS175逻辑功能如下：

（1）异步清零 当$\overline{CR}=0$时，无论触发器处于何种状态，无论时钟条件是否具备，Q_0 ~ Q_3均被清为0。不需要清零时，应使$\overline{CR}=1$。

（2）送数 当$\overline{CR}=1$，并且CP上升沿到来时，进行并行送数，使$Q_0^{n+1}=D_0$，$Q_1^{n+1}=D_1$，$Q_2^{n+1}=D_2$，$Q_3^{n+1}=D_3$。

（3）保持 当$\overline{CR}=1$，且没有CP上升沿时，各触发器保持原状态。

按照上面的分析可知74LS175为单拍接收方式的4位寄存器，并且具有异步清零功能，其功能表见表6-3。

表6-3 74LS175的功能表

输入						输出				功能
CP	$\overline{CR}$	D_0	D_1	D_2	D_3	Q_0^{n+1}	Q_1^{n+1}	Q_2^{n+1}	Q_3^{n+1}	
ϕ	0	ϕ	ϕ	ϕ	ϕ	0	0	0	0	异步清零
↑	1	d_0	d_1	d_2	d_3	d_0	d_1	d_2	d_3	送数
Φ	1	ϕ	ϕ	ϕ	ϕ	Q_0^n	Q_1^n	Q_2^n	Q_3^n	保持

3. 移位寄存器的分析

(1) 单向移位寄存器　CMOS 双4 位移位寄存器CC4015 的逻辑电路及其逻辑符号如图6-8所示。CC4015 为串行输入—并行或串行输出的寄存器，内置两个同样的互相独立的逻辑电路。CP 是时钟端，CR 是清零端，高电平有效，D_S 是串行数据输入端，$Q_0 \sim Q_3$ 是输出端。

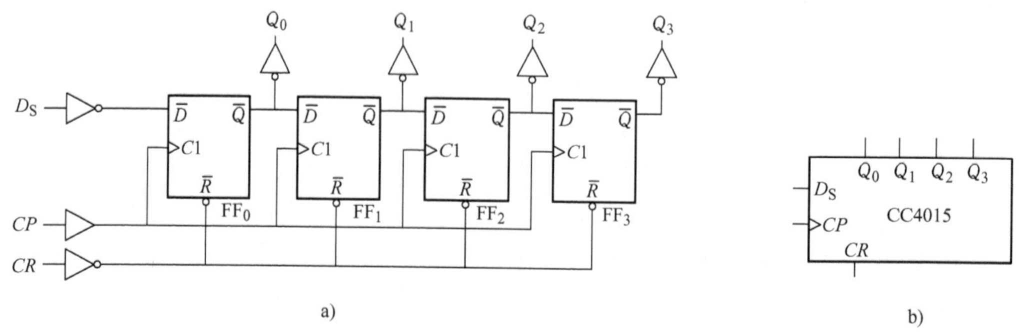

图6-8　CC4015 的逻辑电路及其逻辑符号

由给定的逻辑电路图可以写出各触发器的驱动方程为

$$D_0 = \overline{\overline{D_S}} = D_S, D_1 = Q_0, D_2 = Q_1, D_3 = Q_2$$

将各触发器的驱动方程分别代入 D 触发器的特性方程 $Q^{n+1} = D$，得到电路的状态方程为

$$Q_0^{n+1} = D_S,\ Q_1^{n+1} = Q_0^n,\ Q_2^{n+1} = Q_1^n,\ Q_3^{n+1} = Q_2^n$$

CC4015 的逻辑功能如下：

1）异步清零。无论触发器处于何种状态，无论时钟条件是否具备，只要 $CR = 1$，则寄存器清零。不需要异步清零时，应使 $CR = 0$。

2）右移。当 $CR = 0$ 时，在移位脉冲 CP 作用下，寄存器处于"右移"工作状态。设初态 $Q_0^n Q_1^n Q_2^n Q_3^n = 0000$，且拟串行输入数据 D_S 为1011。首先，使串行数据输入端 $D_S = 1$，在第一个时钟脉冲作用下，$Q_0^{n+1} = D_S = 1$，$Q_1^{n+1} = Q_0^n = 0$，$Q_2^{n+1} = Q_1^n = 0$，$Q_3^{n+1} = Q_2^n = 0$，即依次右移一位。在四个 CP 周期内输入数据依次为1011，移位寄存器里的代码状态转换表见表6-4，时序图如图6-9所示。即经过四个 CP 脉冲以后，串行输入的四个数据全部移入移位寄存器中。

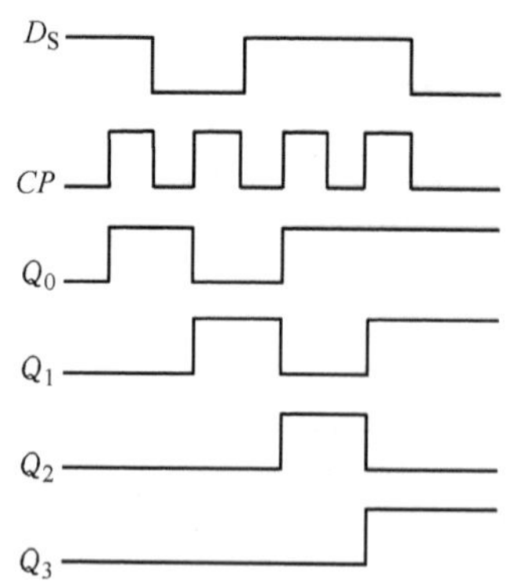

图6-9　串行输入数据为1011 时的时序图

表6-4　串行输入数据 D_S 为1011 时的状态转换表

时钟脉冲	串行输入	输出			
CP	D_S	Q_0^{n+1}	Q_1^{n+1}	Q_2^{n+1}	Q_3^{n+1}
0	0	0	0	0	0
1	1	1	0	0	0
2	0	0	1	0	0
3	1	1	0	1	0
4	1	1	1	0	1

由图6-8b可知，每个寄存单元的输出 $Q_0 \sim Q_3$ 均被引出，若从四个引出端同时输出，电路可以实现“串行输入—并行输出”的功能；若从其中一个引出端输出，则可实现“串行输入—串行输出”的功能。

3）保持。当 $CR=0$，并且没有时钟上升沿时，移位寄存器保持原态。

综上分析可得CC4015功能表见表6-5。

表6-5　单向移位寄存器CC4015功能表

输入			输出				功能
CP	CR	D_S	Q_0^{n+1}	Q_1^{n+1}	Q_2^{n+1}	Q_3^{n+1}	
ϕ	1	ϕ	0	0	0	0	清零
↑	0	0	0	Q_0^n	Q_1^n	Q_2^n	右移
↑	0	1	1	Q_0^n	Q_1^n	Q_2^n	右移
Φ	0	ϕ	Q_0^n	Q_1^n	Q_2^n	Q_3^n	保持

（2）双向移位寄存器　4位双向移位寄存器74LS194是由四个边沿D触发器 $FF_0 \sim FF_3$ 和相应的输入控制电路组成，如图6-10所示。图中 D_{SR} 为数据右移输入端，D_{SL} 为数据左移输入端，$D_0 \sim D_3$ 为数据并行输入端。移位寄存器的工作方式用控制端 M_1 和 M_0 的四种不同取值组合并通过四个与或非门组成的4选1数据选择器去控制。$\overline{CR}$ 为异步清零端，CP 为时钟端，$Q_0 \sim Q_3$ 为并行输出端。

1）由74LS194的逻辑电路图可以写出时钟方程、驱动方程为

$$CP_0 = CP_1 = CP_2 = CP_3 = CP$$

$$D_0' = \overline{M}_1 M_0 D_{SR} + M_1 M_0 D_0 + M_1 \overline{M}_0 Q_1 + \overline{M}_1\ \overline{M}_0 Q_0$$

$$D_1' = \overline{M}_1 M_0 Q_0 + M_1 M_0 D_1 + M_1 \overline{M}_0 Q_2 + \overline{M}_1 \overline{M}_0 Q_1$$

$$D_2' = \overline{M}_1 M_0 Q_1 + M_1 M_0 D_2 + M_1 \overline{M}_0 Q_3 + \overline{M}_1 \overline{M}_0 Q_2$$

$$D_3' = \overline{M}_1 M_0 Q_2 + M_1 M_0 D_3 + M_1 \overline{M}_0 D_{SL} + \overline{M}_1 \overline{M}_0 Q_3$$

2）求状态方程。将驱动方程代入D触发器的特性方程 $Q^{n+1}=D$，求得状态方程为

$$Q_0^{n+1} = D_0' = \overline{M}_1 M_0 D_{SR} + M_1 M_0 D_0 + M_1 \overline{M}_0 Q_1^n + \overline{M}_1 \overline{M}_0 Q_0^n$$

$$Q_1^{n+1} = D_1' = \overline{M}_1 M_0 Q_0^n + M_1 M_0 D_1 + M_1 \overline{M}_0 Q_2^n + \overline{M}_1 \overline{M}_0 Q_1^n$$

$$Q_2^{n+1} = D_2' = \overline{M}_1 M_0 Q_1^n + M_1 M_0 D_2 + M_1 \overline{M}_0 Q_3^n + \overline{M}_1 \overline{M}_0 Q_2^n$$

$$Q_3^{n+1} = D_3' = \overline{M}_1 M_0 Q_2^n + M_1 M_0 D_3 + M_1 \overline{M}_0 D_{SL} + \overline{M}_1 \overline{M}_0 Q_3^n$$

3）分析电路功能。

① 异步清零。当 $\overline{CR}=0$ 时，通过触发器的异步清零端，使寄存器异步清零。不清零时应使 $\overline{CR}=1$。

② 保持。当 $M_1M_0=00$ 时，四个与或非门最右侧与门被打开，由状态方程可知：$Q_0^{n+1}=Q_0^n$，$Q_1^{n+1}=Q_1^n$，$Q_2^{n+1}=Q_2^n$，$Q_3^{n+1}=Q_3^n$，当时钟脉冲 CP 上升沿到达时，移位寄存器工作在“保持”状态。

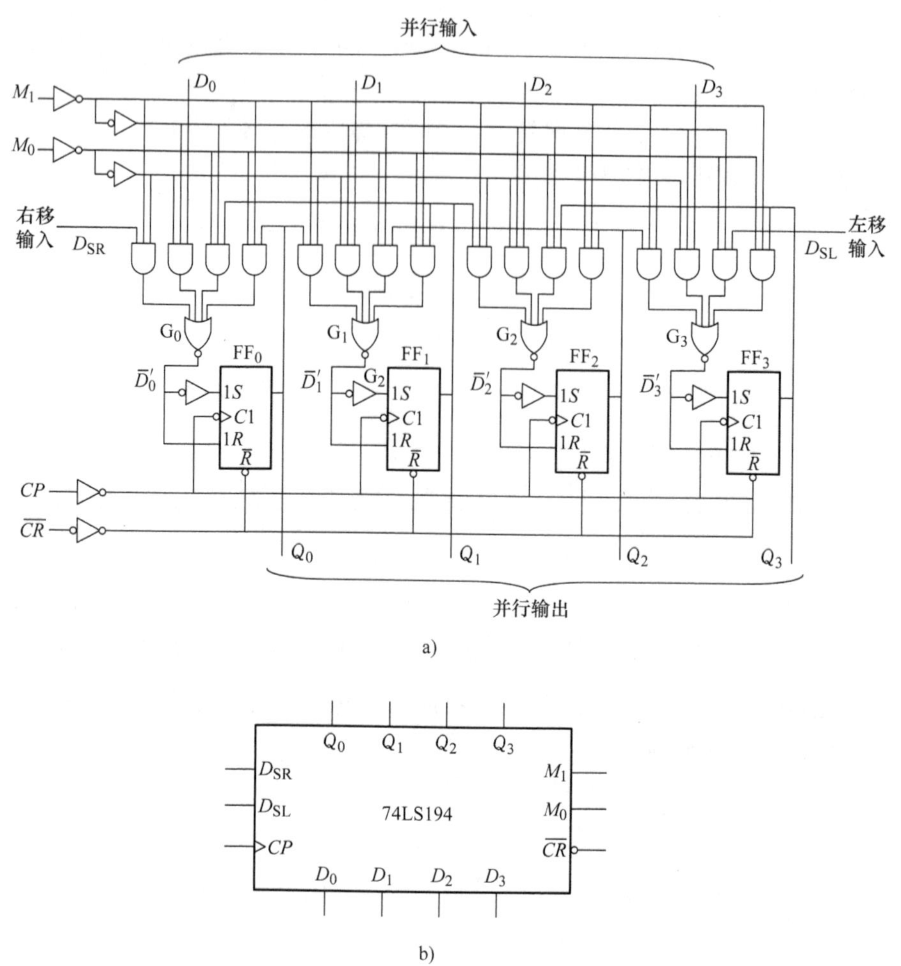

图 6-10　4 位双向移位寄存器 74LS194 的逻辑电路图和逻辑符号

③ 右移。当 $M_1M_0 = 01$ 时，四个与或非门最左侧与门被打开，状态方程变为

$$Q_0^{n+1} = D_{SR}，Q_1^{n+1} = Q_0^n，Q_2^{n+1} = Q_1^n，Q_3^{n+1} = Q_2^n$$

当 CP 上升沿到达时，移位寄存器处于“右移”工作方式。

④ 左移。当 $M_1M_0 = 10$ 时，四个与或非门右边第二个与门被打开，得到状态方程

$$Q_0^{n+1} = Q_1^n，Q_1^{n+1} = Q_2^n，Q_2^{n+1} = Q_3^n，Q_3^{n+1} = D_{SL}$$

当 CP 上升沿到达时，移位寄存器处于“左移”工作方式。

⑤ 送数。当 $M_1M_0 = 11$ 时，四个与或非门左边第二个与门被打开，状态方程变为

$$Q_0^{n+1} = D_0，Q_1^{n+1} = D_1，Q_2^{n+1} = D_2，Q_3^{n+1} = D_3$$

当 CP 上升沿到达时，移位寄存器处于“送数”工作方式。

由以上分析可知，74LS194 具有异步清零、保持、右移、左移和送数五种功能，见表 6-6。

表 6-6 双向移位寄存器 74LS194 功能表

输入										输出				功能
$\overline{CR}$	M_1	M_0	CP	D_{SR}	D_{SL}	D_0	D_1	D_2	D_3	Q_0^{n+1}	Q_1^{n+1}	Q_2^{n+1}	Q_3^{n+1}	
0	ϕ	ϕ	ϕ	ϕ	ϕ	ϕ	ϕ	ϕ	ϕ	0	0	0	0	异步清零
1	ϕ	ϕ	Φ	ϕ	ϕ	ϕ	ϕ	ϕ	ϕ	Q_0^n	Q_1^n	Q_2^n	Q_3^n	保持
1	0	0	↑	ϕ	ϕ	ϕ	ϕ	ϕ	ϕ	Q_0^n	Q_1^n	Q_2^n	Q_3^n	
1	0	1	↑	0	ϕ	ϕ	ϕ	ϕ	ϕ	0	Q_0^n	Q_1^n	Q_2^n	右移
1	0	1	↑	1	ϕ	ϕ	ϕ	ϕ	ϕ	1	Q_0^n	Q_1^n	Q_2^n	
1	1	0	↑	ϕ	0	ϕ	ϕ	ϕ	ϕ	Q_1^n	Q_2^n	Q_3^n	0	左移
1	1	0	↑	ϕ	1	ϕ	ϕ	ϕ	ϕ	Q_1^n	Q_2^n	Q_3^n	1	
1	1	1	↑	ϕ	ϕ	d_0	d_1	d_2	d_3	d_0	d_1	d_2	d_3	送数

6.3.2 计数器

所谓计数，就是计算输入脉冲的个数，计数器（Counter）为能够实现计数功能的时序逻辑器件。计数器不仅可以用来计数，也可用来定时、分频和进行数字运算。一般来说，一个数字系统基本上都包含计数器。如图 6-11 所示，计数器种类很多，按照组成计数器各触发器的状态变化特点，即触发器的状态转换所需 CP 是否来自统一的计数脉冲，可以分为同步计数器和异步计数器；按照计数数值的增减情况可以分为加法（递增）计数器、减法（递减）计数器、可逆计数器和其他计数器；按照计数进位制不同可分为二进制计数器、十进制计数器和任意进制计数器。计数器既有中规模集成器件，也可以用小规模集成电路组成。

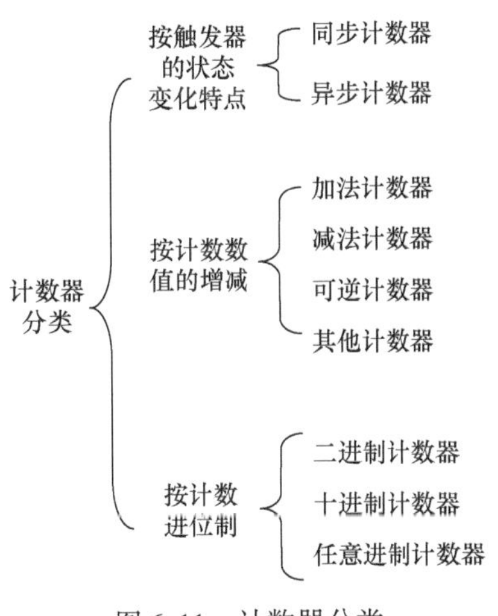

图 6-11 计数器分类

1. 同步计数器

同步计数器的特点是组成计数器各触发器的时钟脉冲均来自同一个计数输入脉冲，当计数脉冲有效边沿到达时，各触发器的次态方程均有效。因此，在分析同步计数器时，不需要考虑状态方程的时钟条件。

（1）同步二进制计数器 图 6-12 所示同步时序逻辑电路由四个 JK 触发器转换成的 T 触发器组成。

驱动方程为

$$T_0=1,\ T_1=Q_0,\ T_2=Q_1Q_0,\ T_3=Q_2Q_1Q_0$$

输出方程为

$$CO=Q_3Q_2Q_1Q_0$$

将各触发器的驱动方程代入 T 触发器的特性方程

$$Q^{n+1}=T\overline{Q}^n+\overline{T}Q^n=T\oplus Q^n$$

得到电路状态方程为

$$Q_0^{n+1}=T_0\oplus Q_0^n=\overline{Q}_0^n$$
$$Q_1^{n+1}=T_1\oplus Q_1^n=Q_0^n\oplus Q_1^n$$
$$Q_2^{n+1}=T_2\oplus Q_2^n=(Q_0^nQ_1^n)\oplus Q_2^n$$
$$Q_3^{n+1}=T_3\oplus Q_3^n=(Q_2^nQ_1^nQ_0^n)\oplus Q_3^n$$

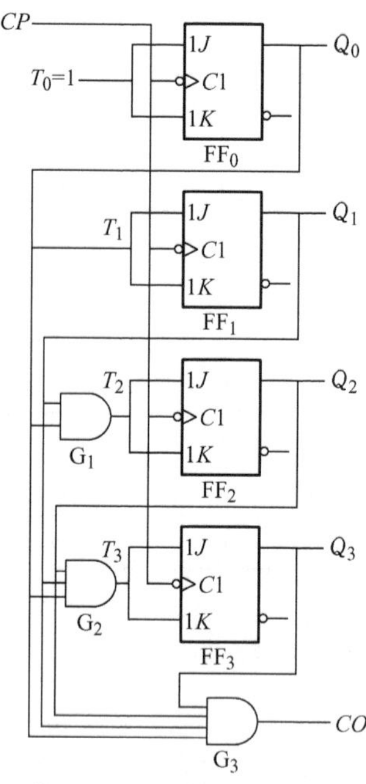

图 6-12 同步四位二进制加法计数器逻辑电路

下面通过状态转换表分析电路的逻辑功能。依次假设初态、代入电路的状态方程和输出方程，可求出相应的次态和输出。例如，设 $Q_3^nQ_2^nQ_1^nQ_0^n=0000$，代入方程得到 $Q_0^{n+1}=1$，$Q_1^{n+1}=0$，$Q_2^{n+1}=0$，$Q_3^{n+1}=0$，$CO=0$，即电路的次态为 0001，输出为 0；再以 $Q_3^nQ_2^nQ_1^nQ_0^n=0001$ 作为初态代入方程，得到电路的次态为 0010，输出为 0；将此过程一直进行下去，直到状态循环为止。图 6-12 所示电路的状态转换表见表 6-7。由表可见，当计数脉冲依次输入时，计数器按二进制码依次递增，并且在第 16 个计数脉冲输入后，计数器的状态回到 0000，这表示完成了一次状态转换的循环。以后每输入 16 个脉冲，计数器的状态循环一次。将此种计数器称为模 16 加法计数器，或四位二进制加法计数器，CO 为进位输出。

表 6-7 同步二进制加法计数器的状态转换表

CP	Q_3^n	Q_2^n	Q_1^n	Q_0^n	Q_3^{n+1}	Q_2^{n+1}	Q_1^{n+1}	Q_0^{n+1}	CO
0	0	0	0	0	0	0	0	1	0
1	0	0	0	1	0	0	1	0	0
2	0	0	1	0	0	0	1	1	0
3	0	0	1	1	0	1	0	0	0
4	0	1	0	0	0	1	0	1	0
5	0	1	0	1	0	1	1	0	0
6	0	1	1	0	0	1	1	1	0
7	0	1	1	1	1	0	0	0	0
8	1	0	0	0	1	0	0	1	0
9	1	0	0	1	1	0	1	0	0
10	1	0	1	0	1	0	1	1	0
11	1	0	1	1	1	1	0	0	0
12	1	1	0	0	1	1	0	1	0
13	1	1	0	1	1	1	1	0	0
14	1	1	1	0	1	1	1	1	0
15	1	1	1	1	0	0	0	0	1

四位二进制加法计数器的状态转换图如图 6-13 所示，从图中可以看出计数器每 16 个状态循环一次，进位输出在当前状态为 1111 时输出高电平，其他状态均输出低电平。图 6-14

所示为电路的时序图，由图可以看出，每经过一个触发器，脉冲的频率降低一半，所以计数器又称为分频器。

一般来说，一个 n 位二进制计数器具有 2^n 个状态，称为模 2^n 计数器，其最后一级触发器输出频率降为时钟 CP 频率的 $1/2^n$。

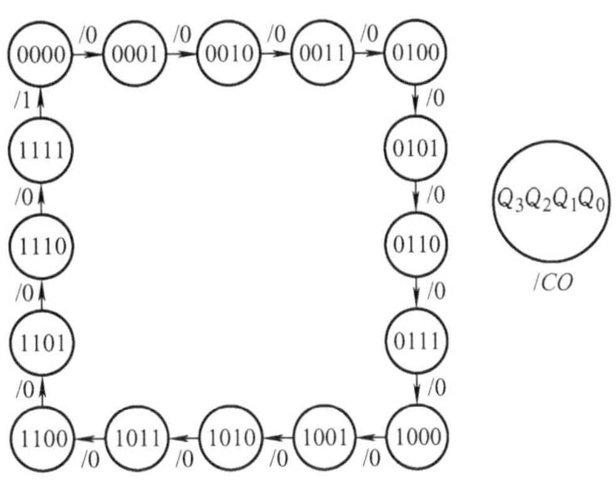

图 6-13　同步四位二进制加法计数器的状态转换图

从表 6-7 可以看出，由 T 触发器构成的同步二进制加法计数器，除了最低位触发器 FF_0 是每来一个计数脉冲就改变一次状态外，其余各位触发器则是只有在其对应的所有低位输出同时为 1 时，再来计数脉冲才发生翻转。由此可归纳出同步二进制加法计数器输入端 T_i 函数式的一般形式为

$$T_0 = 1,\ T_i = Q_{i-1}Q_{i-2}\cdots Q_1Q_0 = \prod_{j=0}^{i-1} Q_j \quad (i = 1,2,\cdots,n-1)$$

如果用 n 个 T 触发器构成模 2^n 同步二进制减法计数器，则各触发器驱动端的函数 T_i 的一般表达式为

$$T_0 = 1,\ T_i = \overline{Q}_{i-1}\overline{Q}_{i-2}\cdots\overline{Q}_1\overline{Q}_0 = \prod_{j=0}^{i-1} \overline{Q}_j \quad (i = 1,2,\cdots,n-1)$$

同步二进制计数器除了可以用触发器设计得到，也可以选用中规模集成计数器。中规模计数器除了具有计数功能以外，一般还有其他扩展功能，使用起来灵活方便。下面以同步四位二进制加法计数器 74LS161 为例进行介绍。

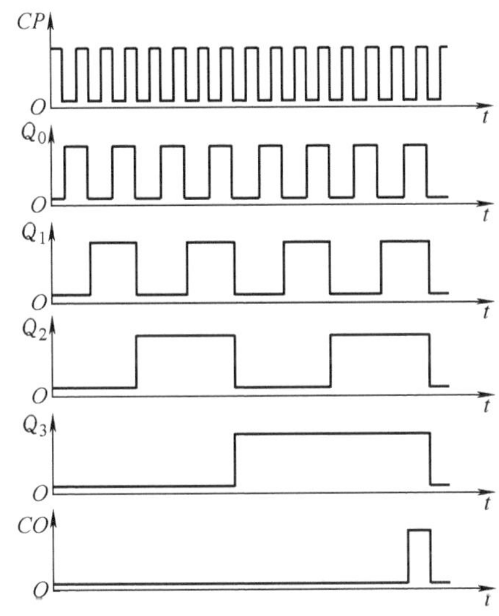

图 6-14　同步四位二进制加法计数器的时序图

中规模集成电路同步四位二进制计数器 74LS161 是在上述电路的基础上，增加了同步预置、异步清零和保持功能构成的，其电路图及逻辑符号如图 6-15 所示。

由图可知，74LS161 时钟端为 CP，$\overline{CR}$为异步清零端，$\overline{LD}$为置数端，$D_0 \sim D_3$ 为数据输入端，CT_P 和 CT_T 为计数控制端，$Q_0 \sim Q_3$ 为状态输出端，CO 为进位输出端，状态转换表见表 6-7，状态转换图和时序图分别如图 6-13 和图 6-14 所示。分析图 6-15，可知 74LS161 具有以下功能：

1）异步清零。只要清零端$\overline{CR}$为低电平，不需与时钟脉冲 CP 同步，即可清零。

2）同步预置。当置数端$\overline{LD}$为低电平并且$\overline{CR}$为高电平时，在时钟脉冲 CP 上升沿作用下，置数输入端 $D_0 \sim D_3$ 外加的数据将被同步预置到计数器的输出端 $Q_0 \sim Q_3$。

3）计数。当$\overline{CR}$、$\overline{LD}$、CT_P、CT_T 均为高电平时，在 CP 脉冲上升沿作用下，电路完成同步十六进制加法计数功能。进位输出 $CO = CT_TQ_3Q_2Q_1Q_0$，表明进位输出端通常为低电

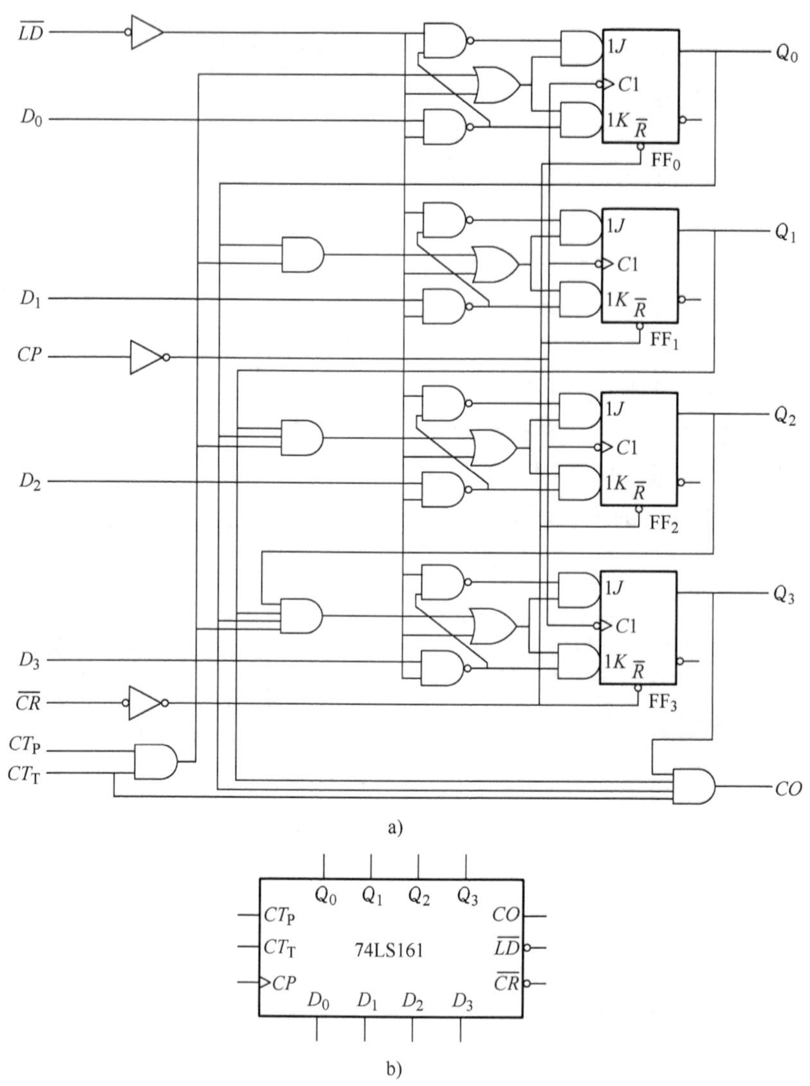

图 6-15 同步四位二进制加法计数器 74LS161 逻辑电路图和逻辑符号

平，仅当计数端 CT_T 为高电平，且各触发器输出端均为高电平（计数最大值）时，CO 才为高电平。因此，当第 15 个计数脉冲到来时，计数器输出为 1111，进位端 CO 由低电平变为高电平，而当第 16 个计数脉冲到来时，计数器变为 0000 状态，CO 由高电平变为低电平，输出一个进位脉冲。

4）保持。当$\overline{CR}$与$\overline{LD}$均为高电平时，只要计数控制端 CT_P和 CT_T中有一个为低电平，计数器则处于保持状态。

74LS161 的功能表见表 6-8。

（2）同步十进制计数器 在日常生活中，常采用十进制表示数字，因此在数字系统中也常采用二-十进制计数器。二-十进制计数器是用四位二进制数的代码代表 1 位十进制数进行计数的器件。

表 6-8 74LS161 的功能表

CP	$\overline{CR}$	$\overline{LD}$	CT_T	CT_P	D_0	D_1	D_2	D_3	功能
ϕ	0	1	ϕ	ϕ	ϕ	ϕ	ϕ	ϕ	异步清零（$Q_i=0$，$i=0$，1，2，3）
↑	1	0	ϕ	ϕ	d_0	d_1	d_2	d_3	同步预置（$Q_i^{n+1}=d_i$，$i=0$，1，2，3）
ϕ	1	1	0	1	ϕ	ϕ	ϕ	ϕ	保持（但 $CO=0$）
ϕ	1	1	1	0	ϕ	ϕ	ϕ	ϕ	保持
↑	1	1	1	1	ϕ	ϕ	ϕ	ϕ	计数

表中，$CO=CT_TQ_3Q_2Q_1Q_0$

同步十进制计数器包括加法计数器、减法计数器和可逆计数器。下面以图 6-16 所示的同步十进制加法计数器为例进行分析，图中 JK 触发器仍接成 T 触发器。

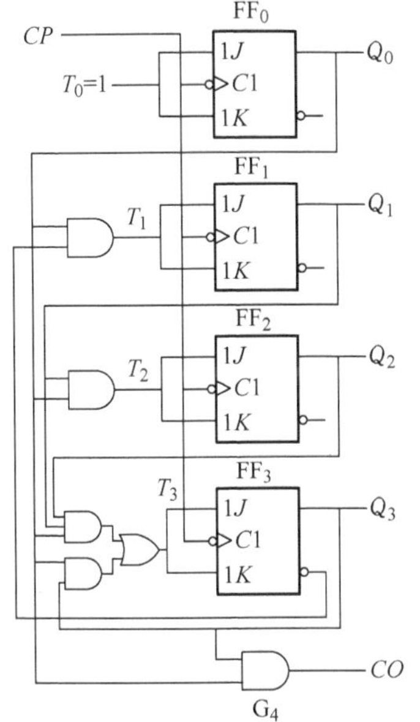

图 6-16 同步十进制加法计数器

根据逻辑电路写出方程：

驱动方程

$$T_0=1,\ T_1=\overline{Q}_3Q_0,\ T_2=Q_1Q_0,\ T_3=Q_2Q_1Q_0+Q_3Q_0$$

输出方程

$$CO=Q_3Q_0$$

将各触发器的驱动方程分别代入触发器的特性方程，求得状态方程为

$$Q_0^{n+1}=\overline{Q_0^n}$$
$$Q_1^{n+1}=(\overline{Q_3^n}Q_0^n)\oplus Q_1^n$$
$$Q_2^{n+1}=(Q_1^nQ_0^n)\oplus Q_2^n$$
$$Q_3^{n+1}=(Q_2^nQ_1^nQ_0^n+Q_3^nQ_0^n)\oplus Q_3^n$$

由上述状态方程和输出方程，可列出图 6-16 所示的同步十进制加法计数器的状态转换表，见表 6-9。

表 6-9 同步十进制加法计数器的状态转换表

CP	Q_3^n	Q_2^n	Q_1^n	Q_0^n	Q_3^{n+1}	Q_2^{n+1}	Q_1^{n+1}	Q_0^{n+1}	CO
0	0	0	0	0	0	0	0	1	0
1	0	0	0	1	0	0	1	0	0
2	0	0	1	0	0	0	1	1	0
3	0	0	1	1	0	1	0	0	0
4	0	1	0	0	0	1	0	1	0
5	0	1	0	1	0	1	1	0	0
6	0	1	1	0	0	1	1	1	0
7	0	1	1	1	1	0	0	0	0
8	1	0	0	0	1	0	0	1	0
9	1	0	0	1	0	0	0	0	1
0	1	0	1	0	1	0	1	1	0
1	1	0	1	1	1	1	0	0	1

（续）

CP	Q_3^n	Q_2^n	Q_1^n	Q_0^n	Q_3^{n+1}	Q_2^{n+1}	Q_1^{n+1}	Q_0^{n+1}	CO
0	1	1	0	0	1	1	0	1	0
1	1	1	0	1	0	1	0	0	1
0	1	1	1	0	1	1	1	1	0
1	1	1	1	1	0	0	1	0	1

由表6-9可见，如果从0000开始计数，计数顺序则按二进制递增，在第九个计数脉冲输入后，电路进入1001状态，当第十个计数脉冲输入后，电路则返回到0000状态，同时产生一个进位输出信号。因此该电路是一个8421BCD码的十进制加法计数器。用四个T触发器构成的图6-16电路有十六个状态，其中0000～1001这十个状态为有效状态，而其余的六个状态1010～1111为无效状态，在计数器正常工作时，这六个状态不会出现，由表6-9可知该电路具有自启动能力。

根据表6-9分别画出其对应的状态转换图和时序图，如图6-17和图6-18所示。

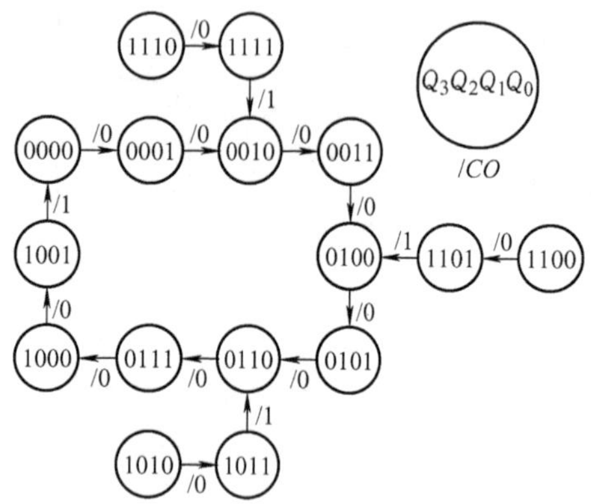

图6-17 同步十进制加法计数器的状态转换图

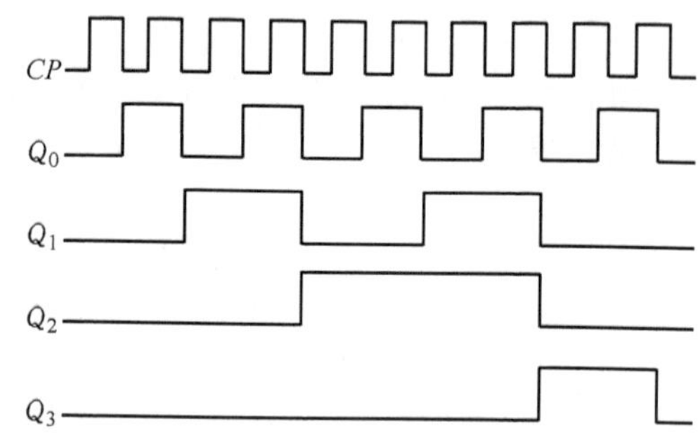

图6-18 同步十进制加法计数器的时序图

中规模集成同步十进制加法计数器74LS160是在上述电路的基础上，增加了同步预置、异步清零和保持功能构成的。除了进位输出CO外，74LS160功能和逻辑符号与74LS161相同。74LS160逻辑符号如图6-19所示，功能见表6-10。

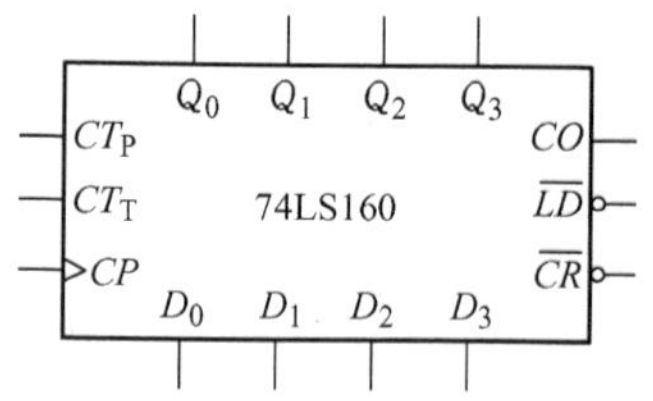

图6-19 同步十进制加法计数器74LS160的逻辑符号

表6-10 74LS160的功能表

CP	$\overline{CR}$	$\overline{LD}$	CT_T	CT_P	D_0	D_1	D_2	D_3	功能
ϕ	0	1	ϕ	ϕ	ϕ	ϕ	ϕ	ϕ	异步清零（$Q_i=0$，$i=0$，1，2，3）
↑	1	0	ϕ	ϕ	d_0	d_1	d_2	d_3	同步预置（$Q_i^{n+1}=d_i$，$i=0$，1，2，3）
ϕ	1	1	0	1	ϕ	ϕ	ϕ	ϕ	保持（但$CO=0$）
ϕ	1	1	1	0	ϕ	ϕ	ϕ	ϕ	保持
↑	1	1	1	1	ϕ	ϕ	ϕ	ϕ	计数

表中，$CO=CT_TQ_3Q_0$

2. 异步计数器

异步计数器属于异步时序逻辑电路，其分析方法参照6.2.2节中异步时序逻辑电路的分析方法，与同步时序逻辑电路分析相比，要特别注意触发器的时钟条件是否具备。

(1) 异步二进制计数器 图6-20所示异步时序逻辑电路由四个JK触发器转换成的T′触发器组成。

电路的时钟方程为

$$\begin{cases} CP_0 = CP \\ CP_1 = Q_0 \\ CP_2 = Q_1 \\ CP_3 = Q_2 \end{cases}$$

电路的状态方程为

$$\begin{cases} Q_0^{n+1} = \overline{Q}_0^n \quad (CP\downarrow) \\ Q_1^{n+1} = \overline{Q}_1^n \quad (Q_0\downarrow) \\ Q_2^{n+1} = \overline{Q}_2^n \quad (Q_1\downarrow) \\ Q_3^{n+1} = \overline{Q}_3^n \quad (Q_2\downarrow) \end{cases}$$

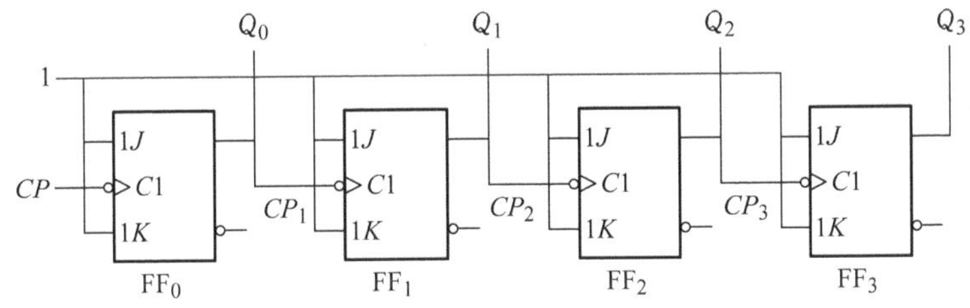

图6-20 异步四位二进制加法计数器

下面利用时序图分析图6-20所示电路的逻辑功能。由图可知，四个触发器构成串行（级联）进位计数器，并且均为T′触发器，满足时钟条件时触发器状态将跳变。从左到右，四个触发器的状态分别在CP、Q_0、Q_1和Q_2的下降沿翻转，时序图如图6-21所示。

由图6-21可知，图6-20电路图为异步四位二进制加法计数器。

图6-20所示异步四位二进制加法计数器状态转换表见表6-11。

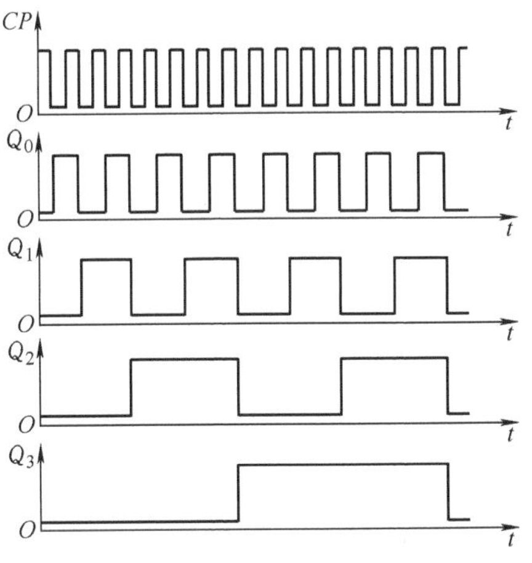

图6-21 异步四位二进制加法计数器的时序图

表 6-11 异步四位二进制加法计数器的状态转换表

CP	Q_3^n	Q_2^n	Q_1^n	Q_0^n	Q_3^{n+1}	Q_2^{n+1}	Q_1^{n+1}	Q_0^{n+1}
0	0	0	0	0	0	0	0	1
1	0	0	0	1	0	0	1	0
2	0	0	1	0	0	0	1	1
3	0	0	1	1	0	1	0	0
4	0	1	0	0	0	1	0	1
5	0	1	0	1	0	1	1	0
6	0	1	1	0	0	1	1	1
7	0	1	1	1	1	0	0	0
8	1	0	0	0	1	0	0	1
9	1	0	0	1	1	0	1	0
10	1	0	1	0	1	0	1	1
11	1	0	1	1	1	1	0	0
12	1	1	0	0	1	1	0	1
13	1	1	0	1	1	1	1	0
14	1	1	1	0	1	1	1	1
15	1	1	1	1	0	0	0	0

由表 6-11 可以看出，最低位触发器每来一个计数脉冲改变一次状态，而其余触发器状态的变化一定发生在相邻低位触发器 Q 端的状态由 1→0 的时刻。因此，由下降沿触发的 T′触发器构成异步 n 位二进制加法计数器时，其连接规律为：除 $CP_0=CP$（计数脉冲）外，将相邻低位的 Q 端作为高位 CP 的输入端，即 $CP_i=Q_{i-1}(i=1,\ 2,\ \cdots,\ n-1)$；若改用上升沿触发的触发器，则将相邻低位的 $\overline{Q}$ 端作为高位 CP 的输入端，即 $CP_i=\overline{Q}_{i-1}(i=1,\ 2,\ \cdots,\ n-1)$。

如果用 T′触发器构成异步 n 位二进制减法计数器，其连接规律为：若采用下降沿触发的触发器，除 $CP_0=CP$（计数脉冲）外，将相邻低位的 $\overline{Q}$ 端作为高位 CP 的输入端，即 $CP_i=\overline{Q}_{i-1}(i=1,\ 2,\ \cdots,\ n-1)$；若采用上升沿触发的触发器，则 $CP_0=CP$（计数脉冲），并将相邻低位的 Q 端作为高位 CP 的输入端，即 $CP_i=Q_{i-1}(i=1,\ 2,\ \cdots,\ n-1)$。

根据以上分析可得出以下结论：异步二进制计数器如果由 T′触发器组成，其各级触发器的时钟脉冲的选择规律为

最低位

$$CP_0=CP(\text{计数脉冲})$$

其他各位见表 6-12。

表 6-12 n 位二进制计数器除 CP_0 外其他各位时钟连接规律

	下降沿触发	上升沿触发
加法计数器	$Q_{i-1}\to CP_i$	$\overline{Q}_{i-1}\to CP_i$
减法计数器	$\overline{Q}_{i-1}\to CP_i$	$Q_{i-1}\to CP_i$

74LS393 为基于上述原理的双四位二进制异步加法计数器，其逻辑符号如图 6-22 所示，异步清零端 CR 高电平有效。

（2）异步十进制计数器 由例 6-2 所示电路（FF_1 ~FF_3）和由 1 个 JK 触发器转换成的 T′触发器 FF_0 组成电路，如图 6-23 所示。

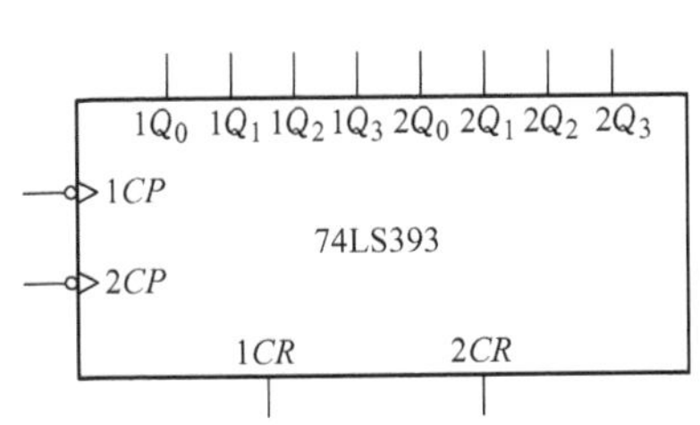

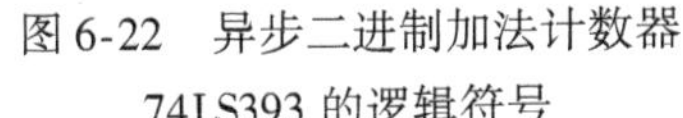
图 6-22 异步二进制加法计数器 74LS393 的逻辑符号

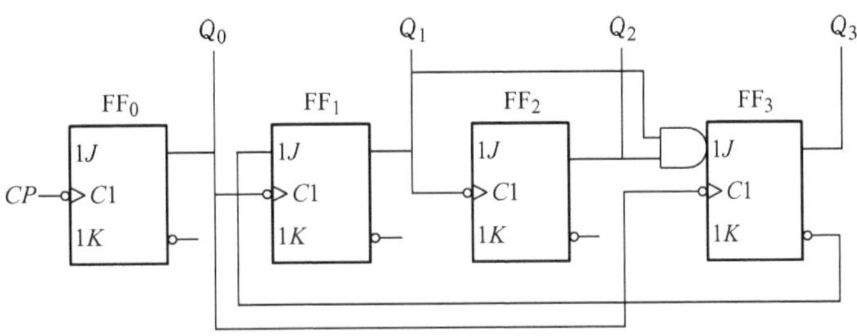

图 6-23 异步 8421BCD 码十进制加法计数器

由图 6-6 很容易推导出图 6-23 所示电路的状态转换图如图 6-24 所示。

由图 6-24 可知，图 6-22 所示电路为异步 8421BCD 码十进制加法计数器。

下面以异步二-五-十进制计数器 74LS290 为例进行介绍。

74LS290 是一种较为典型的中规模异步二-五-十进制计数器，其逻辑电路图及逻辑符号如图 6-25 所示。

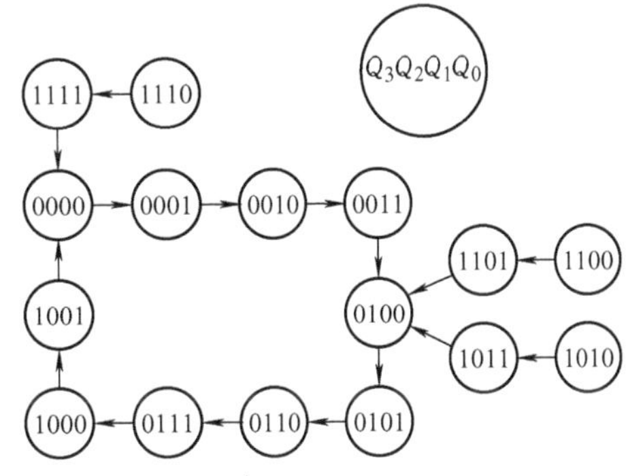

图 6-24 异步十进制加法计数器状态转换图

与图 6-23 相对比，可以发现 74LS290 分为两个独立的部分，其中 FF_0 构成 1 位二进制计数器，其计数脉冲输入端为 CP_0，FF_1、FF_2 和 FF_3 构成异步五进制计数器，其计数脉冲输入端为 CP_1。这两部分可以单独使用，也可以级联使用。若将 Q_0 与 CP_1 相连，计数脉冲由 CP_0 输入，其功能与图 6-23 相似，构成 8421 BCD 码的十进制加法计数器；若将 Q_3 与 CP_0 相连，计数脉冲由 CP_1 输入，则构成 5421 BCD 码的十进制加法计数器，其计数顺序见表 6-13。

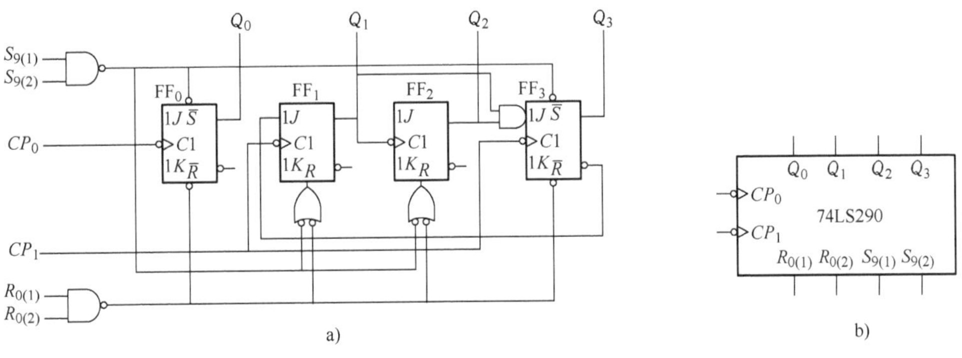

图 6-25 74LS290 逻辑电路图及其逻辑符号

分析图 6-25 可知，74LS290 计数器的功能如下：

1）异步清零。当 $R_{0(1)}$、$R_{0(2)}$ 同时为高电平，并且 $S_{9(1)}$、$S_{9(2)}$ 中至少有一个为低电平时，电路实现异步清零功能。

2）异步置 9。当 $S_{9(1)}$、$S_{9(2)}$ 同时为高电平，并且 $R_{0(1)}$、$R_{0(2)}$ 中至少有一个为低电平时，$Q_3Q_2Q_1Q_0=1001$，对 8421BCD 码和 5421BCD 码十进制来说，都可实现异步置 9 功能。

表 6-13 74LS290 构成十进制加法计数器的状态转换表

CP	8421 BCD 码				5421 BCD 码			
	Q_3^n	Q_2^n	Q_1^n	Q_0^n	Q_0^n	Q_3^n	Q_2^n	Q_1^n
0	0	0	0	0	0	0	0	0
1	0	0	0	1	0	0	0	1
2	0	0	1	0	0	0	1	0
3	0	0	1	1	0	0	1	1
4	0	1	0	0	0	1	0	0
5	0	1	0	1	1	0	0	0
6	0	1	1	0	1	0	0	1
7	0	1	1	1	1	0	1	0
8	1	0	0	0	1	0	1	1
9	1	0	0	1	1	1	0	0

3）计数功能。在 $R_{0(1)}R_{0(2)}=0$，$S_{9(1)}S_{9(2)}=0$ 时，在时钟 CP_0 或 CP_1 的下降沿作用下电路为计数状态，计数功能见表 6-14。

表 6-14 74LS290 的计数功能

连接方式	输出及功能
$CP_0=CP$	Q_0 输出，二进制计数器
$CP_1=CP$	$Q_3Q_2Q_1$ 输出（Q_3 为最高位），五进制加法计数器
$CP_0=CP$，$CP_1=Q_0$	$Q_3Q_2Q_1Q_0$ 输出（Q_3 为最高位），8421 BCD 码十进制加法计数器
$CP_1=CP$，$CP_0=Q_3$	$Q_0Q_3Q_2Q_1$ 输出（Q_0 为最高位），5421 BCD 码十进制加法计数器

由于异步计数器的触发器是逐级翻转的，因此工作速度比较低，而且若将某些状态译码输出时，可能会因竞争–冒险而产生尖峰脉冲。但由于其电路具有自启动能力，且电路结构简单，所以在很多场合仍被采用。

相比之下，同步计数器工作频率比较高，传输延迟时间短，但电路结构比异步计数器复杂。

3. 加/减计数器

有些应用场合要求计数器既能进行递增计数又能进行递减计数，这就需要加/减计数器（或称之为可逆计数器）。

将加法计数器和减法计数器的控制电路合并，再通过加/减控制端选择其中一种计数器，就构成了加/减计数器。图 6-26a 给出的同步四位二进制加/减计数器 74LS191 正是基于此原理设计而成的，其逻辑符号如图 6-26b 所示。由图可知，当 $\overline{S}=0$、$\overline{LD}=1$ 时，电路处在计数状态，驱动方程为

$$\begin{cases}T_0=1\\T_1=\overline{(\overline{U}/D)}Q_0+(\overline{U}/D)\overline{Q}_0\\T_2=\overline{(\overline{U}/D)}(Q_1Q_0)+(\overline{U}/D)(\overline{Q}_1\overline{Q}_0)\\T_3=\overline{(\overline{U}/D)}(Q_2Q_1Q_0)+(\overline{U}/D)(\overline{Q}_2\overline{Q}_1\overline{Q}_0)\end{cases}$$

或写成

$$\begin{cases} T_i = \overline{(\overline{U}/D)} \prod_{j=0}^{i-1} Q_j + (\overline{U}/D) \prod_{j=0}^{i-1} \overline{Q_j} \qquad (i = 1,2,\cdots,n-1) \\ T_0 = 1 \end{cases}$$

不难看出，当 $\overline{U}/D=0$（$\overline{\overline{U}/D}=1$）时，计数器作加法计数；当 $\overline{U}/D=1$ 时，计数器作减法计数。

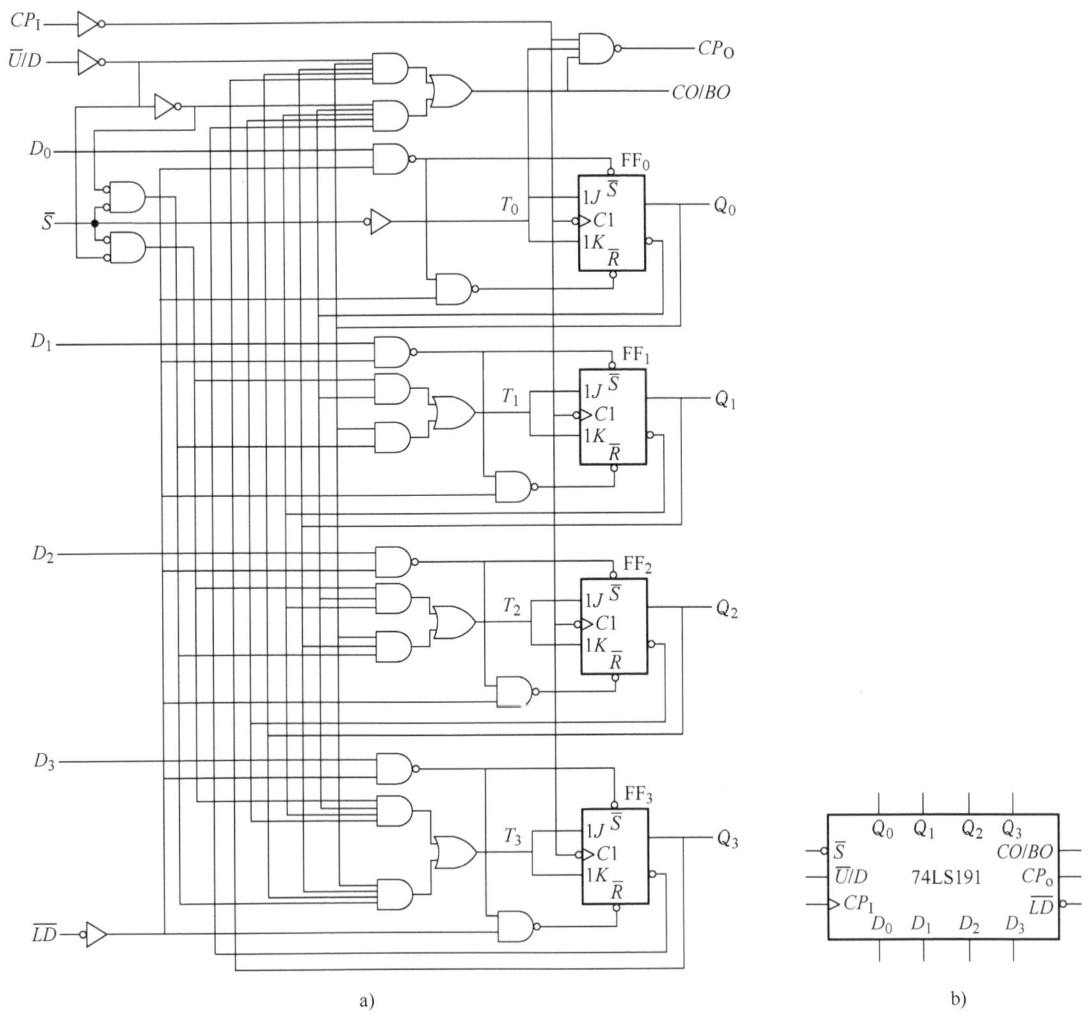

图 6-26 同步四位二进制加/减计数器 74LS191

除了计数功能外，74LS191 还有一些附加功能。$\overline{LD}$为异步预置数控制端，当$\overline{LD}=0$ 时电路处于预置数状态，$D_0 \sim D_3$ 的数据异步被预置到 $Q_0 \sim Q_3$，不受时钟输入信号 CP_I的控制。

$\overline{S}$ 是使能控制端，低电平有效。当 $\overline{S}=1$ 时 $T_0 \sim T_3$ 全部为 0，故 $FF_0 \sim FF_1$ 保持不变，正常计数时应将 $\overline{S}$ 接低电平。CO/BO 是进位/借位输出端（也称最大/最小输出端）。当计数器作加法计数，并且 $Q_3Q_2Q_1Q_0=1111$ 时，$CO/BO=1$，进位输出高电平；当计数器作减法计数，并且 $Q_3Q_2Q_1Q_0=0000$ 时，$CO/BO=1$，借位输出高电平。CP_O 是串行时钟输出端，当 $CO/BO=1$ 时，在下一个 CP_I 上升沿到达前 CP_O 端输出负脉冲。

74LS191 的功能表见表 6-15。

表 6-15 同步十六进制加/减计数器 74LS191 的功能表

CP_I	$\overline{S}$	$\overline{LD}$	$\overline{U}/D$	功能
ϕ	1	1	ϕ	保持
ϕ	ϕ	0	ϕ	异步预置数
↑	0	1	0	加法计数
↑	0	1	1	减法计数

图 6-27 是 74LS191 的时序图。从时序图上可以看出 CP_O 和 CP_I 之间的时间关系。

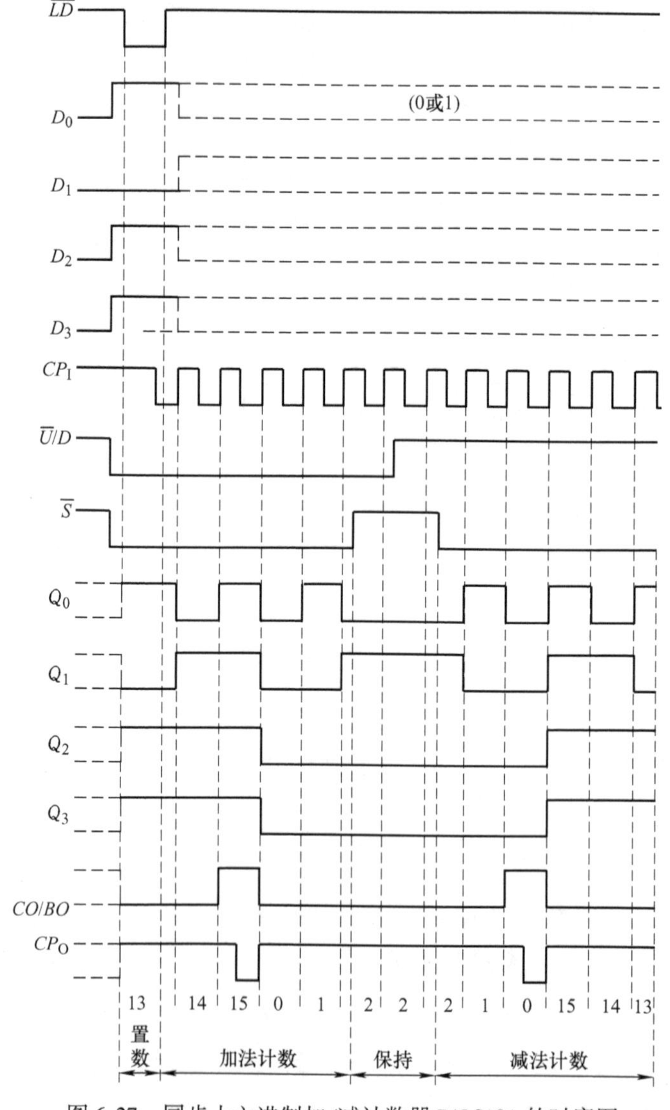

图 6-27 同步十六进制加/减计数器 74LS191 的时序图

图 6-26 所示电路只有一个时钟信号输入端，电路的加、减计数状态由 $\overline{U}/D$ 的电平决定，所以称这种电路结构为单时钟结构。若加法计数脉冲和减法计数脉冲来自两个不同的脉冲源，则需要使用双时钟结构的加/减计数器计数。图 6-28a 是双时钟加/减计数器 74LS193 的逻辑电路图，图 6-28b 为其逻辑符号。图中的四个触发器 $FF_0 \sim FF_3$ 均工作在 $T=1$ 状态（即 T′触发器），只要出现时钟信号有效边沿，触发器就翻转。当 CP_U 端有计数脉冲输入时，74LS193 做加法计数；当 CP_D 端有计数脉冲输入时，74LS193 做减法计数。因此 CP_U 和 CP_D 的计数脉冲不能同时加在触发器上，否则计数状态不能确定。

74LS193 具有异步清零和预置数功能。当 $CR=1$ 时，实现异步清零功能；当 $CR=1$，并且 $\overline{LD}=0$ 时，输入 $D_0 \sim D_3$ 的状态异步预置给 $Q_0 \sim Q_3$。

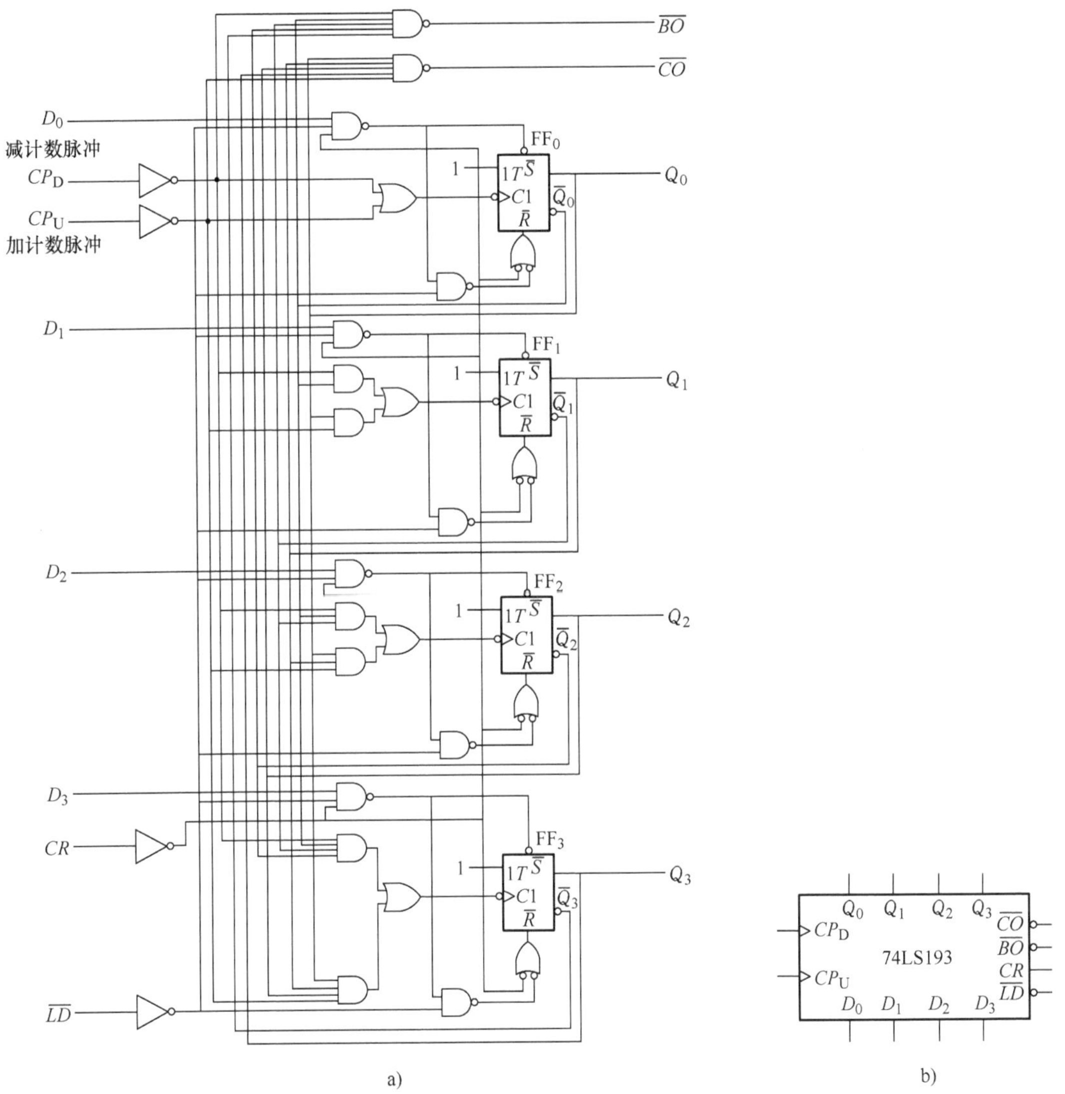

图 6-28　双时钟同步十六进制加/减计数器 74LS193

4. 移位计数器

移位计数器是一种特殊形式的计数器，是在移位寄存器的基础上加上反馈电路构成的。常用的移位计数器有环形计数器和扭环形计数器（也称约翰逊计数器）。

（1）环形计数器 用四个D触发器构成的4位环形计数器如图6-29所示。它是将移位寄存器的串行输出端Q_3直接反馈到串行输入端D构成的。由图可知，各触发器的驱动方程为

$$D_0=Q_3\text{，}D_1=Q_0\text{，}D_2=Q_1\text{，}D_3=Q_2$$

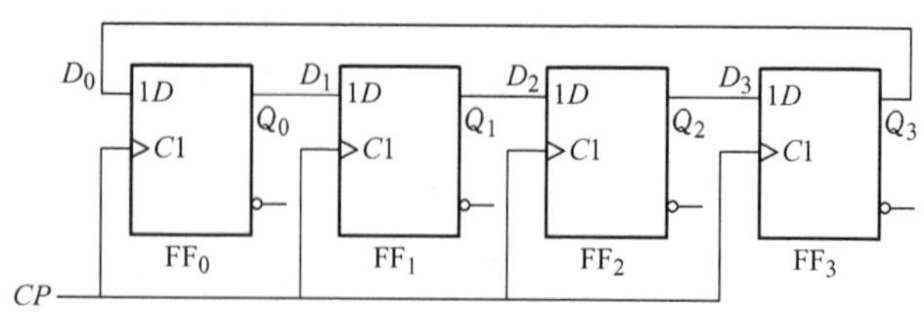

图6-29 4位环形计数器的逻辑电路图

电路的状态方程为

$$Q_0^{n+1}=Q_3^n\text{，}Q_1^{n+1}=Q_0^n\text{，}Q_2^{n+1}=Q_1^n\text{，}Q_3^{n+1}=Q_2^n$$

设计数器初态为$Q_3^nQ_2^nQ_1^nQ_0^n=1000$，在$CP$脉冲作用下，状态转换顺序将为1000→0100→0010→0001→1000。其特点是能将数码循环右移，同时实现计数功能。4位环形计数器共有16个状态，除了上述4个有效状态外，还有12个无效状态。根据环形计数器的特点或状态方程，可以得到如图6-30所示的状态转换图，其中图6-30a为有效循环，图6-30b～f为无效循环。由图6-30可知，电路一旦进入无效状态，就不能自动回到有效循环中，因此不能自启动。为了使计数器能正常工作，必须设法消除这些无效循环，常采用以下两种办法：①修改输出与输入之间的反馈逻辑，使电路具有自启动能力；②当电路进入无效状态时，利用触发器的异步置位、复位端，把电路置成有效状态。

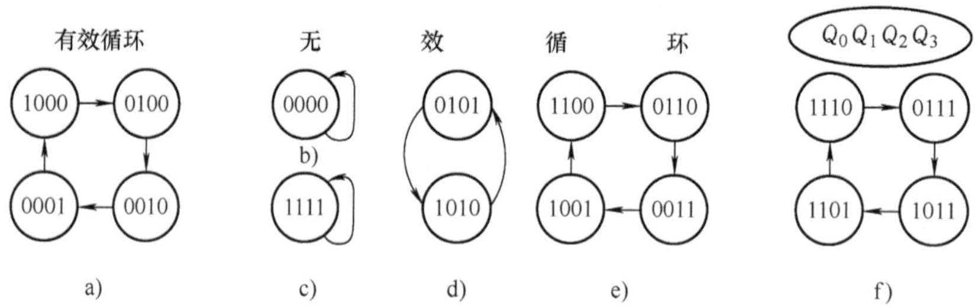

图6-30 4位环形计数器的状态转换图

通过修改反馈逻辑使$D_0=\overline{Q_0+Q_1+Q_2}$，便可得到能够自启动的环形计数器逻辑电路，如图6-31所示。其状态转换图如图6-32所示。

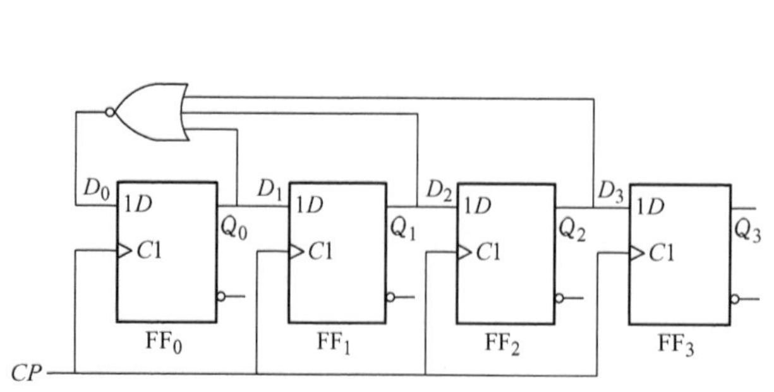

图6-31 能够自启动的环形计数器的逻辑电路图

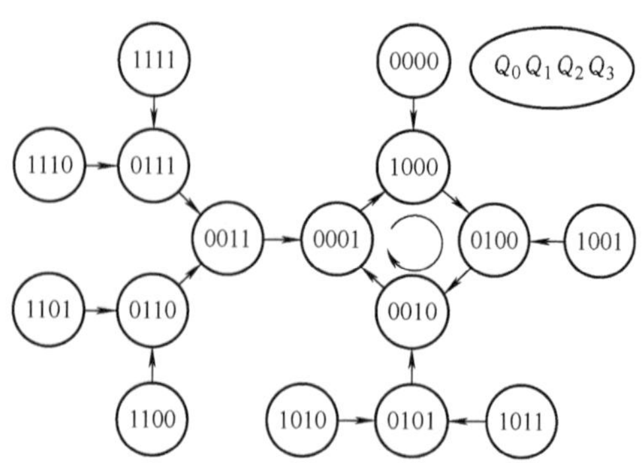

图6-32 能够自启动的环形计数器的状态转换图

环形计数器的优点是结构简单，循环移位一个1，其输出状态不需译码即可产生顺序脉冲。但 n 位环形计数器只有 n 个有效状态，其余 (2^n-n) 个状态未被利用，触发器的利用率偏低。

（2）扭环形计数器

为了既保持移位寄存器的特点，又能使触发器的利用率提高，可以采用图6-33所示的扭环形计数器。扭环形计数将移位寄存器末级的 $\overline{Q}$ 端反馈到第一级的输入端，即 $D_0=\overline{Q_3}$。图6-34为状态转换图，如果设图6-34a为有效循环，则图6-34b为无效循环。显然，这是一个不能自启动的电路。如果将反馈逻辑修改为 $D_0=\overline{\overline{Q_1\overline{Q_2}Q_3}}$，从而得到具有自启动能力的扭环形计数器电路，如图6-35所示。图6-36是其状态转换图。

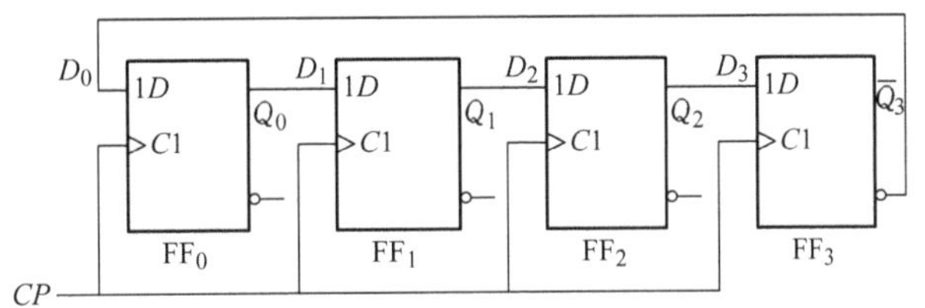

图6-33 扭环形计数器的逻辑电路图

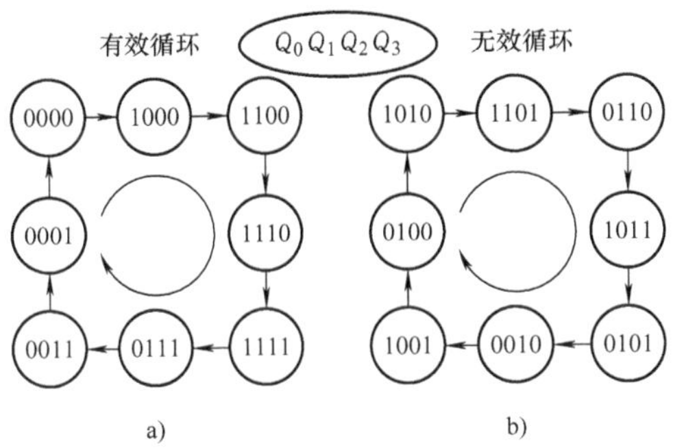

图6-34 扭环形计数器的状态转换图

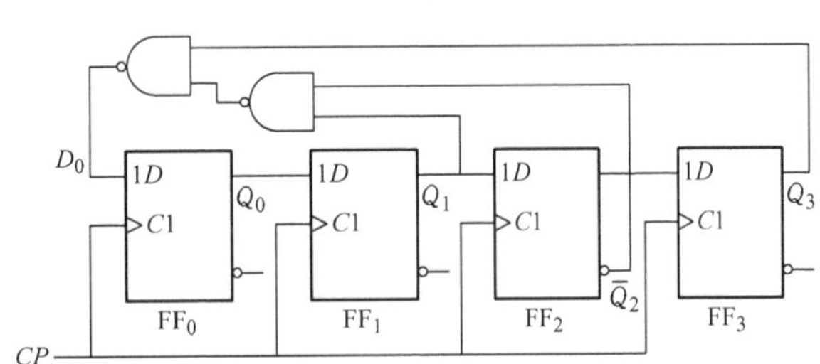

图6-35 具有自启动能力的扭环形计数器的逻辑电路图

在移位寄存器的级数相同时，扭环形计数器可以提供的有效状态比环形计数器多一倍，即 n 个触发器可构成模 $2n$ 个状态的计数器，但要识别这些状态，必须另加译码电路。另外，扭环形计数器相邻两个计数状态中只有一个触发器的状态发生变化，因此不存在竞争-冒险，并且译码电路简单，详见下节。

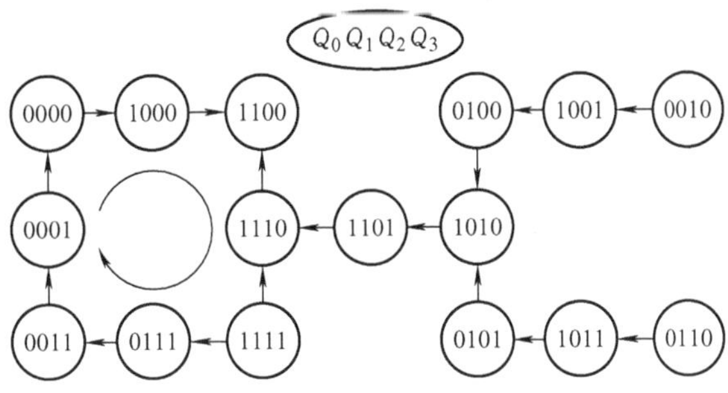

图6-36 具有自启动能力的扭环形计数器的状态转换图

6.3.3 顺序脉冲发生器

在计算机和控制系统中，常常要求系统的某些操作按时间顺序分时工作，因此需要产生一个节拍控制脉冲，以协调各部分的工作。这种能产生节拍脉冲的电路称为节拍脉冲发生器，又称为顺序脉冲发生器（Sequential Pulse Generator）。顺序脉冲发生器可以分为计数器型和移位寄存器型两种，下面将分别进行讨论。

1. 计数器型顺序脉冲发生器

计数器型顺序脉冲发生器由计数器和译码器构成。n 个触发器构成的计数器有 2^n 个状态。在时钟脉冲作用下，计数器不断改变状态，经译码后在 2^n 个输出端上，每一时刻只有相应的一个输出端输出有效电平（高电平或低电平），其他输出端均输出无效电平（低电平或高电平）。

现以图 6-37 为例加以说明。在图 6-37a 中，FF_0、FF_1 构成两位二进制计数器，四个与门构成译码器，译码输出 $Z_0 \sim Z_3$ 产生顺序脉冲。由译码器可知，$Z_0 = \overline{Q}_1\overline{Q}_0$，$Z_1 = \overline{Q}_1 Q_0$，$Z_2 = Q_1\overline{Q}_0$，$Z_3 = Q_1 Q_0$，当计数器输出为 00、01、10、11 状态时，输出 Z_0、Z_1、Z_2 和 Z_3 分别为高电平，其工作波形如图 6-37b所示。由于计数器是异步工作的，FF_1 的时钟脉冲为$\overline{Q}_0$，FF_1 状态翻转的时间晚于 FF_0，因此计数器的状态在转换时，会出现竞争-冒险（产生干扰脉冲）。例如计数器状态从 01 变到 10 时，由于 Q_0 由 1 变到 0 先于 Q_1 由 0 变到 1，计数器便会出现过渡状态 00，在译码电路的输出端 Z_0 出现干扰脉冲。同理，当计数器的状态由 11 变到 00 时，也会在译码电路的输出端 Z_2 出现干扰脉冲。

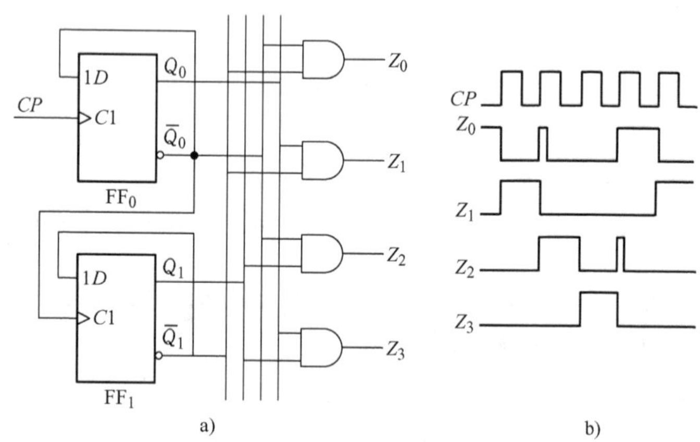

图 6-37 两位二进制计数器和译码器组成的顺序脉冲发生器

从理论上讲，同步计数器中各触发器是同时翻转的，但实际上由于各触发器本身的延迟时间不同，所带负载不同，各触发器翻转时刻不可能完全一致。因此采用同步计数器也有可能出现干扰脉冲。

2. 移位寄存器型顺序脉冲发生器

为了避免在译码过程中出现干扰脉冲，可采用环形计数器和扭环形计数器构成顺序脉冲发生器。四位环形计数器逻辑电路及其有效循环如图 6-38b 所示，将每个触发器的 Q 端直接输出，不需另加译码器，便可组成节拍脉冲发生器，工作时序如图 6-38c 所示。

为了提高触发器的利用效率，可以采用扭环形计数器构成顺序脉冲发生器，但需要加译码器，图 6-39 为扭环形计数器构成的顺序脉冲发生器的逻辑电路图及其时序图。

6.3.4 序列脉冲发生器

在数字信号的传输和数字系统的测试中，有时需要用到一组特定的串行数字信号，通常把这种串行数字信号称为序列信号。产生序列信号的电路称为序列脉冲发生器（Sequence Pulse Generator），也称为序列信号发生器。序列信号发生器的构成方法有多种，一般由计数器和组合逻辑电路组成，可以用中规模集成器件或小规模器件实现。

1. 用中规模集成器件组成序列脉冲发生器

采用中规模集成器件组成序列脉冲发生器，可以用计数器与数据选择器组合实现，也可以采用计数器和译码器组合实现。四位二进制加法计数器 74LS161 和 8 选 1 数据选择器

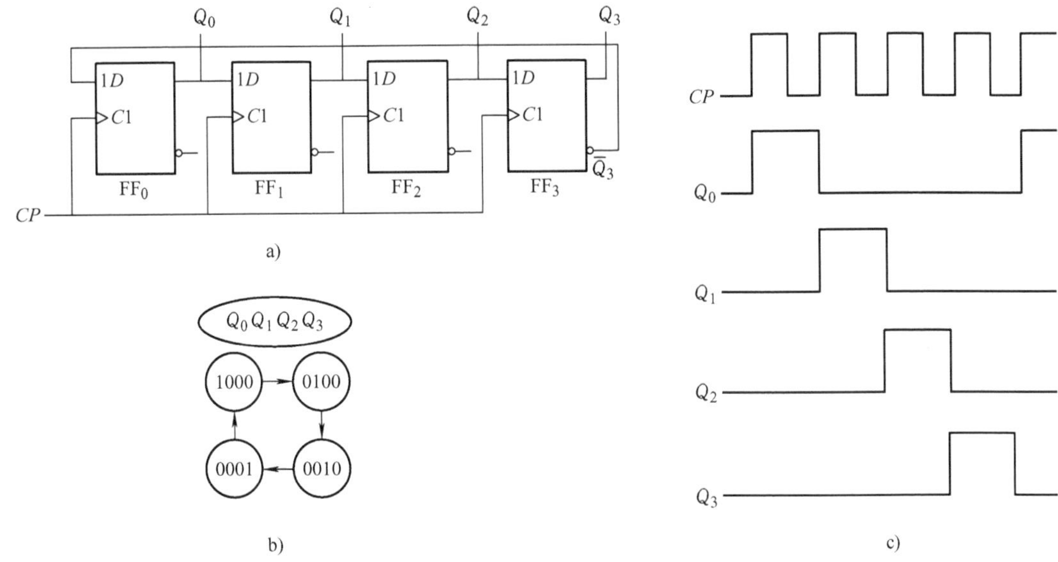

图 6-38 环形计数器构成的顺序脉冲发生器及其时序图

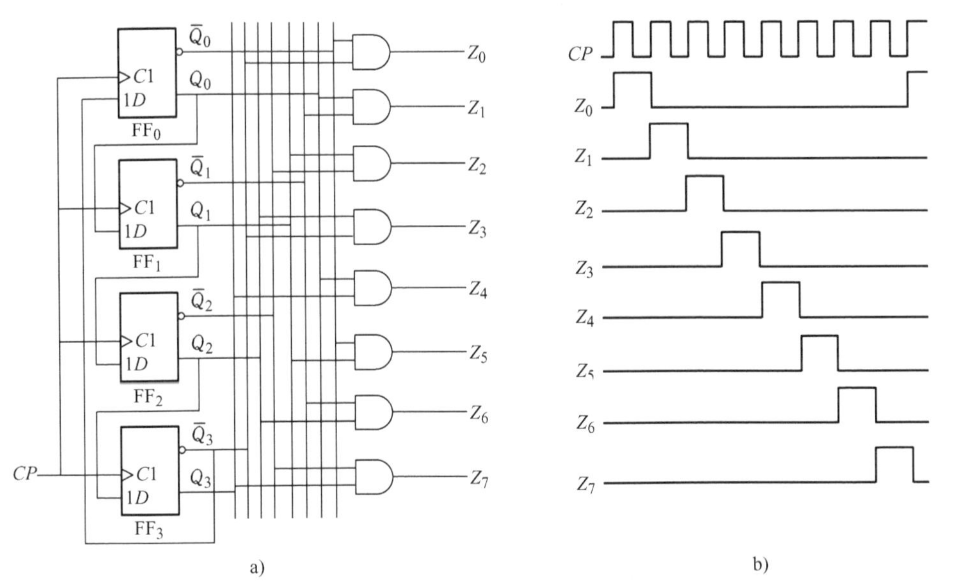

图 6-39 扭环形计数器构成的顺序脉冲发生器的逻辑电路图及其时序图

74LS151 组成序列脉冲发生器如图 6-40 所示，其中 74LS161 构成模 8 计数器，当 CP 信号连续不断地加到计数器上时，$Q_2Q_1Q_0$ 的状态（也就是加到 74LS151 的地址输入代码 $A_2A_1A_0$）便按照

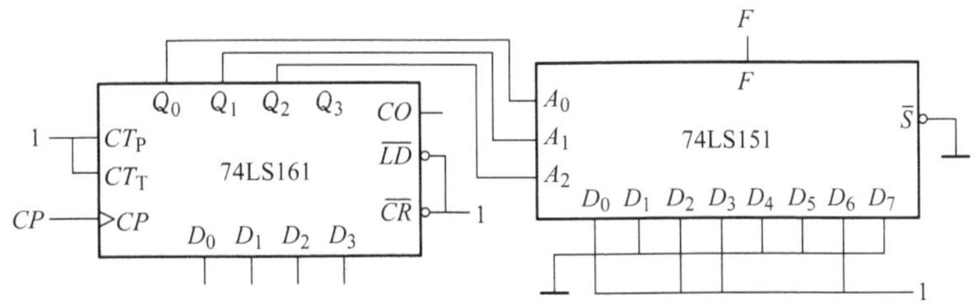

图 6-40 用计数器和数据选择器构成序列脉冲发生器

表 6-16 中所示的顺序不断循环。由图可知，随着 CP 上升沿的到来，74LS161 的计数输出 $Q_2Q_1Q_0$ 从 000 递增到 111，$Q_2Q_1Q_0$ 对应接至 74LS151 的地址输入端 $A_2A_1A_0$，$A_2A_1A_0$ 的不同取值组合使得 F 在时钟的控制作用下依次输出 D_0、D_1、…、D_7。图 6-40 中，$D_0 = D_2 = D_3 = D_6 = 1$，$D_1 = D_4 = D_5 = D_7 = 0$，于是 F 端得到不断循环的序列信号 10110010。当需要修改输出的序列信号时，只需要修改 $D_0 \sim D_7$ 所接电平即可。

表 6-16 计数器状态转移表

CP	Q_2^n	Q_1^n	Q_0^n	F
0	0	0	0	1
1	0	0	1	0
2	0	1	0	1
3	0	1	1	1
4	1	0	0	0
5	1	0	1	0
6	1	1	0	1
7	1	1	1	0

2. 用小规模器件组成序列脉冲发生器

序列脉冲发生器可以由触发器构成的计数器和门电路组成。TTL 门电路组成的电路如图 6-41 所示，图中采用 T′触发器构成异步三位二进制加法计数器，计数器输出通过门电路组合输出序列信号。

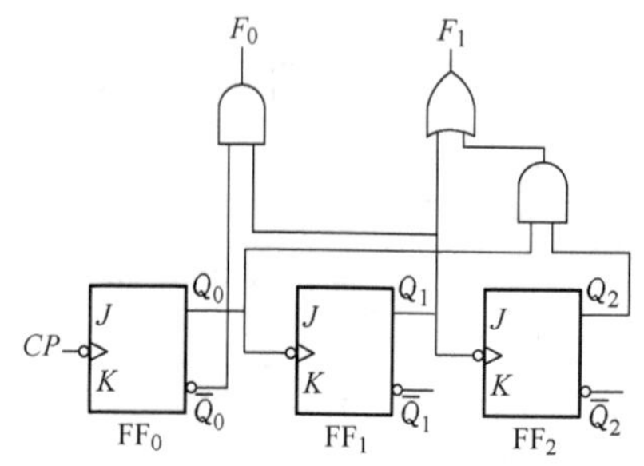

图 6-41 用小规模器件构成的序列脉冲发生器

由图可得电路输出方程为

$$\begin{cases} F_0 = \overline{Q}_0 Q_1 \\ F_1 = Q_1 + Q_0 Q_2 \end{cases}$$

在时钟 CP 的控制作用下，输出的序列信号见表 6-17。

表 6-17 序列脉冲发生器状态转换表及输出的序列信号

CP	Q_2^n	Q_1^n	Q_0^n	F_0	F_1
0	0	0	0	0	0
1	0	0	1	0	0
2	0	1	0	1	1
3	0	1	1	0	1
4	1	0	0	0	0
5	1	0	1	0	1
6	1	1	0	1	1
7	1	1	1	0	1
8	0	0	0	0	0

由表可知图 6-41 序列信号发生器的两组输出序列信号分别为：00100010、00110111。这种方法的优点是可以产生任意序列，且不受其中所包含 0 的个数或 1 的个数的限制，可以同时产生多组序列信号，设计比较简单；其缺点是组合电路的输出存在竞争冒险，有可能产生干扰脉冲。这是因为计数器的各触发器状态会出现“应当同时变化，但实际不可能同时变化”的情况。对异步二进制计数器来说，各触发器的状态是按 $Q_0 \to Q_1 \to Q_2$ 的顺序依次变化的，在两个状态中间存在过渡状态。例如从 001 变到 010，就会出现 000 的过渡状态，从而使输出产生干扰脉冲。如果采用同步计数器，虽然各触发器在共同的 CP 控制下，但因各触发器传输时间的差异及门电路传输时间的差异，也有可能产生干扰脉冲输出。

改变计数器的状态编码可以克服干扰脉冲，使之每次只有一个触发器改变状态，例如采用循环码设计计数器、扭环形计数器等。

6.4 时序逻辑电路的设计

根据给定的逻辑功能，设计出符合要求的时序逻辑电路，称为时序逻辑电路的设计。时序逻辑电路的设计一般包括小规模器件设计、中规模集成器件、大规模以及超大规模集成器件设计等。用小规模器件设计时序逻辑电路时要求采用尽可能少的小规模集成器件，比如触发器和门电路等，通过一般设计步骤得到符合要求的逻辑电路；用中规模集成器件设计一般基于6.3节介绍的中规模集成器件进行设计；用大规模以及超大规模器件设计则基于可编程逻辑器件进行设计。本章主要介绍前面两种情况。

6.4.1 小规模时序逻辑电路的设计

小规模时序逻辑电路的设计包括同步时序逻辑电路的设计和异步时序逻辑电路的设计两种情况。

1. 同步时序逻辑电路的设计

同步时序逻辑电路设计的一般步骤如下：

（1）逻辑抽象，得出电路的状态转换图或状态转换表　把要求实现的时序逻辑功能表示为时序逻辑函数，并且用状态转换表或者状态转换图进行表述。这就需要：

1）分析给定的逻辑问题，确定输入变量、输出变量以及电路的状态数。

2）定义输入、输出逻辑变量和电路每个状态的含义，并对电路状态顺序编号。

3）按照题意列出状态转换表或画出状态转换图。

（2）状态化简　若电路的两个状态在相同的输入条件下具有相同的输出，并且次态相同，则称这两个状态为等价状态。显然，等价状态是重复的，可以合并为一个状态。电路的状态数量越少，设计出来的电路越简单。

状态化简的目的是将等价状态合并，以求得最简的状态转换图，并得到电路的状态数M。

（3）状态分配　状态分配又称状态编码。时序逻辑电路的状态是用触发器状态的不同组合来表示的。首先，需要确定触发器的数目。因为n个触发器共有2^n种状态组合，所以为获得时序逻辑电路所需的M个状态，一般要求M满足以下条件：

$$2^{n-1} < M \leqslant 2^n$$

其次，给每个电路状态分配对应的触发器状态组合。每组触发器的状态组合都是一组二值代码，因而又将这项工作称为状态编码。在$M<2^n$的情况下，从2^n个状态中取M个状态的组合可以有多种不同的方案，而每个方案中M个状态的排列顺序又有许多种。

（4）选定触发器的类型，求出电路的状态方程、驱动方程和输出方程　因为不同逻辑功能的触发器驱动方式不同，所以用不同类型触发器设计出的电路也不一样。为此，在设计具体的电路前必须选定触发器的类型。

根据状态转换图（或状态转换表）和选定的状态编码、触发器的类型，得到电路的状态方程、驱动方程和输出方程。

（5）检查电路能否自启动　如果电路不能自启动，则需采取措施加以解决。一种解决办法是在电路开始工作时通过预置数将电路的无效状态置成有效状态，另一种解决方法是通过修改逻辑设计加以解决。

（6）根据得到的驱动方程和输出方程画出逻辑电路图

同步时序逻辑电路的设计过程如图 6-42 所示，不难看出，这一过程和分析时序逻辑电路的过程正好相反。

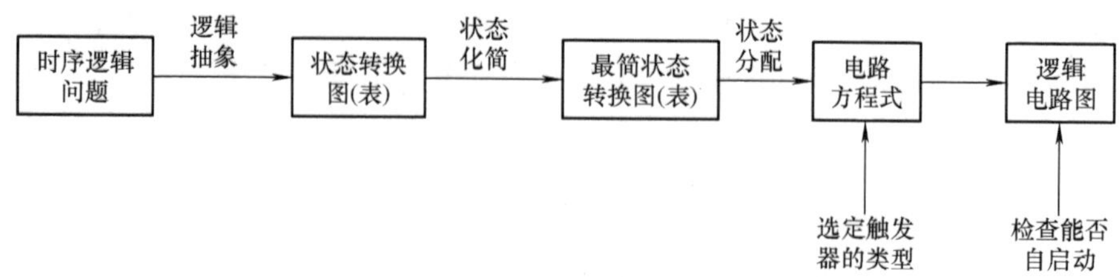

图 6-42 同步时序逻辑电路的设计过程

例 6-3 试用 JK 触发器设计一个带进位输出的同步六进制计数器。

解： 由于很多条件在题目中已经给定，因此，有些设计步骤可以省略。

（1）根据设计要求画出电路的状态转换图，如图 6-43 所示。此电路有 $S_0 \sim S_5$ 六个状态，但没有输入变量，当 S_5 回到 S_0 时，进位信号 CO 作为输出有效，取为高电平。

（2）进行状态分配。根据式 $2^{n-1} < M(6) \leqslant 2^n$，应取 $n=3$，需要三个触发器。在进行状态分配时，可采取不同方案。在此选用二进制递增计数编码，设 $S_0=000$，$S_1=001$，$S_2=010$，$S_3=011$，$S_4=100$，$S_5=101$，画出编码后的状态转换图，如图 6-44 所示。

（3）求电路的状态方程、驱动方程和输出方程。

1）次态卡诺图法。首先根据图 6-44 所示的状态转换图画出如图 6-45 所示计数器次态 $Q_2^{n+1}\ Q_1^{n+1}\ Q_0^{n+1}$ 及输出 CO 的卡诺图。

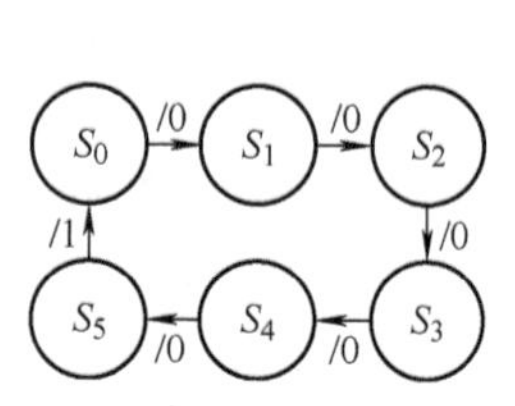

图 6-43 同步六进制计数器的状态转换图

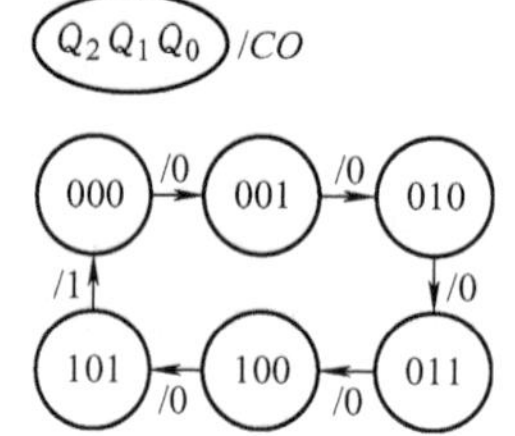

图 6-44 六进制计数器状态编码后的状态转换图

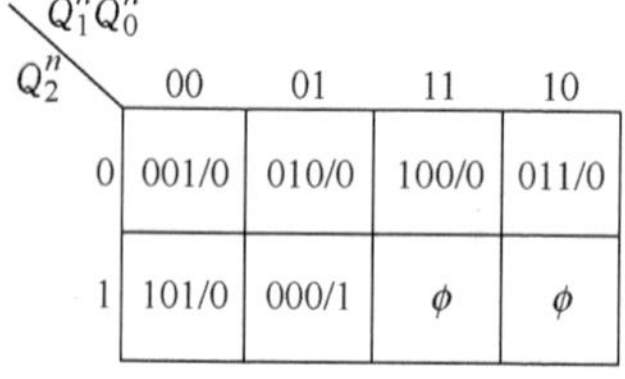

Q_2^n \ $Q_1^nQ_0^n$	00	01	11	10
0	001/0	010/0	100/0	011/0
1	101/0	000/1	ϕ	ϕ

图 6-45 六进制计数器的次态及输出卡诺图

求得输出方程为

$$CO = Q_2 Q_0$$

由于已指定用 JK 触发器，其特性方程为 $Q^{n+1} = J\overline{Q^n} + \overline{K}Q^n$，为了便于求驱动方程，应先求出电路的状态方程，然后再与特性方程相比较。因此，在进行卡诺图化简求每个触发器的次态方程时，应注意把包含有因子 Q^n 和 $\overline{Q^n}$ 的最小项分开进行合并，这样就得到在形式上和特性方程一致的状态方程。电路状态方程为

$$\begin{cases} Q_2^{n+1} = Q_1^n Q_0^n\,\overline{Q_2^n} + \overline{Q_0^n}\,Q_2^n \\ Q_1^{n+1} = \overline{Q_2^n}\,Q_0^n\,\overline{Q_1^n} + \overline{Q_0^n}\,Q_1^n \\ Q_0^{n+1} = \overline{Q_0^n} \end{cases}$$

将状态方程和 JK 触发器的特性方程进行比较，求出驱动方程为

$$\begin{cases} J_2 = Q_1 Q_0, \quad K_2 = Q_0 \\ J_1 = \overline{Q}_2 Q_0, \quad K_1 = Q_0 \\ J_0 = 1, \quad K_0 = 1 \end{cases}$$

上述驱动方程为最简式，不用化简。

2）驱动表法。求驱动方程还可采用驱动表法。由于计数器的计数过程为计数器内各触发器状态的转换过程。因此，在状态转换顺序已经确定的情况下，对于每一个状态（原态），计数器中每个触发器 J、K 端的逻辑取值可以确定。根据图 6-44 可列出的计数器状态转换表及各触发器的驱动表，见表 6-18。一般来说，J、K 是触发器原态的函数，即 $(J, K) = f(Q_2, Q_1, Q_0)$，根据驱动表可画出驱动方程卡诺图，如图 6-46 所示。化简后同样可得驱动方程。

表 6-18 计数器状态转换表及各触发器驱动表

原态			次态			驱动输入						输出
Q_2^n	Q_1^n	Q_0^n	Q_2^{n+1}	Q_1^{n+1}	Q_0^{n+1}	J_2	K_2	J_1	K_1	J_0	K_0	CO
0	0	0	0	0	1	0	ϕ	0	ϕ	1	ϕ	0
0	0	1	0	1	0	0	ϕ	1	ϕ	ϕ	1	0
0	1	0	0	1	1	0	ϕ	ϕ	0	1	ϕ	0
0	1	1	1	0	0	1	ϕ	ϕ	1	ϕ	1	0
1	0	0	1	0	1	ϕ	0	0	ϕ	1	ϕ	0
1	0	1	0	0	0	ϕ	1	0	ϕ	ϕ	1	1
1	1	0		ϕ				ϕ				ϕ
1	1	1		ϕ				ϕ				

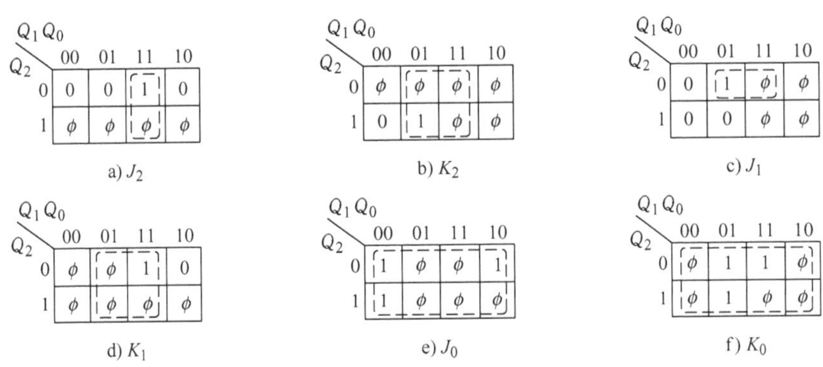

图 6-46 六进制计数器求驱动方程的卡诺图

（4）检查电路能否自启动。将无效状态 110 和 111 分别代入状态方程和输出方程进行计算，可得到 $110 \xrightarrow{/0} 111 \xrightarrow{/1} 000$，因为 000 是有效状态，所以电路能够自启动。

（5）根据驱动方程、输出方程可画出其逻辑电路图，如图 6-47 所示。

例 6-4 设计一个串行数据检测器，要求：连续输入三个或三个以上的 1 时输出为 1，

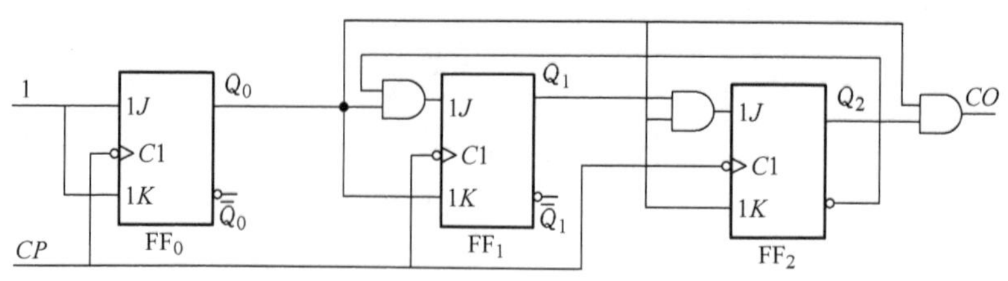

图 6-47 同步六进制计数器的逻辑电路图

其他输入情况下输出为 0。

解：(1) 进行逻辑抽象，画出状态转换图。设输入变量 A 表示输入数据；输出变量 F 表示检测结果。

(2) 状态分配与化简。设电路在没有输入 1 以前的状态为 S_0，输入一个 1 以后的状态为 S_1，连续输入两个 1 以后的状态为 S_2，连续输入三个或三个以上 1 以后的状态为 S_3。若用 S^n 表示电路的原态，以 S^{n+1} 表示电路的次态，依据设计要求即可得到表 6-19 所示的状态转换表和图 6-48 所示的状态转换图。

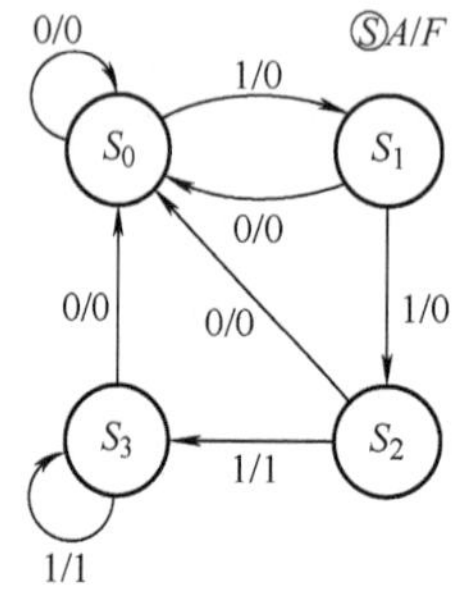

图 6-48 例 6-4 的状态转换图

表 6-19 例 6-4 状态转换表

S^n	S^{n+1}/F	
	$A=0$	$A=1$
S_0	$S_0/0$	$S_1/0$
S_1	$S_0/0$	$S_2/0$
S_2	$S_0/0$	$S_3/1$
S_3	$S_0/0$	$S_3/1$

然后进行状态化简。比较一下 S_2 和 S_3 这两个状态便可发现，它们在同样的输入条件下输出相同、次态相同，因此 S_2 和 S_3 是等价状态，可以合并为一个状态。从物理概念上也不难理解，当电路处于 S_2 状态时表明已经连续输入了两个 1。如果在电路转换到 S_2 状态的同时输入也换为下一位输入数据（当输入数据来自移位寄存器的串行输出，而且移位寄存器和数据检测器由同一时钟信号操作时，就工作在这种情况），那么只要下一个输入为 1，就表明连续输入三个 1 了，因而无须再设置一个电路状态。化简后的状态转换图如图 6-49 所示。

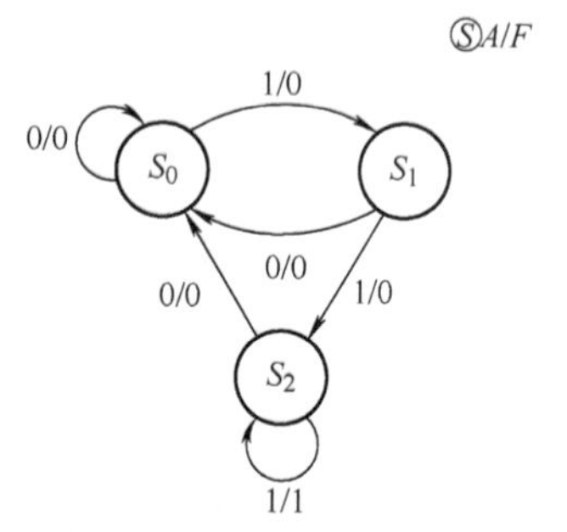

图 6-49 化简后的例 6-4 的状态转换图

(3) 选定触发器类型，求输出方程和驱动方程。

此电路的状态 $M=3$，取触发器的个数 $n=2$。如果取触发器状态 Q_1Q_0 的 00、01 和 10 分别代表 S_0、S_1 和 S_2，并用 JK 触发器设计电路，则可根据状态转换图得到电路次态和输出的卡诺图，如图 6-50 所示。

由图 6-50 得到电路的状态方程为

$$\begin{cases} Q_1^{n+1} = AQ_1^n + AQ_0^n \overline{Q_1^n} \\ Q_0^{n+1} = A\overline{Q_1^n}\overline{Q_0^n} \end{cases}$$

结合 JK 触发器特性方程，得到驱动方程

$$\begin{cases} J_1 = AQ_0, K_1 = \overline{A} \\ J_0 = A\overline{Q}_1, K_0 = 1 \end{cases}$$

由图 6-50 得到输出方程

$$F = AQ_1$$

由驱动方程和输出方程可画出逻辑电路如图 6-51 所示。

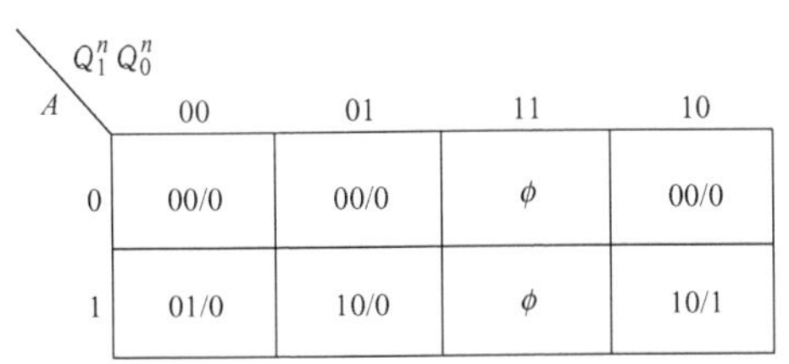

A \ $Q_1^n Q_0^n$	00	01	11	10
0	00/0	00/0	ϕ	00/0
1	01/0	10/0	ϕ	10/1

图 6-50　例 6-4 的次态/输出的卡诺图

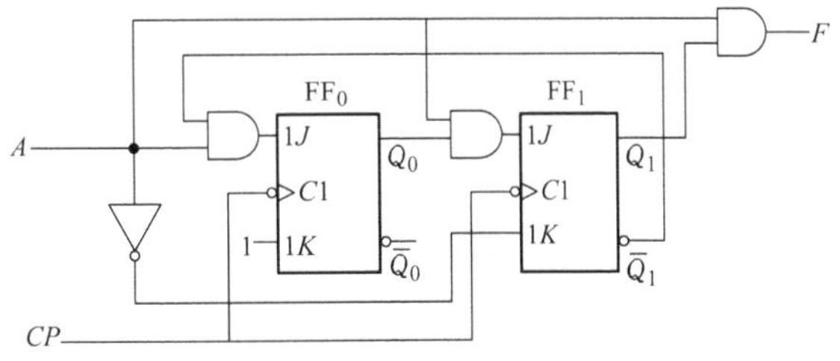

图 6-51　例 6-4 的逻辑电路

根据电路图以及状态方程，得到如图 6-52 所示的状态转换图。从状态转换图可以看出，当电路进入无效状态 11 后，若 $A=1$ 则次态转入 10；若 $A=0$ 则次态转入 00，因此电路能够自启动。

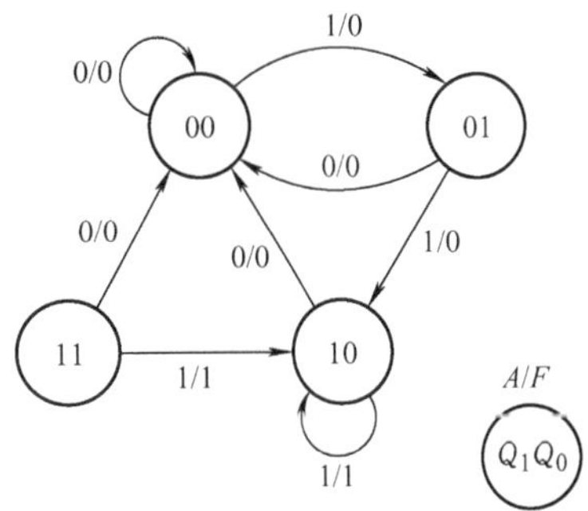

图 6-52　图 6-51 电路的状态转换图

本例中若改用 D 触发器，通过卡诺图得到最简状态方程，与 D 触发器的特性方程 $Q^{n+1}=D$ 对比，得到 D 触发器的驱动方程

$$\begin{cases} D_1 = AQ_1 + AQ_0 = A\overline{\overline{Q}_1\ \overline{Q}_0} \\ D_0 = A\overline{Q}_1\ \overline{Q}_0 \end{cases}$$

根据 D 触发器的驱动方程和输出方程，画出逻辑电路如图 6-53 所示，其状态转换图与图 6-52 相同。

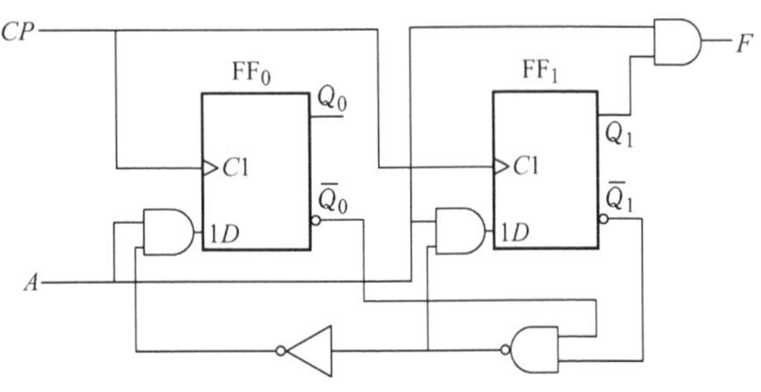

图 6-53　用 D 触发器组成的数据检测器电路

2. 异步时序逻辑电路的设计

由于异步时序逻辑电路中的触发器不是同时动作的，因而在设计异步时序逻辑电路时除了需要完成设计同步时序逻辑电路所做的各项工作以外，还要为每个触发器选定合适的时钟信号。

设计步骤大体上仍可按同步时序逻辑电路的设计步骤进行，只是在选定触发器类型之后，还要为每个触发器选定时钟信号。下面通过一个例子具体说明设计过程。

例 6-5 试设计一个带借位输出的 8421BCD 码异步十进制减法计数器，并要求所设计的电路能够自启动。

解：根据 8421BCD 码十进制减法计数规则，列出电路的状态转换表见表 6-20。

表 6-20 十进制减法计数器的状态转换表

计数脉冲	电路状态与输出					等效十进制数
CP	Q_3^n	Q_2^n	Q_1^n	Q_0^n	BO	
0	0	0	0	0	1	0
1	1	0	0	1	0	9
2	1	0	0	0	0	8
3	0	1	1	1	0	7
4	0	1	1	0	0	6
5	0	1	0	1	0	5
6	0	1	0	0	0	4
7	0	0	1	1	0	3
8	0	0	1	0	0	2
9	0	0	0	1	0	1

十进制计数器有 10 个有效状态，按减法顺序若依次为 S_0、S_9、S_8、…、S_1，并且状态编码应符合表 6-20 的规定，状态转换图如图 6-54 所示。

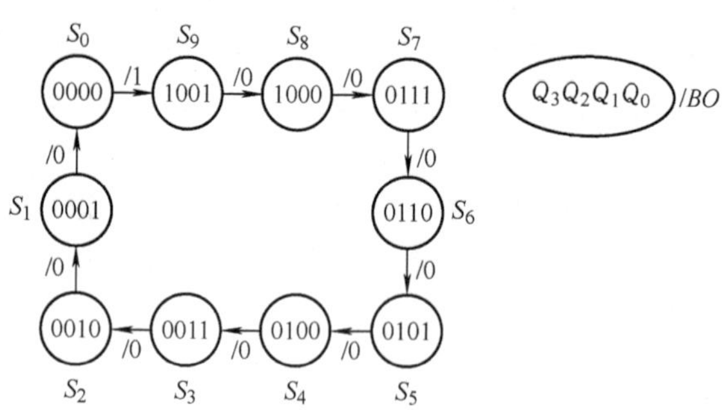

图 6-54 例 6-5 电路的状态转换图

下面选定触发器的类型和各个触发器的时钟信号。假如选用下降沿触发的 JK 触发器组成这个电路。为便于选取各个触发器的时钟信号，可以由状态转换图画出电路的时序图，如图 6-55 所示。

确定触发器时钟信号的基本原则是：第一，触发器状态翻转时必须有时钟信号发生；第二，触发器的状态不翻转时“多余的”时钟信号越少越好，这有利于触发器状态方程和驱动方程的简化。根据上述原则以及图 6-55 所示的时序图，选定 FF_0 的时钟信号为时钟输入 CP，FF_1 的时钟信号 CP_1 取自 $\overline{Q}_0$，FF_2 的时钟信号 CP_2 取自 $\overline{Q}_1$，FF_3 的时钟信号 CP_3 取自 $\overline{Q}_0$。

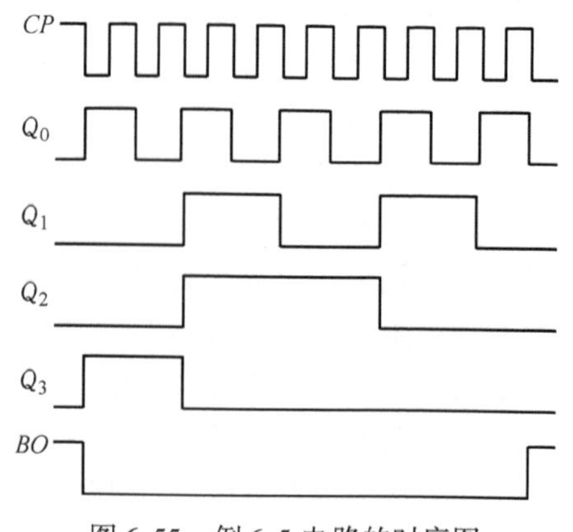

图 6-55 例 6-5 电路的时序图

为了求电路的状态方程，需要画出电路次态的卡诺图，如图 6-56 所示，然后再将其分解为图 6-57 中的四个分别表示 Q_3^{n+1}、Q_2^{n+1}、Q_1^{n+1} 和 Q_0^{n+1} 的卡诺图。在这四个卡诺图中，把没有时钟信号的次态也作为任意项处理，以利于状态方程的简化。例如在图 6-57a Q_3^{n+1} 的卡诺图中，当初态为 1001、0111、0101、0011、0001 时，电路向次态转换过程中 CP_3 没有下降沿产生，因而 Q_3^{n+1} 的状态方程无效，可以任意设定它的次态。另外，由于正常工作时不会出现 $Q_3Q_2Q_1Q_0 = 1010 \sim 1111$ 这六个状态，所以也把它们作为卡诺图中的任意项处理。

$Q_3^nQ_2^n$ \ $Q_1^nQ_0^n$	00	01	11	10
00	1001	0000	0010	0001
01	0011	0100	0110	0101
11	ϕ	ϕ	ϕ	ϕ
10	0111	1000	ϕ	ϕ

图 6-56　例 6-5 次态卡诺图

由图 6-57 的卡诺图得到电路的状态方程为

$$\begin{cases} Q_3^{n+1} = \overline{Q_3^n}\ \overline{Q_2^n}\ \overline{Q_1^n} \\ Q_2^{n+1} = \overline{Q_2^n} \\ Q_1^{n+1} = (Q_3^n + Q_2^n)\overline{Q_1^n} \\ Q_0^{n+1} = \overline{Q_0^n} \end{cases}$$

将上式转换为 JK 触发器的标准形式，得到

$$\begin{cases} Q_3^{n+1} = (\overline{Q_2^n}\ \overline{Q_1^n})\overline{Q_3^n} + \overline{1} \cdot Q_3^n \\ Q_2^{n+1} = 1 \cdot \overline{Q_2^n} + \overline{1} \cdot Q_2^n \\ Q_1^{n+1} = (Q_3^n + Q_2^n)\overline{Q_1^n} + \overline{1} \cdot Q_1^n \\ Q_0^{n+1} = 1 \cdot \overline{Q_0^n} + \overline{1} \cdot Q_0^n \end{cases}$$

由此，得到驱动方程为

$$\begin{cases} J_3 = \overline{Q_2}\ \overline{Q_1}, K_3 = 1 \\ J_2 = K_2 = 1 \\ J_1 = \overline{\overline{Q_3}\ \overline{Q_2}}, K_1 = 1 \\ J_0 = K_0 = 1 \end{cases}$$

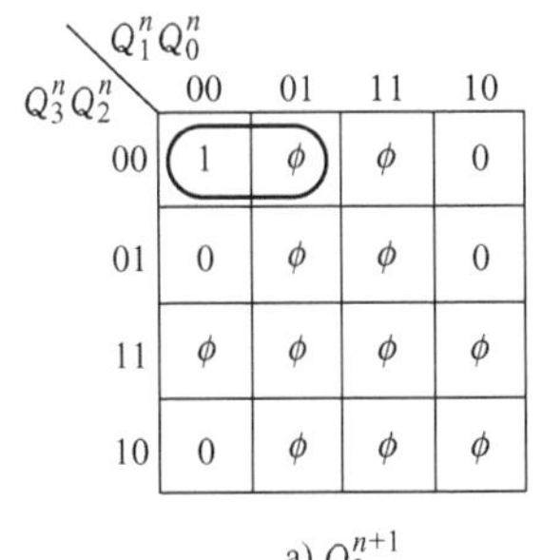

a) Q_3^{n+1}

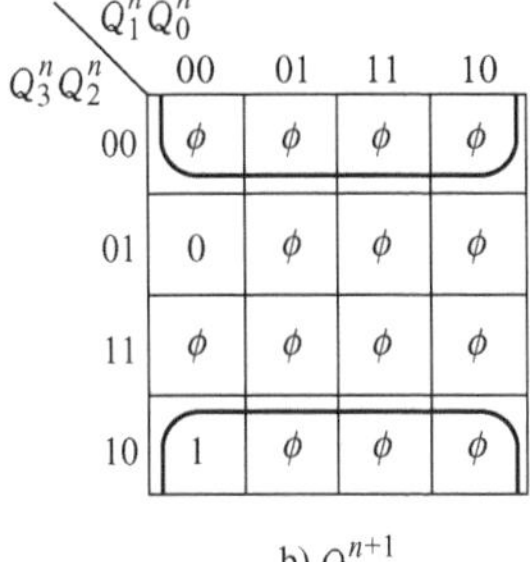

b) Q_2^{n+1}

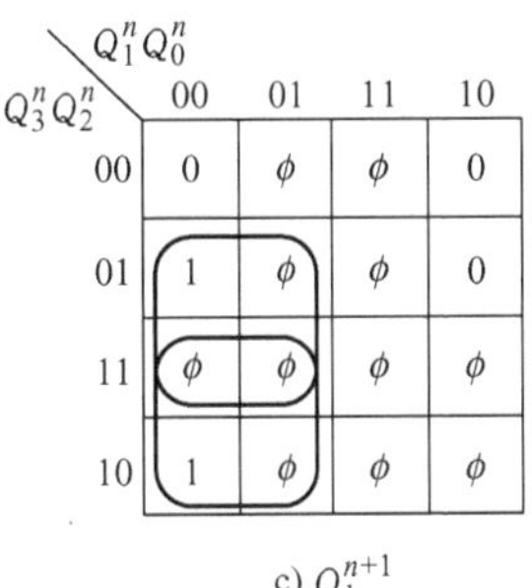

c) Q_1^{n+1}

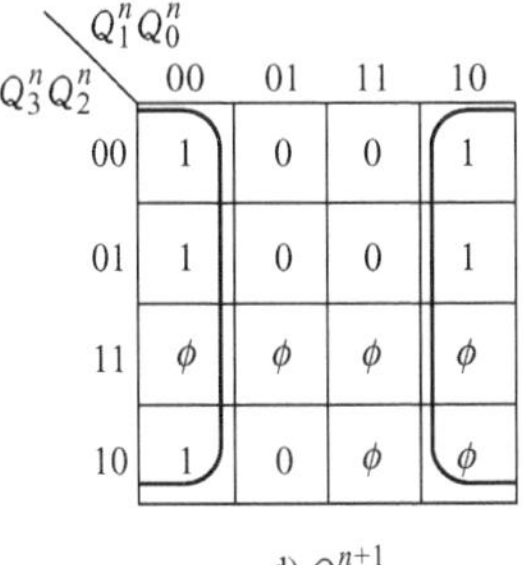

d) Q_0^{n+1}

图 6-57　图 6-56 卡诺图的分解

根据状态转换表画出输出 BO 的卡诺图如图 6-58 所示，得到输出方程为

$$BO = \overline{Q_3}\,\overline{Q_2}\,\overline{Q_1}\,\overline{Q_0}$$

按照驱动方程和输出方程画出逻辑电路图如图 6-59 所示。检查电路能否自启动，将六个无效状态 1010 ~ 1111 分别代入状态方程求其次态，得到完整的电路状态转换图如图 6-60 所示，由此可见电路能够自启动。

$Q_3^nQ_2^n$ \ $Q_1^nQ_0^n$	00	01	11	10
00	1	0	0	0
01	0	0	0	0
11	ϕ	ϕ	ϕ	ϕ
10	0	0	ϕ	ϕ

图 6-58　例 6-5 电路输出 BO 的卡诺图

6.4.2　中规模时序逻辑电路的设计

1. 任意进制计数器的设计

对具有附加功能控制端的集成计数器采用不同外部接

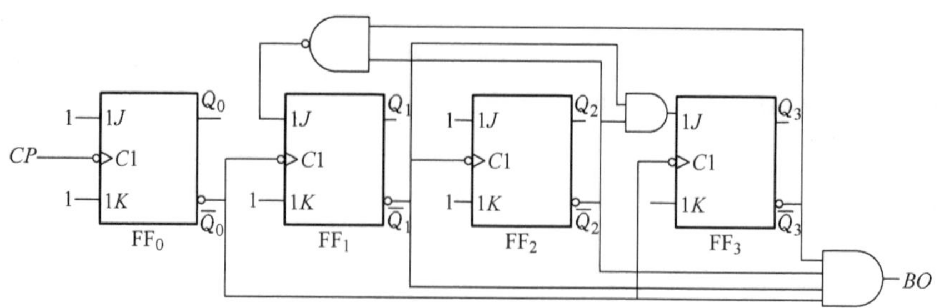

图 6-59　异步十进制减法计数器的逻辑电路图

线，可以构成任意进制计数器（分频器）。假定集成计数器为 N 进制计数器，需要得到的是 M 进制计数器，进行设计时有两种可能：$M<N$ 或 $M>N$。下面分别讨论两种情况下构成任意进制计数器的方法。

（1）$M<N$　如果所需要得到计数器的模小于给定计数器的模，则可通过清零法（或称复位法）和置数法（或称置位法）两种方法完成设计。

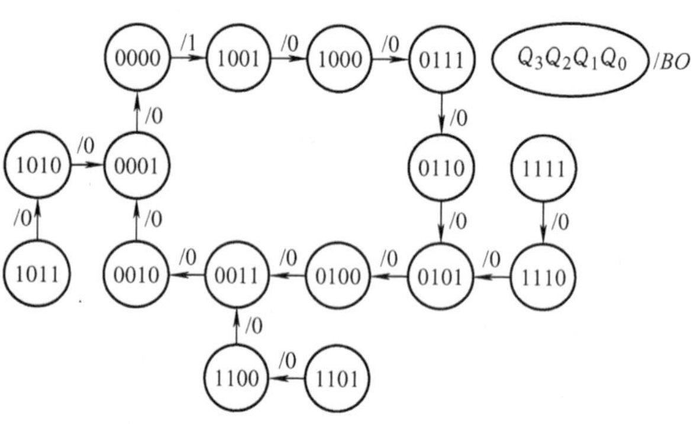

图 6-60　图 6-59 电路的状态转换图

1）清零法。清零法是一种经常使用的将大模数计数器修改为小模数计数器的方法，适用于具有清零端的计数器。对于具有异步清零功能的计数器来说，为了获得任意模数 M，在第 M 个计数脉冲的作用下，将所有输出状态为 1 的触发器输出端通过译码电路——与门（清零端高电平有效）、与非门（清零端低电平有效），去控制计数器的清零端，使计数器回到 0 状态，从而实现模数为 M 的计数器。原理如图 6-61a 所示。

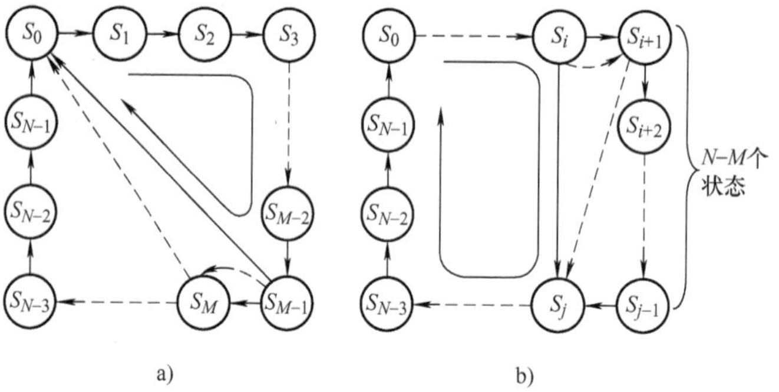

a)　　b)

图 6-61　清零法和置数法的原理示意图

清零法的基本步骤是：①写出模 M 的二进制代码；②求出清零端 CR 的表达式。$CR=\prod_{1\sim n}Q^{l}$，其中 $\prod_{1\sim n}Q^{l}$ 代表 M 状态下触发器输出为 1 的 Q 端的乘积；③画出集成电路外部接线图。

这种方法的特点是：简单方便，如果清零端为异步作用端则存在过渡状态（暂态），清零时间短。

2）置数法。与清零法不同，置数法通过对计数器预置某个数值的方法跳过（$N-M$）个状态，从而得到 M 进制计数器，如图 6-61b 所示。置数操作可以在电路的任何一个状态下进行。这种方法适用于有预置数功能的计数器电路。

对于具有同步预置数功能的计数器（如74LS160、74LS161）来说，其预置端$\overline{LD}=0$的信号从状态S_i译出，由于为同步预置所以下一个CP信号到来时，才将要预置的数据置入计数器中。稳定的状态循环中包含有S_i状态。而对于具有异步预置数功能的计数器（如74LS190、74LS191）来说，只要预置端$\overline{LD}=0$信号一出现，立即将数据置入计数器中，而不受CP信号的控制，因此$\overline{LD}=0$信号应从S_{i+1}状态译出。S_{i+1}状态只在极短的瞬间出现，稳定的状态循环中不包含此状态，如图6-61b中虚线所示。

例6-6　用同步十进制计数器74LS160构成六进制计数器（$M=6$）。

解：因为74LS160既有异步清零功能又有同步预置功能，所以要得到六进制计数器的实现电路有多种。

电路1：利用异步清零端$\overline{CR}$。

按照清零法的基本步骤，$M=6$，二进制数表示为$Q_3Q_2Q_1Q_0=0110$，并且74LS160清零端低电平有效，将Q_2Q_1（0110中Q_2、Q_1为1）经过与非门接至清零端，即$\overline{CR}=\overline{Q_2Q_1}$，电路如图6-62a所示。分析可知，当计数器计到0110时，与非门G输出低电平则计数器立即清零，0110状态为暂态，有效状态组成的状态转换图如图6-62b所示。

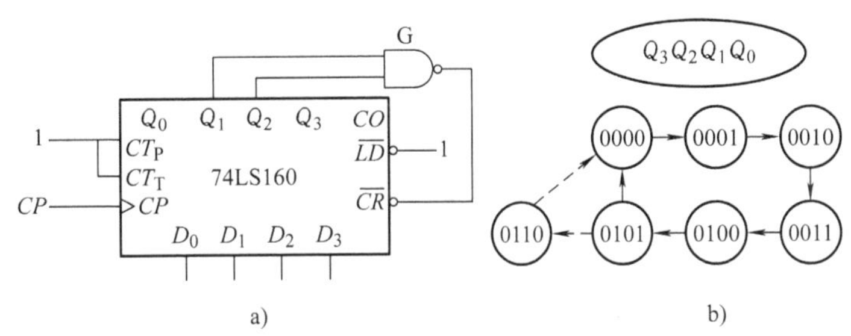

图6-62　用异步清零端74LS160构成六进制计数器

电路2：利用同步预置端$\overline{LD}$，并预置成0000。

由于要预置成0000状态，从0000计数到0101则有六个有效状态，将0101状态（Q_2和Q_0为1）译码经过与非门接至预置端，即$\overline{LD}=\overline{Q_2Q_0}$，电路如图6-63a所示。分析可知，当计数器计到0101时，与非门G输出低电平，在下一个计数脉冲到达后计数器置为0000，0101状态为稳定状态，有效状态组成的状态转换图如图6-63b所示。利用同步预置端进行设计克服了异步清零法电路存在的清零脉冲过窄的缺点。

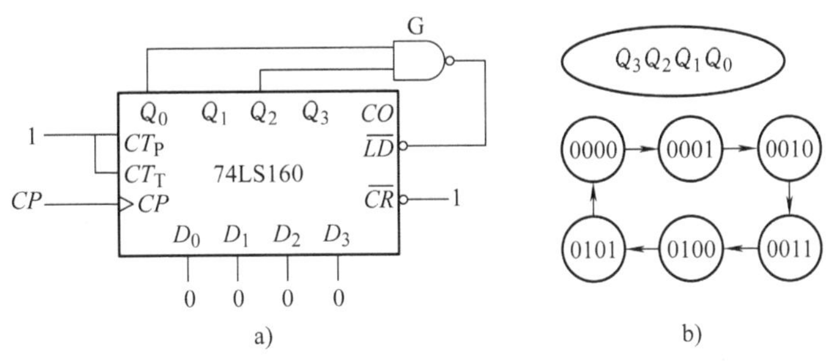

图6-63　用74LS160构成六进制计数器

电路3：利用同步预置端$\overline{LD}$，并对1001状态进行译码。

对1001状态进行译码，则预置输入应为0100，从0100计数至1001刚好六个状态。实现电路如图6-64a所示，有效状态组成的状态转换图如图6-64b所示。

电路4：利用同步预置端$\overline{LD}$，用进位输出CO实现。

电路3对1001状态进行译码，74LS160的进位输出端 CO 即代表1001，因此将图6-64略加修改，则可通过 CO 完成电路设计，实现电路如图6-65a所示，有效状态组成的状态转换图如图6-65b所示。

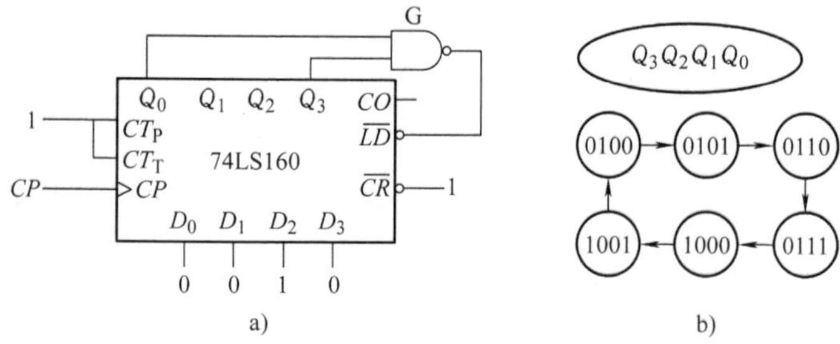

图6-64 用74LS160的预置数端构成六进制计数器

（2）$M > N$ 要实现比给定 N 进制计数器计数值更大的 M 进制计数器，需要用多片 N 进制计数器组合起来实现。各片之间（或称为各级之间）的连接方式可分为串行进位和并行进位两种方式。

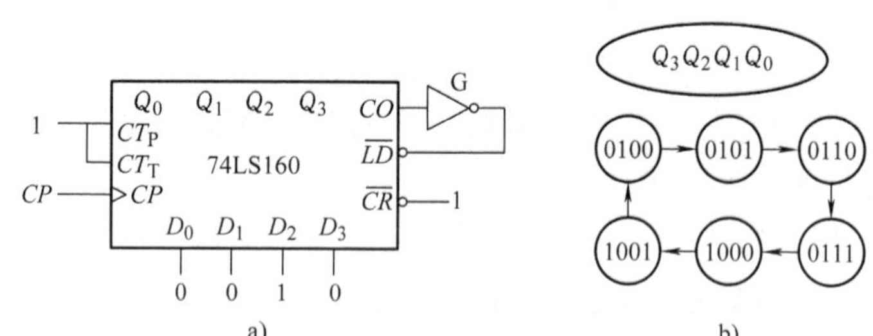

图6-65 用74LS160的预置数端和进位输出 CO 构成六进制计数器

在串行进位方式中，以低位片的进位输出信号作为高位片的时钟输入信号，各片计数控制（计数的使能信号）都处于有效状态。在并行进位方式中，各片时钟信号均采用外部统一计数时钟信号 CP，以低位片的进位输出信号作为高位片的计数控制信号。

当 M 为大于 N 的素数时，需要采取整体清零或整体置数方式构成 M 进制计数器。整体清零或置数时，首先将多片 N 进制计数器按串行或并行进位方式接成一个大于 M 进制的计数器 N'（以两片为例，则为 $N' = N \times N$ 进制），然后参照前述的 $M < N$（此处为 N'）的清零法或置数法完成设计。

若 M 不是素数并且可以分解为多个小于 N 的因数相乘，即 $M = N_1 \times N_2 \times \cdots \times N_i$，则可采用串行或并行进位方式将一个 N_1 进制计数器、一个 N_2 进制计数器以及一个 N_i 进制等多个计数器级联起来，构成 M 进制计数器。其中 N_1 进制计数器、N_2 进制计数器以及 N_i 进制等计数器可由 N 进制计数器采用前述的 $M < N$ 的清零法或置数法获得。

当然，当 M 不是素数时也可以采用整体清零法和整体置数法实现设计。

例6-7 试用同步十进制计数器74LS160构成100进制计数器。

解：74LS160为模为10的计数器，两片级联便可构成 $10 \times 10 = 100$ 进制计数器。

方法1：串行进位方式。以低位片（第Ⅰ片）的进位输出信号作为高位片（第Ⅱ片）的时钟输入信号，两片计数控制都处于有效状态。实现电路如图6-66所示，由于74LS160在时钟上升沿进行计数，因此第一片的进位输出 CO 经过反相器后作为第二片的时钟信号。

方法2：并行进位方式。在并行进位方式中，各片时钟信号均采用外部统一计数时钟信号 CP，以第一片的进位输出信号作为第二片的计数控制信

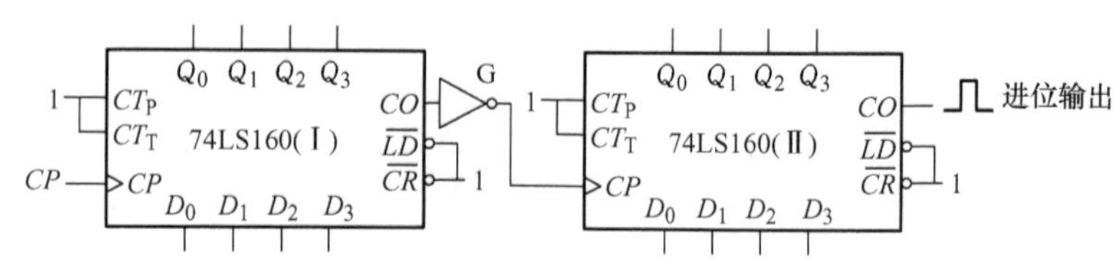

图6-66 串行进位方式构成100进制计数器

号。实现电路如图 6-67 所示。

例 6-8 试用两片同步十进制计数器 74LS160 接成一个带进位输出的二十四进制计数器。

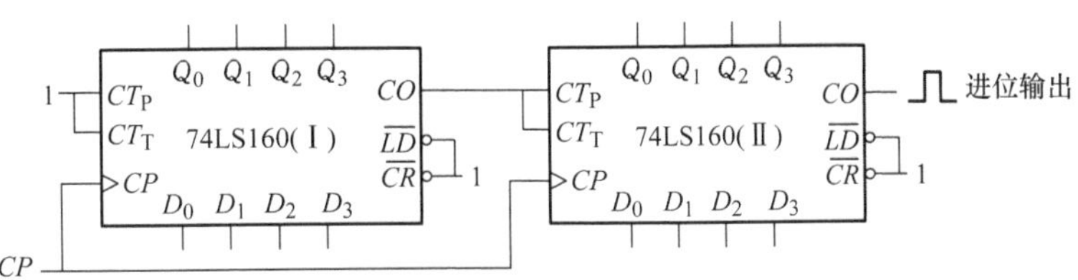

图 6-67 并行进位方式构成 100 进制计数器

解： 74LS160 为模为 10 的计数器，由于 $24>10$，因此采用两片完成设计。

由于 24 不是素数，可以采用整体清零法或整体置数法，也可以采用级联法完成设计，设计电路有多种，下面列举其中三种。

方法 1： 整体清零法。图 6-68 是整体清零方式的接线图。首先将两片 74LS160 以并行进位方式连成一个 $10\times10=100$ 进制计数器。由于 74LS160 为十进制计数器，要构成 24 进制计数器，取十位（74LS160（Ⅱ）芯片）输出状态为 2，个位（74LS160（Ⅰ）芯片）输出状态为 4，经过与非门 G_1 译码产生低电平清零信号，即 $\overline{CR}=0$，将两片 74LS160 同时清零，于是便可得到二十四进制计数器。图 6-68 所示门 G_1 译码输出（状态 24 为瞬态）有效信号持续时间短，不宜作为进位输出，可采用图中门 G_2 的输出，即稳态最大值 23 译码输出作为进位信号。

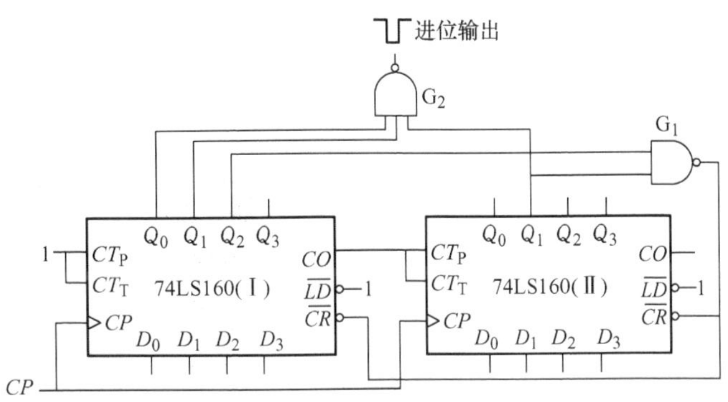

图 6-68 例 6-8 整体清零法实现电路

上例中采用异步清零端实现设计，状态 24 译码输出作为清零信号，需要对 74LS160（Ⅰ）的 Q_2 和 74LS160（Ⅱ）的 Q_1 两个输出同时清零，一旦有一个输出先被清零，G_1 译码输出的清零信号将消失，因此存在清零不可靠的问题。解决此问题可以用下面的同步预置法。

方法 2： 整体置数法。图 6-69 所示电路是采用整体置数法接成的二十四进制计数器。首先仍需将两片 74LS160 接成一百进制计数器。由于 74LS160 为同步预置，如果需要预置成 0，则将电路的 23 状态译码产生 $\overline{LD}=0$ 信号，同时加到两片 74LS160 上，在下个计数脉冲（第 24 个输入脉冲）到达时，将 0000 同时置入两片 74LS160 中，从而得到二十四进制计数器。

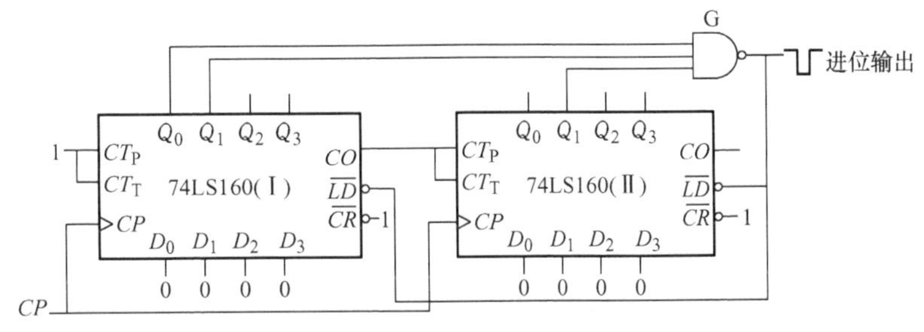

图 6-69 例 6-8 整体置数法实现电路

门 G 的输出可作为进位信号。

方法 3：级联法。要设计的 24 不是素数，可将其分解为 4 ×6 或者 3 ×8，用两片 74LS160 便可实现。将 24 分解为 2 ×12 不太合适，因为要实现 12 进制计数器仍需两片 74LS160，总共需要三片 74LS160，相对前面分解方式多用了一片 74LS160。以 24 = 4 ×6 分解方式为例，图 6-70 为级联法实现电路，两片都通过进位输出 CO 和预置端构成 4 进制或 6 进制计数器，第一片的进位输出作为第二片的时钟信号，两级级联构成 4 ×6 = 24 进制计数器。如果需要从 0 开始计数，也可以通过清零或预置成 0 的方式级联而成。

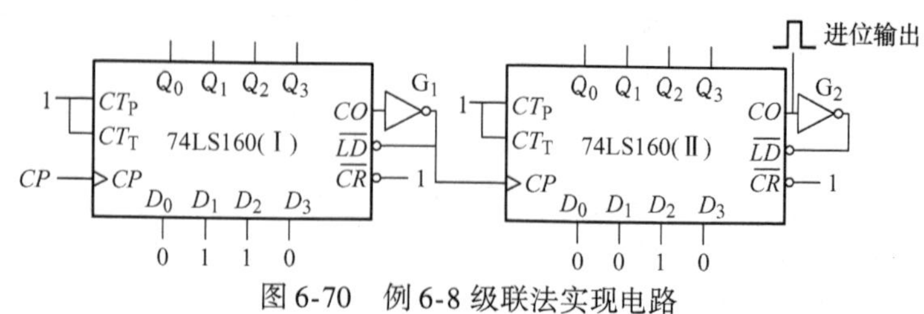

图 6-70 例 6-8 级联法实现电路

由以上分析可以看出，如果将预置数输入端 D_0 ~D_3 接到一个控制器的数据总线上，则可以构成任意进制计数器或分频器，得到可编程计数器或分频器。

例 6-9 用 74LS290 构成五十三进制计数器。

解：74LS290 为异步二–五–十进制计数器，具有异步清零和异步置 9 功能。由于 53 > 10，因此需要两片 74LS290 实现设计，并且由于 53 为素数，因此只能通过整体清零或整体置 9 的方式来实现。下面以整体清零法为例介绍设计过程。

首先，将两片 74LS290 分别连接为 8421BCD 码十进制计数器，并且将两片级联为 100 进制计数器。然后，分别写出当 $M = 53$ 时十位（片Ⅱ）和个位（片Ⅰ）的 BCD 码，两片分别为 $(0101)_{\text{Ⅱ}}$、$(0011)_{\text{Ⅰ}}$。接着，写出清零端 CR 逻辑表达式 $CR = Q_{2(片\text{Ⅱ})}Q_{0(片\text{Ⅱ})}Q_{1(片\text{Ⅰ})}Q_{0(片\text{Ⅰ})}$。最后画出其接线图，如图 6-71 所示。

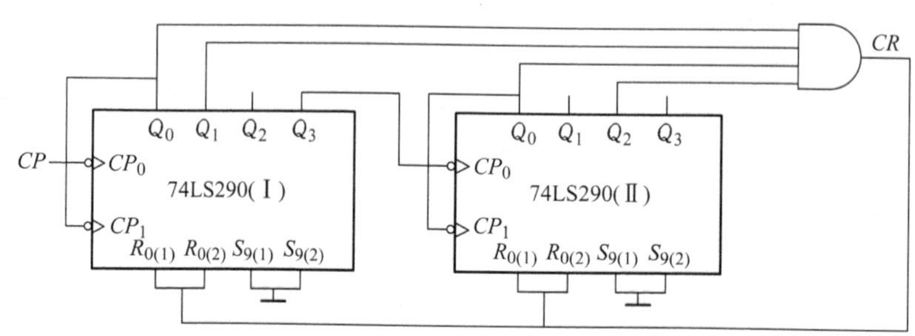

图 6-71 用整体清零法构成五十三进制计数器的电路图

由于清零信号 CR 脉冲窄，存在计数器清零不可靠的问题。为了提高复位的可靠性，在图 6-72 中，利用一个基本 RS 触发器，把清零信号锁存起来，保证其有足够的作用时间，直到计数脉冲高电平到来时清零信号 CR 才变为低电平。

2. 其他功能时序逻辑电路设计

除了可以设计任意进制计数器以外，将计数器与译码器等中规模组合逻辑电路结合，可以构成多种功能逻辑电路。

例 6-10 设计一个灯光控制逻辑电路。要求红、绿、黄三种颜色的灯在时钟信号作用下按表 6-21 规定的顺序转换状态。表中的 1 表示灯“亮”，0 表示灯“灭”。

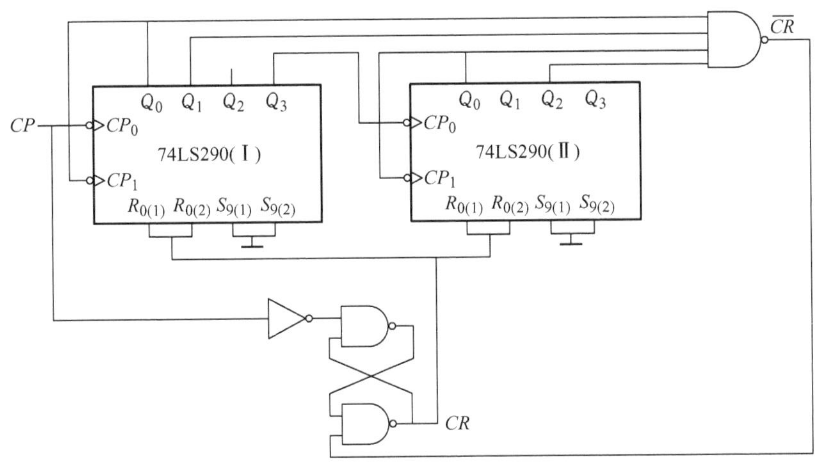

图 6-72 图 6-71 改进后的连接图

解：此题要求设计一个红黄绿三盏灯的控制逻辑电路，三盏灯在时钟控制作用下按规定顺序转换状态。从数字逻辑电路的角度来看，此题可以看作设计三路输出的序列脉冲发生器，每路序列脉冲见表 6-21，可以采用计数器与数据选择器组合实现，也可以采用计数器和译码器组合实现。此例采用计数器和译码器完成设计。

表 6-21 例 6-10 状态转换顺序表

CP	红	黄	绿
0	0	0	0
1	1	0	0
2	0	1	0
3	0	0	1
4	1	1	1
5	0	0	1
6	0	1	0
7	1	0	0

首先，选用 74LS161 构成八进制计数器（如果采用 74LS160 则需要增加一个反相器以构成八进制计数器，而 74LS161 的低三位可直接构成八进制计数器）。然后，由于采用计数器三个输出状态 Q_2、Q_1 和 Q_0，因此选用一片 3 线-8 线译码器 74LS138。根据表 6-21 列出三盏灯（红色用 R 表示，黄色用 Y 表示，绿色用 G 表示）与计数器输出之间关系见表 6-22 所示，由表写出三盏灯输出逻辑表达式为

表 6-22 例 6-10 三盏灯与计数器状态输出之间逻辑关系

CP	Q_2	Q_1	Q_0	R	Y	G
0	0	0	0	0	0	0
1	0	0	1	1	0	0
2	0	1	0	0	1	0
3	0	1	1	0	0	1
4	1	0	0	1	1	1
5	1	0	1	0	0	1
6	1	1	0	0	1	0
7	1	1	1	1	0	0

$$\begin{cases} R(Q_2,Q_1,Q_0)=\sum m(1,4,7) \\ Y(Q_2,Q_1,Q_0)=\sum m(2,4,6) \\ G(Q_2,Q_1,Q_0)=\sum m(3,4,5) \end{cases}$$

最后，选用三个与非门实现，逻辑电路如图 6-73 所示。

其他具有时序要求的逻辑功能一般都可以通过中规模时序逻辑集成器件和组合逻辑集成器件来实现。

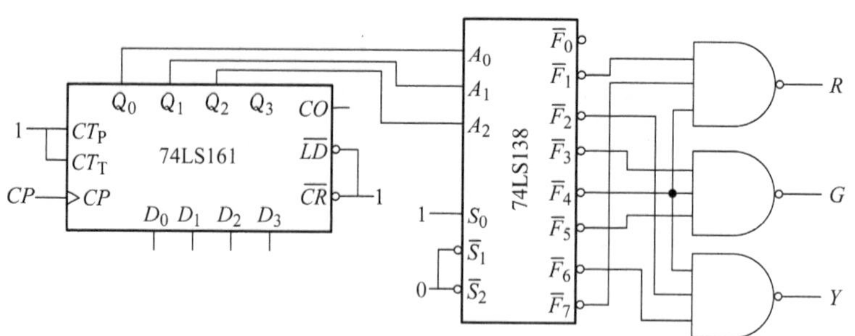

图 6-73　用计数器和译码器构成三盏灯控制电路

6.5　综合应用

本节介绍数字系统设计中运用中规模时序逻辑器件的例子。

例 6-11　设计一个具有数字显示的秒表电路，要求：计时范围为 0 ~ 9min59s，显示精度为 0.1s，计数误差为 ±0.05s，电路开机后自动按“清零→计时→停止→清零”工作状态循环工作。

解：首先分析题意，提出方案设计思路。

1）计数误差为 ±0.05s，因此需要对 100Hz 基准脉冲进行计数，并且具有四舍五入的功能。

2）计时范围为 0 ~ 9min59s，显示精度为 0.1s。此部分包括计数、译码及显示电路。计数器除了对 100Hz（0.01s）计数外，还需要对 0.1s、秒个位、秒十位及分个位进行计数，并且除了 0.01s 位不需要显示外，其余 4 位数码均经数字显示译码器后送到数码管显示。

3）电路开机后自动按“清零→计时→停止→清零”工作状态循环工作。此部分称为功能控制部分，由单脉冲发生器和节拍信号发生器组成，单脉冲发生器实现开关控制以及电路工作状态操作功能，节拍信号发生器保证三个工作状态之间的按序切换。

综上分析，电路由基准脉冲源、计时和控制三部分组成，可采取如图 6-74 所示的设计方案。

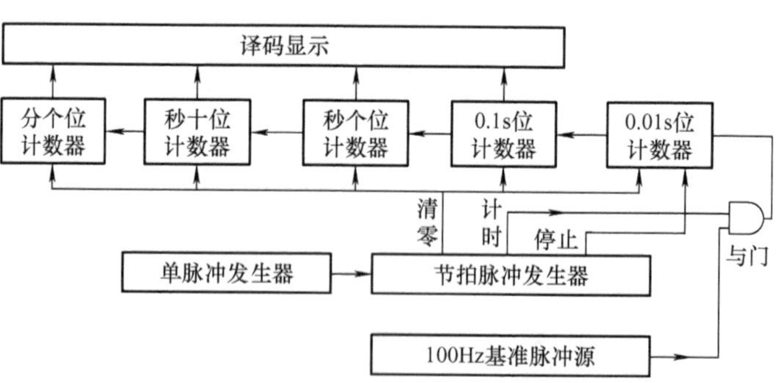

图 6-74　数字显示秒表电路设计方案框图

总的逻辑电路图如图 6-75 所示。

1）计时部分　计数器选用五片 74LS290，秒个位（Ⅲ）和秒十位（Ⅳ）组成六十进制计数器，分个位（Ⅴ）、0.1s 位（Ⅱ）为十进制计数器，均采用 8421BCD 码。为了满足 ±0.05s 的误差要求，0.01s 位（Ⅰ）采用 5421 BCD 编码的十进制计数器，在计数停止时用 Q_0 的状态对 0.01s 位进行四舍五入。译码部分选用四片 4 线-7 线数字显示译码器 74LS48 来实现，并用四个共阴极七段数码管进行显示。

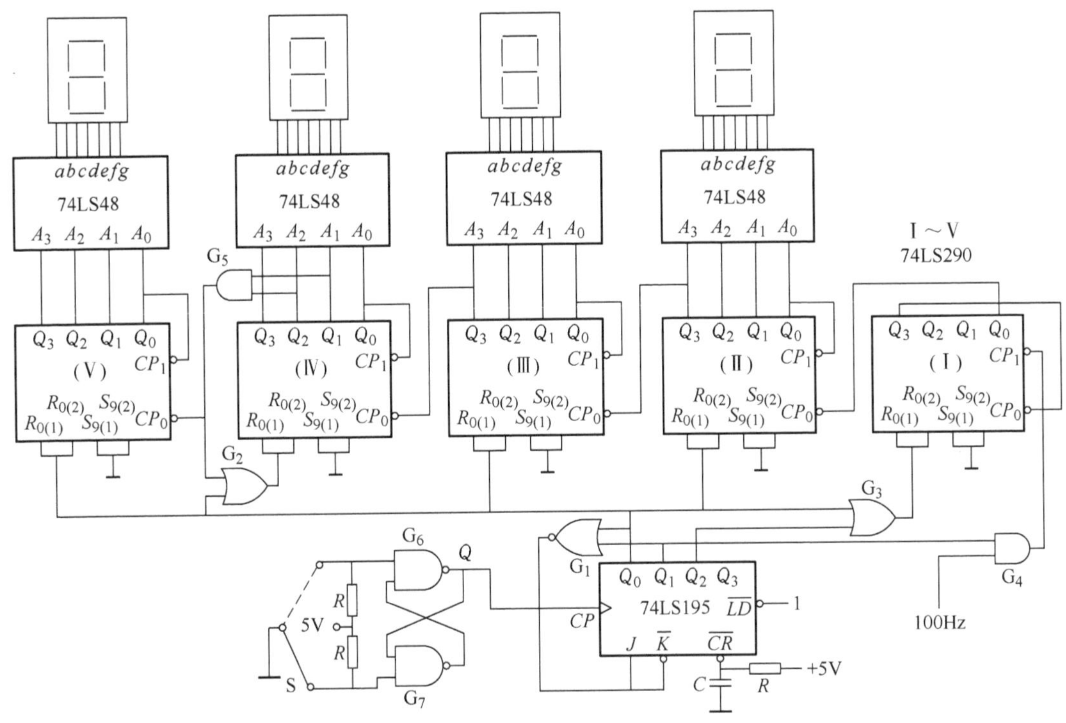

图 6-75 数字显示秒表的逻辑电路图

2）控制部分 节拍信号发生器选用一片 74LS195 构成的 3 位环形计数器来实现。74LS195 为 4 位单向移位寄存器，串行输入数据由第一级 J、$\overline{K}$ 端输入，其功能表见表 6-23。环形计数器的输出 Q_0、Q_1 和 Q_2 分别作为清零、计时和停止信号。$\overline{CR}$端外接的 R、C 电路实现上电清零功能。

由基本 RS 触发器构成的单脉冲发生器为节拍信号发生器提供时钟脉冲。每按一次开关 S，Q 端就产生一个单脉冲，用以控制三种工作状态的转换。

表 6-23 74LS195 功能表

$\overline{CR}$	$\overline{LD}$	J	$\overline{K}$	功能
0	ϕ	ϕ	ϕ	清零
1	0	ϕ	ϕ	预置
1	1	1	1	右移，并且 $Q_0^{n+1}=1$
1	1	0	0	右移，并且 $Q_0^{n+1}=0$
1	1	1	0	右移，并且 $Q_0^{n+1}=\overline{Q}_0$
1	1	0	1	右移，并且 $Q_0^{n+1}=Q_0$

电路工作流程如下：接通电源时，由于电容 C 两端的电压不能突变，故移位寄存器 74LS195 的$\overline{CR}=0$，环形计数器清零。随后电容被充电到 5V，清零信号失效，此时或非门 G_1 的输出为 1，即 $J=\overline{K}=1$。按动开关 S，$Q_0=1$，环形计数器输出 $Q_0Q_1Q_2=100$，所有

74LS290 计数器清零，同时使 $J=\overline{K}=0$。第二次按动开关 S，$Q_0=0$，环形计数器 $Q_0Q_1Q_2=010$，由于 $Q_1=1$，与门 G_4 打开，100Hz 信号送入计数器，秒表开始计时，此时 G_1 的输出为 0，即 $J=\overline{K}=0$。计时结束时再按动开关 S，$Q_0=0$，环形计数器为 $Q_0Q_1Q_2=001$，由于 $Q_2=1$，使或门 G_3 的输出为 1，0.01s 位的 74LS290（Ⅰ）被清零。由于 74LS290 接成 5421BCD 码十进制计数器，当该位计数值≥5，即 $Q_0=1$ 时，清零后 Q_0 产生的负跳变送到 0.1s 位时钟端，使之加 1；反之，若 0.01s 位计数值 <5，则 $Q_0=0$，清零后 Q_0 无负跳变，0.1s 位不加 1，从而实现了四舍五入功能，使计时误差达到 ±0.05s 的指标要求。此时高 4 位并未清零，所计之数经译码器译码后送数码管显示。由于 $Q_0Q_1=00$，G_1 的输出使 $J=\overline{K}=1$，回到初始状态并开始循环。

6.6 用 Multisim 分析时序逻辑电路

通过 Multisim 分析图 6-76 电路的功能。

解：将 Multisim 元件库中的元件 74LS160N，74LS00N，74LS04N，按图 6-76 进行连接。如图 6-77 所示，接入信号发生器和逻辑分析仪，在逻辑分析仪 XLA1 的 3、5、6、4 通道分别对应 Q_A、Q_B、Q_C、Q_D 的输出，7 通道对应 LOAD 信号；逻辑变量 M 连接逻辑开关，通过按键 M 在逻辑 0 和逻辑 1 两个状态之间进行切换。设置信号发生器 XFG1 如图 6-78 所示，输入信号为方波，频率为 10kHz，幅值为 5V。

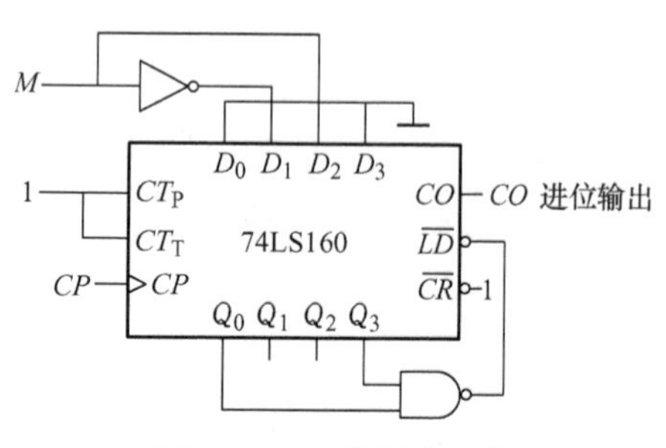

图 6-76 时序逻辑电路

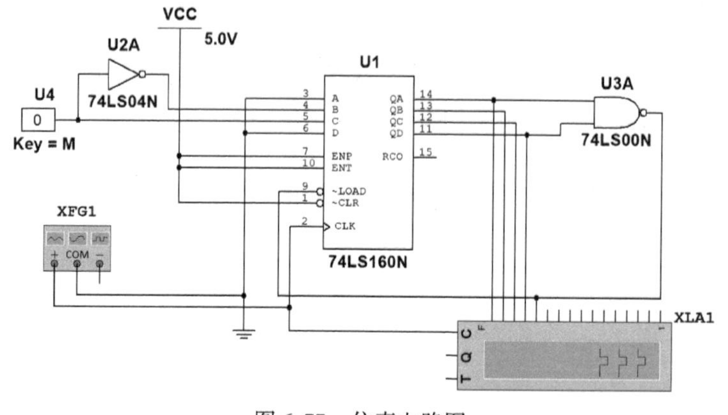

图 6-77 仿真电路图

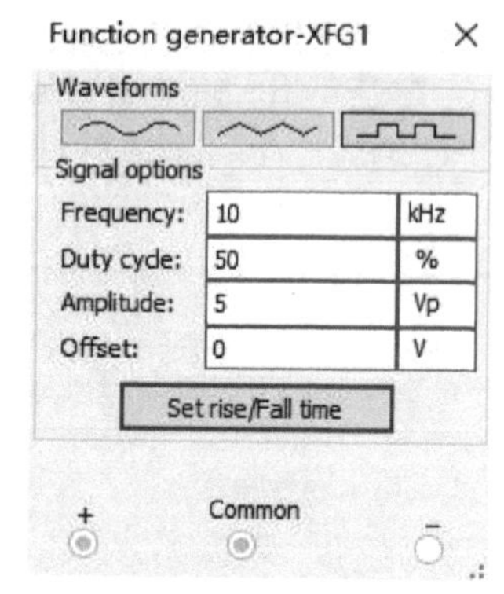

图 6-78 信号发生器设置

当 M=1 时，逻辑分析仪显示的波形如图 6-79 所示。由图可知，每 6 个时钟周期波形重复一遍，所以 M=1 时为六进制计数器，与理论分析结果相同。

当 M=0 时，逻辑分析仪显示的波形如图 6-80 所示。由图可知，每 8 个时钟周期波形重复一遍，所以 M=0 时为八进制计数器，与理论分析结果相同。

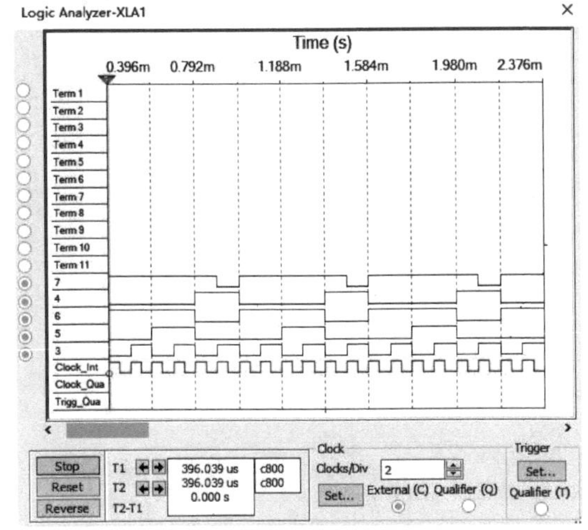

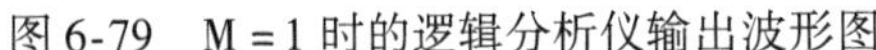
图 6-79　M = 1 时的逻辑分析仪输出波形图

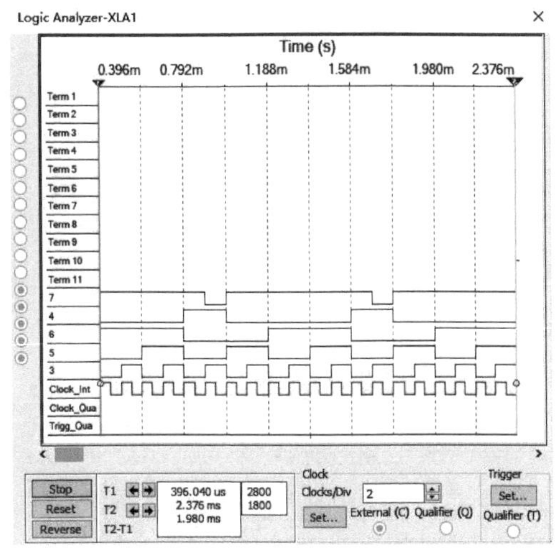

图 6-80　M = 0 时的逻辑分析仪输出波形图

6.7　用 VHDL 设计任意进制计数器

本节主要介绍如何利用 Quartus 编译器，通过 VHDL 编程设计、定制化生成任意进制计数器模块，在 Quartus 电路图中导入生成模块并进行电路功能仿真，详细操作过程可参考附录 B 中 VHDL 模块生成实例。

下面以十进制加法计数器为例介绍模块的生成。在 Quartus 中新建工程后，创建空白 VHDL 文件，在空白文件中输入以下代码并保存到当前工程目录下，然后进行编译，编译结果如图 6-81 所示。

```
library ieee;
use ieee.std_logic_1164.all;
use ieee.std_logic_unsigned.all;
entity Q_Test is port(clk,clr,en:in std_logic;
  qa,qb,qc,qd:out std_logic);
end Q_Test;
architecture rtl of Q_Test is
  signal count:std_logic_vector(3 downto 0):="0000";
begin
  process(clk,clr)
  begin
    if(clr='1')then
      count<="0000";
    elsif clk'EVENT and clk='1' then
      if en='1' then
        if(count="1001")then
```

```
          count < = "0000";
        else
          count < = count + 1;
        end if;
      end if;
    end if;
  end process;
  qa < = count (0);
  qb < = count (1);
  qc < = count (2);
  qd < = count (3);
end rtl;
```

利用 RTL Viewer 工具显示上述 VHDL 程序功能对应的逻辑电路，如图 6-82 所示。添加引脚并设置相应引脚的电平格式，最后进行功能仿真或逻辑仿真，仿真波形结果如图 6-83所示。从图中可以看出，该结果符合十进制加法计数器的逻辑功能，且使能引脚功能正确。

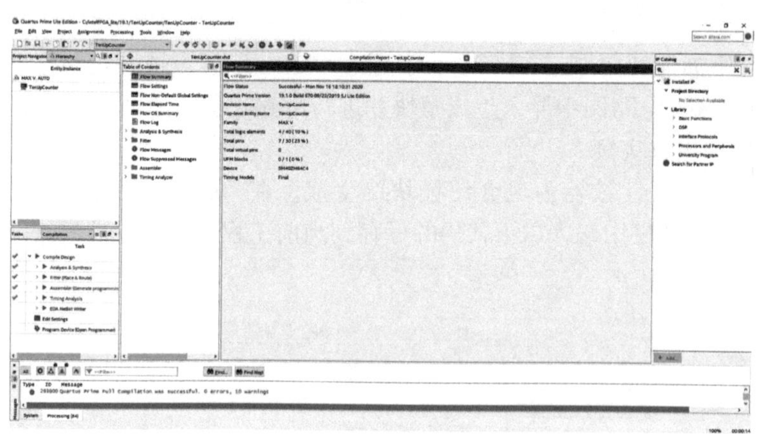

图 6-81　VHDL 程序编译结果

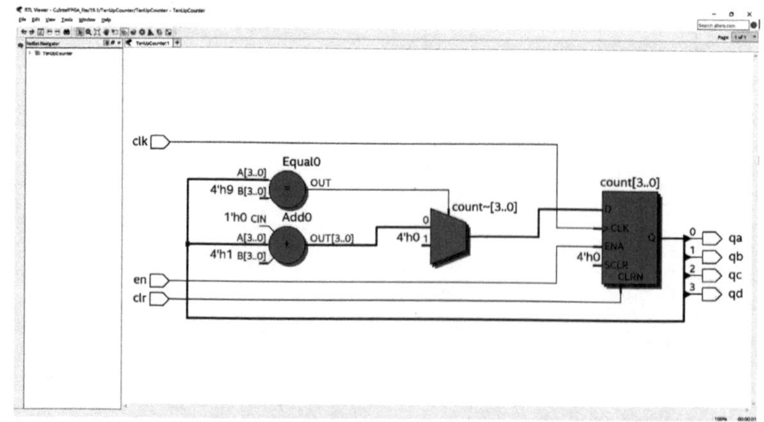

图 6-82　RTL Viewer 显示逻辑电路图

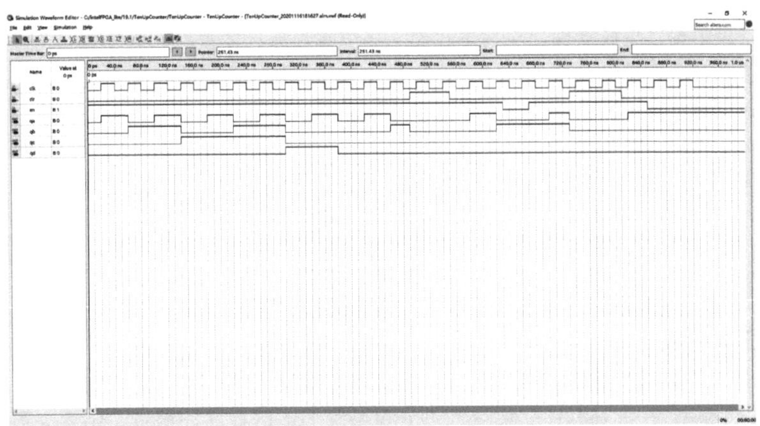

图 6-83 添加所有引脚后生成的波形仿真图

在完成逻辑功能验证后，可以将十进制加法计数器 VHDL 程序封装为一个独立模块，并在电路图中导入使用，结果如图 6-84 所示。至此，编译生成的 VHDL 十进制加法计数器模块即可在 Quartus 电路仿真文件中添加并接入其他电路中使用。由程序代码可以看出，修改 count = "1001" 中的 1001 则可实现 16 进制以内任意进制计数器；修改计数器的位数，则可实现任意进制计数器。

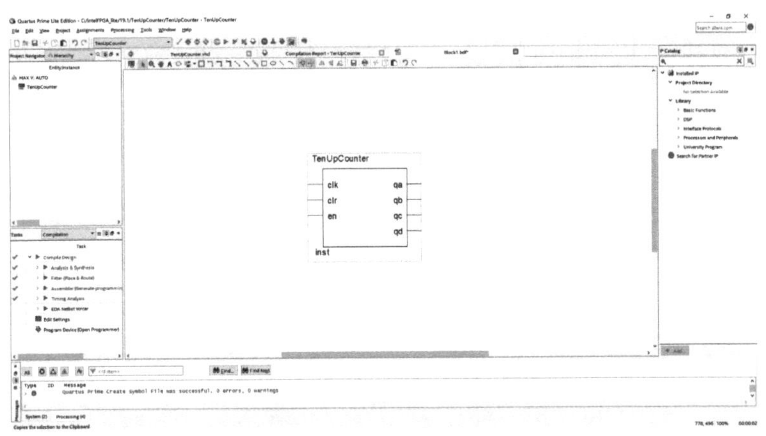

图 6-84 在空白电路图中添加生成的十进制加法计数器模块

本章小结

时序逻辑电路的输出不仅和当前输入信号有关，而且与电路原来的状态有关。通常用于描述时序逻辑电路逻辑功能的方法包括方程组（由时钟方程、驱动方程、状态方程和输出方程组成）、状态转换表、状态转换图和时序图等。

本章重点介绍了时序逻辑电路的分析方法和设计方法。在分析时序逻辑电路时，首先按照电路列出驱动方程、时钟方程（同步时序逻辑电路不需要列出时钟方程）和输出方程，然后根据特性方程列出状态方程，接着再列出状态转换表或画出状态转换图、时序图，最后分析得出电路的逻辑功能。在设计时序逻辑电路时，首先根据电路逻辑功能的要求，画出状态转换图或列出状态转换表，然后对状态进行编码，求出驱动方程和输出方程，最后画出逻辑电路图。

本章介绍了常用中规模集成器件，包括寄存器、移位寄存器、计数器、顺序脉冲发生器和序列脉冲发生器等；还介绍了基于中规模集成器件设计任意进制计数器及其他功能的时序逻辑电路。

本章最后介绍了数字秒表的综合设计、如何基于 Multisim 分析时序逻辑电路以及用 VHDL 设计任意进制计数器。

习 题

6-1 填空

（1）N 个 D 触发器构成的扭环形计数器是（ ）进制计数器。

（2）N 个 D 触发器构成的环形计数器是（ ）进制计数器。

（3）已知 CP 的频率为 32.768kHz，需要通过分频得到 1Hz 的秒脉冲信号，则至少需要（ ）位二进制计数器。

6-2 试分析图 6-85 所示时序逻辑电路的逻辑功能。要求写出电路的驱动方程、状态方程和输出方程，列出状态转换表，并说明电路能否自启动。

6-3 试分析图 6-86 所示时序逻辑电路的逻辑功能。要求写出电路的驱动方程、状态方程和输出方程，画出电路的状态转换图。已知 A 为输入逻辑变量。

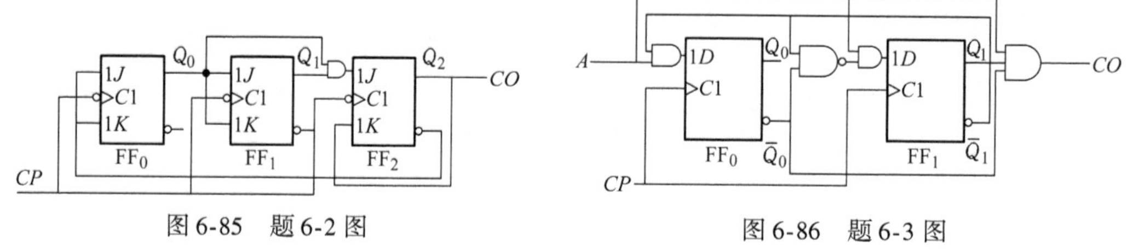

图 6-85 题 6-2 图　　图 6-86 题 6-3 图

6-4 试分析图 6-87 所示时序逻辑电路的逻辑功能。要求写出电路的驱动方程、状态方程和输出方程，画出状态转换图，并检查电路能否自启动。

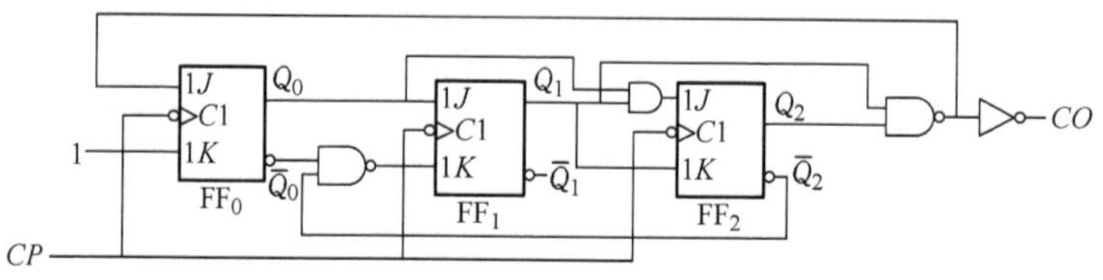

图 6-87 题 6-4 图

6-5 试分析图 6-88 给出时序逻辑电路的功能。要求画出电路的状态转换图，检查电路能否自启动，说明电路实现的逻辑功能。已知 A 为输入变量。

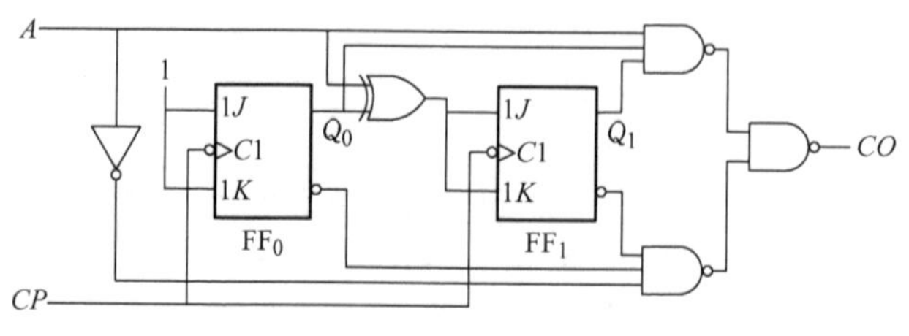

图 6-88 题 6-5 图

6-6　如图 6-8a 所示的 4 位移位寄存器 CC4015 的 CP 和 D_S 输入波形如图 6-89 所示，设触发器的初态均为 0，试对应时钟信号画出各触发器的输出波形。

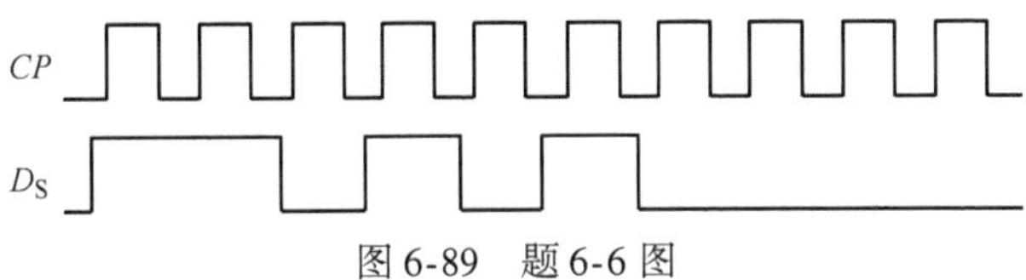

图 6-89　题 6-6 图

6-7　在图 6-90 中，若两个移位寄存器中原存放的数据分别为 $A_3A_2A_1A_0 = 1001$，$B_3B_2B_1B_0 = 0011$，试问经过四个 CP 脉冲作用后，两个寄存器中的数据各为多少？简述电路实现的逻辑功能。

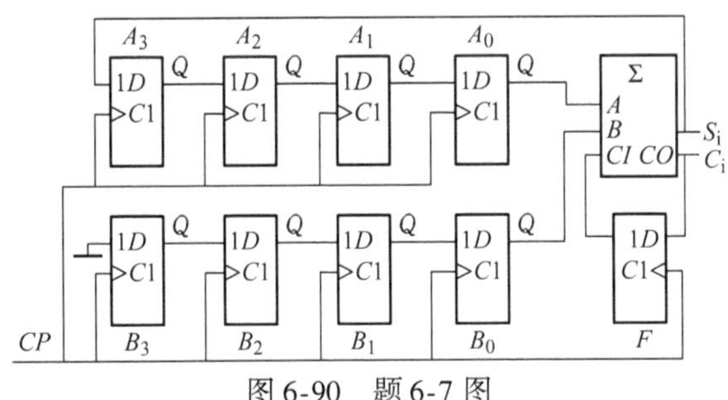

图 6-90　题 6-7 图

6-8　如在图 6-91 所示循环寄存器的数据输入端加高电平，设时钟脉冲 CP 到来之前两个双向移位寄存器 74LS194 的输出 $Q_0 \sim Q_3'$ 为 11000110，若基本 RS 触发器的输入分别为：(1) $\overline{S}=0$，$\overline{R}=1$；(2) $\overline{S}=1$，$\overline{R}=0$。分别在五个 CP 脉冲作用之后，试确定寄存器相应的输出 $Q_0 \sim Q_3'$ 为何状态？

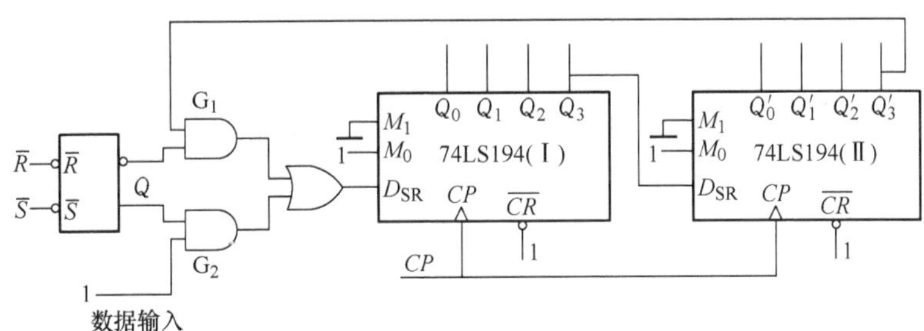

图 6-91　题 6-8 图

6-9　回答下列问题

(1) 欲将一个存放在移位寄存器中的二进制数乘以 16，需要经过多少个移位脉冲？

(2) 若最高位在移位寄存器的最右边，要完成上述功能应左移还是右移？

(3) 如果时钟频率是 60kHz，要完成此二进制数乘以 16 需要多长时间？

6-10　回答下列问题：

(1) 用七个 T′触发器级联，输入脉冲频率 $f = 612\text{kHz}$。求此计数器最高位触发器输出信号的频率。

(2) 若需要每输入 1024 个时钟脉冲，分频器能输出一个脉冲，则此分频器需要多少个触发器连接而成？

6-11　已知计数器的输出波形如图 6-92 所示，说明计数器的模为多少？并画出状态转换图。

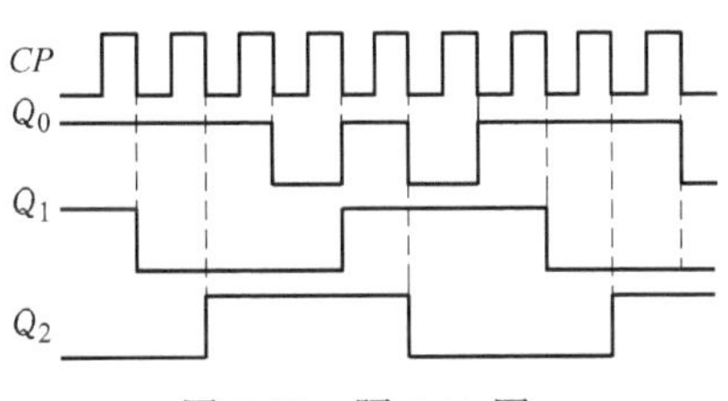

图 6-92　题 6-11 图

6-12　分析图 6-93 的计数器电路，说明这是多少进制的计数器。

6-13　分析图 6-94 所示电路为多少进制计数器，并画出状态转换图。

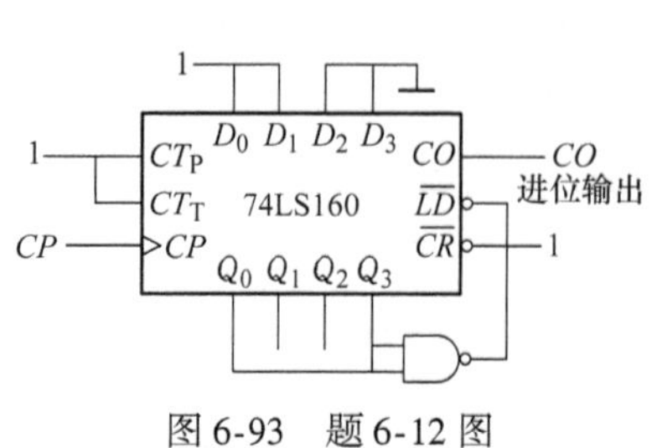

图 6-93 题 6-12 图

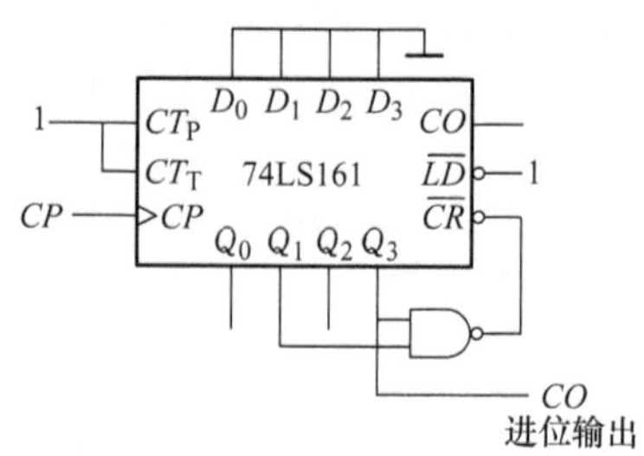

图 6-94 题 6-13 图

6-14 试分析图 6-95 的计数器在 $M=1$ 和 $M=0$ 时各为多少进制计数器。

6-15 图 6-96 电路是可控进制计数器。试分析当控制变量 A 为 1 和 0 时电路各为多少进制计数器。

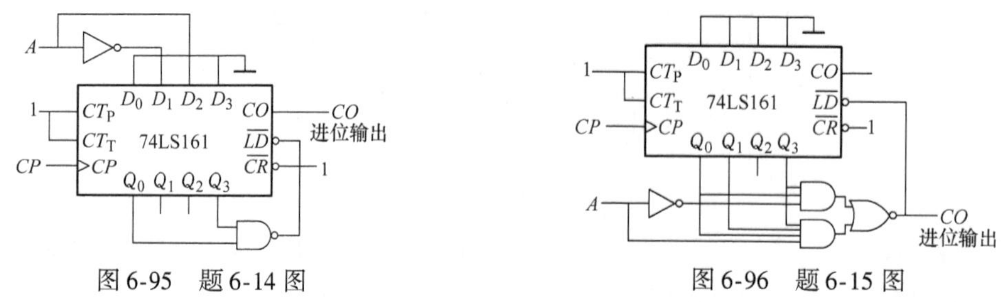

图 6-95 题 6-14 图　　图 6-96 题 6-15 图

6-16 图 6-97 电路是由两片同步十进制计数器 74LS160 组成的计数器，试分析整个电路构成多少进制计数器。

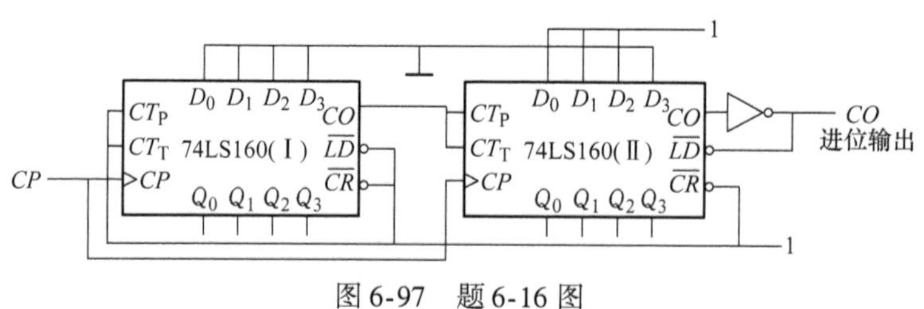

图 6-97 题 6-16 图

6-17 分析图 6-98 给出的电路，说明这是多少进制的计数器。

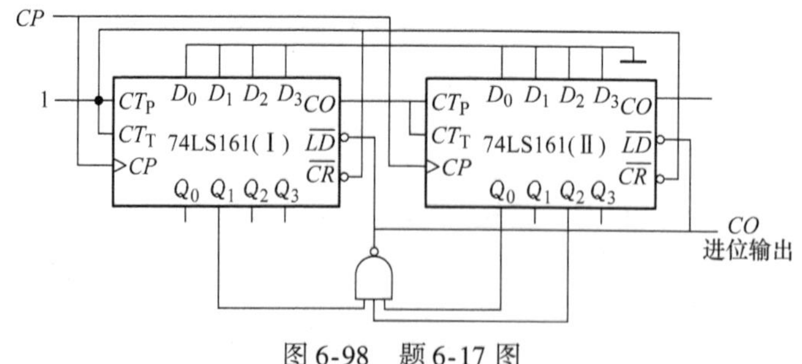

图 6-98 题 6-17 图

6-18 图 6-99 是由二-十进制优先编码器 74LS147 和同步十六进制加法计数器 74LS161 组成的可控分频器，试说明当输入控制信号 $\bar{I}_1 \sim \bar{I}_9$ 分别为低电平，并假定 CP 脉冲的频率为 f_0 时，由 F 端输出的脉冲频率应是多少？

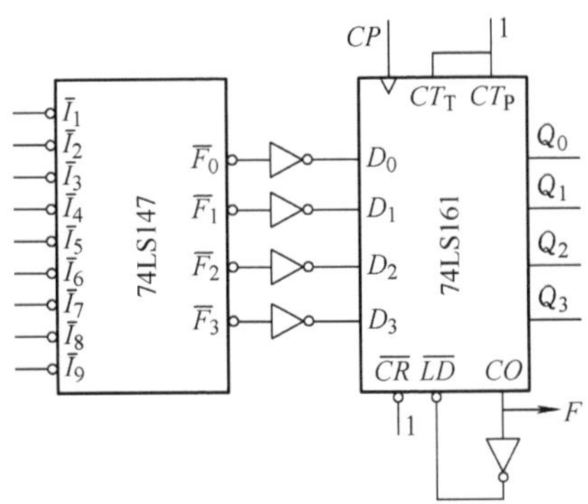

图6-99 题6-18图

6-19 在图6-100中，74LS160为同步十进制加法计数器，74LS42为4线-10线译码器，设计数器的初始状态为0000。试画出与CP脉冲相对应的Q_3、Q_2、Q_1、Q_0及与非门G的输出F的波形图。

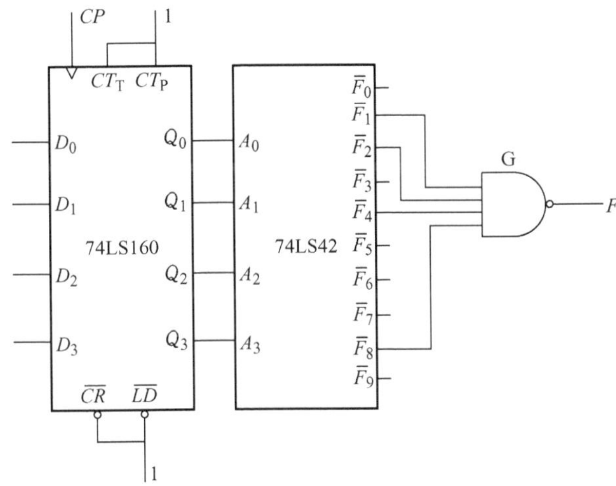

图6-100 题6-19图

6-20 分析图6-101所示的计数器电路，要求画出电路的状态转换图，说明这是多少进制计数器。

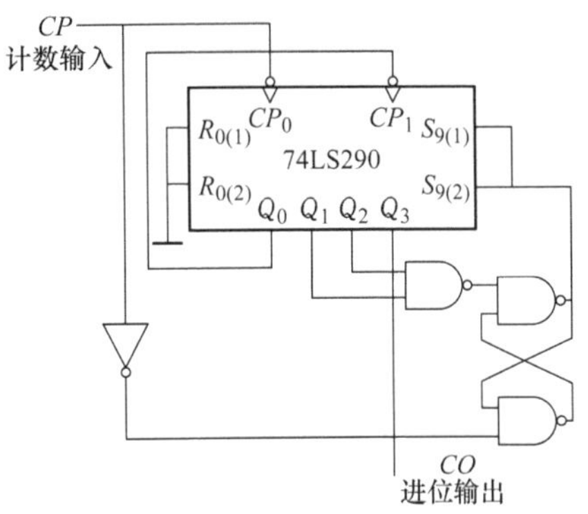

图6-101 题6-20图

6-21 分析图6-102所示电路，列出其状态转换表，说明其逻辑功能。

6-22 图6-103是用两片中规模集成电路74LS290组成的计数电路，试分析此电路是多少进制的计数器。

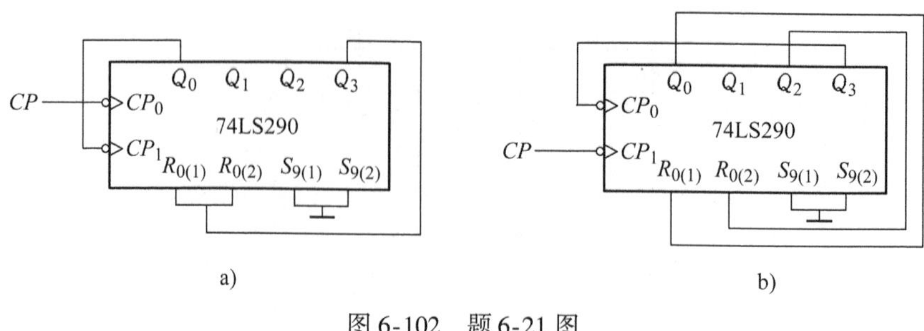

图 6-102 题 6-21 图

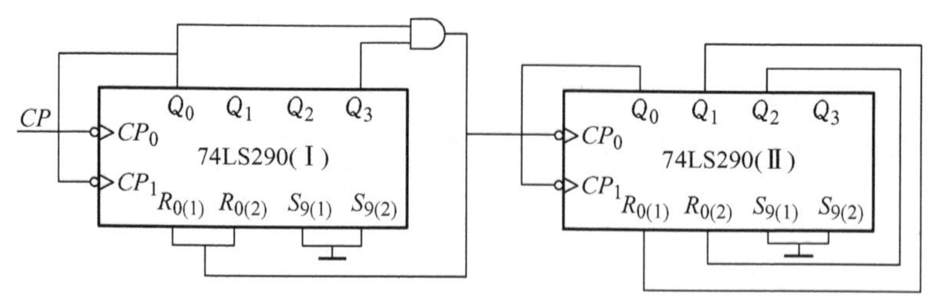

图 6-103 题 6-22 图

6-23 图 6-104 是用 CC4516 构成的两级可编程分频器，CC4516 的功能可查阅其数据手册。(1) 试求该电路的输出信号频率与输入信号频率之比，即分频系数；(2) 若被预置的数为 n，试求输出频率 f_o 与输入频率 f_i 之间的关系。

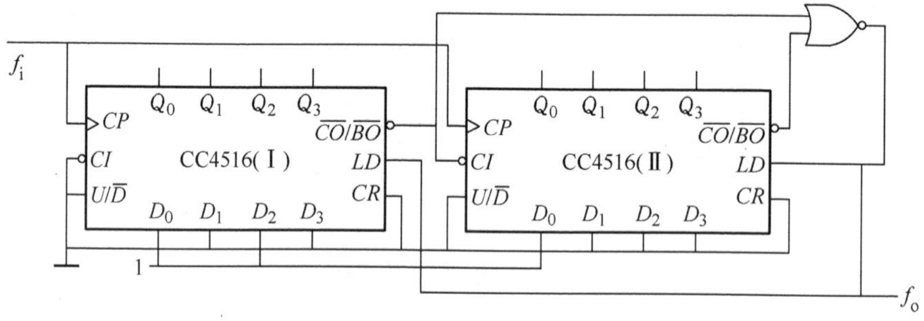

图 6-104 题 6-23 图

6-24 试用同步四位二进制加法计数器 74LS161 设计一个带进位输出的十二进制计数器，要求画出电路图。

6-25 用 74LS161 设计一个可控进制计数器，当输入控制变量 $M=0$ 时为五进制，$M=1$ 时为十五进制。画出电路图。

6-26 已知时钟脉冲的频率为 4.8kHz，试用中规模集成计数器组成分频器，将时钟脉冲的频率降低为 60Hz。试画出该分频器电路的接线图。

6-27 用中规模集成器件设计一个多电机控制逻辑电路。要求三部电机在时钟信号作用下按表 6-24 规定的顺序转换状态。表中的 1 表示电机转动，0 表示电机停止，要求电路能够自启动。

6-28 试以级联方式将 74LS290 构成四十进制计数器。

6-29 图 6-105a、b 为双向移位寄存器 74LS194 构成的分频器，要求列出状态转换表，总结说明扭环形计数器改接成奇数分频器的接线规律。

6-30 试用 JK 触发器设计一个时序逻辑电路，要求该电路的输出 F 与 CP 之间的关系满足图 6-106 所示的波形图。

表 6-24　题 6-27 功能表

CP	电机 1	电机 2	电机 3
0	0	0	0
1	1	0	0
2	1	1	0
3	1	1	1
4	0	1	1
5	0	0	1

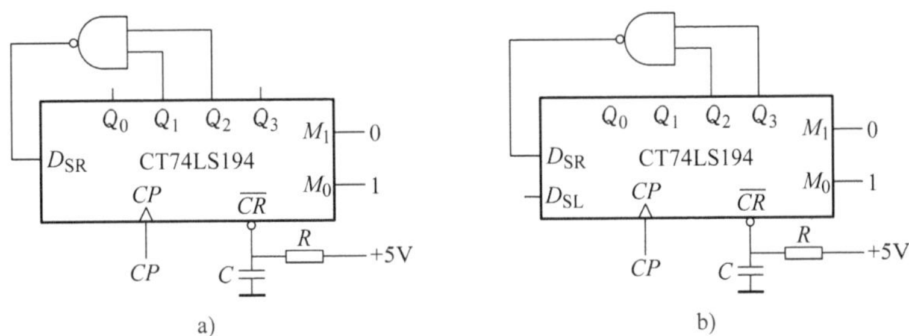

图 6-105　题 6-29 图

6-31　用 JK 触发器及最少的门电路设计一个同步五进制计数器，其状态转换图如图 6-107 所示。

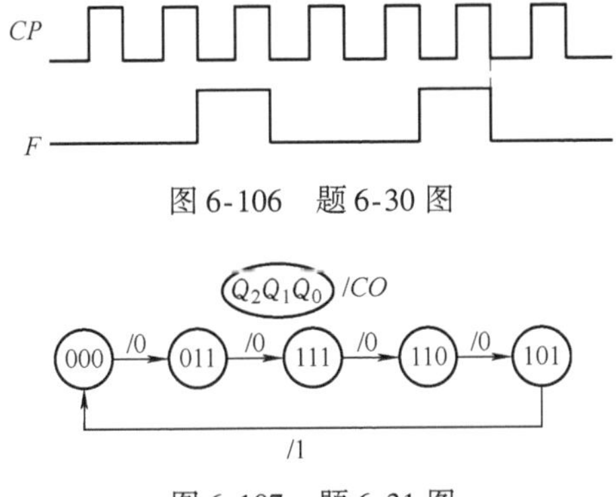

图 6-106　题 6-30 图

图 6-107　题 6-31 图

6-32　用 D 触发器设计一个控制步进电动机用的三相六状态工作的逻辑电路。如果用 1 表示线圈通电，0 表示线圈断电，设正转时控制输入端 $M=1$，反转时 $M=0$，则三个线圈 ABC 的状态转换图如图 6-108 所示。

6-33　图 6-2 所示电路为不能自启动的同步 6 进制计数器，试对图 6-2 进行修改，在保证逻辑功能不变的情况下电路能够自启动。

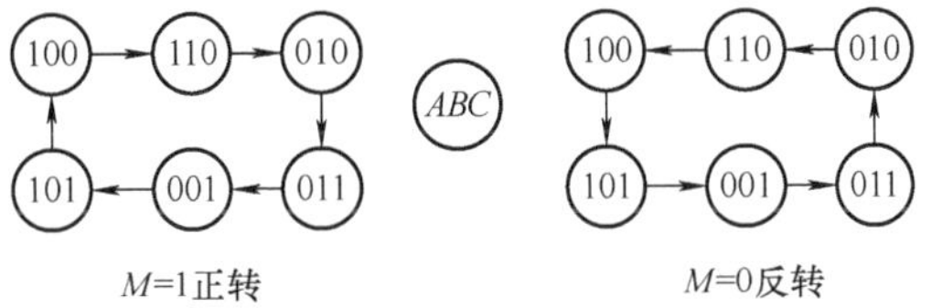

图 6-108　题 6-32 图

6-34 用 JK 触发器和门电路设计一个 4 位循环码计数器，其状态转换表见表 6-25。

表 6-25 题 6-34 状态转换表

CP	Q_3	Q_2	Q_1	Q_0	CO
0	0	0	0	0	0
1	0	0	0	1	0
2	0	0	1	1	0
3	0	0	1	0	0
4	0	1	1	0	0
5	0	1	1	1	0
6	0	1	0	1	0
7	0	1	0	0	0
8	1	1	0	0	0
9	1	1	0	1	0
10	1	1	1	1	0
11	1	1	1	0	0
12	1	0	1	0	0
13	1	0	1	1	0
14	1	0	0	1	0
15	1	0	0	0	1

第7章 脉冲波形的产生与整形

本章主要介绍脉冲波形的产生与整形方法及其常用的实现电路，其中包括施密特触发器、单稳态触发器和多谐振荡器。介绍采用分离元件、集成器件或555定时器实现三种电路的方法，并介绍广泛使用的555定时器的电路结构和工作原理。

7.1 概述

在数字系统中，矩形脉冲作为时钟信号控制和协调着整个系统的工作。理想的时钟信号是标准的矩形波，时钟信号的上升时间和下降时间均非常短，可以忽略，幅值和周期也是固定不变的。实际的矩形波信号由于上升时间 t_r 和下降时间 t_f 不是特别短，因此不能被忽略。矩形脉冲及其主要参数如图7-1所示。

矩阵脉冲主要参数如下。

脉冲幅度 V_m：脉冲电压最大幅值。

脉冲宽度 t_w：从脉冲前沿上升至 $0.5V_m$ 起，到脉冲后沿下降至 $0.5V_m$ 的时间。

上升时间 t_r：脉冲前沿从 $0.1V_m$ 上升到 $0.9V_m$ 所需的时间。

下降时间 t_f：脉冲后沿从 $0.9V_m$ 下降到 $0.1V_m$ 所需的时间。

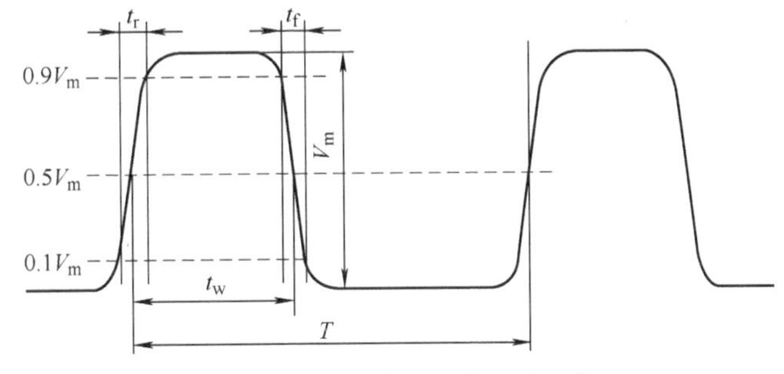

图7-1 矩形脉冲及其主要参数

脉冲周期 T：在周期性重复的脉冲序列中，两个相邻脉冲间的时间间隔。

脉冲频率 f：单位时间内脉冲重复的次数，$f=1/T$。

占空比 q：脉冲宽度和脉冲周期的比值，$q=t_w/T$。

理想矩形波中 $t_r=t_f=0$，t_w、V_m 和 T 稳定不变，实际的矩形波 t_r 和 t_f 不等于0，t_w、V_m 和 T 受多种因素影响而不稳定。通过整形电路可以使之接近于理想波形。

7.2 矩形脉冲的产生

矩形脉冲的产生如图7-2所示，获得矩形脉冲的方法一般有两种。

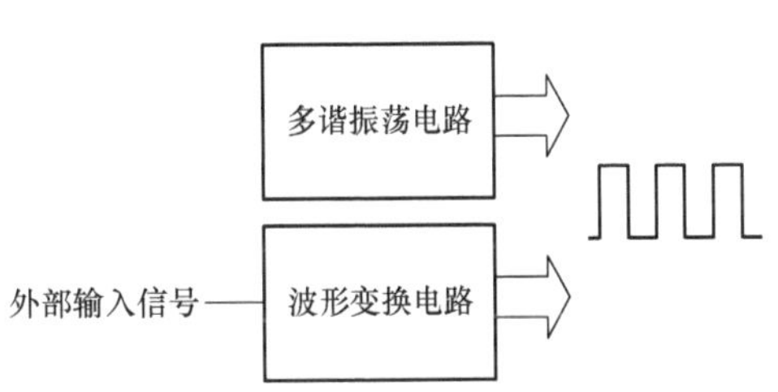

图7-2 矩形脉冲的产生

1. 多谐振荡电路

通过多谐振荡电路产生矩形波的方式很多，

比如由比较器和 RC 电路组成的矩形波发生电路、门电路组成的环形振荡器、施密特触发器组成的矩形波振荡电路等。

2. 波形变换电路

利用已有的周期性信号（如正弦波信号等），通过整形电路（比如，单门限电压比较器、滞回电压比较器、施密特触发器等）变换为所需要的矩形波信号。

本章介绍时钟脉冲的产生、整形等原理及其常用电路，特别是广泛使用的555集成定时器的电路结构、工作原理及构成多种整形电路和矩形波发生电路的方法，以及利用石英晶体振荡器产生时钟信号的方法。

7.3 集成555定时器

集成555定时器（Timer）是一种将模拟电路和数字电路结合的多用途单片集成电路，在其外部连接少许阻容元件，便能构成多种用途的振荡、整形及定时等电路。由于其性能优良、可靠性强、使用灵活方便，因而在波形产生与变换、测量与控制及家用电器和电子玩具中都得到广泛应用。

自20世纪70年代初第一片集成定时器NE555问世以后，国际上各半导体公司都相继生产了多种同类产品，尽管产品型号繁多，但几乎所有的双极型产品型号最后三位数均为555，如国产同类产品有5G555等，而所有CMOS产品型号的最后4位数均为7555，所以又称之为集成555定时器（简称555定时器）。下面以双极型555定时器为例介绍其结构和原理。

7.3.1 电路结构

双列直插式TTL 555定时器的电路结构和引脚分别如图7-3a、b所示。可以看出，555定时器由电阻分压器、两个电压比较器、RS锁存器、开关晶体管和输出缓冲器五个基本单元组成。

1. 电阻分压器

电阻分压器由三个阻值相同的电阻 R 串联构成。两个电压比较器为理想元件，其输入电阻近似于无穷大，其输入端的电流可忽略不计（理想运算放大器输入电阻无穷大，具有“虚断”特点），所以，当 CO 端不外接控制电压 V_{CO} 时，两个参考电压由电源 V_{CC} 在三个电阻上分压决定，即

$$V_{R1}=\frac{2}{3}V_{CC} \quad V_{R2}=\frac{1}{3}V_{CC}$$

如果 CO 端外接控制电压 V_{CO}，则参考电压由 V_{CO} 及其在下面两个电阻

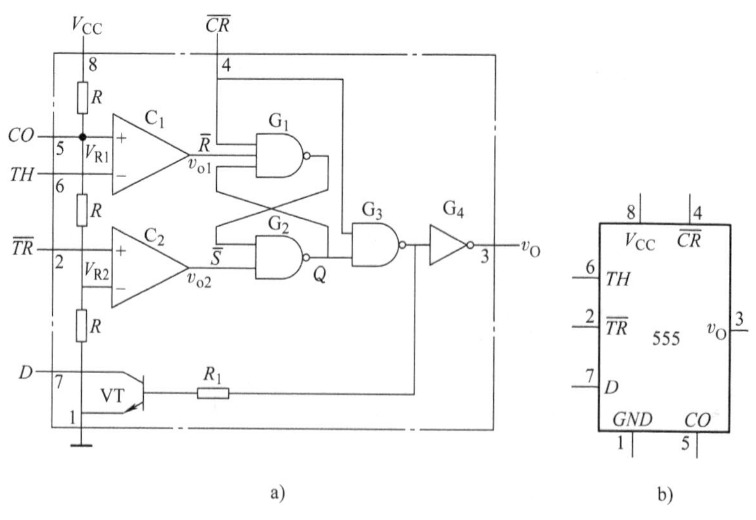

图7-3 TTL 555定时器的电路结构和引脚

上的分压决定，即

$$V_{R1}=V_{CO}\qquad V_{R2}=\frac{1}{2}V_{CO}$$

可见，外加控制电压 V_{CO} 可以改变两个参考电压的大小，即改变两个电压比较器的阈值电压，在后面的应用中应注意这一点。

2. 电压比较器 C_1 和 C_2

这是两个结构相同的电压比较器。比较器 C_1 的同相输入端接参考电压 V_{R1}，其引出端称为控制端 *CO*，反相输入端 *TH* 称为高电平触发端；比较器 C_2 的反相输入端接参考电压 V_{R2}，同相输入端 $\overline{TR}$ 称为低电平触发端。如果在控制端 *CO* 外接电压 V_{CO}，则可改变 V_{R1} 和 V_{R2} 的值。如果 *CO* 端没有连接控制电压，一般通过 0.01μF 滤波电容与地相连，以消除干扰。

电压比较器的输入电压（V_+、V_-）和输出电压（v_O）之间的关系符合如下规律：

当 $V_+>V_-$ 时，v_O 输出高电平；当 $V_+<V_-$ 时，v_O 输出低电平。

3. RS 锁存器

RS 触发器的触发信号 *R*、*S* 分别来自于电压比较器的输出 v_{O1}、v_{O2}，其取值决定了触发器 *Q* 的输出状态。$\overline{CR}$ 为外部复位信号，当 $\overline{CR}=0$ 时，$v_O=0$（定时器复位）。

4. 开关晶体管 VT

开关晶体管用来构成放电电路的一部分，当 $Q=1$ 时，G_3 输出低电平，VT 截止；当 $Q=0$ 时，G_3 输出高电平，VT 导通。

5. 输出缓冲器 G_4

电源电压 V_{CC} 取值为 5～15V，输出缓冲器提供 200mA 电流给负载，并且当 V_{CC} 为 5V 时，输出端的电平与 TTL 电路的电平兼容。

7.3.2 工作原理

分析图 7-3 可知，*TH* 和 $\overline{TR}$ 端的输入电压决定电压比较器的输出乃至触发器的输出，并影响晶体管的工作状态，555 定时器的功能见表 7-1。

表 7-1 555 定时器的功能表

V_{TH}	$V_{\overline{TR}}$	$\overline{CR}$	v_O	晶体管 VT
ϕ	ϕ	低电平	低电平	导通
$>V_{R1}$	$>V_{R2}$	高电平	低电平	导通
$<V_{R1}$	$>V_{R2}$	高电平	保持原状态	保持原状态
ϕ	$<V_{R2}$	高电平	高电平	截止

由表可知，555 定时器具有如下功能：

1）复位端为低电平时，输出端 v_O 为低电平，晶体管 VT 导通。正常工作时，$\overline{CR}$ 端应接高电平。

2）当 $V_{TH}>V_{R1}$，$V_{\overline{TR}}>V_{R2}$ 时，电压比较器输出 v_{O1} 为低电平（即 $\overline{R}=0$），v_{O2} 为高电平

（即$\overline{S}=1$），RS 锁存器被置 0，$Q=0$。v_O 为低电平，晶体管 VT 导通。

3）当 $V_{TH}<V_{R1}$，$V_{\overline{TR}}>V_{R2}$时，由于电压比较器输出 v_{O1}、v_{O2}均为高电平（即$\overline{R}=\overline{S}=1$），RS 锁存器保持原状态不变，所以 v_O 和晶体管均保持原状态。

4）当 $V_{\overline{TR}}<V_{R2}$时，电压比较器输出 v_{O2}为低电平，v_O 为高电平，晶体管 VT 截止。

7.4 施密特触发器

7.4.1 概述

“施密特触发器”源自英文“Schmitt Trigger”，与第 5 章介绍的触发器（如 RS 触发器、JK 触发器、D 触发器、T 触发器等，英文名称为 Flip-Flop）是功能完全不同的两种电路。施密特触发器不具有“记忆”功能，其输出始终由输入决定，是脉冲变换常用的一种电路。

施密特触发器的特点是：具有两个稳定状态，两个状态的维持和转换均与输入电压的大小有关，且输出电压由高电平到低电平的转换和由低电平到高电平的转换所需的输入触发电平（即阈值电压）不同，即有两个阈值电压：V_{T+}和 V_{T-}，且 $V_{T+}>V_{T-}$。施密特触发的电压传输特性具有滞回特性，与集成运算放大器构成的滞回电压比较器相似，常利用电路内部的正反馈网络，使输出电压波形的边沿陡峭，因此具有整形功能。

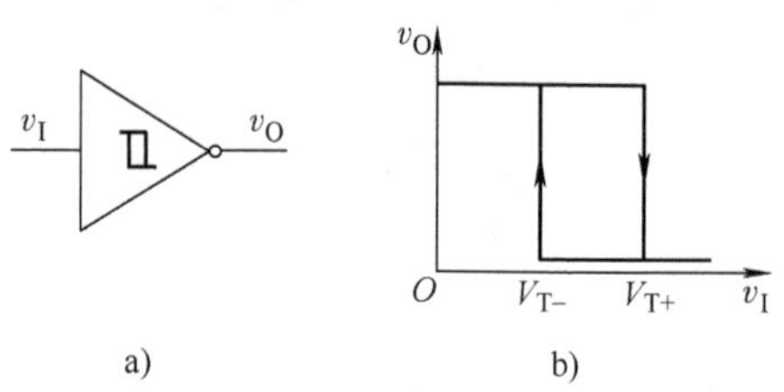

图 7-4 反相型施密特触发器的逻辑符号和电压传输特性

以图 7-4 所示反相型施密特触发器为例，与一般非门不同的是：对于图 7-4a 中的非门来说，当输入电压大于上限阈值电压 V_{T+}时，输出为低电平；当输入电压低于下限阈值电压 V_{T-}时，输出为高电平。两个阈值电压之差（$V_{T+}-V_{T-}$）称为回差电压，记作ΔV_T。

7.4.2 555 定时器构成施密特触发器

如图 7-5 所示，将 555 定时器的高电平触发端 TH 和低电平触发端$\overline{TR}$短接作为触发信号输入端，即 $V_{TH}=V_{\overline{TR}}=v_I$，便可构成施密特触发器。

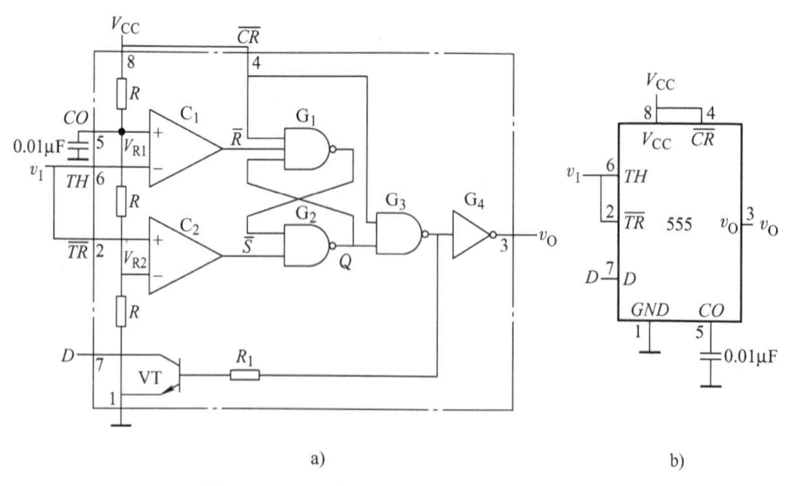

图 7-5 555 定时器构成施密特触发器

由 555 定时器的电路结构和功能表可知，当 $v_I<V_{R2}$时，输出 v_O 为高电平；v_I 上升到大于 V_{R2} 而小于

V_{R1}时，输出 v_O 仍保持高电平；直到 $v_I > V_{R1}$时，v_O 跳变为低电平，所以将此时的输入电压 v_I（$\approx V_{R1}$）称为上限阈值电压（记为 V_{T+}）。v_I 从最大值开始下降时，v_O 为低电平；v_I 继续下降，当 $V_{R2} < v_I < V_{R1}$时，输出 v_O 仍保持低电平；直到 $v_I < V_{R2}$时，v_O 跳变为高电平，将此时对应的输入电压 v_I（$\approx V_{R2}$）称为下限阈值电压（记为 V_{T-}）。

由图 7-5 可知，如果 CO 端无外加控制电压 V_{CO}，则有 $V_{T+} = V_{R1} = \frac{2}{3}V_{CC}$，$V_{T-} = V_{R2} = \frac{1}{3}V_{CC}$；如果在 CO 端外加控制电压 V_{CO}，则上、下限阈值电压分别为 V_{CO}和$\frac{1}{2}V_{CO}$，所以通过 V_{CO}可以改变或调节阈值电压和回差电压。回差电压越大，抗干扰能力越强，但触发灵敏度越低。

7.4.3　门电路构成施密特触发器

图 7-6 为用 CMOS 门电路构成的施密特触发器。两个反相器 G_1 和 G_2 的阈值电压 V_{TH}取为$\frac{1}{2}V_{DD}$，且 $R_1 < R_2$。由图得到 v_I'与 v_I 和 v_O 之间电压关系表达式为

$$v_I' = \frac{R_2}{R_1 + R_2}v_I + \frac{R_1}{R_1 + R_2}v_O$$

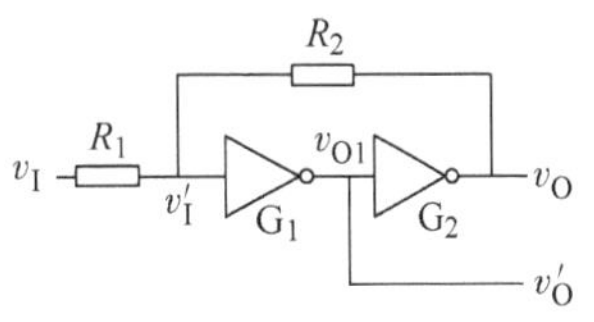

图 7-6　门电路构成的施密特触发器

当 v_I 为 0 时，输出 v_O 为低电平；当 v_I 从 0 逐渐升高时，由上式可知 v_I'逐渐增大，当 v_I'达到 V_{TH}时，G_1 输出 v_{O1} 由高电平跳变为低电平，G_2 输出 v_O 由低电平跳变为高电平，此时对应的输入电压为上限阈值电压 V_{T+}，若输出高电平为 V_{DD}，则 $V_{T+} = \frac{1}{2}\left(1 + \frac{R_1}{R_2}\right)V_{DD}$。

同样可以分析，当 v_I 为 V_{DD}并逐渐减小时，v_I'随之减小，当 v_I'达到 V_{TH}时，G_1 输出 v_{O1} 由低电平跳变为高电平，v_O 由高电平跳变为低电平，由此可推算下限阈值电压 $V_{T-} = \frac{1}{2}\left(1 - \frac{R_1}{R_2}\right)V_{DD}$，因此要求 $R_1 < R_2$。

回差电压 $\Delta V_T = V_{T+} - V_{T-} = \frac{R_1}{R_2}V_{DD}$，通过改变 R_1、R_2 的比值便可以调节上限阈值电压、下限阈值电压和回差电压的大小。

通过上述分析可得图 7-6 所示施密特触发器的电压传输特性曲线如图 7-7b 所示，逻辑符号如图 7-7a 所示。v_O 输出可以实现同相输出施密特触发器功能，若从 v_O'输出则为反相输出施密特触发器，其逻辑符号和电压传输特性曲线分别如图 7-7c、d 所示。

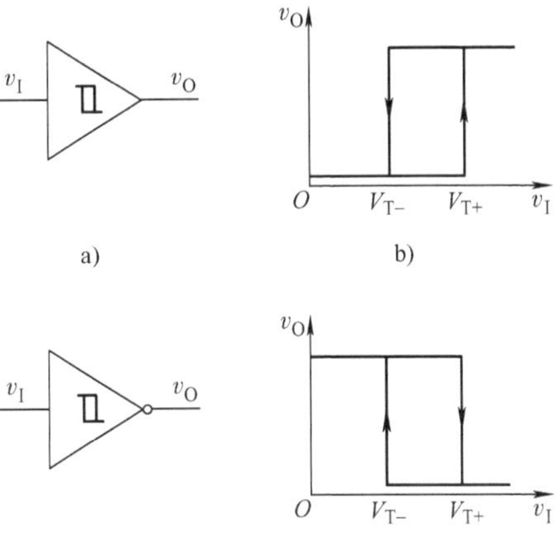

图 7-7　门电路构成的施密特触发器逻辑符号和电压传输特性

7.4.4　集成施密特触发器

施密特触发器因具有较强的抗干扰能力，常作为门电路输入结构的一部分，比如：双四输入与非

门 74LS18（逻辑符号如图 7-8a 所示）、四-2 输入与非门 74LS132（逻辑符号如图 7-8b 所示）、六反相器 74HC14（逻辑符号如图 7-8c 所示）等集成器件均采用施密特触发方式。

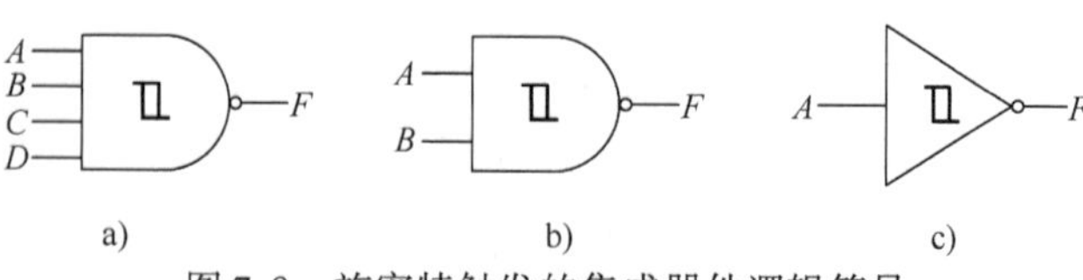

图 7-8 施密特触发的集成器件逻辑符号

74HC14 是一种兼容 TTL 器件引脚、采用施密特触发方式的高速 CMOS 六反相器。为了画出电压传输特性曲线，查阅其数据手册可知，当供电电压为 4.5V 时，常温条件下相关参数见表 7-2。

表 7-2 74HC14 反相器部分参数

参数名称	参数值
输出高电平/V	4.5
输出低电平/V	0
上限阈值电压（典型值）/V	2.38
下限阈值电压（典型值）/V	1.40

由表 7-2 可画出 74HC14 电压传输特性如图 7-9a 所示，图 7-9b 为其逻辑符号。

从图 7-9 可以看出，74HC14 输出由高电平跳变为低电平时的输入电压即上限阈值电压为 2.38V，输出由低电平跳变为高电平时的输入电压即下限阈值电压为 1.4V。此种特性一方面使其自身具有较强的抗干扰能力，另一方面可以对输入波形进行整形。

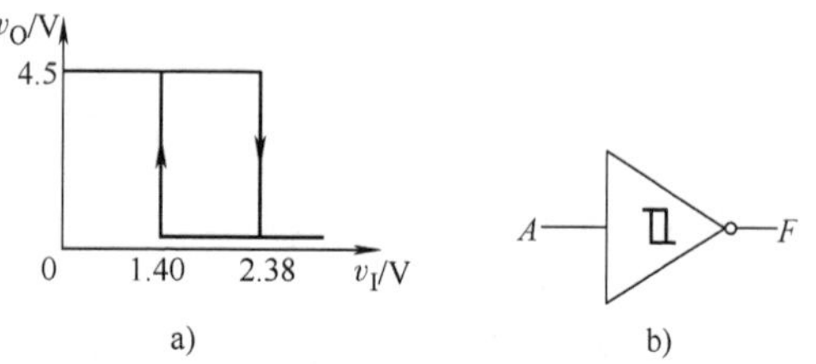

图 7-9 74HC14 电压传输特性和逻辑符号

7.4.5 施密特触发器的应用

施密特触发器常用于波形变换、整形和鉴幅，也可外接 *RC* 元件构成多谐振荡器。

将 555 定时器接成施密特触发器，若电源电压 $V_{CC}=15V$，并且无外接 V_{CO}，则 $V_{T+}=10V$，$V_{T-}=5V$，回差电压 $\Delta V_T=V_{T+}-V_{T-}=5V$，电压传输特性如图 7-10 所示。由图可知，当 v_I 上升时，只有大于上限阈值电压 10V 时，v_O 才跳变为低电平；当 v_I 下降时，只有小于下限阈值电压 5V 时，v_O 才跳变为高电平。

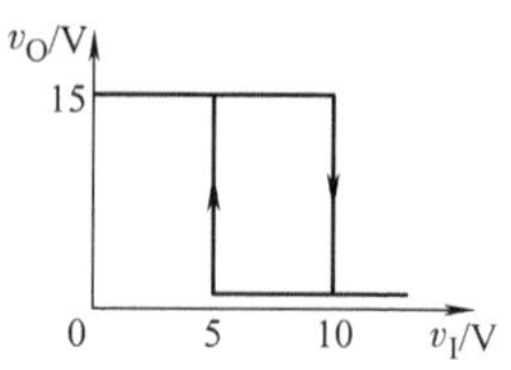

图 7-10 施密特触发器应用举例中的传输特性

改变电源电压或外加控制电压 V_{CO}，都可以改变 V_{T+}、V_{T-} 及回差电压的数值。

（1）波形变换功能 如输入信号 $v_I=12\sin\omega t$（V），施密特触发器可以将正弦波变换为矩形波，如图 7-11a 所示。同理，v_I 若为三角波或者其他不规则波形，则也可以被变换为矩形波。

（2）整形功能 如果矩形脉冲有波形畸变或者有噪声，通过施密特触发器可以进行整形，只要畸变或者干扰部分小于回差电压，矩形波都可以被整形成较理想的波形，如图 7-11b 所示。

（3）鉴幅功能 如果输入脉冲信号的幅值高低不同，通过施密特触发器可以将高于 V_{T+} 的脉冲选出。如图 7-11c 所示，只有高于 10V 的脉冲才会被选出。

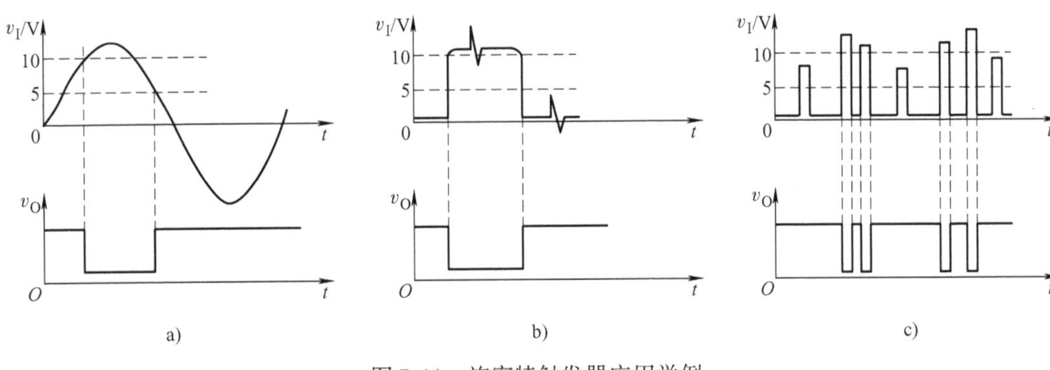

图 7-11 施密特触发器应用举例

7.5 单稳态触发器

7.5.1 概述

单稳态触发器只有一个稳定状态，在外加触发脉冲的作用下，电路进入暂稳状态，经过一段时间（t_w）后，能自动返回稳定状态。单稳态触发器暂稳态维持的时间仅取决于电路本身定时元件的参数，与触发脉冲的宽度无关。单稳态触发器的功能示意图如图 7-12 所示。

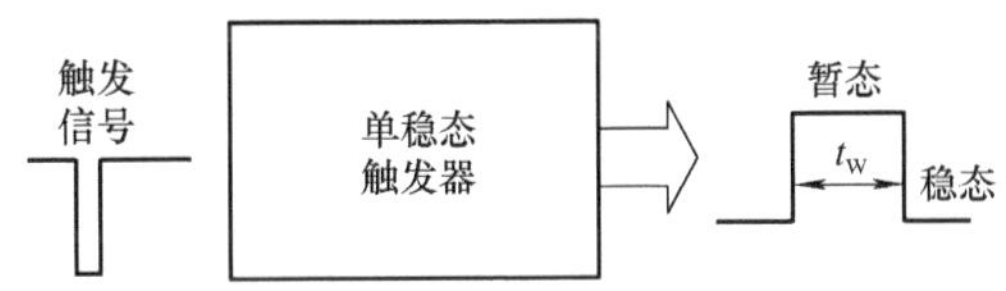

图 7-12 单稳态触发器的功能示意图

单稳态触发器的暂稳态通常是由 *RC* 电路的充电、放电过程来维持的，所以，可以由门电路、555 定时器及 *RC* 电路组成。

7.5.2 555 定时器构成单稳态触发器

图 7-13 为 555 定时器构成的单稳态触发器，开关管的集电极与 *TH* 端连接后与外接定时元件 *R* 和 *C* 相连。低电平触发脉冲 v_I 加在 $\overline{TR}$ 端，*CO* 端外接 0.01μF 电容，以稳定 V_{R1} 的电压。

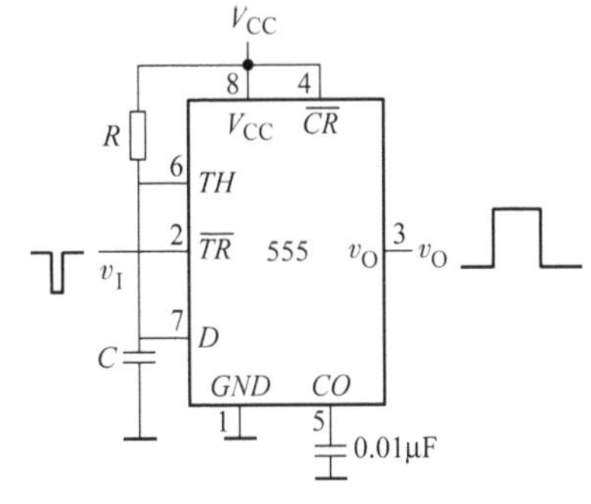

图 7-13 555 定时器构成单稳态触发器

电路的工作波形如图 7-14 所示。接通电源时，V_{CC} 通过 *R* 对电容 *C* 充电，v_C 增加。当 v_C 达到 V_{R1} 时，由于高电平触发端 *TH* 的电压大于 V_{R1}，$\overline{TR}$ 端的电压大于 V_{R2}，故输出低电平，晶体管 VT 导通，电容 *C* 将通过晶体管 VT 进行放电，因放电回路无外接电阻，时间常数很小，故放电速度较快，v_C 变为低电平。由于 *TH* 端电压小于 V_{R1}，$\overline{TR}$ 端的电压仍大于 V_{R2}，故电路输出 v_O 保持原状态不变，即 v_C 为低电平，v_O 为高电平，电路处于稳定状态。

当加入低电平触发脉冲时，由于 v_I 小于 V_{R2}，即 $\overline{TR}$ 端电压小于 V_{R2}，故输出 v_O 由低电平跳变为高电平，晶体管 VT 截止，电源 V_{CC} 通过 *R* 向 *C* 充电。电压 v_C 按指数规律增加，电路处于暂稳态。

在暂稳态期间，随着电源对电容 C 的充电，v_C 的电压逐渐升高，当达到 V_{R1} 时，由于 TH 端的电压也达到 V_{R1}，而此时触发脉冲已撤销，$\overline{TR}$ 端的电压大于 V_{R2}，故输出 v_O 跳变为低电平，这时，由触发脉冲而产生的暂稳态结束，晶体管 VT 恢复导通，电容 C 通过 VT 放电，经过一段恢复时间 t_{rs} 后，电路自动返回稳定状态。单稳态触发器在工作过程中，v_O、v_C、v_I 的工作波形如图 7-14a 所示，图 7-14b 为其充、放电回路。

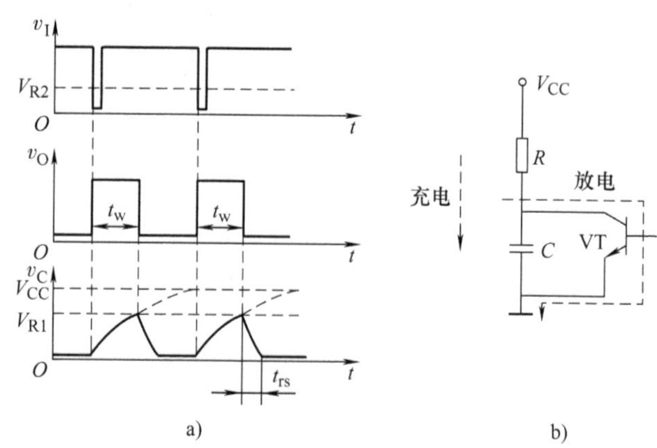

图 7-14 555 定时器构成的单稳态触发器电压波形图和充放电回路

通过上面分析可以发现，电路暂稳态的持续时间 t_w 是由阻容电路的充电时间常数（R、C）决定。利用计算一阶电路过渡过程的公式

$$v_C(t)=v_C(\infty)-[v_C(\infty)-v_C(0)]e^{-\frac{1}{\tau}}$$

式中，$v_C(\infty)=V_{CC}$，为电容 C 充电的终值电压；$v_C(0)=0$，为电容 C 充电的起始电压；$\tau=RC$，为充电时间常数。当充电时间 $t=t_w$ 时，$v_C(t_w)=V_{R1}$，这是暂稳态结束时的转换电压。将上述各值代入上式，则

$$t_w=\tau\ln\frac{v_C(\infty)-v_C(0)}{v_C(\infty)-v_C(t_w)}=RC\ln\frac{V_{CC}}{V_{CC}-V_{R1}}$$

如果无外加 V_{CO}，则

$$t_w=\tau\ln\frac{v_C(\infty)-v_C(0)}{v_C(\infty)-v_C(t_w)}=RC\ln\frac{V_{CC}}{V_{CC}-V_{R1}}=RC\ln\frac{V_{CC}}{V_{CC}-\frac{2}{3}V_{CC}}=RC\ln3\approx1.1RC$$

根据外接电阻 R 和电容 C 的取值不同，t_w 可以从几微秒到几分钟。

需要注意的是：①低电平触发脉冲的宽度要小于 t_w（读者可以自己分析，如果触发负脉冲的宽度大于所要求的输出脉冲宽度 t_w，结果会如何），如果 v_I 较宽，可以在 v_I 和触发器输入端之间接入 RC 微分电路；②相邻两次触发脉冲的时间间隔应大于 t_w+t_{rs}。

7.5.3 门电路构成单稳态触发器

图 7-15 为门电路构成的单稳态触发器，此电路采用高电平触发。稳态情况下 $v_I=0$，输出 v_O 为高电平，并且 v_{O1}、v_{O2} 均为高电平。

当 v_I 输入触发脉冲高电平时，输出进入暂稳态—低电平。v_{O1} 跳变为低电平后，电容 C 通过电阻 R 进行放电，v_{O2} 的电压逐渐减小，当减小到门电路的阈值电压 V_{TH} 时，输出跳变为高电平，回到稳态，输出电压波形如图 7-16 所

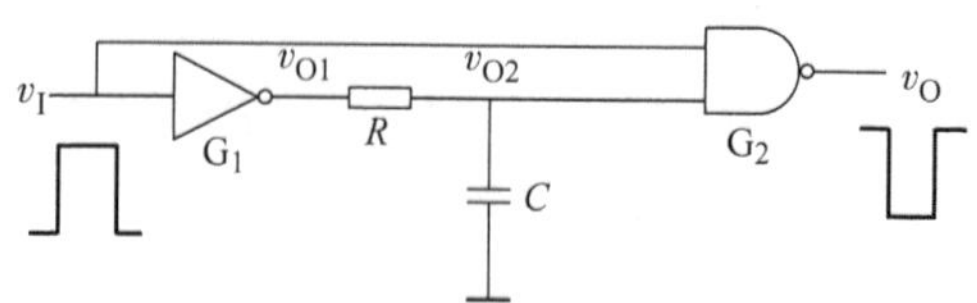

图 7-15 门电路构成的单稳态触发器

示。由图可见，图 7-16 所示单稳态触发器输入触发脉冲的宽度（高电平）应大于输出暂稳态低电平的脉冲宽度 t_w。

7.5.4　集成单稳态触发器

74LS121 是一种常用的 TTL 集成单稳态触发器，其逻辑符号及典型应用电路如图 7-17 所示，功能表见表 7-3。从表中可以看出，A_1 和 A_2 为下降沿触发脉冲输入端，B 为上升沿触发输入端，v_O 和 $\bar{v}_O$ 为输出。使用时需要外接电容 C_{ext}，电阻可以外接 R_{ext}，也可选用内部电阻 R_{int}（2kΩ），以构成充放电电路。图 7-17a 使用外接电阻（R_{ext}）、下降沿触发；图 7-17b 使用内部电阻（R_{int}），上升沿触发。输出脉冲宽度为

$$t_w = R_{ext}C_{ext}\ln 2 \approx 0.69R_{ext}C_{ext} \text{或者} t_w = R_{int}C_{ext}\ln 2 \approx 0.69R_{int}C_{ext}$$

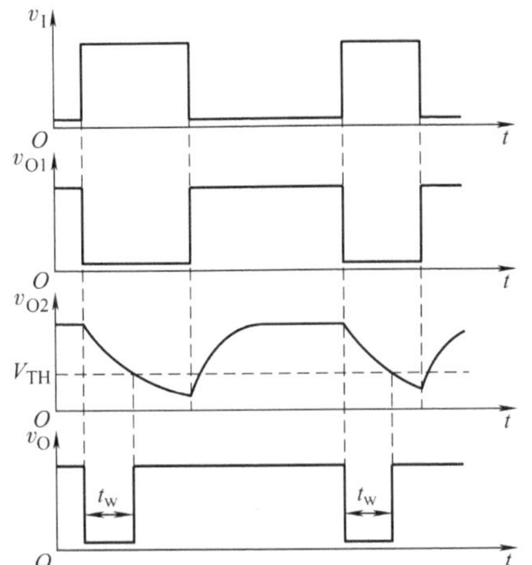

图 7-16　门电路构成的单稳态触发器电压波形图

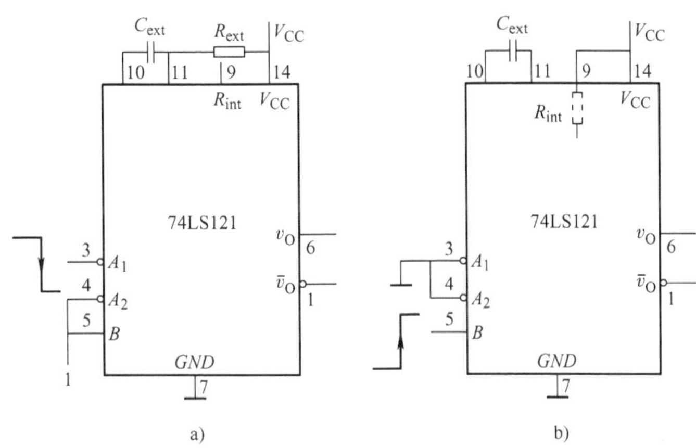

图 7-17　集成单稳态触发器 74LS121 的符号及外部连接方法

表 7-3　集成单稳态触发器 74LS121 的功能表

输　入			输　出	
A_1	A_2	B	v_O	$\bar{v}_O$
0	φ	1	0	1
φ	0	1	0	1
φ	φ	0	0	1
1	1	φ	0	1
1	↓	1	⊓	⊔
↓	1	1	⊓	⊔
↓	↓	1	⊓	⊔
0	φ	↑	⊓	⊔
φ	0	↑	⊓	⊔

7.5.5 单稳态触发器的应用

单稳态触发器常用于脉冲波形的整形、延时、定时。在图7-13所示的555定时器构成的单稳态触发器中，若输入波形如图7-18 v_I 所示，则其输出波形如图中 v_O 所示。由图可知，单稳态触发器可将输入脉冲信号变成等宽，同时实现整形、延时或定时的功能。

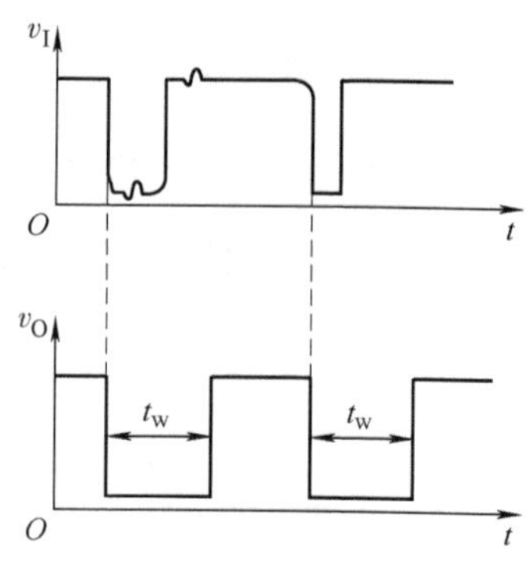

图7-18 单稳态触发器应用举例

7.6 多谐振荡器

7.6.1 概述

多谐振荡器（Multivibrator）是具有两个暂稳态的振荡电路，它不需要外加触发信号（这是与施密特触发器和单稳态触发器最主要的区别），能在两个暂稳态之间连续交替转换，产生矩形脉冲信号。由于矩形波中含有丰富的高次谐波分量，所以将矩形波振荡器称为多谐振荡器。

多谐振荡器的产生方式很多，比如由门电路构成、石英晶体或者施密特触发器通过外接 R、C 构成等。

7.6.2 555定时器构成多谐振荡器

用555定时器构成多谐振荡器的电路如图7-19所示。图中，将两个触发端 TH 和 $\overline{TR}$ 端短接后（实质上555定时器首先接成施密特触发器），接于电容 C 和电阻 R_2 的连接处，晶体管的集电极D接于电阻 R_1 和 R_2 的连接处。当晶体管截止时，电源 V_{CC} 通过电阻 R_1 和 R_2 对电容 C 充电，使 v_C 按指数规律上升，即 TH 和 $\overline{TR}$ 端的电压随之上升；而晶体管导通时，电容上的电压则通过电阻 R_2 和晶体管进行放电。电阻以及555定时器构成电容的充电、放电回路。

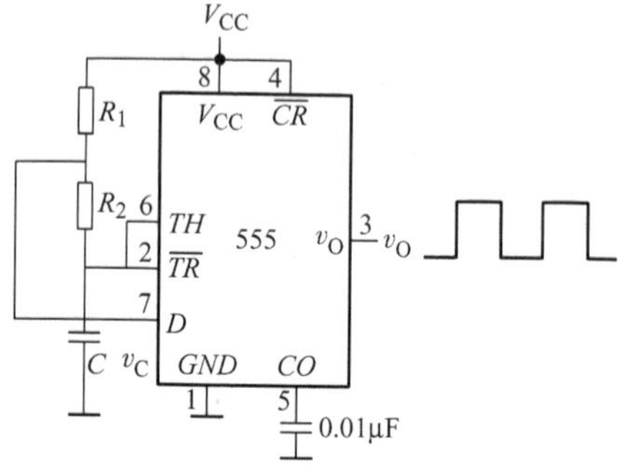

图7-19 555定时器构成的多谐振荡器

1. 工作原理

多谐振荡器实际上没有稳定状态。假设电源接通前，电容上电压为零（$v_C=0$），电源接通后由于 v_C 不能突变，$\overline{TR}$ 端的电压小于 V_{R2}，故输出电压 v_O 为高电平，晶体管VT截止，电源 V_{CC} 通过电阻 R_1、R_2 对电容 C 充电，使 v_C 按指数规律上升（TH 和 $\overline{TR}$ 端的输入电压随 v_C 按相同规律上升），直到 v_C 达到 V_{R1} 时为止（见图7-20中 $O\sim t_1$ 段）；当 v_C 略大于 V_{R1} 时，由于 TH 端电压略大于 V_{R1}，$\overline{TR}$ 端电压大于 V_{R2}，根据555定时器的原理和功能可知，v_O 变为低电平，晶体管VT导通，电容 C 上的电压则通过电阻 R_2 和晶体管进行放电，v_C 按指数规律下降（TH 和 $\overline{TR}$ 端的输入电压随 v_C 按相同规律下降），直到 v_C 下降到 V_{R2} 为止，这是一个暂稳态。(见图7-20中 t_1 ~ t_2 段)；当 v_C 略小于 V_{R2}时，由于$\overline{TR}$端的电压略小于 V_{R2}，v_O 再次跳变为高电平，晶体管VT截止，电容 C 充电，v_C 再次按指数规律上升，这是另一个暂稳态，(见图7-20中 t_2 ~ t_3 段)。如此周而复始，形成两个暂稳态有规律地相互转换，在输出端可以得到持续不断的周期性矩形波输出。

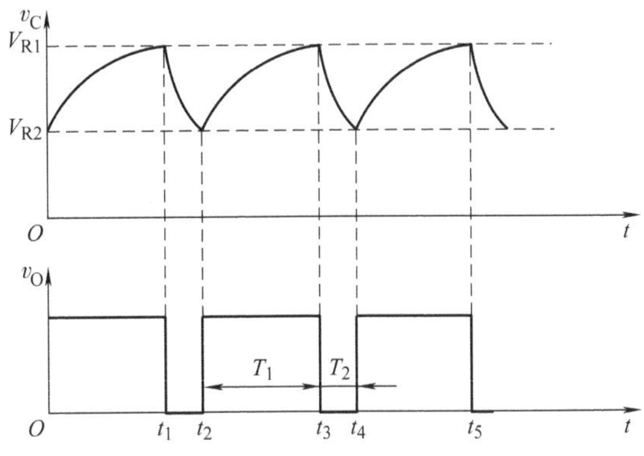

图7-20 555定时器构成的多谐振荡器电容充电、放电及输出波形

2. 参数计算

由上面分析可知，输出矩形波高电平、低电平的宽度分别相当于两个暂稳态时间，而暂稳态时间又与充电、放电时间常数和两个触发端的触发电压有关，所以可以利用一阶电路过渡过程的公式计算有关参数。图7-19中 CO 端通过电容接地，无外接 V_{CO}，为了具有普适性，下面先分析得到相关参数的通用公式，再给出无外接 V_{CO}时的相关参数表达式。

(1) 充电时间 T_1

电路充电过程中，v_C 的初值和终值分别为

$$v_C(0)=V_{R2},\ v_C(\infty)=V_{CC}$$

充电时间常数为

$$\tau_1=(R_1+R_2)C$$

代入计算一阶电路过渡过程的公式（三要素法），得

$$v_C(t)=V_{CC}+(V_{R2}-V_{CC})\mathrm{e}^{-\frac{t}{(R_1+R_2)C}}$$

当 $t=T_1$ 时，$v_C(t)=V_{R1}$，代入上式，得

$$T_1=(R_1+R_2)C\ln\frac{V_{CC}-V_{R2}}{V_{CC}-V_{R1}}$$

(2) 放电时间 T_2

同理，由 v_C 波形可知，放电过程中 v_C 的初值和终值分别为

$$v_C(0)=V_{R1},\ v_C(\infty)=0$$

放电时间常数为

$$\tau_2=R_2C$$

代入计算一阶电路过渡过程的公式（三要素法）

$$v_C(t)=0+(V_{R1}-0)\mathrm{e}^{-\frac{t}{R_2C}}$$

当 $t=T_2$（见图7-20中 t_1 ~ t_2 段）时，$v_C(T_2)=V_{R2}$，得

$$T_2=R_2C\ln\frac{0-V_{R1}}{0-V_{R2}}=R_2C\ln\frac{V_{R1}}{V_{R2}}$$

故输出脉冲的周期为

$$T=T_1+T_2=(R_1+R_2)C\ln\frac{V_{CC}-V_{R2}}{V_{CC}-V_{R1}}+R_2C\ln\frac{V_{R1}}{V_{R2}}$$

振荡频率为

$$f=\frac{1}{(R_1+R_2)C\ln\dfrac{V_{CC}-V_{R2}}{V_{CC}-V_{R1}}+R_2C\ln\dfrac{V_{R1}}{V_{R2}}}$$

输出矩形波的占空比为

$$q=\frac{T_1}{T}=\frac{(R_1+R_2)C\ln\dfrac{V_{CC}-V_{R2}}{V_{CC}-V_{R1}}}{(R_1+R_2)C\ln\dfrac{V_{CC}-V_{R2}}{V_{CC}-V_{R1}}+R_2C\ln\dfrac{V_{R1}}{V_{R2}}}=\frac{(R_1+R_2)\ln\dfrac{V_{CC}-V_{R2}}{V_{CC}-V_{R1}}}{(R_1+R_2)\ln\dfrac{V_{CC}-V_{R2}}{V_{CC}-V_{R1}}+R_2\ln\dfrac{V_{R1}}{V_{R2}}}$$

如果无外接控制电压 V_{CO}，则 $V_{R1}=\frac{2}{3}V_{CC}$，$V_{R2}=\frac{1}{3}V_{CC}$，以上各式主要参数为

$$T_1=(R_1+R_2)C\ln\frac{V_{CC}-V_{R2}}{V_{CC}-V_{R1}}=(R_1+R_2)C\ln2$$

$$T_2=R_2C\ln\frac{V_{R1}}{V_{R2}}=R_2C\ln2$$

$$T=T_1+T_2=(R_1+2R_2)C\ln2$$

$$f=\frac{1}{(R_1+2R_2)C\ln2}$$

$$q=\frac{R_1+R_2}{R_1+2R_2}$$

3. 占空比可调的多谐振荡器

从上面的分析中可以得出结论，占空比 q 与充电、放电电阻有关，而且放电电阻 R_2 是充电电阻（R_1+R_2）的一部分，对于无外接控制电压 V_{CO}来说，占空比 $q>1/2$。

利用二极管的单向导通特性可以构成占空比可调的多谐振荡器，电路如图 7-21 所示。

由电路可见，充电回路为：$V_{CC}\rightarrow R_1\rightarrow VD_1\rightarrow C$（555 定时器内开关管 VT 以及 VD_2 管截止）；

放电回路为：$C\rightarrow VD_2\rightarrow R_2\rightarrow$VT（555 定时器内开关管 VT 导通）→地。

下面以无外接控制电压 V_{CO} 情况来推导占空比表达式。

由于 $\tau_{充}=R_1C$，$\tau_{放}=R_2C$，所以对应时间为：$T_1=R_1C\ln2$、$T_2=R_2C\ln2$。

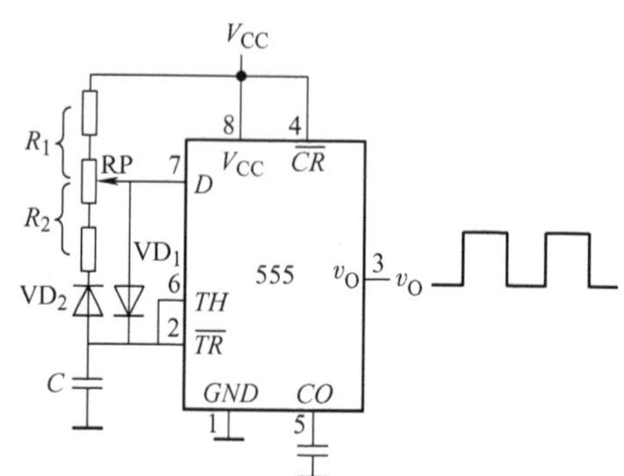

图 7-21 占空比可调的多谐振荡器

则周期为

$$T=T_1+T_2=(R_1+R_2)C\ln2$$

占空比为

$$q=\frac{T_1}{T}=\frac{R_1C\ln2}{(R_1+R_2)C\ln2}=\frac{R_1}{R_1+R_2}$$

当调节电位器 RP 时，改变了 R_1 和 R_2 的比值，同时就改变了占空比，由式可知占空比的取值范围为（0，1）。调节电位器 RP 可以调整占空比，但其振荡周期保持不变。

例 7-1 要求多谐振荡器的占空比 q 至少在 20% ~80% 之间可调，输出信号的频率为

1kHz（$T=10^{-3}$s），试选择 R、C 的参数。

解： 通常 R_1 和 R_2 的取值为 1kΩ～3MΩ 之间，C 则大于 500pF。若选择 C 为 2.2μF，则

$$R_1+R_1=\frac{10^{-3}}{2.2\times10^{-6}\ln2}=6.6\text{k}\Omega$$

可以选择电位器 RP 阻值为 4.7kΩ，其余两个电阻各为 1kΩ。代入计算公式

$$q_{\max}=\frac{R_{1\max}}{R_{1\max}+R_{2\min}}=\frac{5.7}{5.7+1}=85\%$$

$$q_{\min}=\frac{R_{1\min}}{R_{1\min}+R_{2\max}}=\frac{1}{5.7+1}=14.9\%$$

经过计算，实际占空比约为 14.9%～85%，符合要求。

7.6.3 门电路构成多谐振荡器

由门电路构成的多谐振荡器有对称式、非对称式、环形等。最简单的环形多谐振荡器如图 7-22 所示，三个反相器首尾相连组成振荡器，此振荡器利用门的传输延迟时间 t_{pd}输出矩形波。假定 v_O 的初始状态为高电平，则经过 $3t_{pd}$时间后 v_O 跳变为低电平，再经过 $3t_{pd}$时间后 v_O 回到高电平，如此周而复始实现多谐振荡器的功能。一般来说，奇数个反相器都可以构成多谐振荡器，此种振荡器电路结构简单，但由于门电路的传输延迟时间非常小，并且各门电路的传输延迟时间不完全相同，所以振荡器频率高、精度低。

带 RC 延迟环节的环形振荡器如图 7-23 所示，接入 RC 电路后振荡器的周期不仅与三个门电路的传输延迟时间有关而且与 RC 电路的时间常数有关，如果前者可忽略，则振荡器的振荡周期可以由 R、C 的取值来确定。

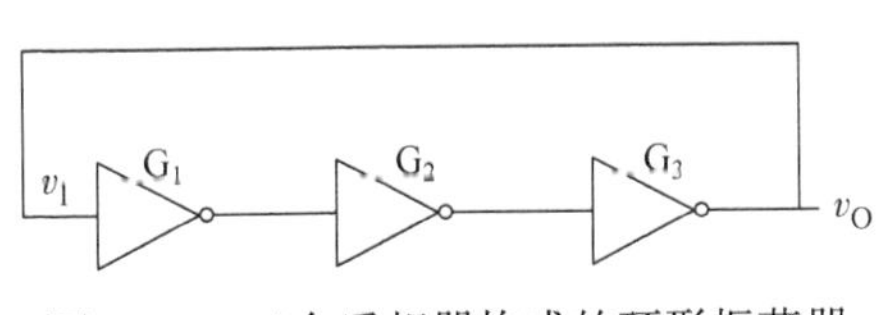

图 7-22 三个反相器构成的环形振荡器

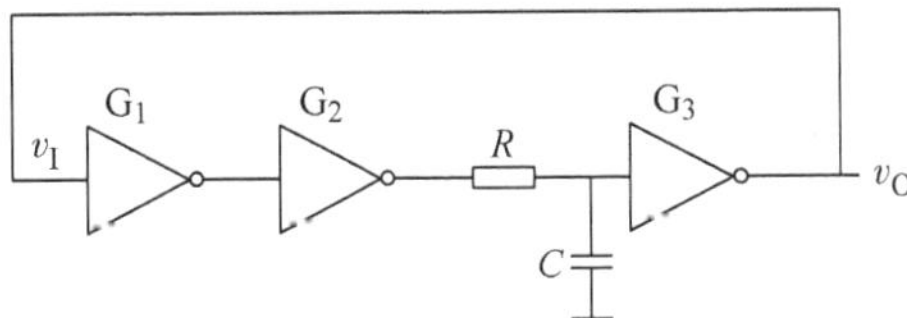

图 7-23 带 RC 延迟环节的环形振荡器

7.6.4 石英晶体振荡器构成多谐振荡器

石英晶体振荡器的符号如图 7-24 所示，其特点是：当外加信号的频率 f 等于石英晶体的固有频率 f_0 时，其等效阻抗最小且为纯电阻，信号最容易通过。利用石英晶体的这个特点，将其接入多谐振荡器中，使多谐振荡器的振荡频率由石英晶体的固有频率 f_0 决定，而与电路中的 R、C 等电路参数无关。石英晶体的频率稳定度非常高，广泛应用于精密计时等装置中。

图 7-25 为石英晶体与 TTL 非门构成的多谐振荡器，两个非门首尾通过两个电容连接，构成正反馈。工作时，当振荡频率等于石英晶体的固有频率 f_0 时，因为石英晶体等效阻抗呈现两个特征：一是阻抗最小，信号最容易通过；二是为纯电阻，附加相移 $\Delta\varphi=0$，满足振荡的相位条件。所以，该电路的振荡频率为石英晶体的固有频率 f_0，而与外接电阻和电容的参数无关。

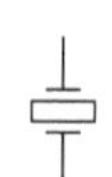

图 7-24 石英晶体振荡器的符号

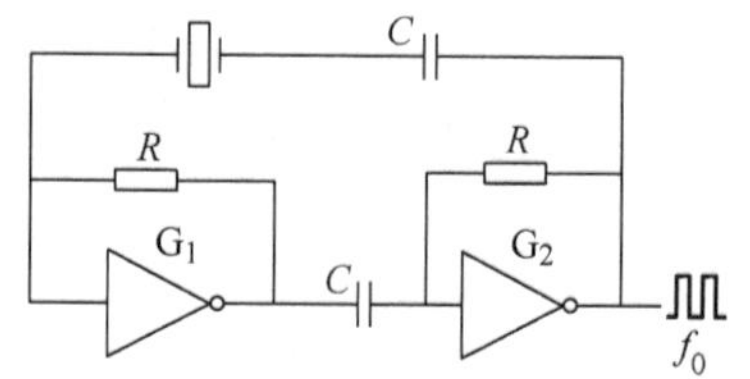

图 7-25 石英晶体振荡器构成的多谐振荡器

石英晶体的固有频率稳定性非常高，频率稳定度（$\Delta f_0/f_0$）可达 10^{-10}，足以满足多数数字系统对频率稳定度的要求。一般来说，石英晶体的振荡频率较高（MHz 级），若需要低频信号，则需增加分频电路。

7.6.5 多谐振荡器的应用

多谐振荡器作为一种脉冲信号源可以为时序逻辑电路，包括中央处理器（CPU）等数字系统，提供时钟脉冲，占空比可调的多谐振荡器还可用于生成脉冲宽度调制（Pulse Width Modulation，PWM）波形，PWM 技术常用在测量、通信、功率控制与变换等领域。例 7-1 中通过调整图 7-21 所示电路的电位器位置，使输出脉冲波形的占空比在 14.9% ~85% 之间可调，此电路的振荡频率为 1kHz，若要同时调整振荡频率，可将其中一个电阻更换为电位器。

7.7 脉冲产生与整形电路的系统应用

在数字电路，特别是与时间有关的计时电路中，常用到频率为 1Hz 的秒脉冲信号，用于计时或显示电路时钟脉冲信号。对频率稳定度要求不高的秒脉冲可以由 555 定时器构成的多谐振荡器实现，然后通过施密特触发器进行整形，得到边沿陡峭的矩形波信号。如果对频率的稳定度（精度）要求很高（如钟表电路），可采用石英晶体振荡电路，经过整形、分频，得到 1Hz 时钟信号。

图 7-26 所示电路中，石英晶体振荡器的振荡频率为 32768Hz，CD4060 为 14 位二进制计数器/振荡器（Q_{13}~Q_0，其中 Q_{13} 为最高位），D 触发器构成 T′触发器，与 CD4060 构成共 2^{15} 分频器，D 触发器输出 Q 的频率为 1Hz。实际工程设计中常采用此电路产生秒脉冲信号。

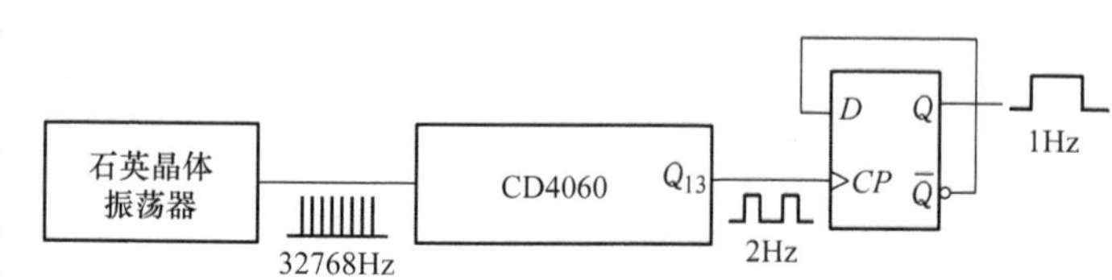

图 7-26 秒脉冲发生电路

7.8 用 Multisim 分析占空比可调的多谐振荡器

利用 Multisim 分析由 555 定时器构成的占空比可调的多谐振荡器。

运行 Multisim，选择“MIXED”（混合器件）中的“555”，放置 555 定时器，然后按照图 7-27 所示电路连线，构成占空比可调的多谐振荡器。连接示波器，调整电位器 RP 观察输出 v_O 和电容 v_C 的波形，如图 7-28 所示。

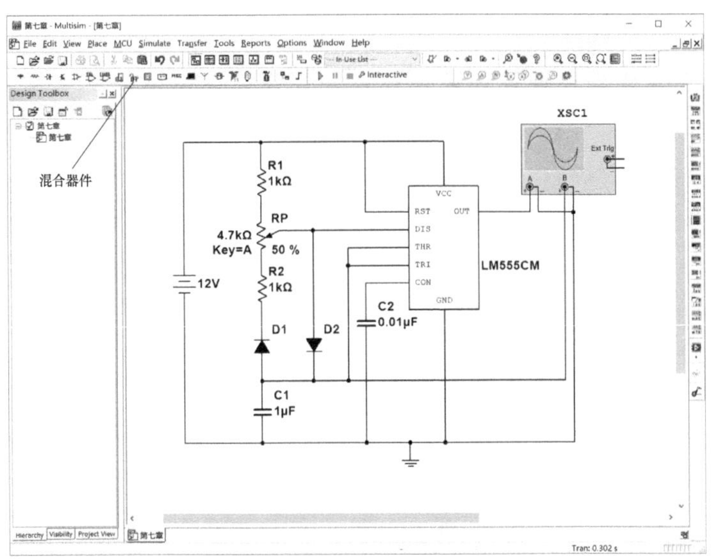

图 7-27　555 定时器构成的占空比可调的多谐振荡器

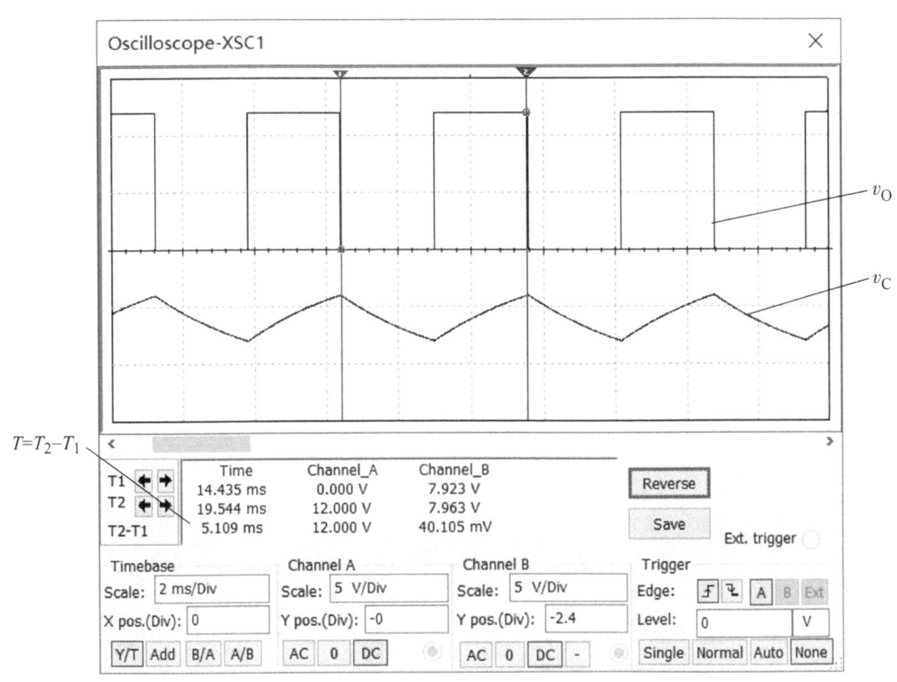

图 7-28　多谐振荡器输出波形及周期测量

从示波器可以看出矩形波的振荡周期为 5.1ms，振荡频率为 196Hz。而理论计算为

$$T=(R_1+R_2R_{RP})C\ln 2=4.644\text{ms},\ f=215\text{Hz}$$

理论值与 EDA 仿真结果存在误差主要原因是理论计算中忽略了二极管的导通电阻。

占空比的调整范围大约是20% ~80%，当 RP 的动点在中间时，占空比为50%，在示波器上观察到占空比最大、最小时的输出矩形波以及电容上的充电、放电波形，如图 7-29 所示。

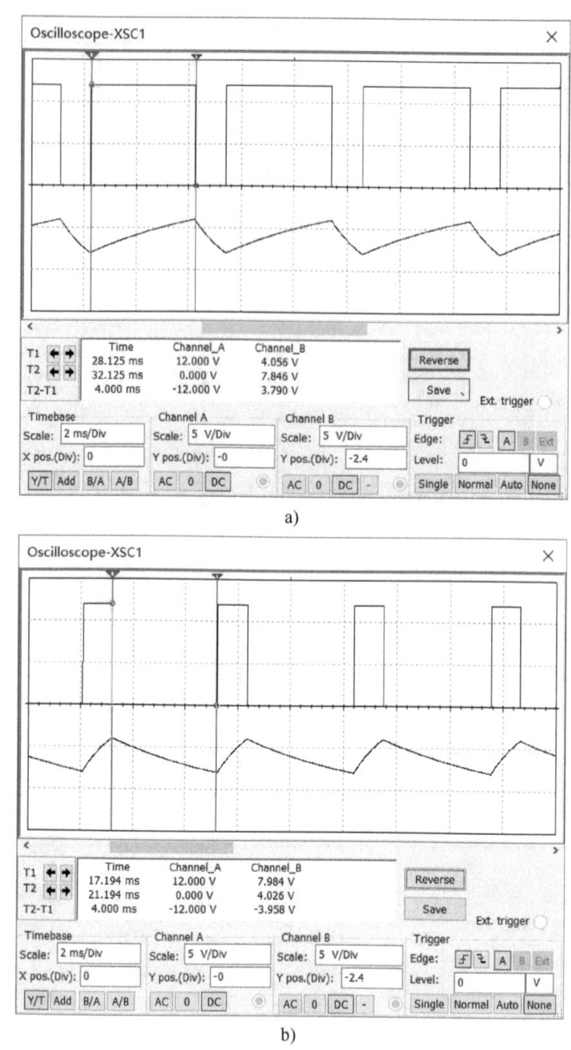

a)

b)

图 7-29 调节 RP 时占空比变化情况

本章小结

脉冲信号是数字电路的重要组成部分，为时钟触发器以及时序逻辑电路等数字电路提供时钟信号。本章介绍了产生矩形脉冲信号的方法和电路组成。

1）矩形脉冲的产生。矩形脉冲的产生有两种方法：一是波形变换与整形，通过施密特触发器和单稳态触发器等电路将其他周期性信号转换为矩形脉冲；二是多谐振荡电路，通过多谐振荡器自激振荡产生矩形波信号。

2）波形变换与整形电路。波形变换与整形电路包括施密特触发器和单稳态触发器。施密特触发器具有两个稳定状态和两个阈值电压；施密特触发器可以将正弦波、三角波或其他不规则的周期性信号转换为矩形波信号；输出信号的频率与输入信号一致，宽度与阈值电压有关。单稳态触发器具有一个稳态和一个暂稳态，在外部触发脉冲作用下输出暂稳态，而后自动回到稳定状态；输出信号的频率与输入信号一致，脉冲宽度由外接 R、C 决定。

3）多谐振荡电路。多谐振荡电路属于自激振荡电路，无须外加信号，只要接通电源就会自动产生矩形波脉冲信号。多谐振荡器没有稳定状态。石英晶体振荡器构成的多谐振荡器振荡频率为石英晶体的固有频率；其他电路的振荡频率一般与外接 R、C 有关。

以上电路可以由门电路构成、555 定时器构成，也有集成器件。

4）555 定时器。555 定时器是一种将模拟电路和数字电路结合的多用途单片集成电路，在其外部连接少许阻容元件，便能构成施密特触发器、单稳态触发器和多谐振荡器等应用电路。

本章介绍了 555 定时器的工作原理和应用电路。555 定时器组成上包括电阻分压器、电压比较器、RS 锁存器、开关晶体管和输出缓冲器。电压比较器的参考电压由电源电压或者外部控制电压决定。555 定时器构成的施密特触发器是将两个触发端（TH 和$\overline{TR}$）接在一起，作为输入端；多谐振荡器实质上是在施密特触发器的基础上外接充电、放电元件；单稳态触发器只利用低电平触发端（$\overline{TR}$）作为触发信号输入端，高电平触发端（TH）外接充电、放电元件。在 555 定时器构成的多谐振荡器的分析中，应注意振荡信号的周期、占空比的计算和调节，包括 V_{CO}的作用。

习　题

7-1 填空题

（1）施密特触发器有______个稳定状态，单稳态触发器有______个稳定状态，多谐振荡器有______个稳定状态。

（2）单稳态触发器输出信号的频率由______决定，输出信号的脉宽 t_w 由______决定。

（3）由 555 定时器构成的施密特触发器，其输入为周期性信号的幅值应________，输出信号的频率由______决定；调节控制电压 V_{CO}可以改变输出信号的______。

（4）555 定时器组成的多谐振荡器，其输出信号的频率与______参数有关，如欲提高频率，应如何调节参数______；其信号的占空比与______有关，若要提高占空比，应调节参数______。

7-2 图 7-30a 所示为 555 定时器，已知 $V_{CC}=15V$。要求：

（1）用 555 设计一个施密特触发器。

（2）若 CO 端通过滤波电容接地，则回差电压 ΔV_T是多少？当输入如图 7-30b 所示三角波，对应画出输出信号 v_O 的波形。

（3）若外加 $V_{CO}=6V$，则回差电压 ΔV_T是多少？当输入如图 7-30b 所示三角波，对应画出输出信号 v_O 的波形。

（4）用 EDA 设计、仿真、验证。

7-3 用图 7-30a 所示 555 定时器设计一个单稳态触发器，已知电源电压为 5V，外接电容取值为 0.1μF。要求：

（1）输出脉冲宽度在 1 ~ 10ms 内可调。

（2）选择器件并计算参数，画出电路图。

（3）说明对输入触发信号的要求。

（4）用 EDA 设计、仿真、验证。

7-4 用图 7-30a 所示 555 定时器设计两个多谐振荡器，已知电源电压为 12V、电容 C 取值为 0.1μF。要求：

（1）输出信号的频率为 1kHz，占空比 $q=1/2$。

（2）输出信号的频率在 1kHz ~ 2kHz 连续可调，占空比 $q=1/2$。

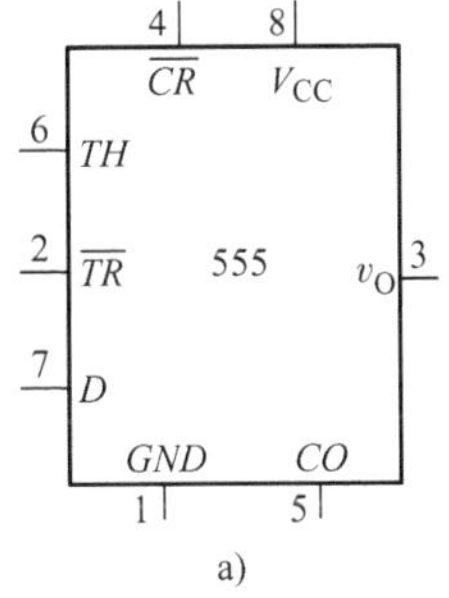

a)

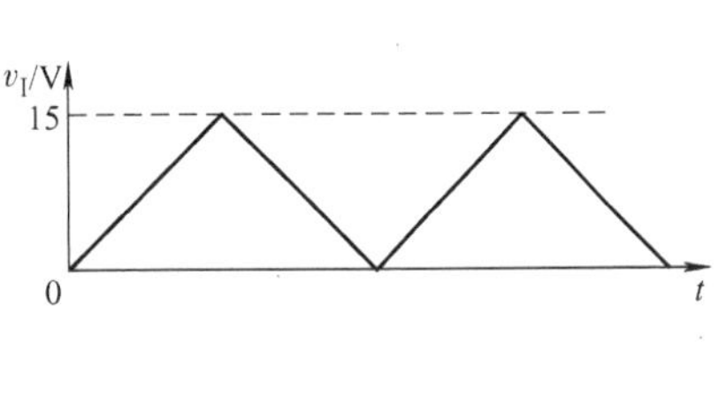

b)

图 7-30 题 7-2 图

（3）分别根据要求选择器件并计算参数，画出电路图。

（4）用 EDA 设计、仿真、验证。

7-5 图 7-31 所示多谐振荡器中，*CO* 端外加电压 V_{CO}。要求：

（1）推导输出信号的频率 f 与控制电压 V_{CO} 的关系式。

（2）说明电路功能。

7-6 设计一个电路，要求每隔 1s 产生长度为 1s、频率为 10Hz、占空比为 1/2 的矩形波信号，如图 7-32 所示。要求画出电路，选择器件，计算参数，并用 EDA 设计、仿真、验证。提示：可用两个由 555 定时器组成的多谐振荡器实现。

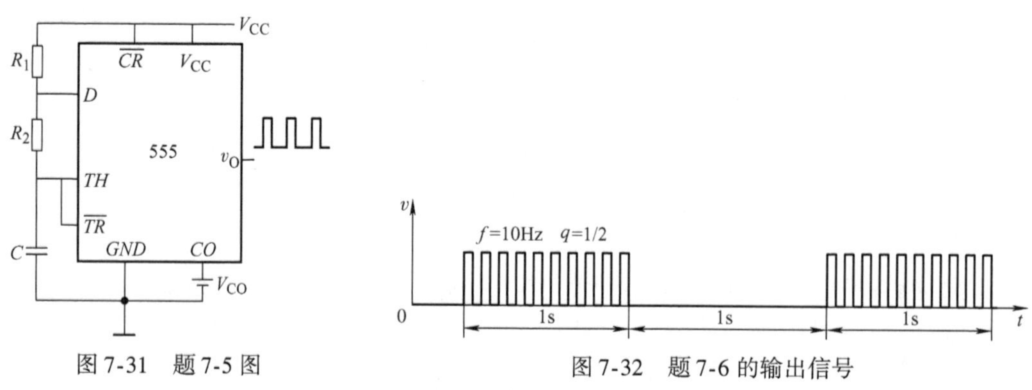

图 7-31 题 7-5 图　　图 7-32 题 7-6 的输出信号

7-7 设计一个电路，要求间隔 1s 交替产生高、低频率的矩形波信号，波形如图 7-33 所示。要求：

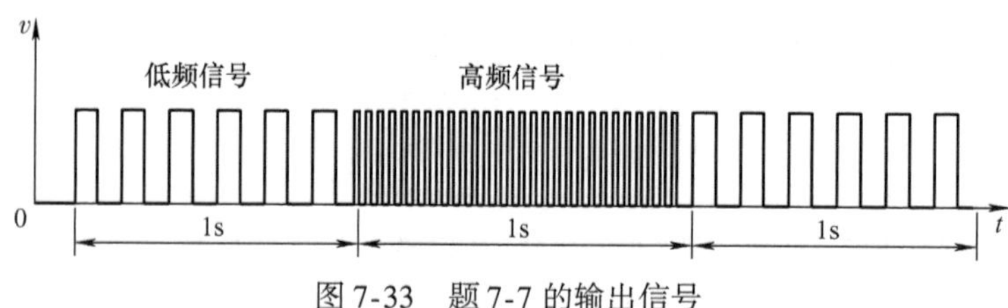

图 7-33 题 7-7 的输出信号

（1）画出电路，说明工作原理。

（2）若要求高、低频率分别为 100Hz 和 10Hz，用 EDA 设计、仿真、验证。

7-8 图 7-34 所示电路是由两个 555 定时器构成的频率、脉宽可调的矩形波发生电路。要求：

（1）说明其工作原理，画出 v_{O1} 和 v_{O2} 的波形。

（2）确定输出信号频率变化的范围和输出信号脉宽的变化范围。

（3）说明对两部分电阻参数的选取要求。

（4）选择元件参数，使输出信号的频率在 100～200Hz 间、脉宽在 2 ～ 8ms 间均连续可调。可用 EDA 设计、仿真、验证。

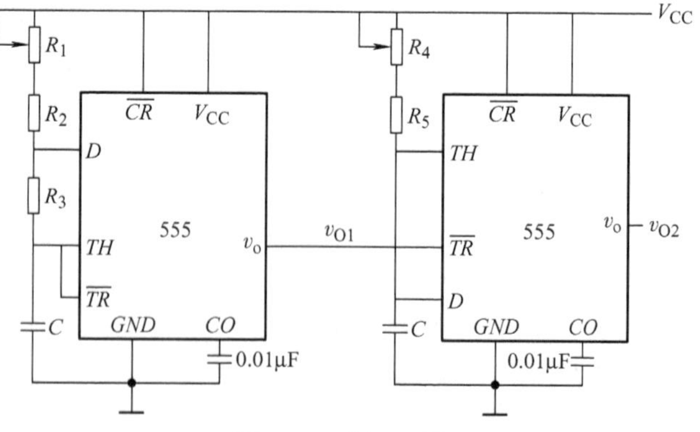

图 7-34 题 7-8 图

第8章 半导体存储器和可编程逻辑器件

目前大规模集成电路和超大规模集成电路已得到广泛的应用，本章以半导体存储器和可编程逻辑器件为基础，介绍大规模集成电路的组成、原理及其应用。

8.1 概述

随着集成电路设计和制造工艺的不断改进和完善，集成电路产品不仅在提高开关速度、降低功耗等方面有了很大的发展，电路的集成度也得到了迅速的提高。目前，在单块硅片上集成几十万个以上元器件的大规模集成电路（LSI）和超大规模集成电路（VLSI）已得到了广泛的应用。在工艺设计上，LSI 和 VLSI 为独立的器件，因此在分析和设计逻辑系统时，它们作为一个功能模块来进行使用。

从应用的角度来看，LSI 可分为通用型和专用型两大类。通用型 LSI 是指已被定型的标准化、系列化产品，其价格便宜，可以批量生产，在不同数字系统中均可使用，各种型号的存储器、微处理器等均属此类。专用型 LSI 是指为某种特殊用途而专门设计制作的功能块，只能使用在一些专用场所或设备中。

从制造工艺上看，LSI 可分为双极型和 MOS 型两大类，由于 MOS 电路具有功耗低、集成度高的优点，而且工作速度不亚于双极型电路，因此目前集成电路多采用 MOS 电路制造工艺。

从逻辑功能上看，LSI 的种类很多，本章仅简要介绍存储器和可编程逻辑器件。

8.2 半导体存储器

半导体存储器（简称存储器）是一种能存储大量二值信息或数据的半导体器件，是现代数字系统特别是计算机中的重要组成部分，它可以存储用户程序以及实时数据等多种信息。

存储器分类如下：

1）按读写功能分为：只读存储器（Read-Only Memory，ROM）和随机存取存储器（Random Access Memory，RAM）。

2）按信息的可保存性分为：易失性存储器和非易失性存储器。

3）按在计算机系统中的作用分为：主存储器（内存）、辅助存储器（外存）和高速缓冲存储器。

半导体存储器按读写功能分类如图 8-1 所示。

易失性存储器在断电时会失去存储的信息，它需要持续的电源供应以维持信息，大部分的 RAM 都属于此类。非易失性存储器在无电源供应时仍能保持存储的信息，如 ROM 半导体存储器、磁介质或光介质存储器。

对存储器的操作（也称为访问）通常分为两类：读操作和写操作。读操作是从存储器中取出其存储信息的过程；写操作是把信息存入到存储器的过程。

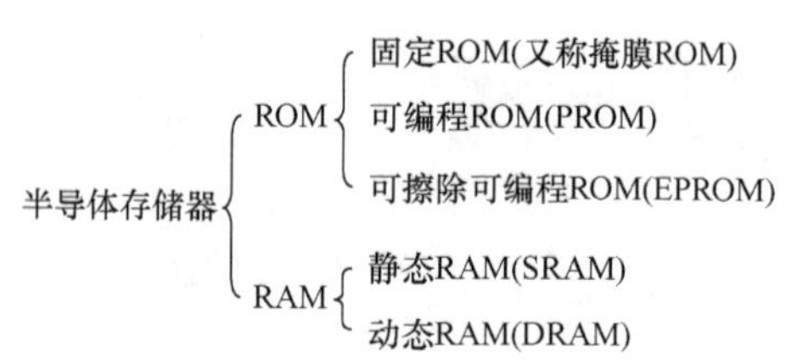

图 8-1 半导体存储器按读写功能分类

8.2.1 存储器的主要技术指标

存储器的技术指标包括存储容量、存取速度、功耗、工作温度、体积和可靠性等，其中存储容量和存取速度为其主要技术指标。

1. 存储容量

存储容量是指存储器可以存储二进制的信息量，单位为位或比特（bit）。

存储器中的一个基本存储单元能存储 1bit 的信息，也就是可以存入一个 0 或一个 1，存储容量就是该存储器基本存储单元的总数。一个内有 8192 个基本存储单元的存储器，其存储容量为 8Kbit（$1K=2^{10}=1024$）；这个存储器如果每次可以读（写）8 位二值信息，说明它可以存储 1KB，每字节为 8 位，这时的存储容量也可以用 1K×8 位来表示。

2. 存取速度

存储器的存取时间定义为存储器从接收存储单元地址码开始，到取出或存入信息为止所需的时间，其上限值称为最大存取时间。存取时间的长短反映了存取速度的快慢。存取时间越短，则存取速度越快。

8.2.2 随机存取存储器

随机存取存储器 RAM，又称为读写存储器。在工作过程中，既可从 RAM 的任意存储单元读出信息，又可以把外部信息写入存储单元。因此，它具有读、写方便的优点，但其存储的信息断电后无法保存，所以不利于信息的长期保存。

根据存储单元工作原理的不同，RAM 可分为静态随机存取存储器（Static Random Access Memory，SRAM）和动态随机存取存储器（Dynamic Random Access Memory，DRAM）两大类。SRAM 存储的数据由触发器记忆，但其存储单元所用的 MOS 管数目多，因此集成度受到限制，且功耗较大。DRAM 一般采用 MOS 管的栅极电容来存储信息，由于栅极电容的容量很小，而漏电流又不能完全为零，所以电荷保存的时间有限。为避免存储数据的丢失，必须由刷新电路定期刷新，DRAM 存储单元所用的 MOS 管数目少，因此集成度高、功耗小。

SRAM 速度非常快，但其价格较贵，一般用作 CPU 的一级缓存和二级缓存等。DRAM 的速度比 SRAM 慢，但比 ROM 快，计算机的内存一般都采用 DRAM。

近些年，出现了一种新的随机存取存储器 SDRAM（Synchronous DRAM），即同步动态内存。其为双存储体结构，内含两个交错的存储阵列，当 CPU 从一个存储阵列访问数据的同时，另一个阵列已准备好读写数据。通过两个存储阵列的切换，读取数据效率得到明显提升。

1. RAM 的结构

RAM 电路通常由存储矩阵、地址译码器和读/写控制电路三部分组成，其结构框图如图 8-2 所示。

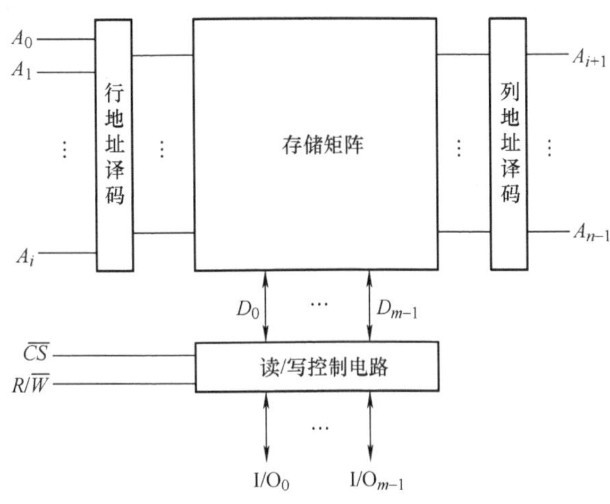

图 8-2 RAM 电路结构框图

存储矩阵由若干个存储单元组成。为了存取方便，存储单元设计成矩阵形式。在地址译码器和读/写控制电路的控制下，既可以向存储单元写入信息，又可以将存储单元的信息读出，完成读/写操作。

地址译码器包括行地址译码器和列地址译码器。行地址译码器将输入地址代码的若干位（见图 8-2 中的 A_0 ~A_i）译成某一条字线的输出（高电平或低电平），从存储矩阵中选中一行存储单元；列地址译码器将输入地址代码的其余几位（见图 8-2 中的 A_{i+1}~A_{n-1}）译成一条位线的输出（高电平或低电平），从存储矩阵中选中列存储单元，使得行与列均被选中的交叉处的存储单元与输入/输出线接通，并通过读/写控制，完成对指定存储单元的读/写操作。

读/写控制电路用于对电路的工作状态进行控制。当读/写控制信号 $R/\overline{W}$ 为高电平时，执行读操作，选中存储单元的数据被送到输入/输出线上（见图 8-2 中的 I/O$_0$ ~ I/O$_{m-1}$）；当读/写控制信号 $R/\overline{W}$ 为低电平时，执行写操作，输入/输出线上的数据被写入选中的存储单元。

图 8-3 为 2114RAM 的结构框图。其存储容量为 1024 ×4 =4096 位。4096 个存储单元排列成 64 行 ×16 列存储矩阵。10 根地址线分成两组，A_3 ~ A_8 共 6 根线为行地址线，经行地址译码后生成 64 根行选择线信号，从 64 行存储单元中选择指定的行；其余 4 位地址线为列

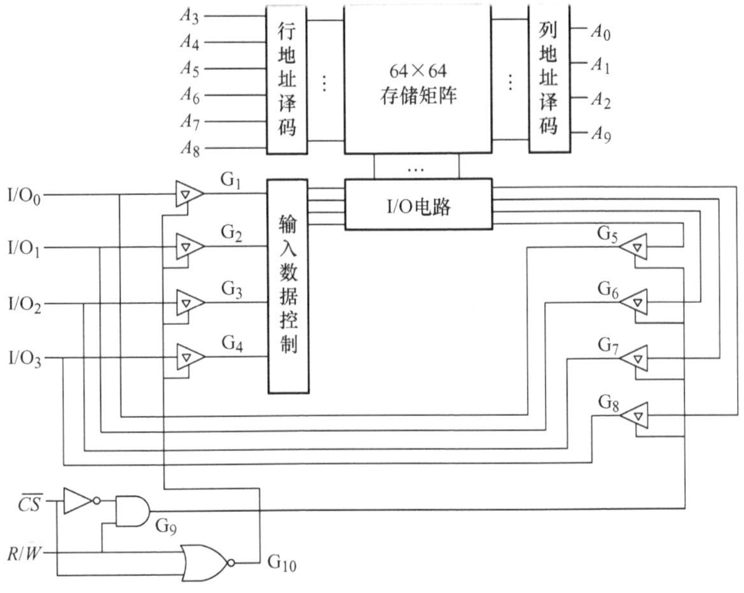

图 8-3 2114RAM 的结构框图

线，经译码产生的16根列选择线信号从已选中的行里再选出要进行读/写的4个存储单元。

I/O_0 ~ I/O_3 为数据输入/输出线，在读/写控制信号 $R/\overline{W}$ 和片选信号$\overline{CS}$控制下执行读/写操作。由于单片RAM的容量有限，大容量的存储系统一般由若干片RAM组成，通过片选信号$\overline{CS}$使能某些RAM，对其进行读/写操作，以实现器件的扩展。同时为了保证多片RAM共享数据线，每片RAM的数据线都是通过三态门进行输出的，当$\overline{CS}$有效（即为低电平）时，该片RAM数据线的输出三态门使能有效，其数据可与系统的数据线连接，其他RAM数据线处于高阻状态，输出无效。RAM的工作模式见表8-1。

2. *静态存储单元*

静态存储单元是静态随机存储器SRAM的基本单元，可以存储1位二进制数。静态存储单元是在静态触发器的基础上附加门控管而构成的。由于使用的器件不同，静态存储单元又分为MOS型和双极型两类。

由于CMOS集成电路最显著的特点是静态功耗小，因此其存储单元在RAM中得到了广泛应用。图8-4是6管CMOS静态存储单元。图中 V_1、V_2 和 V_3、V_4 分别为两个CMOS反相器交叉连接而组成的基本RS触发器，用以存储二值信息。V_5 ~ V_8 为NMOS门控管。V_5、V_6 的栅极与行选择线 X 连接；V_7、V_8 的栅极与列选择线 Y 连接。显然，当 X、Y 都为1时，门控管导通，此单元被选中，基本RS触发器的输出与数据线接通，可以执行读/写操作。当 X、Y 不同时为1时，存储单元与数据线隔离，既不能读出也不能写入，存储单元内部的信息保持原状态不变。

表8-1 2114 RAM工作模式表

$\overline{CS}$	$R/\overline{W}$	I/O_0 ~ I/O_3	工作模式
0	1	输出数据	读操作
0	0	输入数据	写操作
1	ϕ	高阻	输出无效

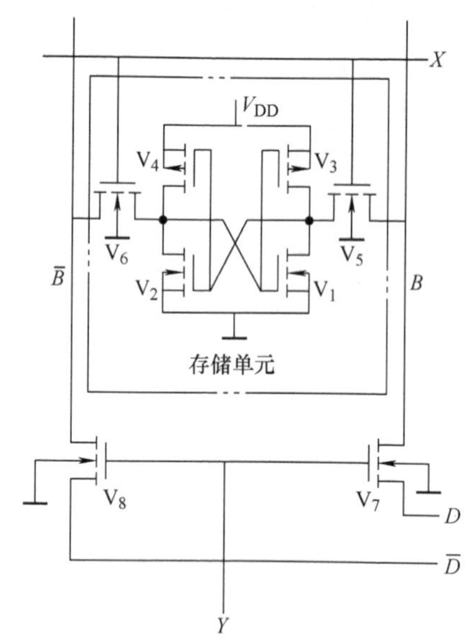

图8-4 6管CMOS静态存储单元

CMOS型RAM能在降低电源电压的状态下保存数据，也就是它可以用电池供电继续保持存储的数据，用这种方法可以弥补半导体RAM数据易丢失的缺点。例如CMOS RAM5101L用5V电源供电，静态功耗为1 ~ 2 μW。如果电源电压降至2V，并处于低电压保持状态，则功耗可降至0.28 μW。

3. 动态存储单元

前面讨论的静态存储单元是靠触发器来存储数据的，由于触发器在每个时刻总有一个管子导通，因此存在一定的功耗，对于容量较大的存储器，其功耗会更大。另外，由于每个单元要用6个管子，其集成度受到限制。为提高集成度、减小芯片尺寸、降低功耗，常利用MOS管栅极电容的电荷存储效应来组成动态存储器，以构成动态MOS存储单元。这种存储单元电路简单，但由于栅极电容容量很小，通常只有几个pF，且不可能没有漏电流，所以电荷的存储时间有限。为了能及时补充泄露的电荷，避免存储信息的丢失，必须定时地给栅极电容补充电荷，这种补充电荷的操作称为刷新。动态MOS存储单元工作时必须辅以比较复杂的刷新电路，但由于其结构简单，所以在大容量、高集成度的RAM中得到了广泛的应用。

MOS动态存储单元主要有4管存储单元、3管存储单元和单管存储单元三种形式。4管和3管动态存储单元因其外围控制电路比较简单而得到广泛应用，因此，本节选择4管存储单元为例介绍MOS动态存储单元的工作原理。

（1）电路组成　图8-5是MOS动态4管存储单元的电路原理图。图中V_1和V_2是两只增强型NMOS管，它们的栅极和漏极相互交叉连接，数据信息以电荷的形式存储在栅极电容C_1和C_2上，C_1、C_2上的电压控制V_1和V_2管的导通和截止，从而决定存储单元存储1或存储0。V_5、V_6是对电容C_B、$C_{\overline{B}}$预充电的门控开关，它们为每一列存储单元所共用。

（2）工作原理　设C_1上充有电荷，C_2上没有电荷，且C_1上电压V_{C1}大于V_1管的开启电压，那么V_1管导通，V_2管截止，则D_1的存储信息为0，D_2为1。这一状态称为存储单元的0状态。

反过来，若C_2上充有电荷，C_1上没有电荷，且C_2上电压V_{C2}大于V_2管的开启电压，则V_2管导通，V_1管截止，则D_1的存储信息为1，D_2为0。这一状态称为存储单元的1状态。

（3）读操作　读操作开始时，在V_5、V_6管的栅极上加预充电脉冲，使得V_5、V_6管导通，B和$\overline{B}$则与电源V_{DD}接通，电容C_B、$C_{\overline{B}}$充电至高电平。然后经地址译码器使X、Y同时为高电平，则V_3、V_4、V_7、V_8管均导通。假设存储单元为0状态，即V_1导通，V_2截止，D_1为0，D_2为1，这时C_B将通过V_3、V_1管放电，使位线B变为低电平。与此同时，由于V_2截止，位线$\overline{B}$保持高电平不变。这样，就把存储单元的状态读到了位线B和$\overline{B}$上，并通过V_7和V_8管送至数据线D和$\overline{D}$上。

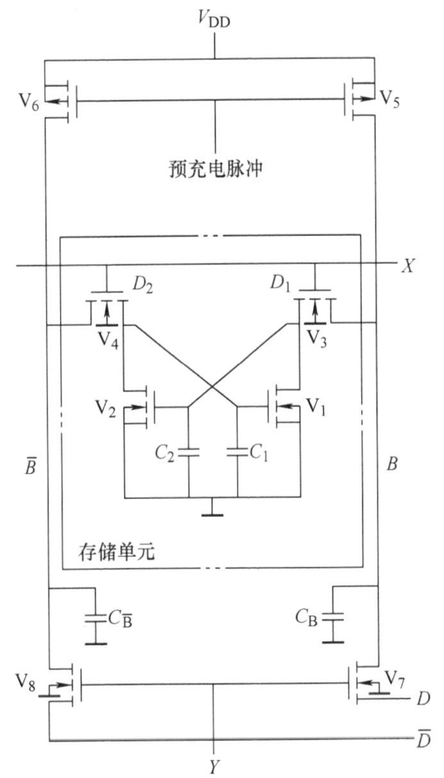

图8-5　MOS动态4管存储单元

由上述分析可见，对位线的预充电起着十分重要的作用。如果在V_4导通前没有对C_B、$C_{\overline{B}}$预充电，那么V_4导通后，位线$\overline{B}$上的高电平必须靠

栅极电容 C_1 上的电荷向 $C_{\overline{B}}$ 充电来建立，致使 C_1 损失一部分电荷；再考虑到位线上连接的器件较多，且 $C_{\overline{B}}$ 往往比 C_1 大得多，很可能在读出数据时将 C_1 的高电平破坏，使存储的数据丢失。有了预充电电路以后，V_3、V_4 管导通时 $\overline{B}$ 的电位比 D_2 的电位还高，所以 C_1 上的电荷不但不会丢失，反而会得到补充，相当于进行一次刷新，使存储单元的信息得以保存。

（4）写操作　写操作时，地址译码器使 X、Y 同时为高电平，加到 D、$\overline{D}$ 上的输入数据，通过 V_7 和 V_8 管传到位线 B 和 $\overline{B}$ 上，再经过 V_3、V_4 管将数据存入 C_1 和 C_2 中。

如果写入数据为0，即 $D=0$，$\overline{D}=1$。由于 $Y=1$，所以 V_7、V_8 管导通，则 $B=D=0$，$\overline{B}=\overline{D}=1$。又因为 $X=1$，V_3、V_4 管导通，故 $\overline{B}$ 的高电平对 C_1 充电，V_1 管导通；C_2 通过 V_1 管放电，使 V_2 管截止，完成了向存储单元存入数据0。反之亦然。

由于动态存储单元的电路结构简单，故可达到较高的集成度。但动态存储器不如静态存储器使用方便，尤其是存取数据的速度比静态存储器要慢。

8.2.3 只读存储器

只读存储器ROM是存储固定信息的存储器件，即事先把信息或数据写入存储器中，在正常工作时ROM存储的数据固定不变，只能读出，不能随时写入，故称为只读存储器。ROM为非易失性器件，当器件断电时，所存储的数据不会丢失。

只读存储器按数据的写入方式分为固定ROM、可编程ROM（Programmable ROM，PROM）和可擦除可编程ROM（Erasable Programmable ROM，EPROM）。

固定ROM所存储的数据已由生产厂家在制造时用掩模板确定，用户无法进行更改，所以也称掩模编程ROM。可编程ROM在出厂时，存储内容全为1或全为0，用户根据自己的需要进行编程，但只能写入一次，一旦写入则不能再修改。可擦除可编程ROM具有较强的灵活性，它存储的内容既可按用户需要写入，也可以擦除后重新写入，EPROM包括用紫外线擦除的PROM（Ultra-Violet EPROM，UVEPROM）、电信号擦除PROM（Electrically Erasable PROM，E^2PROM）和快闪存储器（FLASH Memory）。

ROM在数字系统中具有广泛的应用，如多输入、多输出变量逻辑函数，如果用一般电路实现，可能会需要大量的门电路，而用ROM来实现就可以大大节省体积、重量和成本。ROM也常用于代码的变换、符号和数字显示等电路中的信息和各种函数表的存储，并用于存储用户程序和预设参数等掉电后需要保存的信息。

1. ROM的结构

ROM具有与RAM相似的电路结构，一般而言，它由存储矩阵、地址译码器和输出缓冲器三部分组成。ROM存储单元可以由二极管、双极型晶体管或者MOS管构成，下面以二极管ROM为例简述其电路组成和读操作。

（1）二极管ROM的电路组成　具有2位地址输入和4位数据输出的二极管ROM电路如图8-6所示，其地址译码器和存储矩阵均由二极管组成。A_1、A_0 代表2位地址输入，其4种组合代表4个不同的地址，地址译码器将这4个地址分别译成 W_0 ~ W_3 4个高电平有效的输出信号。当 W_0 ~ W_3 中有一根线向存储单元矩阵输入高电平信号时，在 D_0 ~ D_3 4根数据线上就会输出一个4位二进制代码。在此，把 $W_0 \sim W_3$ 称为字线，把 $D_0 \sim D_3$ 称为位线（或数据线）。D_3'、D_2'、D_1'、D_0' 4 根线通过电阻连接到地上。

输出端的缓冲器为三态输出，故可将存储器的输出端直接与系统的数据总线相连。

（2）二极管 ROM 读操作　读操作时，首先通过读/写控制信号使三态输出缓冲器的 $\overline{EN}$ 为低电平，从 A_1、A_0 输入地址码，则由地址所指定的存储单元中存放的数据便出现在输出数据线上。如图 8-6 中，当 $A_1A_0=01$ 时，则 $W_1=1$，其他字线均为低电平。这时，D_3'、D_1'、D_0' 3 根位线与 W_1 之间的二极管都导通，使 D_3'、D_1'、D_0' 被钳位于高电平，D_2' 没有接二极管，则为低电平，于是在输出端可得到 $D_3D_2D_1D_0=1011$ 的数据输出。

图 8-6 中对应地址输入的组合所存储的数据见表 8-2。

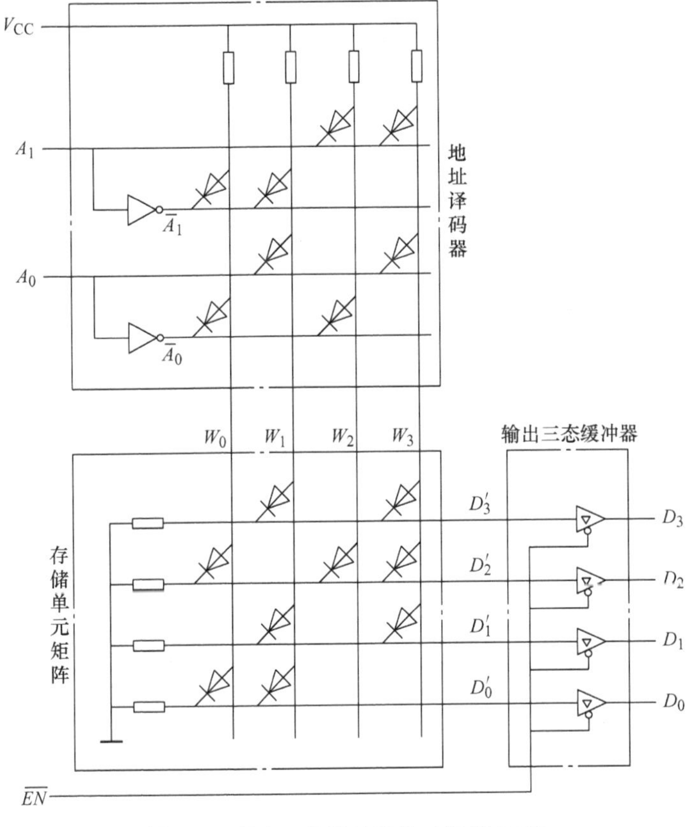

图 8-6　具有 2 位地址码的二极管 ROM

表 8-2　图 8-6 存储数据表

地址		数据			
A_1	A_0	D_3	D_2	D_1	D_0
0	0	0	1	0	1
0	1	1	0	1	1
1	0	0	1	0	0
1	1	1	1	1	0

不难看出，在存储矩阵中字线与位线的每一个交叉点都是一个存储单元，在交叉点上接有二极管相当于存储 1，没有接二极管则相当于存储 0，经输出缓冲器进行输出。

在存储矩阵中，交叉点的数目也就是存储单元数，即为存储容量。图 8-6 中存储器的存储容量为 $2^2\times4$。

由图 8-6 可知，ROM 在线路接好后其存储的信息将不能被修改。

2. 可编程 PROM

在研制开发数字系统时，设计者常常希望能够按自己的需要对 ROM 进行编程，具有此功能的 ROM 称为 PROM。

图 8-7 是 PROM 的原理框图。PROM 出厂时，制作的是一个完整的二极管或晶体管存储矩阵，图 8-7 中所有的存储单元相当于全部存入 1。在每个单元的晶体管发射极上接有快速熔丝，它是用低熔点的合金或很细的多晶硅导线制成的。在编程时，如果需要某存储单元存入 0，可通过编程器熔化该存储单元的熔丝，熔丝未被熔化的存储单元仍为 1。因此，在存入数据时，首先应找出要写入 0 的单元地址，使相应的字线输出高电平，然后在相应的位线上按规定加入高电压脉冲，使该位线上的稳压管 VS 导通，写入放大器 A_W 的输出呈低电平、低阻抗状态，相应存储单元的晶体管饱和导通，有较大的脉冲电流流过熔丝，以将其熔断。在正常工作时，读出放大器 A_R 输出的高电平电压较低，VS 不导通，A_W 不工作。

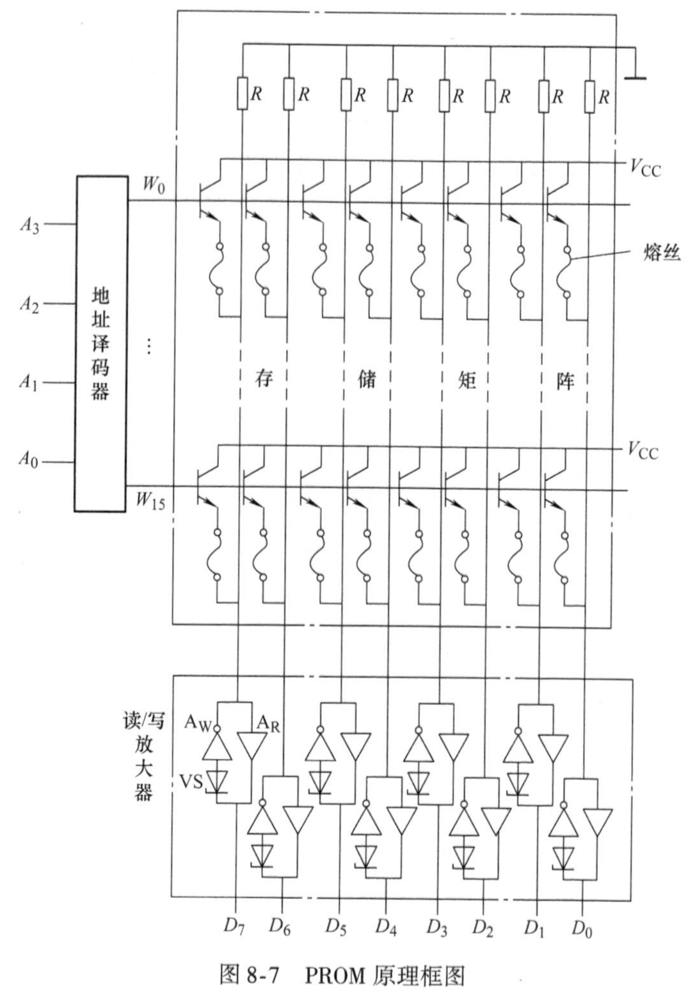

图 8-7 PROM 原理框图

显然，PROM 为一次性编程器件，一旦编程后不可再进行修改，因此 PROM 适用于小批量产品的生产，其内容不用厂商编程而由设计者编程，并且 PROM 不适用于产品调试，即需要多次修改的情况。

3. EPROM

当需要对 ROM 进行多次编程时，则可采用可擦除可编程 ROM，即 EPROM。最早研究成功并投入使用的 EPROM 是利用紫外线照射进行擦除的，并被称之为 EPROM。因此，EPROM 一般指这种用紫外线擦除的 PROM，即 UVEPROM。

UVEPROM 的存储单元由叠栅注入 MOS 管（Stacked-gate Injunction MOS，SIMOS）构成，其数据写入需通过编程器来完成。EPROM 芯片的封装外壳通常装有透明的石英盖板，从而允许紫外线穿过而照射到电路上。将 EPROM 放在紫外线光源下照射一定时间后（一般为 10～50min，视具体型号而异），EPROM 中存储的信息被抹除，于是就可以重新对它编程。

4. E^2PROM

UVEPROM 采用紫外线擦除，使其具有了重新编程能力，但其擦除操作复杂、需离线进行，并且擦除速度慢。采用电信号擦除的 EPROM 则应运而生。E^2PROM 和 EPROM 的外形和引脚分布极为相似，只是擦除过程不需要用紫外线光线照射。

E^2PROM 存储单元采用了浮栅隧道氧化层 MOS 管（Floating-gate Tunnel Oxide MOS，Flotox MOS），并具有在线采用电信号进行擦除的功能，即不需要将芯片从电路系统中取出，可在线重新写入，并且也具有非易失性。

E^2PROM 的电擦除是通过将浮栅中的电荷量恢复到未注入时的水平实现的，一般而言，多数 E^2PROM 芯片内部具有升压电路，因此只需单电源供电，便可进行读、擦除（也可称为写操作），这为数字系统的设计和在线调试提供了极大方便。

E^2PROM 与紫外线照射擦除的产品相比，具有封装成本低廉的特点，但其电路结构比 EPROM 复杂，单位存储单元的尺寸也相对大很多，因此其集成度较低。

虽然 E^2PROM 可以用电信号擦除，但其擦除和写入的时间仍很长，因此在系统正常工作状态下，E^2PROM 仍然只能工作在读出状态，作为 ROM 使用。

5. Flash Memory

在 20 世纪 80 年代，一种非易失性存储器产品出现了，这就是快闪存储器（Flash Memory，简称闪存）。它广泛用于计算机主板、显卡及网卡等扩展卡的 BIOS 存储器上。目前各种小尺寸的存储卡，包括 Compact Flash（CF），Secure Digital Memory Card（SD），Memory Stick（MS），还有各种 U 盘（USB Flash Disk），内部用的都是闪存；平板计算机、手机和部分笔记本计算机也用它来存储操作系统、应用程序和数据。与 E^2PROM 相比，闪存具有写入速度快、写入电压低的特点。

闪存采用快闪叠栅 MOS 管作为存储单元。闪存的擦除和写入是分开进行的，通过在快闪叠栅 MOS 管的源极加正电压完成擦除操作，并且闪存只能被整片或一个区域地擦除而不能被单字节删除；当在 MOS 管的栅极加高的正电压时可完成写入操作。由于闪存的单个存储单元只需要一个快闪叠栅 MOS 管，其结构简单，集成度比 E^2PROM 高，因此闪存既具有了 EPROM 结构简单、编程可靠的优点，又保留了 E^2PROM 用隧道效应擦除的快捷特性，闪存的擦除一般只有几十毫秒，同时闪存具有大容量和非易失性的特点，因此得到了广泛应用。

NOR 和 NAND 是现在市场上应用较多的两种非易失闪存技术。NAND Flash 经常可以与 NOR Flash 互换使用。但在具体应用时，如果只是用来存储少量的代码并且需要多次擦写，则 NOR Flash 更适合一些，而 NAND Flash 则是高数据存储密度的理想解决方案。

6. ROM 的应用举例

由于 ROM 是一种组合逻辑电路，因此可以用它来实现各种组合逻辑函数，特别是多输入、多输出的逻辑函数。设计时，只需列出其真值表或将其表达式转换成最小项的和的形式，然后将 ROM 地址线作为输入，数据线作为输出，并根据表达式接入存储器件。

例 8-1 用 ROM 实现以下多输出函数，并画出其存储矩阵连接图。

$$\begin{cases} F_0 = \overline{A}C + A\overline{B}CD \\ F_1 = \overline{A}\,\overline{B}C + B\,\overline{C}\,\overline{D} + \overline{A}BCD \end{cases}$$

解：（1）选用合适的 ROM。选用的 ROM 地址线数与输入变量数目相同，数据位数与输出变量数目相同。由于要实现的多输出函数包含四个输入变量和两个输出变量，因此选用

$2^4 \times 2$ 位的 ROM 来实现该电路。

（2）将函数表示成最小项的和的形式。将给定逻辑表达式转换成最小项的和的形式，可得表达式如下所示：

$$\begin{cases} F_0(A,B,C,D) = \sum m(2,3,6,7,11) \\ F_1(A,B,C,D) = \sum m(2,3,4,7,12) \end{cases}$$

（3）画出 ROM 存储矩阵连接图。将 A、B、C、D 四个输入变量分别接到地址线 A_3、A_2、A_1、A_0。用两根位输出线 D_1、D_0 分别表示两个输出变量 F_1、F_0。地址译码器的一条输出线（字线）对应输入变量的一个最小项，而每一个数据输出都是若干字线的逻辑或。

按照前面逻辑函数最小项之和的表达式，在存储矩阵中放置相应的存储器件（为了简化作图，以圆点代替存储器件）。当接入存储器件时代表输出的逻辑函数中有对应的最小项，未接入器件代表没有该最小项，连接图如图 8-8 所示。

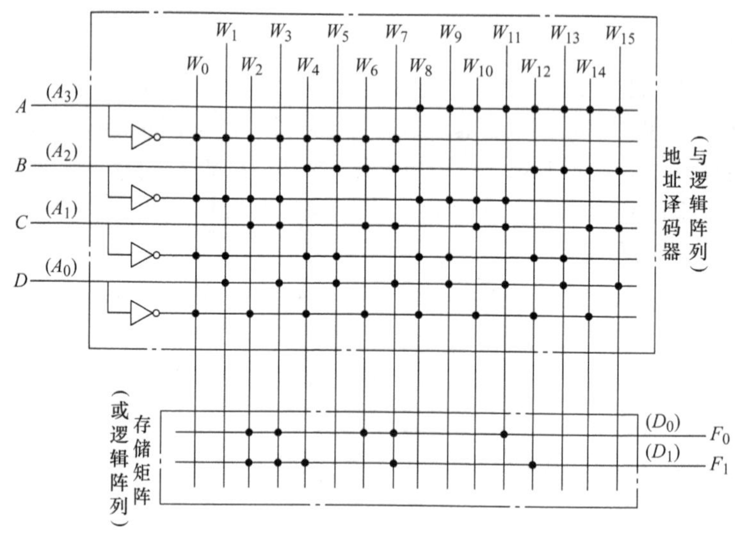

图 8-8 用 ROM 实现多输出函数的存储矩阵连接图

按照逻辑函数的要求输入相应的数据，即可在输出端得到逻辑函数值。

8.2.4 存储器扩展

当存储器的存储容量不能满足设计要求时，则需要对存储器进行自扩展。存储器自扩展包括位扩展和字扩展两种方式。

1. 存储器位扩展

当存储器数据位数不满足要求时，需对其进行位扩展，即增加 I/O 线数量。多片 RAM 进行位扩展时，分别将其读/写控制线、片选线和地址线并接在一起，并将各片 RAM 的数据线并行输出。ROM 芯片上没有读/写控制线，在进行位扩展时其余引出端的连接方式和 RAM 完全相同。

例 8-2 2764 为 8K ×8 位 EPROM，输出采用三态输出；单 +5V 电源供电；并且当输出允许信号$\overline{OE}$和片选信号$\overline{CE}$同时为低电平时，读输出有效；$\overline{PGM}$为编程脉冲输入（50ms 脉冲）；V_{PP}为编程电压。

正常工作（只读）时，$V_{PP}=V_{CC}=5V$，$\overline{PGM}=5V$；编程时，$V_{PP}=25V$（高压），且$\overline{PGM}$端加入宽度为50ms的负脉冲。

2764芯片的逻辑符号如图8-9所示。试用2764存储器设计一片8K×16位的EPROM。

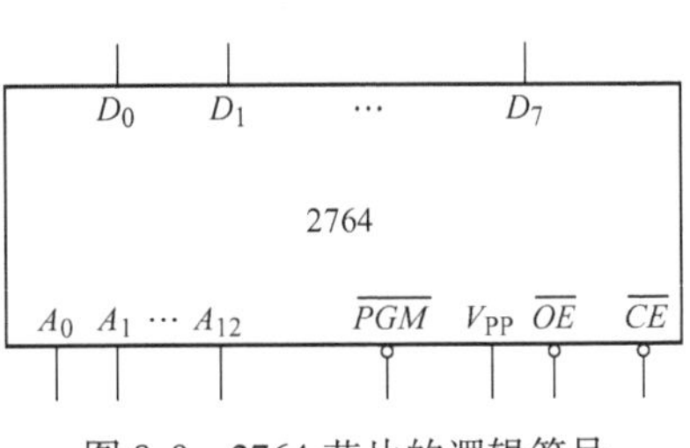

图8-9　2764芯片的逻辑符号

解： 2764存储容量为8K×8位，即$2^{13}\times8$，因此有13根地址线（$A_0\sim A_{12}$）和8根数据线（$D_0\sim D_7$）。

所需设计的EPROM存储容量为8K×16位，两者具有相同数量的地址线，但后者的数据线比前者多一倍。因此采用两片2764进行位扩展，便可获得所需要的EPROM。

实现电路如图8-10所示。

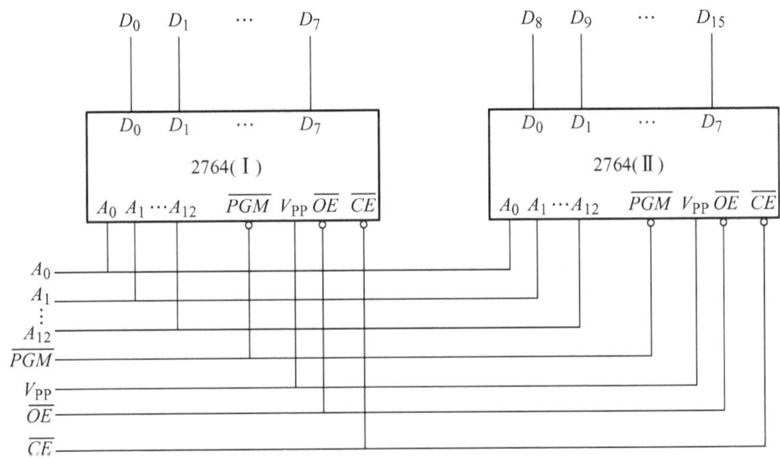

图8-10　两片2764 EPROM实现位扩展接线图

2. *存储器字扩展*

当存储器的地址线数量不能满足设计要求时，可采用字扩展方式，即增加地址线数量。字扩展时，将各存储芯片数据线、读/写控制线、低位地址线并接在一起，增加的高位地址线，通过译码电路进行译码，将其输出分别接至各存储芯片的片选控制端。由于每片RAM的数据端都有由片选信号控制的三态输出缓冲器，各芯片的片选信号任何时候只有一个处于有效状态，故可将它们的数据线并联起来，作为整个RAM的数据线。上述字扩展接法同样适用于ROM电路。

例8-3　试用图8-9所示的2764设计一片16K×8位EPROM。

解： 本例中所需设计的EPROM存储容量为16K×8位，即$2^{14}\times8$，因此有14根地址线和8根数据线，与2764相比，多出一根地址线，因此将两片2764进行字扩展便可获得所需要的EPROM。

扩展电路接线如图8-11所示，增加的地址线为A_{13}，第一片的片选端接A_{13}，第二片的片选端接$\overline{A}_{13}$。

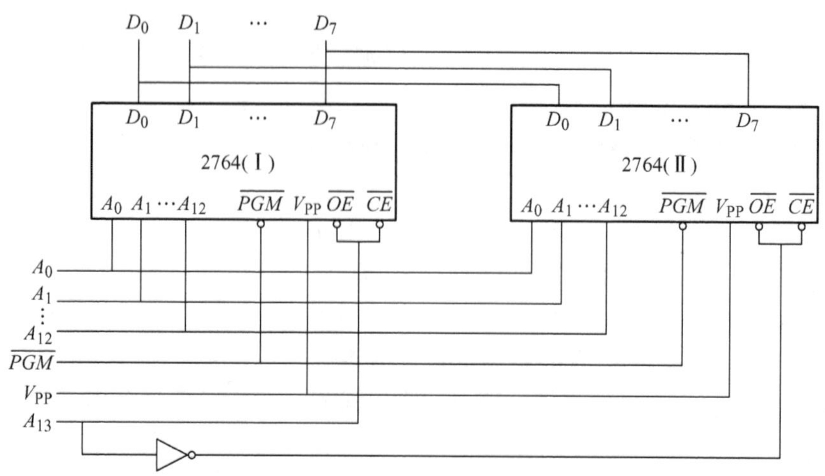

图 8-11　两片 2764 EPROM 实现字扩展接线图

3. 存储器字和位同时扩展

当存储器的地址线和数据线数量均不能满足设计要求时，可同时对其进行字和位的扩展。

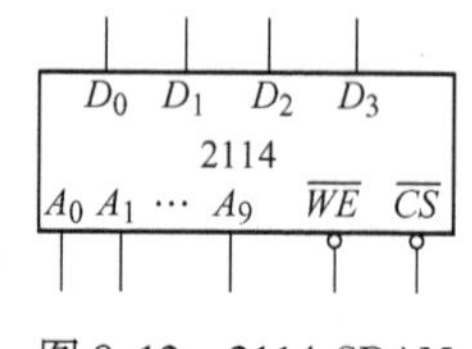

图 8-12　2114 SRAM 逻辑符号

例 8-4　图 8-12 所示的 2114 是 1K×4 位 SRAM。试用该器件设计一片 2K×8 位的 SRAM。

解：2114SRAM 具有 10 根地址输入线（A_0 ~ A_9），4 根数据输入/输出线（D_0 ~ D_3）。根据设计要求，地址线需由 10 根扩展为 11 根，数据线由 4 根扩展为 8 根，因此需要 2114 的数量为 2×2 =4 片，其扩展接线图如图 8-13 所示。

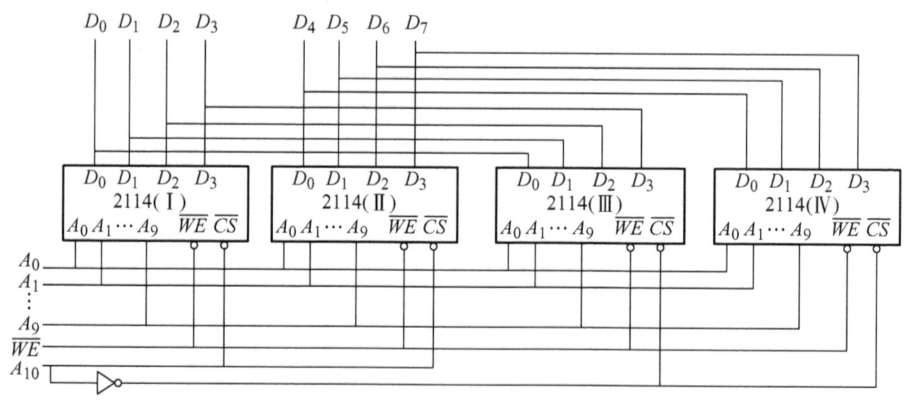

图 8-13　4 片 2114 实现字和位扩展的接线图

8.2.5　综合应用

EPROM 在数字系统设计中多用来作为程序存储器，RAM 多用作数据存储器。表 8-3 列举了部分常用的存储器及其主要性能指标。

表 8-3 部分常用存储器及其主要性能指标表

型号	存储容量/位	类型
24C08	1K×8	E^2PROM
TMS27CP512-12.7V	64K×8	EPROM
28F010	128K×8	闪存
HM6264	8K×8	SRAM
CY62128BLL	128K×8	SRAM
INTEL2164	64K×1	DRAM

随着现代技术的发展，存储器已在各领域得到了广泛的应用，脉冲计数控制器就是其中一例。脉冲计数控制器可对多种物理量转换后的脉冲进行计数并输出控制信号，由单片机构成的可编程脉冲计数器具有良好的性能价格比，其计数脉冲的门限可由用户编程（修改），并可被存储，即使掉电，下次通电时其设定值同样有效。

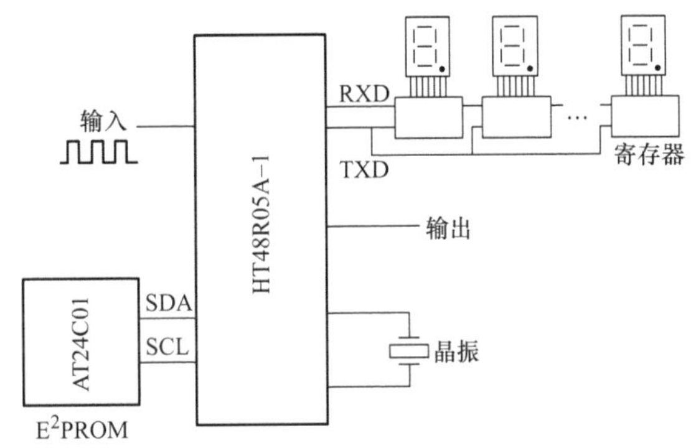

图 8-14 脉冲计数控制器原理框图

图 8-14 为某脉冲计数控制器的原理框图。该控制器采用一片 8 位微处理器 HT48R05A-1 单片机作为中心控制单元，采用 6 位数码管显示计数或设置的脉冲数，一片基于 I^2C 总线的 E^2PROM（AT24C01）被用于存储设置的参数。开机时，系统首先从存储器 E^2PROM 中读取设置的数据，并转存到微处理器内部的 RAM 中，然后实时对输入的脉冲进行计数，并与设置值进行比较，当计数脉冲到达设置的数据时，输出控制脉冲（或电平），并将脉冲计数清零，为下一次计数做好准备。

8.3 可编程逻辑器件

可编程逻辑器件（Programmable Logic Device，PLD）是一种由用户编程以实现某种逻辑功能的逻辑器件。PLD 诞生于 20 世纪 70 年代，在发展过程中，先后出现了 PROM、PLA、PAL、GAL、EPLD、CPLD、FPGA 等多种品种。近年来，PLD 的集成度和速度得到不断的提高，功能不断增强，结构趋于更合理，使用变得更灵活方便，因此用 PLD 设计的数字系统具有集成度高、速度快、功耗小、可靠性高等优点，同时也具有研发周期短、先期投资少、风险低、修改逻辑设计方便、小批量生产成本低等优势，目前很多数字系统都采用了 PLD 器件。

根据集成度，PLD 分为低密度 PLD 和高密度 PLD 两大类。低密度 PLD 主要包括 PROM、PLA、PAL 和 GAL 等器件；高密度 PLD 一般指 CPLD 和 FPGA。

8.3.1　低密度 PLD

低密度 PLD 的基本电路结构框图如图 8-15 所示。

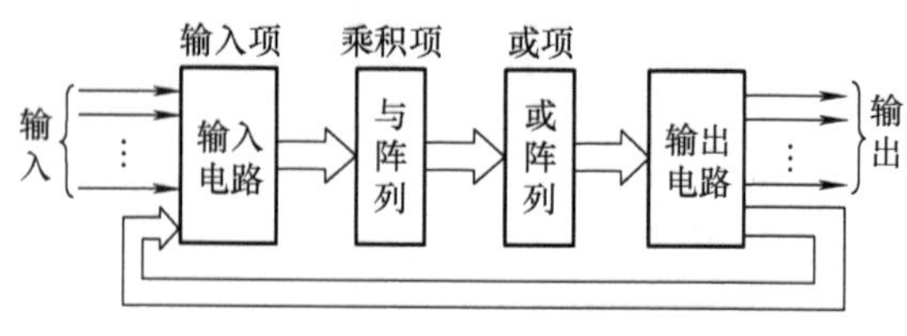

图 8-15　PLD 基本电路结构框图

输入电路为输入缓冲器，用于降低器件对输入信号的要求，使之有足够的驱动能力，同时产生原、反变量两个互补的信号；与阵列产生乘积项；或阵列产生乘积项之和形式的函数；输出电路用于驱动负载，同时通过内部通路连接到与阵列的输入端，构成反馈。输出结构可以是组合结构、时序结构和可编程结构，以实现各种组合逻辑和时序逻辑功能。

由于四种低密度 PLD 的编程情况和输出结构不同，其电路结构也不相同，表 8-4 中列出了四种 PLD 的电路结构特点，其中 PROM 作为存储器已在前面的章节中有所描述。

表 8-4　四种低密度 PLD 的结构特点比较表

类型	阵　列		输出方式
	与	或	
PROM	固定	可编程	固定
PLA	可编程	可编程	固定
PAL	可编程	固定	固定
GAL	可编程	固定	可编程

1. 可编程逻辑阵列

任何一个逻辑函数的表达式都可以变换成与或形式，因此都可以用与逻辑电路和或逻辑电路来实现，可编程逻辑阵列（Programmable Logic Array，PLA）就是根据这个基本原理设计而成的。PLA 电路由一个可编程的与逻辑阵列，一个可编程的或逻辑阵列和一个输出电路构成。通过对与逻辑阵列编程产生需要的乘积项，再通过对或逻辑阵列编程将这些乘积项相加，就得到了所需要的逻辑函数。PLA 具有体积小、速度快的优点，但编程周期较长，而且是一次性的。

图 8-16 是 PLA 电路的基本结构，其与逻辑阵列有四个变量输入端，或逻辑阵列有四个逻辑函数输出端，可以用来实现四个不同形式的四变量逻辑函数。图 8-16a 是编程之前的情况，这种情况下与阵列和或阵列的所有交叉点上的熔丝都是接通的（表示为 ×）。图 8-16b 是编程后的情况。在编程时，根据需要实现的逻辑函数，将不需要的熔丝熔断，保留需要的熔丝。由图可知，PLA 实现的逻辑函数为

$$\begin{cases} F_0 = ABC + \overline{A}\ \overline{C}\ \overline{D} \\ F_1 = \overline{A}\ \overline{B}\ \overline{C} + BCD \\ F_2 = ACD + \overline{A}\ \overline{B}\ \overline{D} \\ F_3 = \overline{B}\ \overline{C}\ \overline{D} + ABD \end{cases}$$

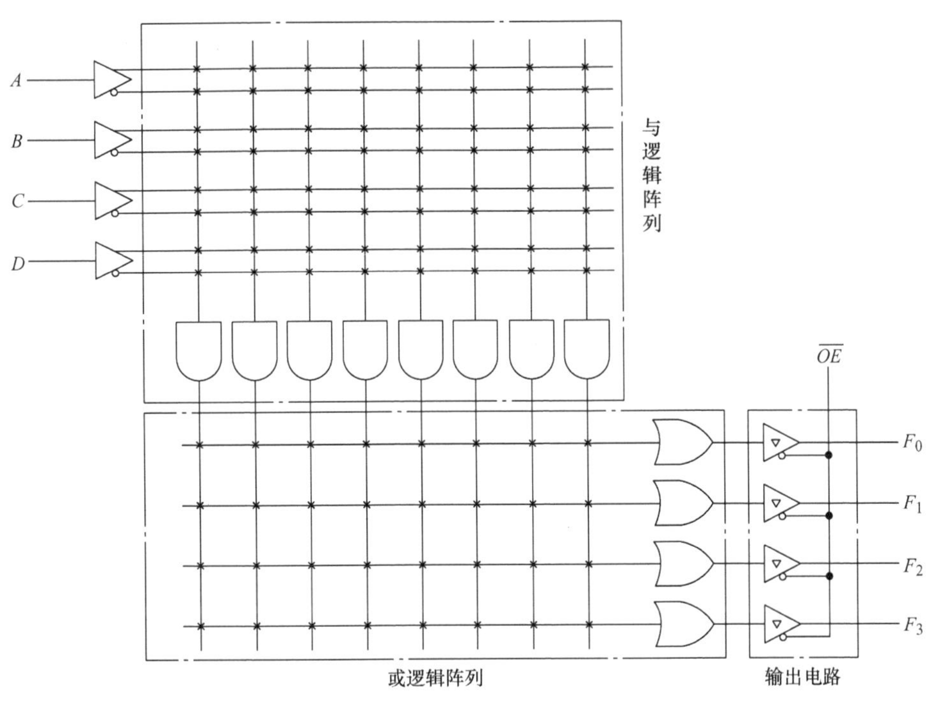

a) 编程前

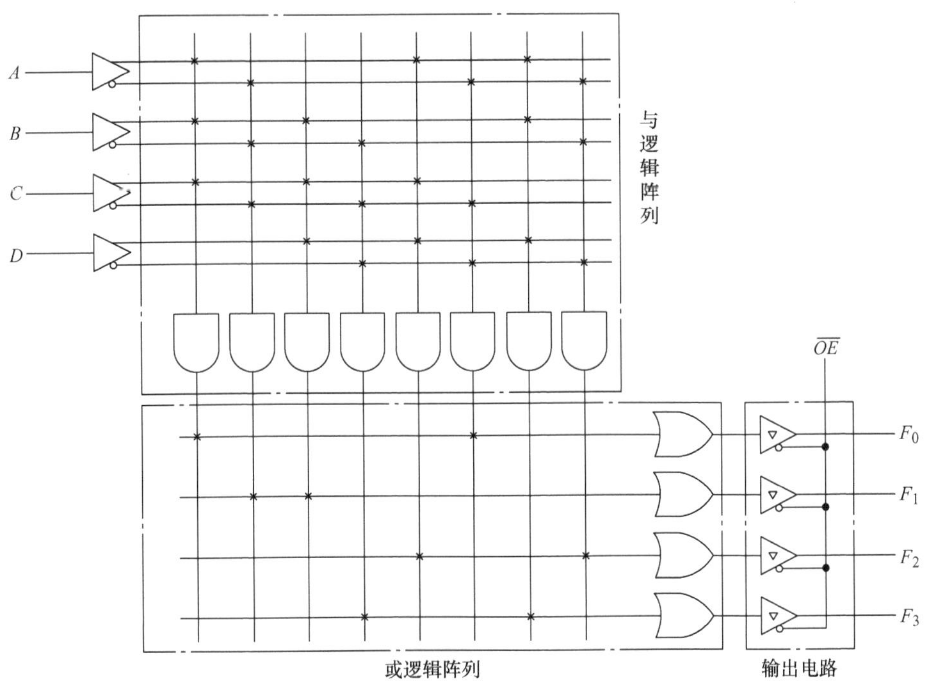

b) 编程后

图 8-16　PLA 的基本电路结构

2. 可编程阵列逻辑

可编程阵列逻辑（Programmable Array Logic，PAL）是20世纪70年代后期由美国MMI公司推出的可编程逻辑器件。

对前面的PLA做进一步分析可知，既然与阵列是可以编程的，那么或阵列是可以固定的，而不用对与阵列和或阵列都进行编程。这样既缩减了电路规模又简化了编程工作，这样就产生了PAL。

PAL由可编程与阵列和固定的或阵列以及输出逻辑三部分组成。它采用双极型工艺制作，并采用熔丝编程方式。

PAL具有四种输出方式，各输出电路结构如图8-17所示。

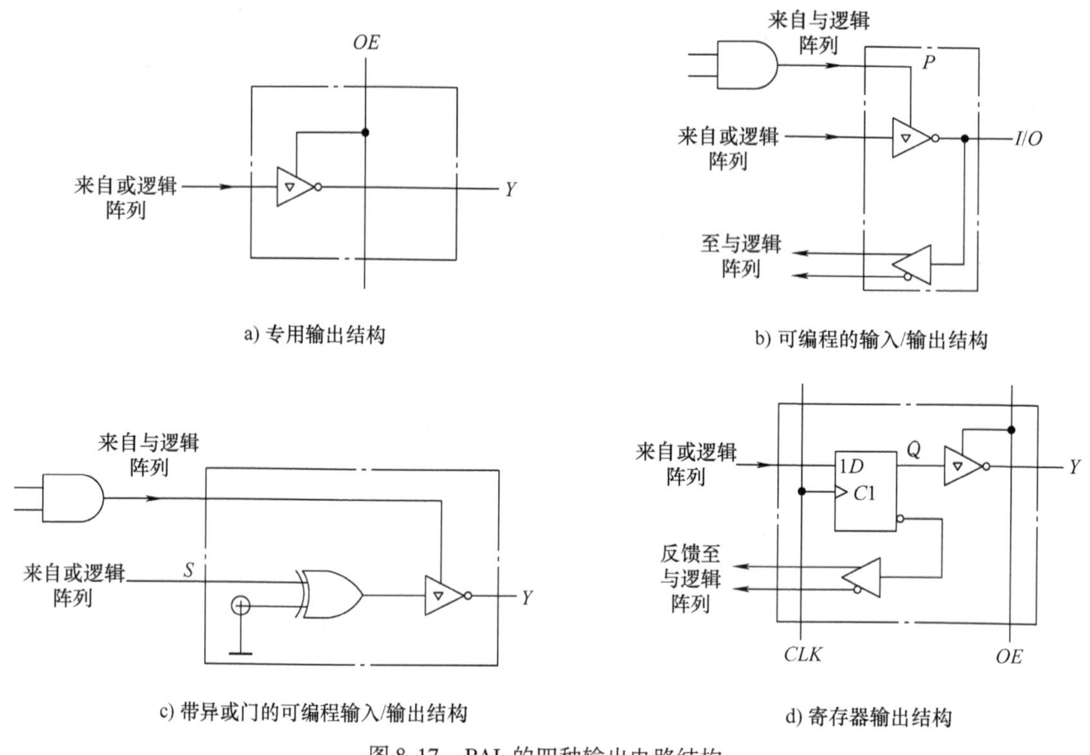

图8-17 PAL的四种输出电路结构

（1）专用输出结构 图8-17a为PAL的专用输出结构。这种结构只能作为具有三态输出的缓冲器使用，并只能用来实现组合逻辑。

（2）可编程的输入/输出结构 图8-17b为PAL的可编程的输入/输出结构。当来自与逻辑阵列的可编程乘积项P为1时，三态缓冲器工作，其作为输出端使用；当P为0时，三态缓冲器禁止，其作为输入端使用。通过这种方式，可以把器件上的这类引脚编程为输入端或者输出端，使引脚资源根据实际需要得到更充分的利用。

（3）带异或门的可编程输入/输出结构 图8-17c为PAL的带异或门的可编程输入/输出结构。在这种结构中，与或逻辑阵列的输出和三态缓冲器之间还设置有可编程的异或门，通过对异或门的可编程输入端XOR的编程，控制输出的极性。当XOR为1时，输出端Y和与或逻辑阵列的输出S同相；当XOR为0时，输出端Y和与或逻辑阵列的输出S反相，可应用于组合逻辑电路中求反函数的情况。

(4) 寄存器输出结构　图 8-17d 为 PAL 的寄存器输出结构。该结构在输出三态缓冲器和与或逻辑阵列的输出之间加入了 D 触发器组成的寄存器，触发器的状态又经过互补输出的缓冲器反馈回与逻辑阵列的输入端。该结构不仅可以存储与或逻辑阵列输出的状态，而且能方便地组成各种时序逻辑电路。

PAL 芯片型号选定后，其输出结构也就选定了。PAL 器件的出现为数字电路的研制工作和小批量产品的生产提供了很大方便，但是由于 PAL 采用的是双极型熔丝工艺，只能一次性编程，而且由于输出方式是固定的，不能重新组态，因而编程灵活性较差。

3. 通用阵列逻辑

通用阵列逻辑（Generic Array Logic，GAL）是在 PAL 的基础上发展起来的，具有和 PAL 相同的与或阵列，即可编程的与阵列和固定的或阵列。不同的是它采用了电擦除、电可编程的E^2PROM工艺制作，数秒内即可完成芯片的擦除和编程过程，并可反复改写。GAL 器件的输出端还设置了可编程的输出逻辑宏单元（Output Logic Macro Cell，OLMC），通过编程可以将 OLMC 设置成不同的输出方式。这样同一型号的 GAL 器件可以实现 PAL 器件的所有输出电路工作模式，因此 GAL 器件可取代大部分 PAL 器件，从而被称为通用可编程阵列逻辑。

GAL 器件分为两大类：一类为普通型 GAL，其与、或阵列结构与 PAL 相似，如 GAL16V8（V 表示输出方式可变）、GAL20V8、ispGAL16Z8 都属于这一类；另一类为新型 GAL，其与、或阵列均可编程，与 PLA 结构相似，主要有 GAL39V8。下面以 GAL16V8 为例简述 GAL 的电路结构。GAL16V8 的结构框图如图 8-18 所示。它内部包含一个 32×64 位的可编程与逻辑阵列，8 个输出逻辑宏单元，10 个输入缓冲器，8 个三态输出缓冲器和 8 个反馈/输入缓冲器。32 列表示有 32 个输入变量，64 行表示有 64 个乘积项，共有 2048 个可编程点；组成“或”逻辑阵列的 8 个或门分别包含于 8 个 OLMC 中，每一个 OLMC 固定连接 8 个乘积项，不可编程。

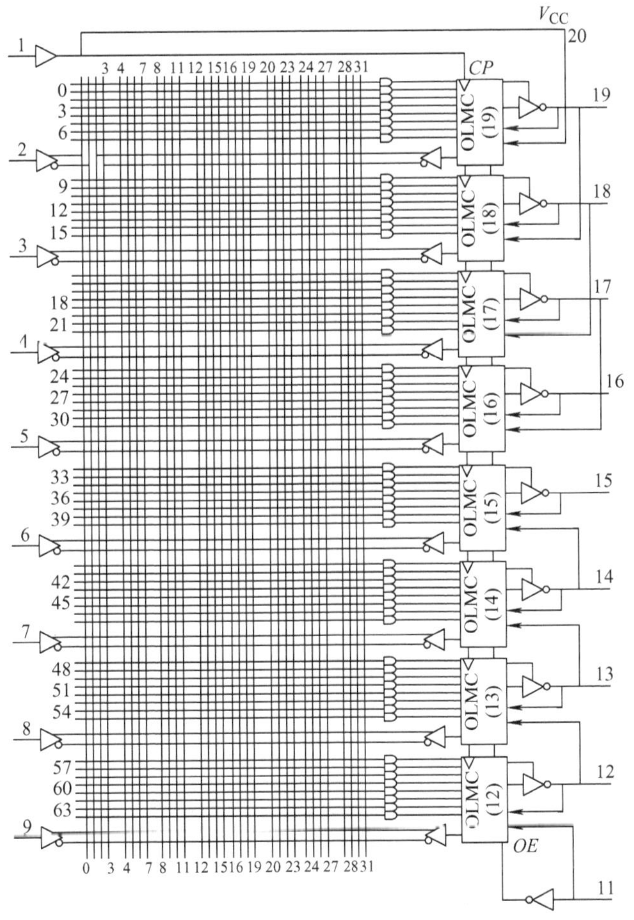

图 8-18　GAL16V8 结构框图

输出逻辑宏单元 OLMC 的结构如图 8-19 所示，图中的 n 表示 OLMC 的编号，该编号与每个

OLMC 所对应的引脚号码一致。

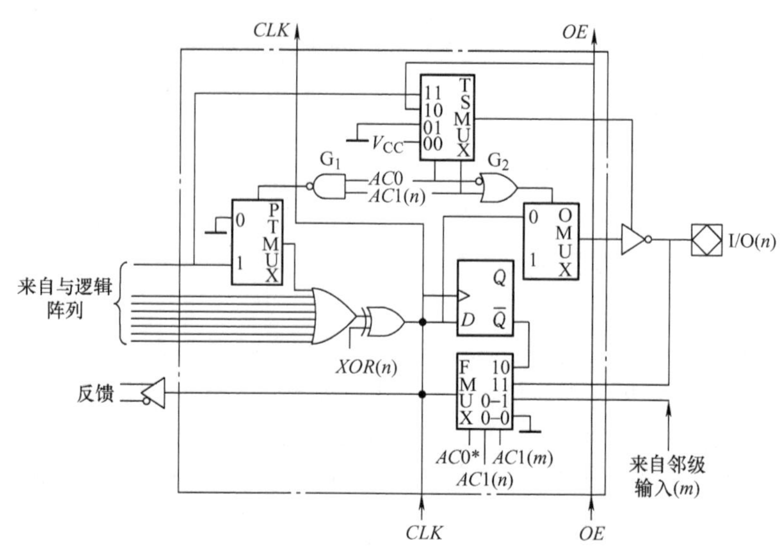

图 8-19 OLMC 的结构框图

OLMC 中的或门完成或操作，有 8 个输入端，固定接收来自“与”逻辑阵列的输出，只能实现不大于 8 个乘积项的与或逻辑函数；或门的输出信号送到一个受 $XOR(n)$ 信号控制的异或门，完成极性选择，当 $XOR(n)=0$ 时，异或门输出与输入（或门输出）同相，当 $XOR(n)=1$ 时，异或门输出与输入反相。

OLMC 中的 4 个多路选择器分别是输出数据选择器 OMUX、乘积项数据选择器 PTMUX、三态数据选择器 TSMUX 和反馈数据选择器 FMUX，它们在控制信号 $AC0$ 和 $AC1(n)$ 的作用下，可实现不同的输出电路结构形式。

以上所介绍的各种可编程器件，无论采用何种编程方式，都需要通过编程器进行编程。所谓的编程器又叫烧写器，是能把二进制数据写入到芯片中的仪器。编程时需要把芯片插在编程器中，然后使用专用的计算机软件，在计算机的控制之下，用高压编程脉冲将十六进制文件（HEX）或熔丝图文件（Joint Electron Device Engineering Council，JEDEC）写入芯片。这种编程方式又称为离线编程方式，编程时必须从系统中取出芯片，并插入编程器中才可完成。

8.3.2 高密度 PLD

高密度 PLD 一般是指复杂可编程器件（Complex Programmable Logic Device，CPLD）和现场可编程门阵列（Field Programmable Gate Array，FPGA）。

1. 复杂可编程器件

复杂可编程器件 CPLD 是由 GAL 发展起来的，其主体结构仍是与或阵列，自从 Lattice 公司高性能的具有在系统可编程（In System Programmable，ISP）功能的 CPLD 诞生后，其发展迅速。

在系统可编程逻辑器件（in system programmable PLD，ispPLD）是美国 Lattice 公司于 20 世纪 90 年代初推出的一种新型的可编程逻辑器件。该公司成功地将编程器的写入和擦除控制电路以及高压脉冲发生电路集成到了 PLD 芯片内部，这样编程时就不需要编程器，只需要一根连接芯片和计算机的电缆，通过计算机软件，就可以把熔丝图文件写入芯片，即使芯片在印制电路板上，也不需要将芯片取下，只需连接上电缆就可以实现在系统编程。

Lattice 公司的 ISP 器件分为低密度 ISP 和高密度 ISP 两大类。低密度 ISP 器件是在 GAL 电路的基础上加入了写入/擦除控制电路而形成的。在正常工作情况下，附加的写入和擦除控制电路不工作，电路主要部分的逻辑功能与 GAL16V8 相同。高密度在系统可编程逻辑器件又称为 ispLSI（in system programmable Large Scale Intergration）器件，目前该器件已有 1000、2000、3000、5000 和 6000 系列产品。它们除了具有可编程逻辑器件的高性能和易用性以外，还具有高密度（集成度高达 25000 个可编程逻辑门）、高速度（系统速度可达 180MHz）和在系统可编程性，用户可以在自己设计的目标系统中或印制电路板上为重构逻辑功能而对器件编程或反复改写。

表 8-5 中列出了 ispLSI1000 系列的主要产品及其性能指标。

表 8-5　ispLSI1000 系列主要产品及其性能指标

性能参数	ispLSI1016	ispLSI1024	ispLSI1032	ispLSI1048
PLD 门数	2000	4000	6000	8000
宏单元数	64	96	128	192
寄存器数	96	144	192	288
输入/输出数	36	54	72	106/110

下面以 ispLSI1016 芯片为例，介绍 ispLSI 的电路结构和工作原理。

ispLSI1016 的逻辑结构框图如图 8-20 所示。

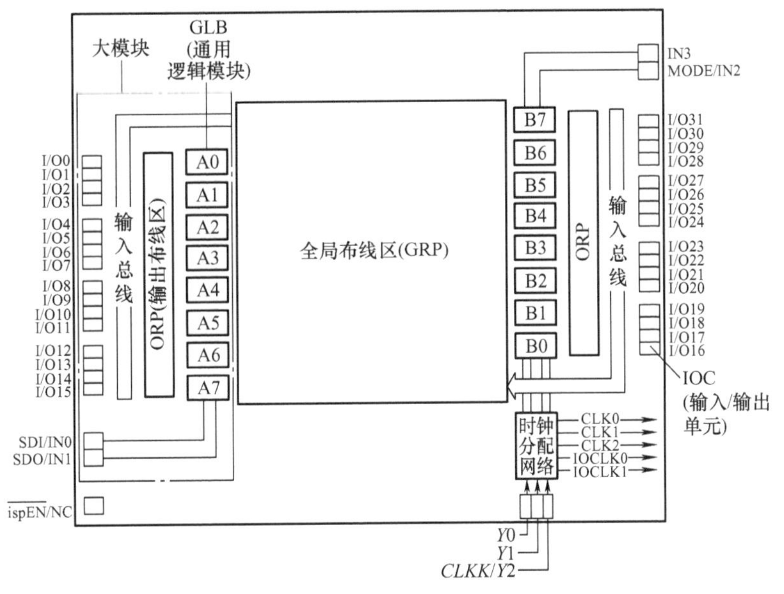

图 8-20　ispLSI1016 逻辑结构框图

由图 8-20 可知，ispLSI1016 是由 16 个通用逻辑块（Generic Logic Block，GLB）、32 个

输入输出单元（Input Output Cell，IOC）、全局布线区（Global Routing Pool，GRP）、2 个可编程输出布线区（Output Routing Pool，ORP）和编程控制电路（图中未画出）组成。

图 8-20 中，GRP 位于芯片的中央，是 ispLSI 器件中的一种专用的内部互连结构，其任务是将所有片内逻辑联系在一起，供设计者使用。GLB 由与阵列、乘积项共享阵列、输出逻辑宏单元和控制部分四部分组成。GLB 是 ispLSI 中最关键的部件。ORP 是介于 GLB 和 IOC 间的可编程互联阵列。ORP 的作用是通过编程把任何一个 GLB 的输出信号灵活地送到某个 I/O 端。高速工作下，GLB 可跳过 ORP 与 I/O 单元互连。IOC 有输入、输出和双向 I/O 三类组态，靠控制输出三态缓冲电路使能端的 MUX 来选择。时钟分配网络可产生全局时钟信号 CLK0、CLK1、CLK2、IOCLK0 和 IOCLK1，以作为 GLB 的时钟和 IOC 的时钟。

ispLSI1016 的引脚图如图 8-21 所示。由图可见，ispLSI1016 芯片共有 44 个引脚，其中包含 32 个 I/O 引脚和 4 个专用输入引脚，其集成密度为 2000 个等效门，每片含 64 个触发器和 32 个锁存器，系统频率可达 110MHz。数据保存时间约为 20 年，擦写次数约为 10000 次。

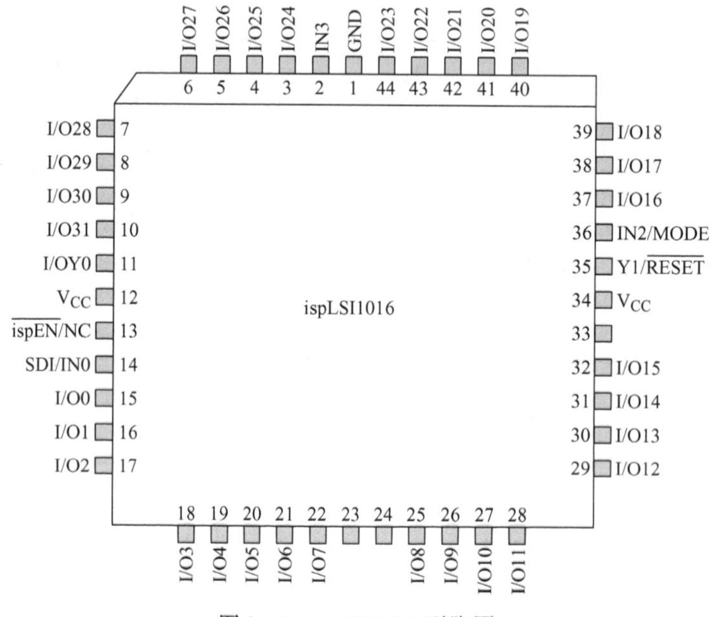

图 8-21 ispLSI1016 引脚图

典型的 CPLD 器件除了有 Lattice 的 ISP 器件外，还有 Altera 公司的 MAX9000 系列等器件。

CPLD 采用 E^2PROM 工艺，具有 ISP 功能的 CPLD 器件具有同 FPGA 器件相似的集成度和易用性。同 FPGA 相比，CPLD 在速度上还有一定的优势。

2. 现场可编程门阵列

现场可编程门阵列 FPGA 是一种高密度的可编程逻辑器件，自从 Xilinx 公司 1985 年推出第一片 FPGA 以来，FPGA 的集成密度和性能提高很快，其集成密度达 1000 万门/片以上。由于 FPGA 器件具有集成度高、编程速度快、设计灵活及可再配置等特点，因此，在数字设计和电子生产中得到迅速普及和应用。

FPGA 由可配置逻辑块（Configurable Logic Block，CLB）、输入/输出模块（Input Output Block，IOB）和互连资源（Interconnect Resource，IR）三部分组成。其基本结构如图 8-22 所示。

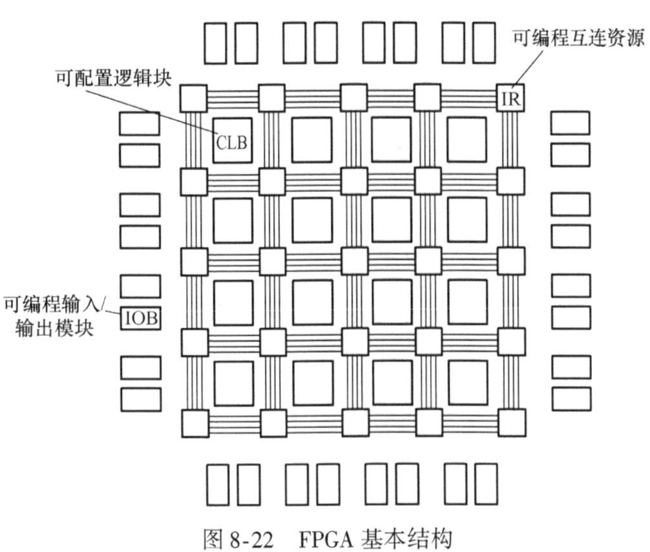

图 8-22 FPGA 基本结构

图 8-22 中，可配置逻辑块 CLB 是实现用户功能的基本单元，它们通常规则地排列成一个阵列，散布于整个芯片中；可编程输入/输出模块 IOB 主要完成芯片内的逻辑与外部封装引脚之间的接口，它通常排列在芯片的四周；可编程互连资源 IR 包括各种长度的连线线段和一些可编程连接开关，它们将各 CLB 或 CLB 与 IOB 以及各 IOB 连接起来，构成特定功能的电路。

3. FPGA 和 CPLD 的开发应用选择

FPGA 与 CPLD 从结构原理上有所不同，FPGA 由可配置逻辑块、可编程输入输出模块、可编程互连资源三部分组成，CPLD 由可编程逻辑宏单元、可编程输入输出单元、可编程内部连线三部分组成。

由于各 PLD 生产公司的 FPGA/CPLD 产品特性在价格、性能、逻辑规模、封装及对应的 EDA 软件性能等方面各有千秋，针对不同的开发项目可以做出最佳选择。在进行产品开发时，选择 CPLD 和 FPGA 时应考虑如下问题。

1）根据对芯片速度的要求进行选择。FPGA 和 CPLD 工作速度均达到 ns 级。目前，Altera和 Xilinx 公司器件标称工作频率最高可超过 300MHz。

芯片速度的选择应与所设计的最高工作速度相一致，使用速度过高的器件将加大电路板设计的难度，使用速度过低的器件将会降低系统性能。

2）根据对器件功耗的要求进行选择。CPLD 工作电压一般为 5V，FPGA 的流行趋势是降低为 3.3V 和 2.5V，从功耗及性能上 FPGA 比 CPLD 有优势。

3）根据产品规模的不同进行选择。对于普通规模和产量不大的项目，选择 CPLD 比较好。因为对于中小规模来说，CPLD 价格较便宜，直接用于系统可降低成本。

4）从使用方便角度进行选择。CPLD 使用上比 FPGA 方便，CPLD 多为 E^2PROM 或 Flash Memory 形式，使用时外部不需要另外的存储器；而 FPGA 采用 SRAM 技术，当断电时，FPGA器件中的配置数据自动丢失，所以使用时外部需要存储器。另外，CPLD 中有专门的布线区，引脚与引脚间信号延迟是固定的，与逻辑设计无关。这使设计调试比较简单，逻辑设计中的毛刺现象比较容易处理。

5）根据加密要求进行选择。CPLD 具有加密功能，而 FPGA 一般不可加密。

大规模逻辑设计、专用集成电路设计或单片机系统设计多采用 FPGA，从逻辑规模上看 FPGA 覆盖了大中规模范围，逻辑门数范围为 5000 ~2000000，较大的供应商是 Xilinx 和

Altera 公司。FPGA 保存逻辑功能的物理结构多为 SRAM 型，实际使用时需要配置专用 ROM，将设计的逻辑信息烧录于 ROM 中，电路上电后 FPGA 自动读取 ROM 中的逻辑信息然后进行配置。

另外也可根据两种芯片的优点，取长补短进行选择。如果需要，在一个系统中可根据不同的电路采用不同器件，充分利用各种器件的优势，提高器件的利用率和综合性能。

8.3.3 PLD 设计流程

基于 PLD 器件的系统设计主要包括设计分析、设计输入、设计处理、设计仿真、器件编程等几个主要步骤，其流程如图 8-23 所示。

（1）设计分析　设计分析是一项设计的重要步骤，根据 PLD 开发环境及设计要求进行分析，选择合适的设计方案和器件型号。

（2）设计输入　设计输入是指将设计的方案输入到计算机的开发软件中的过程。通过 EDA 软件，采用图形或语言输入方式完成设计输入。

（3）设计处理　设计处理是对设计输入文件进行编译、优化和综合、分配等的处理，最后以生成供 PLD 器件下载编程或配置使用的数据下载文件。

（4）设计仿真　设计仿真的目的是对上述逻辑设计进行功能仿真和时序仿真，以验证设计逻辑是否满足设计要求。

（5）器件编程　器件编程是将设计处理生成的文件下载到器件，以完成设计要求。

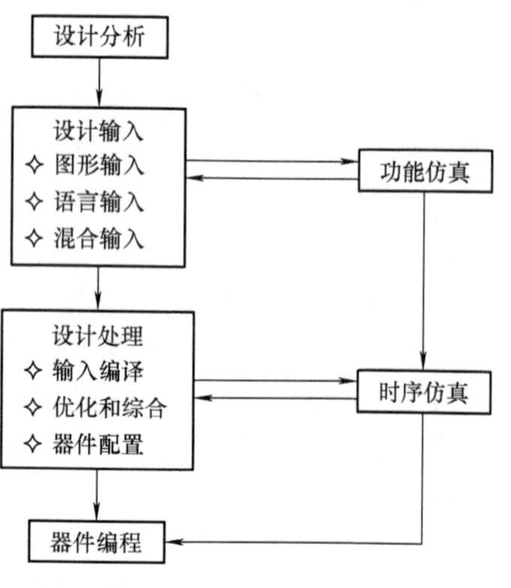

图 8-23　PLD 设计流程图

本 章 小 结

本章从逻辑功能上介绍了两种大规模集成器件：半导体存储器和可编程逻辑器件。

存储器是数字系统的重要组成部分，其两个主要指标是存储容量和存取速度。

存储器分为 ROM 和 RAM 两大类。

只读存储器 ROM 是一种非易失性存储器，它储存固定信息，在正常工作时 ROM 存储的数据固定不变，只能读出，不能随时写入。ROM 按数据的写入方式分为固定 ROM、可编程 ROM 和可擦除可编程 ROM。EPROM 又包括用紫外线擦除的 PROM、电信号擦除 PROM 和快闪存储器。ROM 在数字系统中具有广泛的应用，如实现多输入-多输出变量逻辑函数，代码的变换、符号和数字显示等电路中的信息和各种函数表的存储，ROM 也用于存储用户程序和预设参数等掉电后需要保存的信息。

随机存取存储器 RAM 又称为读写存储器。在工作过程中，既可从 RAM 的任意单元读出信息，又可以把外部信息写入单元。因此，它具有读、写方便的优点，但由于具有易失性，所以不利于数据的长期保存。根据存储单元工作原理的不同，RAM 可分为静态随机存取存储器和动态随机存取存储器两大类。与 ROM 相比，RAM 速度较快，广泛应用于计算机的内存领域。

对存储器的操作（也称为访问）通常分为两类：读操作和写操作。读操作是从存储器中取出其存储信息的过程；写操作是把信息存入到存储器的过程。

存储器扩展包括位扩展和字扩展，通过扩展其数据线和地址线可实现存储器存储容量的扩展。

可编程逻辑器件PLD是一种由用户编程来实现某种逻辑功能的逻辑器件。根据集成度，PLD分为低密度PLD和高密度PLD两大类。低密度PLD主要包括PROM、PLA、PAL和GAL等器件；高密度PLD一般常指复杂可编程器件CPLD和现场可编程门阵列FPGA。随着电子器件集成度的提高，PLD已广泛应用于各种领域之中。

习　题

8-1　存储器分哪两大类？两者有何异同？

8-2　什么是SRAM？什么是DRAM？它们在工作原理、电路结构和读/写操作上有何特点？

8-3　ROM有哪些种类？它们之间有何异同？

8-4　RAM和ROM的电路结构和工作原理上有何不同？

8-5　图8-9所示的2764 EPROM的存储容量为多大？用该器件设计一片16K×16位的EPROM，共需多少片2764？画出其实现逻辑电路图。

8-6　用图8-24所示的4×4位PROM实现以下组合电路，并画出点阵图。

$$\begin{cases} F_0 = A + B \\ F_1 = A \oplus B \end{cases}$$

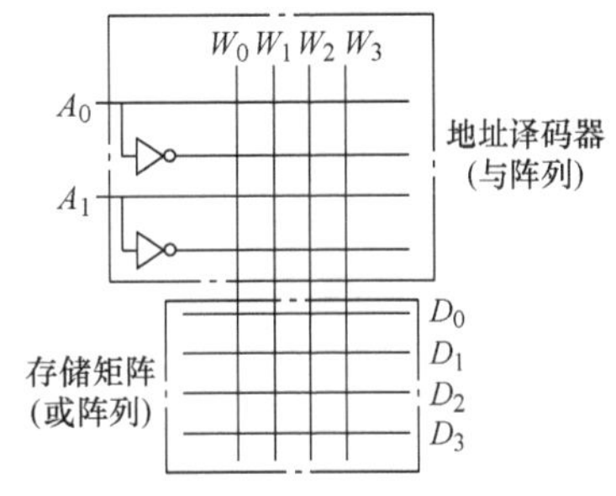

图8-24　题8-6图

8-7　用ROM实现下列代码转换，并画出存储矩阵的点阵图。

（1）将余3码转换为8421BCD码。

（2）将余3循环码转换为余3码。

（3）将8421BCD码转换为格雷码。

8-8　试列出将8421BCD码转换为七段数字显示译码电路共阴接法的真值表，并用ROM实现。

8-9　用ROM设计一个组合逻辑电路，用来产生下列一组逻辑函数，并画出存储矩阵的点阵图。

$$\begin{cases} F_0 = A\,\overline{B}CD + \overline{A}\,BC\,\overline{D} + A\,\overline{C}D + \overline{B}\,\overline{C} \\ F_1 = A\,\overline{B}\,\overline{C} + \overline{A}B\,\overline{C}D + \overline{A}B\,\overline{D} \\ F_2 = \overline{A}BCD + A\,\overline{B}CD + AB\,\overline{C}D + ABC\,\overline{D} \end{cases}$$

8-10　用多少片256×4位的RAM可以组成一片2K×8位的RAM？试画出其实现逻辑电路图。

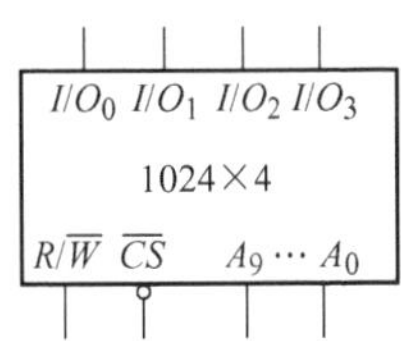

图8-25　题8-11图

8-11　试将图8-25所示的1K×4位的RAM芯片扩展为1K×8的存储器。

8-12　ispLSI的电路结构特点和主要组成是什么？简述其编程的主要过程。

8-13　简述ISP编程技术的特点和对数字系统设计的意义。

8-14　FPGA的电路结构特点和主要组成是什么？

8-15　如何选择CPLD和FPGA？

第9章

A/D转换与D/A转换

A/D 转换器与 D/A 转换器是数字设备与控制对象之间的接口电路，是数字系统的重要组成部分。本章介绍 A/D 转换与 D/A 转换的电路原理、分类、技术指标及其应用。

9.1 概述

自然界的很多信号是连续变化的物理量，即模拟量，如温度、压力、声音、流量和位移等，而在数字系统的应用中，通常需要用传感器将这些非电的模拟量变换为电信号的模拟量，然后再把这些模拟信号转换为数字信号，以送到数字系统加工处理；经过处理得到的数字信号也经常需被转换成模拟信号，送回物理系统，对系统物理量进行调节和控制。

模拟信号到数字信号的转换称为模/数转换（也称 A/D 转换，Analog to Digital Conversion，ADC），完成模/数转换功能的电路称为模/数转换器（Analog to Digital Converter，ADC）；数字信号到模拟信号的转换称为数/模转换（也称 D/A 转换，Digital to Analog Conversion，DAC），其实现电路称为数/模转换器（Digital to Analog Converter，DAC）。

9.2 D/A 转换

D/A 转换可以将输入的一个 n 位的二进制数转换成与之成比例的模拟量（电压或电流）。D/A 转换器通常由模拟开关、译码网络、集成运放和基准电压等部分组成，其组成框图如图 9-1 所示。根据译码网络的不同，D/A 转换器分为权电阻网络型、T 形电阻网络型、倒 T 形电阻网络型和权电流型等。下面以使用较多的倒 T 形电阻网络型为例介绍 D/A 转换器的工作原理。

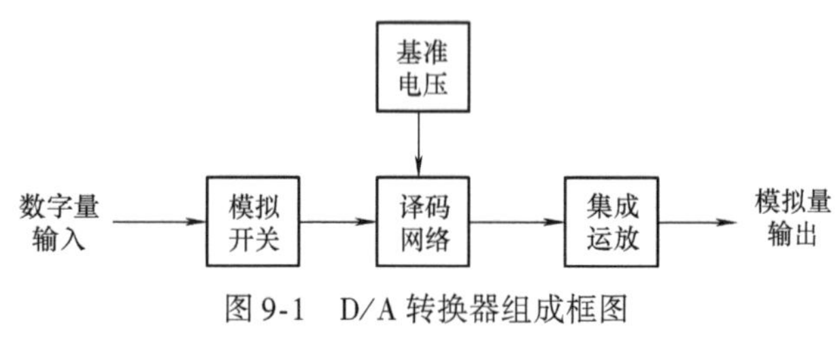

图 9-1　D/A 转换器组成框图

9.2.1 倒 T 形电阻网络 D/A 转换器

1. 电路组成

图 9-2 所示电路为 4 位倒 T 形电阻网络 D/A 转换器，它由 $R-2R$ 构成的倒 T 形电阻网络、模拟开关 S_i($i=0$，1，2，3)、集成运放 A 和基准电压 V_{REF}组成。

2. 模拟开关

D/A 转换器中的模拟开关受输入数字信号控制，而其传输的信号又为模拟量，因此要

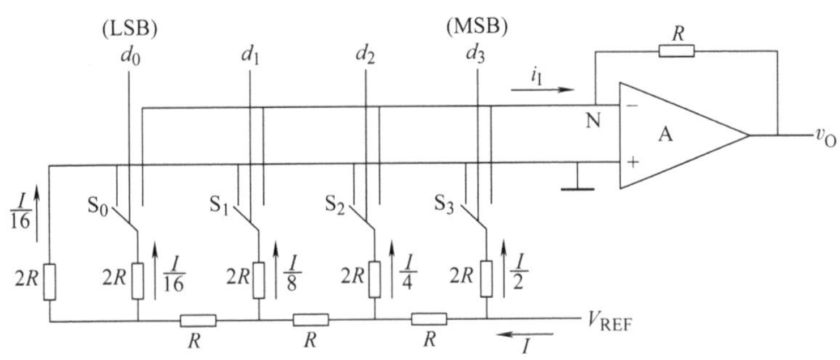

图 9-2　4 位倒 T 形电阻网络 D/A 转换器

求模拟开关应接近于理想开关，其接通和断开应不影响被传送模拟信号的数值。一个理想的模拟开关，接通时压降应为零，断开时电阻应为无穷大。

按照所使用器件的不同，模拟开关分为 CMOS 型和双极型两类。CMOS 型模拟开关转换速度较低，转换时间较长，但其功耗低；双极型模拟开关转换速度较高，但其功耗偏高。下面以 CMOS 型模拟开关为例介绍其电路结构和工作原理。

CMOS 型模拟开关如图 9-3 所示，其中 V_{P1}、V_{P2}和 V_{N3}组成电平转移电路，使输入信号能与 CMOS 电平兼容，V_{P3}、V_{N4}和 V_{P4}、V_{N5}组成的反相器是 V_{N1}和 V_{N2}模拟开关的驱动电路，V_{N1}、V_{N2}构成单刀双掷开关，使流经 2R 的电流流入 I_{OUT1}或 I_{OUT2}。当 d_i输入端为高电平时，V_{P3}、V_{N4}组成的反相器输出高电平，V_{P4}、V_{N5}组成的反相器输出低电平，从而使得 V_{N1}截止，V_{N2}导通，电流流入 I_{OUT2}，即将电流引向图 9-2 所示的集成运放的反相输入端。反之，当输入端 d_i为低电平时，V_{N1}导通，V_{N2}截止，电流流入 I_{OUT1}，即将电流引向接地端。

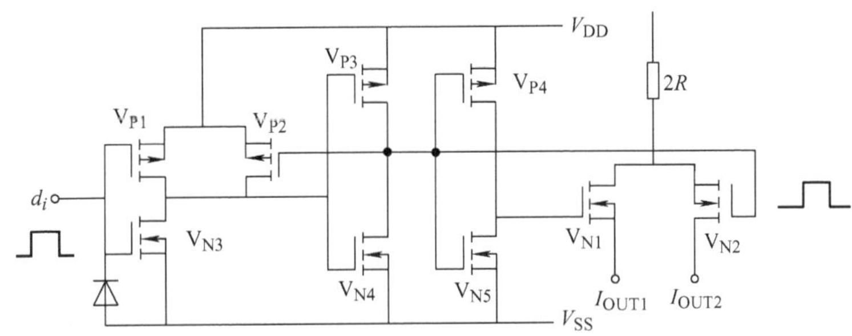

图 9-3　CMOS 型模拟开关

MOS 管开关在导通时没有剩余电压造成的误差，但导通电阻较大，一般在几十到几百欧之间，此阻值通过工艺设计可以加以控制。

3. 集成运算放大器

集成运算放大器为多用于模拟信号运算（如比例、求和、积分、乘除等）的集成放大电路，简称集成运放。集成运放的逻辑符号、简化的低频等效电路及其电压传输特性分别如图 9-4a、b 和 c 所示。

由图 9-4a 可知，集成运放具有两个输入端和一个输出端。两个输入端分别为同相输入端（“+”端）和反相输入端（“-”端），这里的“同相”和“反相”是指运放的输入电压与输出电压之间的相位关系。

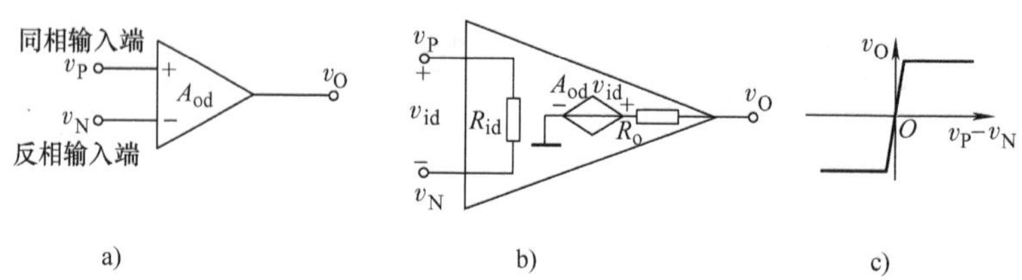

图 9-4 集成运放的逻辑符号、简化的低频等效电路和电压传输特性

图 9-4b 所示的集成运放简化的低频等效电路中仅研究差模输入信号的放大问题，而不考虑失调因素等对电路的影响。这时，从输入端看进去，集成运放等效为一个差模输入电阻 R_{id}；从输出端看进去，等效为由输入电压 v_{id}（即同相输入端电压 v_P 和反相输入端电压 v_N 之间的差值电压，$v_{id}=v_P-v_N$）控制的受控电压源 $A_{od}v_{id}$（A_{od}为开环差模放大倍数，或称为开环增益），此电压源的内阻（即集成运放的输出电阻）为 R_o。

理想集成运放的主要参数为：①开环增益为无穷大，$A_{od}=\infty$；②输入电阻无穷大，$R_{id}=\infty$；③输出电阻为零，$R_o=0$。

图 9-4c 所示的集成运放的电压传输特性是指输出电压 v_o 与输入电压 v_{id}之间的关系曲线，即

$$v_o=f(v_{id})=f(v_P-v_N) \tag{9-1}$$

从图 9-4c 所示曲线可以看出，集成运放分为线性区和非线性区两个工作区。若集成运放开环或引入正反馈，则其工作在非线性工作区，输出电压只有两种情况 $+V_{OM}$ 和 $-V_{OM}$，此时可构成电压比较器，如 555 定时器中的集成运放就为电压比较器。引入负反馈时，集成运放工作在线性工作区，此时输出电压与输入电压呈线性关系。当集成运放工作在线性区时，其净输入电压近似为零，称为“虚短”，即 $v_{id}\approx 0$，$v_P\approx v_N$；其净输入电流也近似为零，称为“虚断”，即 $I_{id}\approx 0$，$I_P=I_N\approx 0$。因此，图 9-2 所示电路中，集成运放构成负反馈，即工作在线性工作区，因此 $v_N\approx v_P=0$，此种情况下称反相输入端 N 点为“虚地”点。

4. 倒 T 形 D/A 转换器的工作原理

图 9-2 电路中，S_3、S_2、S_1、S_0 为模拟开关，分别受输入二进制数 d_3、d_2、d_1、d_0控制，当输入的 4 位二进制的某位为 1 时，相应的开关将电阻 2R 接到集成运放的反相输入端；当代码为 0 时，相应的开关将电阻 2R 接到集成运放的同相输入端。图 9-5 为输入 $d_3d_2d_1d_0=1000$ 时的等效电路。根据集成运放虚短而此情况下又存在虚地的概念不难看出，从虚线 AA、BB、CC、DD 处向左看进去的等效电阻均为 R，基准电压的总电流 $I=V_{REF}/R$，流向集成运放的反相输入端（虚地点）电流为 $I/2$。

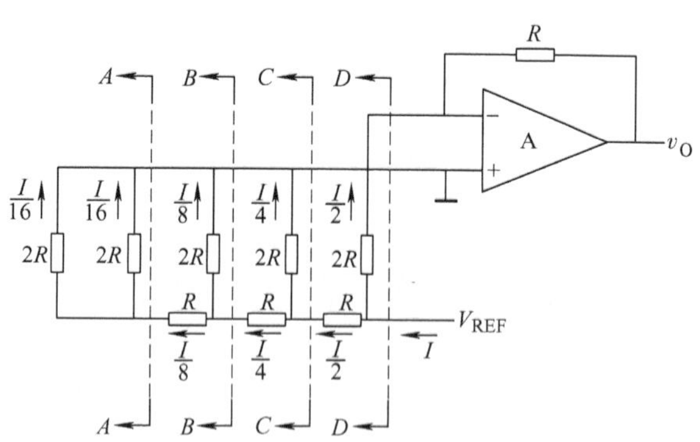

图 9-5 $d_3d_2d_1d_0=1000$ 时图 9-2 的倒 T 形网络 D/A 转换器的等效电路

从以上分析可以看出，每经过一级节点，支路的电流分流一半，根据输入数字量的数值，流向虚地点的总电流为

$$i_I=\left(d_3\times\frac{1}{2}+d_2\times\frac{1}{4}+d_1\times\frac{1}{8}+d_0\times\frac{1}{16}\right)I$$
$$=\frac{V_{REF}}{2^4R}(d_3\times2^3+d_2\times2^2+d_1\times2^1+d_0\times2^0) \tag{9-2}$$

因此输出电压可表示为

$$v_O=-i_IR=-\frac{V_{REF}}{2^4}(d_3\times2^3+d_2\times2^2+d_1\times2^1+d_0\times2^0) \tag{9-3}$$

由上式可以推导出，n 位倒 T 形电阻网络 D/A 转换器的输出电压表达式为

$$v_O=-i_IR=-\frac{V_{REF}}{2^n}(d_{n-1}\times2^{n-1}+d_{n-2}\times2^{n-2}+\cdots+d_1\times2^1+d_0\times2^0)=-\frac{V_{REF}}{2^n}D \tag{9-4}$$

式中，$D=d_{n-1}\times2^{n-1}+d_{n-2}\times2^{n-2}+\cdots+d_1\times2^1+d_0\times2^0$。

由以上分析可知，倒 T 形电阻网络 D/A 转换器具有以下特点：

1）模拟开关在地和虚地之间转换，不论开关状态如何变化，各支路的电流始终不变，因此，不需要电流建立时间。

2）各支路电流直接流向集成运放的输入端，不存在传输时间差，因而提高了转换速度，并减小了动态过程中输出电压的尖峰脉冲。

9.2.2 集成 D/A 转换器 5G7520

5G7520 是 $n=10$ 位倒 T 形电阻网络集成 D/A 转换器，其模拟开关采用 CMOS 型开关。图 9-6 点画线框内的电路为其内部电路图，图 9-7 为其逻辑符号。

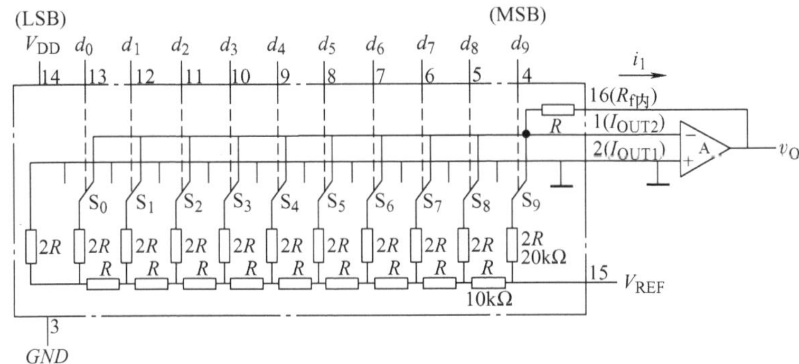

图 9-6 D/A 转换器 5G7520 电路图

由图 9-6 可见，5G7520 D/A 转换器的反馈电阻 R（10kΩ，引脚标识为 $R_{f内}$）已集成在芯片内部，而集成运放 A、基准电压 V_{REF}（－10V ~ 10V）及电源（5 ~ 15V）均需外接。使用时，可以采用内部集成的反馈电阻 $R_{f内}$ 与集成运放构成运算放大电路，也可以外接反馈电阻。

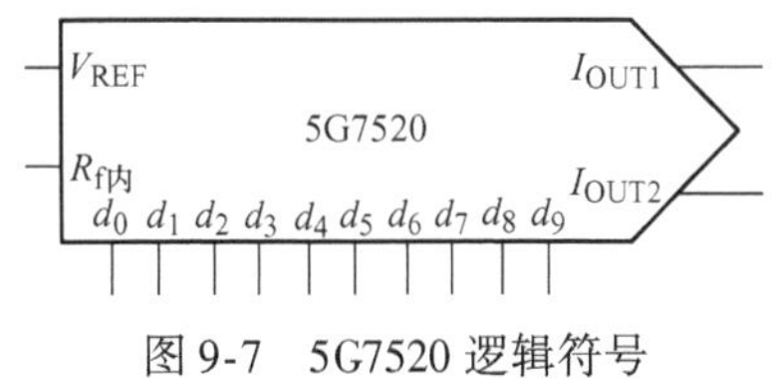

图 9-7 5G7520 逻辑符号

图 9-8 所示为 5G7520 的应用电路图，如果接入的反馈电阻 R_f 与 5G7520 权电阻网络中的电阻 R 的关系为：$R_f=mR$，根据倒 T 形 D/A 转换器的工作原理，可以推出图 9-8 所示电

路的输出电压与输入数字量之间的关系为

$$v_O = -i_I R_f = -\frac{mV_{REF}}{2^n}(d_{n-1}\times 2^{n-1} + d_{n-2}\times 2^{n-2} + \cdots + d_1\times 2^1 + d_0\times 2^0) = -\frac{mV_{REF}}{2^n}D \tag{9-5}$$

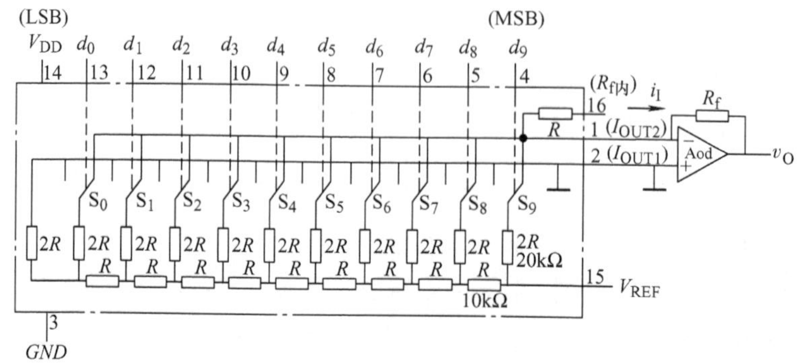

图 9-8 5G7520 的应用电路图

需要注意的是，输出 v_o 的最大输出量 V_{om} 不能超过集成运放线性工作区的最大输出电压，否则集成运放进入非线性工作区，上式不再适用，此时输出模拟量出现非线性失真。

而当采用内部集成的反馈电阻时，$R_f = R_{f内}$，即 $m=1$，输出电压为

$$v_O = -\frac{V_{REF}}{2^n}(d_{n-1}\times 2^{n-1} + d_{n-2}\times 2^{n-2} + \cdots + d_1\times 2^1 + d_0\times 2^0) = -\frac{V_{REF}}{2^n}D \tag{9-6}$$

对图 9-8 所示应用电路略作修改就可得下例中的增益可编程放大电路。

例 9-1 在图 9-9 所示放大电路中，已知 5G7520 的电阻网络中的电阻 $R = 10\text{k}\Omega$，反馈电阻 $R_f = 100\text{k}\Omega$。试计算当 D/A 转换器的输入数字量从 0000000001 变为 1111111111 时电压放大倍数 $A_v = \dfrac{v_O}{v_I}$ 的变化范围是多少？

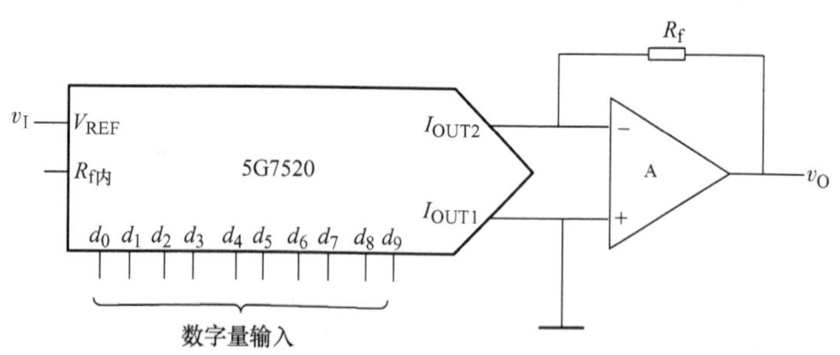

图 9-9 增益可编程放大电路

解：根据式(9-5)，当 $R_f = mR$ 时，图 9-9 所示电路的输出电压为

$$v_O = -i_I R_f = -\frac{mV_{REF}}{2^n}D$$

对于此例中，$V_{REF} = v_I$，$m = \dfrac{R_f}{R} = \dfrac{100\text{k}\Omega}{10\text{k}\Omega} = 10$，并且 $n = 10$，所以 $v_O = -\dfrac{10v_I}{2^{10}}D$

则可得

$$A_v=\frac{v_O}{v_I}=-\frac{10}{2^{10}}D$$

D/A 转换器的输入数字量取值 $D=0000000001\sim(2^{10}-1)$，由此可求出此增益可编程放大电路的放大倍数 A_v 的变化范围为：$-\frac{10}{2^{10}}\sim-9.99$。

本例中，5G7520 可看作是一个可编程电阻，因此，若将 R_f 与 5G7520 位置互换，则仍是一种增益可编程放大器，其增益范围读者可自行分析。

9.2.3 D/A 转换器的主要技术参数

D/A 转换器的主要技术参数如下：

(1) 分辨率　分辨率是指 D/A 转换器所能分辨的最小输出电压 V_{LSB}（也就是当输入的数字代码最低位为 1，其余各位为 0 时对应的输出电压值）与满刻度输出电压 V_m（当输入的数字代码各位均为 1 时输出的电压值）之比，即

$$\text{分辨率}=\frac{V_{LSB}}{V_m}=\frac{1}{2^n-1}\tag{9-7}$$

从式(9-7) 可见，输入数字代码的位数 n 越多，分辨率数值越小，分辨能力越高。例如，10 位 D/A 转换器的分辨率为

$$\frac{1}{2^{10}-1}=\frac{1}{1023}\approx0.1\%$$

而 8 位 D/A 转换器的分辨率为

$$\frac{1}{2^8-1}=\frac{1}{255}\approx0.4\%$$

分辨率也经常直接用输入数字代码的位数 n 来表示。

如果已知一个 D/A 转换器的分辨率及满刻度输出电压 V_m，则可计算出输入最低位所对应的最小输入电压 V_{LSB}，V_{LSB}也被称为输出电压增量。例如，当 $V_m=10\text{V}$，$n=10$ 时，有

$$V_{LSB}=V_m\frac{1}{2^{10}-1}\approx10\text{V}\times0.1\%=10\text{mV}$$

(2) 转换精度　转换精度是指输出电压或电流的实际值与理论值之间的误差。一般来说，转换精度应小于 $V_{LSB}/2$。转换精度的影响因素主要有模拟开关导通的压降、电阻网络阻值差、参考电压偏差和集成运放漂移等。

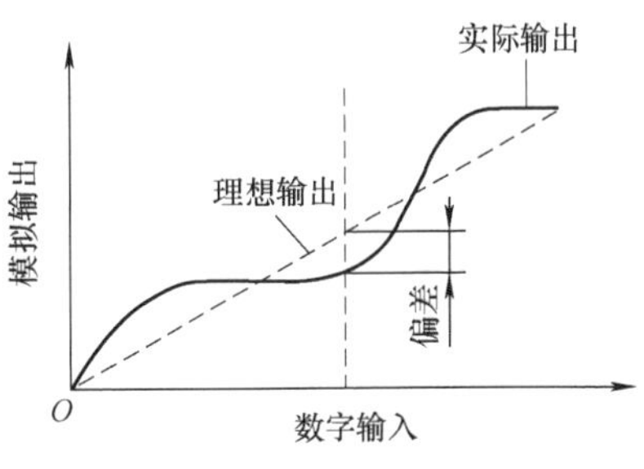

图 9-10　线性度描述

(3) 线性度　通常用非线性误差的大小表示 D/A 转换器的线性度。把偏离理想的输入-输出特性的偏差与满刻度输出之比的百分数定义为非线性误差。其描述如图 9-10 所示。

(4) 转换时间　当输入数字代码变化时，输出模拟电压或电流达到稳定输出所需的时间，即为建立时间，该参数一般由手册给出。D/A 转换器的建立时间较快，单片集成 D/A

转换器建立时间小于0.1μs。当转换器的输入由全为0变化为全为1或反向变化时，其输出达到稳定值所需的时间为最大转换时间。

（5）温度系数 在满刻度输出的条件下，温度每升高1℃，输出变化的百分数即为温度系数。

9.2.4 常用D/A转换器及其参数

表9-1中列出了部分常用的D/A转换器及其主要参数。

表9-1 部分常用D/A转换器及其主要参数表

产品型号	工作电压/V	位数/bit	建立时间/μs	输出电量	接口方式	基准	功耗/mW
DAC5573IPW	2.7～5.5	8	8	电压	I^2C	外部提供	500
TLC5620CD	5	8	10	电压	串行	外部提供	8
TLC7524CN	5～15	8	0.1	电流	并行	外部	5
TLV5623ID	2.7～5.5	8	3	电压	SPI	外部	2.1
DAC900U	3/5	10	0.030	电流	并口	内部/外部	170
DAC7731EC	±15	16	5	电压	串行	内部	100
DAC1220E	5	20	10000	电压	SPI	外部	2.5

9.3 A/D转换器

A/D转换可以将输入的模拟量（电压或电流）转换为与之成比例的二进制代码。A/D转换一般要经过采样、保持、量化及编码四个过程。在实际电路中，有些过程可以进行合并，如采样和保持、量化和编码在转换中一般同时实现。

9.3.1 A/D转换的一般步骤

由于输入的模拟信号在时间上是连续的，而输出的数字信号是离散的，所以进行A/D转换时，只能在一系列选定的瞬间（即时间坐标轴上的一些规定点）对输入的模拟信号采样，然后再把这些采样值量化、编码为输出的数字量。

（1）采样、保持 所谓采样，就是把一段时间内连续变化的信号变换为对时间离散的信号，如图9-11所示。图中v_I、v_S分别为输入信号和采样后信号。为了使采样输出信号能不失真地代表输入的模拟信号，对于一个频率有限的模拟信号来说，可以由采样定理确定其采样频率，即

$$f_s \geqslant 2f_{i\max} \tag{9-8}$$

式中，f_s为采样频率，$f_{i\max}$为输入模拟信号频率的最高值。通常选择采样频率$f_s=(2.5\sim3)f_{i\max}$。

由于采样时间很短，因此采样输出为一串断续的窄脉冲，其幅值对应其采样时刻的输入值。但如果要把一个采样信号数字化则需要一定的转换时间，因此在前后两次采样之间，应将采样的模拟信号暂时存储起来，以便将它们数字化。把每次的采样值存储到下一个采样脉

冲到来之前称为保持。

图9-12是采样–保持电路的电路图。其中A_1、A_2分别为输入集成运放和输出集成运放，S是模拟开关，L是开关驱动电路，v_L为开关控制信号，C_h为保持电容。为了使电路不影响输入信号源，要求A_1具有很高的输入阻抗；为了在保持阶段使C_h上的电荷不易泄放，要求A_2也具有很高的输入阻抗，同时A_2作为输出级，还应具有很低的输出阻抗以驱动负载。通过分析可以发现，图9-12中的A_1、A_2均工作在单位增益的电压跟随器状态。

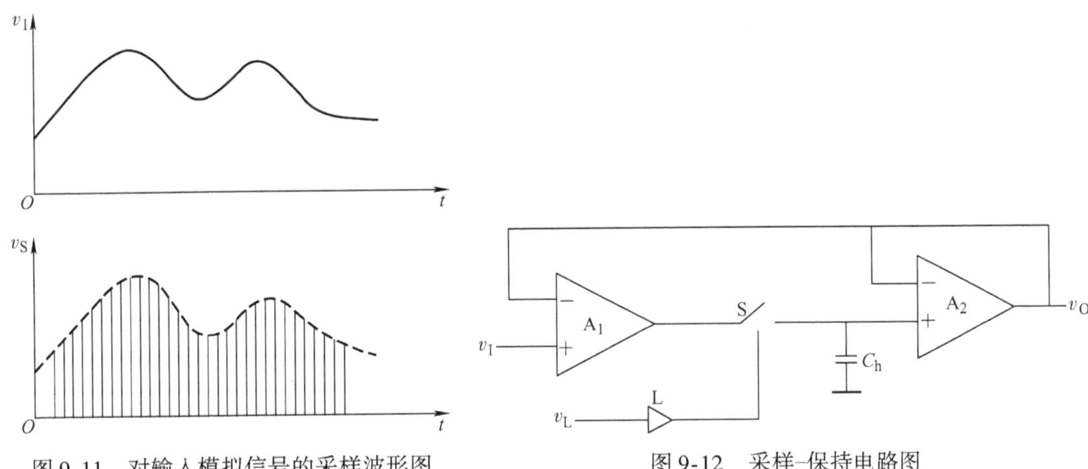

图9-11 对输入模拟信号的采样波形图

图9-12 采样–保持电路图

采样时，v_L为高电平，经开关驱动电路后使S闭合，$v_O=v_I$，同时电容C_h上的电压稳态值也为v_I。采样结束时v_L为低电平，S断开。由于A_2的输入阻抗很高，C_h上的电压基本保持不变，所以输出电压v_O的数值保持v_I不变以供A/D转换。当下一个采样控制信号到来后，S又闭合，电容上的电压跟随此时的输入信号v_I，进行新一次的采样。

（2）量化、编码 采样–保持电路的输出信号虽然已经成为阶梯状，但还应将离散的阶梯幅值转化为某规定的最小数量单位的整数倍。通常把采样后的电压幅值转化为最小量化单位的整数倍的过程称为量化。量化的方法有两种，一种是只舍不入，另一种是有舍有入。

1）只舍不入法。此方法取最小量化单位$\Delta=V_m/2^n$，其中V_m为输入模拟电压的最大值，n为转化输出数字代码的位数，将$0\sim\Delta$之间的模拟电压归并为$0\cdot\Delta$，把$\Delta\sim2\Delta$之间的模拟电压归并为$1\cdot\Delta$，依次类推。这种方法产生的最大量化误差为Δ。

例9-2 把0～1V的模拟信号电压转换成3位二进制代码。

解： 令$\Delta=(1/2^3)\text{V}=1/8\text{V}$，那么（0～1/8）V之间的模拟电压归并为$0\cdot\Delta$，用000表示，（1/8～2/8）V之间的模拟电压归并为$1\cdot\Delta$，用001表示，依此类推便可将0～1V的模拟信号电压转换成3位二进制代码，转换结果如图9-13a所示。

由此可见其最大量化误差为（1/8）V。

2）有舍有入法。为了减小量化误差，常采用有舍有入的方法，即取最小量化单位$\Delta=2V_m/(2^{n+1}-1)$，将0～（1/2）Δ之间的模拟电压归并为$0\cdot\Delta$，把（1/2）Δ～（3/2）Δ之间的模拟电压归并为$1\cdot\Delta$，依次类推。这种方法产生的最大量化误差为（1/2）Δ。

例9-2中，采用有舍有入法，则取$\Delta=2/15\text{V}$，（0～1/15）V间的模拟电压用000表示，

(1/15～3/15)V 间的用 001，依此类推便可将 0～1V 的模拟信号电压转换成 3 位二进制代码，转换结果如图 9-13b 所示。

因此可见，其最大量化误差减小到 (1/15)V。

用数字代码表示量化结果的过程称为编码。编码后的数字代码即为 A/D 转换器的输出结果。划分量化电平的两种方法及其对应上例的编码如图 9-13 所示。

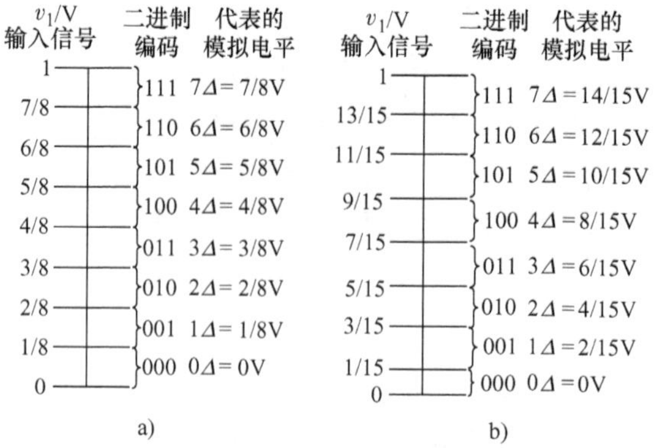

a)

v_I/V 输入信号	二进制编码	代表的模拟电平
1～7/8	111	$7\Delta=7/8$V
7/8～6/8	110	$6\Delta=6/8$V
6/8～5/8	101	$5\Delta=5/8$V
5/8～4/8	100	$4\Delta=4/8$V
4/8～3/8	011	$3\Delta=3/8$V
3/8～2/8	010	$2\Delta=2/8$V
2/8～1/8	001	$1\Delta=1/8$V
1/8～0	000	$0\Delta=0$V

b)

v_I/V 输入信号	二进制编码	代表的模拟电平
1～13/15	111	$7\Delta=14/15$V
13/15～11/15	110	$6\Delta=12/15$V
11/15～9/15	101	$5\Delta=10/15$V
9/15～7/15	100	$4\Delta=8/15$V
7/15～5/15	011	$3\Delta=6/15$V
5/15～3/15	010	$2\Delta=4/15$V
3/15～1/15	001	$1\Delta=2/15$V
1/15～0	000	$0\Delta=0$V

图 9-13 划分量化电平的两种方法及其编码

9.3.2 A/D 转换器的分类

A/D 转换器的种类很多，按模拟量的输入方式可分为单极性输入和双极性输入两类；按数字量输出方式可分为串行输出和并行输出两类；按工作原理可以分成直接 A/D 转换器和间接 A/D 转换器两大类。

直接 A/D 转换器不需要经过中间变量就能把输入的模拟信号直接转换为输出的数字代码，常用的电路有并联比较型和反馈比较型。间接 A/D 转换器首先将输入的模拟信号转换成一个中间变量（时间或频率），然后再将中间变量转换成数字量。

A/D 转换器按工作原理的分类如图 9-14所示。

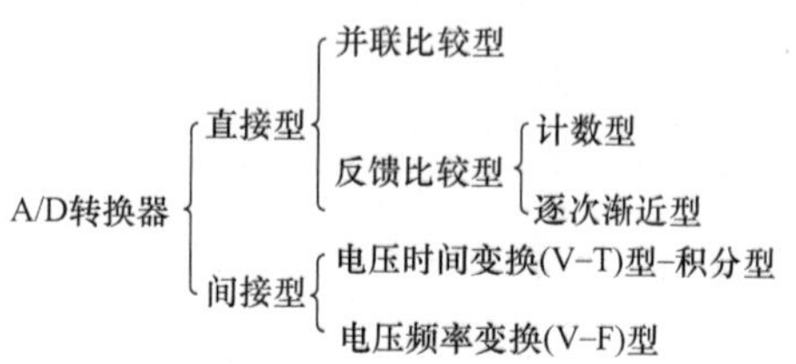

图 9-14 A/D 转换器按工作原理的分类

下面以最常用的逐次渐近型和积分型为例，介绍 A/D 转换器的基本工作原理。

9.3.3 逐次渐近型 A/D 转换器

逐次渐近型 A/D 转换器又称为逐次逼近型 A/D 转换器，其转换过程类似天平称物体重量的过程。天平的一端放着被称的物体，另一端加砝码，各砝码的重量按二进制关系设置，一个比一个重量小一半。称重时，将各种重量的砝码从大到小逐一放在天平上加以试探，经天平比较加以取舍，一直到天平基本平衡为止。这样就以一系列二进制码的重量之和表示了被称物体的重量。

逐次渐近型 A/D 转换器的原理框图如图 9-15 所示。它主要由寄存器、D/A 转换器、电压比较器、顺序脉冲发生器及相应的控制电路等组成。

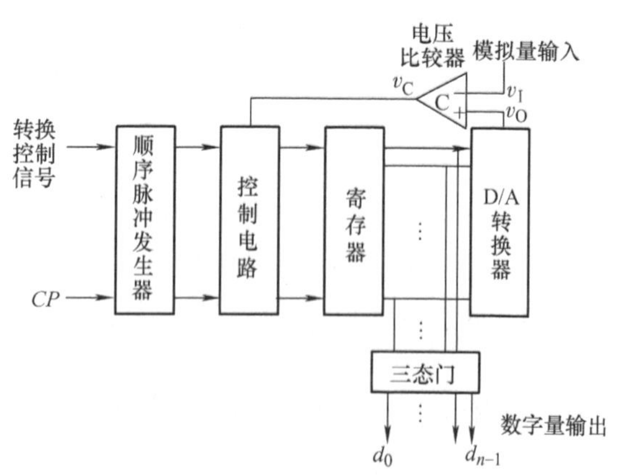

图 9-15 逐次渐近型 A/D 转换器的原理框图

图 9-15 中，转换开始前将寄存器清零，即送给 D/A 转换器的数字量为 0。转换控制信号变成高电平以后开始转换，在时钟脉冲作用下，顺序脉冲发生器发出一

系列节拍脉冲，寄存器受顺序脉冲发生器及控制电路的控制，逐位改变其中的数字代码：首先将寄存器最高位置成1，使寄存器的输出为100…00，经D/A转换器后转换成相应的模拟电压v_O，送到电压比较器与待转换的模拟电压v_I进行比较，如果$v_O > v_I$，说明数字过大，应将最高位的1清除；如果$v_O < v_I$，说明数字还不够大，最高位的1应保留。取舍过程是通过电压比较器的输出经控制电路完成的。然后再将次高位置1，并按上述方法确定这位的1是否保留。这样逐位比较下去，直到最低位为止。这时寄存器里保留的数字代码就是所求的数字输出量。

根据上述原理构成的3位逐次渐近型A/D转换器的电路框图如图9-16所示。图中3个同步RS触发器FF_A、FF_B、FF_C作为寄存器，$FF_0 \sim FF_4$构成的环形计数器作为顺序脉冲发生器，控制电路由门电路组成。

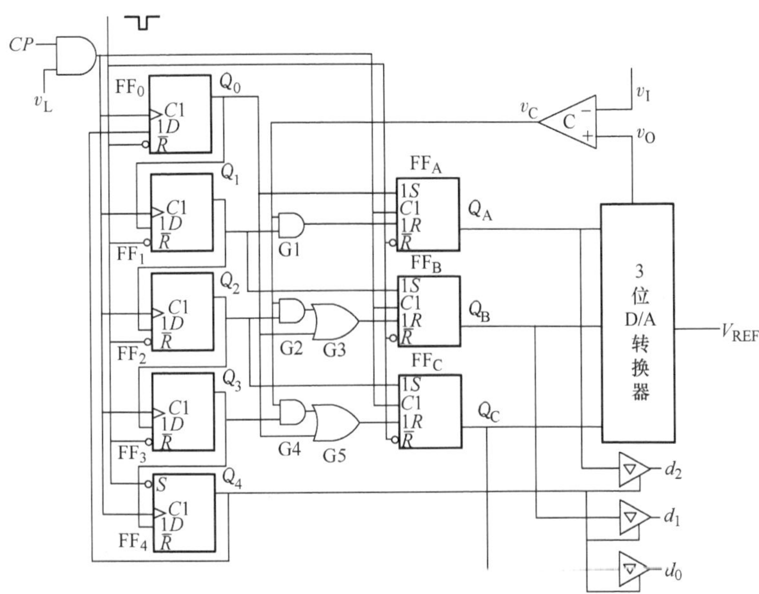

图9-16　3位逐次渐近型A/D转换器的电路框图

图9-16中，设参考电压$V_{REF} = -5V$，待转换的模拟电压$v_I = 3.2V$。工作前先将寄存器FF_A、FF_B、FF_C清零，同时将环形计数器置成$Q_0Q_1Q_2Q_3Q_4 = 00001$状态。转换控制信号v_L变成高电平后开始转换。

1）第一个CP脉冲的上升沿到来后，环形计数器的状态变为$Q_0Q_1Q_2Q_3Q_4 = 10000$。因为$Q_0 = 1$，所以$CP = 1$期间FF_A被置1，FF_B、FF_C保持0状态，从而使$Q_AQ_BQ_C = 100$，该寄存器的输出加到3位D/A转换器的输入端，在D/A转换器的输出端得到相应的模拟电压$v_O = -\frac{-5}{2^3} \times 2^2 V = 2.5V$，因为$v_O < v_I$，比较器的输出$v_C$为低电平。

2）当第二个CP脉冲的上升沿到来后，$Q_0Q_1Q_2Q_3Q_4 = 01000$。因为$Q_1 = 1$，所以FF_B被置1，由于v_C为低电平，封锁了与门G_1，Q_A仍保留为1，因此$Q_AQ_BQ_C = 110$，经D/A转换器后得到相应的模拟电压$v_O = -\frac{-5}{2^3} \times (2^2 + 2^1) V = 3.75V$，因为$v_O > v_I$，比较器的输出$v_C$为高电平。

3）第三个 CP 脉冲到来后，$Q_0Q_1Q_2Q_3Q_4=00100$。因为 $Q_2=1$，所以 FF_C 被置 1；由于 v_C 为高电平，与门 G_2 被打开，FF_B 复位为 0；此时由于 $Q_0=Q_1=0$，故 FF_A 保持 1 状态。因此 $Q_AQ_BQ_C=101$，经 D/A 转换器后得到相应的模拟电压 $v_O=-\frac{-5}{2^3}\times(2^2+2^0)\text{V}=3.125\text{V}$，因为 $v_O<v_I$，比较器的输出 v_C 为低电平。

4）第四个 CP 脉冲到来后，$Q_0Q_1Q_2Q_3Q_4=00010$。由于 v_C 为低电平，封锁与门 G_1 ~ G_3，且 Q_0 ~ Q_2 均为 0，故 FF_A、FF_B、FF_C 保持原状态，即 $Q_AQ_BQ_C=101$。

5）第五个 CP 脉冲到来后，$Q_0Q_1Q_2Q_3Q_4=00001$。由于 $Q_4=1$，打开三态门，输出转换结果 $d_2d_1d_0=101$。

逐次渐近型 A/D 转换器的优点是精度高，转换速度较快，由于它的转换时间固定，简化了与 CPU 间的同步，所以常常用作与 CPU 间的接口电路。

9.3.4 双积分型 A/D 转换器

双积分型 A/D 转换器是经过中间变量间接实现 A/D 转换的电路。它通过两次积分，先将模拟电压 v_I 转换成与之大小相对应的时间 T，再在时间间隔 T 内用计数频率不变的计数器计数，计数器所计的数字量正比于输入模拟电压，其工作原理框图如图 9-17 所示。

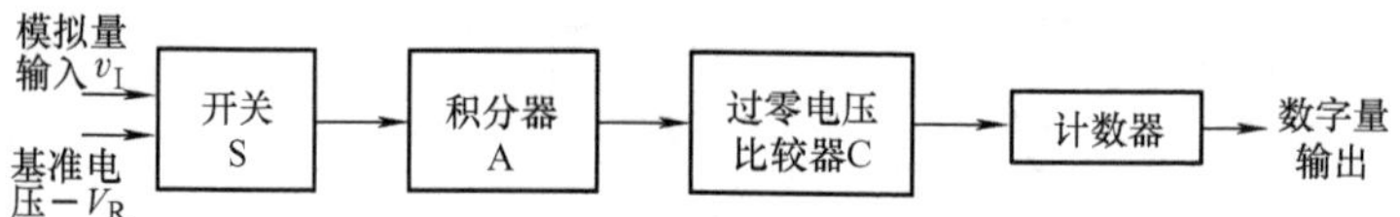

图 9-17 双积分型 A/D 转换器的原理框图

双积分型 A/D 转换器由基准电压 $-V_R$、积分器 A、过零电压比较器 C、计数器、控制逻辑和控制开关 S 组成。其中，开关 S 由控制逻辑电路的状态控制，以便将输入模拟电压 v_I 和基准电压 $-V_R$ 分别接入积分器 A 进行积分。过零电压比较器 C 用来监测积分器输出电压的过零时刻。当积分器输出 $v_O\leqslant 0$ 时，比较器的输出 v_C 为高电平，时钟脉冲送入计数器计数；当 $v_O>0$ 时，v_C 为低电平，计数器停止计数。双积分型 A/D 转换器在一次转换过程中要进行两次积分。

第一次积分为采样阶段。控制逻辑电路使开关 S 接至模拟电压 v_I，积分器对 v_I 在固定时间 T_1（由计数器作为定时器完成）内进行反向积分。积分结束时积分器的输出电压 v_O 的绝对值与模拟电压 v_I 的大小成正比，如图 9-18 所示。当采样结束时（即第一次积分到达 T_1 时刻时），通过控制逻辑电路使开关 S 改接到基准电压 $-V_R$ 上。

第二次积分为比较阶段。积分器对基准电压 $-V_R$ 进行反向积分。积分器的输出电压开始回升，经时间 T_2 后回到 0，由于 T_2 阶段定斜率反向积分，所以 T_2 与 v_I 成正比，如图 9-18 所示。

图 9-19 为双积分型 A/D 转换器的电路图。转换开始前，控制逻辑对计数器进行清零，锁存器使能无效，转换器控制信号 v_S 为低电平，使开关 S 接至被测模拟电压 v_I 一侧开始第一次积分，当 v_S 为高电平时，S 转换到 $-V_R$，开始第二次反向积分。

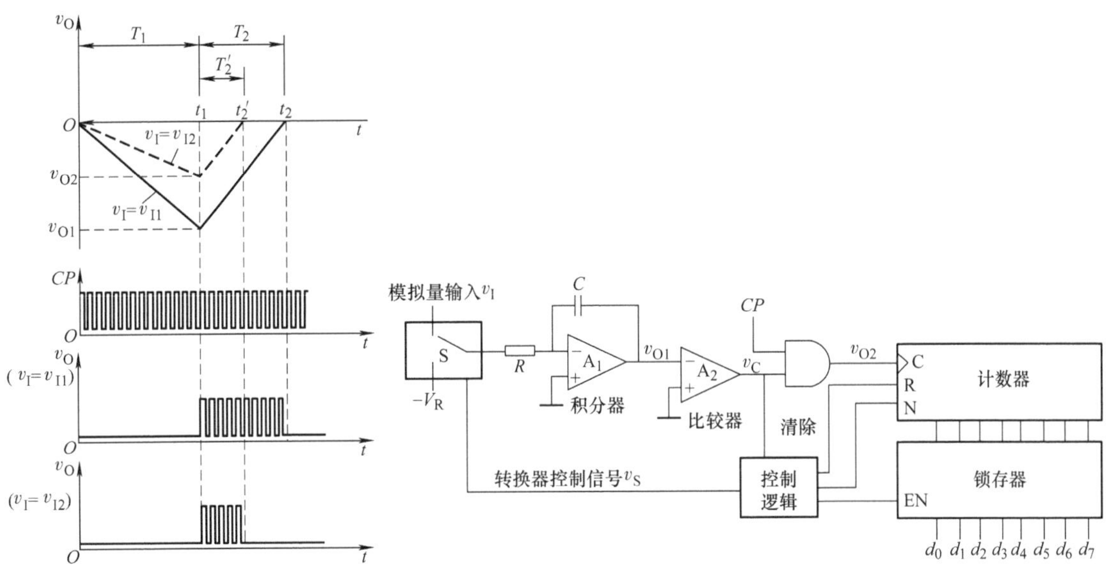

图9-18 积分器输入、输出与计数脉冲间的对应关系

图9-19 双积分型A/D转换器的电路图

由以上分析可知，双积分型A/D转换器积分过程分为两阶段，第一阶段是定时积分阶段，第二阶段是定斜率积分阶段。

定时积分阶段的工作情况如图9-20所示。

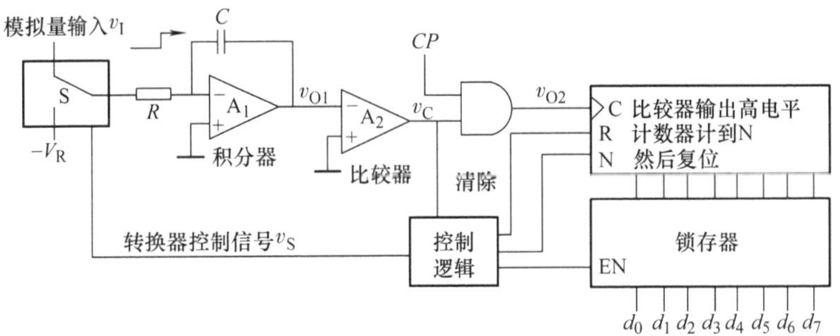

图9-20 第一次积分（定时积分阶段）的工作情况

第一次积分时，积分器对v_I在固定时间T_1内进行积分。即

$$v_{O1}(t) = -\frac{1}{RC}\int_0^{t_1} v_I \mathrm{d}t = -\frac{V_I}{RC}T_1 \tag{9-9}$$

式中，V_I为T_1时间内输入模拟电压的平均值。因为$v_{O1}(t) \leqslant 0$，v_C为高电平，开启与门，周期为T_C的时钟脉冲CP使计数器从0开始计数，当计到其最大容量$N_1 = 2^n$时，计数器回到0状态，同时v_S变为高电平，使S转接到$-V_R$上，第一次积分结束。此时

$$T_1 = N_1 T_C = 2^n T_C$$

$$v_{O1}(t) = -\frac{V_I}{RC}T_1 = -\frac{2^n T_C}{RC}V_I \tag{9-10}$$

因为 $T_1=2^nT_C$ 不变，即 T_1 固定，所以积分器 $v_{O1}(t)$ 的绝对值与输入模拟电压的平均值 V_I 成比例。

第二次积分开始时的状态如图 9-21 所示。

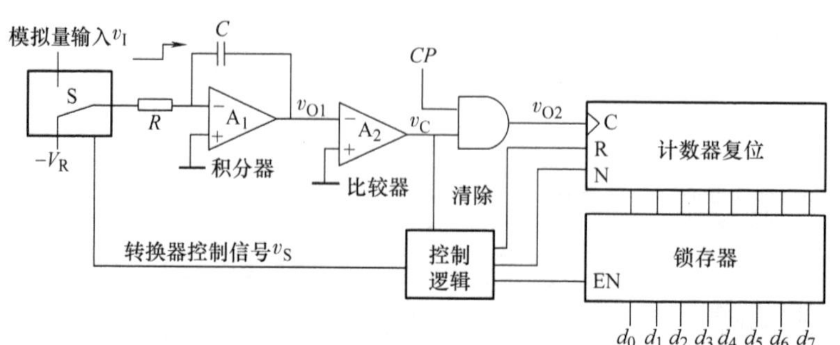

图 9-21 第二次积分开始时的状态

第二次积分将 $v_{O1}(t)$ 转换成与之成正比的时间间隔 T_2。由于 S 接至 $-V_R$ 上，积分器开始反向积分，又由于反向积分电流为恒流值 $-V_R/R$，所以 v_{O1} 线性增长趋向 0 值。此时，计数器又开始从 0 计数，经过时间 T_2 后积分电压回升到 0，v_C 为低电平，将与门封锁，停止计数，转换结束。由于在第一阶段积分采样结束时，电容器已充有电压 $v_{O1}(T_1)=-\frac{V_I}{RC}T_1$，所以第二阶段反向积分时，积分器输出电压为

$$v_{O1}(t)=v_{O1}(T_1)-\frac{1}{RC}\int_{t_1}^{t_2}(-V_R)\mathrm{d}t \tag{9-11}$$

而

$$-\frac{1}{RC}\int_{t_1}^{t_2}(-V_R)\mathrm{d}t=+\frac{V_R}{RC}T_2$$

所以，当第二阶段积分过程结束时 $v_{O1}(T_2)=0$，即

$$\frac{V_I}{RC}T_1=\frac{V_R}{RC}T_2$$

即

$$T_2=\frac{T_1}{V_R}V_I=\frac{2^nT_C}{V_R}V_I \tag{9-12}$$

由式(9-12) 可以看出，第二次积分的时间间隔 T_2 与输入电压在时间间隔 T_1 内的平均值 V_I 成正比。在时间间隔 T_2 内计数器所计的数 N_2 为

$$N_2=\frac{T_2}{T_C}V_I=\frac{2^n}{V_R}V_I \tag{9-13}$$

N_2 与输入电压在 T_1 时间间隔内的平均值 V_I 成正比。只要 $V_I<V_R$，转换器就可以将模拟电压转换为数字量。当 $V_R=2^n\mathrm{V}$ 时，$N_2=V_I$，计数器所计的数在数值上就等于被测电压。

双积分型 A/D 转换器与逐次渐近型 A/D 转换器相比，最大的优点是它具有较强的抗干扰能力。由于双积分型 A/D 转换器采用了测量输入电压在采样时间内的平均值的原理，因此对于周期等于 T_1 或 $T_1/n(n=1, 2, 3, \cdots)$ 的对称干扰（所谓对称干扰是指整个周期内

平均值为零的干扰），从理论上讲具有无穷大的抑制能力。在工业系统中，当选择 T_1 为 20ms 的整数倍时，该 A/D 转换器对 50Hz 的交流电源干扰信号具有很强的抑制能力。另外，因为两次积分采用同一积分器完成，所以转换结果及精度与积分器的有关参数 R、C 等无关，同时电路比较简单。其缺点是工作速度低，一般为几十毫秒左右。尽管如此，在要求速度不高的场合，如数字式仪表等，双积分型转换器的使用仍然十分广泛。

9.3.5 集成 A/D 转换器

AD574A 为逐次渐近型的集成 A/D 转换器，其内部结构如图 9-22 所示。图中，$\overline{CS}$为片选信号；CE 为芯片允许信号；$R/\overline{C}$为读出和转换控制信号，当 $R/\overline{C}=0$ 时，启动 A/D 转换，当 $R/\overline{C}=1$ 时，则读出转换结果；$12/\overline{8}$为数据输出方式控制信号，当 $12/\overline{8}=1$ 时，数据输出位数为 12 位，数据可以一次输出，而当 $12/\overline{8}=0$ 时，数据输出位数为 8 位，因此数据分两次输出；A_0为转换位数控制信号，当 $A_0=1$ 时，实现 8 位 A/D 转换，当 $A_0=0$ 时，实现 12 位 A/D 转换，而当转换器作 12 位 A/D 转换并按 8 位输出时，在读出 A/D 转换值时，若 $A_0=0$，可读高 8 位 A/D 转换值，若 $A_0=1$，则读出低 4 位 A/D 转换值。通过以上信号组合，AD574A 具有的功能见表 9-2。

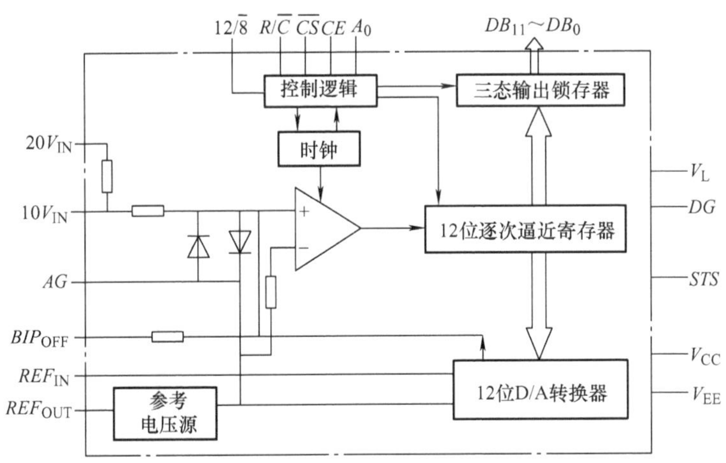

图 9-22 AD574A 的内部结构

表 9-2 AD574A 功能

CE	$\overline{CS}$	$R/\overline{C}$	$12/\overline{8}$	A_0	功　能
0	ϕ	ϕ	ϕ	ϕ	不允许转换
ϕ	1	ϕ	ϕ	ϕ	未接通芯片
1	0	0	ϕ	0	启动 1 次 12 位转换（作 12 位转换器）
1	0	0	ϕ	1	启动 1 次 8 位转换（作 8 位转换器）
1	0	1	1	ϕ	1 次输出 12 位
1	0	1	0	0	输出高位字节
1	0	1	0	1	输出低位字节（低四位转换值 +0000）

图9-22中，AG 和 DG 分别为器件的模拟信号地和数字信号地；REF_{IN} 为基准电压输入；REF_{OUT} 为基准电压输出；BIP_{OFF} 为双极性偏移与零点调整，当其接0V时为单极性输入，而当其接+10V时则为双极性输入；$10V_{IN}$ 为10V范围输入端，单极性输入0~10V，双极性输入-5~5V；$20V_{IN}$ 为20V范围输入端，单极性输入0~20V，双极性输入-10~10V；DB_{11}~DB_0 为12位数字量输出端；STS 为转换结束信号，在转换过程中此信号为高电平，转换结束后变为低电平。

AD574A内部包含CPU接口控制逻辑电路和三态输出缓冲器，可直接与CPU的数据总线相连。其应用电路如图9-23所示。

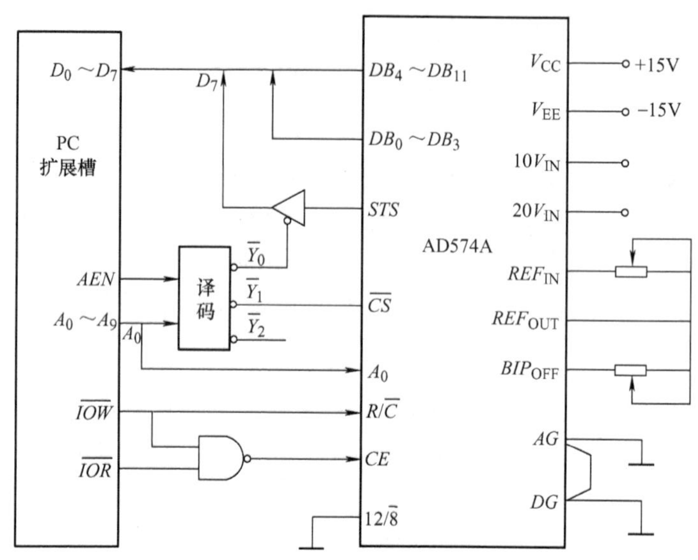

图9-23 AD574A A/D转换器的应用电路

9.3.6 A/D转换器的主要技术参数

A/D转换器的主要技术参数包括以下几个：

(1) 分辨率 分辨率是指A/D转换器所能分辨的模拟输入信号的最小变化量。设A/D转换器的位数为 n，满量程电压为 V_m，则A/D转换器的分辨率定义为

$$分辨率=\frac{V_m}{2^n}$$

另外，也可用百分比来表示分辨率，此时的分辨率称为相对分辨率，相对分辨率定义为

$$相对分辨率=\frac{1}{2^n}\times 100\%$$

目前，一般都简单地用A/D转换器的位数 n 来间接代表分辨率。

(2) 转换时间与转换速率 转换时间是指按照规定的精度将模拟信号转换为数字信号并输出所需要的时间，一般用μs或ms来表示。

转换速率是指能够重复进行数据转换的速度，即每秒转换的次数。

(3) 转换精度 A/D转换器的转换精度分为绝对精度和相对精度。绝对精度定义为对应于输出数码的实际模拟输入电压与理想模拟输入电压之差。绝对精度受增益误差、偏移误差、非线性误差和量化误差等的影响。

相对精度定义为绝对精度与满刻度电压 v_{Imax} 之比的百分数，即

$$相对精度 = \frac{绝对精度}{v_{Imax}} \times 100\%$$

9.3.7 常用 A/D 转换器及其参数

不同的 A/D 转换器具有不同的输入、输出以及控制信号的连接方式。

从输入端来看，有单端输入的，也有差分输入的。差分输入有利于克服共模干扰。输入信号的极性有单极性和双极性，这由极性控制端的接法决定。

从输出方式来看，主要有以下两种 A/D 转换器。

1）在 A/D 转换器芯片内部，数据输出寄存器具有可控的输出三态门，这类芯片输出线允许和计算机系统的数据总线直接相连，并在转换结束后可以利用输入输出读信号选通三态门，将转换成的数据送到计算机系统的数据总线上。

2）在 A/D 转换器芯片内部没有可控的输出三态门，输出寄存器直接与芯片数据输出引脚相连，这种芯片的数据输出引脚必须通过外加的三态门才能连到计算机系统的数据总线。

A/D 转换器的启动转换控制信号有电平和脉冲两种形式。设计时应分别对待，对要求用电平启动转换的芯片，如果在转换过程中撤去电平信号，则将停止转换而得到错误的结果。在 A/D 转换完成后，一般芯片都会发出转换结束信号，以示主机可以从 A/D 转换器读取转换后的数据。

几种典型的 A/D 转换器及其主要性能见表 9-3。

表 9-3 几种典型的 A/D 转换器及其主要性能

芯片型号	分辨率（位数）	接口方式	输入通道数	采样速率（次采样/秒）	差分输入	工作电压/V	基准电压
ADC084S051	8	SPI/QSPI/Microwire	4	500k	否	2.7～5.25	内部
AD9287	8	LVDS，Ser	4	100M	否	1.8	内部
ADCS7477	10	SPI/QSPI/Microwire	1	1000k	否	2.7～5.25	内部
MAX1308	12	μP/12	8	4000	否	5	外部或内部
ADC121S705	12	SPI/QSPI/Microwire	1	1000k	是	5	外部
MAX1069	14	I^2C	1	58k	否	5	外部或内部
DS2450	16	1-wire	4	1440k	否	5	内部
ADS1250	20	SPI	1	25k	否	5	外部
ADS1258	24	SPI	16（单端输入） 8（双端输入）	125k	是	2.7～5.25	外部

9.4 D/A 转换器和 A/D 转换器的综合应用

作为数字系统重要的接口电路，D/A 转换器和 A/D 转换器已得到广泛应用。图 9-24 为录音笔的组成框图。

图 9-24 中，工作模式控制电路可控制录音笔上电/断电以及工作在录音、播放、暂停、快进和快退等模式下。当录音笔录音时，传声器首先将音频信号转换为电信号（电流或电压），然后进行放大，由于声音信号为模拟量，欲将其进行处理并存储在数字系统中，则需

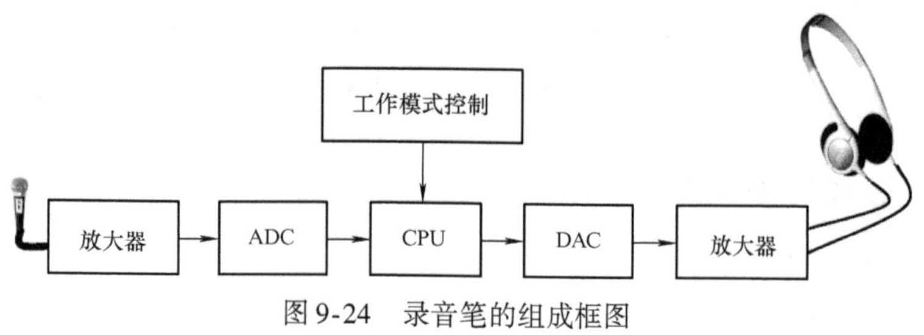

图 9-24 录音笔的组成框图

要通过 A/D 转换器进行 A/D 转换。当录音笔放音时，由于人耳听到的声音为模拟信号，因此从 CPU 的存储器中读出的录音信号首先要进行 D/A 转换，然后进行放大，才可通过扬声器进行输出。

9.5 用 Multisim 分析 D/A 转换器

Multisim 库为用户提供的 A/D 转换器和 D/A 转换器一般有三种，分别是 8 位 A/D 转换器、电压输出型 D/A 转换器和电流输出型 D/A 转换器。

利用 Multisim 可以测试 D/A 转换器数字输出信号与输入电压之间的关系。运行 Multisim14 界面后，打开混合集成器件库，取出电压输出型 D/A 转换器 VDAC，在实验电路工作区用一个十进制加法计数器 74160N 和一个 VDAC 构成一个如图 9-25 所示的 D/A 转换功能测试电路。图中，取 $V_{REF}=12V$，时钟频率为 2Hz，输入数字信号由 74160N 计数器产生，输出模拟信号通过示波器进行观察。

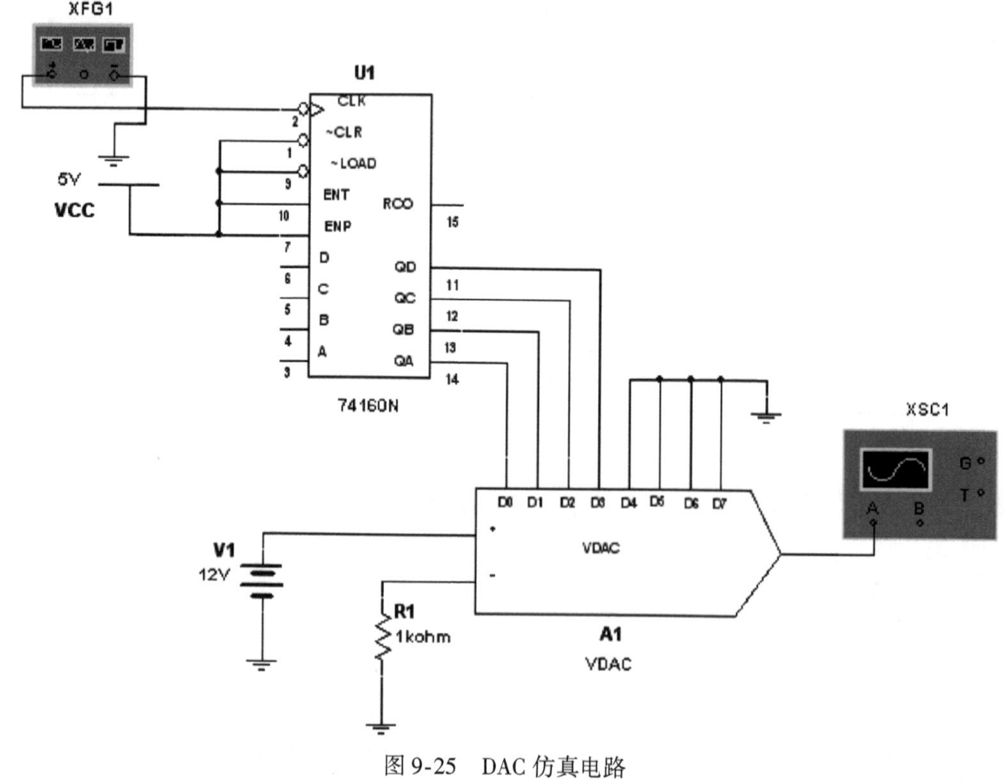

图 9-25 DAC 仿真电路

打开仿真开关，进行仿真实验，示波器显示波形如图 9-26 所示。

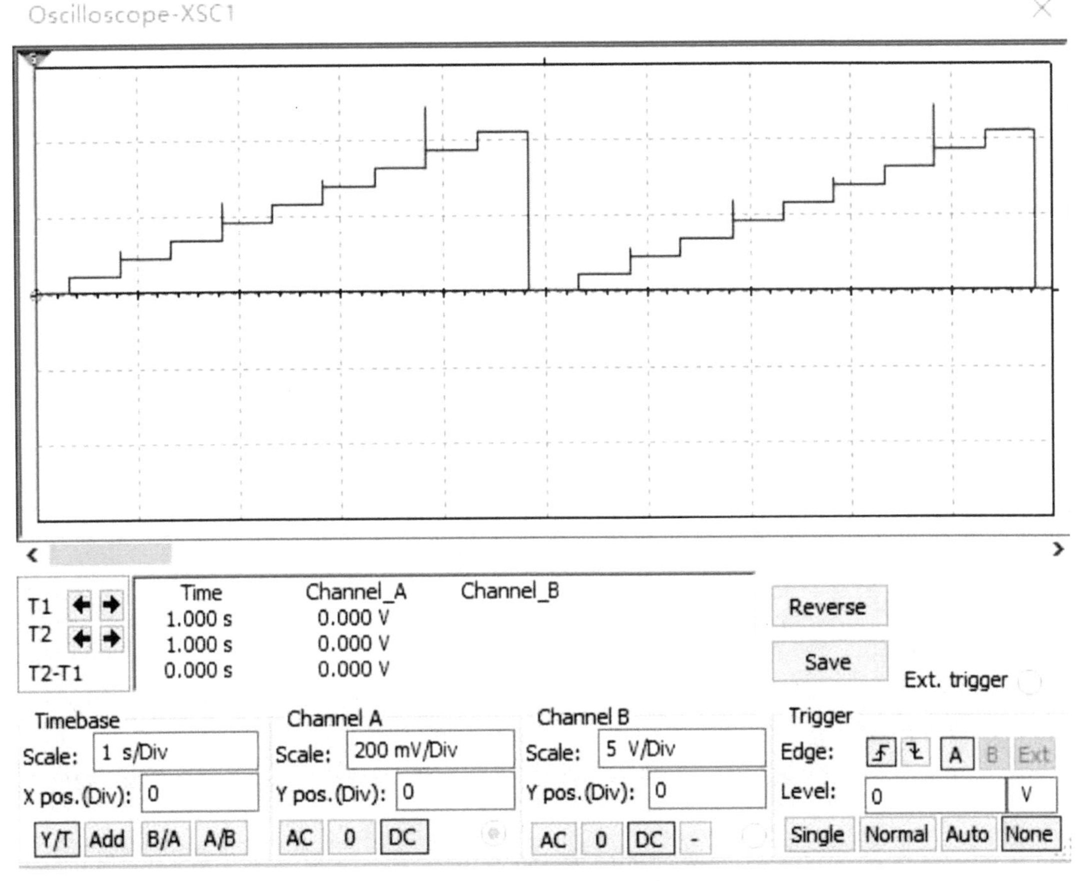

图 9-26 DAC 仿真电路波形

由图 9-26 仿真结果可以看出，图 9-25 中的 VDAC 可将 74160N 产生的数字信号转换成阶梯状的模拟信号。

本章小结

模/数转换器和数/模转换器是数字设备与控制对象之间的接口电路，是数字系统的重要组成部件。

D/A 转换可以将输入的一个 n 位的二进制数转换成与之成比例的模拟量（电压或电流）。D/A 转换器通常由模拟开关、译码网络、集成运放和基准电压等部分组成。本章以倒 T 形电阻网络 D/A 转换器为例介绍了 D/A 转换器的电路组成及其工作原理。

A/D 转换可以将输入的模拟量（电压或电流）转换为与之成比例的二进制代码。A/D 转换一般要经过采样、保持、量化及编码四个过程。本章以逐次渐近型和双积分型 A/D 转换器为例介绍了 A/D 转换器的电路组成及转换步骤。

D/A 转换器的主要技术参数有：分辨率、转换精度、线性度及转换时间等。

A/D 转换器的主要技术参数为：分辨率、转换时间、转换速率及转换精度等。

除本章介绍的转换器以外，还有很多其他类型的转换器，读者可以根据需要进行选型。

习 题

9-1 一个 8 位 D/A 转换器的分辨率为多少？

9-2 图 9-27 所示电路为 4 位 T 形电阻 D/A 转换器。

（1）试分析其工作原理，求出 v_O的表达式；

（2）如果已知 $n = 8$ 位的 D/A 转换器中，$V_{REF} = -10V$，$R_f = 3R$，输入 $D = 11010100$ 时，输出电压 $v_O = ?$

（3）如果 $R_f = 2R$，对应（2）中的输出电压 v_O为多少？

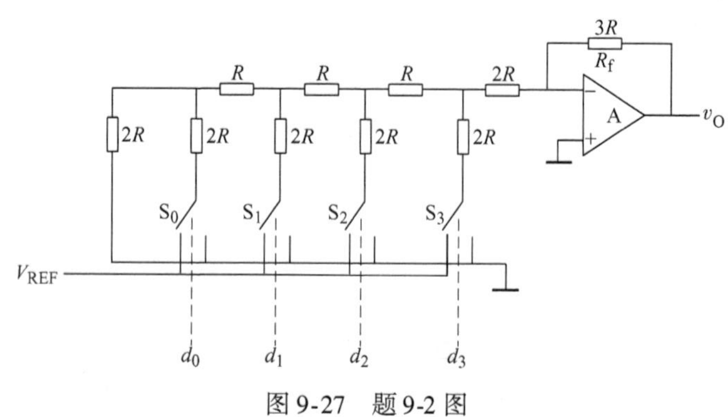

图 9-27 题 9-2 图

9-3 在图 9-8 所示的倒 T 形电阻 D/A 转换器 5G7520 的应用电路中，若 $V_{REF} = -10V$，$R_f = R$，输入 $D = 0110111001$ 时，输出电压 $v_O = ?$

9-4 一个 8 位 D/A 转换器的最小输出电压增量 V_{LSB}为 0.02V，当输入代码为 01001101 时，输出电压 v_O为多少？

9-5 不经过采样、保持可以直接进行 A/D 转换吗？为什么？在采样保持电路中选择保持电容 C_h时，应考虑哪些因素？

9-6 逐次渐近型 A/D 转换器中的 8 位 D/A 转换器的 $\nu_{Omax} = 10.2V$，若输入 $\nu_I = 4.42V$，则转换后的数字输出 D 为多少？

9-7 一个 10 位的逐次渐近型 A/D 转换器，若时钟频率为 100kHz，试计算完成一次转换所需的时间。

9-8 在双积分型 A/D 转换器中，若 $|v_I| > |v_R|$，试问转换过程中将产生什么现象？

9-9 已知双积分型 A/D 转换器中，计数器为 8 位二进制，时钟脉冲频率 $f_c = 10kHz$，完成一次转换最长需要多少时间？

9-10 若双积分型 A/D 转换器中的计数器由 4 片十进制计数器 74LS290 组成，附加位触发器由一个 T 触发器构成，时钟脉冲频率 $f_c = 50kHz$，积分器 $R = 100k\Omega$，$C = 1\mu F$，输入电压范围 $v_I = (0 \sim 5)V$，试求：

（1）第一次积分时间 T_1；

（2）积分器的最大输出电压；

（3）若 $V_R = -10V$，当计数器的计数值 $N_2 = 2610$ 时，表示输入电压 v_I为多大？

9-11 图 9-28 所示电路中，CB7520 倒 T 形 D/A 转换器和 CT7555 定时器构成频率可编程的多谐振荡器，各器件参数如图 9-28 所示。

（1）当输入 $d_9d_8d_7d_6d_5d_4d_3d_2d_1d_0 = 0000000000$ 和 $d_9d_8d_7d_6d_5d_4d_3d_2d_1d_0 = 1111111111$ 时，分别计算其对应的 v_{O1}电压值；

（2）试计算输出频率的范围。

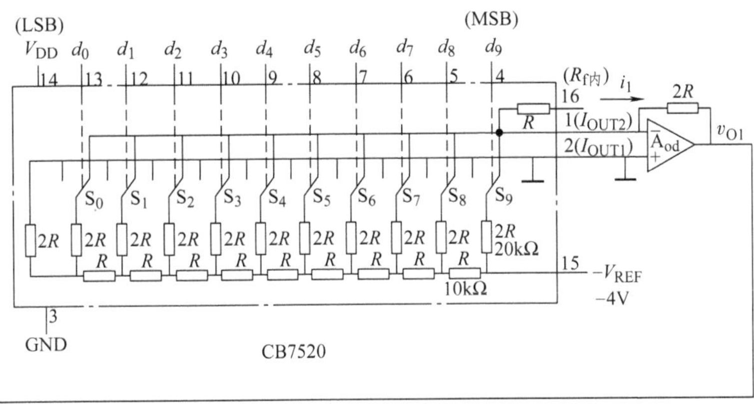
(LSB)
V_{DD} d_0 d_1 d_2 d_3 d_4 d_5 d_6 d_7 d_8 d_9
(MSB)
($R_{f内}$) i_1
2R
v_{O1}
16
1(I_{OUT2})
2(I_{OUT1})
A_{od}
S_0 S_1 S_2 S_3 S_4 S_5 S_6 S_7 S_8 S_9
20kΩ
10kΩ
15 $-V_{REF}$
−4V
GND
CB7520

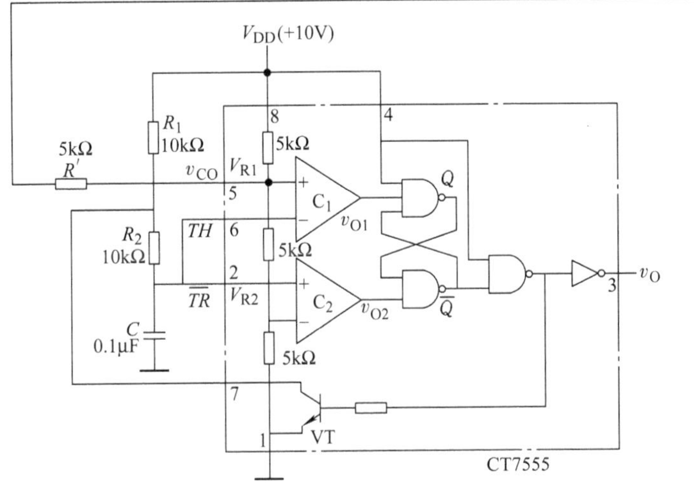
V_{DD}(+10V)
R_1
10kΩ
5kΩ
R'
v_{CO}
V_{R1}
C_1
v_{O1}
Q
R_2
10kΩ
TH
$\overline{TR}$
V_{R2}
C_2
v_{O2}
$\overline{Q}$
v_O
C
0.1μF
VT
CT7555

图9-28　题9-11图

第10章 数字系统的设计

本章首先介绍数字系统组成与研制过程，然后介绍数字系统设计的一般方法，最后介绍两个设计实例。

10.1 数字系统概述

10.1.1 数字系统的组成

前面几章介绍的常用组合逻辑电路和时序逻辑电路都是只能实现某一特定功能的器件，因此通常称之为逻辑部件。由若干数字逻辑部件构成，并按一定顺序处理和传输数字信号的设备，称之为数字系统。数字系统通常包括输入、输出、信息处理与控制、对象负载等部分，其组成框图如图 10-1 所示。

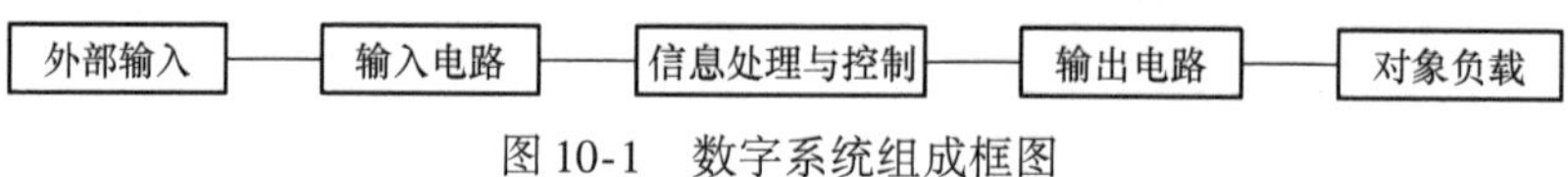

图 10-1 数字系统组成框图

10.1.2 数字系统的研制过程

数字系统的研制过程一般如图 10-2 所示，下面对其部分环节加以说明。

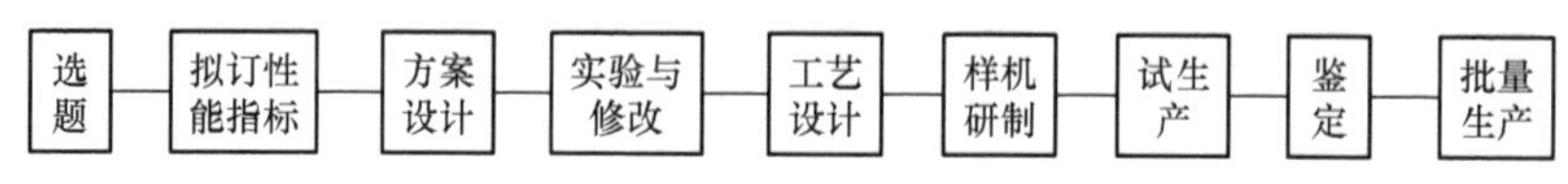

图 10-2 数字系统的研制过程

1）选题，即根据客观需求提出研制课题。

2）拟订性能指标，就是要根据实际需要，并充分考虑当前的技术发展状况，同时兼顾环境保护、法律法规等诸多因素，提出对系统主要性能指标的要求。此项工作将直接关系到整个研制工作的难易和产品的经济效益，甚至影响到研制工作的成败，必须慎之又慎。指标太高，可能导致成本加大，研制困难，甚至失败；指标太低，可能难以满足实际需要。这里应以可行且性能价格比最大作为标准。因此，系统性能指标往往需要反复修改，甚至延续到整个研制过程，才能最后确定。

3）方案设计，是指从接到任务书开始到样机研制成功的整个过程。此项内容是本章介绍的主要内容，10.2 节将详细介绍。

4）实验与修改，包括对系统关键部分进行的仿真实验以及实际电路的安装调试等工作。在此过程中可以发现初步设计中考虑不完善所带来的问题。通过发现问题，解决问题，达到修改完善设计方案的目的。

5）工艺设计，主要包括印制电路板的设计与制作、系统各部件间的连接设计、接线图以及机箱的加工制造等。

6）样机研制，是指对整个系统进行安装调试，进一步完善系统设计。

7）试生产，是指样机研制成功后，可根据实际情况试生产若干台，交给使用单位使用，并提出使用意见，为下一步鉴定工作做准备。最后才能正式投入生产。

10.2 数字系统设计的一般方法

系统的设计没有一成不变的规定步骤，它往往与设计者的经验、兴趣、爱好等密切相关。但总体来说可归纳为如图 10-3 所示的五个步骤。

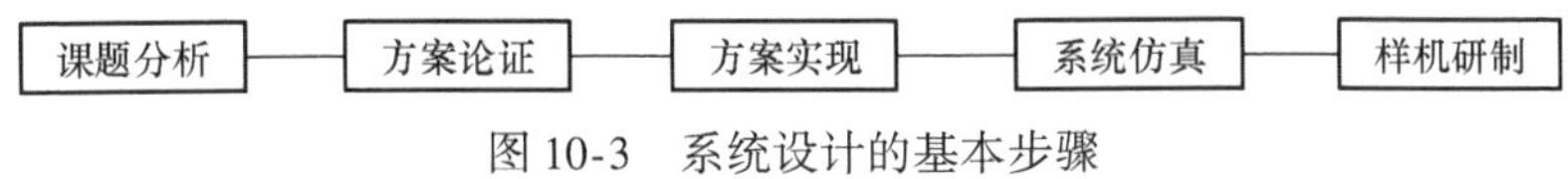

图 10-3 系统设计的基本步骤

10.2.1 课题分析

根据技术指标的要求，做好充分的调查研究，弄清系统所要求的功能和性能指标，以及目前该领域中类似系统所能达到的水平，有没有能完成技术指标所要求的功能的类似电路可以借鉴，如有，电路需经何种改动或电路参数需要哪些设计计算，电路性能即可达到指标要求等，都要做到心中有数，从而对课题的可行性做出判断。

10.2.2 方案论证

按照系统总的要求，把电路划分成若干个功能块，从而得到系统框图。每个框即是一个单元电路，按照系统性能指标要求，规划出各单元电路所要完成的任务，确定输出与输入的关系，决定单元电路的结构。为完成总的任务，由系统框图到单元电路的具体结构应是多解的，应该经过较为详细的方案比较和论证，以技术上的可行性和较高的性能价格比为依据，最后选定方案。举例说明如下。

例 10-1 试设计一个秒脉冲发生器。

（1）提出方案 四种方案如图 10-4 所示。

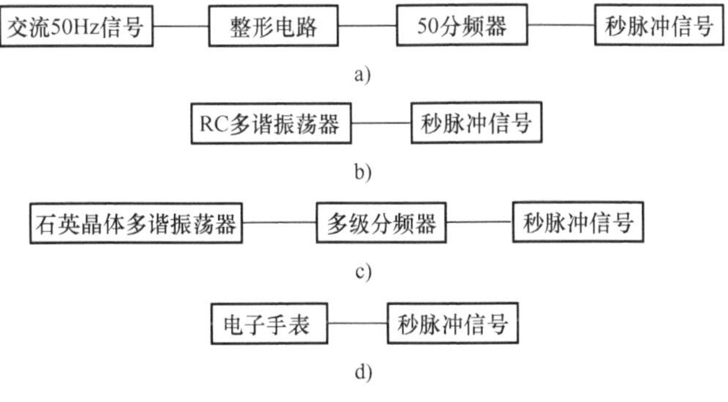

图 10-4 秒脉冲发生器的四种方案

（2）四种方案优缺点及可行性分析

1）图 10-4a 电路结构较简单，但 50Hz 信号的引入及其幅值要合适，使用起来不方便，且工作稳定性及精度较差。

2）图 10-4b 电路结构简单，但工作稳定性及精度差。

3）图 10-4c 电路工作稳定性及精度好，如果集成电路选择合适，电路结构也很简单。例如选择 12 级分频器 CC4040 及频率为 32768Hz 的石英晶体，即可方便地构成秒脉冲发生器。

4）图 10-4d 电路结构非常简单，但要从手表内引出秒脉冲信号，工艺上有一定困难。而且手表电池电压为 1.3V，而一般 CMOS 电路工作电压为 3～18V，因此，不仅需两种电源供电，而且引出信号还需增加电平转换电路才能使用。

通过以上比较，可见图 10-4c 方案较好，可以选择。

10.2.3 方案实现

随着集成电路技术的发展和计算机的应用，数字系统的实现方法也经历了由分立元件、小规模、中规模到大规模、超大规模，直至今天的专用集成电路（Application Specific Integrated Circuit，ASIC）。数字系统的实现大致有以下几种方法：

1）采用通用的集成逻辑器件组成。

2）采用单片微处理器作为核心实现。

3）采用可编程逻辑器件 PLD。

4）设计功能完整的数字系统芯片。

第一种是传统的方法，实际应用比较广泛，目前仍被设计者使用。第二种方法所用器件少，使用灵活，也得到广泛应用。第三种方法设计的系统体积小、功耗低、可靠性高、易于进行修改等，已成为当今实现数字系统设计的首选方案。现在的 ASIC 芯片规模已经达到几百万个元件。FPGA 或 CPLD 属于 ASIC 的一类。一个复杂的数字系统只要一片或几片 ASIC 即可实现。制作 ASIC 的方法大体可分为两种：一种是掩模方法，即由半导体厂家制造；另一种是现场可编程方法，用户通过计算机和开发工具，将所设计的电路或系统“编程”到芯片上，称为片上系统（System on Chip，SOC）。微电子制造工艺的进步和 EDA 软件技术的发展，使得数字系统的设计效率和复杂程度都在不断提高。

本章主要介绍第一种方法。此种方法是最基本的方法，也是其他几种方法的基础。此法要求尽量选用市场上可以提供的中大规模集成电路，并通过应用性设计来实现各功能块的要求以及各功能块之间的协调关系。该方法的要点如下：

1）熟悉目前数字或模拟集成电路的分类、特点，从而合理地选择芯片，实现各功能块的要求，并且工作可靠、价格低廉。

2）对所选各功能块进行应用性设计时，要根据集成电路的技术要求和功能块应完成的任务，计算外围电路的参数，对于数字集成电路要特别注意正确处理各功能输入端。

3）要保证各功能块协调一致地工作。协调工作主要通过控制器来完成，控制器作为一个功能块，通常由移位寄存器或计数器构成的脉冲分配器（又称节拍发生器）来组成。由它发出一系列脉冲，控制各功能块按一定顺序有条不紊地工作。因此，对该控制器的要求是严格的，不允许有竞争冒险和过渡干扰脉冲出现，以免发生控制失误。因为这一原因，控制器多采用扭环形计数器来构成。

10.2.4 系统仿真

系统仿真就是利用EDA软件对所设计的电路进行模拟仿真，这样，可以事先验证设计的正确性，排除错误。仿真过程对仿真平台器件库中不包含的器件可以采用VHDL等描述语言进行模块设计和调用。

系统仿真可以大大缩短设计时间，减少故障出现的可能性，提高系统的可靠性。

10.2.5 样机研制

样机研制是设计完成后，按照设计加工制造的第一台设备。它主要包括工艺设计以及安装调试等内容。学生在实验室大都是在逻辑实验箱上进行，验证是否达到任务书中各项要求。若达到，设计任务即可告一段落。若未达到，则需查找原因，从而决定返回以上哪个步骤重新进行，直到达到预期目的。

安装与调试过程按照先局部后整机的原则，把系统划分为若干功能块，根据信号的流向逐块装调，使各功能块都达到各自技术指标的要求，然后把它们连接起来进行统调和系统测试。在局部电路调试中，要注意各信号输入端的正确处理和恢复，一般不允许悬空，以便使调试工作顺利进行。

通常安装调试工作的第一步，就是根据实验板或实验箱为设计者提供的使用面积和各元器件体积大小，画出一张简单的装配图，以确定各元器件的实际位置，这对于后面的布线和调试工作十分重要。第二步就是把元器件按照装配图指示的位置插入实验板或实验箱的面板上，然后进行接线。在接线时，应首先连接各集成块的电源线和地线，然后插入外围电路各元器件，最后完成各集成块之间的信号连线。忘记接入电源线或地线是初学者很容易出现的错误。在接线完成之后就可以进行第三步调试工作了。

在电路加电之前，对照原理图和布线图反复检查，尽量排除接线上的错误，特别是各集成块的电源线和地线的接线错误，因为这两条线一旦接反就会造成器件永久性损坏，所以在查线时要特别注意。查线时可借助万用表进行。

检查接线确定无误后方可通电。通电后如果没有发现冒烟和集成块过热现象，就可以进行电路的调试，如检查电路能否正常复位，信号是否送到，电路的状态转换和输出是否正常等。

在调试过程中会遇到各种故障，数字系统在安装调试中常见的故障有三种，即接错线、漏接线和逻辑设计错误。排除方法可利用“故障点跟踪测试法”，即通过对某一预知特征点的状态，来确定电路工作是否正常。如发现该点的信号特征与预期结果不符，则向前一级查找，直至找到故障源。这种方法如能熟练地应用，可迅速找到故障点加以排除。

在应用以上方法时，要根据实际情况分别采用静态和动态测试法，如要测定电路的初始状态用静态测试法（电位法），如要了解电路状态转换情况，可用动态测试法（脉冲法）。

最常见的布线错误是漏接线和接错线。漏接线的结果往往使输入端浮空，浮空点的电平将偏离正常的逻辑电平，如TTL电路的输入端浮空点的电平大约为1.6V，而正常的“0”电平在0.2～0.4V之间，“1”电平在2.4～3.5V之间。CMOS电路的正常逻辑电平等于所用电源电压和地线电平。接错线有时会使器件输出端之间短路，两个具有相反电平的 TTL 电路输出端短路，输出电压大约为 0.6V，对于这些特点的了解，将会有利于故障点的查找。

最常见的设计错误是对于某些输入端，设计者忘记了处理，从而产生浮空端子。这些端子对于 TTL 电路相当接了逻辑 1 电平，而对于 CMOS 电路，由于输入阻抗非常高，所以很小的噪声都会引起输入电平在逻辑 1 和逻辑 0 之间漂移。像计数器不计数、寄存器不寄存信息等问题，常常是设计者对诸如清零端、置数端、使能端等输入端未加处理而引入噪声所致。

此外，设计中常见的错误是对于竞争冒险考虑不周。这样的问题在调试过程中发现后，可根据具体情况选择不同的方法加以解决，例如，加滤波电容或重新修改逻辑设计等。

在一般工程设计中，还要进行工艺设计、样机制作、鉴定、小批量生产等工作，这些因超出了本课程的范围，在这里不再多加叙述。

10.3 数字系统设计举例

10.3.1 数字波形合成器的设计

1. 任务书

（1）题目 数字波形合成器的设计。

（2）技术指标 设计一个三相正弦信号源，其技术指标如下。

1）正弦信号频率 $f=400$MHz。

2）频度稳定度 $\Delta f/f \leqslant 10^{-4}$。

3）三相信号 A、B、C 间相差 120°。

4）相位误差 $\Delta\varphi \leqslant 3°$。

5）幅值 $V_m=5V \pm 0.2V$。

6）正弦信号非线性失真系数 $\Gamma<1\%$。

2. 设计过程举例

（1）课题分析 在某些场合对于信号的频率、相位以及失真度要求较高。例如，在精密陀螺测试中，对于 400Hz 三相正弦交流电源的这些参数要求就很严格。它要求频率稳定度 $\Delta f/f \leqslant 10^{-4}$，相位误差角 $\Delta\varphi \leqslant 3°$，非线性失真系数 $\Gamma<1\%$ 等。如果这些指标不满足，将会使陀螺角动量变化，电动机升温，产生干扰力矩，从而影响陀螺电动机的正常工作和测试。本课题就是以此问题为背景提出的。

课题的实现方案有多种，但是采用石英晶体振荡器、分频器、D/A 转换器构成的数字波形合成方案，是实现高频和高相位稳定性的一种较好方案，由于采用了具有较高频率稳定性的石英晶体和数字合成技术，因此系统精度高、成本低、体积小，容易实现技术指标的要求。

（2）方案论证 数字波形合成的原理很简单，从理论上说，这种方法可以合成任意波形，这里以合成正弦波为例说明如下。

假设要合成的正弦波频率为 f、幅值为 V_m，首先把它的一个周期分为 N 等分，用具有 N 个阶梯的正弦波来逼近所要求的正弦波，$N=6$ 的阶梯正弦波如图 10-5 所示。可见 N 越大，其逼近程序越好，但同时电路实现也越复杂。所以要综合考虑这两方面的因素，根据技术指标的要求，合理选择 N 值。

数字波形合成器的首要任务就是合成这种阶梯波，然后通过 LPF 把其中的高次谐波分量滤除，就获得了所需正弦波。

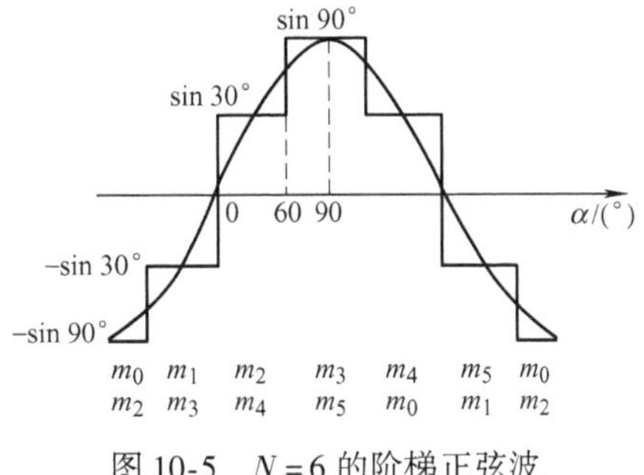

图 10-5　$N=6$ 的阶梯正弦波

阶梯波合成器原理如图 10-6 所示，脉冲发生器的振荡频率 F 与正弦波的频率 f 的关系为

$$F=Nf$$

式中，N 为分频器的分频系数（或称计数器的有效状态数）。可见分频器的输出频率与正弦波的频率相等，都是

$$f=\frac{F}{N}$$

分频器的 N 个有效状态与正弦波的 N 等分对应，也就是与阶梯波的 N 个阶梯对应，设分频器的 N 个有效状态为 m_0，m_1，m_2，…，m_{N-1}，它们与正弦阶梯的对应关系可人为指定（实际上不同的对应关系将影响正弦波的相位，这在后面还要讲），如图 10-5 中，上面一行 m_0 对应 $-\sin 90°$，m_1 对应 $-\sin 30°$，…，依此类推。只要把上述状态变量经正弦加权的 D/A 转换器，即用各状态输出去控制它所对应的权电阻（该权电阻值等于该状态所对应的正弦值），这样 DAC 的输出就是所要求的阶梯正弦波。阶梯正弦波合成器原理框图如图 10-6 所示。

脉冲发生器 → 计数器(分频器) → 正弦加权DAC → 阶梯正弦波

图 10-6　阶梯正弦波合成器原理框图

当要求输出多路正弦波，并要求其相位差为 φ 角时，应如何考虑呢？

从正弦阶梯波合成的基本原理中可以看到，计数器的一个循环周期对应正弦波的一个周期，计数器的 N 个状态对应阶梯正弦波的 N 个阶梯，所以计数器每两个相邻状态相差 $2\pi/N$rad，即 $360°/N$，若要求两路正弦输出信号相差 φ 角，就要求两路阶梯波对应的阶梯错开 M 个计数器的状态，即

$$\varphi=M\frac{2\pi}{N}$$

所以

$$M=\varphi/\frac{2\pi}{N}$$

如图 10-5 所示，若要求两路相差 120°，且 $N=6$，则

$$\frac{360°}{N}=\frac{360°}{6}=60°$$

所以

$$M=120°/60°=2$$

即两路输出正弦阶梯波对应阶梯应错开两个计数器状态。如图 10-5 所示，第一路阶梯波的 $-\sin 90°$阶梯对应 m_0 状态，第二路相应阶梯对应 m_2 状态，依此类推。

综上所述，可得系统框图如图 10-7 所示。概括起来说，要输出 W 路正弦信号，必须有 W 个正弦加权 D/A 转换器，其权电阻解码网络中各权电阻与参考电路相同，电压源的接通

受计数器的各有效状态输出控制，而各路正弦输出信号由于其相位的差别，各自相应权电阻所接计数器的状态变量也不同。

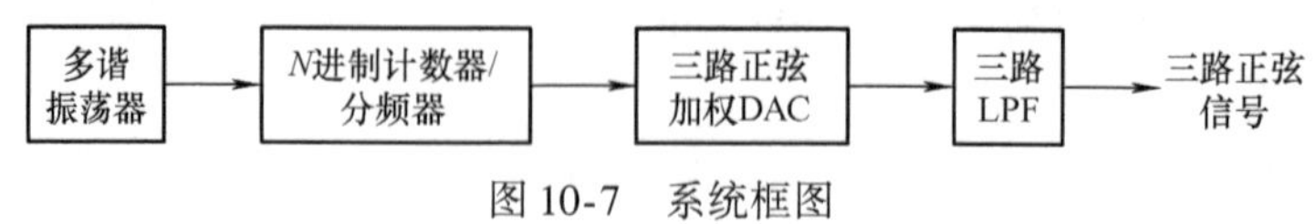

图 10-7 系统框图

（3）方案实现

1）振荡器。为了获得高的频率稳定性，这里选用石英晶体振荡电路。由上述分析可知，信号的频率稳定性主要取决于脉冲源频率的稳定性，采用石英晶体振荡器可以满足 $\Delta f/f \leqslant 10^{-4}$ 的技术要求。

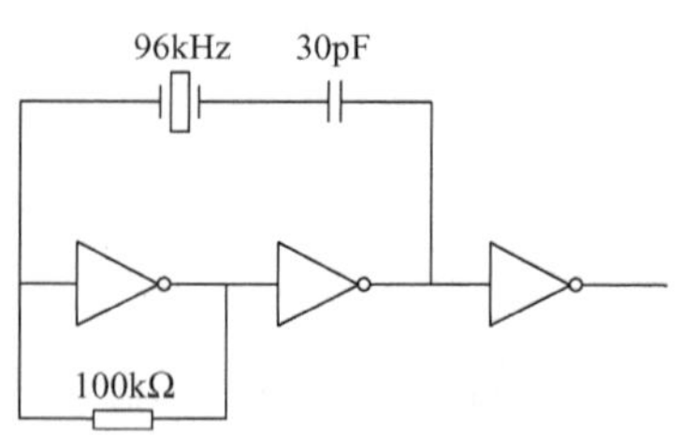

图 10-8 石英晶体多谐振荡电路

CMOS 石英晶体多谐振荡电路如图 10-8 所示。采用 CMOS 电路的理由后面还要提到。石英晶体的谐振频率应为 $f_0 = F = 400N$，具体数值在后面确定。门电路采用 CD4069 六反相器。

2）N 分频器（计数器）。为了简化电路，在此采用 6 位扭环形计数器，如图 10-9 所示，即 $N=12$，且选用 CMOS 器件 CD4013 双 D 触发器实现。

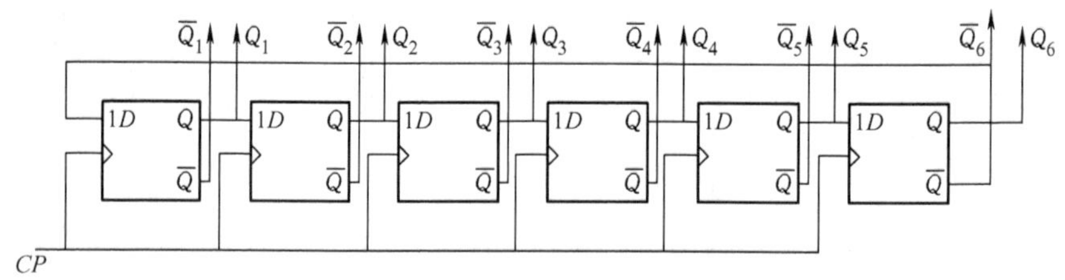

图 10-9 6 位扭环形计数器

采用这种方案的最大特点是：由于计数器为约翰码，使得权电阻可以采用增量方式，从而省略了 12 路状态译码器。此外，由于采用了 CMOS 器件，其逻辑电平非常接近电源电压的值，因此参考电源及模拟开关均可省略，而直接利用计数器的输出端驱动权电阻网络。这样一来就使得电路大大简化。

下面进一步分析增量式权电阻方案。6 位扭环形计数器的时序图如图 10-10 所示。若以 Q_1、Q_2、Q_3、Q_4、Q_5、Q_6 作为状态输出变量，那么在计数器 12 个有效状态循环周期中有如下特点：在前半周期中，每次状态转换后 $Q_1 \sim Q_6$ 依次增加一个“1”；而在后半个周期中，每次状态转换后 $Q_1 \sim Q_6$ 依次减少一个“1”。如果把每一个“1”对应一个阶梯波的台阶，即每增加一个“1”时模拟电压输出量上升一个台阶，每减少一个“1”时下降一个相应的台阶，这就是权电阻增量方式的设想。当然，各台阶幅度并不都相等，只要使其幅度对应于各台阶间阶梯正弦波的增量值即可。

可见 $N=12$ 的阶梯正弦波在本方案中其增量权电阻解码网络只需要六个增量权电阻。以 $Q_1 \sim Q_6$ 作为状态变量的阶梯波合成原理如图 10-10 所示，$e_1 \sim e_6$ 为各阶梯正弦增量值。

当要求两路正弦波输出相位差 φ 角时，其原理也与前面分析的情况类似，计数器的两个相邻状态间相差 $360°/N$，在本例中为 $30°$，若要求相差 $120°$，应错开 $M=4$ 个计数器状态。若第一路输出采用 $Q_1 \sim Q_6$，则第二路输出的第一个状态便变量应该是 $\overline{Q}_5$，而其后的五个状态变量依次为 $\overline{Q}_6$、Q_1、Q_2、Q_3、Q_4。也就是说，在采用扭环形计数器的方案中，N 进制计数器有 N 个状态变量（N 必然为偶数），它们可写为 Q_1、Q_2、…、$Q_{N/2}$、$\overline{Q}_1$、$\overline{Q}_2$、…、$\overline{Q}_{N/2}$，每一路正弦输出的控制变量可以选择其中顺序相邻的 $N/2$ 个变量（最后一个 $\overline{Q}_{N/2}$ 又回过来与第一个 Q_1 顺序相邻），两路正弦输出波形的控制变量序列每错开一位相位差 $360°/N$。

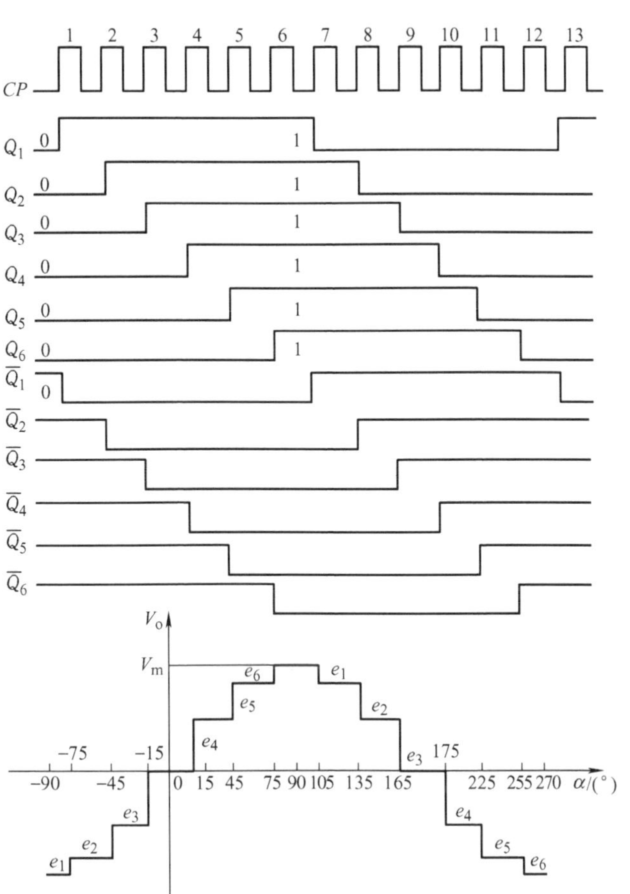

图 10-10 6 位扭环形计数器时序图及增量式阶梯正弦波合成原理

可见，选用不同输出端子序列去控制权电阻 D/A 转换器就可以实现各路输出信号间相位差的要求。

由以上分析可以看到，设计中首先确定以下三个参数：

① 分频系数 N，从而得到扭环形计数器的位数 $N/2$。

② 分频器输入脉冲的频率 F（或多谐振荡器的输出频率）。

③ 多路输出正弦波间的相位差 φ 角所决定的变量序列差值 M。

这三个参数的求解过程如下。

a）由给定相位差 φ 求最小细分系数 P

$$P=\frac{360°}{\varphi}$$

b）求分频系数 N 以及变量序列差值 M

$$M=\frac{N}{P}$$

由前面的分析可知，N 必然是偶数，又考虑到阶梯正弦波的高次谐波分量不应太大，通常取 $N \geqslant 12$，即可取 12，14，16，…。

M 为变量序列差值，所以必须为整数，即 N 必须能被 P 整除。

可见，N 的选择原则可归纳为：N 必须为正偶数，必须能被 P 整除，也必须 $\geqslant 12$。

c）求 F

$$F = Nf$$

式中，f 为输出正弦信号的频率。

下面按此方法设计任务书中此部分电路。

a）求 P。任务书要求三相信号源，即要求三路输出，各路相差角 $\varphi = 120°$。所以

$$P = 360°/\varphi = 3$$

b）求 N、M。根据 N 的选择原则，取 $N = 12$，所以

$$M = N/P = 4$$

而扭环形计数器的位数 $N/2 = 6$。

c）求 F。

$$F = Nf = 12 \times 400\text{Hz} = 4.8\text{kHz}$$

可见，分频器的输入脉冲频率应为 4.8kHz，本例中采用的石英晶体谐振频率 $f_0 = 96\text{kHz}$，所以振荡器输出还应经过 20 分频电路才能送入扭环形计数器。

本例中选 6 位扭环形计数器 Q_1、Q_2、、Q_3、Q_4、Q_5、Q_6 作为 A 相正弦波 D/A 转换器的控制变量序列，而 B 相的控制变量序列为 Q_5、Q_6、Q_1、Q_2、Q_3、Q_4，而 C 相的控制变量序列为 Q_3、Q_4、Q_5、Q_6、Q_1、Q_2。

3）正弦加权 DAC。如图 10-11 所示，以 A 相正弦加权 DAC 为例介绍电路的工作原理和权电阻的求解方法。

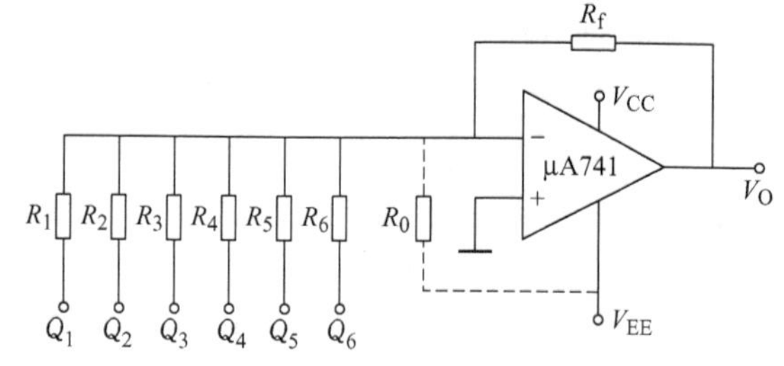

图 10-11 A 相正弦加权 DAC

图 10-11 中，$R_1 \sim R_6$ 为权电阻解码网络，$Q_1 \sim Q_6$ 为 A 相阶梯正弦波 DAC 的控制变量序列。根据波形合成原理，对应扭环形计数器的一个计数循环周期，DAC 输出端 V_O 应输出一个周期的阶梯正弦波。如何选择权电阻 $R_1 \sim R_6$ 的值才能实现这一要求，是下面主要解决的问题。

由图 10-11（不包括虚线部分）可得

$$V_O = -R_f V_{REF}\left(\frac{1}{R_1}d_1 + \frac{1}{R_2}d_2 + \frac{1}{R_3}d_3 + \frac{1}{R_4}d_4 + \frac{1}{R_5}d_5 + \frac{1}{R_6}d_6\right) \quad (10\text{-}1)$$

式中，$d_1 \sim d_6$ 为 A 相控制变量序列代码，即 $Q_1 \sim Q_6$ 的二进制值。代码为 1 的位，相应权电阻接 V_{REF}；代码为 0 的位，相应权电阻接地。而式中的 V_{REF} 实际上就是控制变量 $Q_1 \sim Q_6$ 的逻辑高电平时的电压值 V_{OH}，也就是电源 V_{DD} 的值，而地由 V_{OL} 代替。只要各权电阻按正弦规律加权，V_O 就可以得到阶梯正弦波。当扭环形计数器为 000000 状态时，由式(10-1) 得 $V_O = 0\text{V}$；扭环形计数器为非全 0 状态时，V_O 为负值；扭环形计数器为全 1 状态时，V_O 为负的最大值。由图 10-10 波形合成原理可以看到，全 0 状态必须对应 sin90°，而全 1 状态对应 sin(−90°)。但是这样得到的 V_O 波形实际逼近的是 $-V_m + V_m\sin 90°$，即包含有一个 $-V_m$ 直流分量的阶梯正弦波。为了消除这一直流分量，在图 10-11 的 DAC 中增加一个电平偏移电阻 R_0，如图中虚线部分所示。这样输出 V_O 应改写为

$$U_O = -R_f V_{REF}\left(\frac{1}{R_1}d_1 + \frac{1}{R_2}d_2 + \frac{1}{R_3}d_3 + \frac{1}{R_4}d_4 + \frac{1}{R_5}d_5 + \frac{1}{R_6}d_6\right) - \frac{R_f}{R_0}V_{EE} \tag{10-2}$$

式中，$-R_f V_{EE}/R_0$ 的值应等于正弦波幅值 V_m。

参照图 10-10 中合成正弦阶梯波与相位对应关系的原理，在本电路中，当扭环形计数器为 000000 状态时，V_O 对应 $V_m\sin 90°$，所以由式(10-2) 可得

$$-\frac{R_f}{R_0}V_{EE} = V_m \tag{10-3}$$

同理当扭环形计数器为 100000 状态时，V_O 对应 $V_m\sin 120°$，由式(10-2) 得

$$-R_f V_{REF}\frac{1}{R_1} - \frac{R_f}{R_0}V_{EE} = -e_1 + V_m \tag{10-4}$$

扭环形计数器依次变化直到全 1，可得如下各式：

$$\begin{aligned}&-R_f V_{REF}\left(\frac{1}{R_1}+\frac{1}{R_2}\right) - \frac{R_f}{R_0}V_{EE}\\ &= -(e_1+e_2) + V_m - R_f V_{REF}\left(\frac{1}{R_1}+\frac{1}{R_2}+\frac{1}{R_3}\right) - \frac{R_f}{R_0}V_{EE}\\ &= -(e_1+e_2+e_3) + V_m\end{aligned} \tag{10-5}$$

$$-R_f V_{REF}\left(\frac{1}{R_1}+\frac{1}{R_2}+\frac{1}{R_3}+\frac{1}{R_4}\right) - \frac{R_f}{R_0}V_{EE} = -(e_1+e_2+e_3+e_4) + V_m \tag{10-6}$$

$$-R_f V_{REF}\left(\frac{1}{R_1}+\frac{1}{R_2}+\frac{1}{R_3}+\frac{1}{R_4}+\frac{1}{R_5}\right) - \frac{R_f}{R_0}V_{EE} = -(e_1+e_2+e_3+e_4+e_5) + V_m \tag{10-7}$$

$$\begin{aligned}&-R_f V_{REF}\left(\frac{1}{R_1}+\frac{1}{R_2}+\frac{1}{R_3}+\frac{1}{R_4}+\frac{1}{R_5}+\frac{1}{R_6}\right) - \frac{R_f}{R_0}V_{EE}\\ &= -(e_1+e_2+e_3+e_4+e_5+e_6) + V_m\end{aligned} \tag{10-8}$$

解此方程组，把式(10-3) 分别代入式(10-4) ~式(10-8) 得

$$-R_f V_{REF}\frac{1}{R_1} = -e_1 \tag{10-9}$$

$$-R_f V_{REF}\left(\frac{1}{R_1}+\frac{1}{R_2}\right) = -(e_1+e_2) \tag{10-10}$$

$$-R_f V_{REF}\left(\frac{1}{R_1}+\frac{1}{R_2}+\frac{1}{R_3}\right) = -(e_1+e_2+e_3) \tag{10-11}$$

$$-R_f V_{REF}\left(\frac{1}{R_1}+\frac{1}{R_2}+\frac{1}{R_3}+\frac{1}{R_4}\right) = -(e_1+e_2+e_3+e_4) \tag{10-12}$$

$$-R_f V_{REF}\left(\frac{1}{R_1}+\frac{1}{R_2}+\frac{1}{R_3}+\frac{1}{R_4}+\frac{1}{R_5}\right) = -(e_1+e_2+e_3+e_4+e_5) \tag{10-13}$$

$$-R_f V_{REF}\left(\frac{1}{R_1}+\frac{1}{R_2}+\frac{1}{R_3}+\frac{1}{R_4}+\frac{1}{R_5}+\frac{1}{R_6}\right) = -(e_1+e_2+e_3+e_4+e_5+e_6) \tag{10-14}$$

由式(10-9) ~式(10-14) 可得

$$R_1:R_2:R_3:R_4:R_5:R_6 = \frac{1}{e_1}:\frac{1}{e_2}:\frac{1}{e_3}:\frac{1}{e_4}:\frac{1}{e_5}:\frac{1}{e_6} \tag{10-15}$$

为了减少电源种类，令 $V_{REF} = V_{OH} = V_{DD} = V_{CC} = 10\text{V}$，$V_{EE} = -10\text{V}$，代入式(10-14) 和式(10-3) 得

$$R_f = R_1//R_2//R_3//R_4//R_5//R_6 \tag{10-16}$$

$$R_0 = 2R_f \tag{10-17}$$

以上各式中的 $e_1 \sim e_6$ 为阶梯正弦波各阶梯之增量值（见图 10-10），而各阶梯的值均取该阶梯所对应相位角的中间值的正弦值，由此可得

$$e_3 = e_4 = V_m \sin 30° = 0.5V_m \tag{10-18}$$

$$e_2 = e_5 = V_m \sin 60° - e_3 = 0.366V_m \tag{10-19}$$

$$e_1 = e_6 = V_m \sin 90° - e_2 - e_3 = 0.134V_m \tag{10-20}$$

因此式(10-15) 可进一步写为

$$R_1:R_2:R_3:R_4:R_5:R_6 = 1.5:0.55:0.4:0.4:0.55:1.5$$

考虑 CMOS 器件带负载能力，$R_1 \sim R_6$ 可分别取为：1MΩ、370kΩ、270kΩ、270kΩ、370kΩ、1MΩ。所以 R_f 应取为 68kΩ，R_0 应取为 135kΩ。

其他两相 DAC 结构及参数完全相同，只是控制变量序列不同而已。所以总逻辑图中未画出，只是标出了三相的对应控制变量序列。

4）低通滤波器（LPF）。上述阶梯正弦波含有多种高次谐波分量，随着 N 值的增大，所含谐波分量越小。为了设计好 LPF，下面对本例中 $N=12$ 时的阶梯正弦波进行谐波分析。

将 $N=12$ 的阶梯正弦波（见图 10-10）按傅里叶级数展开

$$f(t) = A_0 + \sum_{k=1}^{\infty}(A_k \cos k\omega t + B_k \sin k\omega t)$$

式中

$$A_0 = \frac{1}{T}\int_0^T f(t)\,dt$$

$$A_k = \frac{2}{T}\int_0^T f(t)\cos k\omega t\,dt$$

$$B_k = \frac{2}{T}\int_0^T f(t)\sin k\omega t\,dt$$

式中，ω 为基波频率；k 为谐波次数。由其波形可以看到该阶梯正弦波为奇函数且半波对称，所以 $A_0=0$，$A_k=0$，且只有奇次谐波，即

$$B_k = \frac{8}{T}\int_0^{\frac{T}{4}} f(t)\sin k\omega t\,dt$$

式中，$k=1、3、5、\cdots$；$\omega = 2\pi/T$。

由图 10-10 可以写出

$$f(t) = \begin{cases} V_m \sin 0° = 0V_m & 0 \leqslant t < \dfrac{T}{24} \\ V_m \sin 30° = \dfrac{1}{2}V_m & \dfrac{T}{24} \leqslant t < \dfrac{T}{8} \\ V_m \sin 60° = \dfrac{\sqrt{3}}{2}V_m & \dfrac{T}{8} \leqslant t < \dfrac{5}{24}T \\ V_m \sin 90° = 1V_m & \dfrac{5T}{24} \leqslant t \leqslant \dfrac{T}{4} \end{cases}$$

由此可得

$$B_k = \frac{8V_m}{T}\left(\int_0^{\frac{T}{24}} 0\sin k\omega t\mathrm{d}t + \int_{\frac{T}{24}}^{\frac{T}{8}} \frac{1}{2}\sin k\omega t\mathrm{d}t + \int_{\frac{T}{8}}^{\frac{5T}{24}} \frac{\sqrt{3}}{2}\sin k\omega t\mathrm{d}t + \int_{\frac{5T}{24}}^{\frac{T}{4}} \sin k\omega t\mathrm{d}t\right)$$

$$= \frac{8V_m}{Tk\omega}\left(-\frac{1}{2}\cos k\omega t\Bigg|_{\frac{T}{24}}^{\frac{T}{8}} - \frac{\sqrt{3}}{2}\cos k\omega t\Bigg|_{\frac{T}{8}}^{\frac{5T}{24}} - \cos k\omega t\Bigg|_{\frac{5T}{24}}^{\frac{T}{4}}\right)$$

$$= \frac{4V_m}{k\pi}\left(\frac{1}{2}\cos\frac{k\pi}{12} - \frac{1}{2}\cos\frac{k\pi}{4} + \frac{\sqrt{3}}{2}\cos\frac{k\pi}{4} - \frac{\sqrt{3}}{2}\cos\frac{5k\pi}{12} + \cos\frac{5k\pi}{12} - \cos\frac{k\pi}{2}\right)$$

$$= \frac{1}{k}\frac{4V_m}{\pi}\left[\frac{1}{2}\cos\frac{k\pi}{12} + \frac{\sqrt{3}-1}{2}\cos\frac{3k\pi}{12} + \left(1-\frac{\sqrt{3}}{2}\right)\cos\frac{5k\pi}{12}\right]$$

分析中括号里的表达式可以发现，当 $k=1$ 时可写为

$$\frac{1}{2}\cos\frac{\pi}{12} + \frac{\sqrt{3}-1}{2}\cos\frac{3\pi}{12} + \left(1-\frac{\sqrt{3}}{2}\right)\cos\frac{5\pi}{12} = A$$

当 $k=13$ 时可写为

$$\frac{1}{2}\cos\left(\pi+\frac{\pi}{12}\right) + \frac{\sqrt{3}-1}{2}\cos\left(\pi+\frac{3\pi}{12}\right) + \left(1-\frac{\sqrt{3}}{2}\right)\cos\left(\pi+\frac{5\pi}{12}\right) = -A$$

当 $k=25$ 时可写为

$$\frac{1}{2}\cos\left(2\pi+\frac{\pi}{12}\right) + \frac{\sqrt{3}-1}{2}\cos\left(2\pi+\frac{3\pi}{12}\right) + \left(1-\frac{\sqrt{3}}{2}\right)\cos\left(2\pi+\frac{5\pi}{12}\right) = A$$

依此类推，可以看到该值的绝对值是随 k 以 12 为周期变化的。所以只要求出 $B_1 \sim B_{11}$ 的值就可以了，把 $k=1$、3、5、7、9、11 分别代入 B_k 式得

$$B_1 = 0.989V_m = B_{基}$$

$$B_3 = B_5 = B_7 = B_9 = 0$$

$$B_{11} = \frac{1}{11}(B_{基})$$

由上述分析可见 $B_{谐}$ 与 $B_{基}$ 的关系可写为

$$|B_{谐}| = \left|\frac{B_{基}}{12j \pm 1}\right| \qquad j = 1,2,3,\cdots$$

可见 $N=12$ 时，合成阶梯正弦波所含高次谐波的最低次谐波为 11 次，其幅值为基波幅值的 1/11。采用 LPF 平滑，可大大降低谐波成分。一阶 LPF 可使谐波失真度达1%，二阶 LPF 可使之达0.1%。在此选用二阶 LPF 器，其结构如图 10-12 所示。

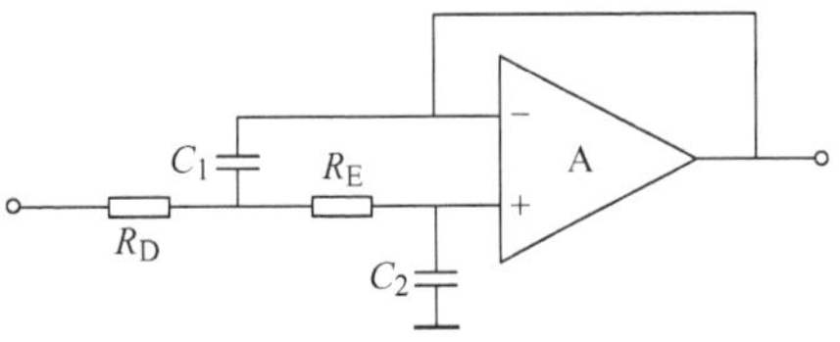

图 10-12 二阶 LPF 结构

该二阶 LPF 的参数推导如下，其传递函数为

$$T(s) = \frac{1}{\left(\frac{s}{\omega_0}\right)^2 + \frac{1}{Q}\left(\frac{s}{\omega_0}\right) + 1}$$

其中 ω_0 为截止频率

$$\omega_0 = \frac{1}{\sqrt{R_D R_E C_1 C_2}} \tag{10-21}$$

Q 为等效品质因数

$$Q = \frac{1}{\omega_0 (R_D + R_E) C_2} \tag{10-22}$$

由此可得其频率特性

$$T(j\omega) = \frac{1}{1 - \left(\frac{\omega}{\omega_0}\right)^2 + j\frac{\omega}{Q\omega_0}}$$

如果取中心频率 $\omega = \omega_0$，上式可化为

$$T(j\omega_0) = -jQ$$

即 LPF 的输出信号与输入信号幅值之比取决于 Q 值，而相位滞后输入信号 90°。

在本设计中选 $Q = 1$，$\omega = \omega_0$，所以 LPF 的输出信号与阶梯正弦波的基波分量幅值相等，相位滞后 90°。

取 $R_D = R_E = R$ 代入式(10-21）和式(10-22）得

$$C_1 = 4Q^2 C_2 \tag{10-23}$$

$$R = \frac{1}{2Q\omega_0 C_2} \tag{10-24}$$

取 $Q = 1$，所以

$$C_1 = 4C_2$$

$$R = \frac{1}{2\omega_0 C_2}$$

这就是该 LPF 在本系统中的参数选择原则。由于本系统中 $\omega_0 = 2\pi \times 400$，所以 LPF 的具体参数可选择如下

$$C_2 = 2200\text{pF}$$

$$C_1 = 8800\text{pF}$$

$$R_D = R_E = R = 91\text{k}\Omega$$

至此全部电路设计完毕，数字波形合成器总电路图如图 10-13 所示。

（4）仿真　为了验证以上方案的正确性，在进行安装与调试之前首先对图 10-13 进行仿真。

仿真时为了简化电路，只对其中两相（A 相和 B 相）进行仿真。仿真电路图如图 10-14 所示，两相输出波形如图 10-15 所示，图 10-15 仿真验证了总电路图的正确性。

（5）安装与调试　按照先局部后整机的原则，把系统划分为若干个功能块，然后根据信号流向逐块装调，最后进行统调和系统测试。本系统可按如下步骤进行。

1）首先装调 4. 8kHz 脉冲信号源电路。安装和调试石英晶体振荡器和 20 分频电路。借助示波器观察并记录有关各点波形。与理论分析结果形同，则电路正常；否则查找、分析故障点，予以排除，直至正常为止。

2）6 位扭环形计数器的装调。4. 8kHz 信号送入扭环形计数器的时钟端，通过双踪示波器观察 $Q_1 \sim Q_6$ 以及 $\overline{Q}_1 \sim \overline{Q}_6$ 的波形，它们的占空比都应该是 50%，而频率应是 4. 8kHz 的 1/12。

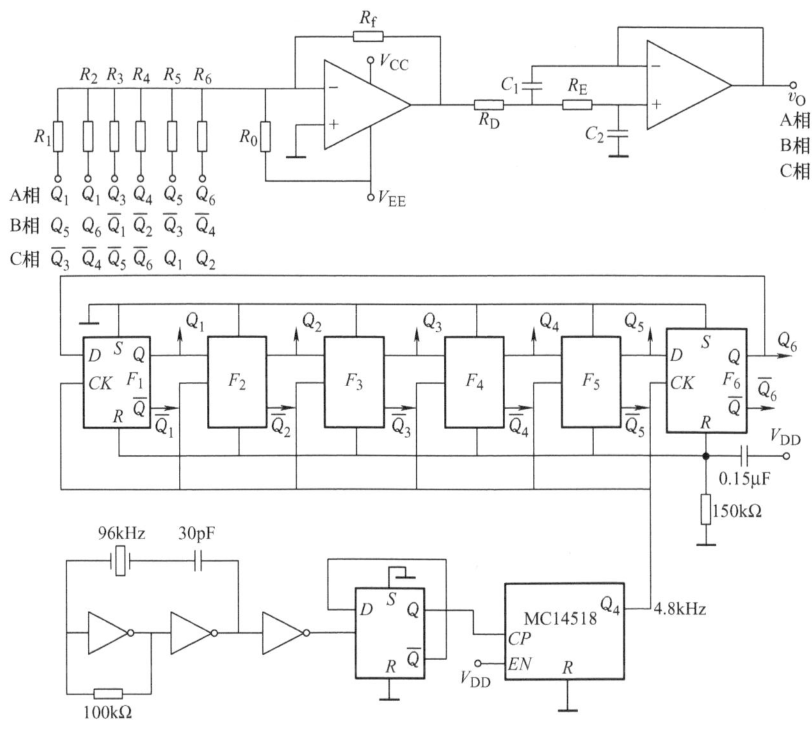

图 10-13　数字波形合成器总电路图

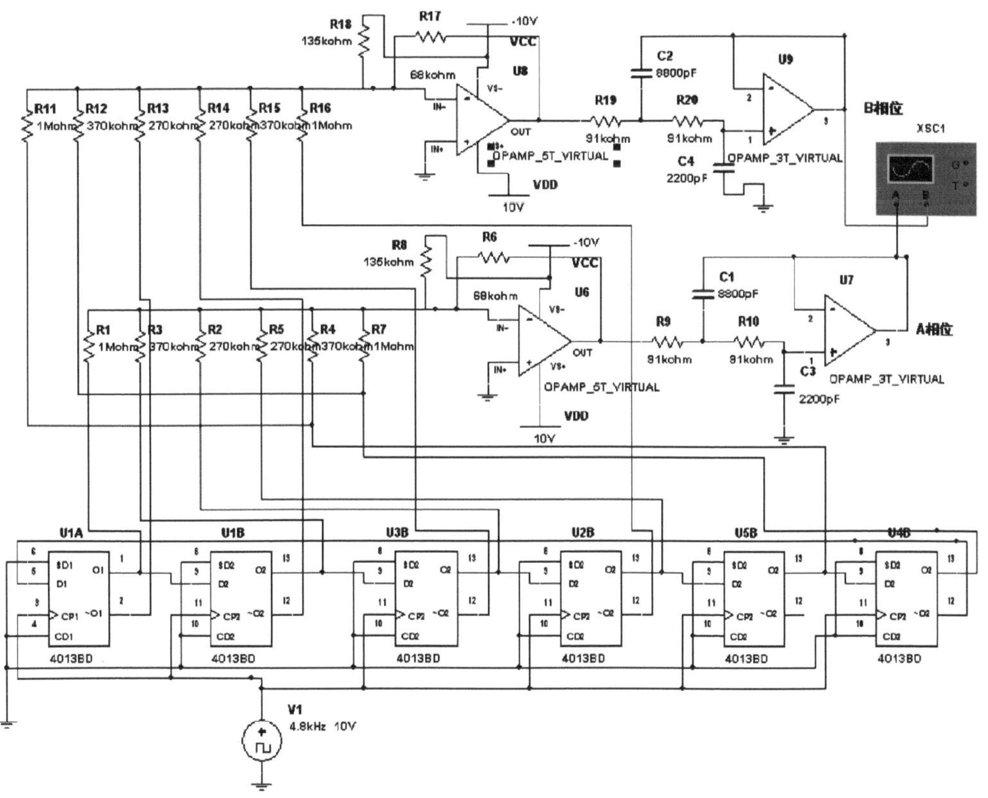

图 10-14　数字波形合成器仿真电路图

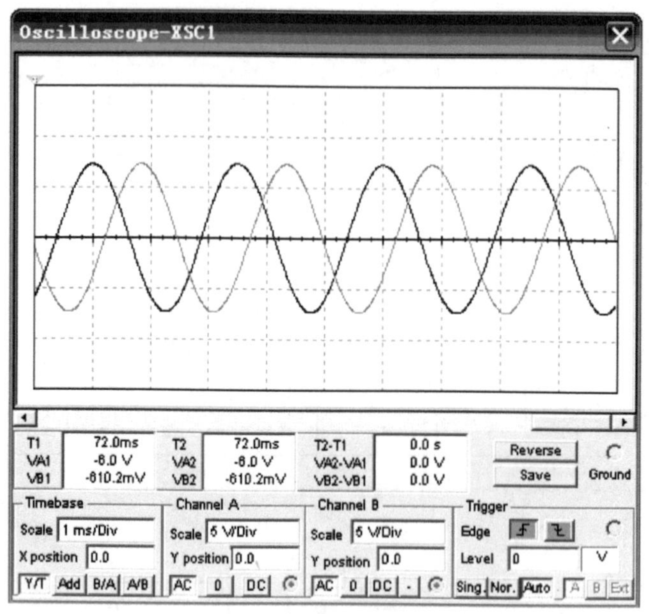

图 10-15　数字波形合成器仿真波形

3）正弦加权 DAC 的装调。把扭环形计数器相应输出端接至三相 DAC 各自的解码网络输入端，通过示波器可以观察到合成的阶梯正弦波，而且其相位各差 120°。

4）LPF 的装调。各路阶梯正弦波经各自的 LPF 后可以得到三路相差 120°的正弦波，其幅值约为 5V，相差 120°，频率 400kHz。

借助频率计、失真度仪、示波器等观察、测试各项指标，应能满足技术要求。

整个系统调试结果满足设计要求。

10.3.2　浮点频率计的设计

1. 任务书

（1）题目　浮点频率计的设计。

（2）技术指标

1）设计一个浮点式频率计。

2）要求测量频率最高可达 1MHz。

3）测量结果以 3 位 LED 数码管显示，其中两位用以显示有效数字，一位显示 10 的幂次数。

4）要求具有启、停控制用于启动和停止频率的连续测量和显示。

5）在连续测量工作状态要求每次测量 1s 显示 3s 左右，并且连续进行直至按动停止按钮。

2. 设计过程举例

（1）课题分析　本课题要求设计一个浮点式数字频率计。一般的数字频率计通常是由石英晶体振荡器、分频器、计数器以及测量与显示控制器等组成。其原理框图如图 10-16 所示。其中石英晶体振荡器、分频器、控制器的主要任务是产生时间基准信号，其脉冲宽度必须是准确的，例如 1s 或 0.1s 等。这种时间基准信号被用来控制被测信号的输入计数，可见被测信号的频率与基准信号选通期间计数器所计数值成正比。若基准信号为 1s，则计数值即为被测信号的频率，若基准信号为0.1s，则计数值乘以10即为被测信号的频率等。因此基准信号通常设计为10的整数次幂，从而使测量结果的定标只要移动小数点的位置即可。

基准测量信号选通时间的长短以及计数器的位数决定了频率计的分辨率，而频率计的精度主要取决于基准测量信号本身的精度。这就是脉冲源采用石英晶体振荡器的原因。由于作为开门信号的基准测量信号与被测信号不同步，所以这种测量方法存在着 ±1 个计数脉冲的误差。当被测信号频率很低时，该误差将使测量结果的相对误差很大，因此上述测量原理将不适用。解决这个问题的方法通常是首先测量被测信号的周期，然后再转换为相应的频率值。

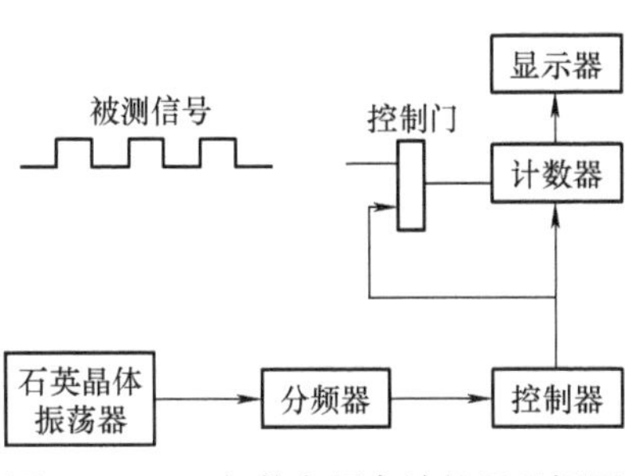

图10-16　一般数字频率计的原理框图

本课题所要求的频率计属于前者情况，即被测信号频率较高，所以图10-16的原理框图仍适用，但其特殊点在于计数器的小数点位置是不固定的（即使在同一标准测量信号下），所以称为浮点式频率计。具体来说，对于一般的频率计，在其时间基准信号选定的情况下，计数器小数点的位置就被固定，而且在基准测量信号选通期间，计数器所计的全部数字都要保留，因此计数器的长度必须足够，不能产生溢出，否则结果将是错误的。这样所需显示器的位数也很多。对于浮点式频率计，在其基准测量信号选通期间，计数器所计的数不管多大，只要保留系统所规定的有效数字位数，例如本系统只需要保留最高两位的有效数字，后面各位的数字一概不予保留，而只反映出其后面还有多少位就可以了。本例中通过一位十进制“幂次数计数器、显示器”来反映测量结果的小数点位置。可见本系统测量结果的显示只需3位十进制数，前两位是结果保留的有效数字，第三位是此数所乘以10的幂次数，即结果的表达式为 $m\times10^N$，其中 m 为两位十进制数，N 为一位十进制数。系统的最高测量频率为1MHz，因此显示范围完全够用。

（2）方案论证　根据以上的分析，浮点频率计原理框图如图10-17所示，其基本原理如下所述。

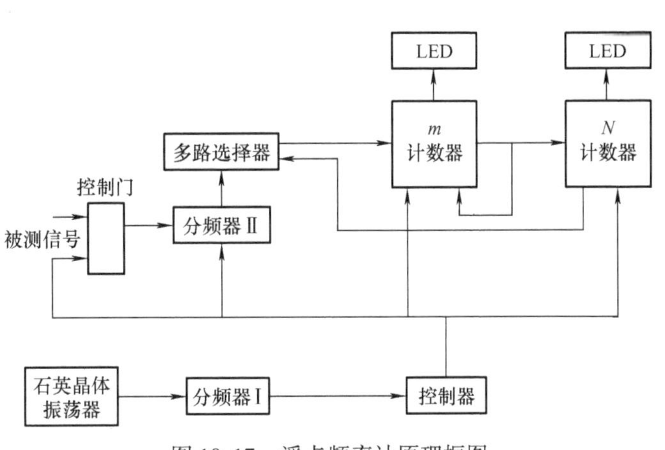

图10-17　浮点频率计原理框图

1）石英晶体振荡器、分频器Ⅰ、控制器。该部分电路主要用来产生基准测量信号，采用石英晶体振荡器保证了基准测量信号的准确性，从而保证了测量结果的精度。基准测量信号的脉冲宽度可以是1s，也可以是0.1s等多种，这要根据系统测量频率的范围及精度要求来确定。一般频率计都设计为多种，由用户在使用中选择。本系统以讲清原理为主，因此只选择1s的一种。

此外控制电路还要求具有启动和停止系统测量的功能，这可以通过“启”“停”两个微动开关和相应电路来实现。系统在连续测量与显示工作状态下，实现测量1s，显示约3s，再测量，再显示等功能。

2）m 计数器与 N 计数器。m 计数器为有效数字计数器，它由两位 BCD 计数器组成。N 计数器为幂次计数器，它由一位 BCD 计数器实现。其工作过程是这样的：首先把 m、N 计数器清零。当要测频时，按动启动按钮 SB，系统进入连续测量与显示工作状态。当基准测量信号（1s）选通时，计数器控制门打开，被测量信号进入 m 计数器。当 m 计数器计满（达99 时），频率显示为 99×10^0，即 N 计数器仍为0。被测信号再来一个脉冲，计数器应为100，即 m 计数器应从99 变为10，而 N 计数器应从0 变为1。此后，m 计数器再来的脉冲应以10 为单位，即被测信号每送入10 个脉冲，m 计数器才应计一个1，所以被测信号应该经过十分频电路后再送入 m 计数器。同样道理，在 $N=1$ 的情况下，m 计数器计到99 时（频率显示为 99×10^1），若 m 计数器再接收一个脉冲，则 m 计数器应由99 变为10，而 N 计数器应由1 变为2。此后，m 计数器的输入应从被测信号经100 分频器后的输出接收，此过程一直进行到系统的最高测量频率，即 m、N 计数器的最大值 99×10^4。可见 m 计数器中的高位 BCD 计数器必须具有预置功能，以便实现9→1 的转换。

3）分频器Ⅱ和多路选择器。由上述分析可知，m 计数器的输入分别为被测信号 f 及其分频信号 $f/10$、$f/10^2$、$f/10^3$、$f/10^4$。分频器Ⅱ就是用来实现这些分频，所以它是由四级十分频电路来完成。多路选择器是用来实现对上述五种输入信号进行选择，把所需信号送入 m 计数器，因此它要受 N 计数器的状态控制。当 $N=0$ 时，多路选择器送出 f 信号；当 $N=1$ 时，送入 $f/10$；当 $N=2$ 时，送入 $f/10^2$；当 $N=3$ 时，送入 $f/10^3$；当 $N=4$ 时，送入 $f/10^4$，可见多路选择器应为五选一电路。

（3）方案实现

1）标准测量信号的产生与控制电路的设计。为了产生1s 脉冲宽度的基准测量信号，采用了100kHz 的石英晶体振荡器和五级十分频电路，从而获得了1Hz 的标准秒脉冲信号。秒脉冲电路如图10-18 所示，其中多谐振荡器使用了74LS04 六反相器，而分频器使用了五片74LS290 二-五-十进制计数器。

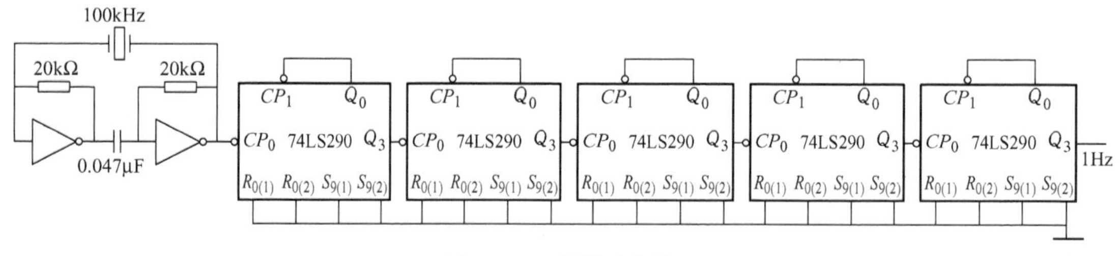

图10-18 秒脉冲电路

此电路输出的1Hz 脉冲信号只要经过二分频其脉冲宽度就是1s。但还不能这样简单的获取1s 基准测量信号，因为基准测量信号还受到启动信号的控制，即只有启动后才允许标准测量信号输出去选通控制门，而且1s 信号还必须受到启动信号的同步控制，即不允许启动后发出不完整的1s 信号。为此设计的启停控制与标准测量信号电路如图10-19 所示。其工作原理是，当接通电源或按动 $SB_{停}$ 键时，工作状态触发器被清零，$Q=0$，系统处于停止状态，在这里电容 C 起加电自动复位作用。当按动 $SB_{启}$ 键时，工作状态触发器被置1，$Q=1$，系统处于测量工作状态。

工作状态触发器的输出端 Q 接一T形触发器（由JK触发器74LS76构成）的 T 输入端，而把1Hz信号接T触发器的 CP 端，这样从T触发器的输出 Q_T 端就可以获得受 $SB_{启}$ 同步控制的1s标准测量信号，其时序图如图10-20所示。由图可见 Q_T 的脉宽确实是1s，但仍不能用此信号直接去选通计数控制门，其原因有二：一是若用此信号直接控制，则测量1s，显示1s（Q_T 低电平期间将封锁控制门1s），显示时间不可调，达不到显示3s的要求；其二是再次测量时（下一个 Q_T 正脉冲期间），前一次测量结果未清除，所以本次测量将在前一次结果的基础上继续累加，使结果错误。为此可以想到控制电路应设计一个三节拍发生器，它应由 Q_T 的下降沿启动，发出的第一个节拍信号 J_{P1} 应封锁基准测量信号 Q_T，使之不能送出后面的测量信号。第二个节拍信号 J_{P2} 应在将近3s时发出，用来清除本次测量的结果，可见显示时间约为3s。最后发出 J_{P3} 信号，解除对 Q_T 的封锁，即再次启动测量电路。本系统所设计的节拍发生器控制时序图如图10-21所示，电路如图10-22所示。

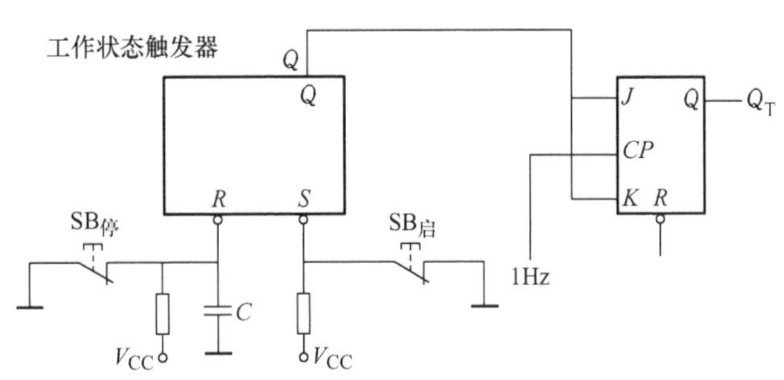

图10-19 启停控制与标准测量信号电路

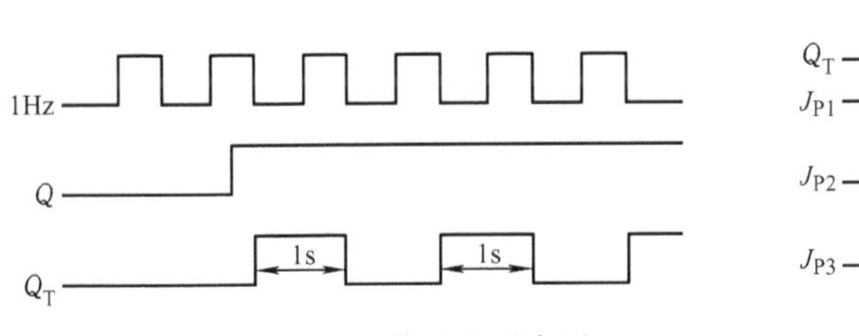

图10-20 标准测量信号的时序图

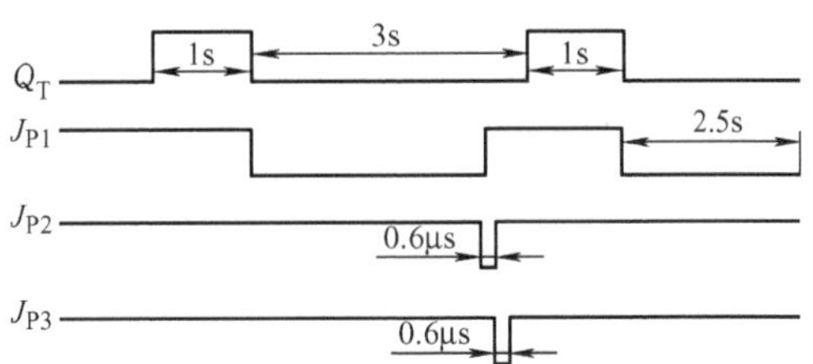

图10-21 节拍发生器的控制时序图

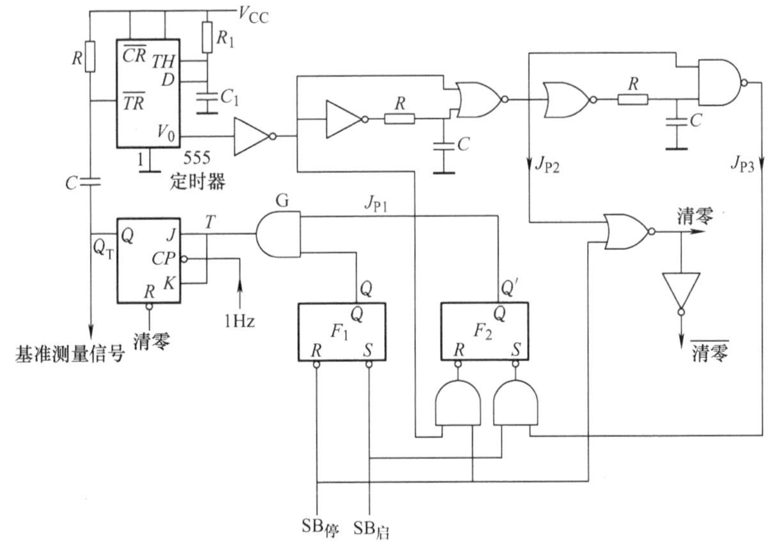

图10-22 节拍控制电路

由控制时序图可见，三个节拍所占时间只要略小于 3s 的显示时间即可。本系统中节拍 1 由 μA555 定时器构成的单稳态触发器产生，其中 $R_1=510\text{k}\Omega$，$C_1=4.7\mu\text{F}$，所以 J_{P1}负脉冲宽度约为 2.5s 左右，J_{P2}和 J_{P3}都是由与非门 74LS00 构成的典型单稳触发器输出，图中 R、C 分别为 270kΩ 和 2200pF，所以 J_{P2}和 J_{P3}负脉冲宽度约为 0.6μs，满足工作要求。

图 10-22 电路的工作过程如下：当按动 SB$_{停}$键（或者系统加电时），工作状态触发器 F_1 和连续运行触发器 F_2均复位，$Q=0$、$Q'=0$，所以 G 门输出为 0，T 触发器处于 0 状态并保持不变，1Hz 信号不起作用，基准测量信号输出 $Q_{\text{T}}=0$，封锁计数控制门，从而系统处于停止状态。当按动 SB$_{启}$键，F_1和 F_2均被置 1，所以 G 门输出为 1，当 1Hz 信号下降沿到达时，T 触发器翻转，Q_{T}输出一个脉冲为 1s 的基准测量信号，选通计数控制门，实现测频功能。当 Q_{T}下降沿到达时，经 RC 微分电路触发 555 定时器构成的第一级单稳态触发器，从而获得 J_{P1}信号。J_{P1}信号一方面送连续运行触发器 F_2，使之复位，另一方面送第二级单稳态触发器。J_{P1}的前沿（下降沿）使 $Q'=0$，所以 G 门输出为 0，T 触发器保持 0 状态不变，系统处于显示状态。J_{P1}的后沿（上升沿）触发第二级单稳态触发器，从而获得 J_{P2}信号。J_{P2}和 SB$_{停}$按钮信号一起形成清零信号用以清除 T 触发器、m 计数器、N 计数器以及分频器Ⅱ，保证再次测量时数据的正确性。J_{P2}信号还送到第三级单稳定触发器的输入端，当 J_{P2}的后沿（上升沿）到达时，触发第三级单稳态触发器，从而获得 J_{P3}信号。J_{P3}送连续运行触发器 F_2，使之再次启动 $Q'=0$，所以 G 门输出为 1，T 触发器在 1Hz 信号作用下又一次发出基准测量信号，再次进行测量，如此周而复始进行下去，完成系统连续测量与显示的功能。直到按动 SB$_{停}$键，使 $Q=0$、$Q'=0$ 封锁 G 门，系统处于停止测量状态。

2）m 计数器和 N 计数器的设计。在方案论证中已经看到 m 计数器要求由 99 变为 10，即其高位应由 9 变为 1，而其低位和 N 计数器均可采用一般的 BCD 计数器，本系统仍可选用两片 74LS290 来实现，而 m 计数器的高位选用一片具有同步预置功能的 74LS160 来完成。当 74LS160 计到 9 时，其进位端 $C=1$，经反相器送同步预置端$\overline{LD}$。当低位片由 9 变到 0 时，送来一个进位脉冲，则高位片将并行置入 $DCBA$ 段的信号。系统中将 $DCBA$ 固定接成 0001 状态，从而实现了高位片由 9 变 1 的要求。

3）分频器Ⅱ及多路选择器的设计。由方案论证可知，待测信号 f 需经四级十分频电路产生 f、$f/10$、$f/10^2$、$f/10^3$、$f/10^4$ 五路信号送多路选择器，在此仍采用 74LS290 实现十分频。但要注意该分频器Ⅱ必须受系统清零信号控制，以便获得准确的分频器全 0 初始状态，从而避免由于初始状态不同而造成的测频误差。分频器输入控制门的作用是这样的，它受标准测量信号 Q_{T}控制，因此只有在测量期间控制门才接通，此外均关闭。所以它一方面起到计数控制门的作用，另一方面又保证在系统清零信号解除后而测量信号到来前，分频器Ⅱ的初始全 0 状态保持不变。这就是控制门为什么必须放在分频器Ⅱ之前，而不能直接放在 m 计数器Ⅱ之前的道理。

多路选择器由 74LS153 双四选一和或门 74LS32 组成八选一电路。本系统仅选五路信号，所以多出的三路不用。选通由 N 计数器的低 3 位 Q_{C}、Q_{B}、Q_{A}来控制。

4）显示电路。m、N 计数器的输出经三片 74LS47 到七段显示译码器/驱动器直接驱动 3 位 LED 数码管完成测量结果的显示。

到此为止设计完成。

（4）仿真　为了验证以上方案的正确性，在进行安装与调试之前首先对图 10-22 中的节拍发生器进行仿真。

仿真时为了加快仿真速度，将原图中的 1Hz 秒脉冲信号改为 10Hz 信号。仿真电路图如图 10-23 所示，各仿真波形分别如图 10-24～图 10-27 所示，图 10-27a、b、c、d、e、f 分别为启动信号、停止信号、Q_T信号、J_{P1}信号、J_{P2}信号和 J_{P3}信号，仿真结果验证了节拍发生器的正确性，电路的其他部分读者可自行仿真。

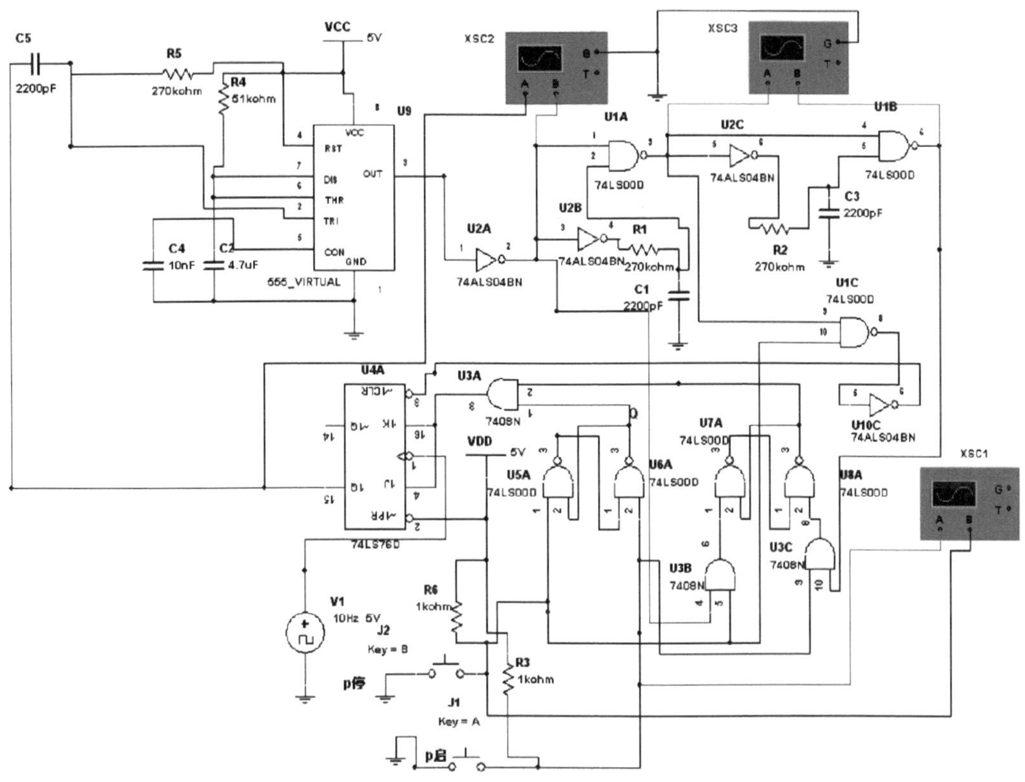

图 10-23　节拍发生器仿真电路图

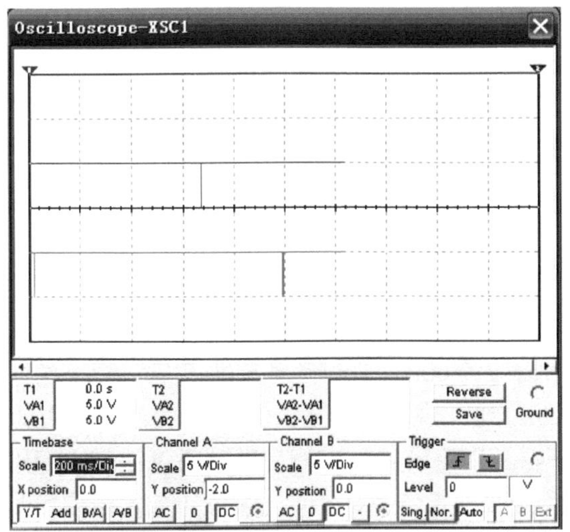

图 10-24　启停控制信号仿真波形
（下面为启动信号，上面为停止信号）

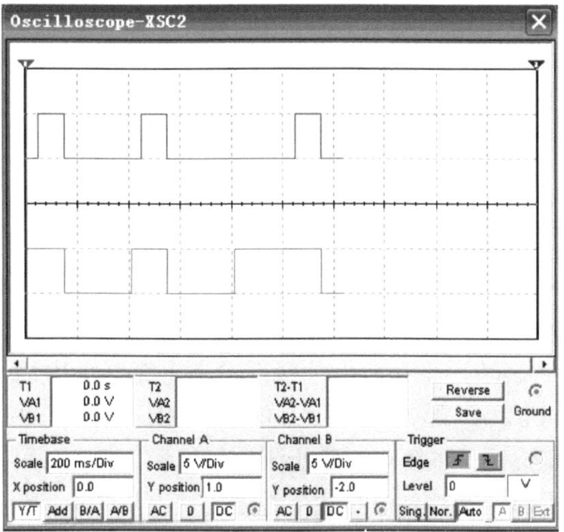

图 10-25　Q_T和 J_{P1}信号仿真波形
（上面为 Q_T信号，下面为 J_{P1}信号）

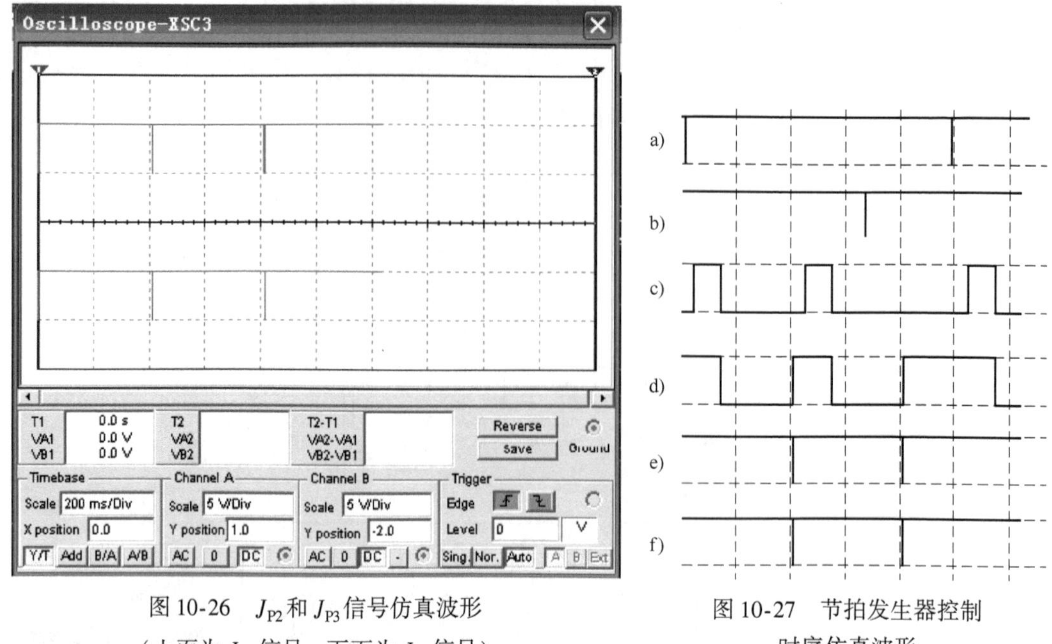

图 10-26　J_{P2}和J_{P3}信号仿真波形（上面为J_{P2}信号，下面为J_{P3}信号）

图 10-27　节拍发生器控制时序仿真波形

（5）安装与调试　根据先局部后整机的原则，本系统可划分为如下几个功能块，沿着信号的流向具体调试步骤如下。

1）首先安装调试 1Hz 信号电路。如图 10-18 所示。

2）安装和调试分频器Ⅱ以及多路选择器。注意，此时 Q_T信号输入端应先接高电平，清零信号输入端应先接地，被测信号输入端可先接一个 100kHz 的脉冲信号，而多路选择器的选择控制端可先接到四个逻辑开关上。通过双踪示波器观察各级十分频电路的输出是否正确，再观察八选一电路在三个逻辑开关为不同状态下的输出（即或门的输出）是否与相应选择的信号一致。可见在局部电路的调试过程中，必然遇到某些输入信号尚未产生的情况。这时必须对这些输入端进行恰当的处理，即先把它们连接到某些合理的信号或电平上，才能使局部电路的调整成为可能。当然在进行整机统调，或其他局部电路调整涉及这些点时，不要忘记恢复正常连接的情况。

3）安装和调试 m 计数器和 N 计数器。其方法与上述情况类似，请读者自行考虑。

4）安装和调试主控制器电路。如图 10-28 所示，加电后测试有关各点的初始状态是否正确，按动 $SB_{启}$键，用示波器观察 Q_T 输出端，每 3s 后应出现一次 1s 脉宽的正跳变。还可以观察 J_{P1}、Q'等信号，但 J_{P2}、J_{P3}及清零等信号由于太窄，不易观察。上述观察时，示波器扫描频率应选得很低，如 0.5s/格。

（6）整机统调　接好全部电路，加电后显示器应为 000。被测信号端加入某一频率的脉冲信号（通常可在几十 Hz 到 1MHz 之间），按动 $SB_{启}$键，观察系统是否测量 1s 显示 3s，按动 $SB_{停}$键，系统是否停止测量且显示全为 0。如果正常，则系统统调完毕，否则通过故障点跟踪测试法查找和分析故障性质，从而决定返回以上哪个步骤重新进行，直到系统达到指标要求为止。系统工作正常后就需要进行标定，通过测量标准信号源就可以看到系统的测量精度。

整个系统调试结果满足设计要求。

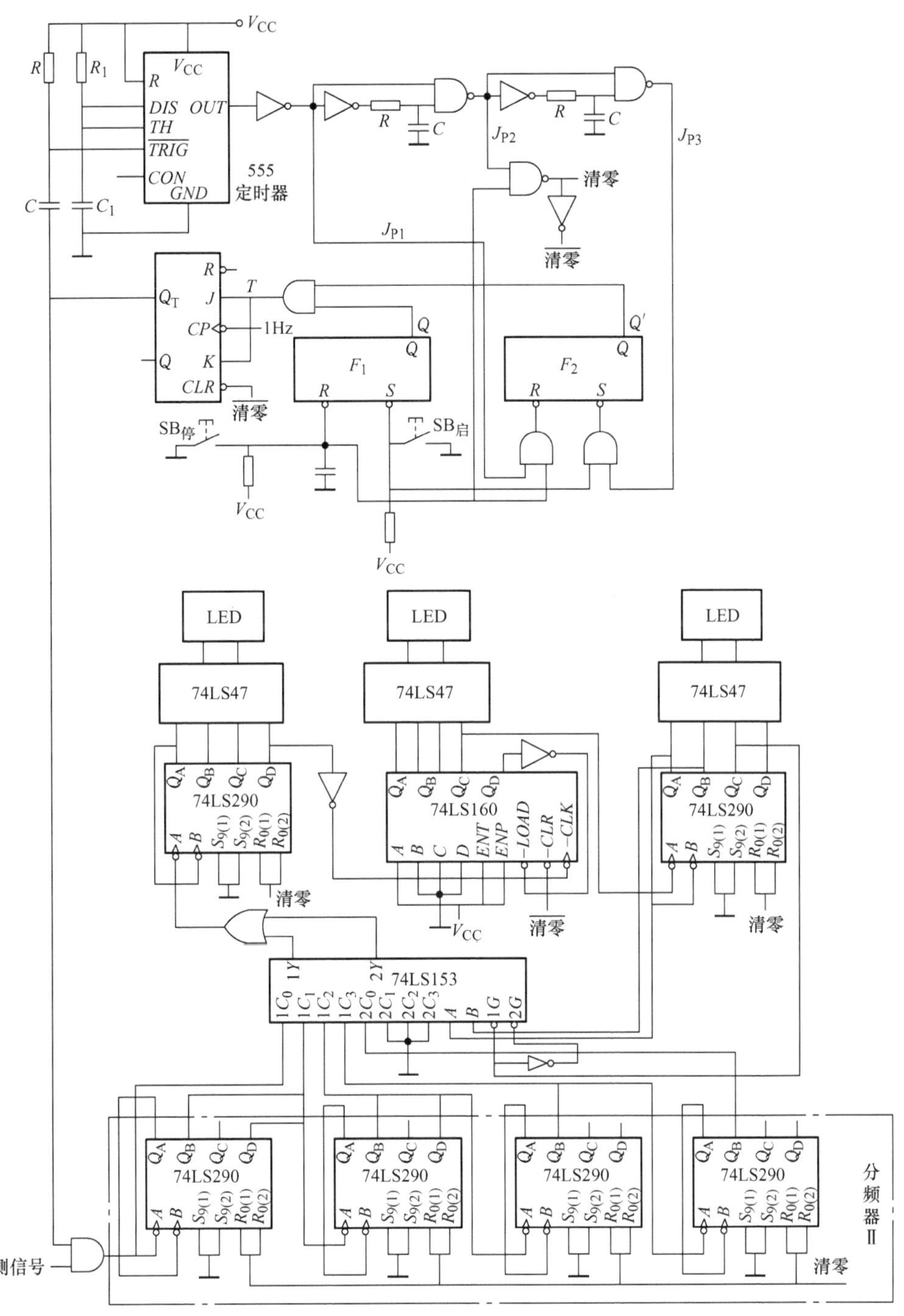

图 10-28　浮点频率计总逻辑图

习　题

10-1　用数字波形合成的方法设计一个两相正交信号源，即两相的正弦信号相差90°。并要求系统具有频率微调的功能，即要求频率在400Hz 基础上具有 ±10% 的微调范围。其他指标与 10.3.1 节中相同。

10-2 设计一个延时时间为 99.9s ~ 9990h 的延时继电器，技术要求如下：延时时间的设定由 4 位 8421 数码开关完成，其中前三位为有效数字，第四位为计时单位。

（1）计时单位有 0.1s、1s、0.1min、1min、0.1h、1h、10h 共七种；

（2）延时时间的显示用十位 LED 发光二极管表示，即每当延时时间达到设定时间的十分之一时，就熄灭一位，直到 10 位全部熄灭，继电器动作。

10-3 设计一个数字日历，要求同时显示月、日、星期和时、分、秒，并能分别进行校准。

附录

附录 A　Multisim 14 使用简介

Multisim 是 Interactive Image Technologies（Electronics Workbench）公司推出的以 Windows 为基础的仿真工具，适用于板级的模拟/数字电路板的设计工作。它具有图形界面显示、操作简单方便并采用图形方式创建电路的特点。

Multisim 支持电路原理图的图形输入和电路硬件描述语言输入两种方式，并且提供了万用表、示波器、信号发生器、逻辑分析仪、伯德图形显示器、脉冲仪、失真分析仪、功率表等多种图形仪器，并将原理图设计、系统模拟仿真和虚拟仪器等融为一体，其提供的示波器、逻辑分析仪、万用表等测量仪器的外观及操作方法与实际仪器相似，能提供理想和模拟实物两种模式及超过数万个元件外形；可以实时修改各类电路参数，并可实时仿真。

A.1　Multisim14 教育版使用概述

Multisim14.2 教育版（以下简称 Multisim 14）为 Multisim 的一个较新版本，采用 Windows 应用软件的界面风格，以图形界面为主，采用菜单、工具栏和热键相结合的操作方式。

1. Multisim14 的主窗口

启动 Multisim 14 后，将出现如图 A-1 所示界面。

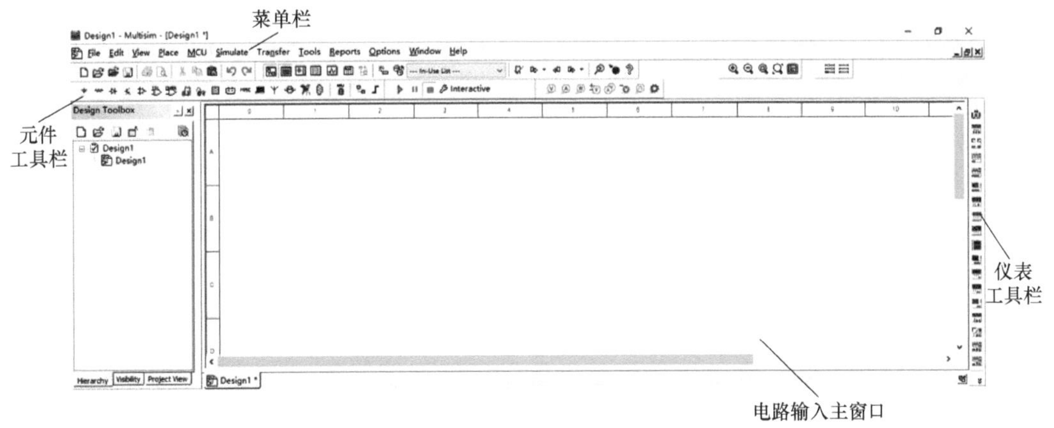

图 A-1　Multisim 14 主窗口

Multisim14 主窗口包括菜单栏、工具栏、电路输入主窗口和状态条等。通过对各部分的操作可以实现电路图的输入、编辑，并根据需要对电路进行相应的观测和分析。

2. 菜单栏

菜单栏位于界面的上方，运行 Multisim 14 后自动弹出如图 A-2 所示的菜单栏。

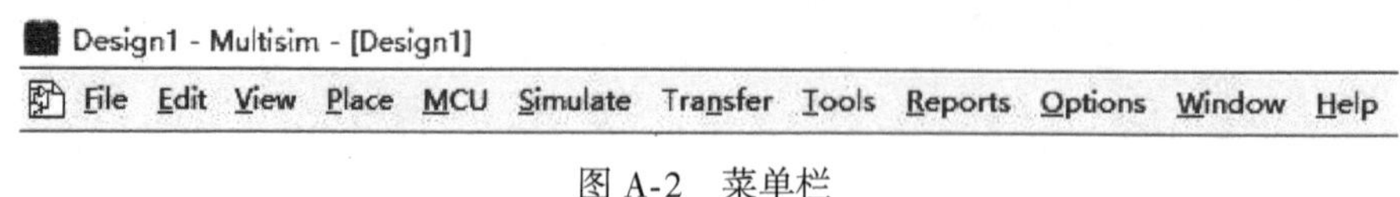

图 A-2 菜单栏

不难看出，菜单中有一些与大多数 Windows 平台上应用软件一致的功能选项，如 File、Edit、View、Options、Help 等。此外，还有一些 EDA 软件专用的选项，如 Place、Simulate、Transfer 以及 Tools 等。

通过菜单可以对 Multisim 的所有功能进行操作。

（1）File　File 菜单中包含了对文件和项目的基本操作以及打印等命令。

（2）Edit　Edit 命令提供了类似于图形编辑软件的基本编辑功能，用于对电路图进行编辑，如图 A-3 所示，其特殊功能菜单见表 A-1。

图 A-3 Edit 下拉菜单栏

表 A-1 Edit 特殊功能菜单

命　　令	功　　能
Graphic annotation	图形注释
Orientation	改变元器件方向，包括上下翻转、水平翻转、顺时针 90°旋转和逆时针 90°旋转
Align	对齐元器件
Properties	电路图属性设置

（3）View　通过 View 菜单可以设置软件使用时的视图，对一些工具栏和窗口进行控制，如图 A-4 所示，其基本功能见表 A-2。

（4）Place　通过 Place 命令输入电路图，如图 A-5 所示，其基本功能见表 A-3。

View Place MCU Simulate Transfer
Full screen F11
Parent sheet
Zoom in Ctrl+Num +
Zoom out Ctrl+Num -
Zoom area F10
Zoom sheet F7
Zoom to magnification... Ctrl+F11
Zoom selection F12
Grid
Border
Print page bounds
Ruler bars
Status bar
Design Toolbox
Spreadsheet View
SPICE Netlist Viewer
LabVIEW Co-simulation Terminals
Circuit Parameters
Description Box Ctrl+D
Toolbars
Show comment/probe
Grapher

图 A-4 View 下拉菜单栏

表 A-2 View 菜单栏基本功能

命　　令	功　　能
Zoom In	放大显示
Zoom Out	缩小显示
Grid	显示栅格
Border	显示图框
Status bar	显示状态栏
LabVIEW Co-simulation Terminals	LabVIEW 联合仿真终端
Circuit Parameters	电路参数
Toolbars	显示工具栏
Grapher	波形窗口

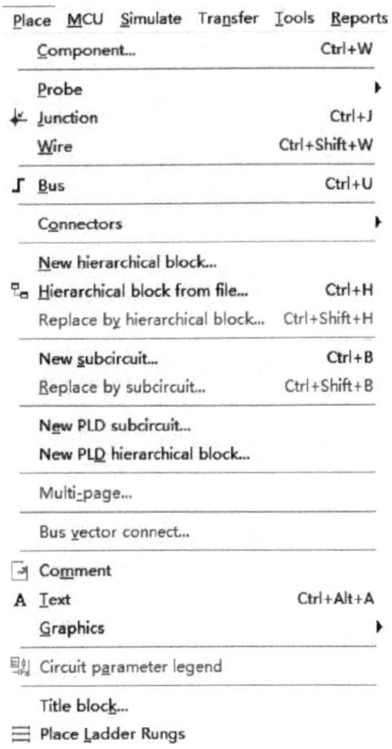

Place MCU Simulate Transfer Tools Reports
Component... Ctrl+W
Probe
Junction Ctrl+J
Wire Ctrl+Shift+W
Bus Ctrl+U
Connectors
New hierarchical block...
Hierarchical block from file... Ctrl+H
Replace by hierarchical block... Ctrl+Shift+H
New subcircuit... Ctrl+B
Replace by subcircuit... Ctrl+Shift+B
New PLD subcircuit...
New PLD hierarchical block...
Multi-page...
Bus vector connect...
Comment
Text Ctrl+Alt+A
Graphics
Circuit parameter legend
Title block...
Place Ladder Rungs

图 A-5 Place 下拉菜单栏

表 A-3 Place 菜单栏基本功能

命　　令	功　　能
Component	放置元器件
Probe	放置探针
Junction	放置连接点
Wire	放置导线
Bus	放置总线
Connectors	放置接口
New PLD subcircuit	新建 PLD 子电路
New PLD hierarchical block	新建 PLD 层次模块

（5） Simulate　通过 Simulate 菜单执行仿真分析命令，如图 A-6 所示，其基本功能见表 A-4。

（6） Transfer　Transfer 菜单提供的命令可以完成 Multisim 对其他 EDA 软件需要的文件格式的输出，如‘Transfer to other PCB Layout’为将‘所设计的电路图输出为其他电路板设计软件所支持的文件格式’。

（7） Tools　Tools 菜单主要是针对元器件的编辑与管理的命令，如图 A-7 所示，其基本功能见表 A-5。

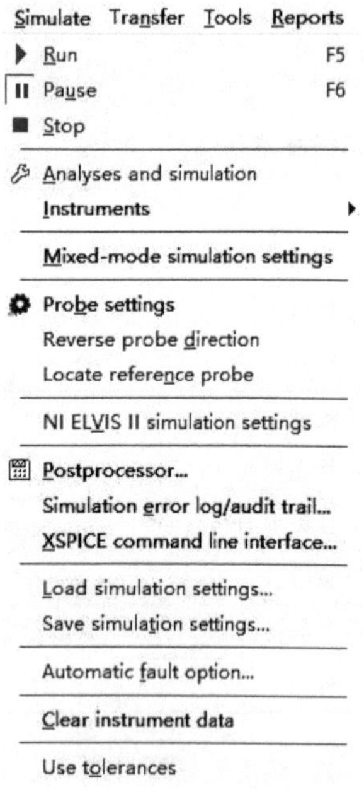

Simulate Transfer Tools Reports
Run F5
Pause F6
Stop
Analyses and simulation
Instruments
Mixed-mode simulation settings
Probe settings
Reverse probe direction
Locate reference probe
NI ELVIS II simulation settings
Postprocessor...
Simulation error log/audit trail...
XSPICE command line interface...
Load simulation settings...
Save simulation settings...
Automatic fault option...
Clear instrument data
Use tolerances

图 A-6 Simulate 下拉菜单栏

表 A-4 Simulate 菜单栏基本功能

命　令	功　能
Run	执行仿真
Pause	暂停仿真
Stop	停止仿真
Analyses and simulation	分析并仿真
Instruments	选用仪表（也可通过工具栏选择）
Mixed-mode simulation settings	混合模式仿真设置
Probe settings	探针设置
Postprocessor	启用后处理
Simulation error log/audit trail	显示仿真错误记录信息窗口
XSPICE command line interface	显示 Xspice 命令窗口
Load simulation settings	加载仿真设置
Save simulation settings	保存仿真设置
Automatic fault option	自动设置故障选项
Clear instrument data	清楚仪表盘数据
Use tolerances	使用容差

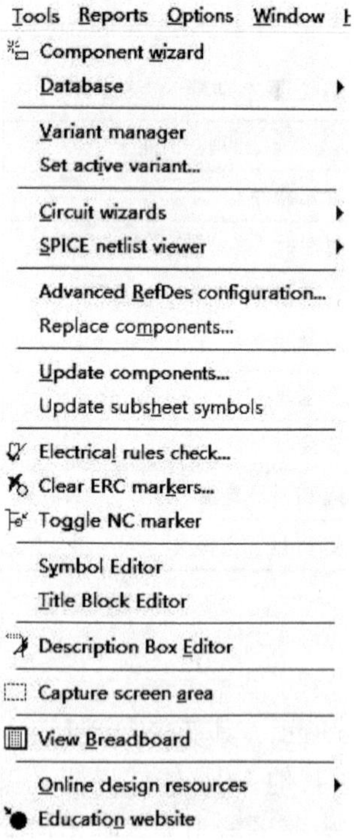

Tools Reports Options Window H
Component wizard
Database
Variant manager
Set active variant...
Circuit wizards
SPICE netlist viewer
Advanced RefDes configuration...
Replace components...
Update components...
Update subsheet symbols
Electrical rules check...
Clear ERC markers...
Toggle NC marker
Symbol Editor
Title Block Editor
Description Box Editor
Capture screen area
View Breadboard
Online design resources
Education website

图 A-7 Tools 下拉菜单栏

表 A-5 Tools 菜单栏基本功能

命　令	功　能
Component wizard	元件向导
Database	启动元器件数据库管理器，进行数据库的编辑管理工作
Variant manager	变量管理
Set active variant	设置激活变量
Circuit wizard	电路向导
SPICE netlist viewer	SPICE 网络表审阅
Update component	更新元器件

（8）Options　通过 Options 菜单可以对软件的运行环境进行设置，如图 A-8 所示，其基本功能见表 A-6。

Options　Window　Help
Global options
Sheet properties
Global restrictions
Circuit restrictions
Simplified version
Lock toolbars
Customize interface

图 A-8　Options 下拉菜单栏

表 A-6　Options 菜单栏基本功能

命令	功能
Global options	全局选项
Sheet properties	电路图性质
Global restrictions	设定软件整体环境参数
Circuit restrictions	设定编辑电路的环境参数

（9）Help　Help 菜单提供了对 Multisim 的在线帮助和辅助说明。

3. 工具栏

Multisim 14 提供了多种工具栏，并以层次化的模式加以管理，用户可以通过 View 菜单中的选项方便地将相应的工具栏打开或关闭，通过工具栏，用户可以直接地使用软件的各项功能。

View 菜单可以打开的主要的工具栏包括 Design 工具箱和 Toolbars 工具栏等。

（1）Design 工具箱　Design 工具箱包含了常见的文件操作和编辑操作。

（2）Toolbars 工具栏　Toolbars 工具栏作为设计工具栏，是 Multisim 的核心工具栏，如图 A-9 所示。

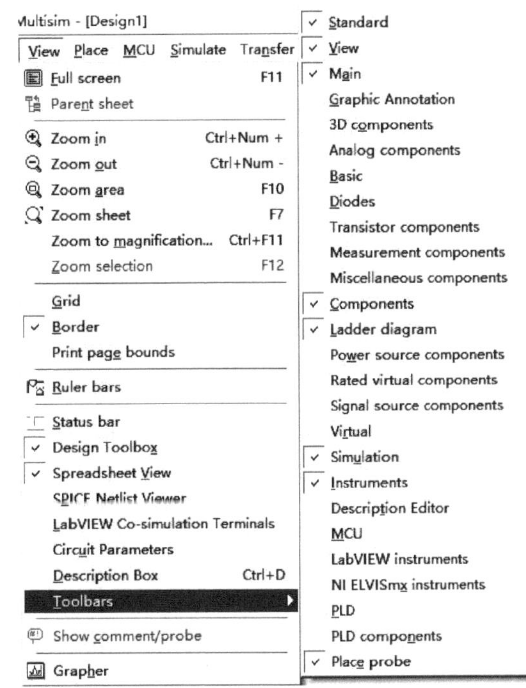

图 A-9　Toolbars 工具栏

1）通过操作“Components”（元器件）选项可以显示或隐藏元器件工具栏。元器件工具栏有 20 个按钮，如图 A-10 所示，每个按钮都对应一类元器件，其分类方式和 Multisim 元器件数据库中的分类相对应，通过按钮上的图标就可大致清楚该类元器件的类型。

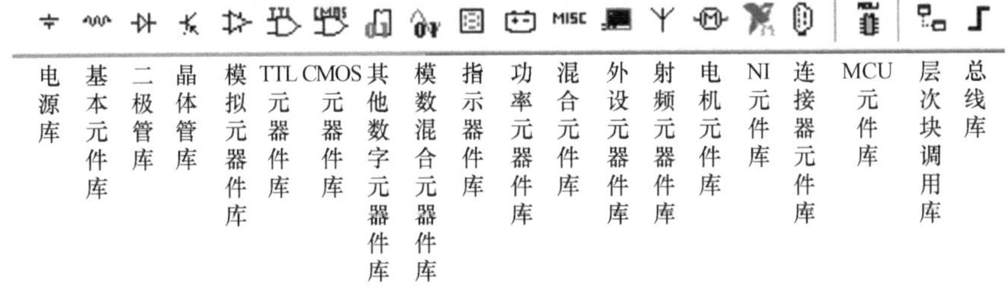

图 A-10　元件设计按钮工具栏及其说明

2）通过操作“Instruments”（仪器仪表）选项可以显示或隐藏界面右边的仪器仪表工具栏。如图 A-11 所示，该工具栏集中了 Multisim 为用户提供的所有虚拟仪器仪表，用户可以通过按钮选择自己需要的仪器，以对电路进行观测。

（3）Zoom 工具栏　用户可以通过 Zoom 工具栏方便地调整所编辑电路的视图大小。

（4）Simulation 工具栏　Simulation 工具栏可以控制电路仿真的开始、结束和暂停，其图标如图 A-12 所示。

图 A-11　Instruments 工具栏及其说明

图 A-12　Simulation 工具栏图标

A.2　Multisim 14 对元器件的管理

EDA 软件所能提供的元器件的多少以及元器件模型的准确性都直接决定了该 EDA 软件的质量和易用性。Multisim 为用户提供了丰富的元器件，并以开放的形式管理元器件，使得用户能够自己添加所需要的元器件。

Multisim 以库的形式管理元器件，通过菜单 Tools/Database Manager 打开 Database Manager（数据库管理）窗口，对元器件库进行管理。

在 Select a Component 窗口中的 Database 列表中有以下数据库：Master Database、Corporate Database 和 User Database。其中 Master Database 库中存放的是该软件为用户提供的元器件，User Database 是为用户自建元器件准备的数据库。当选中 Master Database 时，可以通过

Group 去选择不同的数据库，如图 A-13 所示。

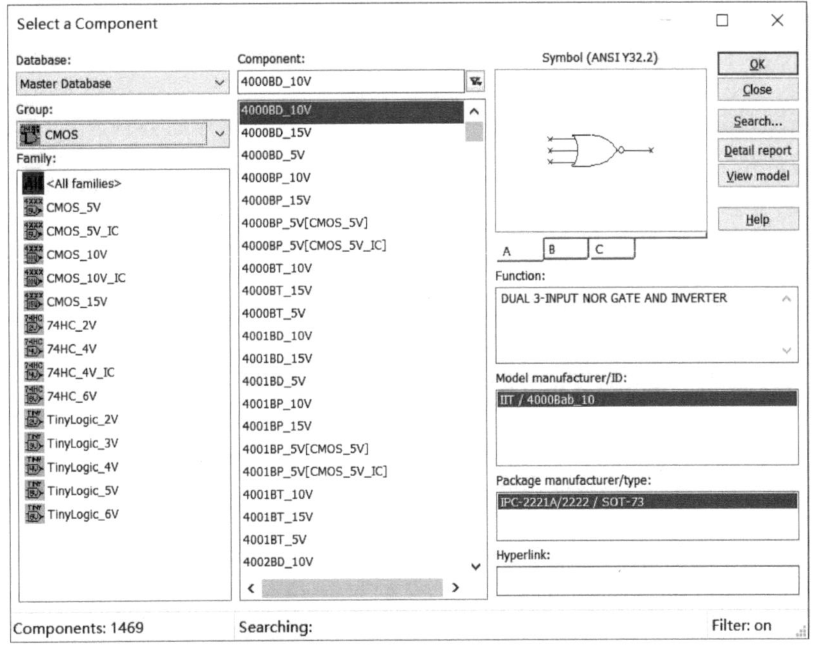

图 A-13　放置元器件及数据库选择

在 Master Database 中有实际元器件和虚拟元器件，它们之间的根本差别在于：一种是与实际元器件的型号、参数值以及封装都相对应的元器件，在设计中选用此类元器件，不仅可以使设计仿真与实际情况有良好的对应性，还可以直接将设计导出到 Ultiboard 中进行 PCB 的设计；另一种元器件的参数值是该类元器件的典型值，不与实际元器件对应，用户可以根据需要改变元器件模型的参数值，这类元器件称为虚拟元器件，只能用于仿真。它们在工具栏和对话窗口中的表示方法也不同。在元器件工具栏中，虽然代表虚拟元器件的按钮的图标与该类实际元器件的图标形状相同，但虚拟元器件的按钮有底色，而实际元器件没有，如图 A-14 所示。

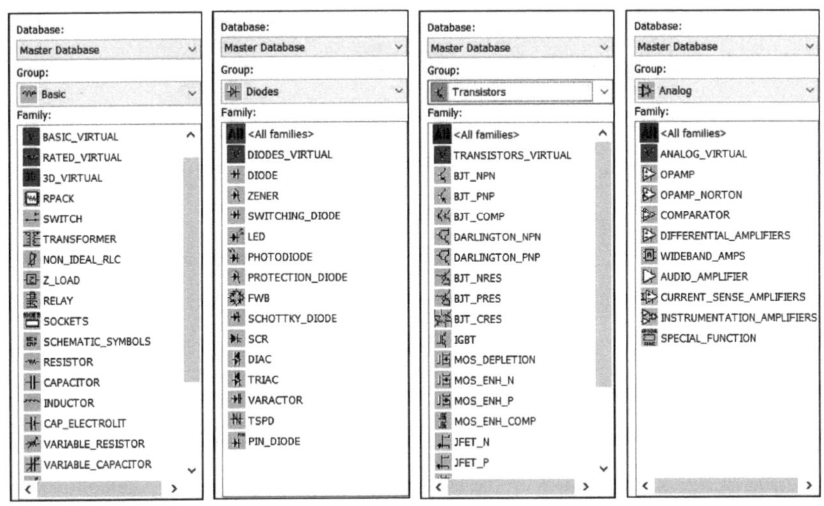

图 A-14　实际元器件与虚拟元器件

从图中可以看到，相同类型的实际元器件和虚拟元器件的按钮并列排列，并且不是所有的元器件都设有虚拟类的器件。

A.3 Multisim 14 电路输入及仿真

输入电路图是分析和设计工作的第一步，用户从元器件库中选择需要的元器件放置在电路图中并连接起来，为分析和仿真做准备。

1. 放置元器件

放置元器件的方法有两种：从工具栏取用或从菜单中取用。下面将以 74LS00 为例说明两种方法。

1）从工具栏取用的操作为：工具栏→TTL 工具栏。

从 TTL 工具栏打开这类器件的 Select a Component 窗口，如图 A-15 所示。

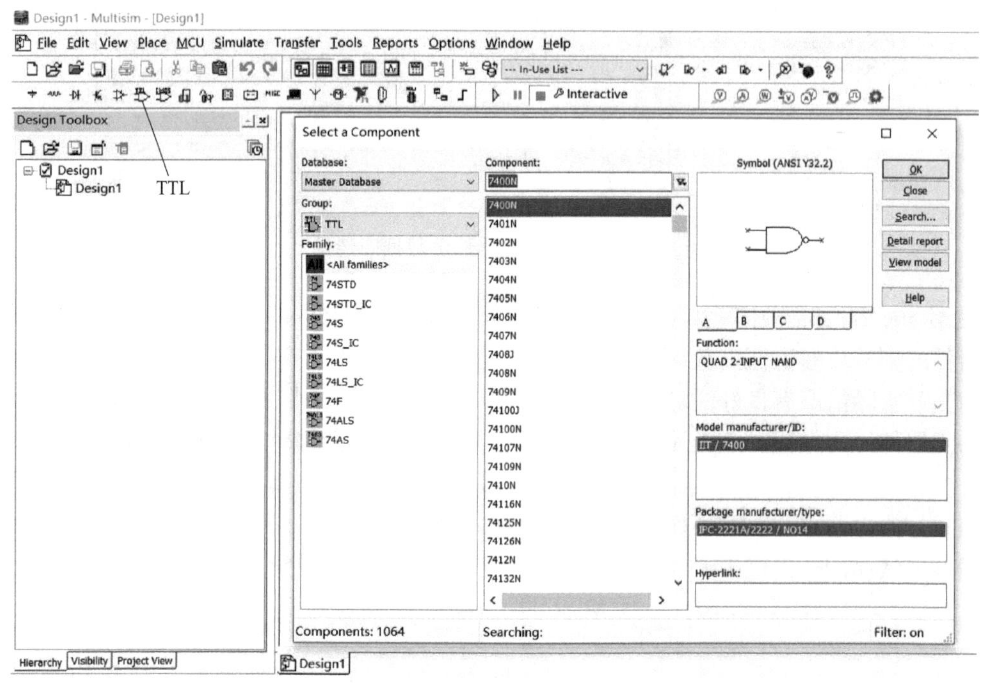

图 A-15 放置元器件

2）从菜单中取用的操作为：通过 Place →Component 命令打开 Select a Component 窗口。该窗口与图 A-15 一样。

在 Component 中选择所需器件，用鼠标选中其中一个放置在电路图编辑窗口中。器件在电路图中显示的图形符号，用户可以在上面的 Select a Component 中的 Symbol 选项框中预览到。当器件放置到电路编辑窗口中后，用户就可以进行移动、复制、粘贴等编辑工作了。

2. 将元器件连接成电路

在将电路需要的元器件放置在电路编辑窗口后，就可以用鼠标方便地将器件连接起来。

用鼠标单击连线的起点并拖动鼠标至连线的终点。在 Multisim 中连线的起点和终点不能悬空。

3. 虚拟仪器及电路仿真

下面简要介绍一下常用仿真测试仪表及其设置说明。

（1）数字万用表　数字万用表常用于测量交直流的电流、电压、电阻。可以通过双击仪表得到电表测量值及属性设置窗口。图 A-16 为数字万用表数值显示及属性设置。

（2）信号发生器　信号发生器可提供正弦波、三角波、矩形波的输出信号，频率、占空比、幅度、偏移量均可在面板中设定，矩形波还可设置其上升沿和下降沿的时间。信号发生器属性设置如图 A-17 所示。

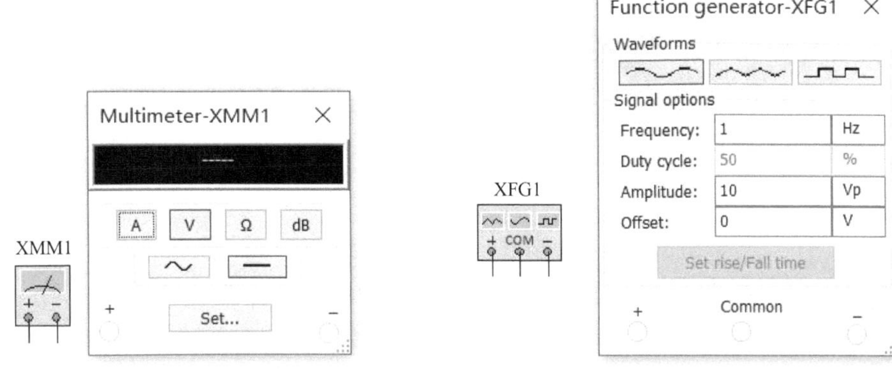

图 A-16　数字万用表数值显示及属性设置　　图 A-17　信号发生器属性设置

（3）双踪示波器　双踪示波器广泛用于实验中观察波形和分析波形，其波形显示及属性设置如图 A-18 所示。

双踪示波器面板主要功能有以下几种：

1）屏幕上两个小三角直线游标为时间轴测量参考线 T1、T2。

2）Channel_A 和 Channel_B 分别为 A、B 输入电压的瞬时值。

3）Timebase 下 Scale 为 X 轴扫描比率；X pos 为 X 轴起始电压；Y/T 表示幅度与时间的关系；B/A 或 A/B 为两个输入波形进行相除。

4）Channel A 或 Channel B 为两个输入通道。Scale 为信号幅度比率；Y pos 为 Y 轴偏移量；AC 为交流输入，0 为输入短路，DC 为直流输入。

5）Trigger 为触发方式选择。Edge 为采用上升沿触发还是下降沿触发；Level 为触发电平的大小；Single 为单脉冲触发，Normal 为一般脉冲触发，Auto 为内触发；Ext. trigger 为面板 T 端口的外部触发有效。

（4）伯德图示仪　伯德图示仪面板功能如下：Magnitude 为幅频特性测量；Phase 为相频特性测量；Save 为分析结果存盘；Set 为波形精度设置。Vertical Y 轴选用对数或线性型，对应 F 为最终值，I 为初始值。Horizontal X 轴选用对数或线性分布，对应 F 为最终值，I 为初始值。箭头←→可移动游标，用于表示游标对应的幅度和频率。

通过以上仿真测试仪表，对电路进行仿真，根据运行结果，判断设计的电路是否正确合理。

图 A-19 为反相器 74LS04 的测试电路连接图及仿真波形。

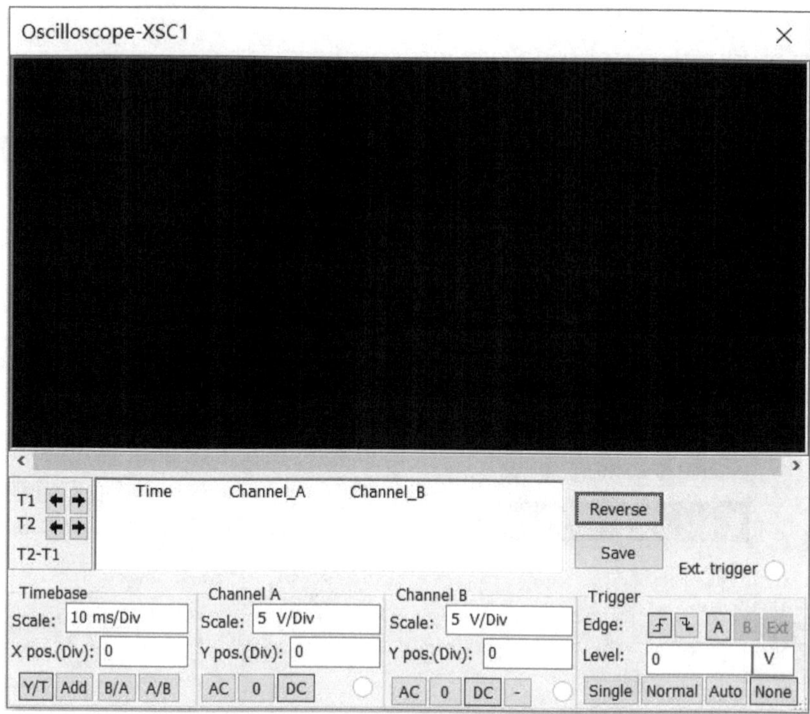

图 A-18 双踪示波器波形显示及属性设置

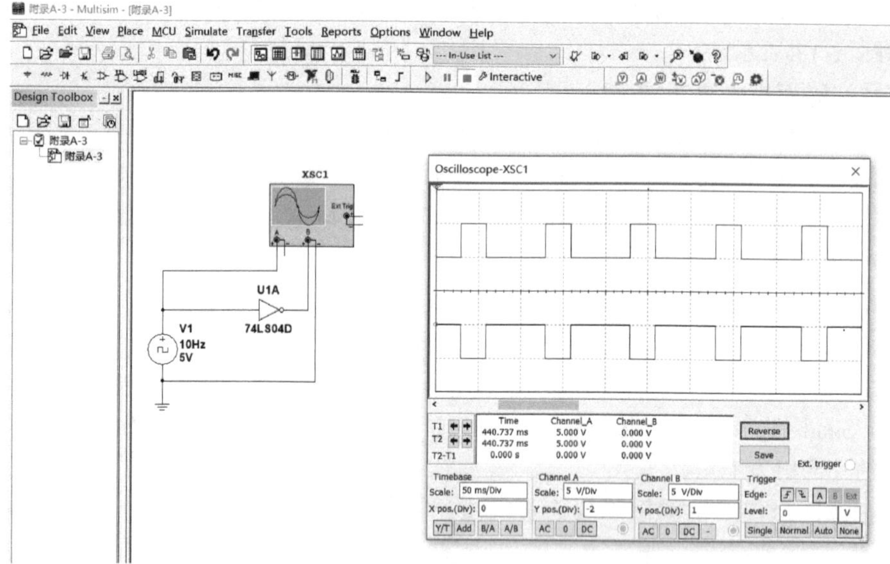

图 A-19 74LS04 的测试电路连接图及仿真波形

附录 B VHDL 简介

Multisim 包含了硬件描述语言（Very high speed IC Hardware Description Language,

VHDL）/Verilog HDL 的设计和仿真，使得大规模可编程逻辑器件的设计和仿真与模拟电路、数字电路的设计和仿真融为一体，弥补了原来大规模可编程逻辑器件无法与普遍电路融为一体仿真的缺陷。

为了方便元器件库的设计及灵活使用，下面简要介绍一下 VHDL。

B.1 VHDL 概述

硬件描述语言（Hardware Description Language，HDL）是 EDA 技术的重要组成部分，VHDL 是电子设计的主流硬件描述语言。

VHDL 诞生于 1982 年，1987 年底被 IEEE 和美国国防部确认为标准硬件描述语言，1992 年该标准被修订为 IEEE 1076 标准。目前，VHDL 得到众多 EDA 公司的支持，在电子工程领域的实际应用中，已成为通用的硬件描述语言。

B.2 VHDL 的实体

一个相对完整的 VHDL 程序（或称为设计实体）具有比较固定的结构。一般包括以下几个组成部分：库（library）说明、程序包（package）、实体（entity）说明、结构体（architecture）说明和配置（configuration）。其中，库说明、程序包用于打开本设计实体将要用到的库、程序包；实体说明用于描述该设计实体与外界的接口信号说明，是可视部分；结构体说明用于描述该设计实体内部工作的逻辑关系，是不可视部分；配置说明语句主要用于以层次化的方式对特定的设计实体进行元件例化，或是为实体选定某个特定的结构体。

简单的 VHDL 程序是由实体说明和结构体说明两部分组成的。简单的 VHDL 程序可以是一个与门电路（AND Gate），复杂的 VHDL 程序可以是一个微处理器或一个数字电子系统。

例 1 是计数器程序结构模板。由这个抽象的程序可以归纳出 VHDL 程序的基本结构。

例 1 计数器程序结构模板

```
LIBRARY IEEE;
USE IEEE.STD_LOGIC_1164.all;
  ENTITY entity_name IS
    PORT (
    SIGNAL _data_input_name : IN INTEGER RANGE 0 TO_count_value;
    SIGNAL_clk_input_name: IN STD_LOGIC;
    SIGNAL_clm_input_name: IN STD_LOGIC;
    SIGNAL_ena_input_name: IN STD_LOGIC;
    SIGNAL_ld_input_name : IN STD_LOGIC;
    SIGNAL_count_output_name : OUT INTEGER RANGE 0 TO_count_value;
    )
  END entity_name;
ARCHITECTURE counter OF entity_name IS
SIGNAL _count_signal_name: INTEGER RANGE 0 TO _count_value;
BEGIN
  PROCESS (_clk_input_name,_clrn_input_name)
```

```
[行17]    BEGIN
[行18]      IF _clrn_input_name = '0'  THEN _count_signal_name < = 0;
[行19]      ELSIF (_clk_input_name'EVENT AND _clk_input_name = '1')THEN
[行20]      IF _ld_input_name = '1'THEN
[行21]      _count_signal_name < = _data_input_name;
[行22]        ELSE
[行23]          IF _ena_input_name = '1'  THEN
[行24]          _count_signal_name < = _count_signal_name + 1;
[行25]          ELSE
[行26]          _count_signal_name < = _count_signal_name;
[行27]          END IF;
[行28]        END IF;
[行29]      END IF;
[行30]    END PROCESS;
[行31]   _count_output_name < = _count_signal_name;
[行32]  END counter;
```

例1中，行3~行12为实体；行6~行11为端口说明；行13~行32为结构体；行16~行30为进程。

由例1可以看出，VHDL设计实体用关键字ENTITY来标识，结构体用ARCHITECTURE来标识。系统设计中的实体提供该设计系统的公共信息，结构体定义了各个模块内的操作特性。一个设计实体必须包含一个结构体或多个结构体。

1. 实体组成

实体由实体名、类型表、端口表、实体说明部分和实体语句部分组成。根据IEEE标准，实体组织的一般格式为

```
ENTITY 实体名 IS
 [GENERIC(类型表);]
 [PORT(端口表);]
END [ENTITY] [实体名];
```

实体说明需要按照上述结构来编写，对于Multisim的编译器和综合器而言，程序中变量名是不区分大小写的，但为了便于阅读，建议将VHDL的标识符或基本语句关键词以大写方式表示。其中，类型表及实体说明部分均为可选项。

2. 实体说明部分

在层次化系统设计中，实体说明是整个系统的输入/输出（I/O）。在一个器件级的设计中，实体说明是一个芯片的输入/输出（I/O）。实体说明在VHDL程序设计中描述一个元件或一个模块与设计系统的其余部分（其余元件、模块）之间的连接关系，可以看作一个电路图的符号。

3. 类型表说明语句

类型表（GENERIC）说明语句是一种端口界面常数，常放在实体或块结构体前的说明部分。类型表说明语句为所说明的环境提供了一种静态信息通道，其值可以由设计实体外部

提供。类属在所定义环境中的地位与常数十分接近，但却能从外部动态地接受赋值，其行为又有点类似于端口 PORT，因此常如以上的实体定义语句那样将类属说明放在其中，且放在端口说明语句的前面。因此，设计者可以从外面通过参量的重新设定而轻易地改变一个设计实体或一个元件的内部电路结构和规模。

类型表说明语句的一般书写格式如下：

```
GENERIC([常数名:数据类型[:设定值]
{;常数名:数据类型[:设定值]});
```

类型表说明语句以关键词 GENERIC 引导一个参量表，在表中提供时间参数或总线宽度等静态信息。参量表说明用于确定设计实体和其外部环境通信的参数，传递静态的信息。

4. PORT 端口说明

PORT 说明语句是对一个设计实体界面的说明，也是对设计实体与外部电路的接口通道的说明，其中包括对每一接口的输入输出模式和数据类型的定义。其格式如下：

```
PORT(端口名:端口模式 数据类型:
{端口名:端口模式 数据类型});
```

其中，端口名是设计者为实体的每一个对外通道所取的名字；端口模式是指这些通道上的数据流动方式，如输入输出等，数据类型指端口上流动数据的表达格式。IEEE 1076 标准包中定义了四种常用的端口模式，各端口模式的功能见表 B-1。在实际的数字集成电路中，IN 相当于只可输入的引脚，OUT 相当于只可输出的引脚，BUFFER 相当于带输出缓冲器并可以回读的引脚（与 TRI 引脚不同），而 INOUT 相当于双向引脚（即 BIDIR 引脚）。

表 B-1 端口模式功能

端口模式	功　能
IN	输入，将变量或信号信息通过该端口输入
OUT	输出，单向赋值模式，将信号通过该端口输出
BUFFER	具有读功能的输出模式，可以读或写，只能有一个驱动源
INOUT	双向，可以通过该端口读入或写出信息

B.3 VHDL 的结构体

结构体具体指明了该设计实体的行为，定义了设计实体的功能，规定了设计实体的数据流程，指定了实体中内部元件的连接关系。用 VHDL 语言描述结构体有四种方法。

1）行为描述法：采用进程语句，顺序描述设计实体的行为。

2）数据流描述法：采用进程语句，顺序描述数据流在控制流作用下被加工、处理、存储的全过程。

3）结构描述法：采用并行处理语句描述设计实体内的结构组织和元件互连关系。

4）采用多个进程（process）、多个模块（blocks）、多个子程序（subprograms）的子结构方式。

一个实体可以有多个结构体，每个结构体对应着实体不同的结构和算法实现方案，每个结构体的地位是等同的。但结构体不能单独存在，它必须有一段代码用于说明，即一个实体必须用 CONFIGURATION 配置语句指明用于综合的结构体和用于仿真的结构体。

在书写格式上，实体名必须是所在设计实体的名字，而结构体名可以由设计者自己选择。结构体模块的一般书写格式如下：

```
ARCHITECTURE 结构体名 OF 实体名 IS
定义语句,内部信号,常数,数据类型,函数定义
BEGIN
   [并行处理语句];
   [进程语句];
   …
END 结构体名;
```

一个结构体的组织结构从“ARCHITECTURE 结构体名 OF 实体名 IS”开始，到“END 结构体名”结束。

1. 结构体命名

结构体名称由设计者自由命名，是结构体的唯一名称。OF 后面的实体名称表明该结构体属于哪个设计实体。如前文所述，有些设计实体中可能含有多个结构体。为了区分这些结构体，其命名需要从不同侧面反映结构体的特色，让人一目了然。例如：

```
ARCHITECTURE behavioral OF mux IS  用结构体行为命名
ARCHITECTURE dataflow OF mux IS  用结构体的数据流命名
ARCHITECTURE structural OF mux IS  用结构体的组织结构命名
ARCHITECTURE bool OF mux IS  用结构体的数学表达方式命名
ARCHITECTURE latch OF mux IS  用结构体的功能来定义
```

上述几个结构体都属于设计实体 mux，每个结构体有着不同的名称，使得阅读 VHDL 程序的人能直接从结构体的描述方式了解功能，定义电路行为。

2. 信号定义

在完成结构体名称定义后，还需要对信号进行定义。信号定义位于关键字 IS 和 BEGIN 之间。在信号定义中，设计者需要对结构内部使用的信号、常数、数据类型、函数进行定义。特别需要注意的是，这是结构体内部，而不是实体内部，因为实体中可能有几个结构体。另外，实体说明中定义 I/O 信号为外部信号，而结构体定义的信号为内部信号。

结构体的信号定义和实体的端口说明一样，应有信号名称和数据类型定义，但不需要定义信号模式，不用说明信号方向，因为是结构体内部连接用信号，结构体的信号定义方法如例 2 所示。

例 2 结构体的信号定义方法。

```
ARCHITECTURE structural OF mux IS
SIGNAL  ab:bit;                  --信号不必注明模式 IN、OUT
SIGNAL  x:std_logic_vector(0 to 7);
   ⋮
```

```
BEGIN
    ⋮
END structural;
```

在结构体描述方面，并行处理语句是结构体描述的主要语句。并行处理语句表明，若一个结构体的描述用的是结构描述方式，则并行语句表达了结构体的内部元件之间的互连关系。这些语句是并行的，各个语句之间没有顺序关系。若一个结构体是用进程语句来描述的，并且这个结构体含有多个进程，则各进程之间是并行的。但必须声明，每个进程内部的语句是有顺序的，不是并行的。若一个结构体用模块化结构描述，则各模块间是并行的，而模块内部视描述方式而定。

3. 结构体的行为描述法

所谓结构体的行为描述（behavioral descriptions），即对设计实体按算法的路径来描述。例 3 为比较器的行为描述。

例 3　结构体的行为描述。

```
LIBRARY  IEEE;
USE  IEEE.STD_LOGIC_1164.ALL;
USE  IEEE.STD_LOGIC_UNSIGNED.ALL
ENTITY  comparator  IS
PORT (a,b:IN std_logic_vector(7  downto  0);
        g:out  std_logic);
END comparator;
ARCHITECTURE  behavioral OF comparator
BEGIN
  Comp:PROCESS(a,b)
    BEGIN
      IF  a = b  THEN
          G< ='1';
      ELSE
          G< ='0';
      END  IF;
    END  process  comp;
  END  behavioral;
```

上述结构体采用一个简单的算法描述了实体行为，定义了实体的功能。

输入 8 位数 a 和 b，若 a = b，则实体输出 G = 1；若 a≠b，则实体输出 G = 0。输出取决于输入条件。进程标志 comp 是进程顺序执行的开始，END process comp 是进程的结束。保留字 process(a，b）中，a、b 为敏感变量，即 a、b 每变化一次就有一个比较结果输出。实体输出是动态的 G 值，时刻代表着 a、b 的比较结果。

4. 结构体的数据流描述法

数据流描述（dataflow description）是结构体描述方法之一，它描述了数据流程的运动路径、运动方向和运动结果。例如，8 位比较器采用数据流描述法编程如例 4 所述。

例 4 用数据流描述法设计 8 位比较器。

```
LIBRARY  IEEE;
USE  IEEE  std_logic_1164.ALL;
ENTITY  comparator  IS
PORT  (a,b:IN  std_logic_vector(7 down to 0);
          g:out  std_logic);
END comparator;
ARCHITECTURE  dataflow  OF  comp  IS
BEGIN
  G < ="1" when (a = b) else"0";
END dataflow;
```

上述程序设计的数据流程为：当 a = b 时，G = 1；其余时间 G = 0。注意，数据流描述的句法与行为描述的句法是不一样的。

数据流描述法采用并发信号赋值语句，而不是进程顺序语句。一个结构体可以有多重信号赋值语句，且语句可以并发执行。结构体的其他描述方法可查阅相关指导书。

对于一些个性化的常用元器件，设计人员可以将其标准化后作为一个元器件放在库中调用，用户自己定义的特殊功能的元件也可以放在库中，以方便调用。

B.4 VHDL 语言要素

VHDL 的语言要素主要有数据对象（Object）、数据类型（Type）、操作数（Operands）及运算操作符（Operator）。

1. 文字规则

与传统编程语言一样，VHDL 也有其自身的文字规则，设计人员在使用时需要遵守。除了普通文字规则外，VHDL 还有包括特有的文字规则和表达方式。其中，VHDL 文字主要包括数值和标识符，数值型文字所描述的值主要有数字型、字符串型等。

数字型文字包括整数文字、实数文字和以数制基数表示的文字。整数文字都是以十为进制的整数，如：

```
7, 587, 0, 54E3(54000),  45_548_284(45548284)
```

值得注意的是，最后一个例子中下划线仅仅是为了提高文字的可读性，对于编译器而言字符“_”相当于一个空的间隔符，没有其他的意义，也不会影响文字本身的数值。

实数文字是指带有小数点的十进制数，如：

```
189.223,  65_874_997.852_32(65874997.85232),  8.0
```

以数制基数表示的文字是指可以改变数制的文字，用这种方式表示的数由五个部分组成。第一部分，用十进制数标明数制进位的基数；第二部分，数制隔离符号#；第三部分，表达的文字；第四部分，指数隔离符号#；第五部分，用十进制表示的指数部分，这一部分的数如果为 0 可以省去不写。如：

```
110#170#, 16#E#E1, 16#FE#, 2#1111_1110#
```

字符串型文字包括文字字符串和数位字符串。字符是用单引号引起来的 ASCII 字符，其内容可以是数值，也可以是符号或字母，如：

```
'!', 'I', '~', 'Z', 'U', '0', '1', '-', 'D',…
```

文字字符串是用双引号引起来的一串文字，如：

```
"WARNING", " Illegal Input Value", "Y", "false"
```

数位字符串也称位矢量，是预定义在数据类型 Bit 的一维数组。数位字符串与文字字符串相似，但所代表的是不同数制的数组。数位字符串的表示首先要有计算基数，然后将该基数表示的值放在双引号中，基数符以" B" " O" 和" X" 表示，并放在字符串的前面。如：

```
B"1_1101_1110", B"101_010_101_010", X"AD0"
```

2. 数据对象

数据对象类似于一种容器，它接收不同数据类型的赋值。数据对象有三种：常量（CONSTANT）、变量（VARIABLE）和信号（SIGNAL）。常量的定义和设置主要是为了使程序更容易阅读和修改，变量是一个局部量，只能在该进程及其子程序中使用，这两种数据对象可以从传统的计算机高级语言中找到对应的数据类型，其语言行为与高级语言中的变量和常量十分相似。但信号是具有更多的硬件特征的特殊数据对象，是 VHDL 中最有特色的语言要素之一。它是描述硬件系统的基本数据对象，类似于连接线。信号可以作为设计实体中并行语句模块间的信息交流通道。

三种数据对象虽然各有其特殊的硬件和软件特征，但其关键在于，它们都具有能够接收赋值这一重要的共性，而 VHDL 综合器并不关注它们在接收赋值时存在的延时特性。事实上在许多情况下，综合后所对应的硬件电路结构中信号和变量并没有什么区别。例如，在满足一定条件的进程中，综合后它们都能引入寄存器。

3. 数据类型

VHDL 是一种强类型语言，要求设计实体中的每一个常数、信号、变量、函数及设定的各种参量都必须具有确定的数据类型，相同数据类型的量才能互相传递和作用。其类型可以分成四大类：标量型（scalar type），它属于单元素的最基本的数据类型，通常用于描述一个单值数据对象，包括实数类型、整数类型、枚举类型和时间类型；复合类型（composite type），它可以由细小的数据类型复合而成，如可由标量复合而成；存取类型（access type），它为给定的数据类型的数据对象提供存取方式；文件类型（files type），它用于提供多值存取类型。

这四大数据类型又可分成在现成程序包中可以随时获得的预定义数据类型和用户自定义数据类型两大类别。预定义的 VHDL 数据类型是 VHDL 最常用最基本的数据类型，这些数据类型都已在 VHDL 的标准程序包 STANDARD 和 STD_LOGIC_1164 及其他的标准程序包中作了定义，并可在设计中随时调用。这些预定义的变量类型有：布尔（BOOLEAN）、位

（BIT）、位矢量（BIT_VECTOR）、字符（CHARACTER）、整数（INTEGER）、自然数（NATURAL）和正整数（POSITIVE）、实数（REAL）、字符串（STRING）、时间（TIME）、错误等级（SEVERITY_LEVEL）等。

VHDL中的各种预定义数据类型大多数体现了硬件电路的不同特性，因此也为其他大多数硬件描述语言所采纳。例如，数据类型BIT可以描述电路中的开关信号。

在VHDL仿真器中，错误等级用来指示设计系统的工作状态，共有四种可能的状态值：NOTE（注意）、WARNING（警告）、ERROR（出错）、FAILURE（失败）。在仿真过程中，可输出这四种值来提示被仿真系统当前的工作情况。

4. 操作符与操作数

VHDL的各种表达式由操作符组成，其中操作数是各种运算的对象，而操作符则规定运算的方式。

在VHDL中，有三类操作符，即逻辑操作符（Logical Operator）、关系操作符（Relational Operator）和算术操作符（Arithmetic Operator）。它们是完成逻辑和算术运算的最基本的操作符单元。各种操作符所要求的操作数数据类型详见表B-2。

表B-2 VHDL操作符所要求的操作数数据类型

类型	操作符	功能	操作数数据类型
算术操作符	+	加	整数
	-	减	整数
	&	并置	一维数组
	*	乘	整数和实数（包括浮点数）
	/	除	整数和实数（包括浮点数）
	MOD	取模	整数
	REM	取余	整数
	SLL	逻辑左移	BIT或布尔型一维数组
	SRL	逻辑右移	BIT或布尔型一维数组
	SLA	算术左移	BIT或布尔型一维数组
	SRA	算术右移	BIT或布尔型一维数组
	ROL	逻辑循环左移	BIT或布尔型一维数组
	ROR	逻辑循环右移	BIT或布尔型一维数组
	**	乘方	整数
	ABS	取绝对值	整数
	+，-	正，负	整数
关系操作符	=	等于	任何数据类型
	/=	不等于	任何数据类型
	<	小于	枚举与整数类型以及对应的一维数组
	>	大于	枚举与整数类型以及对应的一维数组
	<=	小于等于	枚举与整数类型以及对应的一维数组
	>=	大于等于	枚举与整数类型以及对应的一维数组

（续）

类　型	操 作 符	功　能	操作数数据类型
逻辑操作符	AND	与	BIT，BOOLEAN，STD_LOGIC
	OR	或	BIT，BOOLEAN，STD_LOGIC
	NAND	与非	BIT，BOOLEAN，STD_LOGIC
	NOR	或非	BIT，BOOLEAN，STD_LOGIC
	XOR	异或	BIT，BOOLEAN，STD_LOGIC
	XNOR	异或非	BIT，BOOLEAN，STD_LOGIC
	NOT	非	BIT，BOOLEAN，STD_LOGIC

B.5　VHDL 顺序语句

顺序语句（Sequential Statements）和并行语句（Concurrent Statements）是 VHDL 程序设计中两大基本描述语句系列。在逻辑系统的设计中，这些语句从多侧面完整地描述数字系统的硬件结构和基本逻辑功能，包括通信的方式、信号的赋值、多层次的元件例化以及系统行为等。

顺序语句用于定义进程、过程和函数的行为。在 VHDL 中，顺序语句的执行方式和传统编程语言中顺序语句的执行方式是十分相似的。其特点是每一条顺序语句的执行（指仿真执行）顺序是与它们的书写顺序基本一致的，但相应的硬件逻辑工作方式未必如此。希望读者在理解过程中要注意区分 VHDL 语言的软件行为及描述综合后的硬件行为间的差异。

VHDL 有如下六类基本顺序语句：赋值语句、转向控制语句、等待语句、子程序调用语句、返回语句、空操作语句。

赋值语句的功能就是将一个值或一个表达式的运算结果传递给某一数据对象，如信号或变量，或由此组成的数组。VHDL 设计实体内的数据传递以及对端口界面外部数据的读写都必须通过赋值语句的运行来实现。

转向控制语句通过条件控制开关决定执行哪些语句。转向控制语句共有五种：IF 语句、CASE 语句、LOOP 语句、NEXT 语句和 EXIT 语句。

在进程中（包括过程中），当执行到 WAIT 等待语句时，运行程序将被挂起（Suspension），直到满足此语句设置的结束挂起条件后，将重新开始执行进程或过程中的程序。但 VHDL 规定，在已列出敏感量的进程中不能使用任何形式的 WAIT 语句。

VHDL 在进程中允许对子程序进行调用。子程序包括过程和函数，可以在 VHDL 的结构体或程序包中的任何位置对子程序进行调用。

返回语句 RETURN 有带表达式和不带表达式两种语句格式，不带表达式语句格式只能用于过程，它只是结束过程，并不返回任何值。带表达式的返回语句只能用于函数，并且必须返回一个值。执行返回语句将结束子程序的执行，并无条件地转跳至子程序的结束处 END。值得注意的是，每一函数必须至少包含一个返回语句，并可以拥有多个返回语句。但是在函数调用时，只有其中一个返回语句可以将值带出。

空操作语句 NULL 常用于 CASE 语句。空操作语句不完成任何操作，它的功能是使逻辑运行流程跨入下一步语句的执行。空操作语句通常用于选择语句，为满足所有可能的条件，利用 NULL 来表示所余的不用条件下的操作行为。

B.6 VHDL 并行语句

相对于传统的软件描述语言，并行语句结构是最具有 VHDL 特色的。在 VHDL 中，并行语句有多种语句格式，各种并行语句在结构体中的执行是同步进行的，或者说是并行运行的，其执行方式与书写的顺序无关。在执行中，并行语句之间可以有信息往来，也可以是互为独立、互不相关、异步运行的（如多时钟情况）。每一行语句内部的语句运行方式可以有两种不同的运行方式，即并行执行方式（如块语句）和顺序执行方式（如进程语句）。

结构体中的并行语句主要有七种：并行信号赋值语句（concurrent signal assignments）、进程语句（process statements）、块语句（block statements）、条件信号赋值语句（selected signal assignments）、元件例化语句（component instantiations）、生成语句（generate statements）、并行过程调用语句（concurrent procedure calls），这里简要介绍进程语句和块语句这两种常用语句。

进程语句是最具 VHDL 语言特色的语句，因为它提供了一种用算法（顺序语句）描述硬件行为的方法。进程语句结构包含了一个代表着设计实体中部分逻辑行为的、独立的顺序语句描述的进程。一个结构体中可以有多个并行运行的进程结构，而每一个进程的内部结构却是由一系列顺序语句来构成。

块的应用类似于画电路原理图时，将一个总的原理图分成多个子模块，这个总的原理图成为一个由多个子模块原理图连接成的顶层模块图，每一个子模块是一个具体的电路原理图。

条件信号赋值语句（selected signal assignments）。在结构体中的条件信号赋值语句的功能与在进程中的 IF 语句相同。在执行条件信号语句时一旦发现满足条件，程序立即将执行表达式。这表示条件信号赋值语句将执行第一个满足关键词 WHEN 后的条件所对应的表达式，同时，条件信号语句允许有重叠现象。

B.7 VHDL 子程序

子程序是一个 VHDL 程序模块，它是利用顺序语句来定义和完成算法的，应用它能更有效地完成重复的设计工作。子程序不能从所在结构体的其他块或进程结构中直接读取信号值或者向信号赋值，而只能通过子程序调用及与子程序的界面端口进行通信。

子程序有两种类型，即过程（procedure）和函数（function）。过程的调用可以通过其界面获得多个返回值，也可以不返回任何值，而函数只能返回一个值。在函数入口中，所有参数都是输入参数，而过程有输入参数、输出参数和双向参数。过程一般被看作一种语句结构，而函数通常是表达式的一部分。过程可以单独存在，而函数通常作为语句的一部分调用。首先介绍函数的用法与作用。

在 VHDL 中有多种函数形式，例如用于不同目的的用户自定义函数或在库中现成的具有专用功能的预定义函数（转换函数和决断函数等）。转换函数用于从一种数据类型到另一种数据类型的转换，如在元件例化语句中利用转换函数可允许不同数据类型的信号和端口间进行映射，决断函数用于在多驱动信号时解决信号竞争问题。

函数的语言表达格式如下：

```
FUNCTION 函数名(参数表) RETURN 数据类型            --函数首
FUNCTION 函数名(参数表) RETURN 数据类型 IS         --函数体
```

```
    [说明部分]
    BEGIN
        顺序语句;
END FUNCTION 函数名;
```

一般而言，函数定义应由两部分组成，即函数首和函数体。进程或结构体中不必定义函数首，而在程序包中必须定义函数首。

VHDL 中，子程序的另外一种形式是过程，过程的语句格式如下：

```
PROCEDURE 过程名 (参数表)              --过程首
PROCEDURE 过程名 (参数表) IS           --过程体
    [说明部分]
    BIGIN
    顺序语句;
END PROCEDURE 过程名;
```

与函数一样，过程也由两部分组成，即过程首和过程体。过程首不是必需的，过程体可以独立存在和使用。在进程或结构体中不必定义过程首，而在程序包中必须定义过程首。

VHDL 子程序具有可重载的特性，即允许有许多重名的子程序，但这些子程序的参数类型及返回值数据类型是不同的。

在实用中必须注意，综合后的子程序将映射于目标芯片中的一个相应的电路模块，且每一次调用又将在硬件结构中产生具有相同结构的不同的模块，这一点与普通的软件中调用子程序有很大的不同。因此，在面向 VHDL 的实用中，要密切关注和严格控制子程序的调用次数，每调用一次子程序都意味着增加了一个硬件电路模块。

B.8 VHDL 库和程序包

库是一种用来存储预先完成的程序包和数据集合体的仓库。在利用 VHDL 进行工程设计中，为了提高设计效率以及遵循某些统一的语言标准或数据格式，将一些有用的信息汇集在一个或几个库中以供调用。这些信息可以是预先定义好的数据类型、子程序等设计单元的集合体，或预先设计好的各种设计实体（元件库程序包）。

VHDL 语言的库分为两类：一类是设计库，如在具体设计项目中设定的目录所对应的 WORK 库；另一类是资源库，资源库是常规元件和标准模块存放的库，如 IEEE 库，设计库对当前项目是默认可视的，无需用 LIBRARY 和 USE 等语句以显式声明。

库的语句格式如下：

```
LIBRARY 库名;
```

这一语句即相当于为其后的设计实体打开了以此库名命名的库，以便设计实体可以利用其中的程序包，如语句“LIBRARY IEEE”；表示打开 IEEE 库。VHDL 程序设计中常用的库有 IEEE 库、STD 库、WORK 库等。

为了使已定义的常数、数据类型、元件调用说明以及子程序能被更多的 VHDL 设计实体方便地访问和共享，可将它们收集在一个 VHDL 程序包中。多个程序包并入一个 VHDL 库中，使之适用于更一般的访问和调用范围。

程序包的内容主要由如下四种基本结构组成。一个程序包中至少应包含以下结构中的一种：①常数说明，主要用于预定义系统的宽度，如数据总线通道的宽度；②数据类型说明，主要用于说明在整个设计中通用的数据类型，如通用的地址总线数据类型定义等；③元件定义，主要规定在 VHDL 设计中参与元件例化的文件对外的接口界面；④子程序说明，用于说明在设计中任一处可调用的子程序。

在 VHDL 中，库的说明语句总是放在实体单元前面，这样在设计实体内的语句就可以使用库中的数据和文件。由此可见，库的用处在于使设计者可以共享已经编译过的设计成果。VHDL 允许在一个设计实体中同时打开多个不同的库，前提是库与库之间必须是相互独立的。

如例 3 所示程序中最前面的三条语句：

```
LIBRARY IEEE ;
USE IEEE.STD_LOGIC_1164.ALL ;
USE IEEE.STD_LOGIC_UNSIGNED.ALL ;
```

该程序先表示打开 IEEE 库，再打开此库中的 STD_LOGIC_1164 程序包和 STD_LOGIC_UNSIGNED 程序包的所有内容。由此可见，在实际使用中，库是以程序包集合的方式存在的，具体调用的是程序包中的内容。因此对于任意一 VHDL 设计，所需从库中调用的程序包在设计中应是可见的、可调出的，即以明确的语句表达方式加以定义，库语句指明库中的程序包以及包中的待调用文件。

USE 语句也可以将所说明的程序包对本设计实体部分或全部开放，即是可视的。USE 语句的使用还有两种常用格式：

```
USE 库名. 程序包名. 项目名;
USE 库名. 程序包名.ALL;
```

第一个语句格式的作用是向本设计实体开放指定库中的特定程序包内所选定的项目。第二个语句格式的作用是向本设计实体开放指定库中的特定程序包内所有的内容。

以上为 VHDL 的简要介绍，详细介绍及设计说明可查阅网站或其他指导书。

附录 C VHDL 设计平台 Quartus 使用简介

C.1 Quartus 介绍

Quartus II 是 Altera 公司的综合性 CPLD/FPGA 开发软件，工作界面如图 C-1 所示，支持原理图、VHDL、VerilogHDL 以及 AHDL（Altera Hardware Description Language）等多种设计输入形式，内嵌综合器以及仿真器，可以完成从设计输入到硬件配置的完整 PLD 设计流程。

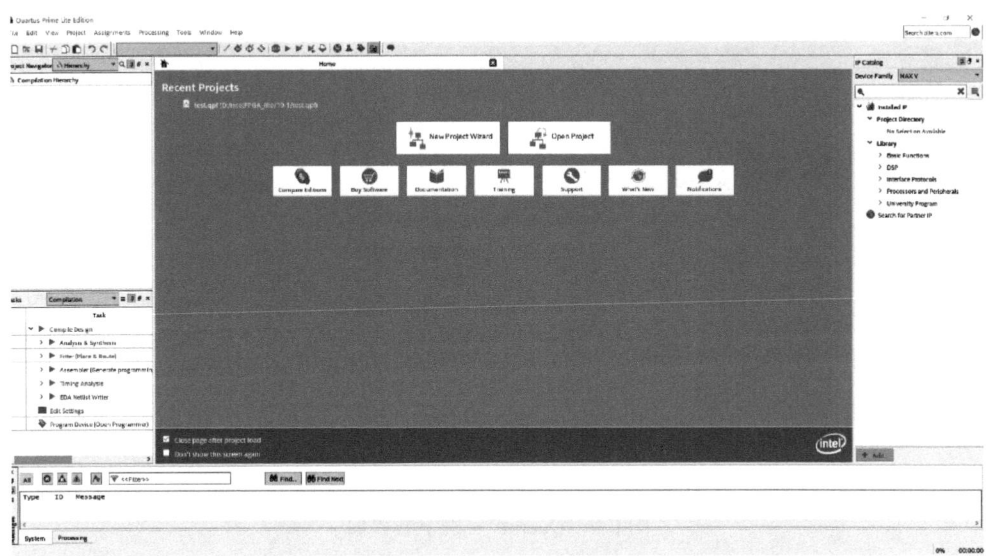

图 C-1　Quartus II 工作界面

Quartus II 可以在 Windows、Linux 以及 UNIX 等操作系统上使用，一方面提供使用 Tcl 脚本完成设计流程，同时提供完善的用户图形界面设计方式。Quartus II 提供了完全集成且与电路结构无关的开发包环境，具有如下特性。

1）可利用原理图、结构框图、VerilogHDL、AHDL 和 VHDL 完成电路描述，并将其保存为设计实体文件。

2）芯片（电路）平面布局连线编辑。

3）LogicLock 增量设计方法，用户可建立并优化系统，然后添加对原始系统性能影响较小或无影响的后续模块。

4）功能齐全的逻辑综合工具。

5）电路功能仿真与时序逻辑仿真工具。

6）定时/时序分析与关键路径延时分析。

7）可使用 SignalTap II 逻辑分析工具进行嵌入式的逻辑分析。

8）支持软件源文件的添加和创建，并将它们链接起来生成编程文件。

9）使用组合编译方式可一次完成整体设计流程。

10）自动定位编译错误。

11）高效的期间编程与验证工具。

12）可读入标准的 EDIF 网表文件、VHDL 网表文件和 Verilog 网表文件。

13）能生成第三方 EDA 软件使用的 VHDL 网表文件和 Verilog 网表文件。

C.2　Quartus Prime 19.1 版本精简版下载与安装

可以从 Altera 的官方网站下载最新版本的 Quartus Prime，官网提供三个版本，下载界面如图 C-2 所示，精简版为免费版，本书以 19.1 版本精简版为例介绍其使用。

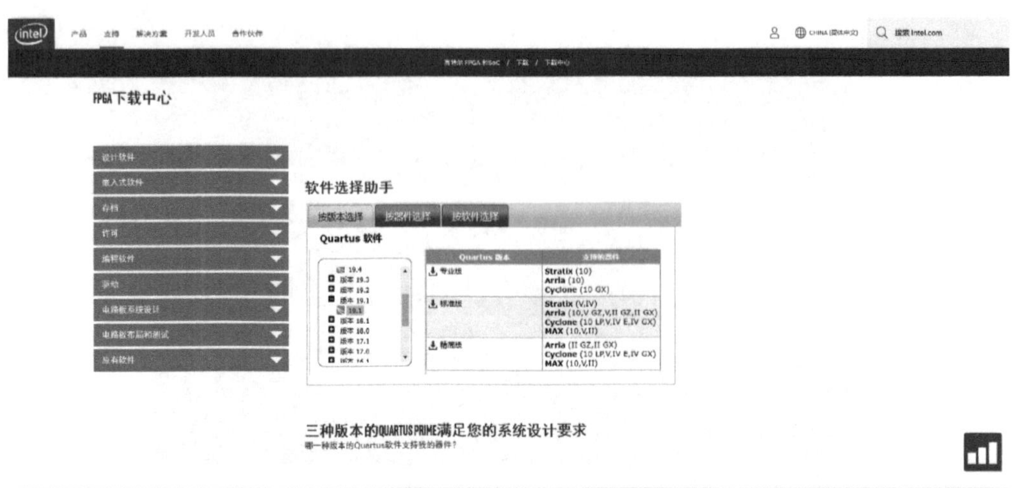

图 C-2 Quartus 官网下载界面

使用时需要下载 Quartus Prime 和 ModelSim 两个安装文件，可根据自己需求选择一个系列的器件，本例选择了相对较小的 MAX II。安装结束后，在同一根目录下安装 ModelSimSetup 可执行文件，直至安装完成。最后，按 windows 键 + S 搜索 Device installer，继续安装。程序会自动检测到下载的 MAX II/V 器件文件，随后直接安装直至结束。至此，就可以打开并使用 Quartus 了。

不过，在安装后使用 ModelSim 相关功能时可能会由于环境变量未设置或系统未指定路径，出现 ModelSim 相应功能无法使用的问题，需要在 Quartus 中指定安装的 ModelSim 路径。如图 C-3 所示，单击 Tools，选择 Options，然后在图 C-3 窗口中选择 EDA Tool Options，设置 ModelSim-Altera 路径为上一步骤中安装 ModelSim 时生成的 win32aloem 文件夹即可。

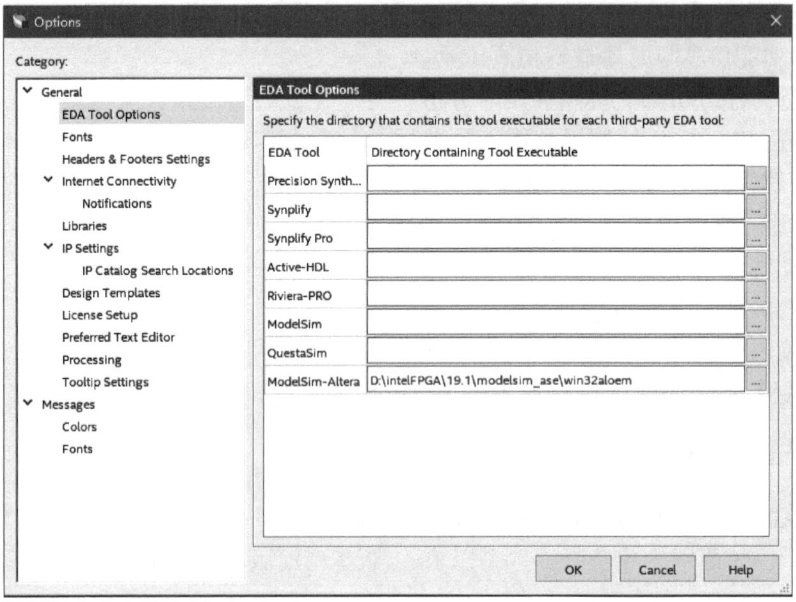

图 C-3 在 Quartus 中设置 ModelSim 安装的路径

C.3 Quartus 工程开发流程

下面基于 Altera 公司的 Quartus II 软件来说明其工程的一般开发流程。

1）新建一个空白 Quartus 工程文件。和其他开发环境类似，Quartus II 是以工程为单位对设计过程进行管理的。

2）建立顶层图。顶层图是一个容器，将整个工程的各个模块包容在内，编译的时候将这些模块整合在一起。也可以理解为它是一个单元，比如一个单片机，其内部包含各个模块，编译的时候就是生成一个具有完整功能的单元。

3）使用 Altera 公司提供的 LPM 功能模块。Quartus 软件包含了大量的常用功能模块，比如计数器、累加器、比较器等。

4）创建定制模块。在有些设计中，现有模块功能并不能满足具体设计要求，只能自己定制模块。可以使用硬件描述语言编译生成模块，也可以用原理图的输入方法实现。可以把它当成一个独立的工程来设计，并且生成一个模块符号（Symbol），类似于上述 LPM 功能模块。

5）连接顶层图的各个功能模块。该过程类似电路图设计，把各个芯片连起来，组成电路系统。

6）选择芯片载体，分配引脚，设置编译选项等。

7）编译。该过程类似软件开发中的编译过程，但更为复杂，主要实现硬件的物理结构，包含优化逻辑组合、综合逻辑以及布线等步骤。

编译后会生成两个文件，*.sof 文件和 *.pof 文件。前者可以通过 JTAG 方式下载到 FPGA 内部，可以进行调试，但断电后数据会丢失；后者通过 AS 或者 PS 方式下载到 FPGA 的配置芯片里（E^2PROM 或者 Flash），重新上电后 FPGA 会通过配置将数据读出。

8）仿真和验证。对于复杂的设计，工程编译完成后，可以通过 Quartus 软件或者其他仿真软件对设计进行反复仿真和验证，直到满足要求。

至此，简要介绍了 Quartus 开发环境以及常用工程的开发流程。附录 D 将分别给出开发实例，介绍如何利用 Quartus 编程、编译 VHDL 语言，如何生成具有一定逻辑功能的模块并验证该模块的逻辑与时序关系，最后在电路图中导入和使用所生成的模块。

附录 D 基于 VHDL 设计功能器件模型

依据附录 C 中 Quartus 教程，首先需要建立一个空白工程。打开 Quartus 后，在主界面单击 New Project Wizard 按钮，单击 Next，出现如图 D-1 所示界面，然后设置工程放置目录，设置工程名称，然后单击 Next，创建一个空的工程，单击 Finish 完成创建。

随后，在空白工程中，单击左上角 File 一栏，下拉菜单中单击 New，新建 Design Files 下的 Block Diagram 文件，如图 D-2 所示。随后在空白工程中出现一个后缀为 bdf 的空白电路图，同样继续单击 New，在图 D-2 界面中选择 VHDL File，建立一个空白的 VHDL 文件，后缀为 vhd。之后，就可以分别在电路图中设计电路，在 VHDL 文件中编写 VHDL 程序了。

接下来，首先介绍如何编写 VHDL 程序，并进行编译。本实例中以组合逻辑电路——3 线-8 线译码器为例进行程序设计，在空白 VHDL 文件中编写程序如下，然后单击保存，会弹出保存路径以及名称设置窗口，将该文件保存到工程目录下（Q-Test. vhd 文件）。

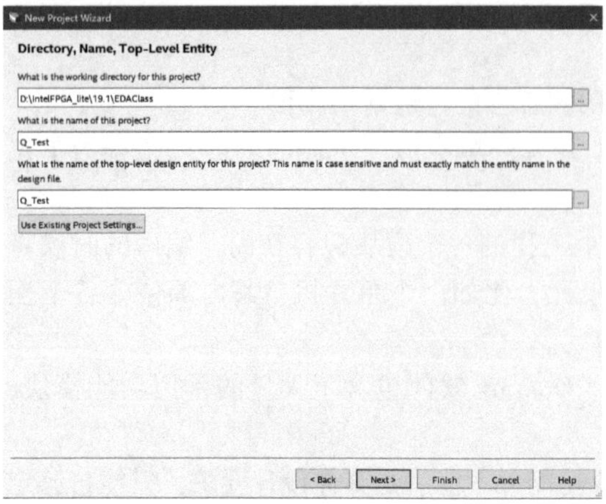

图 D-1 设置创建工程的路径与名称

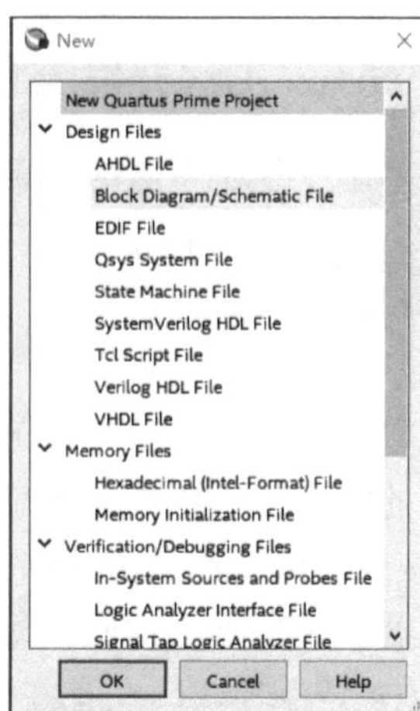

图 D-2 新建一个空白电路文件

```
library ieee;
use ieee.std_logic_1164.all;
entity Q_Test is
    port(a,b,c,g1,g2a,g2b:instd_logic;
    y:outstd_logic_vector(7 downto 0));
end Q_Test;
architecture rtl of Q_Test is
signal indata:std_logic_vector(2 downto 0);
begin
    indata<=a&b&c;
    process(indata,g1,g2a,g2b)
    begin
        if(g1='1'and g2a='0'and g2b='0')then
            case indata is
                when "000"=>y<=B"1111_1110";
                when "001"=>y<=B"1111_1101";
                when "010"=>y<=B"1111_1011";
                when "011"=>y<=B"1111_0111";
                when "100"=>y<=B"1110_1111";
                when "101"=>y<=B"1101_1111";
                when "110"=>y<=B"1011_1111";
                when "111"=>y<=B"0111_1111";
                when others=>y<=B"1111_1111";
            end case;
        else
            y<="11111111";
        end if;
    end process;
end rtl;
```

随后，进行 VHDL 程序编译。单击工具栏中的编译按钮（三角箭头）进行编译，程序编译完成后会出现编译成功或者错误提示窗口，如图 D-3 所示。

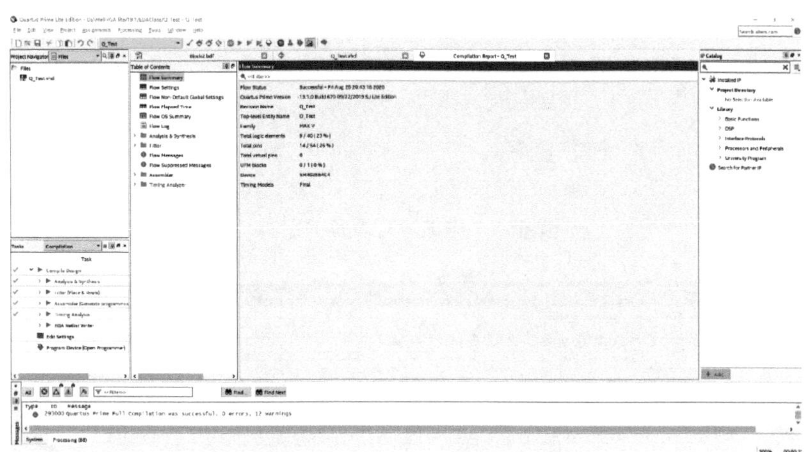

图 D-3　VHDL 程序编译结果

程序编译成功后，可以利用 RTL Viewer 工具显示出 VHDL 程序功能对应的逻辑电路图，从而验证设计的程序正确与否。具体过程为：单击工具栏 Tools，在下拉菜单中选择 Netlist Viewers，在二级菜单中选择 RTL Viewer 即可。本例 RTL Viewer 生成结果如图 D-4 所示。

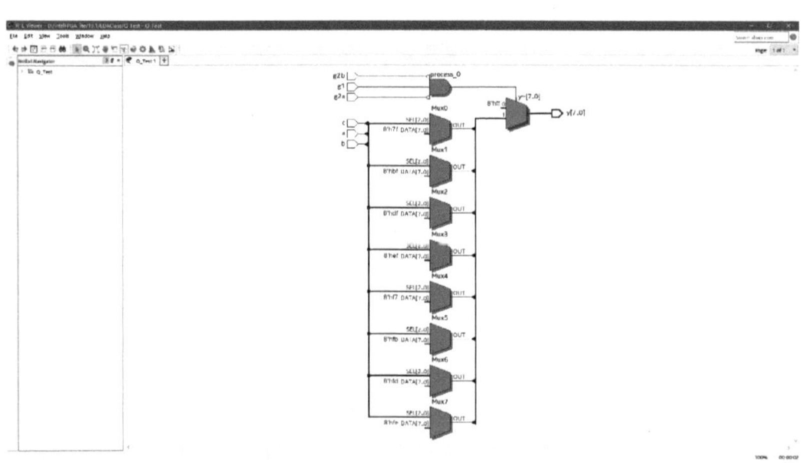

图 D-4　RTL Viewer 显示逻辑电路图

逻辑电路显示成功后，接下来需要进行时序或波形仿真，确认功能的正确性。单击 File- > New，在弹出对话框（图 D-2）中选择新建 University Program VWF，单击 OK 生成一个 vwf 文件。在新生成的 VWF 界面中，单击 Edit- > Insert- > Insert Node or Bus，产生窗口如图 D-5a 所示。单击 Node Finder 按钮，产生窗口如图 D-5b 所示，在该窗口中单击 List，即可获取 VHDL 程序中的输入输出引脚名称及属性，单击双箭头按钮，将所有引脚添加到右侧一栏，单击 OK 以确定。随后生成如图 D-6 所示的波形仿真界面，在相应引脚信号线上单击鼠标左键并拖动即可选择想要设定电平值的范围。

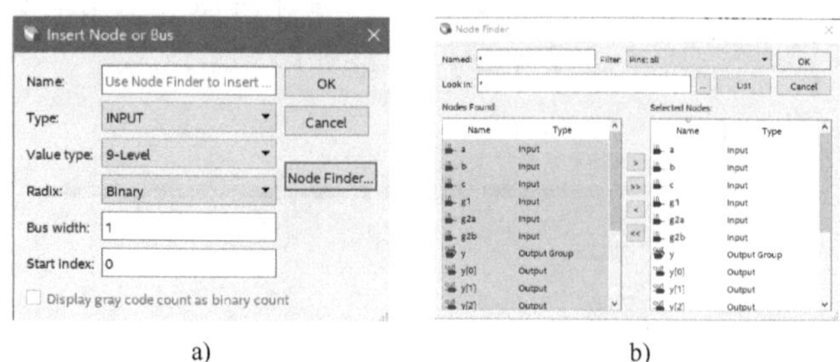

a) b)

图 D-5 添加所有涉及的引脚

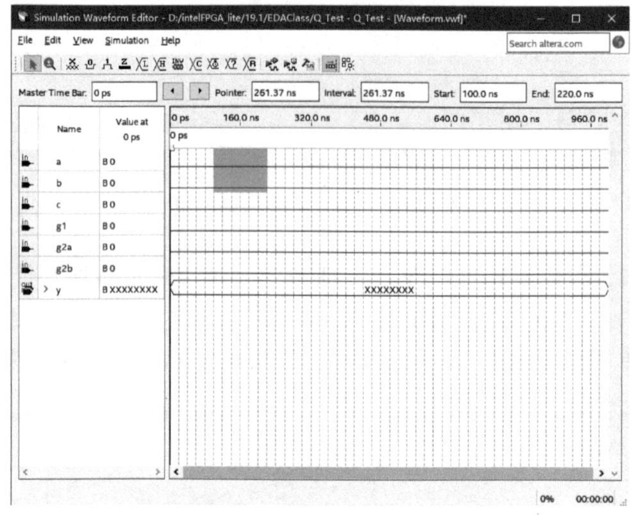

图 D-6 添加所有引脚后生成的波形仿真界面

本例中，输入引脚包括 a、b、c 三个三线编码输入，y 端 8 条解码输出，以及 g1、g2a、g2b 三个使能端口（程序设置 g1 - g2a - g2b 为 1 - 0 - 0 则使能，否则输出 y 端引脚全部为 1）。为了验证程序的逻辑正确性，随意改变输入端口的逻辑电平，如图 D-7 所示，然后单击该页面工具栏中功能仿真或波形仿真，编译成功后可以获得图 D-8 所示波形结果，从该波形中可以看出，输入输出对应关系是符合所设计程序预设逻辑的。

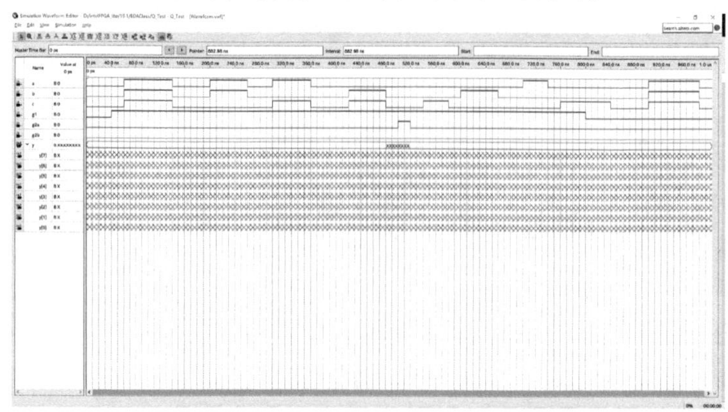

图 D-7 逻辑功能验证输入引脚电平设置

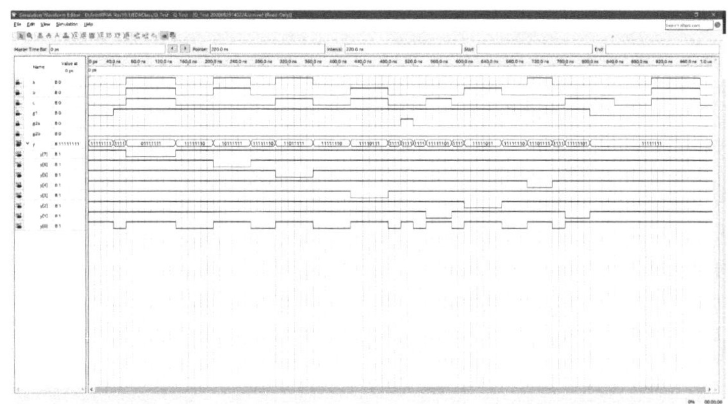

图 D-8　逻辑功能验证输出引脚电平显示

在时序仿真和功能仿真都没有问题的情况下，就可以用 VHDL 生成自己需要的功能器件模型了，以便在仿真电路中使用。

具体流程如下：在最初工程界面中，单击 File，在下拉菜单中选择 Create/Update 选项，在下拉菜单中单击 Create Symbol Files for Current File。随后，系统则会自动生成元器件模型文件并自动保存到该工程目录下。

接下来，可以在仿真电路中使用编译生成的 3 线-8 线译码器模型。打开已建立的空白电路文件（*.bdf），在电路空白页面单击右键，单击 Insert->Symbol，在生成窗口中 Project 下选择 Q_Test 名称，然后单击 OK 即可。这样，就可以在电路图中添加使用 VHDL 编写的具有特定逻辑功能的元器件了，然后单击保存，将该电路图保存到当前工程下，结果如图 D-9 所示。

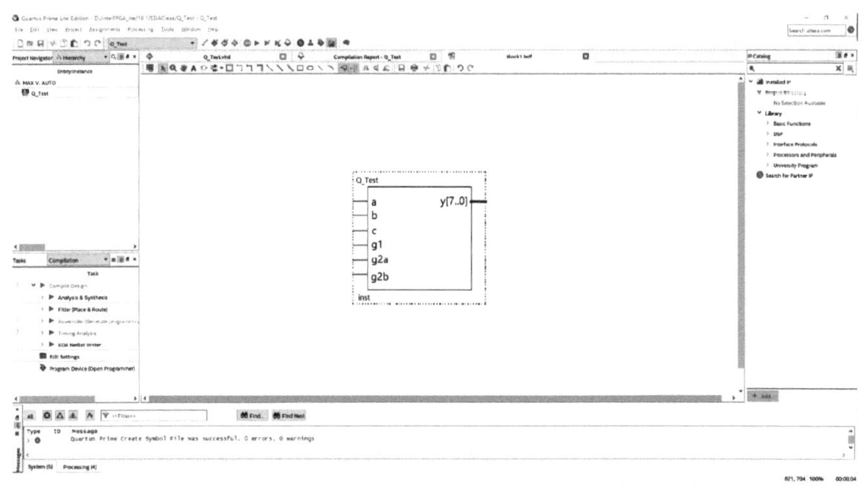

图 D-9　在空白电路图中添加生成的 3 线-8 线译码器模型

参 考 文 献

[1] 康华光．电子技术基础：数字部分［M］．6 版．北京：高等教育出版社，2014.

[2] FLOYD T L. 数字电子技术［M］．余璆，熊洁，译．11 版．北京：电子工业出版社，2019.

[3] 阎石．数字电子技术基础［M］．6 版．北京：高等教育出版社，2016.

[4] 王远．模拟电子技术基础［M］．3 版．北京：机械工业出版社，2007.

[5] 华成英，童诗白．模拟电子技术基础［M］．5 版．北京：高等教育出版社，2015.

[6] 周润景，崔婧．Multisim 电路系统设计与仿真教程［M］．北京：机械工业出版社，2018.

[7] MOHAMMED F. Introduction to Digital Systems：Modeling，Synthesis，and Simulation Using VHDL［M］．New York：John Wiley，2011.

[8] 何宾．EDA 原理及 VHDL 实现［M］．北京：清华大学出版社，2016.

[9] 英特尔公司．Quartus Prime 精简版［CP/DK］．［2019-09-01］．https：//fpgasoftware. intel. com/19. 1/?edition = lite&platform = windows.

[10] 美国国家仪器（NI）有限公司．Multisim 14. 2 教学版［CP/DK］．［2019-05-17］．https：//www. ni. com/zh-cn/support/downloads/software-products/download. multisim. html#312060.